HÜTTE Bautechnik Band IV

HÜTTE Taschenbücher der Technik

Herausgegeben vom
Wissenschaftlichen Ausschuß des Akademischen Vereins Hütte e.V.

29. Auflage

Bautechnik

Band IV
Konstruktiver Ingenieurbau 1: Statik

Bandherausgeber E. Cziesielski

Springer-Verlag Berlin Heidelberg NewYork
London Paris Tokyo 1988

Bandherausgeber:

Prof. Dr. rer. nat. *Erich Cziesielski*, Technische Universität Berlin

Mitarbeiter:

Prof. Dr.-Ing. *Gebhard Hees*, Technische Universität Berlin
Prof. Dr.-Ing. habil. *Robert K. Müller*, Universität Stuttgart
Prof. Dipl.-Ing. *Gerhard Pohlmann*, Technische Universität Berlin
Prof. Dr.-Ing. *Eberhard Schubert*, Technische Hochschule Darmstadt

Mit 320 Abbildungen

ISBN-13: 978-3-642-95548-8   e-ISBN-13: 978-3-642-95547-1
DOI: 10.1007/978-3-642-95547-1

Vorwort

Seit mehr als hundert Jahren verfolgen die HÜTTE-Taschenbücher das Ziel, auf wichtigen Gebieten der Technik ein zuverlässiges Nachschlagewerk für Praxis und Studium zu sein.

Der Bautechnik wurde erstmals in der 20. Auflage (1909) ein eigener Band gewidmet, der als HÜTTE III bekannt war und in der 28. Auflage (1956) bereits ca. 1 600 Seiten umfaßte. Die zahlreichen Fortschritte im Bauwesen sowie dessen technische und wirtschaftliche Bedeutung führten zu dem Entschluß, für die 29. Auflage ein mehrbändiges Werk „HÜTTE Bautechnik" zu schaffen, das die an die Stelle des früheren Bandes III getreten ist. Mit der Übernahme der Buchreihe durch den Springer-Verlag wurde auch das in der Vergangenheit viel verwendete Taschenbuch für Bauingenieure von Schleicher in die Planungen der HÜTTE Bautechnik integriert. Insbesondere die Bände IV bis VII (Konstruktiver Ingenieurbau 1 bis 4) sollen den ersten Band des Schleicher ersetzen.

Aus der HÜTTE Bautechnik liegen bis jetzt die Bände I bis IV vor. Insgesamt ist das folgende Programm vorgesehen:

Band I   Vermessungstechnik, Baubetriebswirtschaft, Bauvertragsrecht, Baustoffe
Band II   Grundbau, Verkehrsbau, Wasserbau
Band III   Baumaschinen, Schalung, Rüstung
Band IV   Statik (Konstruktiver Ingenieurbau 1): Planungsablauf und Planungsgenehmigung, Baustatik, Methode der Finiten Elemente, Modellstatik
Band V   Bauphysik (Konstruktiver Ingenieurbau 2): Wärmeschutz, Feuchteschutz, Abdichtung, Schallschutz, Brandschutz; Geschichte der Bauingenieurkunst
Band VI   Massiv- und Stahlbau (Konstruktiver Ingenieurbau 3): Stahlbau, Verbundbau, Stahlbetonbau, Spannbetonbau, Anwendung des Stahl- und Spannbetons
Band VII Ingenieurhochbau (Konstruktiver Ingenieurbau 4): Aussteifungen, Dachkonstruktionen, Außenwände, Innenwände, Decken, Treppen, Fenster; Mauerwerksbau, Holzbau

Zur Zielsetzung der einzelnen Beiträge des vorliegenden Bandes IV ist zu bemerken:

Der einführende Teil über *Planungsablauf und Planungsgenehmigung* orientiert über den öffentlich-rechtlichen Rahmen des Baugeschehens in der Bundesrepublik Deutschland und ergänzt insofern die Ausführungen über Baubetriebswirtschaft und Bauvertragsrecht im Band I.

Hauptgegenstand des Bandes ist die *Baustatik.* Sie ist — in konzentrierter Form — etwa mit dem Stoffumfang dargestellt, der einer modernen Vorlesung im Grundfach- und Vertieferstudium an einer Technischen Universität entspricht. Die umfassende Darstellung der baustatischen Theorie wird abgerundet und ergänzt durch Beiträge über die Methode der Finiten Elemente sowie die Modellstatik.

Der Beitrag über die *Methode der Finiten Elemente* baut auf dem Beitrag über die Baustatik auf und stellt eine Einführung für Anwender und Nutzer dieses Verfahrens dar. Er soll den Leser in die Lage versetzen, vorhandene Berechnungsverfahren (Programmpakete) sinnvoll auszuwählen und einzusetzen sowie die Ergebnisse kritisch zu interpretieren.

Im Beitrag über *Modellstatik* werden hauptsächlich die Modellgesetze (bis hin zu Wärmespannungen, Schwerkraft, Flüssigkeitsdruck u. ä.) behandelt. Neben der Theorie dieses Spezialgebietes werden auch Informationen über die Versuchstechnik gegeben, die den Leser in die Lage versetzen, für besondere baustatische Fragestellungen geeignete Versuche zu planen und gegebenenfalls veranlassen zu können.

Besonderer Dank gilt den Autoren, die ihr fachliches Wissen und ihre didaktischen Erfahrungen eingebracht und viel Verständnis für die Wünsche des Herausgebers und der Redaktion gezeigt haben.

Dem Springer-Verlag danken wir für die vertrauensvolle Zusammenarbeit.

Berlin, im Dezember 1987   Dr. rer. nat. Erich Cziesielski
              Bandherausgeber

              Dipl.-Ing. Ulrich Kluge
              Redaktion der HÜTTE-Taschenbücher

              Dr.-Ing. Werner Sommerfeld
              Vorsitzender des Wissenschaftlichen Ausschusses
              des Akademischen Vereins Hütte e. V., Berlin

Inhalt

6. Lineare Plattentheorie 220

Teil C. Die Methode der Finiten Elemente in der Baustatik

(G. Hees)

Teil D. Modellstatik (*R. K. Müller*)

Teil A.
Planungsablauf und Planungsgenehmigung

Bearbeitet von *E. Schubert*

1. Planung von Bauvorhaben

1.1 Planungsbegriff

Planung ist — bezogen auf die Bauwerksherstellung — die Gesamtheit der planerischen Tätigkeiten in allen Phasen der Objektvorbereitung und Objektdurchführung. Sie umfaßt:

- Die Vorplanung als Grundlage für die Entscheidungen des Bauherrn und als Voraussetzung zur Bauvoranfrage sowie zur Erstellung des Bauentwurfs.
- Die Entwurfsplanung als Grundlage für die Erlangung der Baugenehmigung.
- Die Ausführungsplanung als Grundlage für die Bauausführung, wobei diese sowohl die konstruktive Bearbeitung als auch die Planung und Steuerung des Bauablaufes umfaßt.

Unter diesem Planungsbegriff ist im vorliegenden Kapitel dargelegt, welche Planungsarbeiten anfallen, nach welchen Regeln und auf welcher gesetzlichen Grundlage sie erfolgen, welche Planungsbeteiligte eingeschaltet und welche Genehmigungsinstanzen zu durchlaufen sind, um ein Bauvorhaben zu realisieren.

1.2 Bauwerk und Baubeteiligte

Bauwerke sind mit dem Erdreich fest verbundene Gebilde zum Schutze oder zur Bedarfsdeckung des Einzelnen oder der Gemeinschaft. Nach Art des Bauwerkes kann unterschieden werden in:

- Hoch- und Ingenieurhochbau (Wohnungsbau, Industriebau, Skelettbau, Hochbau),
- Tief- und Ingenieurtiefbau (Erd-, Brücken-, Tunnel-, Stollen-, Wasserbau, spezielle Gründungen),
- Straßen- und Eisenbahnoberbau.

Nach Art der Nutzung ist zu unterscheiden in:

- Wohnungsbau,
- Verwaltungsbauten, Bildungs- und Versorgungseinrichtungen,
- Industriebauten,
- Verkehrsbauten.

Nach Art der Auftraggeber wird unterschieden in:

— Private Bauvorhaben,
— Öffentliche Bauvorhaben.

An der Planung und Herstellung eines Bauwerkes sind eine größere Anzahl von Personen und Instanzen beteiligt:

— Bauherr,
— Entwurfsverfasser (Architekt/Planender Ingenieur),
— Sachverständiger (Fachingenieur),
— Bauleiter (im Sinne der HOAI sowie LBO),
— Unternehmer (Bauausführende Wirtschaft),
— Baubetroffener (Nutzer, Nachbar, Umwelt),
— Bauaufsichtsbehörde (genehmigende und kontrollierende Behörde).

Bauherr

Der Bauherr ist der verantwortliche Willensträger, der ein Bauwerk für sich errichten lassen will. Er hat das Kapital und das Grundstück bereitzustellen und seine Anforderungen an das Bauwerk zu definieren. Gemäß Vorschrift der Landesbauordnungen hat er geeignete Gehilfen (Entwurfsverfasser, Unternehmer, Bauleiter) für die Planung und Erstellung des Bauwerkes auszusuchen und vertragliche Bindungen mit ihnen einzugehen, soweit er nicht selbst ausreichend fachkundig ist. Er hat behördliche Auflagen zu erfüllen und Kontrollfunktionen zur Ausführungssicherung auszuüben.

Als Bauherren treten auf:

Private Auftraggeber als natürliche oder juristische Person. Öffentliche Auftraggeber als Behörden des Bundes, der Länder und der Gemeinden sowie als öffentlich-rechtliche Gesellschaften.

Entwurfsverfasser

Der Architekt bzw. der planende Ingenieur ist als Entwurfsverfasser der primäre Gehilfe des Bauherrn, da dieser überwiegend nicht fachkundig ist. Je nach Erfordernis wird der Architekt vorwiegend für Hoch- und Ingenieurhochbauten, der planende Ingenieur zur Projektierung von Tief- und Ingenieurtiefbauten sowie z. T. für Straßen- und Eisenbahnoberbauten herangezogen. Entsprechend der vorgegebenen Zielsetzung berät der Entwurfsverfasser den Bauherrn, projektiert den Vorentwurf, erstellt den Entwurf, erarbeitet die Unterlagen für die behördliche Genehmigung, erstellt eine Kosten-Nutzen-Analyse und unterstützt ihn bei der Ausschreibung und Vergabe der Bauleistung. Er überwacht die Bauausführung, sofern er zugleich mit der Bauleitung beauftragt ist, prüft Rechnungen, betreut während der Gewährleistungsfrist das Bauwerk und stellt eine Dokumentation her. Soweit er auf einzelnen Fachgebieten nicht die erforderliche Sachkunde und Erfahrung besitzt, hat er dafür zu sorgen, daß geeignete Sachverständige zugezogen werden.

Sachverständiger (Fachingenieur)

Als Fachingenieurleistung wird primär die statische Berechnung des sachverständigen Tragwerksplaners am Bauwerk gesehen mit Anfertigung der statischen Berechnung, der zugehörigen Ausführungspläne, der Unterlagen zur Massenermittlung sowie mit der ingenieurtechischen Kontrolle über die Bauausführung.

Weitere Sachverständige werden nach Bedarf hinzugezogen, wie Bauphysiker zur Planung und Überwachung von Anlagen des Wärme-, Schall-, Immissions- und Brandschutzes, Heizungs- und Lüftungsingenieure zur Planung der Heizungs-, Lüftungs- u. Sanitärtechnik sowie Fachingenieure spezieller technischer Bereiche, die besondere Fachkenntnisse aufweisen wie z. B. im Schul- oder Krankenhausbau.

Bauleiter

Der Bauleiter ist Gehilfe des Bauherrn zur ordnungsgemäßen Ausführung des Bauwerkes. Er sorgt dafür, daß das Bauvorhaben entsprechend den terminlichen und wirtschaftlichen Vorstellungen des Bauherrn, den genehmigten Bauvorlagen und den anerkannten Regeln der Baukunst ausgeführt wird. Er hat die Einhaltung der Vorschriften zum Gesundheitsschutz sowie zur Verhütung von Unfällen auf der Baustelle zu überwachen. Er steht nicht nur in einem privat-rechtlichen Vertragsverhältnis zum Bauherrn, sondern auch in einem öffentlich-rechtlichen Verhältnis zur Bauaufsichtsbehörde, entsprechend der von ihm übernommenen Überwachungspflichten gemäß Landesbauordnung.

Die Aufgaben des Bauleiters erfordern Sachkunde und Erfahrung. Gegebenenfalls sind geeignete Sachverständige als Fachbauleiter hinzuzuziehen.

Unternehmer

Bauunternehmer werden mit der Erstellung des Bauwerkes beauftragt, hierzu gehören der Rohbauunternehmer und die Fachunternehmer für Ausbauarbeiten, Sanitär, Heizung, Lüftung und sonstige Spezialgewerke. Aufgaben einer Unternehmung sind:

— Abgabe eines Angebotspreises,
— Vertragsabschluß mit dem Bauherrn,
— Arbeitsvorbereitung für die wirtschaftlich und technisch sichere Bauausführung,
— Erfüllung der beauftragten Leistung,
— Gewährleistungspflicht.

Der Unternehmer ist verantwortlich für die ordnungsgemäße Ausführung der von ihm übernommenen Arbeiten nach den allgemeinen Regeln der Technik sowie für die Einhaltung der Arbeitsschutzbestimmungen. Grundlage für die Bauausführung ist der Vertrag mit dem Bauherrn, der zugleich die Vergütung der Leistung regelt.

Baubetroffener (Nutzer, Nachbar, Umwelt)

Als Baubetroffener ist insbesondere der Nachbar eines zu bebauenden Grundstückes anzusehen, der durch das zu errichtende Bauwerk eventuell Nachteile (Gefahr oder Belästigung) zu erwarten hat. Die Interessen der Betroffenen sind durch die Baubehörde, entsprechend den öffentlich-rechtlichen Regelungen zu prüfen und wahrzunehmen. Sie können zu Einschränkungen bis hin zur Versagung einer Baugenehmigung führen. Weiterhin können private Einigungen zwischen Bauherrn und Nachbarn erfolgen bzw. notwendig sein.

Allgemein gültige Interessen der Baubetroffenen werden, soweit auch öffentliche Belange berührt sind, bereits in der Bauleitplanung (Flächennutzungsplan und Bebauungsplan) berücksichtigt. Der Bürger hat bei der Bauleitplanung ein Anhörrecht.

Bauaufsichtsbehörde (Bauordnungs- oder Baurechtsbehörde)

Die Bauaufsicht ist Sache des Staates. Die untere Bauaufsichtsbehörde ist in der Regel den Gemeinden und Landkreisen, die obere Bauaufsichtsbehörde den Regierungs-

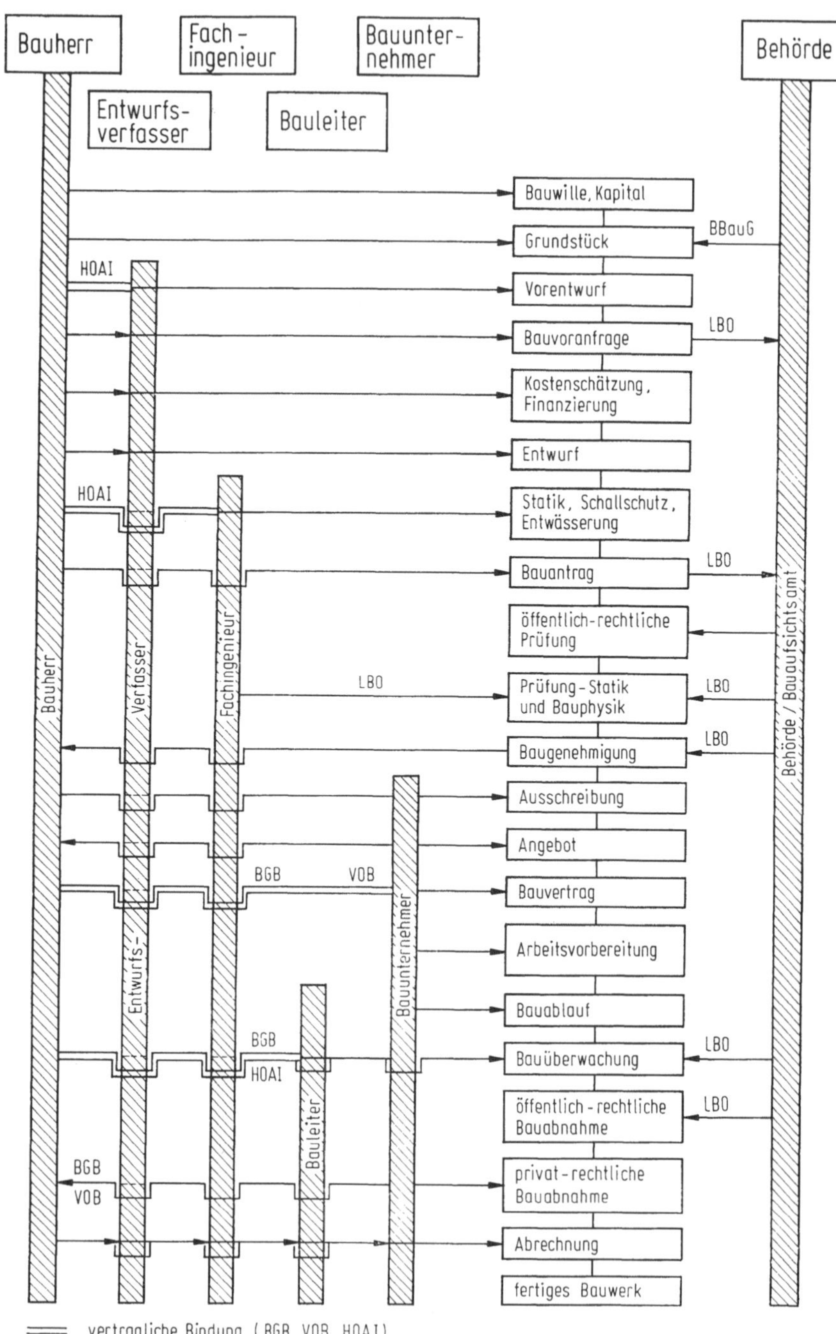

Bild 1-1. Schema einer Bauwerksherstellung

präsidenten und die oberste Bauaufsichtsbehörde dem zuständigen Landesminister unterstellt.

Die Bauaufsicht obliegt den unteren Bauaufsichtsbehörden mit folgender Ausnahme:

Bauliche Anlagen des Bundes und der Länder bedürfen keiner Baugenehmigung, Überwachung oder Abnahme durch die untere Bauaufsichtsbehörde, wenn der öffentliche Bauherr die Leitung der Entwurfsarbeiten sowie die Bauüberwachung einem Beamten des höheren technischen Verwaltungsdienstes übertragen hat. Der öffentliche Bauherr trägt allein die Verantwortung, daß Entwurf und Ausführung den öffentlich-rechtlichen Vorschriften entsprechen.

Die genehmigende und kontrollierende Baubehörde überwacht bei einem Bauvorhaben die städtebaupolitischen, wirtschaftlichen, hygienischen, sozialpolitischen und sicherheitstechnischen Interessen der Bevölkerung, die in den öffentlich-rechtlichen Vorschriften verankert sind. Die damit verbundene Einschränkung der freien Nutzung muß vom Grundstückseigentümer ohne staatliche Entschädigung hingenommen werden, weil das Allgemeinwohl den privaten Interessen übergeordnet ist.

Durch das Baugenehmigungs- und Bauüberwachungsrecht erhält die Bauaufsichtsbehörde den ihr zustehenden Einfluß auf das Baugeschehen. Ohne Baugenehmigung darf mit der Bauausführung nicht begonnen werden; für die Bauüberwachung ist den Behördenvertretern jederzeit Zutritt zur Baustelle zu gewähren.

1.3 Schema einer Bauwerksherstellung

Wesentliche Phasen der Bauplanung und Bauausführung vom Bauwillen bis zum fertigen Bauwerk sowie die Einwirkungen der Baubeteiligten auf einzelne Stationen des Ablaufes zeigt Bild 1-1. Die Art sowie Reihenfolge der Einflußnahme auf das Baugeschehen regelt sich nach den Vorschriften der Landesbauordnungen. Diese sind nicht bundeseinheitlich. Insofern gibt es Abweichungen von dem Schema des Bildes 1-1 entsprechend der jeweiligen Landesbauordnung. So wird z. B. die Arbeit der Fachingenieure (Tragwerksplaner, Bauphysiker) entweder während des Baugenehmigungsverfahrens oder aber erst nach Erteilung der Baugenehmigung gefordert, wenn diese unter dem Vorbehalt noch zu prüfender Unterlagen erteilt wird. In einigen Bundesländern ist z. B. die Pflicht zur Vorlage des Standsicherheitsnachweises entfallen bei Gebäuden bis zu 2 Geschossen und mit nicht mehr als 2 Wohnungen; in einigen Ländern wird auf die behördliche Bauabnahme mit Bauabnahmeschein verzichtet. Das allgemeine Verständnis des Planungs- und Bauablaufes ist von diesen unterschiedlichen Regelungen nicht wesentlich berührt.

2. Gesetzliche Regelungen für die Bauplanung

Die gesetzlichen Bestimmungen für die Planung und Durchführung eines Bauvorhabens beziehen sich auf zwei Rechtsgebiete:

Das Bauplanungsrecht, das die Randbedingungen einer Bebauung oder sonstigen Nutzung des Bodens festlegt.

Das Bauordnungsrecht, das die Anforderungen an das einzelne Baugrundstück bzw. Bauwerk regelt.

Beide Rechtsgebiete gehören zum öffentlichen Baurecht.

2.1 Bauplanungsrecht

Gemäß Art. 72 des Grundgesetzes (Konkurrierende Gesetzgebung des Bundes und der Länder) hat der Bund mit dem Bundesbaugesetz die Grundlage für die städtebauliche Planung, Baulandbeschaffung, Bauerschließung und sonstige Nutzung der Grundstücke geschaffen. Des weiteren sind mit dem Raumordnungsgesetz und den jeweiligen Landesplanungsgesetzen festgelegt die Aufgaben, Ziele und Grundsätze der Raumordnung, insbesondere hinsichtlich der überregionalen Abstimmung der Planung.

Das *Bundesbaugesetz* ordnet — einschließlich der zugehörigen Verordnungen, wie Baunutzungsverordnung, Planzeichenverordnung u. a. — die städtebauliche Entwicklung in Stadt und Land. Den Gemeinden (Parlamenten) ist das Recht der Bauleitplanung übertragen, d. h. insbesondere das Recht zur Aufstellung von Flächennutzungsplänen und darauf- aufbauend von Bebauungsplänen. Die Bürger werden an der Bauleitplanung beteiligt durch öffentliche Darlegung der Ziele und Zwecke der Planung sowie durch Anhörung. Die Entwürfe der Bauleitpläne werden für die Dauer eines Monats öffentlich ausgelegt. Vorgebrachte Bedenken und Anregungen sind von der Gemeinde zu prüfen, und das Ergebnis ist den Beteiligten mitzuteilen.

Die Einhaltung der von der Gemeinde vorgesehenen Bauplanung wird im Bundesbaugesetz durch die gesetzlichen Möglichkeiten der Veränderungssperre, des Vorkaufsrechts der Gemeinde, der Bodenenteignung und des Rechts auf Baulanderschließung unterstützt.

Im *Flächennutzungsplan* legt die Gemeinde die beabsichtigte Art der Bodennutzung fest, z. B. Flächen für Baugebiete, Hauptverkehrswege, Parkanlagen, Landwirtschaft oder öffentliche Gebäude. Dabei ist die Abstimmung auf die Ziele der Raumordnung und der Landesplanung sowie die Genehmigung der höheren Verwaltungsbehörde erforderlich.

Der *Bebauungsplan* ist als verbindlicher Bauleitplan aus dem Flächennutzungsplan zu entwickeln. Die Gemeinde beschließt ihn als Satzung; er bedarf ebenfalls der Genehmigung der höheren Verwaltungsbehörde und enthält die rechtsverbindliche Festsetzung der städtebaulichen Ordnung, wie u. a.

— Mindestgröße der Baugrundstücke,
— Art und Maß der baulichen Nutzung der Baugrundstücke,
— Bauweise sowie Größe und Lage des Bauwerkes,
— Flächen, die von der Bebauung freizuhalten sind, und ihre Nutzung.

Das *Städtebauförderungsgesetz*, das Wohnungsmodernisierungsgesetz und weitere spezielle Regelungen sind ebenfalls dem Bauplanungsrecht zuzuordnen. Sie bilden die Rechtsgrundlage für die Sanierung unserer Städte und Dörfer.

Für *überörtliche Bauplanungen*, z. B. auf dem Gebiet des Verkehrs-, Wege- und Wasserrechts sowie für bestimmte industrielle Großanlagen wird der überörtlichen Planung Vorrang vor der Bauleitplanung der Gemeinden gegeben. Die Gemeinden haben nur ein Anhörrecht. Entsprechende Baumaßnahmen werden nicht durch Bebauungspläne, sondern durch Planfeststellungsverfahren fixiert.

Die *Möglichkeiten der Planfeststellung* sind gesetzlich geregelt, u. a. im Bundesbahngesetz, Energiesicherungsgesetz, Luftverkehrsgesetz, Wasserstraßengesetz sowie einer großen Anzahl von Landesgesetzen. Mit der Planfeststellung werden alle nach anderen Vorschriften notwendigen öffentlich-rechtlichen Genehmigungen, Erlaubnisse oder Zustimmungen ersetzt. Nach Auslegung der Pläne und Erörterung der Einwendungen mit den Beteiligten bzw. Betroffenen stellt die oberste Behörde den Plan mit einer Begründung ihrer Entscheidung durch Beschluß fest.

2.2 Bauordnungsrecht

Das Bauordnungsrecht beinhaltet öffentlich-rechtliche Anforderungen an Baugrundstücke sowie an Bauwerke. Ein geplantes Bauobjekt hat danach die sozialen und zwischenmenschlichen Beziehungen sowie die ästhetischen Regeln zu berücksichtigen. Vom Bauobjekt darf keine Gefährdung der öffentlichen Sicherheit und Ordnung ausgehen. Hierzu gehören der Schutz für Leben und Gesundheit, insbesondere die Standsicherheit des Bauwerkes, der Schall- und Wärmeschutz sowie die Verkehrssicherheit.

Das Bauordnungsrecht gewährleistet die Realisierung des Bebauungsplanes sowie anderer öffentlich-rechtlicher Vorschriften durch das darin enthaltene Baugenehmigungs- und Bauüberwachungsrecht.

Das Bauordnungsrecht liegt in der Kompetenz der Länder. Zur Vereinheitlichung wurde im Jahre 1959 gemeinsam von Bund und Ländern eine Musterbauordnung als Grundlage für die Landesbauordnungen beschlossen. Es ist bisher nicht gelungen, auf dieser Grundlage eine Vereinheitlichung der Bauordnungen zu erreichen. Insofern sind die Vorschriften des Baugenehmigungsverfahrens sowie der bauaufsichtlichen Überwachung nicht bundeseinheitlich geregelt. In den Landesbauordnungen werden im wesentlichen folgende Regelungen getroffen (s. Tabelle 2-1).

Tabelle 2-1. Inhalte der Landesbauordnungen

Teil	Stichworte zum Inhalt
Allgemeine Vorschriften	Anwendungsbereich, Begriffe, Allgemeine Anforderungen
Das Grundstück und seine Bebauung	Anordnung der baulichen Anlagen auf den Grundstücken, Bauwiche, Abstände
Baustelle	Einrichtung der Baustelle, Sicherheitsvorkehrungen
Bauliche Anlagen	Baugestaltung, Bauausführung, Standsicherheit, Schutz gegen Feuchtigkeit und Schädlinge, Brandschutz, Wärmeschutz, Schallschutz, Verkehrssicherheit, Baustoffe, Zulassung neuer Baustoffe, Güteüberwachung, Gründungen, Wände, Decken, Treppen, Fenster, Feuerungsanlagen, Elektrische Anlagen, Wasserversorgungsanlagen, Aufenthaltsräume, Garagen, Landwirtschaftliche Bauten
Gemeinschaftsanlagen	Herstellung, Unterhaltung und Verwaltung durch die Eigentümer und die Gemeinde
Die am Bau Beteiligten	Bauherr, Entwurfsverfasser, Unternehmer, Bauleiter
Bauaufsicht	Aufgabe und Zuständigkeit der Bauaufsichtsbehörde, das bauaufsichtliche Verfahren, Bauantrag und Bauvorlage, Baugenehmigung, Bauanzeige und Baubeginn, Baueinstellung, Bauüberwachung, Baulasten und Baulastenverzeichnis
Übergangs- und Schlußvorschriften	Rechtsverordnungen und Verwaltungsvorschriften, Satzungen der Gemeinde

Die Landesbauordnung regelt im wesentlichen die öffentlich-rechtlichen Bestimmungen für die Baudurchführung und damit auch die öffentlich-rechtlichen Beziehungen der am Bau Beteiligten, während deren privatrechtliche Abhängigkeiten durch Privatverträge geregelt sind (Bauvertrag, Architektenvertrag u. a.).

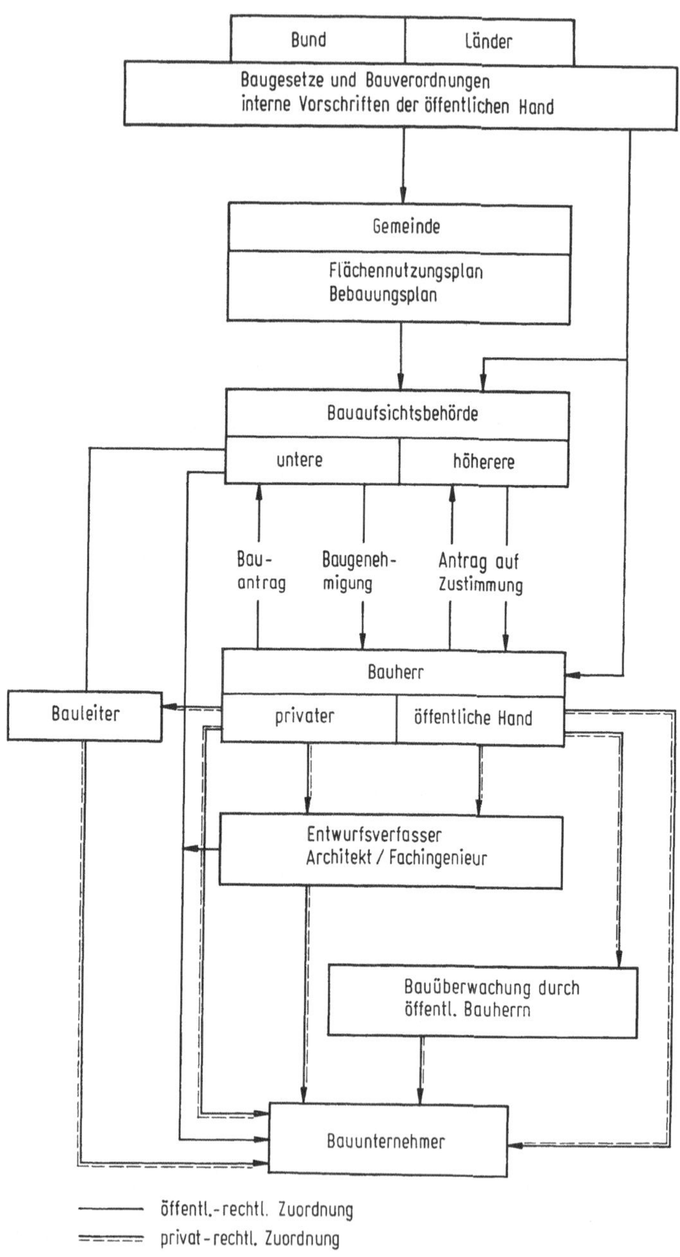

Bild 2-1. Rechtsverbindliche Abhängigkeiten vom Gesetzgeber über den Bauherrn bis zum Bauunternehmer

Bild 2-1 gibt eine Übersicht über die öffentlich-rechtlichen sowie die privaten Beziehungen und Abhängigkeiten zwischen Gesetzgeber, öffentlichen Instanzen und den am Bau Beteiligten.

2.3 Sonstige gesetzliche Regelungen zur Bauplanung und Baudurchführung

Nach dem Bauplanungsrecht und Bauordnungsrecht sowie nach dem Strafrecht und dem Bürgerlichen Gesetzbuch sind die am Bau Beteiligten verpflichtet, Planungs- und Ausführungsentscheidungen nach den anerkannten Regeln der Baukunst zu treffen. Diese sind in einer Vielzahl weiterer Gesetze, Verordnungen, Richtlinien, DIN-Normen sowie in den Unfallverhütungsvorschriften der Berufsgenossenschaften festgelegt. Sie beziehen sich oft auf bestimmte Bauwerkstypen oder Bauwerksnutzungen, wie z. B. die Garagenverordnung, Versammlungsstättenverordnung, Industriebauverordnung sowie die Hochbaurichtlinien. Die Baunormen, die von jedem Bundesland speziell anerkannt werden müssen, können in 4 Kategorien aufgeteilt werden.

Grundnormen: Modulordnung und Lastannahmen,
Gütenormen: Qualitätsanforderungen an Baustoffe und Bauteile,
Ausbaunormen: Angaben zu Türen, Fenstern, Fußböden u. a.,
Ausführungsnormen: Angaben zu Brand-, Wärme-, Schall- und Korrosionsschutz u. a.

3. Planungsablauf

Der Planungsablauf gliedert sich in Planungsaufgaben zur Erstellung des Entwurfes und solche zur Durchführung der Baumaßnahme. Hierzu gehört die Festlegung der Organisationsform der am Bau Beteiligten mit ihren Gehilfen und Zuständigkeiten.

3.1 Baugenehmigungsverfahren

Bauantrag. Nach den Landesbauordnungen wird in genehmigungsbedürftige, anzeigebedürftige sowie genehmigungs- und anzeigefreie Bauvorhaben unterschieden. Genehmigungsbedürftig ist die Errichtung, die Änderung und der Abbruch von baulichen Anlagen, sofern es sich nicht um sehr kleine Bauvorhaben handelt, die entweder nur anzeigebedürftig oder sogar anzeigefrei sind.

Dem Bauauftrag geht in der Regel ein Vorentwurf sowie der Entwurf voraus. Der Vorentwurf ist ein Vorschlag für das geplante Bauobjekt in seinen wesentlichen Teilen mit zeichnerischer Darstellung, Kostenschätzung und Erläuterung. Er dient einmal der Einholung einer behördlichen Stellungnahme über die Aussichten zur Erlangung der Baugenehmigung sowie zum anderen der Entscheidung des Auftraggebers über die weitere Fortführung des Bauprojektes. Der Entwurf beinhaltet die endgültige zeichnerische Lösung der Bauaufgabe, üblicherweise i. M. 1:100. Er dient als Grundlage für den Bauantrag, zur Aufgabenübertragung an Fachingenieure, zur Aufstellung eines Leistungsverzeichnisses sowie zur Ermittlung der Herstellkosten.

Bei einem genehmigungsbedürftigen Bauvorhaben hat der Bauherr einen Bauantrag schriftlich an die Gemeinde zu stellen; dieser ist vom Entwurfsverfasser mitzuunterzeichnen. Im Regelfall werden folgende Unterlagen (Bauvorlagen) zusätzlich gefordert:

Der Lageplan nebst einem Auszug aus dem Katasterwerk,
die Bauzeichnungen,
die Baubeschreibung,
die erforderlichen Standsicherheitsnachweise,
die erforderlichen Nachweise des Wärme-, Schall- und Brandschutzes,
die erforderlichen Angaben über die Grundstücksentwässerung und die Wasserversorgung.

Umfang, Inhalt, Form und Zahl der Bauvorlagen sind nicht einheitlich festgelegt und müssen bei der unteren Bauaufsichtsbehörde erfragt werden.

Bauvoranfrage. Vor Einreichen des Bauantrages kann auf schriftlichen Antrag des Bauherrn zu einzelnen Fragen des Bauvorhabens ein Vorbescheid erteilt werden. Der Vorbescheid gilt ein Jahr.

Behandlung des Bauantrages. Der Bauantrag wird von der Gemeinde der Bauaufsichtsbehörde zur Prüfung übersandt. Die Bauaufsichtsbehörde schaltet nach Vorprüfung je nach Notwendigkeit weitere Behörden und Dienststellen ein, wie Vermessungsamt, Planungsamt, Tiefbauamt, Feuerwehr oder Gewerbeaufsichtsamt. Nach Bedarf zieht sie Sachverständige (Statiker, Geologe, Bauphysiker u. a.) hinzu, soweit sie auf diesen besonderen technischen Gebieten nicht selbst sachverständig oder genügend personell besetzt ist.

Die Baubehörden haben die Eigentümer angrenzender Grundstücke von dem Bauvorhaben zu benachrichtigen, wenn zu erwarten ist, daß öffentlich-rechtlich geschützte Belange berührt werden. Teilweise wird in den Landesbauordnungen verlangt, daß noch vor Einreichung des Bauantrages dem Grundstücksnachbarn der Lageplan und die Bauzeichnungen vom Bauherrn vorgelegt werden müssen.

Bei erheblichen Mängeln kann der Bauantrag zurückgewiesen werden, ansonsten werden der Bauherr und der Entwurfsverfasser beraten und aufgefordert, korrigierte Bauvorlagen vorzulegen. Wenn das Vorhaben den öffentlich-rechtlichen Vorschriften entspricht, muß die Baugenehmigung in Schriftform von der Baubehörde erteilt werden. Diese kann Auflagen und Bedingungen enthalten, wie z. B. die Hinzuziehung eines Fachbauleiters für die Gründungsarbeiten oder die Abnahme der Bewehrung durch den Prüfstatiker vor Beginn des Betonierens.

Erst nach Zustellung der Baugenehmigung darf mit der Bauausführung begonnen werden. Der Beginn der Bauausführung ist der Bauaufsichtsbehörde anzuzeigen. Die Ausführung ist entsprechend der Genehmigung vorzunehmen.

3.2 Planungsablauf von der Baugenehmigung bis zur Baufertigstellung

Aufbauend auf der Planungstätigkeit zur Erlangung der Baugenehmigung hat der Bauherr bzw. dessen Beauftragter weitere Planungsaufgaben zu erfüllen, um die erforderlichen Unterlagen zur Ausschreibung und Vergabe an ausführende Unternehmer bereitzustellen. Der Bauherr legt entweder die Ausführungsdetails fest, so daß der Anbieter nur den Angebotspreis bilden muß, oder aber er gibt eine funktionale Beschreibung des gewünschten Objektes in Umfang und Qualität an und überläßt dem Anbieter die Aufgabe, Ausführungsunterlagen zu erarbeiten und diese dem Wettbewerb zu unterstellen.

Im letzteren Fall gehen Teile der Planungsaufgabe vom Bauherrn auf die bauausführende Unternehmung über.

Selbst wenn der Bauherr sich für eine detaillierte Planung entschieden hat, kann der Unternehmer im allgemeinen durch Sondervorschläge eigene Ausführungsvorstellungen unterbreiten und verwirklichen, sofern sie bei gleicher Qualität zu Preisvorteilen führen.

Nach Eingang der Angebote der Unternehmer obliegt dem Bauherrn die Vergabe der Bauleistung.

Arbeitsvorbereitung

Neben der genehmigungs- oder überwachungspflichtigen Planung gibt es eine umfangreiche Planungsarbeit zur Ausführung des Bauobjektes, die im wesentlichen durch die ausführende Unternehmung eigenverantwortlich zu erbringen ist und mit Arbeitsvorbereitung bezeichnet wird. Diese Planung unterliegt im allgemeinen keiner öffentlich-rechtlichen Prüfung oder Überwachung.

Die Arbeitsvorbereitung dient zur termingerechten, sicheren und wirtschaftlichen Ausführung des Bauobjektes. Hierzu wird der Bauablauf so vorgeplant, daß die vorhandenen Kapazitäten an Arbeitskräften und Geräten möglichst kontinuierlich eingesetzt werden und Bau- und Bauhilfsstoffe in ausreichender Menge, zum richtigen Zeitpunkt und am richtigen Ort bereitgestellt sind. Die Einzelaufgaben der Arbeitsvorbereitung sind:

Vor Baubeginn:
— Prüfung der Auftragsunterlagen auf Vollständigkeit, Richtigkeit und Vertragskonformität,
— Prüfung der möglichen Bauverfahren in Abhängigkeit von technischen, räumlichen und terminlichen Gegebenheiten,
— Bauablaufplanung, Terminplanung,
— Baustelleneinrichtungsplanung,
— Bedarfsplanung für Geräte, Arbeitskräfte, Baustoffe und Finanzmittel,
— Erstellung einer Arbeitskalkulation,
— Konstruktionspläne für Schalung und Rüstung.

Während der Bauausführung:
— Terminüberwachung und Terminplanüberarbeitung,
— Bauarbeitsstudien zur Verbesserung des Bauablaufes.

Vielfach ist die Arbeitsvorbereitung bereits zum Zeitpunkt der Angebotsbearbeitung tätig, da es bei komplizierten Bauobjekten erforderlich ist, die Preisbildung auf klaren Vorstellungen über die geplante Art der Bauabwicklung, der Baustelleneinrichtung und des Terminablaufes aufzubauen.

Bauüberwachung

Die Bauaufsichtsbehörden haben nach den Landesbauordnungen die Pflicht, genehmigungsbedürftige Bauvorhaben zu überwachen, insbesondere hinsichtlich der Brauchbarkeit der verwendeten Baustoffe und Bauteile, der Ordnungsmäßigkeit der Bauausführung sowie der Einhaltungen der Bestimmungen zum Schutze der allgemeinen Sicherheit. Neuartige Baustoffe und Bauarten bedürfen der behördlichen Zulassung oder eines Prüfzeugnisses. Die Bauaufsichtsbehörde bzw. die von ihr beauftragten Fachingenieure müssen in der Regel vor der Bauausführung die Ausführungspläne mit der zugehörigen Statik geprüft sowie mit einem Baugenehmigungsvermerk versehen haben.

Den *Vertretern der Bauüberwachung* ist der jederzeitige Zutritt zur Baustelle zu ermöglichen. Die Kosten für die Prüfungen von Baustoffen und Bauteilen sowie für die Überwachung technisch schwieriger Bauausführungen durch die Sachverständigen trägt der Bauherr.

Beginn und Beendigung des Rohbaues sowie die Fertigstellung des Bauwerkes ist in der Regel der Bauaufsichtsbehörde ca. 2 Wochen vorher mitzuteilen. Des weiteren kann nach den Landesbauordnungen eine spezielle Rohbauabnahme und eine Schlußabnahme vorgeschrieben sein.

Zweck der Überwachung und Prüfung ist die im öffentlichen Interesse liegende Gefahrenabwehr. Es ist nicht Aufgabe der Bauaufsichtsbehörde, den Bauherrn, Entwurfsverfasser, Unternehmer oder Bauleiter von der Verantwortung für die Erstellung eines sicheren und mängelfreien Bauwerkes zu entlasten oder eine Gewährleistung für die Mängelfreiheit des fertiggestellten Bauwerkes zu übernehmen.

3.3 Projektsteuerung

Nach den Landesbauordnungen ist der Bauherr für die Einhaltung baurechtlicher Vorschriften verantwortlich. In der Regel bestellt er zur Durchführung der Aufgaben Entwurfsverfasser, Bauleiter und geeignete Unternehmer. Seine Verantwortung beschränkt sich dann insbesondere auf Auswahl und Kontrolle der bestellten Baubeteiligten und auf die Entscheidung über die bauvorbereitende Planung. Diese organisatorischen Aufgaben des Bauherrn in der Ablaufplanung, Ablaufsteuerung und Kontrolle werden als Projektsteuerung bezeichnet. Sie wachsen mit der Größe und Kompliziertheit des Bauwerkes.

Der nicht fachkundige Bauherr wird auch diese Projektsteuerungsaufgaben — je nach Schwierigkeit des Bauobjektes — entweder dem Architekten, einem speziellen Sachverständigen bzw. einer speziellen Projektorganisation übertragen. Damit verliert er allerdings Teile seines Einflusses, wie z. B. seine Kontrollmöglichkeit auf die Ausführung.

Die Aufgaben der Projektsteuerung sind in der HOAI (Verordnung über die Honorare für Leistungen der Architekten und Ingenieure) festgelegt. Sie umfassen u. a.:

— Klärung der Aufgabenstellung und der Voraussetzungen für den Einsatz von Projektbeteiligten,
— Aufstellung und Überwachung von Organisations-, Termin- und Zahlungsplänen, bezogen auf Projekt und Projektbeteiligte,
— Koordinierung und Kontrolle der Projektbeteiligten, mit Ausnahme der ausführenden Firmen,
— Information des Auftraggebers über die Projektabwicklung und Herbeiführung seiner Entscheidungen,
— Koordinierung und Kontrolle der Bearbeitung von Finanzierungs-, Förderungs- und Genehmigungsverfahren.

Je nach Möglichkeit der eigenen Mitwirkung und nach Art und Kompliziertheit des Bauobjektes wählt der Bauherr die Projektorganisation aus einer Vielzahl von Modellen aus.

Häufigste Projektorganisationsform ist die Übertragung von Entwurf und Bauleitung auf den Architekten sowie die Beauftragung von Bauunternehmung und Fachunternehmern zur Ausführung der Arbeiten. Der Bauherr hat hierbei unmittelbare vertragliche Beziehungen zu allen Beteiligten (siehe Bild 3-1) und dementsprechend eine größere Mitwirkung bei der Projektsteuerung.

Weitestgehende Übertragung aller Leistungen auf einen Funktionsträger ist die Form der Totalübernehmervergabe, bei der der Bauherr die Entwurfsleitung, Bauleitung und die Bauausführung einem einzigen Vertragspartner überträgt (siehe Bild 3-2). Bei dieser Form der Vergabe wird der Bauherr weitestgehend von der Projektsteuerung entlastet.

Zwischen diesen Projektorganisationsformen gibt es eine Reihe von Konstruktionen mit unterschiedlicher Einwirkung des Bauherrn auf den Projektablauf, wie z. B. Generalplaner, Generalunternehmer, Generalübernehmer und Totalunternehmer.

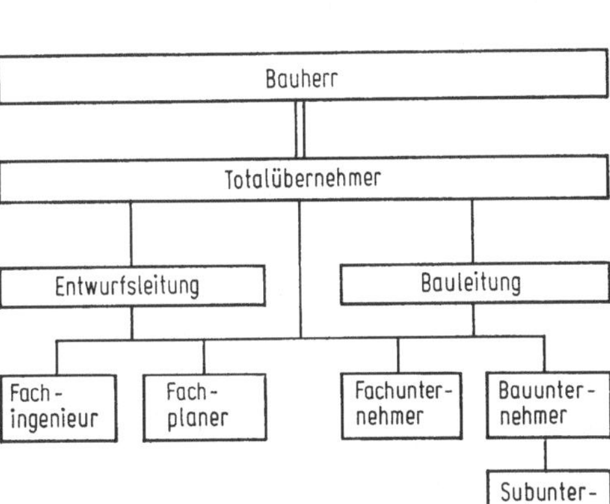

Bild 3-1.   Projektorganisationsschema bei Beauftragung eines Architekten und Vergabe nach Gewerken

Bild 3-2.   Projektorganisationsschema bei Vergabe an Totalübernehmer

Literatur zu Teil A Planungsablauf und Planungsgenehmigung

Gesetze, Verordnungen, Richtlinien

1 Bundesbaugesetz, (zuletzt geändert 18. 2. 1986)

2 Baugesetzbuch

3 Musterbauordnung für die Länder des Bundesgebietes einschl. des Landes Berlin 1959, Recklinghausen: Kummunal-Verlag 1960.

Bücher

4 *Walper:* Einführung in das Bauordnungsund Bauplanungsrecht. Wiesbaden, Berlin: Bauverlag; Köln-Braunsfeld: Rudolf Müller 1977.

5 *Dieterich/Koch:* Bauleitplanung; Recht und Praxis. Stuttgart: Deutsche Verlagsanstalt 1977.

6 Enquete über die Bauwirtschaft, I. Teil, im Auftrag des Bundesministers für Wirtschaft. Stuttgart: Forum-Verlag 1973.

Teil B. Baustatik

Bearbeitet von *G. Hees* und *G. Pohlmann*

1. Einleitung

1.1 Aufgaben der Baustatik

Die *Statik* als Teilgebiet der Mechanik ist die Lehre vom Gleichgewicht der unter Kraftwirkung stehenden festen Körper ohne und mit Berücksichtigung der Verformungen.

Statik der Baukonstruktionen (Baustatik): Anwendung der Gesetze der Statik, der Kinematik (Bewegungslehre) und der Festigkeitslehre auf die Tragwerke des Bauwesens. Form, Aufbau und Belastung der Tragwerke werden idealisiert.

Die *Planung eines Bauwerks* läuft im allgemeinen etwa nach dem Schema des Bildes 1-1 ab.

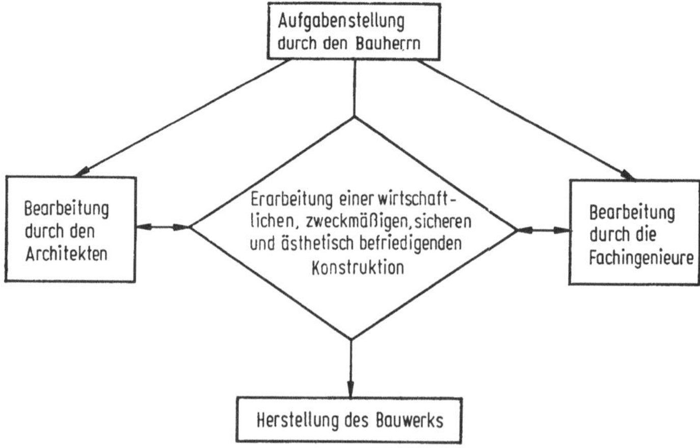

Bild 1-1. Planung eines Bauwerks

Während die Dimensionierung, bei der mit Hilfe der Festigkeitslehre der Spannungszustand bestimmt und die Profilwahl getroffen wird, in den Abschnitten über den Holzbau, den Stahlbau und den Stahlbetonbau behandelt wird, befaßt sich die Baustatik mit

der Ermittlung des Kraftzustandes (Stützgrößen und Schnittgrößen) und
der Ermittlung des Verschiebungszustandes.

In einer statischen Berechnung muß nachgewiesen werden, daß

die Standsicherheit und
die Gebrauchsfähigkeit des Bauwerks

gewährleistet sind.

Der Nachweis der Standsicherheit wird im allgemeinen dadurch erbracht, daß die in den Vorschriften geforderten Sicherheiten

gegen Bruch
gegen Fließen oder eine andere kritische Spannung oder Dehnung
gegen Instabilität

eingehalten sind.

Die Gebrauchsfähigkeit wird vor allem beeinträchtigt durch

große Verformungen
Risse
unangenehme Schwingungen

Bei der Bearbeitung durch den konstruierenden Ingenieur treten die Arbeitsgänge nach Bild 1-2 auf.

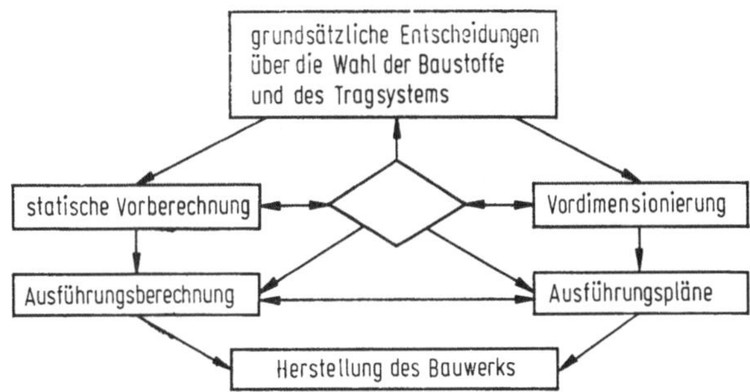

Bild 1-2. Bearbeitung durch den konstruierenden Ingenieur

Beim Aufstellen einer *statischen Berechnung* fallen die folgenden Teilaufgaben an:

Idealisierung des Bauwerks zu einem Tragwerk,
— das in der Lage ist, die Lasten sicher und wirtschaftlich in den Baugrund abzuleiten,
— das den wirklichen räumlichen Kraft- und Verschiebungszustand gut annähert,
— das den Rechenaufwand möglichst gering hält.

Festlegung der Belastung, wobei man weitgehend an Vorschriften gebunden ist.
Berechnung des Kraft- und Verschiebungszustandes.
Kontrolle der Rechenergebnisse, ob sie rechnerisch richtig sind.
Kontrolle, ob die bei der Idealisierung getroffenen Vernachlässigungen zulässig sind.
Nachweis der Standsicherheit und der Gebrauchsfähigkeit.

1.2 Tragwerke und Tragwerksteile

1.2.1 Tragwerke

Tragwerke sind materielle Systeme, an denen äußere und innere Kräfte wirken. Sie sind im allgemeinen durch Lager mit der Erde verbunden. Sie bestehen aus Elementen, die nach ihrer Tragwirkung unterschieden werden.

Elemente der Tragwerke

Eindimensionale oder Stabelemente

Zwei Abmessungen (Querschnitt) klein gegenüber der dritten (Länge der Stabachse).

Fachwerkstäbe oder Pendelstäbe (Bild 1-3a): Sie übertragen nur Längskräfte, also Kräfte in Richtung der Stabachse. Ein Sonderfall sind die Seile, die nur Zugkräfte aufnehmen können.

Biegeträger, Balken oder Träger: Sie übertragen neben den Längskräften auch Querkräfte und Momente, also Kraftgrößen senkrecht zur Stabachse. Beim geraden Balken sind die Längs- und Querbeanspruchung entkoppelt, d. h. jeder der Zustände kann für sich berechnet werden (Bild 1-3b). Ein Sonderfall sind die gekrümmten Stäbe (z. B. die Bögen), bei denen die Längs- und Querkräfte nicht entkoppelt sind (Bild 1-3c).

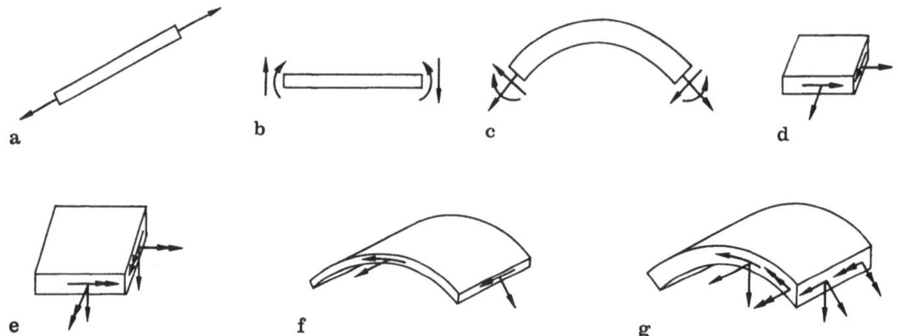

Bild 1-3. Tragwerkselemente.
a) Stab, b) Biegeträger, c) Bogen, d) Scheibe, e) Platte, f) Membranschale, g) Biegesteife Schale

Zweidimensionale oder Flächenelemente

Eine Abmessung (Dicke) klein gegenüber den beiden anderen.

Scheiben. Belastung in der Ebene. Sie übertragen Kräfte in der Scheibenebene (Bild 1-3d)

Platten. Belastung senkrecht zur Plattenebene. Sie übertragen Kräfte senkrecht zur Plattenebene und Momente (Bild 1-3e)

Membranschalen. Sie übertragen Kräfte in der Schalenfläche (Bild 1-3f)

Biegesteife Schalen. Sie übertragen Kräfte und Momente, die untereinander gekoppelt sind. (Bild 1-3g)

Dreidimensionale oder Raumelemente

Sie kommen in der Statik der Baukonstruktionen nur in Sonderfällen vor.

Unterscheidung der Tragwerke

nach der Geometrie: Ebene Tragwerke, räumliche Tragwerke
nach der Zusammensetzung aus den Elementen

Stabtragwerke: Neben Tragwerken, die nur aus einem Linienelement bestehen, unterscheidet man die aus mehreren Linienelementen bestehenden Stabtragwerke, Bild 1-4a bis c.

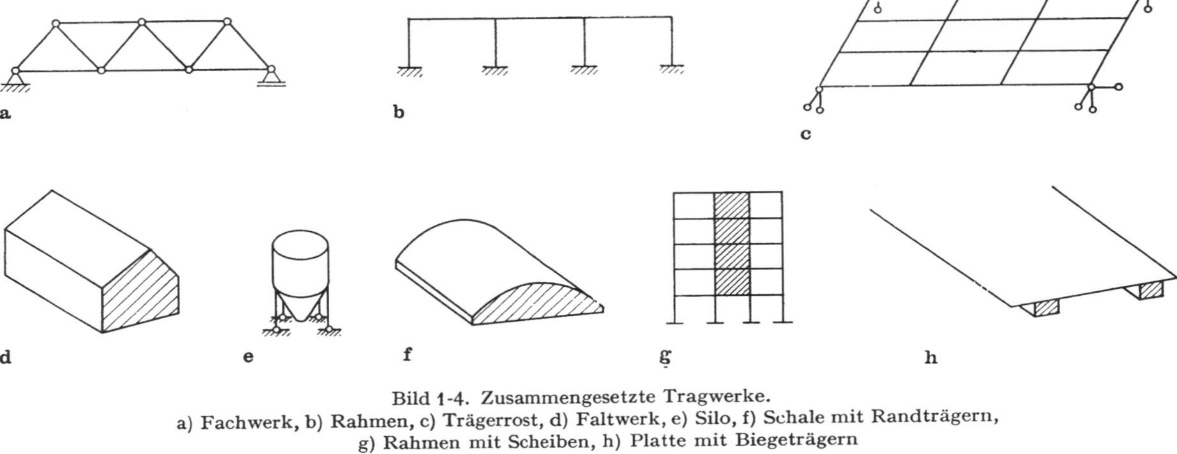

Bild 1-4. Zusammengesetzte Tragwerke.
a) Fachwerk, b) Rahmen, c) Trägerrost, d) Faltwerk, e) Silo, f) Schale mit Randträgern,
g) Rahmen mit Scheiben, h) Platte mit Biegeträgern

Flächentragwerke: Neben Flächentragwerken, die nur aus einem Flächenelement bestehen, unterscheidet man solche, die aus mehreren Flächenelementen zusammengesetzt sind (Bild 1-4d) und solche, die aus Linien- und Flächenelementen zusammengesetzt sind (Bild 1-4e bis h).

Knotenpunkte bzw. Knotenlinien sind die Kontaktstellen von zwei oder mehr Tragwerkselementen. Diese Kontaktstellen können so ausgebildet sein, daß nicht alle Kräfte übertragen werden können. Man spricht dann von Gelenken.

Darstellung der Tragwerke

Die Tragwerke werden in einer statischen Berechnung nicht als Körper, sondern nur mittels der Systemlinien (Schwerachsen) oder Systemflächen der Elemente dargestellt.

1.2.2 Gelenke

Gelenke sind Mechanismen, die an einer Stelle (Knoten) eines Tragwerkes Schnittgrößen ausschalten, d. h. sie können diese Schnittgrößen nicht übertragen. Deshalb müssen diese Schnittgrößen an dieser Stelle Null sein. Jeder ausgeschalteten Schnittgröße ist eine Unstetigkeit in einer Verschiebungsgröße zugeordnet.

Gelenke zwischen Linienelementen bei Beanspruchung in einer Ebene (Bild 1-5)

Man nennt die Gelenke auch nach der Schnittgröße, die ausgeschaltet wird: Momentengelenk oder kurz Gelenk, Längskraftgelenk, Querkraftgelenk.

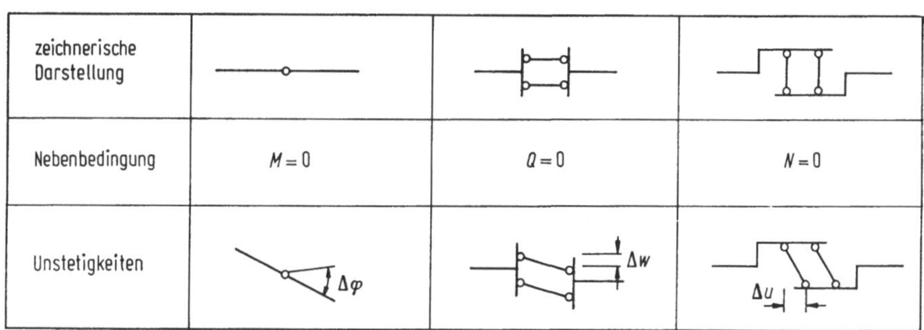

zeichnerische Darstellung			
Nebenbedingung	$M = 0$	$Q = 0$	$N = 0$
Unstetigkeiten	$\Delta\varphi$	Δw	Δu

Bild 1-5. Gelenke zwischen Linienelementen bei Beanspruchung in einer Ebene

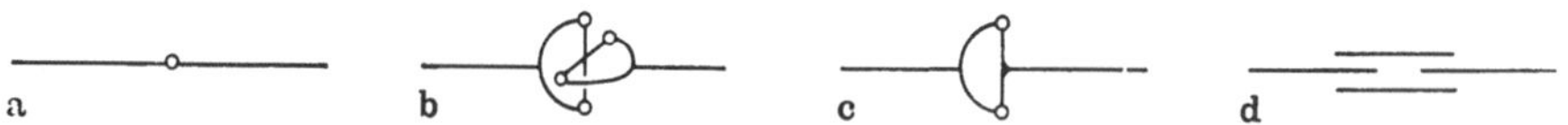

Bild 1-6. Gelenke zwischen Linienelementen bei räumlicher Beanspruchung

Beispiele für Gelenke bei räumlicher Beanspruchung:

Kugelgelenk (Bild 1-6a):   Die 3 Momente werden nicht übertragen.
Kreuzgelenk (Bild 1-6b):   Die beiden Biegemomente werden nicht übertragen.
Scharnier (Bild 1-6c):   Ein Moment wird ausgeschaltet.
Hülse (Bild 1-6f):   Torsionsmoment und Längskraft werden nicht übertragen.

1.2.3 Lager

Die Lager verbinden das Tragwerk mit der Erde oder anderen Tragwerken. Sie beschränken damit die Bewegungsmöglichkeiten (Verschiebungen und Drehungen). Ein Lager kann in eine Summe von Fesselstäben aufgelöst werden, die jeweils nur eine Verschiebungsgröße behindern. Man unterscheidet daher primär:

Wegfessel (Pendelstab) (Bild 1-7a): Der Weg des Punktes *a* wird in Richtung der Fessellinie behindert. Die Wegfessel kann nur Kräfte in Richtung der Fessellinie übertragen.

Drehfessel (Bild 1-7b): Die Drehung um die Fessellinie wird am Punkt *a* behindert. Die Drehfessel kann nur ein Moment übertragen.

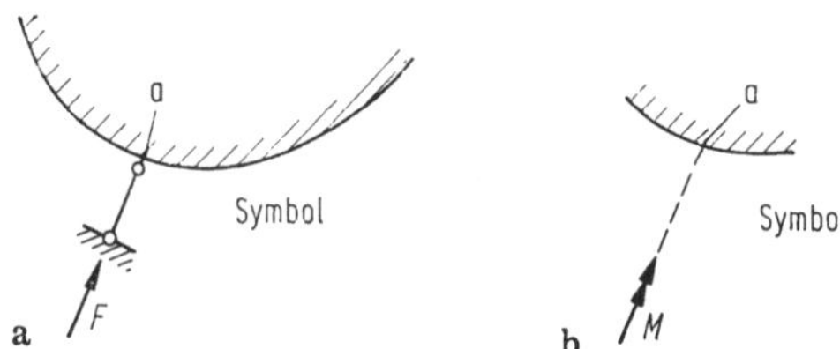

Bild 1-7. Fesselsymbole.
a) Wegfessel, b) Drehfessel

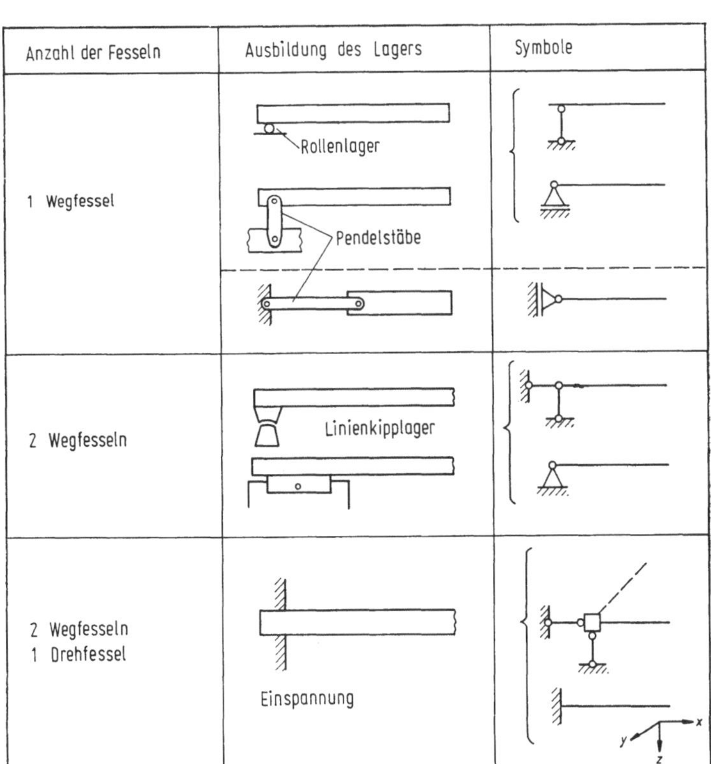

Bild 1-8. Lager für Beanspruchung in einer Ebene

Anzahl der Fesseln	Ausbildung des Lagers	Symbole
1 Wegfessel	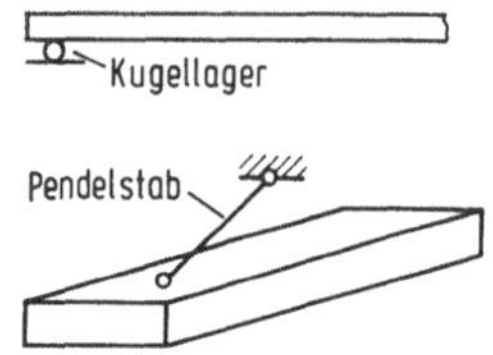 Kugellager Pendelstab	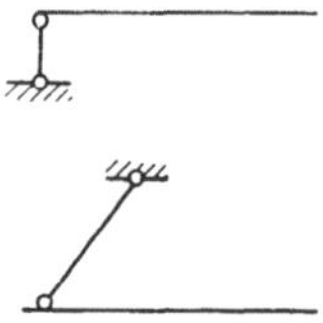
2 Wegfesseln	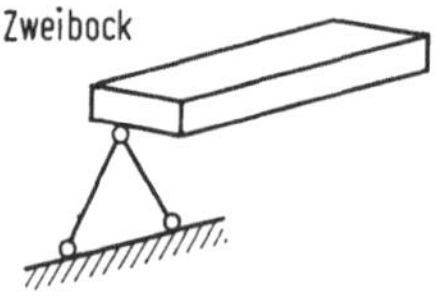 Zweibock	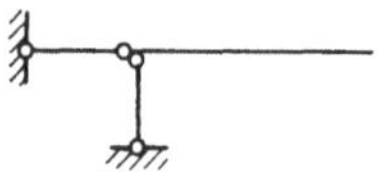
3 Wegfesseln	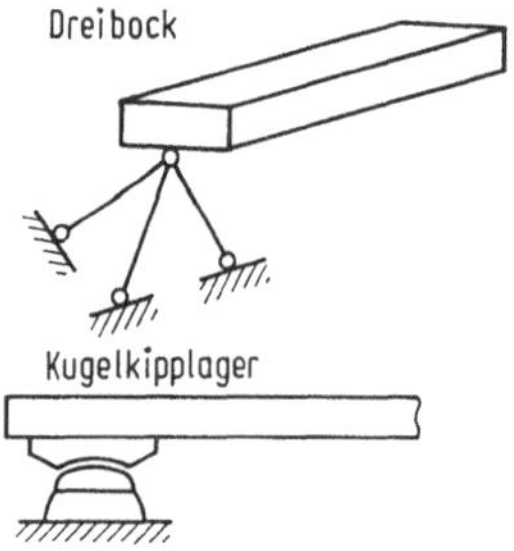 Dreibock Kugelkipplager	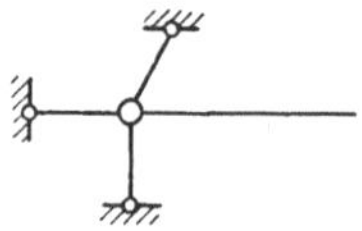
3 Wegfesseln 1 Drehfessel	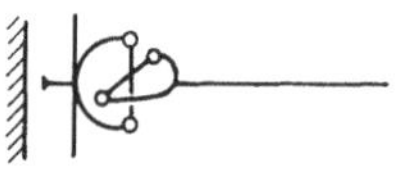	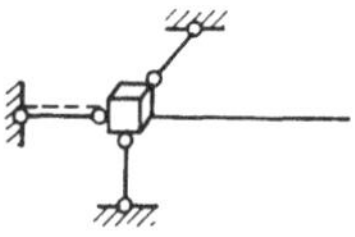
3 Wegfesseln 2 Drehfesseln	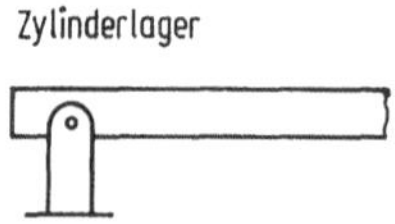 Zylinderlager	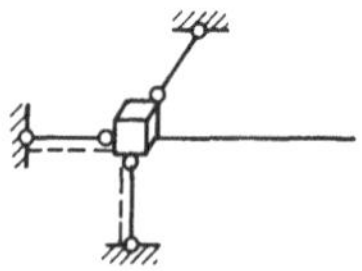
3 Wegfesseln 3 Drehfesseln	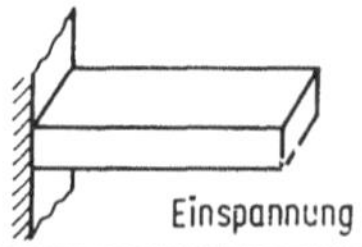 Einspannung	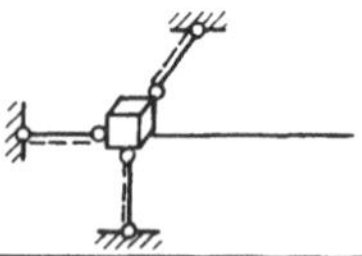

Bild 1-9. Lager für räumliche Beanspruchung

Beispiele für Lager:

1. Für ebene Systeme

   In der Ebene bestehen 3 Bewegungsmöglichkeiten: 2 Verschiebungen und 1 Drehung. Also kann man einem Lager in der Ebene maximal 3 Fesselstäbe zuordnen: 2 Wegfesseln und 1 Drehfessel.
   Zur Konstruktion (Ausbildung) eines Lagers gibt es unter anderem die Kombinationsmöglichkeiten nach Bild 1-8.

2. Für räumliche Systeme

   Im Raum bestehen 6 Bewegungsmöglichkeiten: 3 Verschiebungen und 3 Drehungen. Man kann also einem Lager im Raum maximal 6 Fesselstäbe zuordnen: 3 Wegfesseln und 3 Drehfesseln.
   Zur Ausbildung eines Lagers gibt es unter anderem die Kombinationsmöglichkeiten nach Bild 1-9.

1.3 Koordinatensysteme

1.3.1 Wahl des Koordinatensystems

Als Koordinatensystem wird ein Rechtssystem x, y, z verwandt. Man unterscheidet:

Lokale Koordinatensysteme: Diese sind an die einzelnen Elemente des Tragwerks gebunden.

Globale Koordinatensysteme: Diese sind an das Tragwerk gebunden.

Wenn eine Unterscheidung erforderlich ist, werden die Achsen des globalen Koordinatensystems durch große Buchstaben gekennzeichnet.

Bei Stabtragwerken wird die x-Achse des lokalen Koordinatensystems in die Stablängsrichtung gelegt, so daß die y- und z-Achse die im Querschnitt liegenden Hauptachsen sind.

Ebene Stabtragwerke werden in der x,z-Ebene dargestellt. In vielen Fällen wird auch statt des Koordinatensystems x, z ein Koordinatensystem H, V (horizontal, vertikal) verwandt.

1.3.2 Drehung des Koordinatensystems

Ist ein Vektor $\boldsymbol{p}$ in einem globalen Koordinatensystem X, Y, Z (Index g) gegeben, so kann er durch Multiplikation mit einer Transformationsmatrix $\boldsymbol{T}$ im lokalen Koordinatensystem x, y, z (Index l) dargestellt werden. Für eine Drehung der Ebene X, Z um $y = Y$ mit dem Winkel α gilt (Bild 1-10):

$$F_x = F_X \cdot \cos \alpha + F_Y \cdot 0 + F_Z \cdot \sin \alpha$$

$$F_y = F_X \cdot 0 + F_Y \cdot 1 + F_Z \cdot 0$$

$$F_z = -F_X \cdot \sin \alpha + F_Y \cdot 0 + F_Z \cdot \cos \alpha$$

Dieses Gleichungssystem kann man symbolisch schreiben:

$$\boldsymbol{p}_l = \boldsymbol{T}\boldsymbol{p}_g \tag{1-1a}$$

Darin sind p_l und p_g Spaltenmatrizen, T ist eine quadratische Matrix [H 26].
Die Matrizen haben die Elemente:

$$p_l = \begin{bmatrix} F_x \\ F_y \\ F_z \end{bmatrix}; \quad p_g = \begin{bmatrix} F_X \\ F_Y \\ F_Z \end{bmatrix}; \quad T = \begin{bmatrix} \cos\alpha & 0 & \sin\alpha \\ 0 & 1 & 0 \\ -\sin\alpha & 0 & \cos\alpha \end{bmatrix} \tag{1-1 c}$$

Für Transformationsmatrizen gilt, daß die Transponierte T^T gleich der Inversen T^{-1} ist,
so daß

$$p_g = T^T p_l \tag{1-1 b}$$

ist.

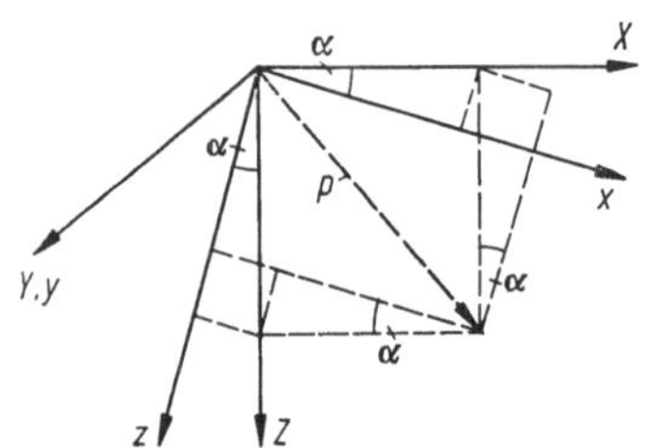

Bild 1-10. Komponenten des Vektors p bei einer Drehung des Koordinatensystems

1.4 Systemlinie, Systemfläche und Punktbezeichnungen

Die Tragwerke werden durch ihre Systemlinien oder Systemflächen dargestellt. Als Systemlinie der Stabtragwerke wird die Verbindungslinie der Querschnittsschwerpunkte S [H 24] gewählt, Bild 1-11. Die Schwerachse ist maßgebend für zentrische und exzentrische Längsbelastung und die aus den Längsspannungen gebildeten Schnittgrößen. Die Verbindungslinie der Schubmittelpunkte M (Bild 1-12) der Querschnitte wird Schubachse oder Drillachse genannt, maßgebend für Querbelastung und die aus den Schubspannungen τ gebildeten Schnittgrößen.

Bei Flächentragwerken wird als Systemfläche die Mittelfläche gewählt.

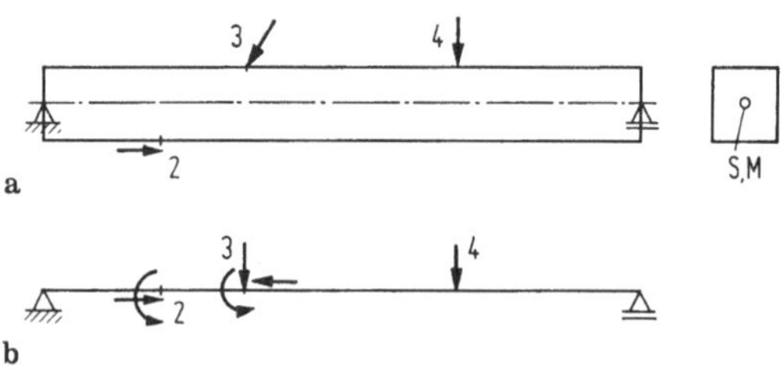

Bild 1-11. a) Träger, Lager und Belastung. Im Querschnitt fallen Schwerpunkt S und Schubmittelpunkt M zusammen. b) Darstellung des Trägers durch seine Systemlinie

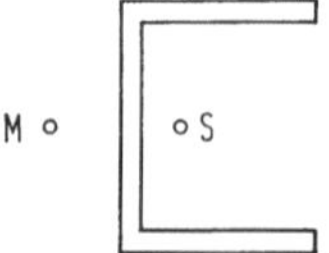

Bild 1-12. Querschnitt eines Trägers mit Schwerpunkt S und Schubmittelpunkt M

Punktbezeichnungen, Knotenpunkte, Knotenlinien und Unstetigkeitsstellen werden entweder mit kleinen lateinischen Buchstaben oder arabischen Ziffern bezeichnet. Unstetigkeitsstellen sind solche Punkte, an denen in einer der Zustandslinien eine Unstetigkeit vorliegt, so daß der Wert nur links oder rechts neben dieser Stelle definiert ist. Bei Stabtragwerken werden dann die in Bild 1-13 dargestellten Festlegungen getroffen.

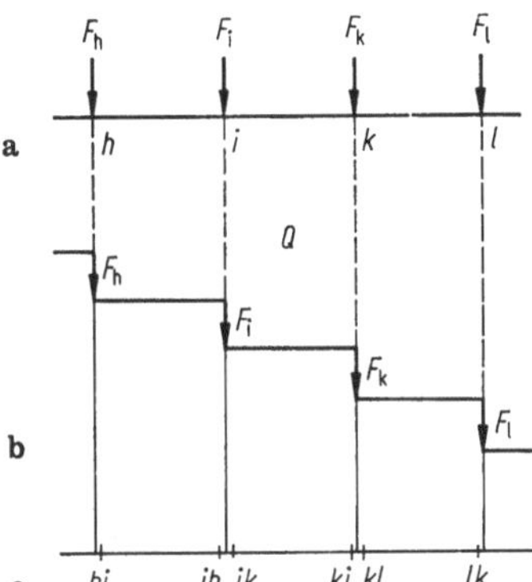

Bild 1-13. Punktbezeichnungen.
a) Einzellasten in den Punkten, b) Unstetigkeitsstellen in der Querkraftlinie, c) Bezeichnung der Punkte neben den Unstetigkeitsstellen

1.5 Einwirkungen

Einwirkungen sind die auf ein Tragwerk einwirkenden Kraftgrößen (Lasten und Lastmomente), Bild 1-11, und die eingeprägten Weggrößen. Eingeprägte Weggrößen sind eingeprägte Verschiebungen und Verdrehungen, die nur über Fesselstäbe realisiert werden können, und eingeprägte Verzerrungen, die gewollt oder ungewollt eingebaut werden können, und die z. B. durch Wärmeeinwirkungen, Schwinden, Kriechen und plastische Verformungen entstehen. Beispiel für gewollte eingeprägte Verzerrungen: Überhöhung eines Trägers durch kleine Verkrümmungen der geraden Stabachse.

Positivdefinitionen für die Einwirkungen werden bei der Behandlung der einzelnen Tragwerke gegeben.

1.6 Grundlagen der Baustatik

1.6.1 Kräfte und Kraftsysteme

Die *Kraft* (Einheit N, kN) ist ein gebundener oder axialer Vektor, sie ist in ihrer Wirkungslinie ohne Gleichgewichtsänderung verschiebbar.

Es sind 3 Bestimmungsstücke erforderlich:

1. Lage oder Wirkungslinie
2. Größe oder Betrag
3. Richtungs- oder Pfeilsinn

An die Stelle dieser 3 Bestimmungsstücke können bei der Bindung des Vektors an ein Koordinatensystem auch die Komponenten des Vektors in den 3 Achsrichtungen treten (Bild 1-14).

$$p = \begin{bmatrix} F_x \\ F_y \\ F_z \end{bmatrix} \tag{1-2}$$

Das *Kräftepaar* ist ein freier oder planarer Vektor (Momentenvektor). Es ist in seiner Ebene verschiebbar, Bild 1-15.

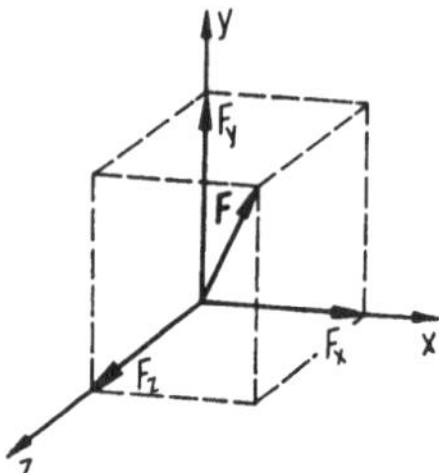

Bild 1-14. Zerlegung einer Kraft **F**

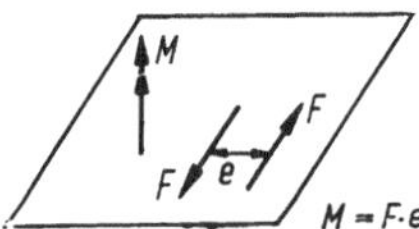

Bild 1-15. Momentenvektor **M**

Es sind 3 Bestimmungsstücke erforderlich:
1. Ebene, in der das Moment wirkt (auf der der Momentenvektor senkrecht steht)
2. Größe oder Betrag
3. Richtungs- oder Pfeilsinn

Momentenvektoren lassen sich wie Kraftvektoren geometrisch addieren und in Komponenten darstellen.

Kräftesysteme lassen sich zusammenfassen zu einem Kraftvektor und einem Momentenvektor. Fallen beide Wirkungslinien zusammen, so handelt es sich um eine Kraftschraube-

1.6.2 Gleichgewichtsbedingungen

Wenn ein Tragwerk oder ein Tragwerksteil in Ruhe sein soll, müssen alle auf das System wirkenden Kräfte im Gleichgewicht sein.

Zur *analytischen Lösung* kann man diese Bedingung als Gleichungssystem anschreiben:

$$\sum p = 0 \rightsquigarrow \begin{cases} \sum F_x = 0 \\ \sum F_y = 0 \\ \sum F_z = 0 \end{cases} \tag{1-3}$$

mit p nach (1-2) und für einen gewählten Bezugspunkt i

$$\sum m_i = 0 \rightsquigarrow \begin{cases} \sum M_{ix} = 0 \\ \sum M_{iy} = 0 \\ \sum M_{iz} = 0 \end{cases} \tag{1-4}$$

mit

$$m = \begin{bmatrix} M_x \\ M_y \\ M_z \end{bmatrix} \tag{1-5}$$

Bei einer *graphischen Lösung* [H 24] müssen Krafteck und Seileck geschlossen und gleichsinnig bepfeilt sein.

In einer Ebene, z. B. in der x,z-Ebene, reduzieren sich die Spaltenmatrizen auf

$$p = \begin{bmatrix} F_x \\ F_z \end{bmatrix}$$

$$m = [M_y],$$

d. h., in einer Ebene sind 2 Kräfte- und eine Momenten-Gleichgewichtsbedingung zu erfüllen.

1.6.3 Spannungszustand

Führt man durch einen Punkt Schnitte parallel zu den Koordinatenachsen, so entstehen in den Schnittflächen *Spannungsvektoren*, die man jeweils in eine Längs- und zwei Schubspannungskomponenten zerlegen kann. Es wirkt z. B. an einem Punkt der Schnittfläche $x = $ const der Spannungsvektor σ_x mit den Komponenten σ_x, τ_{xy} und τ_{xz}:

$$\sigma_x = \begin{bmatrix} \sigma_x \\ \tau_{xy} \\ \tau_{xz} \end{bmatrix}$$

Analog erhält man für die Schnittflächen $y = $ const und $z = $ const

$$\sigma_y = \begin{bmatrix} \tau_{yx} \\ \sigma_y \\ \tau_{yz} \end{bmatrix}; \quad \sigma_z = \begin{bmatrix} \tau_{zx} \\ \tau_{zy} \\ \sigma_z \end{bmatrix}$$

s. Bild 1-16.

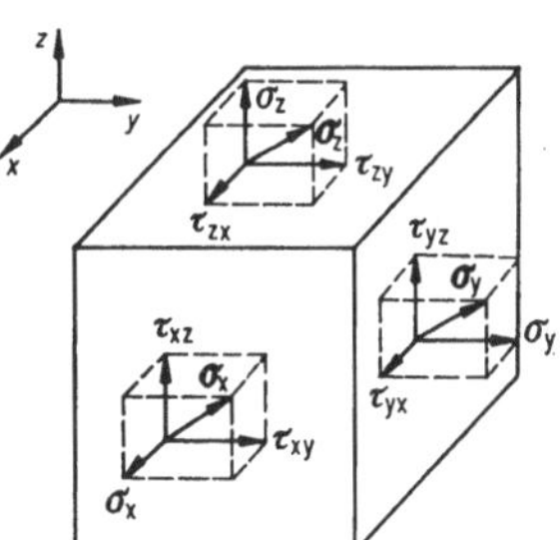

Bild 1-16. Spannungszustand in einem Punkt

Die drei in einem Punkt wirkenden Spannungsvektoren bilden den symmetrischen *Spannungstensor* T

$$T = \begin{bmatrix} \sigma_x & \tau_{yx} & \tau_{zx} \\ \tau_{xy} & \sigma_y & \tau_{zy} \\ \tau_{xz} & \tau_{yz} & \sigma_z \end{bmatrix} \tag{1-6}$$

Die Komponenten der Spannungsvektoren in Richtung der Koordinatenachsen in Schnittflächen mit der Normalenachse n erhält man durch Multiplikation des Spannungstensors mit dem Normalenvektor der Schnittfläche:

$$\boldsymbol{\sigma}_n = \boldsymbol{T n} \tag{1-7}$$

mit

$$\boldsymbol{n} = \begin{bmatrix} \cos nx \\ \cos ny \\ \cos nz \end{bmatrix} \tag{1-8}$$

Hierin sind nx, ny und nz die Winkel, die die Normalenachse n mit der x-, y- bzw. z-Achse bilden.

Für das *Hauptachsensystem* I, II, III [H 24] hat der Spannungstensor Diagonalform mit den Hauptspannungen σ_I, σ_II, σ_III:

$$\boldsymbol{T} = \begin{bmatrix} \sigma_\mathrm{I} & & \\ & \sigma_\mathrm{II} & \\ & & \sigma_\mathrm{III} \end{bmatrix} \tag{1-9}$$

Den Spannungstensor $\boldsymbol{T}$ kann man aufspalten in den *Kugeltensor* $\boldsymbol{T}_0$, der einen hydrostatischen Spannungszustand beschreibt, und den *Deviator* $\boldsymbol{T}_\mathrm{D}$.

$$\boldsymbol{T} = \boldsymbol{T}_0 + \boldsymbol{T}_\mathrm{D} \tag{1-10}$$

mit

$$\boldsymbol{T}_0 = \begin{bmatrix} \sigma_0 & & \\ & \sigma_0 & \\ & & \sigma_0 \end{bmatrix} \tag{1-11}$$

$$\sigma_0 = \frac{1}{3}\,[\sigma_x + \sigma_y + \sigma_z] \tag{1-12}$$

$$\boldsymbol{T}_\mathrm{D} = \begin{bmatrix} \sigma_x - \sigma_0 & \tau_{yx} & \tau_{zx} \\ \tau_{xy} & \sigma_y - \sigma_0 & \tau_{zy} \\ \tau_{xz} & \tau_{yz} & \sigma_z - \sigma_0 \end{bmatrix} \tag{1-13}$$

1.6.4 Verzerrungszustand

Analog zum Spannungszustand ist der symmetrische Verzerrungs- oder *Deformationstensor* $\boldsymbol{D}$ aufgebaut, der die Verzerrungen eines infinitesimalen Volumenelementes enthält:

$$\boldsymbol{D} = \begin{bmatrix} \varepsilon_{xx} & \varepsilon_{yx} & \varepsilon_{zx} \\ \varepsilon_{xy} & \varepsilon_{yy} & \varepsilon_{zy} \\ \varepsilon_{xz} & \varepsilon_{yz} & \varepsilon_{zz} \end{bmatrix} = \begin{bmatrix} \varepsilon_x & \dfrac{1}{2}\gamma_{yx} & \dfrac{1}{2}\gamma_{zx} \\[2mm] \dfrac{1}{2}\gamma_{xy} & \varepsilon_y & \dfrac{1}{2}\gamma_{zy} \\[2mm] \dfrac{1}{2}\gamma_{xz} & \dfrac{1}{2}\gamma_{yz} & \varepsilon_z \end{bmatrix} \tag{1-14}$$

Für das *Hauptachsensystem* I, II, III [H 24] hat der Deformationstensor Diagonalform mit den Hauptdehnungen ε_I, ε_II, ε_III:

$$D = \begin{bmatrix} \varepsilon_\mathrm{I} & & \\ & \varepsilon_\mathrm{II} & \\ & & \varepsilon_\mathrm{III} \end{bmatrix} \tag{1-15}$$

Den Deformationstensor D kann man aufspalten in den *Kugeltensor* D_0, der eine Volumenänderung beschreibt, und den *Deviator* D_D, der eine Gestaltänderung beschreibt.

$$D = D_0 + D_\mathrm{D} \tag{1-16}$$

mit

$$D_0 = \begin{bmatrix} \varepsilon_0 & & \\ & \varepsilon_0 & \\ & & \varepsilon_0 \end{bmatrix} \tag{1-17}$$

$$\varepsilon_0 = \frac{1}{3}\left[\varepsilon_\mathrm{x} + \varepsilon_\mathrm{y} + \varepsilon_\mathrm{z}\right] \tag{1-18}$$

$$D_\mathrm{D} = \begin{bmatrix} \varepsilon_\mathrm{x} - \varepsilon_0 & \dfrac{1}{2}\gamma_\mathrm{yx} & \dfrac{1}{2}\gamma_\mathrm{zx} \\[2mm] \dfrac{1}{2}\gamma_\mathrm{xy} & \varepsilon_\mathrm{y} - \varepsilon_0 & \dfrac{1}{2}\gamma_\mathrm{zy} \\[2mm] \dfrac{1}{2}\gamma_\mathrm{xz} & \dfrac{1}{2}\gamma_\mathrm{yz} & \varepsilon_\mathrm{z} - \varepsilon_0 \end{bmatrix} \tag{1-19}$$

Für das ebene Problem in der x,y-Ebene ist dies für ε_x; $\varepsilon_\mathrm{y} = 0{,}5\varepsilon_\mathrm{x}$ und $\varepsilon_0 = \dfrac{1}{2}(\varepsilon_\mathrm{x} + \varepsilon_\mathrm{y}) = 0{,}75\varepsilon_\mathrm{x}$ in Bild 1-17 dargestellt.

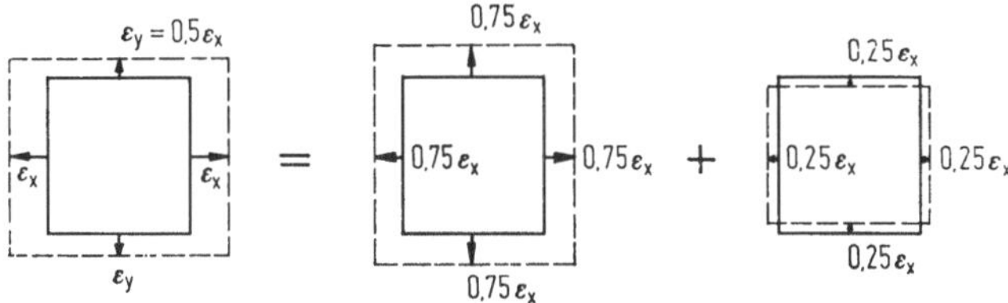

Bild 1-17. Aufteilung eines Dehnungszustandes in der x,y-Ebene in die volumenändernden und in die gestaltändernden Anteile

1.7 Teilaufgaben bei der Berechnung eines Tragwerks

Bei der Berechnung eines Tragwerks wird der Kraft- und Verschiebungszustand in Abhängigkeit von den Einwirkungen ermittelt. Diese Aufgabe kann man in 3 Teilaufgaben aufspalten.

1.7.1 Geometrische Beziehungen

In den geometrischen Beziehungen wird mit den Kompatibilitätsbedingungen der Zusammenhang zwischen den Verschiebungsgrößen und den Verzerrungen hergestellt. Dabei ist zuerst der Verzerrungstensor in Abhängigkeit von den Punktverschiebungen darzustellen. Diese Beziehungen werden in diesem Abschnitt angegeben.

Die Punktverschiebungen werden dann in Abhängigkeit von den Verschiebungsgrößen der Systemlinie oder der Systemfläche dargestellt, die Verzerrungen der infinitesimalen Volumenelemente in Abhängigkeit von denjenigen der infinitesimalen Tragwerkselemente. Diese Beziehungen werden in den späteren Abschnitten für die einzelnen Tragwerke angegeben.

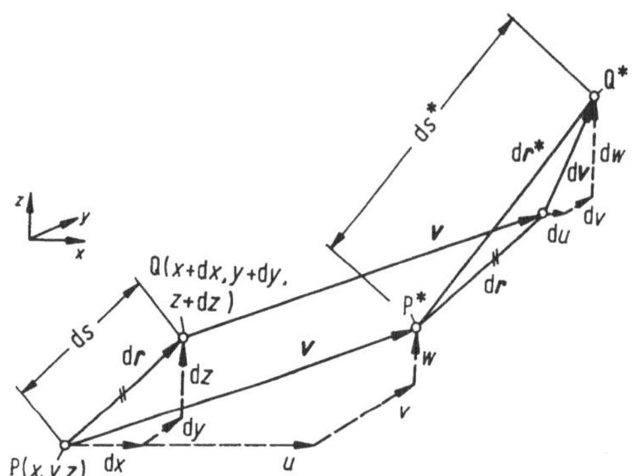

Bild 1-18. Verschiebungen der benachbarten Punkte P und Q

Der Verschiebungsvektor $\boldsymbol{v}$ eines Körperpunktes $P(x, y, z)$, Bild 1-18, kann durch seine Komponenten in x-, y- und z-Richtung dargestellt werden:

$$\boldsymbol{v} = \begin{bmatrix} u \\ v \\ w \end{bmatrix} \tag{1-20}$$

Beim Fortschreiten um

$$\mathrm{d}\boldsymbol{r} = \begin{bmatrix} \mathrm{d}x \\ \mathrm{d}y \\ \mathrm{d}z \end{bmatrix} \tag{1-21}$$

zum Nachbarpunkt Q $(x + \mathrm{d}x, y + \mathrm{d}y, z + \mathrm{d}z)$ ändert sich die Verschiebung um $\mathrm{d}v$. Sind die Verschiebungskomponenten stetige Funktionen von x, y und z, so ergibt eine Taylorentwicklung für u:

$$u + \mathrm{d}u = u + \frac{\partial u}{\partial x}\,\mathrm{d}x + \frac{1}{2!}\frac{\partial^2 u}{\partial x^2}\,\mathrm{d}x^2 + \cdots$$

$$+ \frac{\partial u}{\partial y}\,\mathrm{d}y + \frac{1}{2!}\frac{\partial^2 u}{\partial y^2}\,\mathrm{d}y^2 + \cdots$$

$$+ \frac{\partial u}{\partial z}\,\mathrm{d}z + \frac{1}{2!}\frac{\partial u^2}{\partial z^2}\,\mathrm{d}z^2 + \cdots$$

Analoge Ausdrücke erhält man für $\mathrm{d}v$ und $\mathrm{d}w$. Zusammengefaßt ergibt sich:

$$\mathrm{d}\boldsymbol{v} = \begin{bmatrix} \mathrm{d}u \\ \mathrm{d}v \\ \mathrm{d}w \end{bmatrix} = \begin{bmatrix} \dfrac{\partial u}{\partial x} & \dfrac{\partial u}{\partial y} & \dfrac{\partial u}{\partial z} \\[2mm] \dfrac{\partial v}{\partial x} & \dfrac{\partial v}{\partial y} & \dfrac{\partial v}{\partial z} \\[2mm] \dfrac{\partial w}{\partial x} & \dfrac{\partial w}{\partial y} & \dfrac{\partial w}{\partial z} \end{bmatrix} \cdot \begin{bmatrix} \mathrm{d}x \\ \mathrm{d}y \\ \mathrm{d}z \end{bmatrix} + \text{Anteile höherer Ordnung} \qquad (1\text{-}22)$$

Berücksichtigt man nur die linearen Anteile, so erhält man:

$$\mathrm{d}\boldsymbol{v} = \frac{\partial \boldsymbol{v}}{\partial \boldsymbol{r}} \cdot \mathrm{d}\boldsymbol{r} \qquad (1\text{-}23)$$

mit dem *Verschiebungstensor*

$$\frac{\partial \boldsymbol{v}}{\partial \boldsymbol{r}} = \begin{bmatrix} \dfrac{\partial u}{\partial x} & \dfrac{\partial u}{\partial y} & \dfrac{\partial u}{\partial z} \\[2mm] \dfrac{\partial v}{\partial x} & \dfrac{\partial v}{\partial y} & \dfrac{\partial v}{\partial z} \\[2mm] \dfrac{\partial w}{\partial x} & \dfrac{\partial w}{\partial y} & \dfrac{\partial w}{\partial z} \end{bmatrix} \qquad (1\text{-}24)$$

Nach Bild 1-18 ergibt sich:

$$\mathrm{d}\boldsymbol{r}^* = \mathrm{d}\boldsymbol{r} + \mathrm{d}\boldsymbol{v} \qquad (1\text{-}25)$$

Mit der Beziehung $\mathrm{d}s^2 = \mathrm{d}\boldsymbol{r}^{\mathrm{T}}\,\mathrm{d}\boldsymbol{r}$ [1] berechnet man die Differenz der Quadrate der Punktabstände vor und nach der Verformung zu

$$\mathrm{d}s^{*2} - \mathrm{d}s^2 = \mathrm{d}\boldsymbol{r}^{\mathrm{T}} \left[\frac{\partial \boldsymbol{v}}{\partial \boldsymbol{r}} + \left(\frac{\partial \boldsymbol{v}}{\partial \boldsymbol{r}}\right)^{\mathrm{T}} + \left(\frac{\partial \boldsymbol{v}}{\partial \boldsymbol{r}}\right)^{\mathrm{T}} \frac{\partial \boldsymbol{v}}{\partial \boldsymbol{r}} \right] \mathrm{d}\boldsymbol{r}$$

Der Klammerinhalt ist gleich dem doppelten *Eulerschen Verzerrungstensor* $\boldsymbol{D}$:

$$\boldsymbol{D} = \frac{1}{2}\left[\frac{\partial \boldsymbol{v}}{\partial \boldsymbol{r}} + \left(\frac{\partial \boldsymbol{v}}{\partial \boldsymbol{r}}\right)^{\mathrm{T}} + \left(\frac{\partial \boldsymbol{v}}{\partial \boldsymbol{r}}\right)^{\mathrm{T}} \frac{\partial \boldsymbol{v}}{\partial \boldsymbol{r}} \right] \qquad (1\text{-}26)$$

Die Darstellung zeigt, daß $\boldsymbol{D}$ symmetrisch ist. Durch einen Vergleich mit (1-14) ergeben sich die folgenden Beziehungen:

$$\varepsilon_{\mathrm{x}} = \frac{\partial u}{\partial x} \qquad + \frac{1}{2}\left[\left(\frac{\partial u}{\partial x}\right)^2 + \left(\frac{\partial v}{\partial x}\right)^2 + \left(\frac{\partial w}{\partial x}\right)^2\right]$$

$$\varepsilon_{\mathrm{y}} = \frac{\partial v}{\partial y} \qquad + \frac{1}{2}\left[\left(\frac{\partial u}{\partial y}\right)^2 + \left(\frac{\partial v}{\partial y}\right)^2 + \left(\frac{\partial w}{\partial y}\right)^2\right] \qquad (1\text{-}27)$$

$$\varepsilon_{\mathrm{z}} = \frac{\partial w}{\partial z} \qquad + \frac{1}{2}\left[\left(\frac{\partial u}{\partial z}\right)^2 + \left(\frac{\partial v}{\partial z}\right)^2 + \left(\frac{\partial w}{\partial z}\right)^2\right]$$

$$\gamma_{xy} = \frac{\partial u}{\partial y} + \frac{\partial v}{\partial x} + \frac{\partial u}{\partial x}\frac{\partial u}{\partial y} + \frac{\partial v}{\partial x}\frac{\partial v}{\partial y} + \frac{\partial w}{\partial x}\frac{\partial w}{\partial y}$$

$$\gamma_{yz} = \frac{\partial v}{\partial z} + \frac{\partial w}{\partial y} + \frac{\partial u}{\partial y}\frac{\partial u}{\partial z} + \frac{\partial v}{\partial y}\frac{\partial v}{\partial z} + \frac{\partial w}{\partial y}\frac{\partial w}{\partial z} \qquad (1\text{-}27)$$

$$\gamma_{zx} = \frac{\partial w}{\partial x} + \frac{\partial u}{\partial z} + \frac{\partial u}{\partial z}\frac{\partial u}{\partial x} + \frac{\partial v}{\partial z}\frac{\partial v}{\partial x} + \frac{\partial w}{\partial z}\frac{\partial w}{\partial x}$$

Bei kleinen Verschiebungen kann man den letzten Summanden in (1-26) vernachlässigen und erhält dann den *linearen Verzerrungstensor*:

$$\mathbf{D} = \frac{1}{2}\left[\frac{\partial \mathbf{v}}{\partial \mathbf{r}} + \left(\frac{\partial \mathbf{v}}{\partial \mathbf{r}}\right)^{\mathrm{T}}\right] \qquad (1\text{-}28)$$

Die dabei vernachlässigten quadratischen Anteile sind in (1-27) von den linearen abgesetzt angeschrieben.

1.7.2 Statische Beziehungen

In den statischen Beziehungen wird mit den Gleichgewichtsbedingungen der Zusammenhang zwischen den Lastgrößen und den Spannungen hergestellt. Dabei ist zuerst der Spannungstensor in Abhängigkeit von der Punktbelastung darzustellen. Diese Beziehungen werden in diesem Abschnitt angegeben.

Die Spannungen in den Schnitten der infinitesimalen Tragwerkselemente werden dann zu Schnittgrößen zusammengefaßt, die in der Systemlinie oder Systemfläche wirken. Darauf wird in den späteren Abschnitten für die einzelnen Tragwerke eingegangen.

Der Spannungszustand an einem Volumenelement mit den Koordinaten x, y, z ist durch den Spannungstensor bestimmt. Beim Fortschreiten um dx, dy, dz ändern sich die Spannungen. Wird der Spannungszustand durch eine stetige Funktion von x, y, z beschrieben, so lassen sich die Spannungen durch Taylor-Reihen darstellen:

$$\sigma_x(x + \mathrm{d}x, y, z) = \sigma_x + \frac{\partial \sigma_x}{\partial x}\,\mathrm{d}x + \frac{1}{2!}\frac{\partial^2 \sigma_x}{\partial x^2}\,\mathrm{d}x^2 + \frac{1}{3!}\frac{\partial^3 \sigma_x}{\partial x^3}\,\mathrm{d}x^3 + \cdots$$

Berücksichtigt man nur die linearen Glieder, so gilt:

$$\sigma(x + \mathrm{d}x, y, z) = \sigma_x + \frac{\partial \sigma_x}{\partial x}\,\mathrm{d}x, \quad \text{s. Bild 1-19}$$

Werden die Volumenkräfte durch ihre auf die Volumeneinheit bezogenen Komponenten V_x, V_y, V_z ausgedrückt, so lauten die *Kräftegleichgewichts*bedingungen am unverformten Element

$$\frac{\partial \sigma_x}{\partial x} + \frac{\partial \tau_{yx}}{\partial y} + \frac{\partial \tau_{zx}}{\partial z} + V_x = 0$$

$$\frac{\partial \tau_{xy}}{\partial x} + \frac{\partial \sigma_y}{\partial y} + \frac{\partial \tau_{zy}}{\partial z} + V_y = 0 \qquad (1\text{-}29)$$

$$\frac{\partial \tau_{xz}}{\partial x} + \frac{\partial \tau_{yz}}{\partial y} + \frac{\partial \sigma_z}{\partial z} + V_z = 0$$

Aus dem Momentengleichgewicht um den Punkt mit den Koordinaten $x + \mathrm{d}x$, $y + \mathrm{d}y$, $z + \mathrm{d}z$ folgt, wenn man die Größen vernachlässigt, die klein von 2. Ordnung sind, der Satz von der *Gleichheit zugeordneter Schubspannungen*

$$\tau_{yz} = \tau_{zy}$$

$$\tau_{xz} = \tau_{zx} \tag{1-30}$$

$$\tau_{xy} = \tau_{yx}$$

und damit die Symmetrie des Spannungstensors (1-6).

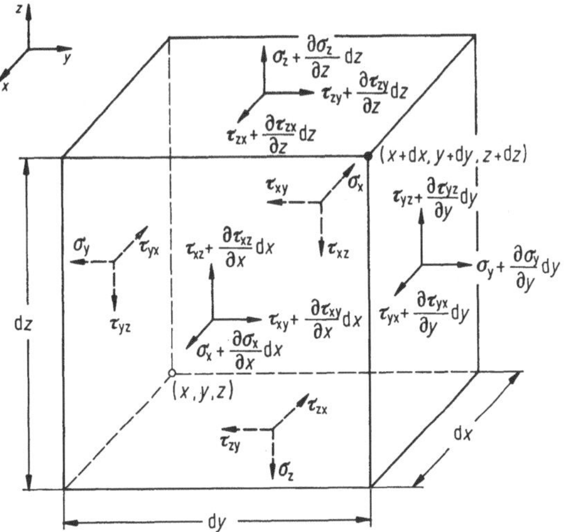

Bild 1-19. Spannungszustand an einem Volumenelement

1.7.3 Werkstoffbeziehungen

In den Werkstoffbeziehungen wird auf Versuchsergebnissen aufbauend der Zusammenhang zwischen den Spannungen und den Verzerrungen hergestellt. Bei der Behandlung der einzelnen Tragwerke werden mit diesen Zusammenhängen die Beziehungen zwischen den Schnittgrößen und den Verzerrungen der infinitesimalen Tragwerkselemente berechnet.

Bei linear elastischem homogenem und isotropem Werkstoff stellt man im einachsigen Zugversuch den Zusammenhang zwischen der Längsspannung σ und den Dehnungen fest (*Hooke*sches Gesetz)

$$\varepsilon_x = \frac{\sigma_x}{E} \qquad \varepsilon_y = -\mu\frac{\sigma_x}{E} \qquad \varepsilon_z = -\mu\frac{\sigma_x}{E} \tag{1-31}$$

(E: Elastizitätsmodul, μ: Querkontraktionszahl)

und im Scherversuch den Zusammenhang zwischen den Schubspannungen τ und den Gleitungen:

$$\gamma_{xy} = \frac{1}{G} \cdot \tau_{xy} \tag{1-32}$$

(G: Gleitmodul)

Zwischen E, μ und G besteht die Beziehung:

$$G = \frac{1}{2(1+\mu)}\, E \tag{1-33}$$

Allgemein erhält man, wenn man die Elemente des Spannungs- und Verzerrungstensors in einer Spaltenmatrix zusammenfaßt:

$$\boldsymbol{\varepsilon} = \boldsymbol{E}^{-1}\boldsymbol{\sigma} \qquad \text{mit}$$

$$\boldsymbol{\varepsilon} = \begin{bmatrix} \varepsilon_x \\ \varepsilon_y \\ \varepsilon_z \\ \gamma_{xy} \\ \gamma_{xz} \\ \gamma_{yz} \end{bmatrix}; \quad \boldsymbol{\sigma} = \begin{bmatrix} \sigma_x \\ \sigma_y \\ \sigma_z \\ \tau_{xy} \\ \tau_{xz} \\ \tau_{yz} \end{bmatrix}; \quad \boldsymbol{E}^{-1} = \frac{1}{E} \begin{bmatrix} 1 & -\mu & -\mu & & & \\ -\mu & 1 & -\mu & & 0 & \\ -\mu & -\mu & 1 & & & \\ & & & 2(1+\mu) & & \\ & 0 & & & 2(1+\mu) & \\ & & & & & 2(1+\mu) \end{bmatrix} \tag{1-34}$$

Mit dem Kompressionsmodul

$$K = \frac{E}{3(1-2\mu)} \tag{1-35}$$

lauten diese Beziehungen für die Kugeltensor- bzw. Deviatorzustände (1-11, 13, 17, 19):

$$\boldsymbol{D}_0 = \frac{1}{3K}\, \boldsymbol{T}_0 \tag{1-36}$$

$$\boldsymbol{D}_D = \frac{1}{2G}\, \boldsymbol{T}_D \tag{1-37}$$

Löst man (1-34) nach den Spannungen auf, so erhält man:

$$\boldsymbol{\sigma} = \boldsymbol{E}\boldsymbol{\varepsilon} \qquad \text{mit}$$

$$\boldsymbol{E} = E\, \frac{1-\mu}{(1+\mu)\,(1-2\mu)} \begin{bmatrix} 1 & \dfrac{\mu}{1-\mu} & \dfrac{\mu}{1-\mu} & & & \\[2mm] \dfrac{\mu}{1-\mu} & 1 & \dfrac{\mu}{1-\mu} & & 0 & \\[2mm] \dfrac{\mu}{1-\mu} & \dfrac{\mu}{1-\mu} & 1 & & & \\[2mm] & & & \dfrac{1-2\mu}{2(1-\mu)} & & \\[2mm] & 0 & & & \dfrac{1-2\mu}{2(1-\mu)} & \\[2mm] & & & & & \dfrac{1-2\mu}{2(1-\mu)} \end{bmatrix} \tag{1-38}$$

Bei linear elastischen, homogenen, *orthogonal anisotropen Baustoffen* sind die Elastizitätsmoduln und die Querkontraktionszahlen für die verschiedenen Anisotropierichtungen unterschiedlich.

Für *verfestigende Werkstoffe*, Bild 1-20, werden die Spannungs-Dehnungs-Beziehungen (1-31) bzw. (1-32) in inkrementeller Form angegeben

$$\mathrm{d}\sigma = E_t\,\mathrm{d}\varepsilon$$
$$\mathrm{d}\tau = G_t\,\mathrm{d}\gamma \tag{1-39}$$

Solche Werkstoffe verhalten sich oft anisotrop.

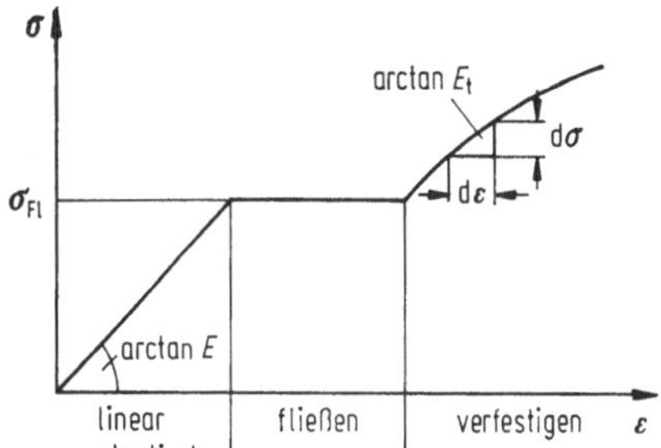

Bild 1-20. Verschiedene Spannungs-Dehnungs-
Bereiche

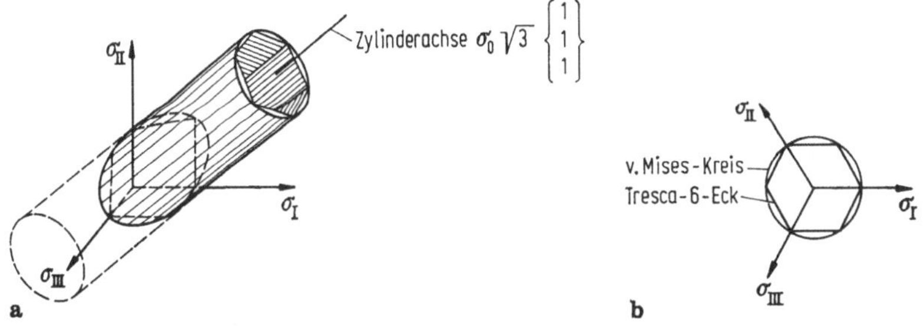

Bild 1-21. Fließflächen nach Huber-v. Mises und nach Tresca im Hauptspannungsraum.
a) Räumliche Darstellung mit Schnittfigur in der σ_I,σ_{II}-Ebene, b) Blick in Richtung der Achse

Beim *Fließen*, Bild 1-20, treten Verschiebungen bei konstanter Belastung durch Gleiten ein. Darauf basiert die maximale Scherspannungstheorie nach Coulomb und Tresca, nach der das Fließen durch τ_{Fl} eingeleitet wird. Aus dem Mohrschen Spannungskreis [H 24] erhält man $\tau_{Fl} = \dfrac{1}{2}\sigma_{Fl}$. Bei mehrachsigen Spannungszuständen tritt an die Stelle der Fließpunkte mit σ_{Fl} bzw. τ_{Fl} die Fließfläche. Die Funktion dieser Fläche lautet für den Raum der Hauptspannungen nach Tresca, Bild 1-21:

$$[(\sigma_I - \sigma_{II})^2 - \sigma_F^2]\,[(\sigma_{II} - \sigma_{III})^2 - \sigma_F^2]\,[(\sigma_I - \sigma_{III})^2 - \sigma_F^2] = 0 \tag{1-40}$$

Nach Huber, v. Mises, Hencky sind nur die Deviatorzustände für das Fließen verantwortlich. Durch Gleichsetzen der Gestaltänderungsenergie (Deviatorenergie) eines räumlichen Spannungszustandes mit der im einachsigen Zugversuch für die Fließspannung ermittelten erhält man die Funktion für die Fließfläche im Hauptspannungsraum, Bild 1-21:

$$(\sigma_I - \sigma_{II})^2 + (\sigma_{II} - \sigma_{III})^2 + (\sigma_{III} - \sigma_I)^2 = 2\sigma_F^2 \tag{1-41}$$

Im allgemeinen Spannungsraum lautet sie mit der 2. Invarianten I_2 des Spannungsdeviators $\boldsymbol{T}_D$ nach (1-13):

$$6I_2 = 2\sigma_F^2 \tag{1-42}$$

Es ergibt sich $\tau_{Fl} = \sqrt{\dfrac{1}{3}}\,\sigma_F$.

Hat der Spannungszustand eines Punktes die Fließfläche erreicht, so können, wenn keine Entlastung eintritt, nur Spannungsumlagerungen (neutrale Spannungsänderungen) stattfinden, die auf der Fließfläche liegen.

1.7.4 Statisch bestimmt — statisch unbestimmt

Läßt sich der Kraftzustand einschließlich der Stützgrößen (Randwerte in den Kraftgrößen) mit den statischen Beziehungen eindeutig berechnen, so ist das Tragwerk *statisch bestimmt.*

Ist kein Gleichgewichtszustand möglich, so ist das Tragwerk *kinematisch.*

Sind mehrere Gleichgewichtszustände möglich, so ist das Tragwerk *statisch unbestimmt.* In diesem Fall wird der Verschiebungszustand herangezogen, um eine eindeutige Lösung zu gewinnen. Die Lösung ist dann auch vom Werkstoffgesetz abhängig.

Auf die einzelnen Tragwerke bezogene Kriterien sind dort angegeben.

1.7.5 Lineare Beziehungen. Superposition

Sind die bei der Behandlung der drei Teilaufgaben (1-27, 29 und 34) gewonnenen Beziehungen linear, so sind auch die Beziehungen zwischen den einwirkenden Lasten F und den durch sie hervorgerufenen Verschiebungen w linear. In diesem Fall kann man, Bild 1-22, einen Lastfall $(F_1 + F_2)$ in die beiden Teillastfälle F_1 und F_2 aufspalten, jeden Lastfall für sich berechnen und die Ergebnisse dann superponieren.

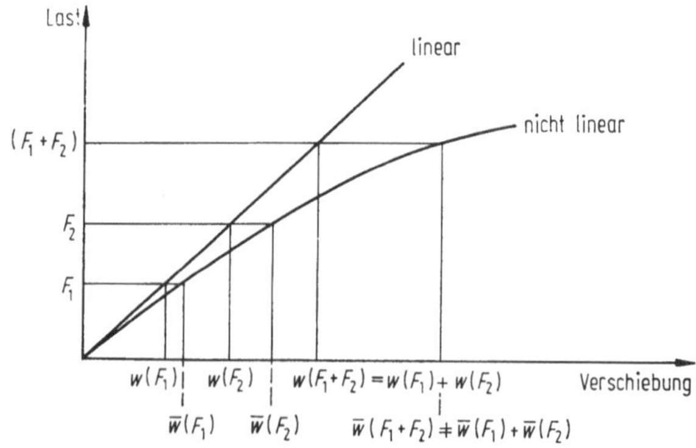

Bild 1-22. Lineare und nichtlineare Kraft-Verschiebungs-Beziehungen

Ist eine der Teilaussagen nichtlinear, so ist die Last-Verschiebungs-Beziehung ebenfalls nichtlinear, und eine Superposition ist, wie Bild 1-22 zeigt, nicht möglich.

Bezeichnungen für die verschiedenen Theorien in Abhängigkeit von der Linearisierung sind in Tafel 1-1 angegeben.

Tafel 1-1. Bezeichnungen der Theorien in Abhängigkeit von den Linearisierungen

Linearisierung in

Geometrie	Werkstoff	Kraftzustand	
+	+	+	Theorie I. Ordnung
+	+	−	Baustatische Theorie II. Ordnung oder geometrisch nichtlineare Theorie
+	−	+	Physikalisch nichtlineare Verfahren
−	+	−	Theorie II. Ordnung für große Verschiebungen
+	−	−	Physikalisch nichtlineare Theorie II. Ordnung oder geometrisch und physikalisch nichtlineare Theorie
−	−	−	Geometrisch und physikalisch nichtlineare Theorie für große Verschiebungen

+ : Linearisierung
− : keine Linearisierung

1.7.6 Ebene Zustände

1.7.6.1 Ebener Spannungszustand

Beim ebenen Spannungszustand werden nur Kräfte in der betrachteten Ebene zugelassen. Ist dies die x,y-Ebene, Bild 1-23, so ist definitionsgemäß:

$$\sigma_z = 0; \qquad \tau_{xz} = 0; \qquad \tau_{yz} = 0$$

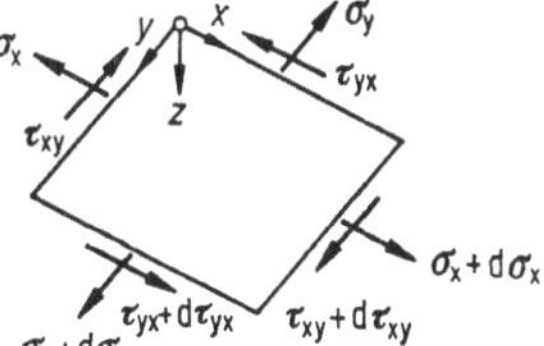

Bild 1-23. Kräfte beim ebenen Spannungszustand

Aus (1-34) folgt: $\gamma_{xz} = \gamma_{yz} = 0$, $\varepsilon_z = -\dfrac{\mu}{E}(\sigma_x + \sigma_y)$, für die restlichen Verzerrungen:

$$\boldsymbol{\varepsilon} = \boldsymbol{E}_{SZ}^{-1}\boldsymbol{\sigma} \quad \text{mit}$$

$$\boldsymbol{\varepsilon} = \begin{bmatrix} \varepsilon_x \\ \varepsilon_y \\ \gamma_{xy} \end{bmatrix}; \quad \boldsymbol{\sigma} = \begin{bmatrix} \sigma_x \\ \sigma_y \\ \tau_{xy} \end{bmatrix}; \quad \boldsymbol{E}_{SZ}^{-1} = \frac{1}{E}\begin{bmatrix} 1 & -\mu & 0 \\ -\mu & 1 & 0 \\ 0 & 0 & 2(1+\mu) \end{bmatrix} \right\} \quad (1\text{-}43)$$

und aus (1-38):

$$\boldsymbol{\sigma} = \boldsymbol{E}_{SZ}\boldsymbol{\varepsilon} \qquad \text{mit}$$

$$\left. \boldsymbol{E}_{SZ} = \frac{E}{1-\mu^2}\begin{bmatrix} 1 & \mu & 0 \\ \mu & 1 & 0 \\ 0 & 0 & \dfrac{1-\mu}{2} \end{bmatrix} \right\} \qquad (1\text{-}44)$$

1.7.6.2 Ebener Verzerrungszustand

Beim ebenen Verzerrungszustand werden nur Verzerrungen in der betrachteten Ebene zugelassen. Ist dies die x,y-Ebene, so ist definitionsgemäß:

$$\varepsilon_z = 0; \qquad \gamma_{xz} = 0; \qquad \gamma_{yz} = 0$$

Aus (1-38) folgt $\tau_{xz} = \tau_{yz} = 0$, aus (1-34):

$$\sigma_z = \mu(\sigma_x + \sigma_y)$$

und damit aus $(1-34)$:

$$\boldsymbol{\varepsilon} = \boldsymbol{E}_{VZ}^{-1}\boldsymbol{\sigma} \qquad \text{mit}$$

$$\left. \boldsymbol{E}_{VZ}^{-1} = \frac{1-\mu^2}{E}\begin{bmatrix} 1 & \dfrac{-\mu}{1-\mu} & 0 \\ \dfrac{-\mu}{1-\mu} & 1 & 0 \\ 0 & 0 & \dfrac{2}{1-\mu} \end{bmatrix} \right\} \qquad (1\text{-}45)$$

und $\boldsymbol{\varepsilon}$ und $\boldsymbol{\sigma}$ nach (1-43).

Aus (1-38) erhält man:

$$\boldsymbol{\sigma} = \boldsymbol{E}_{VZ}\boldsymbol{\varepsilon} \qquad \text{mit}$$

$$\left. \boldsymbol{E}_{VZ} = E\,\frac{1-\mu}{(1-\mu)\,(1-2\mu)}\begin{bmatrix} 1 & \dfrac{\mu}{1-\mu} & 0 \\ \dfrac{\mu}{1-\mu} & 1 & 0 \\ 0 & 0 & \dfrac{1-2\mu}{2(1-\mu)} \end{bmatrix} \right\} \qquad (1\text{-}46)$$

$$\sigma_z = E\,\frac{\mu}{(1+\mu)\,(1-2\mu)}\,(\varepsilon_x + \varepsilon_y)$$

Die Aussagen für die Schubspannungen und die Gleitungen sind beim ebenen Spannzustand und beim ebenen Verzerrungszustand gleich.

1.8 Arbeiten, Arbeitssatz und Potential

1.8.1 Starrkörpersysteme

Gegeben sind an einem starren Tragwerk ein Kraftzustand (Zustand 1) und ein Verschiebungszustand (Zustand 2), Bild 1-24

$$-F_1 l_1 + F_2 l_2 = 0 \quad \bigg| \quad w_1 = -l_1 \varphi$$

$$\text{bzw.} \quad F_2 = F_1 \frac{l_1}{l_2} \quad \bigg| \quad w_2 = l_2 \varphi$$

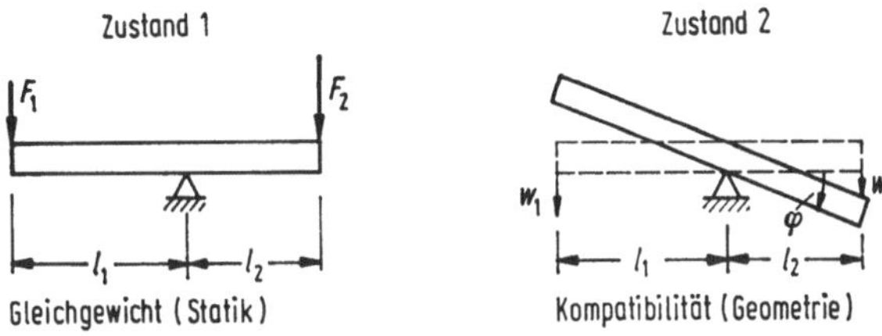

Bild 1-24. Kraft- und Verschiebungszustand am starren System

Der Kraftzustand ist im Gleichgewicht, der Verschiebungszustand kompatibel.

Der *„Allgemeine Arbeitssatz"* lautet:

Die Arbeit, die ein Gleichgewichtszustand (1) an einem geometrisch (kinematisch) möglichen Verschiebungszustand (2) verrichtet, ist Null.

Für die in Bild 1-24 dargestellten Zustände ist:

$$\overline{W}_a = F_1^{(1)} w_1^{(2)} + F_2^{(1)} w_2^{(2)} = 0$$

Allgemein gilt in vektorieller Darstellung:

$$\overline{W}_a = \sum (\boldsymbol{p}^{(1)\mathrm{T}} \boldsymbol{v}^{(2)}) + \sum (\boldsymbol{m}^{(1)\mathrm{T}} \boldsymbol{\varphi}^{(2)}) = 0 \qquad (1\text{-}47\,\mathrm{a})$$

Werden die Vektoren durch ihre Komponenten angegeben

$$\boldsymbol{p} = \begin{bmatrix} F_x \\ F_y \\ F_z \end{bmatrix}, \quad \boldsymbol{v} = \begin{bmatrix} v_x \\ v_y \\ v_z \end{bmatrix}, \quad \boldsymbol{m} = \begin{bmatrix} M_x \\ M_y \\ M_z \end{bmatrix}, \quad \boldsymbol{\varphi} = \begin{bmatrix} \varphi_x \\ \varphi_y \\ \varphi_z \end{bmatrix},$$

so nennt man die Kraft- bzw. Verschiebungskomponenten, die miteinander Arbeit verrichten, *zugeordnete Kraft- bzw. Verschiebungsgrößen*. Zugeordnet sind also z. B. F_x und v_x bzw. M_y und φ_y. Bei Streckenlasten geht die Summation in eine Integration über:

$$\overline{W}_a = \sum (\boldsymbol{p}^{(1)\mathrm{T}} \boldsymbol{v}^{(2)}) + \int_l \boldsymbol{p}^{(1)\mathrm{T}}(x)\, \boldsymbol{v}^{(2)}(x)\, \mathrm{d}x + \sum (\boldsymbol{m}^{(1)\mathrm{T}} \boldsymbol{\varphi}^{(2)}) + \int_l \boldsymbol{m}^{(1)\mathrm{T}}(x)\, \boldsymbol{\varphi}^{(2)}(x)\, \mathrm{d}x \quad (1\text{-}47\,\mathrm{b})$$

Prinzip der virtuellen Verschiebungen

Wählt man als Gleichgewichtszustand einen wirklichen Kraftzustand

$$\boldsymbol{p}^{(1)} \rightarrow \boldsymbol{p}$$

und als kinematisch möglichen Verschiebungszustand einen virtuellen

$$v^{(2)} \to v^{\mathrm{v}},$$

so erhält man das Prinzip der virtuellen Verschiebungen.

$$W_{\mathrm{a}}^{\mathrm{v}} = \sum (\boldsymbol{p}^{\mathrm{T}} \boldsymbol{v}^{\mathrm{v}}) + \sum (\boldsymbol{m}^{\mathrm{T}} \boldsymbol{\varphi}^{\mathrm{v}}) = 0 \qquad (1\text{-}48)$$

Bei Streckenlasten geht die Summation in eine Integration über.

Dabei muß der virtuelle Verschiebungszustand

1. gedacht,
2. kinematisch (geometrisch) möglich,
3. klein sein (Differentialgeometrie).

Sonst kann er jedoch beliebig sein.

Für die in Bild 1-24 dargestellten Zustände ergibt sich:

$$-F_1 l_1 \varphi^{\mathrm{v}} + F_2 l_2 \varphi^{\mathrm{v}} = 0$$

$$(-F_1 l_1 + F_2 l_2)\, \varphi^{\mathrm{v}} = 0 \quad \text{für} \quad \varphi^{\mathrm{v}} \neq 0 \leadsto$$

$$-F_1 l_1 + F_2 l_2 = 0 \quad \text{Gleichgewicht.}$$

Das Prinzip der virtuellen Verschiebungen ist einer statischen Aussage äquivalent.

Prinzip der virtuellen Kräfte

Wählt man als Verschiebungszustand einen wirklichen Verschiebungszustand

$$v^{(2)} \to v$$

und als Gleichgewichtszustand einen virtuellen Kraftzustand

$$\boldsymbol{p}^{(1)} \to \boldsymbol{p}^{\mathrm{v}},$$

so erhält man das Prinzip der virtuellen Kräfte

$$W_{\mathrm{a}}^{\mathrm{v}} = \sum (\boldsymbol{v}^{\mathrm{T}} \boldsymbol{p}^{\mathrm{v}}) + \sum (\boldsymbol{\varphi}^{\mathrm{T}} \boldsymbol{m}^{\mathrm{v}}) = 0 \qquad (1\text{-}49)$$

Bei Streckenlasten geht die Summation in eine Integration über.

Dabei muß der virtuelle Kraftzustand

1. gedacht
2. statisch möglich (Gleichgewichtsgruppe)

sein. Sonst kann er jedoch beliebig sein.

Für die in Bild 1-24 dargestellten Zustände ergibt sich:

$$w_1 F_1^{\mathrm{v}} + w_2 F_2^{\mathrm{v}} = 0$$

$$\left(w_1 + w_2 \frac{l_1}{l_2}\right) F_1^{\mathrm{v}} = 0; \qquad F_1^{\mathrm{v}} \neq 0 \leadsto$$

$$w_1 = -w_2 \frac{l_1}{l_2} \to \quad \text{Geometrie}$$

Das Prinzip der virtuellen Kräfte ist einer geometrischen Aussage äquivalent.

1.8.2 Elastische Systeme

Gegeben sind an einem elastischen Tragwerk ein Kraftzustand (Zustand 1) und ein Verschiebungszustand (Zustand 2). Bild 1-25a. Zu der Arbeit der äußeren Kräfte $\overline{W}_a = F^{(1)}w^{(2)}$ tritt nun noch die Arbeit aus der Verformung der Elemente hinzu.

Für eine Faser des infinitesimalen Balkenelements der Länge $\mathrm{d}x = 1$ erhält man Bild 1-25b:

$$\overline{w}_i = -\sigma^{(1)}\varepsilon^{(2)}$$

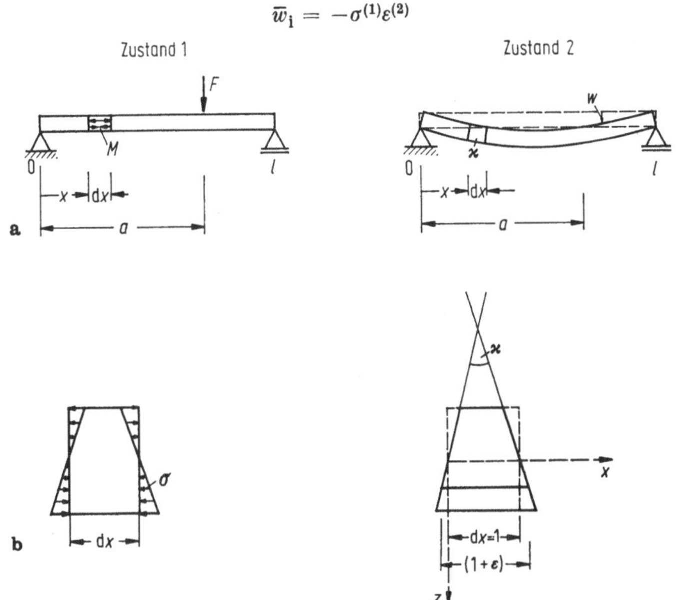

Bild 1-25. Kraft- und Verschiebungszustand am elastischen System.
a) Träger, b) Element des Trägers

Für das ganze Tragwerk folgt daraus, wenn auch τ und γ berücksichtigt werden:

$$-\overline{W}_i = \int_V \sigma^{(1)}\varepsilon^{(2)}\,\mathrm{d}V + \int_V \tau^{(1)}\gamma^{(2)}\,\mathrm{d}V \qquad (1\text{-}51\,\mathrm{a})$$

Der allgemeine Arbeitssatz lautet:

$$\overline{W} = \overline{W}_a + \overline{W}_i = 0 \quad \text{bzw.} \quad \overline{W}_a = -\overline{W}_i \qquad (1\text{-}50)$$

Drückt man bei einem Balken die Spannungen durch die Schnittgrößen aus (Abschnitt 2.3.2) und die Verzerrung einer Faser durch die eines Balkenelementes (Abschnitt 2.4.2), so erhält man für die inneren Arbeiten mit den Bezeichnungen des Bildes 1-26:

$$-\overline{W}_i = \int_0^l M^{(1)}(x)\,\varkappa^{(2)}(x)\,\mathrm{d}x + \int_0^l N^{(1)}(x)\,\varepsilon^{(2)}(x)\,\mathrm{d}x + \int_0^l Q^{(1)}(x)\,\gamma^{(2)}(x)\,\mathrm{d}x$$

$$+ \int_0^l M_\mathrm{T}^{(1)'}(x)\,\vartheta'^{(2)}(x)\,\mathrm{d}x + M^{(1)}\,\Delta\varphi^{(2)} + N^{(1)}\,\Delta u^{(2)} + Q^{(1)}\,\Delta w^{(2)} + M_\mathrm{T}^{(1)}\,\Delta\vartheta^{(2)}$$

$$(1\text{-}51\,\mathrm{b})$$

Analoge Beziehungen erhält man für Platten und Schalen.

Innere Arbeiten beim Prinzip der virtuellen Verschiebungen

Wählt man als Gleichgewichtszustand einen wirklichen Kraftzustand

$$\sigma^{(1)} \to \sigma; \qquad \tau^{(1)} \to \tau$$

und als kinematisch möglichen Verschiebungszustand einen virtuellen

$$\varepsilon^{(2)} \to \varepsilon^{\mathrm{v}}; \qquad \gamma^{(2)} \to \gamma^{\mathrm{v}}$$

innere Kraftgrößen (Zustand 1)

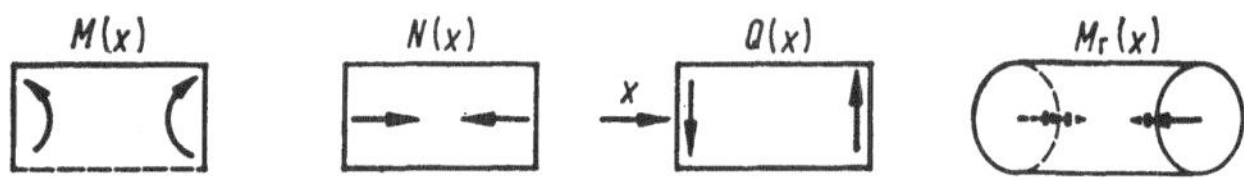

stetige Verzerrungen (Zustand 2)

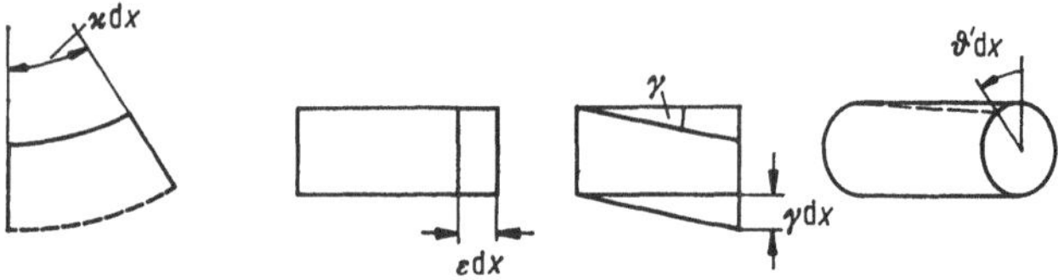

unstetige Verzerrungen (Zustand 2)
(eingeprägte Verschiebungssprünge)

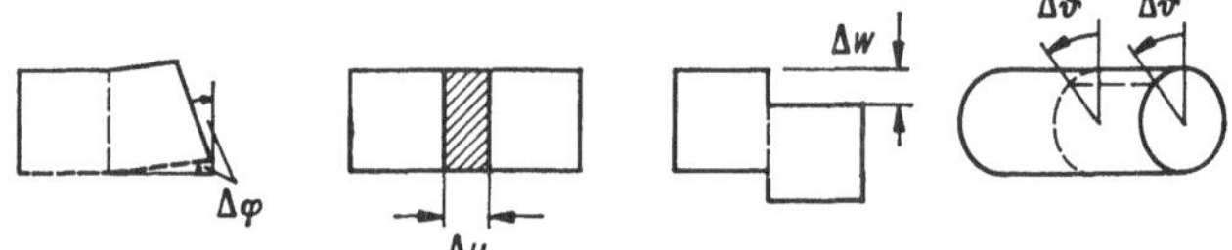

Bild 1-26. Innere Kraftgrößen und Verzerrungen

so erhält man die virtuelle innere Arbeit zu

$$-W_{\mathrm{i}}^{\mathrm{v}} = \int\limits_{V} (\sigma\varepsilon^{\mathrm{v}} + \tau\gamma^{\mathrm{v}})\,\mathrm{d}V \tag{1-52a}$$

und für einen Balken

$$-W_{\mathrm{i}}^{\mathrm{v}} = \int\limits_{0}^{l} M(x)\,\varkappa^{\mathrm{v}}(x)\,\mathrm{d}x + \int\limits_{0}^{l} N(x)\,\varepsilon^{\mathrm{v}}(x)\,\mathrm{d}x + \int\limits_{0}^{l} Q(x)\,\gamma^{\mathrm{v}}(x)\,\mathrm{d}x$$

$$+ \int\limits_{0}^{l} M_{\mathrm{T}}(x)\,\vartheta'^{\mathrm{v}}(x)\,\mathrm{d}x + M\,\Delta\varphi^{\mathrm{v}} + N\,\Delta u^{\mathrm{v}} + Q\,\Delta w^{\mathrm{v}} + M\,\Delta\vartheta^{\mathrm{v}} \tag{1-52b}$$

Innere Arbeiten beim Prinzip der virtuellen Kräfte

Wählt man als Verschiebungszustand einen wirklichen Verschiebungszustand

$$\varepsilon^{(2)} \to \varepsilon; \qquad \gamma^{(2)} \to \gamma$$

und als Gleichgewichtszustand einen virtuellen Kraftzustand

$$\sigma^{(1)} \to \sigma^{\mathrm{v}}; \qquad \tau^{(1)} \to \tau^{\mathrm{v}}$$

so erhält man die virtuelle innere Ergänzungsarbeit zu:

$$-W_{\mathrm{i}}^{\mathrm{v}} = \int\limits_{V} (\sigma^{\mathrm{v}}\varepsilon + \tau^{\mathrm{v}}\gamma)\, \mathrm{d}V \tag{1-53a}$$

und für einen Balken:

$$-W_{\mathrm{i}}^{\mathrm{v}} = \int\limits_{0}^{l} \varkappa(x)\, M^{\mathrm{v}}(x)\, \mathrm{d}x + \int\limits_{0}^{l} \varepsilon(x)\, N^{\mathrm{v}}(x)\, \mathrm{d}x + \int\limits_{0}^{l} \gamma(x)\, Q^{\mathrm{v}}(x)\, \mathrm{d}x$$

$$+ \int\limits_{0}^{l} \vartheta'(x)\, M_{\mathrm{T}}^{\mathrm{v}}(x)\, \mathrm{d}x + \Delta\varphi M^{\mathrm{v}} + \Delta u N^{\mathrm{v}} + \Delta w Q^{\mathrm{v}} + \Delta\vartheta M_{\mathrm{T}}^{\mathrm{v}} \tag{1-53b}$$

1.8.3 Formänderungsenergie

Die spezifische Formänderungsenergie u berechnet sich nach Bild 1-27 zu:

$$u = \int\limits_{\varepsilon=0}^{\varepsilon} \sigma\, \mathrm{d}\varepsilon .$$

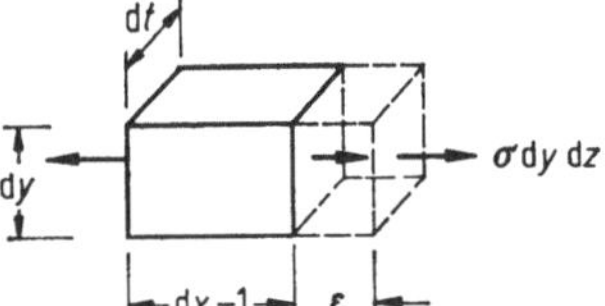

Bild 1-27. Räumliches Element mit Spannung σ und Dehnung ε

Für linear elastische Werkstoffe erhält man mit $\sigma = \varepsilon E$:

$$u = E \int\limits_{\varepsilon=0}^{\varepsilon} \varepsilon\, \mathrm{d}\varepsilon$$

$$u = \frac{1}{2} E\varepsilon^2 = \frac{1}{2} \sigma\varepsilon \tag{1-54}$$

Die Formänderungsenergie U gewinnt man durch Integration über das Volumen des Tragwerks, wobei auch τ und γ berücksichtigt werden

$$U = \frac{1}{2} \int\limits_{V} \sigma\varepsilon\, \mathrm{d}V + \frac{1}{2} \int\limits_{V} \tau\gamma\, \mathrm{d}V \tag{1-55}$$

Ein Vergleich mit (1-51), bei dem man die oberen Indizes zur Kennzeichnung der verschiedenen Zustände gleichsetzen muß, zeigt, daß $2U = -\overline{W}_{\mathrm{i}}$ ist. Mit (1-50) erhält man den *Satz von Clapeyron*:

$$\overline{W}_{\mathrm{a}} = 2U \tag{1-56}$$

„Wenn ein Körper unter einem System von einwirkenden Kräften im Gleichgewicht steht, so ist die Formänderungsenergie halb so groß wie die von den einwirkenden Kräften an den Verschiebungsgrößen verrichtete Arbeit, wobei die Verschiebungsgrößen diejenigen sind, die beim Übergang vom spannungslosen Zustand zum Gleichgewichtszustand entstehen."

Für Balkenelemente erhält man die Formänderungsenergie nach Integration über den Querschnitt in Abhängigkeit von den Schnittgrößen und den Verzerrungen zu:

$$U = \frac{1}{2} \int M\varkappa\, \mathrm{d}x + \frac{1}{2} \int N\varepsilon\, \mathrm{d}x + \frac{1}{2} \int Q\gamma\, \mathrm{d}x + \frac{1}{2} \int M_\mathrm{T}\vartheta'\, \mathrm{d}x \qquad (1\text{-}57)$$

1.8.4 Potentiale

Die Potentiale sind wie folgt definiert:
Inneres Potential:

$$\pi_\mathrm{i} = U \qquad (1\text{-}58)$$

mit U nach (1-55) bzw. (1-56).
Äußeres Potential:

$$\pi_\mathrm{a} = -\overline{W}_\mathrm{a} \qquad (1\text{-}59)$$

mit $\overline{W}_\mathrm{a}$ nach (1-47), wobei aber die Last- und Verschiebungsgrößen zu demselben Zustand gehören müssen.
Gesamtpotential:

$$\pi = \pi_\mathrm{i} + \pi_\mathrm{a} \qquad (1\text{-}60)$$

Aus (1-60) folgt mit (1-59), (1-58) und (1-56):

$$\pi = \text{stat} \qquad (1\text{-}61)$$

das Prinzip vom stationären Wert des Gesamtpotentials, was in dieser Herleitung gleichbedeutend ist mit dem Prinzip vom stationären Wert der Formänderungsenergie.

2. Stabtragwerke, lineare Theorie

2.1 Grundlagen der Kinematik

2.1.1 Begriffe und Regeln der Kinematik

Die Kinematik wird bei der Behandlung folgender Aufgaben benötigt:

— bei der Festlegung eines Verschiebungszustandes an einem kinematischen Tragwerk (z. B. beim Prinzip der virtuellen Verschiebungen, beim Verschiebungsgrößenverfahren und beim Fließgelenkverfahren)
— bei der Untersuchung eines Tragwerkes auf seine Kinematik (kinematische Tragwerke sind unbrauchbar).

Bei der Anwendung der Kinematik werden kleine Verschiebungen vorausgesetzt (Differentialgeometrie).

Die Bewegung eines starren Körpers im Raum kann durch eine Verschiebung mit 3 Verschiebungskomponenten und eine Verdrehung mit 3 Verdrehungskomponenten beschrieben werden, in der Ebene durch eine Verschiebung mit 2 Verschiebungskomponenten und eine Verdrehung. Statt dessen kann man die Verschiebungen und die Verdrehung auch durch eine Verdrehung um einen Punkt (2 Koordinaten) angeben.

In der Kinematik definiert man:

Scheibe: Ein Gebilde, dessen Punkte sich relativ zueinander nicht bzw. nur elastisch verschieben können, Bild 2.1-1. Dies gilt auch global bei lokaler Kinematik, Bild 2.1-2.

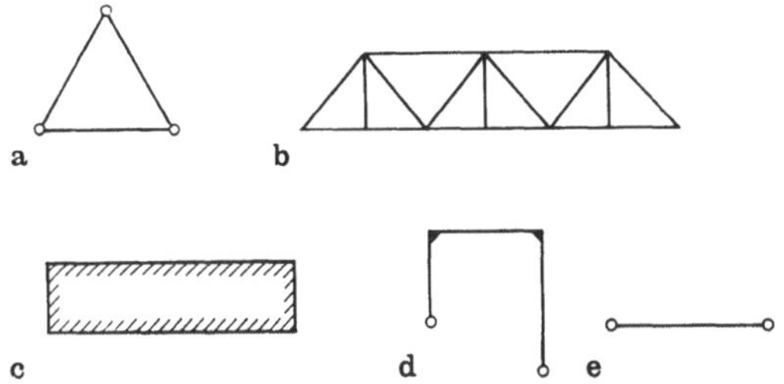

Bild 2.1-1. Scheiben im Sinne der
Kinematik.
a) und b) Fachwerkscheiben,
c) Vollwandscheibe, d) und e)
stabförmige Scheiben

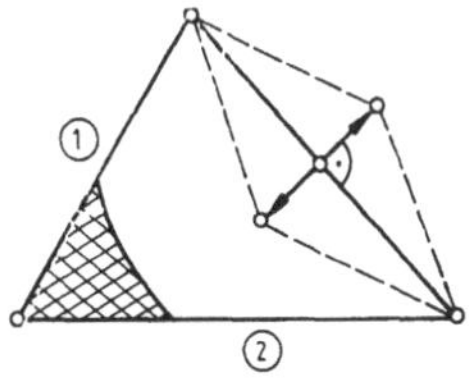

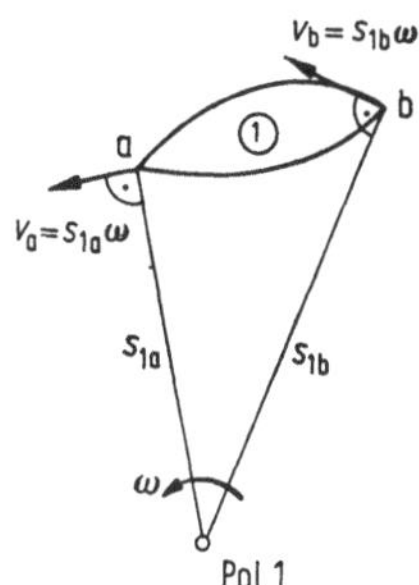

Bild 2.1-2. Zusammenfassung zweier Scheiben zu einer
Scheibe (lokale Bewegungsmöglichkeit gestrichelt)

Pol: Die Bewegung einer Scheibe läßt sich durch Drehung um einen Pol (Haupt- oder auch Momentanpol) darstellen. Er ist der Ruhepunkt der Scheibe. Wird eine Scheibe nur verschoben, so liegt der Pol im Unendlichen (Translation).

Polstrahlen: Die Verbindungslinien vom Pol zu den einzelnen Punkten der zugehörigen Scheibe werden Polstrahlen genannt. Aufgrund der Voraussetzung für die Verschiebungen stehen diese senkrecht auf den Polstrahlen (Bild 2.1-3).

Bild 2.1-3. Scheibe mit Pol, Polstrahlen und Verschiebungen

Kinematische Kette: Sind mehrere Scheiben so aneinander gekoppelt, daß das Tragwerk verschieblich ist, so spricht man von einer kinematischen Kette. Jede Scheibe dreht sich dabei um ihren Hauptpol.

Bei kinematischen Ketten mit einem Freiheitsgrad unterscheidet man: Trägerketten, Bild 2.1-4a, Rahmenketten, Bild 2.1-4b, Knotenketten, Bild 2.1-4c.

Nebenpole: Zwei Scheiben drehen sich relativ zueinander um einen gemeinsamen Punkt, den Nebenpol oder Relativpol. Ein Nebenpol der Scheiben i und k wird mit i,k bezeichnet. Sind zwei Scheiben durch ein Momentengelenk miteinander verbunden, so liegt der Nebenpol in dem Gelenk, s. Bild 2.1-5.

Die Hauptpole der Scheiben können auch als Nebenpole der Scheiben und der Erdscheibe angesehen werden. Ist die Erdscheibe die Scheibe mit der Nummer 0, so kann man den Hauptpol der Scheibe i analog mit $0,i$ bezeichnen.

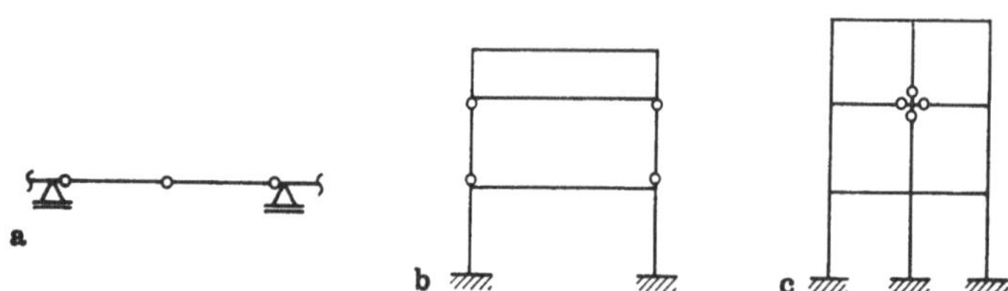

Bild 2.1-4. Einfach kinematische Ketten.
a) Trägerkette, b) Rahmenkette, c) Knotenkette

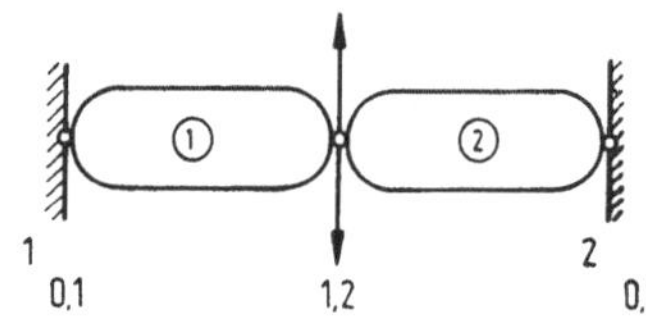

Bild 2.1-5. Nebenpol

2.1.2 Polplan

Die Haupt- und Nebenpole bilden zusammen den Polplan. Regeln für das Zeichnen eines Polplans:

Ein *gelenkiges Lager* ist der Hauptpol der anschließenden Scheibe, ein *(Momenten)-Gelenk* der Nebenpol der angeschlossenen Scheiben (Bild 2.1-6a und c).

Die Senkrechte zu einer möglichen Verschiebungsrichtung ist ein geometrischer Ort für den Hauptpol der anschließenden Scheibe (Bild 2.1-6b).

Die Hauptpole 1 und 2 der Scheiben 1 und 2 und der Nebenpol $1,2$ dieser Scheiben liegen auf einer Geraden (Bild 2.1-6c), damit folgt $0,2$.

Die Nebenpole $1,2$, $2,3$ und $1,3$ der Scheiben 1, 2 und 3 liegen auf einer Geraden (Bild 2.1-6d). *Allgemein:* $i,j - j,k - i,k$ liegen auf einer Geraden. Fallen i,j und j,k in einem Punkt zusammen, so liegt auch i,k in diesem Punkt.

Sind die geometrischen Orte zur Konstruktion eines Poles parallel, so liegt der Pol im Unendlichen.

Liegt der *Hauptpol* einer Scheibe *im Unendlichen*, so verschiebt sich die Scheibe bei Bewegung nur parallel zu ihrer Ausgangslage (Bild 2.1-6e).

Liegt der *Nebenpol* zweier Scheiben *im Unendlichen*, so verdrehen sich die Scheiben während der Bewegung um den gleichen Winkel (Bild 2.1-6f).

Werden die Scheiben i und k durch ein *Querkraft- oder Längskraftgelenk* miteinander verbunden, so liegt der Nebenpol i,k in Richtung der Gelenkstäbe im Unendlichen (Bild 2.1-6g). (Zum Beweis führt man die Gelenkstäbe als selbständige Scheiben ein.)

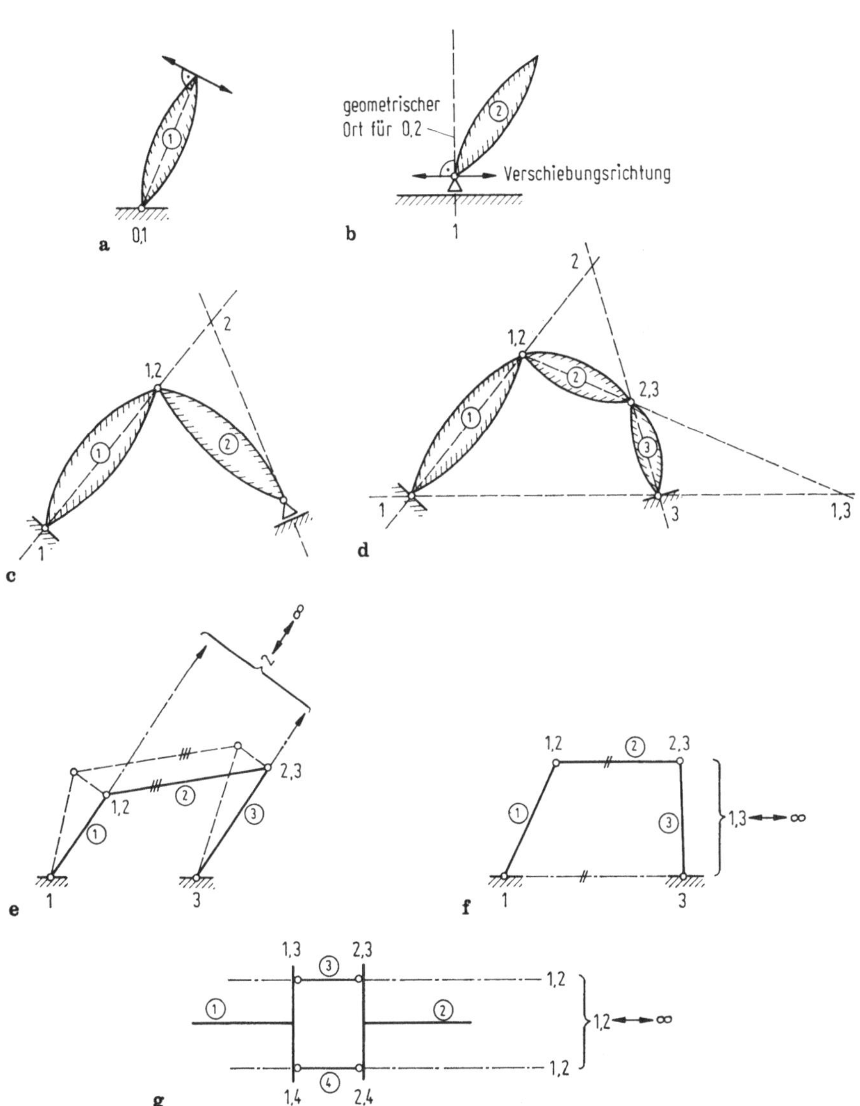

Bild 2.1-6. Skizzen zu den Regeln zum Zeichnen des Pollageplans

Beispiel. Kinematische Kette mit vier Momentengelenken (Bild 2.1-7).
Bekannt: Hauptpole 0,1 und 0,3. Nebenpole 1,2 und 2,3.
Unbekannt: Hauptpol 0,2, Nebenpol 1,3, siehe Schema im Bild 2.1-7.
1. geometrischer Ort für 0,2: Verbindungslinien 0,1 — 1,2.
2. geometrischer Ort für 0,2: Verbindungslinien 0,3 — 2,3.
Schnittpunkt ist 0,2. Der Nebenpol 1,3 liegt im Schnittpunkt der Verbindungslinien
2,3 — 1,2 und 0,3 — 0,1.

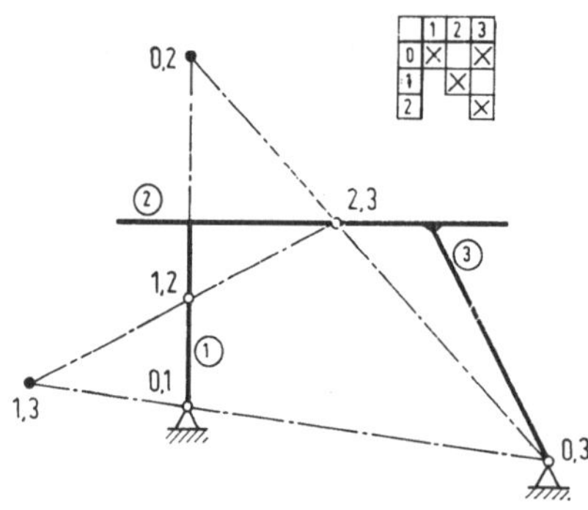

Bild 2.1-7. Kinematische Kette mit Momentengelenken

Beispiel. Kinematische Kette mit Querkraftgelenk (Bild 2.1-8).
Bekannt: 0,1, 0,3, 1,2 (im ∞) und 2,3. Unbekannt: 2,0 und 1,3, siehe Schema im Bild
2.1-8. Der Hauptpol 0,2 liegt im Schnittpunkt der Verbindungslinien 0,3 — 2,3 und
1,2 — 0,1. Der Nebenpol 1,3 liegt im Schnittpunkt der Verbindungslinien 0,1 — 0,3 und
1,2 — 2,3.

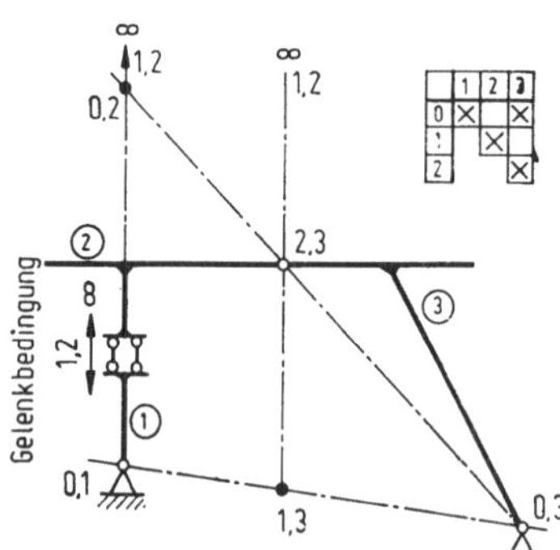

Bild 2.1-8. Kinematische Kette mit Querkraftgelenk

2.1.3 Parallelfigur oder um 90° gedrehte Figur

Die Scheibe *ab*, Bild 2.1-3, dreht sich mit dem Winkel ω um ihren Pol 1. Für die Verschiebungen gelten die Beziehungen:

$$\frac{v_a}{s_{1a}} = \frac{v_b}{s_{1b}} = \omega$$

Dreht man die Verschiebungen um 90° entgegen dem Uhrzeigersinn, so entstehen die
Punkte a' und b' auf den Polstrahlen, Bild 2.1-9. Nach dem Strahlensatz muß $a'b'$ parallel

ab sein. Diese Tatsache macht man sich bei der Ermittlung der Verschiebungen der Scheibe *a, b, c* zunutze:

Man trägt die bekannte Verschiebung des Punktes *a* entgegen dem Uhrzeigersinn um 90° gedreht auf dem Polstrahl ab (Bild 2.1-10) und zeichnet dann zwischen den Polstrahlen eine Parallelfigur zur gegebenen Scheibe mit den Punktbezeichnungen *i'*. Die Beträge der Verschiebungen der einzelnen Punkte erhält man dann gleich den Strecken *i−i'*, die Richtungen durch Rückdrehen um 90° im Uhrzeigersinn.

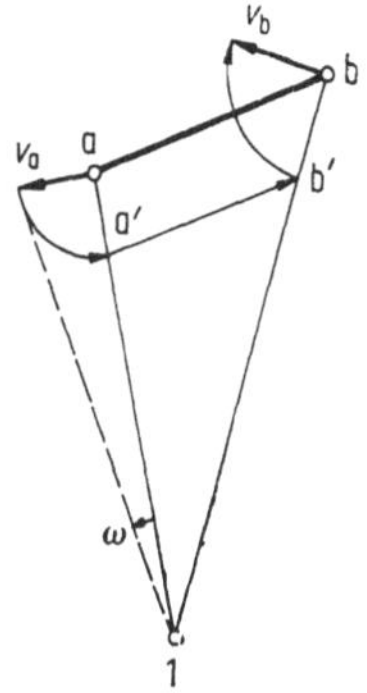

Bild 2.1-9. Parallelfigur

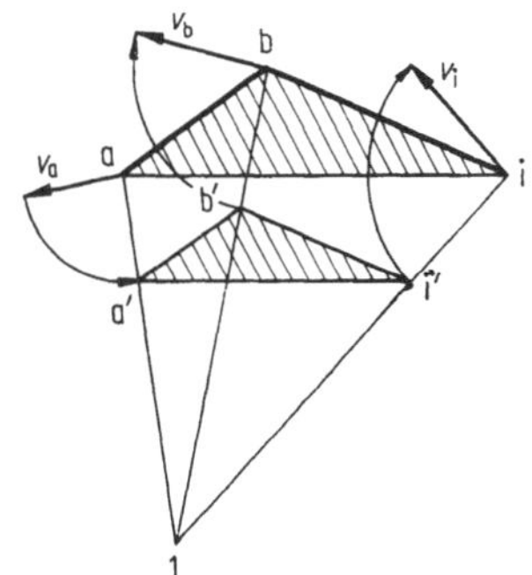

Bild 2.1-10. Konstruktion der Verschiebung mit Hilfe der Parallelfigur

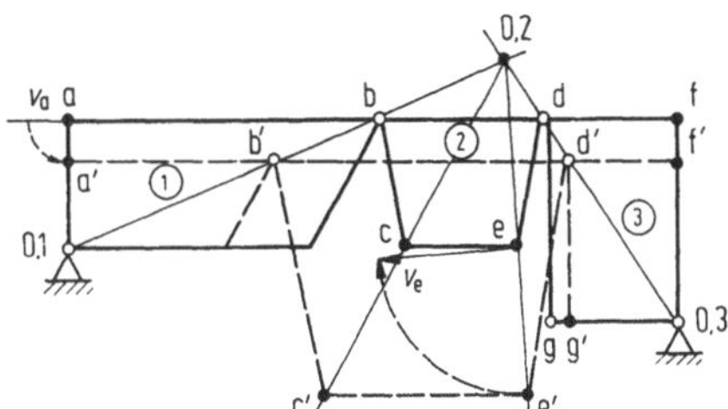

Bild 2.1-11. Verschiebung einer kinematischen Kette, dargestellt durch die Parallelfigur

Beispiel. Verschiebung der kinematischen Kette von Bild 2.1-11

Gegeben: $v_a \to a'$. Der Punkt *b'* liegt auf dem Polstrahl und der Parallelen zum Obergurt. Der Punkt *c'* liegt auf dem Polstrahl und der Parallelen zu *bc* durch *b'*. Analog werden die übrigen Punkte ermittelt. Verschiebung z. B. des Punktes *e*: Betrag gleich Strecke *ee'*, Richtung senkrecht zu *ee'*.

2.2 Aufbau und Klassifizierung der Stabtragwerke

2.2.1 Definitionen

Statisch bestimmt nennt man ein Tragwerk, bei dem sich alle Stütz- und Schnittgrößen mit Bedingungen für Kraftgrößen berechnen lassen. Das Tragwerk ist dann so vielen Verschiebungsbehinderungen unterworfen, daß keine Starrkörperverschiebungen möglich sind (Bild 2.2-1 a).

Statisch unbestimmt ist ein Tragwerk, wenn die Kräftebedingungen zur Berechnung der Stütz- und Schnittgrößen nicht ausreichen, Bild 2.2-1 b. Man bezeichnet ein Tragwerk als innerlich statisch unbestimmt, wenn man alle Stützgrößen mit Kräftebedingungen berechnen kann, jedoch nicht alle Schnittgrößen (Bild 2.2-1c). Bei einem statisch unbestimmt gelagerten Tragwerk ist die Anzahl der Verschiebungsbehinderungen größer als die zur Verhinderung von Starrkörperverschiebungen erforderliche.

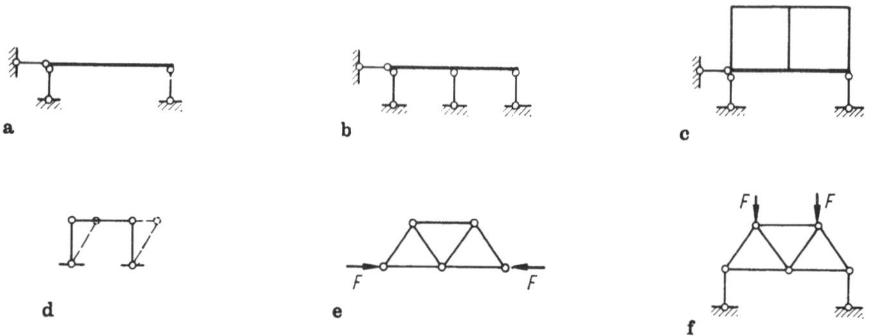

Bild 2.2-1. Zur Klassifizierung der Stabtragwerke

Bei *kinematischen Tragwerken* sind Starrkörperverschiebungen möglich (Bild 2.2-1 d). Die Anzahl der Verschiebungsbehinderungen ist dann kleiner, als die zur Verhinderung der Starrkörperverschiebungen erforderliche. Dann ist aber auch die Anzahl der unbekannten Stütz- und Schnittgrößen kleiner als die zur Festlegung eines eindeutigen Gleichgewichtszustandes erforderliche.

Mit *Starrkörperverschiebungen* bezeichnet man die Verschiebungen, die ein starres Tragwerk ausführen kann, ein Tragwerk also, bei dem alle elastischen und plastischen Verformungen ausgeschlossen sind.

Freie Tragwerke sind Tragwerke, die nicht an die Erde gebunden sind. Sie sind in jedem Fall kinematisch. Die Kraftgrößen freier Tragwerke lassen sich nur dann eindeutig bestimmen, wenn die angreifenden Kräfte im Gleichgewicht sind (Bild 2.2-1 e). — Neben den freien Tragwerken gibt es noch teilweise freigesetzte Tragwerke, bei denen einzelne Fesseln fehlen. Auch diese Tragwerke sind kinematisch. Die Kraftgrößen lassen sich jedoch dann eindeutig bestimmen, wenn die fehlenden Fesselstäbe zur Aufrechterhaltung des Gleichgewichts nicht erforderlich sind (Bild 2.2-1f).

2.2.2 Statische und kinematische Betrachtungsweise

Durch Vergleich der Anzahl der unbekannten Kraftgrößen s mit der Anzahl der Kräftebedingungen z kann man feststellen, ob ein Tragwerk kinematisch, statisch bestimmt oder statisch unbestimmt ist, Tabelle 2.2-1. Kräftebedingungen sind dabei Gleichgewichtsbedingungen und Nebenbedingungen für Kraftgrößen.

Diese Aussagen gelten nur, wenn die Gleichungen linear unabhängig sind. Man muß also in jedem Fall den Rang r des Systems der Kräftebedingungen untersuchen.

Ob ein Tragwerk kinematisch oder nicht kinematisch ist, kann man auch mit den Methoden der Kinematik (2.1) oder dem Stabtauschverfahren (2.2.5) prüfen.

Hat man festgestellt, daß das Tragwerk nicht kinematisch ist, so kann man den Grad der statischen Unbestimmtheit dadurch ermitteln, daß man so viele Verschiebungsbehinderungen durch Schnitte aufhebt, bis das Tragwerk statisch bestimmt ist. Die Anzahl der aufgehobenen Verschiebungsbehinderungen (Fesseln) ist gleich der Anzahl der bei den Schnitten freigesetzten Schnittgrößen und gleich dem Grad der statischen Unbestimmtheit, s. Bild 2.2-2.

Statt des Abbaus, bei dem man vom gegebenen System ausgeht, wird im folgenden hauptsächlich der Aufbau behandelt, bei dem man von Grundelementen ausgeht.

Tafel 2.2-1. Zur Beurteilung von Tragwerken mit Kräftegleichungen.

z: Anzahl der Kräftebedingungen = Anzahl der Zeilen des Gleichungssystems
s: Anzahl der unbekannten Kraftgrößen = Anzahl der Spalten des Gleichungssystems
r: Rang des Gleichungssystems

	$z = s$	$z < s$	$z > s$
Gleichungssystem ist	eindeutig lösbar	nicht lösbar	nicht eindeutig lösbar
Tragwerk ist	statisch bestimmt	n-fach statisch unbestimmt mit $n = s - z$	n-fach kinematisch mit $n = z - s$
Nebenbedingung für den Rang r des Gleichungssystems	$r = z = s$	$r = z$	$r = s$

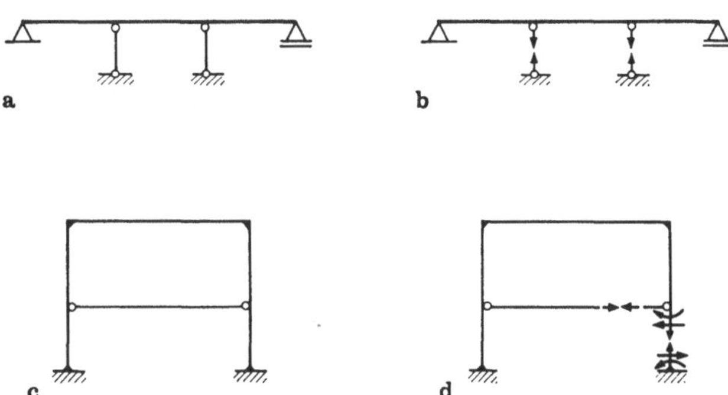

Bild 2.2-2. Feststellen der statischen Unbestimmtheit.
a), c) gegebene Systeme, b), d) statisch bestimmte Grundsysteme

2.2.3 Lagerung

Ein Tragwerk kann kinematisch, statisch bestimmt oder statisch unbestimmt gelagert sein.

Ebene Tragwerke

Entsprechend den 3 Verschiebungsmöglichkeiten (Freiheitsgraden) eines ebenen Tragwerks sind zur statisch bestimmten Lagerung einer Scheibe 3 Lagerstäbe erforderlich, deren Richtungen sich nicht in einem Punkt schneiden dürfen, also auch nicht parallel liegen dürfen (Schnittpunkt im Unendlichen).

Ist diese Bedingung nicht erfüllt oder sind weniger Lagerstäbe vorhanden, so ist das Tragwerk kinematisch gelagert. Sind mehr als 3 Lagerstäbe vorhanden, ist es statisch unbestimmt gelagert (Bild 2.2-3).

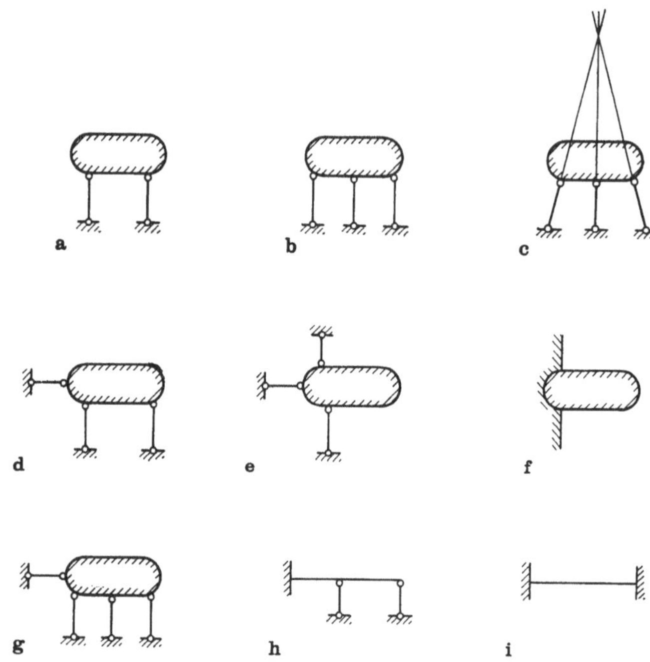

Bild 2.2-3. Lagerung einer Scheibe.
a), b), c) kinematische Lagerung, d), e), f) statisch bestimmte Lagerung, g) 1fach, h) 2fach, i) 3fach statisch unbestimmt

Wird nicht eine einzelne Scheibe gelagert, sondern eine (als freies Tragwerk) kinematische Kette, so müssen zur statisch bestimmten Lagerung noch die Freiheitsgrade der kinematischen Kette aufgehoben werden, wobei die Anzahl und die Anordnung der zusätzlichen Lagerstäbe maßgebend ist (Bild 2.2-4).

Räumliche Tragwerke

Im Raum sind 6 Lagerstäbe erforderlich, die zur statisch bestimmten Lagerung einer Scheibe so angeordnet werden müssen, daß die 6 Freiheitsgrade aufgehoben werden.

Dies ist nicht der Fall, wenn z. B.:

1. mehr als 3 Drehfesseln vorhanden sind.
2. 2 Drehfesseln in einer Geraden zusammenfallen oder einander parallel sind.
3. 3 Drehfesseln zu einer Ebene parallel sind.
4. 2 Wegfesseln in einer Geraden liegen.
5. mehr als 3 Wegfesseln durch einen Punkt gehen oder zueinander parallel sind.
6. mehr als 3 Wegfesseln in einer Ebene liegen.

7. 6 Wegfesseln eine Gerade schneiden oder parallel zu einer Ebene sind.
8. 1 Drehfessel senkrecht auf der Ebene durch 2 parallele Wegfesseln steht.
9. 1 Drehfessel senkrecht auf der Ebene steht, in der 3 Wegfesseln liegen.
10. 3 in einer Ebene liegende Wegfesseln sich in einem Punkt schneiden oder zueinander parallel sind.

Soll statt einer einzelnen Scheibe eine kinematische Kette statisch bestimmt gelagert werden, so müssen die Freiheitsgrade der kinematischen Kette durch zusätzliche Lager-stäbe aufgehoben werden.

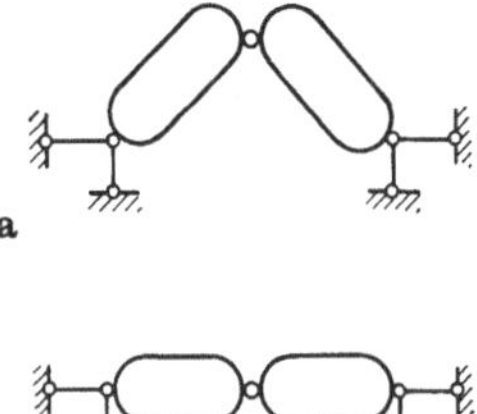

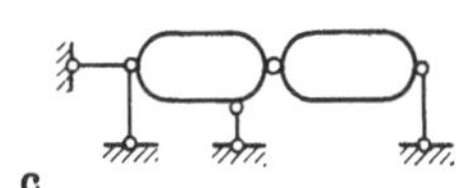

Bild 2.2-4. Lagerung von Gelenkketten.
a) und c) richtige Anordnung der Fesseln, b) falsche Anordnung der Fesseln

2.2.4 Tragwerke

Tragwerke, die aus einer Scheibe bestehen, können zuerst ohne die Lagerung, also als freie Tragwerke betrachtet werden.

Besteht nur ein *einfacher Zusammenhang*, so sind die Tragwerke innerlich statisch bestimmt. (Ein einfacher Zusammenhang besteht, wenn man von einem Punkt aus-gehend, jeden Punkt des Trägers nur auf einem Weg erreichen kann.)

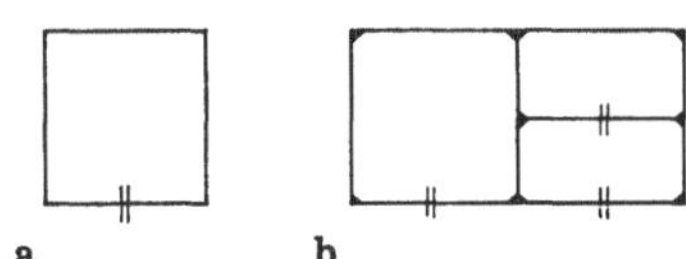

Bild 2.2-5. Erforderliche Schnitte bei mehrfachem Zusammenhang.
In der Ebene: a) 3fach, b) $3 \cdot 3 = 9$fach innerlich stat. unbest.,
Im Raum: a) 6fach, b) $3 \cdot 6 = 18$fach innerlich stat. unbest.

Bei *mehrfachem Zusammenhang* sind die Tragwerke durch Schnitte auf einen einfachen Zusammenhang zurückzuführen. Dabei werden je Schnitt in der Ebene 3, im Raum 6 Schnittgrößen ausgeschaltet (Bild 2.2-5). Die Anzahl der ausgeschalteten Schnittgrößen ist gleich der innerlichen statischen Unbestimmtheit.

Tragwerke, die aus mehreren Scheiben bestehen.

Sind einzelne Stäbe (Scheiben) durch Momentengelenke miteinander verbunden und sind sie so aufgebaut, daß in der Ebene von einem Stab ausgehend jeder neue Knoten zweistäbig angeschlossen ist (im Raum von einem Stabdreieck ausgehend jeder Knoten durch 3 Stäbe), Bild 2.2-6, so handelt es sich um innerlich statisch bestimmte *Tragwerke nach dem ersten Bildungsgesetz*. Diese können wie eine einzelne Scheibe behandelt werden. Enthalten diese Scheiben n Stäbe mehr als nach dem ersten Bildungsgesetz erforderlich sind, so ist das Tragwerk n-fach innerlich statisch unbestimmt.

Tritt in der Ebene an die Stelle des Grundstabes, im Raum an die Stelle des Stabdreiecks die Erde, so erhält man als Ausgangssysteme das Dreigelenktragwerk bzw. den Dreibock.

Bei der kinematischen Beurteilung der Tragwerke kann man statisch bestimmt oder unbestimmt gelagerte Scheiben nach dem ersten Bildungsgesetz zur Erde zählen.

Bilden Tragwerke als freie Tragwerke eine kinematische Kette, so müssen sie in jedem Fall daraufhin untersucht werden, ob sie unter Berücksichtigung der Lagerung nicht mehr kinematisch sind.

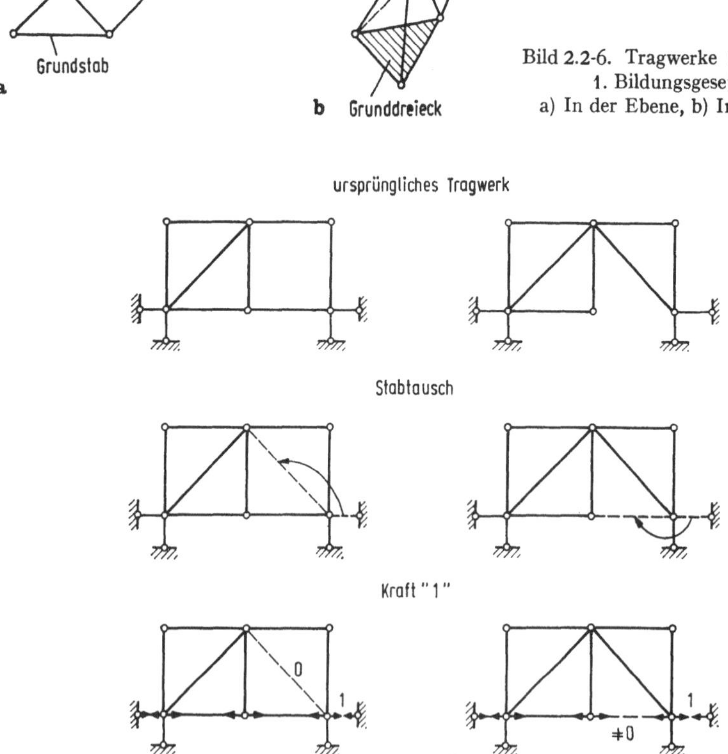

Bild 2.2-6. Tragwerke nach dem 1. Bildungsgesetz. a) In der Ebene, b) Im Raum

Bild 2.2-7. Untersuchung der Kinematik mittels Stabtausch.
System a): Das ursprüngliche Stabwerk ist kinematisch, System b): Das ursprüngliche Stabwerk ist nicht kinematisch, also brauchbar

2.2.5 Stabtausch

Ein anderes Verfahren zur Feststellung der Kinematik eines Tragwerkes ist der Stabtausch. Hierbei setzt man einzelne Stäbe des Tragwerks so um, daß aus der kinematischen Kette des freien Tragwerks eine Scheibe wird. In den Stabtausch können auch überzählige Lagerstäbe einbezogen werden.

Im Falle nur eines Stabtausches bringt man an der Stelle, an der ursprünglich der Stab angeschlossen war, eine Kraft „1" an. Entsteht dann in dem umgesetzten Stab eine Kraft, so ist das ursprüngliche Tragwerk brauchbar. Entsteht keine Kraft, so ist das ursprüngliche Tragwerk kinematisch (Bild 2.2-7). Mehrfacher Stabtausch s. 2.8.5.

2.3 Kraftgrößen und statische Beziehungen

Es wird die Orientierung nach gekennzeichneten Seiten nach DIN 1080, Teil 2 verwandt.

2.3.1 Lastgrößen

Bei den statischen Lastgrößen kann man unterscheiden zwischen (Bild 2.3-1) festen Lastzuständen und Wanderlasten, direkter und indirekter Belastung, Einzellasten und Streckenlasten. Nach der Wirkung auf den Träger unterscheidet man die in Bild 2.3-2 eingetragenen Lastarten. Die dort angegebenen Wirkungsrichtungen sind sowohl in der x,z- als auch in der x,y-Ebene positiv.

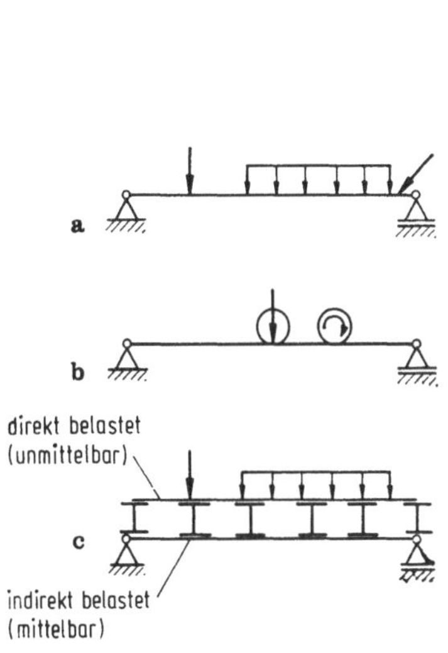

Bild 2.3-1. Arten von Lastgrößen.
a) Fester Lastzustand, direkte Belastung,
b) Wanderlasten, c) Fester Lastzustand,
indirekte Belastung

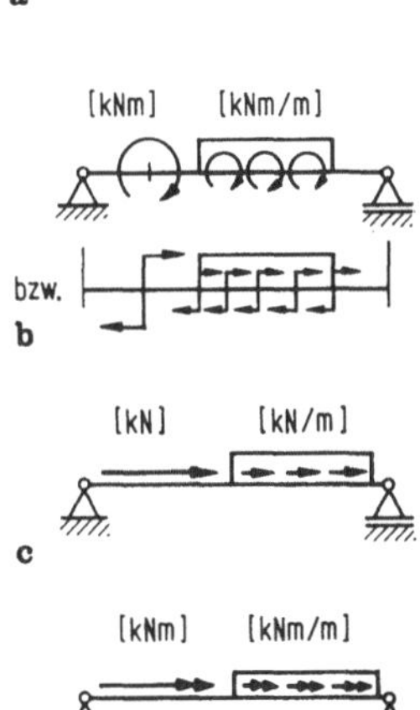

Bild 2.3-2. Arten und positive Festlegungen
der Lastgrößen.
a) Querbelastung, b) Momentenbelastung,
c) Längsbelastung, d) Torsionsbelastung

Fallen Schwerachse und Drillruheachse (Schwerpunkt und Schubmittelpunkt) nicht zusammen, so sind Längsbelastung und Momentenbelastung auf die Schwerachse, Querbelastung und Torsionsbelastung auf den Schubmittelpunkt zu beziehen, Bild 1-12.

2.3.2 Schnittgrößen-Spannungs-Beziehungen

Bei Stäben mit der x-Achse als Längsachse treten nur die Spannungen σ_x, τ_{xy} und τ_{xz} auf (s. Bild 2.3-3). Diese werden zu den in der Stabachse wirkenden Schnittgrößen zusammengefaßt (Bild 2.3-3)

Längskraft

$$N = \int_A \sigma_x \, dA \qquad (2.3\text{-}1)$$

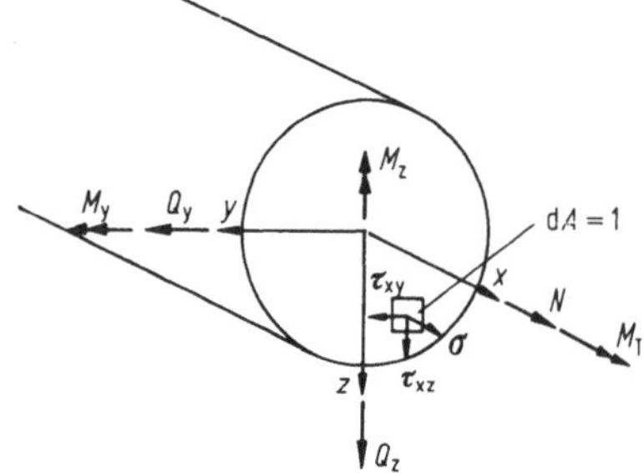

Bild 2.3-3. Spannungen σ, τ und positiv definierte Schnittgrößen

Biegemomente

$$\left.\begin{aligned} M_y &= \int_A \sigma_x \cdot z \cdot dA \\ M_z &= \int_A \sigma_x \cdot y \cdot dA \end{aligned}\right\} \qquad (2.3\text{-}2)$$

Querkräfte

$$\left.\begin{aligned} Q_y &= \int_A \tau_{xy} \, dA \\ Q_z &= \int_A \tau_{xz} \, dA \end{aligned}\right\} \qquad (2.3\text{-}3)$$

Torsionsmoment

$$M_T = \int_A (\tau_{xz} y - \tau_{xy} z) \, dA \qquad (2.3\text{-}4)$$

Die y- und z-Achse sind dabei die Hauptachsen des Querschnitts, die x-Achse ist die Systemlinie (Schwerachse). Fallen Schwerachse und Drillachse (Schubmittelpunktachse) nicht zusammen, so sind Längskraft und Biegemomente auf den Schwerpunkt, Querkräfte und Torsionsmoment auf den Schubmittelpunkt zu beziehen (s. 10). In Bild 2.3-3 ist ein positiver Schnitt dargestellt. Am negativen Schnitt sind die positiven Schnittgrößen entgegengesetzt gerichtet.

Bei einem Stabelement, das nur in der x,z-Ebene belastet ist, entstehen die Schnittgrößen M_y, Q_z und N, wobei bei der Orientierung nach der gekennzeichneten Faser, DIN 1080 Teil 2, auf die Indizierung verzichtet werden kann. In der x,y-Ebene ergeben sich gleiche positive Schnittgrößen. Es genügt die Angabe der x-Richtung und der gekennzeichneten Faser (Bild 2.3-4).

Mit den Definitionen für die Schnittgrößen ist die Umkehrung der Aufgabe, die *Berechnung der Spannungen* aus den Schnittgrößen, nicht eindeutig möglich. Mit den Festlegungen des Abschnittes 2.4 erhält man im Hauptachsensystem:

$$\sigma = \frac{N}{A} \tag{2.3-5}$$

$$\left. \begin{aligned} \sigma &= \frac{M_y}{I_y}\, z \\[2ex] \sigma &= \frac{M_z}{I_z}\, y \end{aligned} \right\} \tag{2.3-6}$$

Bild 2.3-4. Balkenelement in der Ebene mit Schnittgrößen und gekennzeichneter Faser

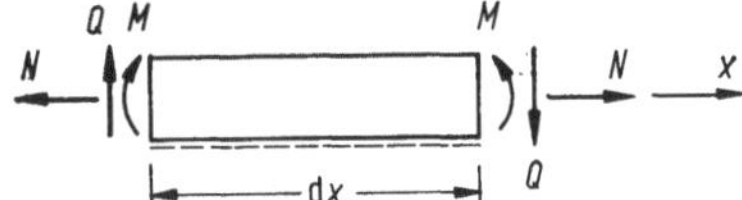

mit den Flächenmomenten 2. Grades:

$$\left. \begin{aligned} I_y &= \int_A z^2 \, \mathrm{d}A \\[2ex] I_z &= \int_A y^2 \, \mathrm{d}A \end{aligned} \right\} \tag{2.3-7}$$

Die Längs- und die Schubspannungen sind nach der ersten Gleichgewichtsbedingung der Gleichungen (1-29) voneinander abhängig. Bei verschwindender Volumenkraft erhält man:

$$\left. \begin{aligned} \tau_{xz} &= -\int \frac{\mathrm{d}\sigma_x}{\mathrm{d}x}\, \mathrm{d}z \\[2ex] \tau_{xy} &= -\int \frac{\mathrm{d}\sigma_x}{\mathrm{d}x}\, \mathrm{d}y \end{aligned} \right\} \tag{2.3-8}$$

Wird im Querschnitt und an seinen Rändern keine Längsbelastung eingeleitet, so erhält man zu (2.3-5) die Schubspannungen zu Null und zu (2.3-6) unter Beachtung von (2.3-18) einen parabolischen Verlauf:

$$\left. \begin{aligned} \tau_{xz}(z) &= -\frac{Q_y}{I_y} \int_{z_R}^{z} z \, \mathrm{d}z \\[2ex] \tau_{xy}(y) &= -\frac{Q_z}{I_z} \int_{y_R}^{y} y \, \mathrm{d}y \end{aligned} \right\} \tag{2.3-9a}$$

bzw. mit den Flächenmomenten 1. Grades (durch den Index R sind die Randwerte gekennzeichnet):

$$S_y(z) = \int\limits_{z_R}^{z} z\,\mathrm{d}A \left.\vphantom{\int\limits_{z_R}^{z}}\right\} $$
$$S_z(y) = \int\limits_{y_R}^{y} y\,\mathrm{d}A \left.\vphantom{\int\limits_{y_R}^{y}}\right\} \qquad (2.3\text{-}10)$$

die Beziehungen:

$$\tau_{xz}(z) = -\frac{Q_y}{I_y b}\,S_y(z) \left.\vphantom{\frac{Q_y}{I_y b}}\right\}$$
$$\tau_{xy}(y) = -\frac{Q_z}{I_z b}\,S_z(y) \left.\vphantom{\frac{Q_z}{I_z b}}\right\} \qquad (2.3\text{-}9\mathrm{b})$$

mit b als Querschnittsbreite an der Stelle z bzw. y.

Bei der *St. Venantschen Torsion*, siehe Kapitel 10, müssen die Spannungen aus einer Torsionsfunktion berechnet werden, die durch eine Potentialgleichung gegeben ist. Bei dünnwandigen (Wanddicke t) offenen Querschnitten ist

$$\max \tau = \frac{M_T}{I_T}\,t \qquad (2.3\text{-}11)$$

am Querschnittsrand. Für das Torsionsflächenmoment 2. Grades gilt:

$$I_T = \frac{1}{3}\int\limits_s t^3\,\mathrm{d}s \qquad (2.3\text{-}12)$$

wobei s die Profilmittellinie ist.

Beim geschlossenen einzelligen dünnwandigen Querschnitt erhält man einen konstanten Schubfluß:

$$\tau \cdot t = T = \frac{M_T}{2A_m} \qquad (2.3\text{-}13)$$

Darin ist A_m die Fläche, die von der Profilmittellinie eingeschlossen ist. Beim mehrzelligen Querschnitt muß ein Gleichungssystem gelöst werden. Sind die Querschnitte fortlaufend aneinandergereiht, so lautet die i-te Gleichung:

$$-\psi_{i-1}\int\limits_{i-1,i}\frac{1}{t}\,\mathrm{d}s + \psi_i\oint\limits_i\frac{1}{t}\,\mathrm{d}s - \psi_{i+1}\int\limits_{i,i+1}\frac{1}{t}\,\mathrm{d}s = 2A_{mi} \qquad (2.3\text{-}14)$$

Darin bedeutet $\int\limits_{i-1,i}$, daß das Integral über die Wände zu erstrecken ist, die die Zellen $i-1$ und i gemeinsam haben. Man berechnet den Schubfluß der i-ten Zelle:

$$T_i = \frac{M_T}{I_B}\,\psi_i \qquad (2.3\text{-}15)$$

mit dem Bredtschen Torsionsflächenmoment 2. Grades:

$$I_B = 2\sum_i \psi_i A_{mi} \qquad (2.3\text{-}16)$$

2.3.3 Lastgrößen-Schnittgrößen-Beziehungen

Bringt man die Lastgrößen und die Schnittgrößen an einem infinitesimalen Stabelement an, so erhält man mit den Gleichgewichtsbedingungen (1-3, 1-4) die Lastgrößen-Schnittgrößen-Beziehungen. Sie sind in der Tafel 2.3-1 zusammengestellt, wobei Größen, die mit dx^2 zu multiplizieren sind, gestrichen wurden, da sie gegenüber dx vernachlässigt werden können (klein von 2. Ordnung).

Tafel 2.3-1. Differentialgleichungen der Schnittgrößen bei geraden Stäben

	Querbelastung	Momentenbelastung	Längsbelastung	Torsionsbelastung
$\Sigma F_x = 0$	$dN = 0$ d.h. $N = \text{const}$		$dN + n \cdot dx = 0$	$dN = 0$
$\Sigma F_z = 0$ oder $\Sigma F_y = 0$	$dQ + p \cdot dx = 0$	$dQ = 0$ d.h. $Q = Q_0$	$dQ = 0$	$Q = 0$
$\Sigma M_1 = 0$	$-dM + Q\,dx = 0$	$-dM + Q\,dx + m \cdot dx = 0$	dM	$M = \text{const}$
$\Sigma M_x = 0$	$dM_T = 0$ d.h. $M_T = \text{const}$			$dM_T + m_T \cdot dx = 0$
Differential-gleichungen	$\dfrac{dQ(x)}{dx} = -p(x)$ (2.3-17) $\dfrac{dM(x)}{dx} = +Q(x)$ (2.3-18) $\dfrac{d^2M(x)}{dx^2} = -p(x)$ (2.3-19)	$\dfrac{dM(x)}{dx} = Q_0 + m(x)$ (2.3-20)	$\dfrac{dN(x)}{dx} = -n(x)$ (2.3-21)	$\dfrac{dM(x)}{dx} = -m_T(x)$ (2.3-22)

2.4 Weggrößen und geometrische Beziehungen

Es wird die Orientierung nach gekennzeichneten Seiten nach DIN 1080 Teil 2 verwandt.

2.4.1 Verschiebungsgrößen

Verschiebungsgrößen sind die Verschiebung und die Verdrehung der Systemlinie, Bild 2.4-1.

Die Verschiebungen u, v und w sind die Projektionen der Totalverschiebung auf die x-, y- und z-Achse. Verbindet man gleiche Projektionen der Verschiebungen aller Punkte einer Systemlinie miteinander, so wird die dabei entstehende Kurve *Biegelinie* genannt.

Die Verdrehungen φ_z bzw. φ_y sind die Tangenten an die Biegelinien v bzw. w. Da die positiven Verdrehungen in der x,z-Ebene und in der x,y-Ebene übereinstimmen, wird oft auf eine Indizierung von φ verzichtet (Bild 2.4-2).

$$\left.\begin{aligned}\varphi_y &= \frac{dw}{dx} \\[2mm] \varphi_z &= \frac{dv}{dx}\end{aligned}\right\} \qquad (2.4\text{-}1)$$

Die Verdrehung der Sehne der Biegelinie zwischen zwei Punkten i und k wird Stabsehnendrehwinkel, kurz *Stabdrehwinkel* genannt (Bild 2.4-3)

$$\psi_{ik} = \frac{w_k - w_i}{l_{ik}} = \psi_{ki} \qquad (2.4\text{-}2)$$

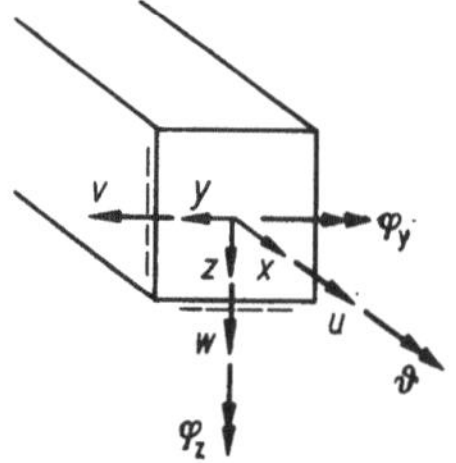

Bild 2.4-1. Positiv definierte Verschiebungsgrößen

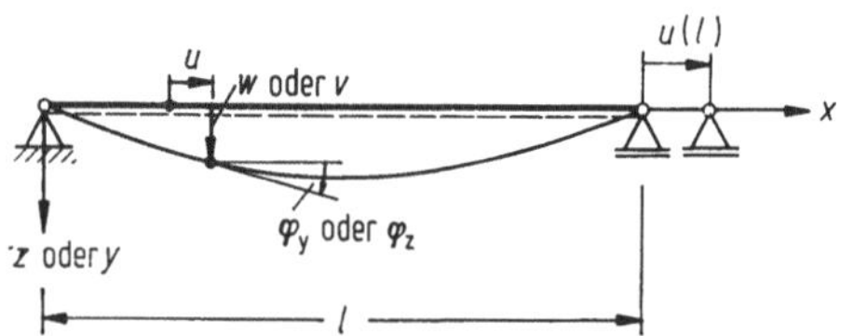

Bild 2.4-2. Verschiebungsgrößen in der Ebene

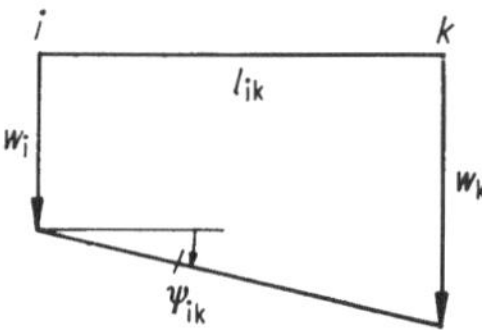

Bild 2.4-3. Stabdrehwinkel ψ

2.4.2 Verzerrungen eines Stabelementes und Verzerrungs-Verschiebungs-Beziehungen

Da bei einem Stabelement nur Änderungen in der x-Richtung berücksichtigt werden, verbleiben von den linearen Beziehungen in (1-27) nur die folgenden Anteile:

$$\varepsilon_x = \frac{du}{dx}; \quad \gamma_{xy} = \frac{dv}{dx}; \quad \gamma_{xz} = \frac{dw}{dx}$$

Mit der Bernoullischen Hypothese vom Ebenbleiben der Querschnitte erhält man die in Bild 2.4-4 dargestellten Verzerrungen des Stabelementes. Die über den Querschnitt konstante Dehnung (Bild 2.4-4a) ist gleich der Achsendehnung

$$\varepsilon = \frac{du}{dx} \qquad (2.4\text{-}3)$$

mit

$$\varepsilon = \varepsilon_x = \text{const}. \tag{2.4-4}$$

Die über den Querschnitt linear veränderlichen Dehnungen mit der Dehnung Null in den Querschnittshauptachsen ergeben die Verkrümmungen der Biegelinien (Bild 2.4-4b). Die geometrischen Beziehungen für die Verkrümmungen in der x,z-Ebene bzw. x,y-Ebene lauten [H 26] mit den auf eine gekennzeichnete Faser bezogenen Vorzeichenfestlegungen:

$$\left. \begin{aligned} \varkappa_z &= \frac{1}{\varrho_z} = -\frac{w''}{(1+w'^2)^{3/2}} \\[2mm] \varkappa_y &= \frac{1}{\varrho_y} = -\frac{v''}{(1+v'^2)^{3/2}} \end{aligned} \right\} \tag{2.4-5}$$

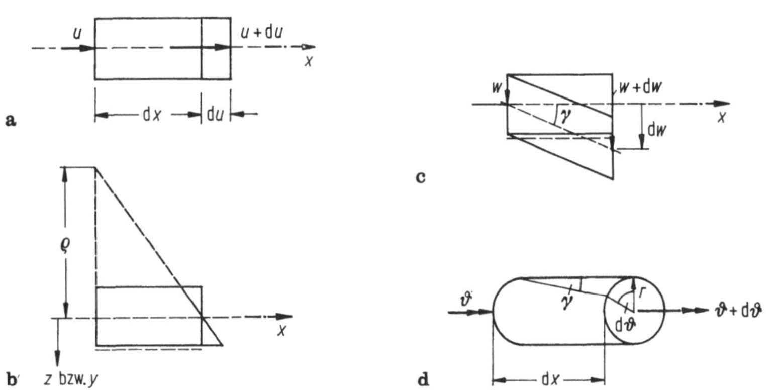

Bild 2.4-4. Verzerrungen eines Stabelementes

Bei kleinen Verschiebungen erhält man mit

$$\tan \varphi = \sin \varphi = \varphi$$
$$\cos \varphi = 1 \tag{2.4-6}$$

die linearen Beziehungen für die Verkrümmungen:

$$\left. \begin{aligned} \varkappa_z &= \frac{1}{\varrho_z} = -w'' \\[4mm] \varkappa_y &= \frac{1}{\varrho_y} = -v'' \end{aligned} \right\} \tag{2.4-7}$$

Die Indizierung ist i. allg. nicht erforderlich.

Zwischen $\varkappa$ und ε bestehen die Beziehungen (Bild 2.4-4b)

$$\left. \begin{aligned} \varepsilon_x &= \frac{1}{\varrho_z} z = \varkappa_z z \\[4mm] \varepsilon_x &= \frac{1}{\varrho_y} y = \varkappa_y y \end{aligned} \right\} \tag{2.4-8}$$

Die über den Querschnitt konstanten Gleitungen ergeben die Gleitungen des Stabes (Bild 2.4-4c)

$$\left.\begin{aligned} \gamma_z &= \frac{dw}{dx} \\[2ex] \gamma_y &= \frac{dv}{dx} \end{aligned}\right\} \tag{2.4-9}$$

mit

$$\left.\begin{aligned} \gamma_z &= \gamma_{xz} = \text{const} \\[2ex] \gamma_y &= \gamma_{yz} = \text{const} \end{aligned}\right\} \tag{2.4-10}$$

Die Verdrillung, Bild 2.4-4d, ist

$$\frac{d\vartheta}{dx} = \vartheta' \tag{2.4-11}$$

mit

$$\gamma = r\vartheta' \tag{2.4-12}$$

2.4.3 Eingeprägte Weggrößen

Eingeprägte Verschiebungsgrößen (Verschiebungen und Verdrehungen) sind nur an Lagern zu realisieren (Bild 2.4-5).

Eingeprägte Verzerrungen (Bild 2.4-6a) können gewollt oder ungewollt erzeugt werden. Infolge einer linear über die Trägerhöhe veränderlichen Wärmebelastung (Bild 2.4-7) entstehen

$$\varepsilon_T = \alpha_T T_S \tag{2.4-13}$$

$$\varkappa_T = \frac{\alpha_T \, \Delta T}{h} \tag{2.4-14}$$

mit dem *Wärmeausdehnungskoeffizienten* α_T.

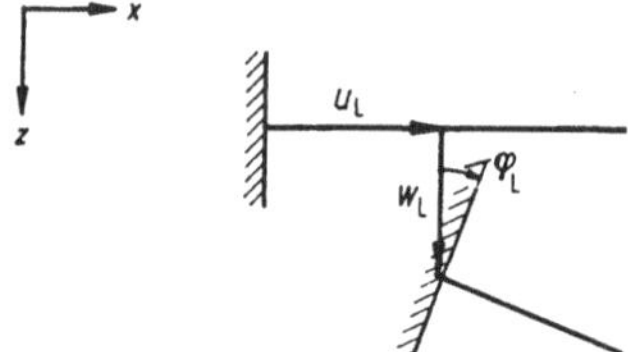

Bild 2.4-5. Eingeprägte Verschiebungsgrößen

α_T-Werte einiger Baustoffe:

$\alpha_T = 10 \cdot 10^{-6} \; K^{-1}$ für Beton

$\alpha_T = 12 \cdot 10^{-6} \; K^{-1}$ für Baustahl

$\alpha_T = 18 \cdot 10^{-6} \; K^{-1}$ für Chrom-Nickel-Stähle, austenitische Stähle

$\alpha_T = 24 \cdot 10^{-6} \; K^{-1}$ für Aluminium

Unstetigkeitsstellen in den Funktionen der eingeprägten Verzerrungen entsprechen eingeprägten Verschiebungs- und Verdrehungssprüngen (Bild 2.4-6b).

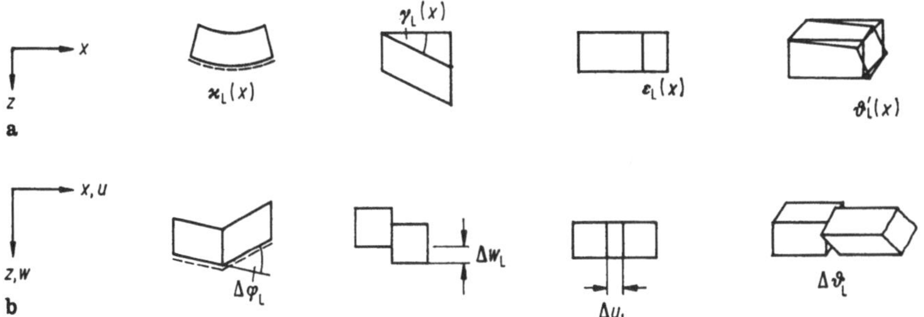

Bild 2.4-6. Eingeprägte Verzerrungen.
a) stetige Verzerrungsfunktionen, b) Unstetigkeitsstellen in den Verzerrungsfunktionen (Verschiebungs- und Verdrehungssprünge)

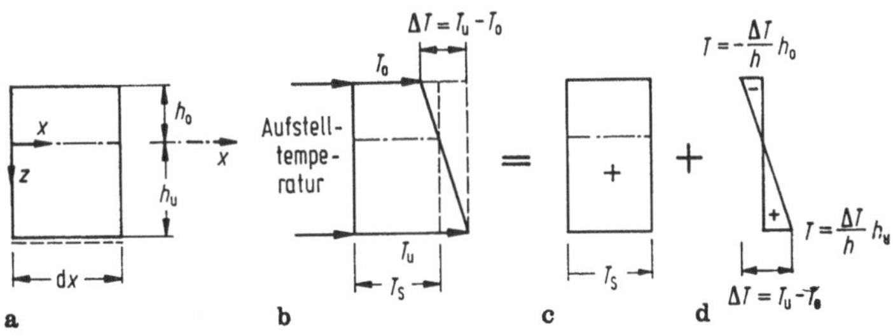

Bild 2.4-7. Verzerrungen infolge Wärmebelastung.
a) Element mit Systemlinie, b) Wärmebelastung, allgemein, c) Wärmebelastung T_S, d) Wärmebelastung ΔT

2.5 Werkstoffbeziehungen

Mit den ε-σ-Beziehungen (1-34) erhält man für die konstante Dehnung ε nach (2.4-4) mit σ nach (2.3-5):

$$\varepsilon = \frac{N}{EA} \qquad (2.5\text{-}1)$$

Aus den Gleichungen (2.4-8) berechnet man $\varkappa$, ersetzt ε mit (1-34) durch σ und erhält mit (2.3-6):

$$\left. \begin{aligned} \varkappa_z &= \frac{M_y}{EI_y} \\[2ex] \varkappa_y &= \frac{M_z}{EI_z} \end{aligned} \right\} \qquad (2.5\text{-}2)$$

Setzt man in den Gleichungen (2.3-9), mit denen die Schubspannungen aus den Querkräften berechnet werden, die γ-τ-Beziehung (1-32) ein, so erhält man eine über den Querschnitt veränderliche Gleitung und damit auch eine Verwölbung des Querschnitts.

Dies steht im Widerspruch zu der Bernoulli-Hypothese, auf der die Gleichungen 2.4-10 basieren. Im allgemeinen kann die Verwölbung des Querschnitts infolge von Schubspannungen vernachlässigt werden. Für eine konstante Gleitung berechnet man aus der Bedingung, daß die Arbeiten im wirklichen und im angenäherten Fall gleich sein sollen, einen Reduktionsfaktor α_Q für die Querschnittsfläche. Die Werkstoffbeziehungen für die Stabgleitung lauten:

$$\left.\begin{aligned} \gamma_z &= \frac{Q_z}{G\alpha_Q A} \\[2ex] \gamma_y &= \frac{Q_y}{G\alpha_Q A} \end{aligned}\right\} \tag{2.5-3}$$

mit dem Schubfaktor α_Q:

$$\frac{1}{\alpha_Q} = \frac{A}{I^2} \int_A \left(\frac{S}{b}\right)^2 \mathrm{d}A \tag{2.5-4}$$

Man kann setzen für

Rechteckquerschnitte: $\alpha_Q = \dfrac{5}{6}$

I-Querschnitte: $\alpha_Q = \dfrac{A_{\text{steg}}}{A}$

(Im Schrifttum häufig: $\dfrac{1}{\alpha_Q} = \varkappa$: Schubverteilungszahl).

Die Werkstoffbeziehung für die Verdrillung lautet:

$$\vartheta' = \frac{M_T}{G I_T} \tag{2.5-5}$$

mit dem St. Venantschen Torsionsflächenmoment 2. Grades I_T, s. Abschnitt 2.3.2 und Kap. 10.

2.6 Differentialgleichungen

Aus den statischen Beziehungen, Tafel 2.3-1, den geometrischen Beziehungen (2.4-3), (2.4-7), (2.4-9) und (2.4-11) und den Werkstoffbeziehungen (2.5-1), (2.5-2), (2.5-3) und (2.5-5) erhält man, wie in der Übersicht Tafel 2.6-1 dargestellt, die dort angegebenen Differentialgleichungen (2.6-1 bis 2.6-8).

2.7 Symmetrische Tragwerke

Bei einer symmetrischen Belastung eines symmetrischen Tragwerks müssen Kraft- und Verschiebungszustand symmetrisch sein, bei einer antimetrischen müssen sie antimetrisch sein.

In der Symmetrieachse treten bei symmetrischer Belastung nur symmetrische Schnitt- und Verschiebungsgrößen auf, bei antimetrischer Belastung nur antimetrische.

Tafel 2.6-1. Differentialgleichungen für den geraden Stab

Belastung	Querbelastung	Momentenbelastung	Längsbelastung	Torsionsbelastung
	$p(x)$	$m(x)$	$n(x)$	$m_T(x)$
Differential-gleichungen der Kraftgrößen (Tafel 2.3-1)	$Q'(x)=-p(x)$ $\quad\underbrace{\qquad\qquad}_{Q'(x)=-p(x)}$ $M'(x)=Q(x)$ $M''(x)=-p(x)$	$Q_0'=0$ $M'(x)=Q_0+m(x)$ $M''(x)=+m'(x)$ $\underbrace{\qquad\qquad}_{M''(x)=-p(x)+m'(x)}$	$N'(x)=-n(x)$	$M'(x)=-m_T(x)$
Verzerrung	Verkrümmung $\varkappa$	Gleitung γ	Dehnung ε	Verdrillung ϑ
Differential-gleichungen der Weggrößen	$w_\varkappa''=-\varkappa$	$w_\gamma'=\gamma$	$u'=\varepsilon$	ϑ'
Werkstoffgesetz	$\varkappa=\dfrac{M}{EI}$	$\gamma=\dfrac{Q}{G\alpha_0 A}$	$\varepsilon=\dfrac{N}{EA}$	$\vartheta'=\dfrac{M_T}{GI_T}$
konstitutive Gleichungen	$w_\varkappa''=-\dfrac{M}{EI}$ (2.6-1)	$w_\gamma'=\dfrac{Q}{G\alpha_0 A}$ (2.6-2)	$u'=\dfrac{N}{EA}$ (2.6-3)	$\vartheta'=\dfrac{M_T}{GI_T}$ (2.6-4)
Differential-gleichungen der elastischen Verschiebungen	$(EIw_\varkappa'')''=p(x)-m'(x)$ (2.6-5)	$(G\alpha_0 Aw_\gamma')'=-p(x)$ (2.6-6)	$(EAu')'=-n(x)$ (2.6-7)	$(GI\vartheta')'=-m_T(x)$ (2.6-8)

2.7.1 Belastung

Um bei symmetrischen Tragwerken die Symmetrieeigenschaften ausnutzen zu können, teilt man die Belastung (auch einwirkende Weggrößen) in symmetrische und antimetrische Lastgruppen auf (*Belastungsumordnungsverfahren*, Bild 2.7-1).

2.7.2 Schnittgrößen in der Symmetrieachse

Stabachse ist nicht Symmetrieachse (Bild 2.7-2a bzw. b)

> Symmetrische Schnittgrößen: M, N bzw. H
> Antimetrische Schnittgrößen: Q bzw. V

Stabachse ist Symmetrieachse (Bild 2.7-2c)

> Symmetrische Schnittgrößen: N
> Antimetrische Schnittgrößen: M, Q

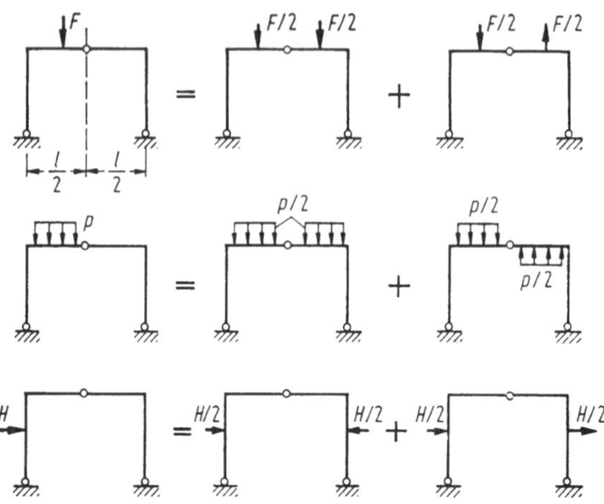

Bild 2.7-1. Aufspaltung der Belastung in symmetrische und antimetrische Lastgruppen.

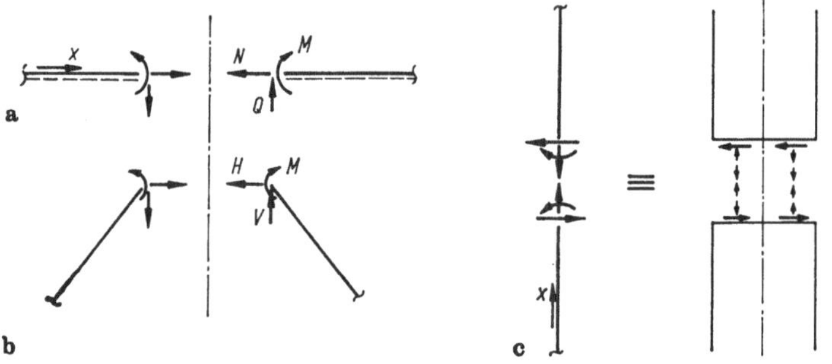

Bild 2.7-2. Schnittgrößen in der Symmetrieachse.
a) Stabachse $\perp$ Symmetrieachse, b) Stab mit Knick in der Symmetrieachse, c) Stabachse ist Symmetrieachse.

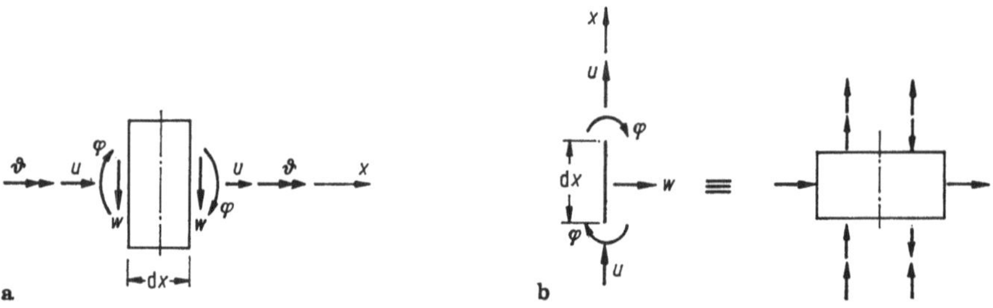

Bild 2.7-3. Verschiebungsgrößen in der Symmetrieachse.
a) Stabachse ist nicht Symmetrieachse, b) Stabachse ist Symmetrieachse.

2.7.3 Verschiebungsgrößen in der Symmetrieachse

Stabachse ist nicht Symmetrieachse (Bild **2.**7-3 a)

Symmetrische Verschiebungsgrößen: w, ϑ
Antimetrische Verschiebungsgrößen: u, φ

Stabachse ist Symmetrieachse (Bild 2.7-3 b)

Symmetrische Verschiebungsgrößen: u
Antimetrische Verschiebungsgrößen: φ, w

	Belastung	
	symmetrisch	antimetrisch
Stabachse ist nicht Symmetrieachse	$(Q = \varphi = u = 0)$	$(M = N = w = 0)$
Stabachse ist Symmetrieachse	$A/2$ $(M = Q = \varphi = w = 0)$	$I/2$ $(N = u = 0)$
elastische Lagerung	$C_N/2$	$C_M/2$

Bild 2.7-4. Lagerung eines symmetrischen Tragwerks in der Symmetrieachse bei einer Berechnung am halben Tragwerk und symmetrischer bzw. antimetrischer Belastung.

2.7.4 Berechnungen am halben Tragwerk

Aufgrund der Bedingungen für die Kraft- und Verschiebungsgrößen in der Symmetrieachse kann man dort Lager zur Erfüllung dieser Bedingungen anbringen und dann die Berechnung am halben Tragwerk durchführen. Die erforderlichen Lager sind in Bild 2.7-4 dargestellt. Bei Stäben, deren Achse gleich der Symmetrieachse ist, sind die am halben Tragwerk ermittelten Schnittgrößen zu verdoppeln.

2.8 Berechnung der Kraftgrößen

2.8.1 Allgemeines

Verfahren:

Schnittmethode (einzelne Kraftgrößen)
Differentialgleichungen für die Kraftgrößen (Verlauf der Funktionen der Schnittgrößen)
Prinzip der virtuellen Verschiebungen (einzelne Kraftgrößen)
Stabtausch (einzelne Kraftgrößen)

Auf diesen Verfahren bauen verschiedene andere Methoden auf, die in den entsprechenden Kapiteln ebenso behandelt werden wie Besonderheiten bei bestimmten Tragwerken.

Bei statisch unbestimmten Tragwerken müssen mit den dort angegebenen Methoden so viele Kraftgrößen berechnet werden, daß sich mit den hier vorgestellten Verfahren alle Kraftgrößen berechnen lassen.

2.8.2 Schnittmethode

2.8.2.1 Verfahren

Bei der Schnittmethode führt man Rundschnitte um das Tragwerk oder Teile des Tragwerks, bringt an den Schnittstellen die Schnittgrößen an, und berechnet mit den Gleichgewichtsbedingungen die unbekannten Kraftgrößen.

Bei den Schnitten kann man unterscheiden (Bild 2.8-1 b):

Rundschnitt um das ganze Tragwerk zur Berechnung der Stützgrößen (Schnitt I).
Rundschnitt um einen Teil des Tragwerks zur Berechnung von Schnittgrößen (Schnitt II).
Knotenschnitt als Sonderfall des Rundschnittes um einen Teil des Tragwerks (Schnitt III).

Beispiel

Schnitt I zur Berechnung der Stützgrößen (Bild 2.8-1 b, c):

$$\sum F_X = 0: \quad H_a = -F_X$$

$$\sum F_Z = 0: \quad C_a + C_b = -F_Z$$

$$\sum M_a = 0: \quad l \cdot C_b = F_X \cdot d + F_Z \cdot a$$

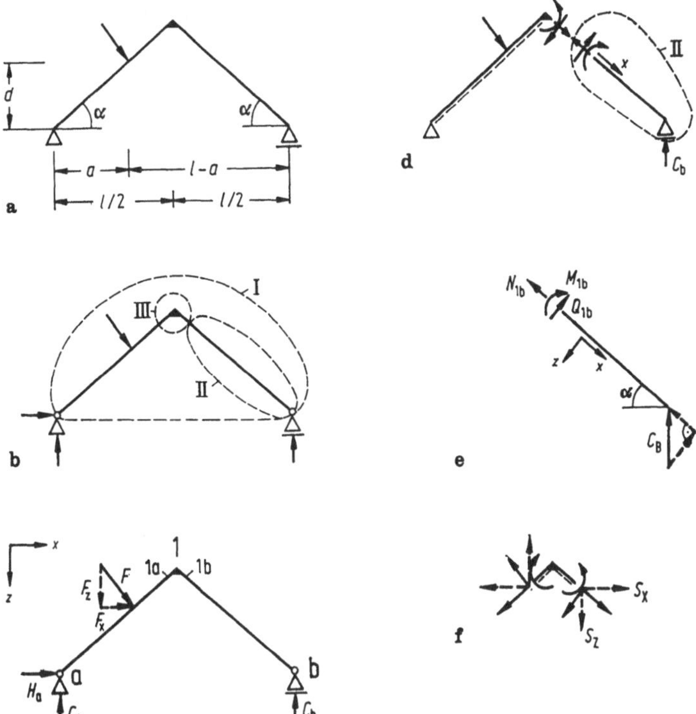

Bild 2.8-1. Schnittführungen zur Berechnung der Kraftgrößen eines Tragwerkes.

Schnitt II zur Berechnung der Schnittgrößen am Punkt 1 b (Bild 2.8-1 e)

$$M_{1b} \text{ aus } \sum M_1 = 0:$$

$$M_{1b} - C_b \frac{l}{2} = 0; \quad M_{1b} = C_b \frac{l}{2}$$

$$N_{1b} \text{ aus } \sum F_X = 0:$$

$$-N_{1b} - C_b \sin \alpha = 0; \quad N_{1b} = -C_b \sin \alpha$$

$$Q_{1b} \text{ aus } \sum F_Z = 0:$$

$$-Q_{1b} - C_b \cos \alpha = 0; \quad Q_{1b} = -C_b \cos \alpha$$

Knotenschnitt III zur Berechnung der Schnittgrößen am Punkt 1 a (Bild 2.8-1 f)

$$M_{1a} \text{ aus } \sum M = 0:$$

$$M_{1a} = M_{1b}$$

N_{1a} und Q_{1a} können nicht direkt berechnet werden. Daher Kräftegleichgewicht im globalen Koordinatensystem: $S_{Z,1b} = -C_b$; $S_{X,1b} = 0$ (Schnitt II).

$$\sum F_Z = 0: \quad S_{Z,1b} = S_{Z,1a} = -C_b$$

$$\sum F_X = 0: \quad S_{X,1b} = S_{X,1a} = 0$$

Längs- und Querkraft am Knoten a können durch einen Knotenschnitt aus den Stützgrößen berechnet werden. Der Verlauf zwischen den Knotenpunkten kann durch weitere Schnitte ermittelt werden. Es ist jedoch einfacher, dafür die Kenntnisse aus der Lösung der Differentialgleichungen zu verwenden (s. 2.8.3).

Statt der 3 Gleichgewichtsbedingungen in der Ebene (im Raum 6) können auch 3 unabhängige Momentenbedingungen (im Raum 6) treten. Damit ist es möglich, ein entkoppeltes Gleichungssystem (Diagonalform) zu erhalten.

Beispiel: Zur Berechnung der Stützgrößen verwendet man im Rundschnitt I des Bildes 2.8-1 b eine Kräfte- und 2 unabhängige Momentengleichgewichtsbedingungen und erhält so ein entkoppeltes Gleichungssystem:

$$\sum F_X = 0: \quad H_a = -F_X$$

$$\sum M_b = 0: \quad l \cdot C_a = -F_X d + F_Z(l - a)$$

$$\sum M_a = 0: \quad l \cdot C_b = F_X d + F_Z a$$

Bei geneigten und gekrümmten Stäben empfiehlt es sich, statt der Längskräfte und Querkräfte zuerst die Schnittkräfte S_X und S_Z in X- und Z-Richtung zu berechnen (Bild 2.8-2). Die Längs- und Querkräfte kann man aus diesen dann durch Multiplikation mit der Transformationsmatrix T (s. (1-1 c)) gewinnen:

$$\begin{bmatrix} N \\ Q \end{bmatrix} = T \begin{bmatrix} S_X \\ S_Z \end{bmatrix} \quad \text{mit} \quad T = \begin{bmatrix} \cos \alpha & \sin \alpha \\ -\sin \alpha & \cos \alpha \end{bmatrix}$$

Anmerkung: Ein negatives Vorzeichen beim Ergebnis nach der Schnittmethode besagt, daß die Annahme der Richtung falsch war und die Kraft entgegengesetzt wirkt.

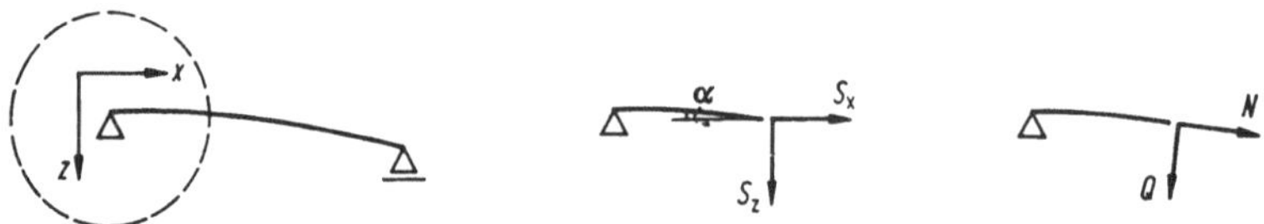

Bild 2.8-2. Schnittgrößen bei gekrümmten Stäben.

2.8.2.2 Anwendung beim Gerberträger

Gerberträger sind über mehrere Stützen durchlaufende Träger, bei denen Gelenke in den Feldern so angeordnet sind, daß die Träger statisch bestimmt sind.

Nach dem Aufbau werden 2 Grundtypen unterschieden:

Ausgehend von einem Träger auf 2 Stützen mit Kragarmen werden weitere Träger gelenkig angeschlossen und über jeweils eine weitere Stütze geführt, Bild 2.8-3a

Zwischen Trägern auf 2 Stützen mit Kragarmen (Auslegeträger) werden Träger eingehängt (Einhängeträger oder Koppelträger), Bild 2.8-3b

Die beiden Grundtypen können auch kombiniert werden.

Zum Berechnen der Schnittgrößen ist es zweckmäßig, den Gerberträger an den Gelenken auseinanderzuschneiden und ihn so darzustellen, wie die einzelnen Trägerteile abgestützt werden, Bild 2.8-4. Damit ist der Gerberträger in eine Anzahl einzelner Träger aufgespalten. Die Gelenkkräfte können am abgestützten Träger wie Stützkräfte berechnet werden. Sie wirken auf die abstützenden Träger wie eingeprägte Kräfte. Berechnung am zuletzt abgestützten Träger beginnen (hier bei a).

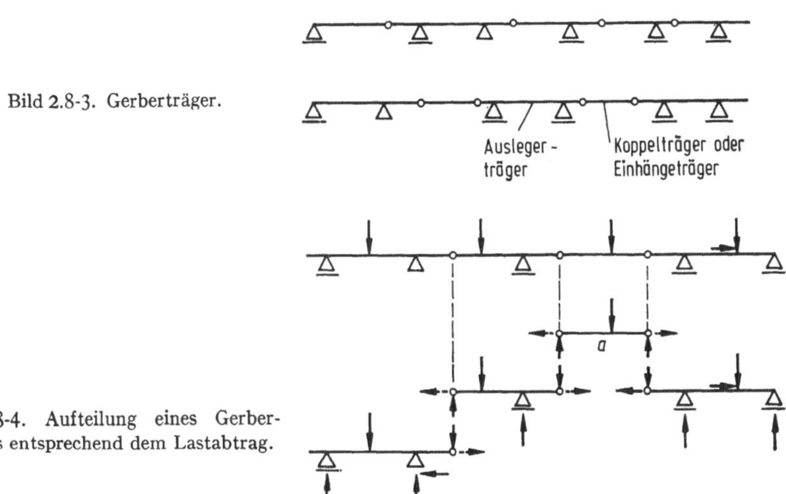

Bild 2.8-3. Gerberträger.

Bild 2.8-4. Aufteilung eines Gerberträgers entsprechend dem Lastabtrag.

2.8.2.3 Anwendung bei Dreigelenktragwerken

Zwei Scheiben mit je einem gelenkigen Lager, die durch ein Gelenk miteinander verbunden sind, werden Dreigelenktragwerke genannt. Man kann dabei unterscheiden: Dreigelenkrahmen (Bild 2.8-5a), Dreigelenkbogen (Bild 2.8-5b), Zweibock (Bild 2.8-5c).

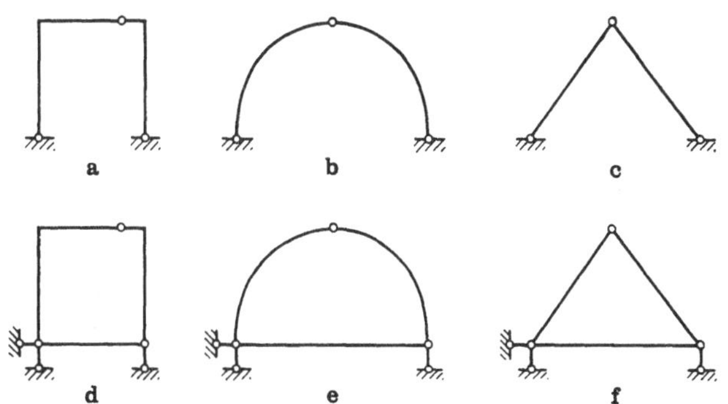

Bild 2.8-5. Dreigelenktragwerke ohne und mit Zugband.

Verwendet man statt eines horizontalen Lagerstabes einen Stab zur Verbindung der Lagerpunkte der beiden Scheiben, so erhält man ein Dreigelenktragwerk mit Zugband (Bild 2.8-5 d, e, f).

Bei den Dreigelenktragwerken stehen zur Berechnung der 4 Stützkräfte die 3 Gleichgewichtsbedingungen und die Nebenbedingung $M_c = 0$ zur Verfügung. Für das dargestellte Tragwerk erhält man folgendes Gleichungssystem (Bild 2.8-6a)

	V_A	V_B	H_A	H_B	$=$	
$\sum F_X = 0$			×	×		×
$\sum F_Z = 0$	×	×				×
$\sum M_a = 0$		×		×		×
$M_c = 0$ (Scheibe cb)		×		×		0

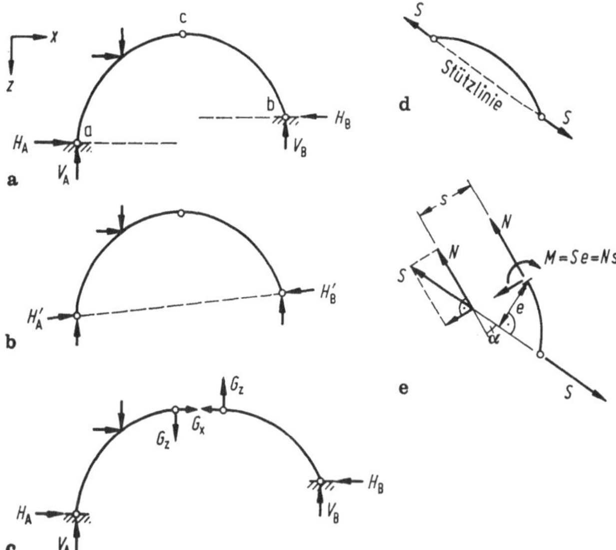

Bild 2.8-6. Dreigelenkbogen mit ungleich hohen Kämpfern und Belastung des linken Bogenteils.

Die Nebenbedingung $M_c = 0$ wurde für die rechte Scheibe angesetzt, weil diese unbelastet ist.

Man kann auch die Gleichungen entkoppeln, indem H' in Verbindung der Kämpfer eingeführt wird (Bild 2.8-6b)

Anderes Vorgehen: Schneidet man die Dreigelenktragwerke im Gelenk auseinander und schreibt für jede Scheibe die Gleichgewichtsbedingungen an, so kommen zu den unbekannten 4 Stützkräften noch die beiden unbekannten Gelenkkräfte G (Bild 2.8-6c). Zur Berechnung stehen die 2×3 Gleichgewichtsbedingungen zur Verfügung.

2.8.2.4 Stützlinie

Der rechte Bogenteil im Bild 2.8-6d ist nicht durch einwirkende Kraftgrößen belastet, folglich haben die resultierenden Kräfte an beiden Enden die gleiche Wirkungslinie und sind entgegengesetzt zu einander gerichtet. Die Wirkungslinie der Resultierenden wird Stützlinie genannt. Man kann daher unbelastete gelenkig angeschlossene Scheiben in ihrer statischen Wirkung durch Pendelstäbe in Richtung der Stützlinie ersetzen.

Sind die Lage der Stützlinie und die Größe der Resultierenden bekannt, so kann man in jedem Schnitt mit diesen Größen Moment, Längskraft und Querkraft berechnen (Bild 2.8-6e)

$$\left.\begin{aligned} N &= S\cos\alpha \\ Q &= S\sin\alpha \\ M &= Se \end{aligned}\right\} \qquad (2.8\text{-}1)$$

2.8.2.5 Anwendung bei Fachwerken

Ein Fachwerk ist ein Tragwerk, das aus Stäben besteht, die an den Knoten gelenkig miteinander verbunden sind und das nur in den Knoten belastet ist.

Berechnung der Stützkräfte mit einem Rundschnitt, der Stabkräfte mit folgenden Schnittmethoden:

1. Knotenschnitte (Bild 2.8-7)
   Da in den Knoten das Moment Null ist, stehen nur noch die zwei Bedingungen $\sum F_X = 0$ und $\sum F_Z = 0$ zur Verfügung. Man beginnt daher mit einem Knoten, an dem nur zwei Stabkräfte unbekannt sind. Dann wählt man den nächsten Knoten mit zwei Unbekannten usw. Führt man die Stabkraftermittlung graphisch durch, so führt das Vorgehen zum Cremonaplan [H 24]. Bei Tragwerken nach dem ersten Bildungsgesetz, s. Abschnitt 2.2.4, kann man die Stabkräfte aus jeweils 2 Gleichungen mit 2 Unbekannten berechnen, in allen anderen Fällen entstehen größere Gleichungssysteme.

Bild 2.8-7. Fachwerk mit Knotenschnitten.

2. Rittersches Schnittverfahren

Man schneidet das Feld durch, in dem die zu berechnenden Stäbe liegen, und setzt dann die Gleichgewichtsbedingungen so an, daß die Stabkräfte einzeln berechnet werden können (Bild 2.8-8)

$$O_k \quad \text{aus} \quad \sum M_k = 0$$

$$U_k \quad \text{aus} \quad \sum M_i = 0$$

$$D_k \quad \text{aus} \quad \sum M_a = 0$$

mit anderem Schnitt

$$V_k \quad \text{aus} \quad \sum M_a = 0$$

Bei parallelgurtigen Fachwerken liegt der Schnittpunkt a der Gurte im Unendlichen (Bild 2.8-9a). Daher berechnet man die Kräfte in den Diagonalen aus der Querkraft des Feldes ik:

$$O_k \quad \text{aus} \quad \sum M_k$$

$$U_k \quad \text{aus} \quad \sum M_i$$

$$D_k \quad \text{aus} \quad Q_{ik}$$

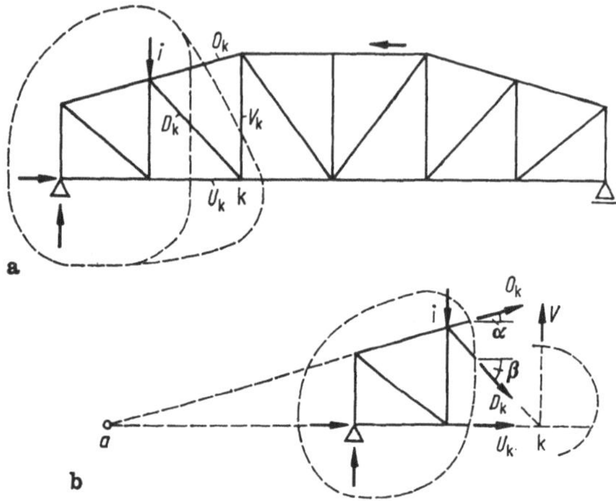

Bild 2.8-8. Fachwerk mit geneigten Gurten und Ritterschnitten.

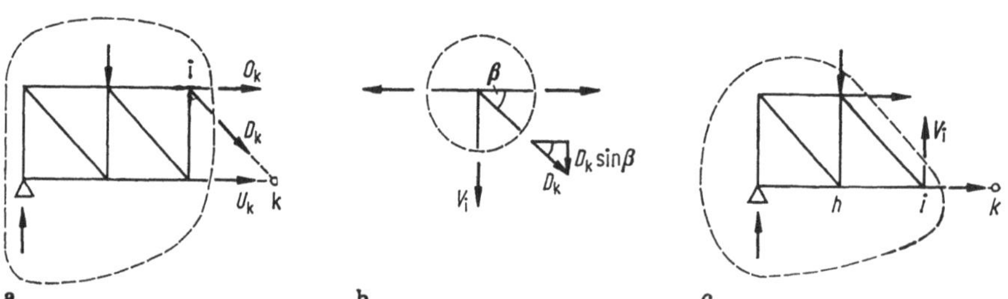

Bild 2.8-9. Fachwerk mit parallelen Gurten.

Zur Berechnung von V_i führt man einen Knotenschnitt (Bild 2.8-9b)

$$V_i = -D_k \sin \beta$$

oder einen Rundschnitt (Bild 2.8-9c) und berechnet die Kraft im Vertikalstab aus der Querkraft. Greift die Last am Untergurt an, so ist die Querkraft Q_{ik} maßgebend. Bei Lasteinleitung über den Obergurt ist Q_{hi} maßgebend.

		c	d'	d''	t	t'	t''	p	p'	p''	d
$\xi=\dfrac{x}{a}$, $u=\dfrac{x}{a}$	$\eta(x)$; C_1–a–C_2	η	η_l	η_r	η_l	η_l; $\eta_r=-\tfrac{1}{2}\eta_l$	$\eta_l=-\tfrac{1}{2}\eta_r$; η_r	η_m	η_l	η_r	η_m
$p(x/a)$ bzw. $p(\xi), p(u)$		η	$\eta_l(1-\xi)$	$\eta_r\xi$	$\eta_l(1-2\xi)$	$\eta_l\left(1-\tfrac{3}{2}\xi\right)$	$\eta_r\left(\tfrac{3}{2}\xi-\tfrac{1}{2}\right)$	$\eta_m\,4(\xi-\xi^2)$	$\eta_l(1-\xi)^2$	$\eta_r\xi^2$	$\eta_m 2\xi$ für $0\le\xi\le\tfrac{1}{2}$; $\eta_m 2(1-\xi)$ für $\tfrac{1}{2}\le\xi\le1$
C_1	$a\displaystyle\int_0^1 p(\xi)(1-\xi)\,d\xi$	$\eta\,a\,\tfrac{1}{2}$	$\eta_l\,a\,\tfrac{1}{3}$	$\eta_r\,a\,\tfrac{1}{6}$	$\eta_l\,a\,\tfrac{1}{6}$	$\eta_l\,a\,\tfrac{1}{4}$	0	$\eta_m\,a\,\tfrac{1}{3}$	$\eta_l\,a\,\tfrac{1}{4}$	$\eta_r\,a\,\tfrac{1}{12}$	$\eta_m\,a\,\tfrac{1}{4}$
C_2	$a\displaystyle\int_0^1 p(\xi)\,\xi\,d\xi$	$\eta\,a\,\tfrac{1}{2}$	$\eta_l\,a\,\tfrac{1}{6}$	$\eta_r\,a\,\tfrac{1}{3}$	$-\eta_l\,a\,\tfrac{1}{6}$	0	$\eta_r\,a\,\tfrac{1}{4}$	$\eta_m\,a\,\tfrac{1}{3}$	$\eta_l\,a\,\tfrac{1}{12}$	$\eta_r\,a\,\tfrac{1}{4}$	$\eta_m\,a\,\tfrac{1}{4}$
$Q(\xi)$	$C_1-a\displaystyle\int_0^\xi p(u)\,du$	$\eta\,a\,\omega_c'$	$\eta_l\,a\,\omega_{d'}'$	$\eta_r\,a\,\omega_{d''}'$	$\eta_l\,a\,\omega_t'$	$\eta_l\,a\,\omega_{t'}'$	$\eta_r\,a\,\omega_{t''}'$	$\eta_m\,a\,\omega_p'$	$\eta_l\,a\,\omega_{p'}'$	$\eta_r\,a\,\omega_{p''}'$	$\eta_m\,a\,\omega_d'$
$M(\xi)$	$a\displaystyle\int_0^\xi Q(u)\,du$	$\eta\,a^2\omega_c$	$\eta_l\,a^2\omega_{d'}$	$\eta_r\,a^2\omega_{d''}$	$\eta_l\,a^2\omega_t$	$\eta_l\,a^2\omega_{t'}$	$\eta_r\,a^2\omega_{t''}$	$\eta_m\,a^2\omega_p$	$\eta_l\,a^2\omega_{p'}$	$\eta_r\,a^2\omega_{p''}$	$\eta_m\,a^2\omega_d$
	$a\displaystyle\int_0^1 M(\xi)\,d\xi$	$\eta\,a^3\,\tfrac{1}{12}$	$\eta_l\,a^3\,\tfrac{1}{24}$	$\eta_r\,a^3\,\tfrac{1}{24}$	0	$\eta_l\,a^3\,\tfrac{1}{48}$	$\eta_r\,a^3\,\tfrac{1}{48}$	$\eta_m\,a^3\,\tfrac{1}{15}$	$\eta_l\,a^3\,\tfrac{1}{40}$	$\eta_r\,a^3\,\tfrac{1}{40}$	$\eta_m\,a^3\,\tfrac{5}{96}$

Zur Anwendung auf Neigungs- bzw. Biegelinien ist zu setzen:
$\varkappa$ an Stelle von η; φ_1 " " C_1; $-\varphi_2$ " " C_2; $\varphi(\xi)$ " " $Q(\xi)$; $w(\xi)$ " " $M(\xi)$

$\xi=\dfrac{x}{a}$	$\omega_c=\tfrac{1}{2}(\xi-\xi^2)$	$\omega_{d'}=\tfrac{1}{6}(2\xi-3\xi^2+\xi^3)$	$\omega_{d''}=\tfrac{1}{6}(\xi-\xi^3)$	$\omega_t=\tfrac{1}{6}(\xi-3\xi^2+2\xi^3)$	$\omega_{t'}=\tfrac{1}{4}\xi(1-\xi)^2$	$\omega_{t''}=\tfrac{1}{4}(1-\xi)\xi^2$	$\omega_p=\tfrac{1}{3}(\xi-2\xi^3+\xi^4)$	$\omega_{p'}=\tfrac{1}{12}\left[(1-\xi)-(1-\xi)^4\right]$	$\omega_{p''}=\tfrac{1}{12}(\xi-\xi^4)$	$\omega_d=\tfrac{1}{12}(3\xi-4\xi^3)$ für $0\le\xi\le\tfrac{1}{2}$; $\omega_d=\tfrac{1}{12}\left[3(1-\xi)-4(1-\xi)^3\right]$ f. $\tfrac{1}{2}\le\xi\le1$
0,1	0,04500	0,02850	0,01650	0,01200	0,02025	0,00225	0,03270	0,02033	0,00833	0,02467
0,2	0,08000	0,04800	0,03200	0,01600	0,03200	0,00800	0,06187	0,03253	0,01653	0,04733
0,3	0,10500	0,05950	0,04550	0,01400	0,03675	0,01575	0,08470	0,03833	0,02433	0,06600
0,4	0,12000	0,06400	0,05600	0,00800	0,03600	0,02400	0,09920	0,03920	0,03120	0,07876
0,5	0,12500	0,06250	0,06250	±0,00000	0,03165	0,03125	0,10417	0,03646	0,03920	0,08333
0,6	0,12000	0,05600	0,06400	−0,00800	0,02400	0,03600	0,09920	0,03120	0,03833	0,07876
0,7	0,10500	0,04550	0,05950	−0,01400	0,01575	0,03675	0,08470	0,02433	0,03253	0,06600
0,8	0,08000	0,03200	0,04800	−0,01600	0,00800	0,03200	0,06187	0,01653	0,03253	0,04733
0,9	0,04500	0,01650	0,02850	−0,01200	0,00225	0,02025	0,03270	0,00833	0,02033	0,02467

$\omega'=\dfrac{d\omega}{d\xi}$

$\xi=\dfrac{x}{a}$	$\omega_c'=\tfrac{1}{2}-\xi$	$\omega_{d'}'=\tfrac{1}{2}\left(\tfrac{2}{3}-2\xi+\xi^2\right)$	$\omega_{d''}'=\tfrac{1}{2}\left(\tfrac{1}{3}-\xi^2\right)$	$\omega_t'=\left(\tfrac{1}{6}-\xi+\xi^2\right)$	$\omega_{t'}'=\tfrac{1}{4}(1-4\xi+3\xi^2)$	$\omega_{t''}'=\tfrac{1}{4}(2\xi-3\xi^2)$	$\omega_p'=\tfrac{2}{3}\left(\tfrac{1}{2}-3\xi^2+2\xi^3\right)$	$\omega_{p'}'=\tfrac{1}{3}\left(\tfrac{3}{4}-3\xi+3\xi^2-\xi^3\right)$	$\omega_{p''}'=\tfrac{1}{3}\left(\tfrac{1}{4}-\xi^3\right)$	$\omega_d'=\tfrac{1}{4}-\xi^2$ für $0\le\xi\le\tfrac{1}{2}$; $\omega_d'=\tfrac{3}{4}-2\xi+\xi^2$ für $\tfrac{1}{2}\le\xi\le1$
0,0	0,50000	0,33333	0,16667	0,16667	0,25000	0,00000	0,33333	0,25000	0,08333	0,25000
0,1	0,40000	0,23833	0,16167	0,07687	0,15750	0,04250	0,31467	0,15967	0,08300	0,24000
0,2	0,30000	0,15333	0,14667	0,00667	0,08000	0,07000	0,26400	0,08733	0,08067	0,21000
0,3	0,20000	0,07833	0,12167	−0,04333	0,01750	0,08250	0,18933	0,03100	0,07433	0,16000
0,4	0,10000	0,01333	0,08667	−0,07339	−0,03000	0,08000	0,09867	−0,01133	0,06200	0,09000
0,5	±0,00000	−0,04167	0,04167	−0,08333	−0,06250	0,06250	±0,00000	−0,04167	0,04167	±0,00000
0,6	−0,10000	−0,08667	−0,01333	−0,07333	−0,08000	0,03000	−0,09867	−0,06200	0,01133	−0,09000
0,7	−0,20000	−0,12167	−0,07833	−0,04333	−0,08250	−0,01750	−0,18933	−0,07433	−0,03100	−0,16000
0,8	−0,30000	−0,14667	−0,15333	0,00667	−0,07000	−0,03000	−0,26400	−0,08067	−0,08733	−0,21000
0,9	−0,40000	−0,16167	−0,23833	0,07667	−0,04250	−0,15750	−0,31467	−0,08300	−0,15967	−0,24000
1,0	−0,50000	−0,16667	−0,33333	0,16667	−0,00000	−0,25000	−0,33333	−0,08333	−0,25000	−0,25000

Achtung! Anderweitig gebr. Bezeichnungen	$\omega_R=2\omega_c$	$\omega_D'=6\omega_{d'}$	$\omega_D''=6\omega_{d''}$	$\omega_T=6\omega_t$	$\omega_T'=4\omega_{t'}$	$\omega_T''=4\omega_{t''}$	$\omega_p=3\omega_p$	$\omega_p'=12\omega_{p'}$	$\omega_p''=12\omega_{p''}$	$\omega_D=12\omega_d$

Tafel 2.8-1. Stützkräfte C_1, C_2, Biegemomente M und Querkräfte Q für besondere Lastfälle (Tafel der Werte ω).

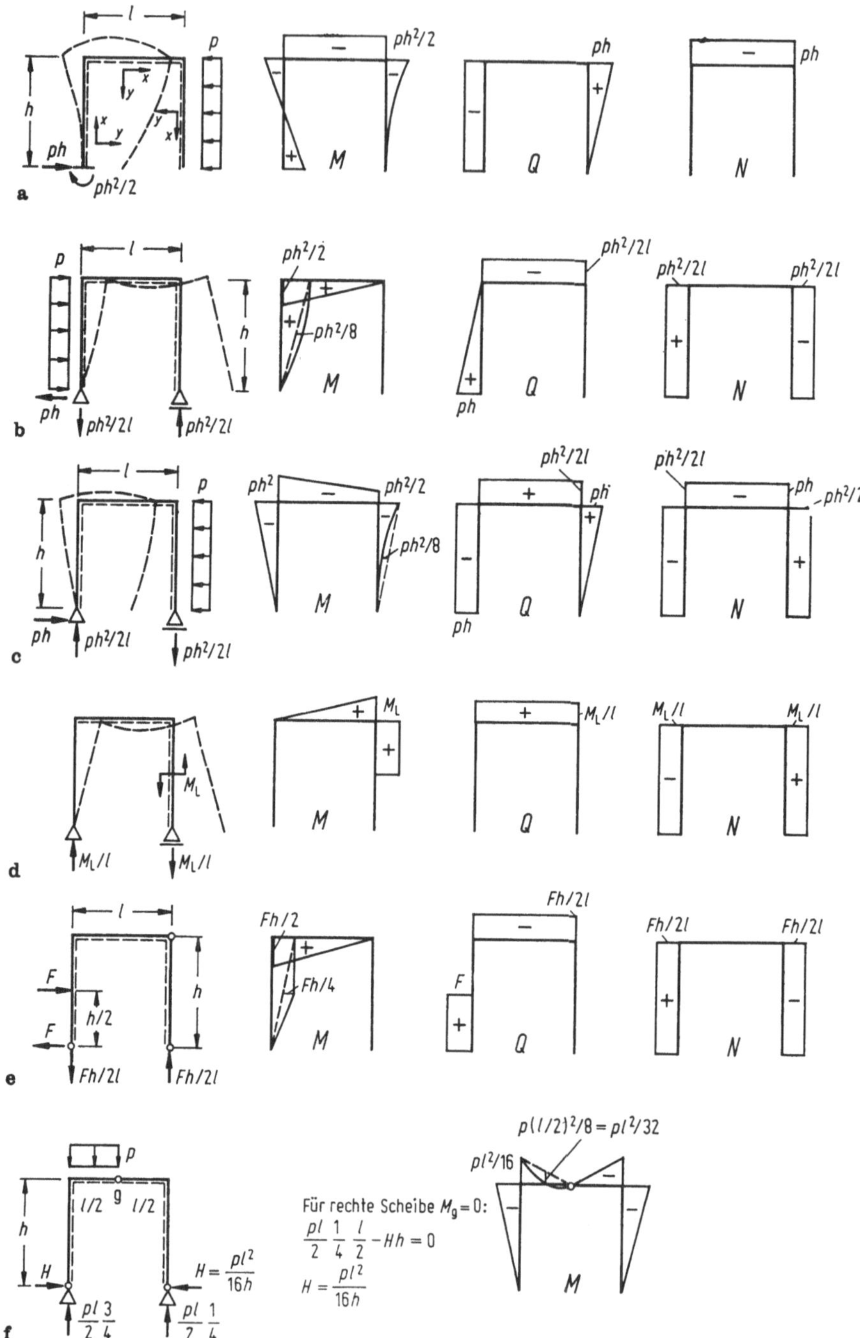

Tafel 2.8-2. Biegemomente, Quer- und Längskräfte zu verschiedenen Lastfällen.

2.8.2.6 Beispiele

2.8.2.6.1 Stützkräfte, Biegemomente und Querkräfte des Trägers auf zwei Stützen in Tafel 2.8-1

2.8.2.6.2 Weitere Beispiele

Für einstöckige, einfeldrige rechteckige Rahmen sind die Biegemomente, Querkräfte und Längskräfte zu verschiedenen Belastungen und Lagerungen in Tafel 2.8-2 zusammengestellt.

2.8.3 Differentialgleichungen

Die linearen Differentialgleichungen (2.3-19) bis (2.3-22) der Tafel 2.3-1 beschreiben den Zusammenhang zwischen den Lastgrößen und den Schnittgrößen S. Die Lösung setzt sich zusammen aus der homogenen Lösung S_h der homogenen Differentialgleichung und einer Partikularlösung S_p der inhomogenen Differentialgleichung [H 26].

$$S = S_h + S_p \tag{2.8-2}$$

Für die Differentialgleichungen (2.8-20, 21, 22) lautet die homogene Lösung:

$$S_h = C_1 \tag{2.8-3}$$

und für (2.8-19):

$$S_h = C_1 x + C_2 \tag{2.8-4}$$

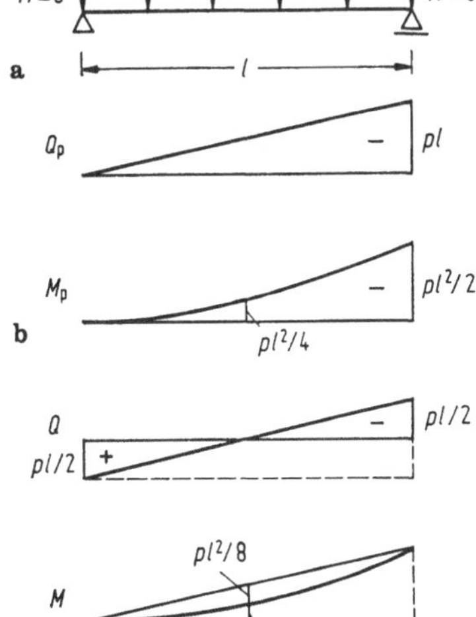

Bild 2.8-10. Träger mit Lösungsfunktionen.
a) Träger mit Belastung und Randbedingungen,
b) Gewählte Partikularlösung, c) Anpassung der Partikularlösung an die Randbedingungen durch Addition der homogenen Lösung (Schlußlinien).

Die Konstanten in (2.8-3) und (2.8-4) werden mit den Rand- und Zwischenbedingungen (Lager- und Gelenkbedingungen) bestimmt. Bei einem statisch bestimmten Tragwerk ist die Anzahl dieser Bedingungen gleich der Anzahl der Konstanten. Bei statisch unbestimmten Tragwerken müssen die Randbedingungen in den Verschiebungsgrößen und damit die Differentialgleichungen (2.6-5) bis (2.6-8), Tafel 2.6-1, verwandt werden, um alle Konstanten zu bestimmen.

Die Partikularlösung erfüllt die inhomogene Differentialgleichung. Sie ist eine Lösungsfunktion für die Schnittgrößen ohne Berücksichtigung der Randbedingungen. Die Korrekturen zur Anpassung der Funktionen der Schnittgrößen an die Lagerbedingungen bestehen im Falle (2.8-3) aus einer Parallelverschiebung der Nullinie, im Falle (2.8-4) aus einer Geraden. Diese Korrektur wird in der Baustatik Schlußlinie genannt (Bild 2.8-10).

Die Lösung von Aufgaben mit den Differentialgleichungen wird in der Baustatik selten durchgeführt. Auf den Lösungen der Differentialgleichungen beruhen das Übertragungsverfahren (Abschnitt 2.12), Aussagen über den Verlauf der Schnittgrößenfunktionen, Tafel 2.8-3 und die für einige Lastfunktionen mit den Randbedingungen des Trägers auf 2 Stützen berechneten Funktionen der Schnittgrößen, die ω-Zahlen, s. Tafel 2.8-1.

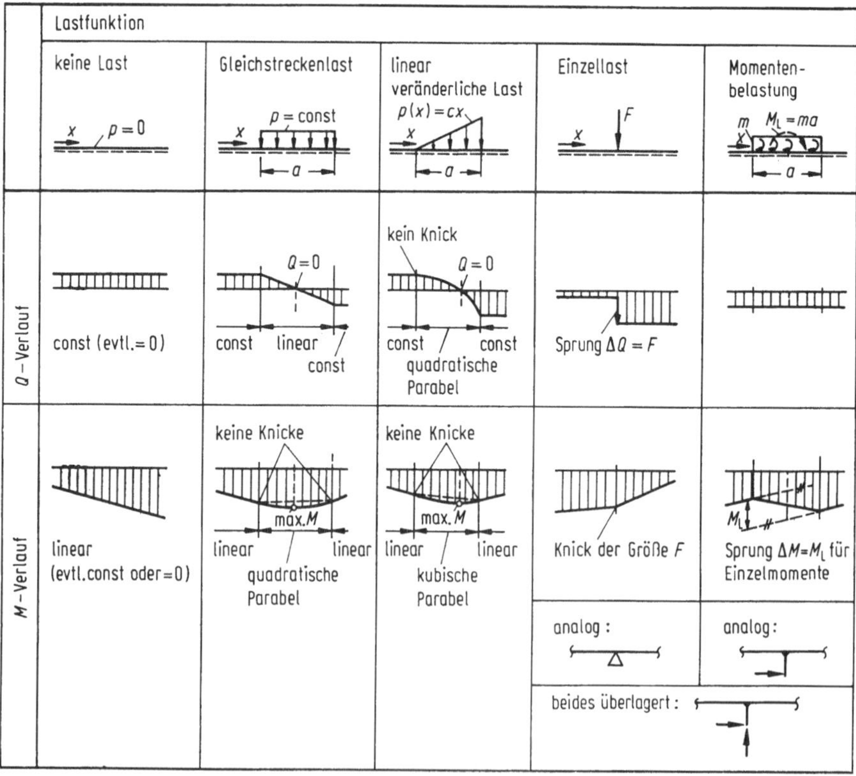

Tafel 2.8-3. Querkraft- und Momentenverlauf bei geraden Trägern in Abhängigkeit von Quer- und Momentenbelastung.

2.8.4 Prinzip der virtuellen Verschiebungen

2.8.4.1 Das Prinzip

Das Prinzip der virtuellen Verschiebungen (1-50, 1-48 und 1-52b) lautet:
Die virtuelle Arbeit W^v, die ein wirklicher Kraftzustand an einem virtuellen (gedachten) Verschiebungszustand verrichtet, ist Null, wenn der wirkliche Kraftzustand im Gleichgewicht und der virtuelle Verschiebungszustand geometrisch (kinematisch) möglich ist.

$$W^v = W^v_a + W^v_i = 0 \qquad (1\text{-}50)$$

Zur Berechnung einer bestimmten unbekannten Kraftgröße sollte man den virtuellen Verschiebungszustand so wählen, daß von allen unbekannten Kraftgrößen möglichst nur die gesuchte in den Arbeitsausdruck eingeht. Zur Festlegung des virtuellen Verschiebungszustandes macht man entweder

das gegebene Tragwerk kinematisch und prägt dann eine Verschiebungsgröße ein

oder

man belastet das gegebene Tragwerk durch eingeprägte Weggrößen (Verschiebungen, Verdrehungen, Verschiebungssprünge, Verdrehungssprünge).

2.8.4.2 Virtueller Verschiebungszustand am kinematischen Tragwerk

Um ein Tragwerk kinematisch zu machen, sind Fesseln zu schneiden. Die in den geschnittenen Fesseln wirkenden Kräfte müssen als äußere Kräfte angebracht werden, damit der Gleichgewichtszustand erhalten bleibt. Um die Rechnung zu vereinfachen, wählt man den virtuellen Verschiebungszustand so, daß die der gesuchten Kraftgröße zugeordnete Verschiebungsgröße den Wert „1" hat. Ermittlung des Verschiebungszustandes mit den Regeln der Kinematik, Abschnitt 2.1

Beispiel

Gesucht C_2 in Bild 2.8-11a

$$W^v_i = 0, \quad W^v_a = -F \frac{a}{l} 1^v - M_L \frac{1^v}{l} + C_2 \cdot 1^v = 0, \quad C_2 = \frac{a}{l} F + \frac{M_L}{l}.$$

Beispiel:

Gesucht: Schnittgrößen an der Stelle j des Tragwerks in Bild 2.8-12

$$N_j: W^v_a = -N_j 1^v + F_X 1^v = 0, \qquad N_j = F_X$$

$$M_j: W^v_a = -M_j 1^v + F_Z \cdot \eta^v = 0, \qquad M_j = F_Z \cdot \eta$$

$$Q_j: W^v_a = -Q_j 1^v + F_Z \cdot \eta^v = 0, \qquad Q_j = F_Z \cdot \eta$$

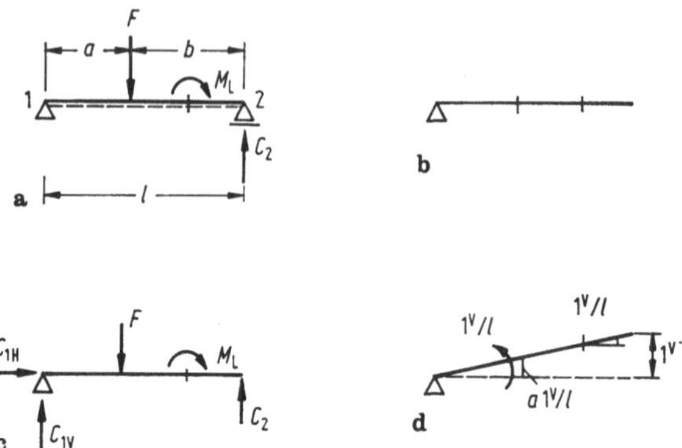

Bild 2.8-11. Berechnung von C_2 mit dem Prinzip der virtuellen Verschiebungen.
a) Tragwerk mit Belastung, b) Kinematisches Tragwerk, c) Wirklicher Kraftzustand, d) Virtueller Verschiebungszustand.

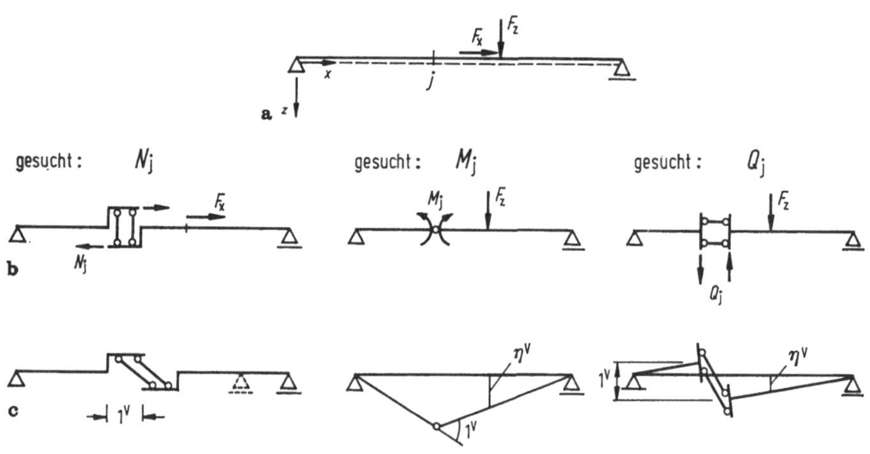

Bild 2.8-12. Berechnung von Schnittgrößen mit Hilfe eines kinematischen Tragwerks.
a) Tragwerk mit Belastung, b) Kinematische Tragwerke mit wirklichen Kraftzuständen (es sind nur diejenigen Kraftgrößen eingetragen, die virtuelle Arbeiten verrichten), c) Virtuelle Verschiebungszustände.

2.8.4.3 Virtueller Verschiebungszustand durch eingeprägte Weggrößen

Man prägt dem gegebenen Tragwerk den Verschiebungssprung oder Verdrehungssprung bei j ein, an dem die gesuchte Kraftgröße eine innere virtuelle Arbeit verrichtet.

Zur Rechenvereinfachung wählt man Unstetigkeiten von der Größe „1". Zur Berechnung von N_j, M_j und Q_j sind die einzuprägenden Sprünge in den Verschiebungsgrößen in Bild 2.8-13 angegeben.

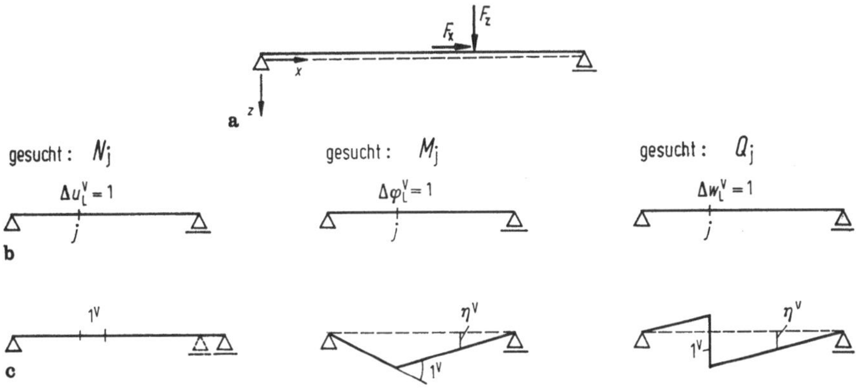

Bild 2.8-13. Berechnung von Schnittgrößen mit Hilfe von eingeprägten Weggrößen.
a) Tragwerk mit Belastung, b) Einzuprägende Sprunggrößen, c) Virtuelle Verschiebungszustände.

Es ergibt sich

$$N_{\mathrm{j}}: W_{\mathrm{a}}^{\mathrm{v}} = F_{\mathrm{X}}\, 1^{\mathrm{v}}, \qquad -W_{\mathrm{i}}^{\mathrm{v}} = N_{\mathrm{j}}\, 1^{\mathrm{v}}, \qquad \text{aus } W_{\mathrm{a}}^{\mathrm{v}} = -W_{\mathrm{i}}^{\mathrm{v}} \text{ folgt } N_{\mathrm{j}} = F_{\mathrm{X}}$$

$$M_{\mathrm{j}}: W_{\mathrm{a}}^{\mathrm{v}} = F_{\mathrm{Z}}\eta^{\mathrm{v}}, \qquad -W_{\mathrm{i}}^{\mathrm{v}} = M_{\mathrm{j}}\, 1^{\mathrm{v}}, \qquad \text{aus } W_{\mathrm{a}}^{\mathrm{v}} = -W_{\mathrm{i}}^{\mathrm{v}} \text{ folgt } M_{\mathrm{j}} = F_{\mathrm{Z}}\eta$$

$$Q_{\mathrm{j}}: W_{\mathrm{a}}^{\mathrm{v}} = F_{\mathrm{Z}}\eta^{\mathrm{v}}, \qquad -W_{\mathrm{i}}^{\mathrm{v}} = Q_{\mathrm{j}}\, 1^{\mathrm{v}}, \qquad \text{aus } W_{\mathrm{a}}^{\mathrm{v}} = -W_{\mathrm{i}}^{\mathrm{v}} \text{ folgt } Q_{\mathrm{j}} = F_{\mathrm{Z}}\eta$$

2.8.5 Stabtauschverfahren

Bereitet die Berechnung der Kraftgrößen Schwierigkeiten, wandelt man das gegebene Tragwerk durch Stabtausch in ein anderes Tragwerk, das Ersatzsystem, um, bei dem die Rechnung dann einfacher ist. Nun ermittelt man den Kraftzustand infolge der gegebenen Belastung (Zustand 0) sowie infolge der herausgetrennten Tauschstäbe (Zustände $Y_{\mathrm{i}} = 1$). Aus der Bedingung, daß die Stabkräfte der eingesetzten Tauschstäbe T im gegebenen Tragwerk Null sein müssen, berechnet man die Kräfte der herausgetrennten Tauschstäbe.

Rechenablauf:

Gegebenes Tragwerk   Stabtausch   stabiles Ersatzsystem
$$\longrightarrow$$
Stabkräfte in den herausgeschnittenen Stäben: $Y_1,\ Y_2,\ \ldots$
Stabkräfte in den eingesetzten Tauschstäben: $T_1,\ T_2,\ \ldots$

Am Ersatzsystem

$$
\begin{aligned}
\text{aus Zustand } 0: &\quad S_{\mathrm{j}0},\ T_{10},\ T_{20},\ \ldots \\
\text{aus Zustand } Y_1 = 1: &\quad S_{\mathrm{j}1},\ T_{11},\ T_{21},\ \ldots \\
Y_2 = 1: &\quad S_{\mathrm{j}2},\ T_{12},\ T_{22},\ \ldots \\
&\quad \vdots
\end{aligned}
$$

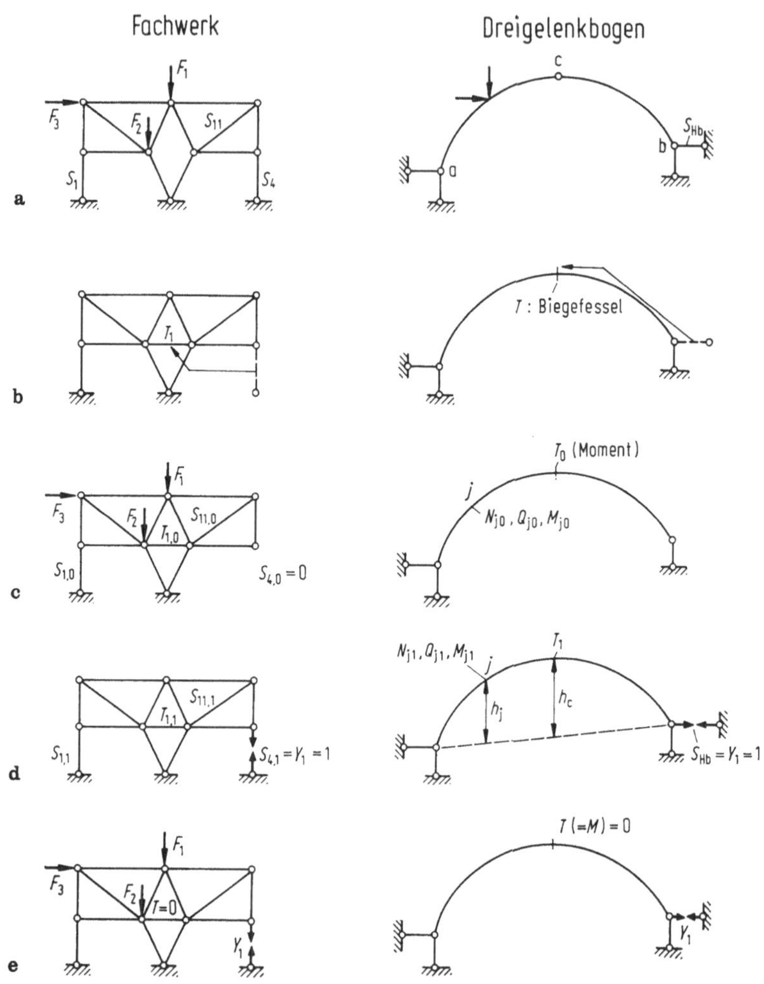

Bild 2.8-14. Ermittlung des Kraftzustandes mit dem Stabtauschverfahren.
a) Gegebenes Tragwerk, b) Ersatzsystem, c) Zustand 0, d) Zustand $Y_1 = 1$, e) Kraftzustand mit
den Kräften der Tauschstäbe.

Bedingungsgleichungen:

$$\left.\begin{aligned}
T_1 &= T_{10} + Y_1 \cdot T_{11} + Y_2 \cdot T_{12} + \cdots = 0\\
T_2 &= T_{20} + Y_1 \cdot T_{21} + Y_2 \cdot T_{22} + \cdots = 0
\end{aligned}\right\} \tag{2.8-5}$$

$$\vdots$$

Schnittgrößen am gegebenen Tragwerk durch Superposition:

$$S_j = S_{j0} + Y_1 \cdot S_{j1} + Y_2 \cdot S_{j2} + \cdots \tag{2.8-6}$$

Will man die Schnittgrößen am gegebenen Tragwerk erst berechnen, wenn die Kräfte in den Tauschstäben bekannt sind, so kann man in den Zuständen am Ersatzsystem auf die Berechnung der Schnittgrößen S_{j0}, S_{j1}, S_{j2}, ... verzichten. Dieses Vorgehen erspart in vielen Fällen Rechenarbeit.

Das gegebene Tragwerk ist kinematisch, wenn die Determinante des Gleichungssystems (2.8-5) Null ist. Damit eignet sich das Stabtauschverfahren auch zur Feststellung der kinematischen Stabilität (vgl. Abschnitt 2.2.5).

Das Vorgehen ist am *Beispiel* eines Fachwerks und eines Dreigelenkbogens in Bild 2.8-14 dargestellt.

2.8.6 Zusätzliche Betrachtungen

2.8.6.1 Zwischenfachwerke

Zwischenfachwerke verkürzen die Feldweite von direkt befahrenen Gurten (z. B. bei großen Brücken, Kranbahnen) und von Druckstäben (Bild 2.8-15). Die Zwischenstäbe V_i und D_i erhalten nur dann Stabkräfte, wenn zwischen h und k eine Last angreift (Nachweis mit zwei Knotenschnitten am oberen und unteren Ende des Stabes V_i). Für alle anderen Belastungen sind sie Nullstäbe.

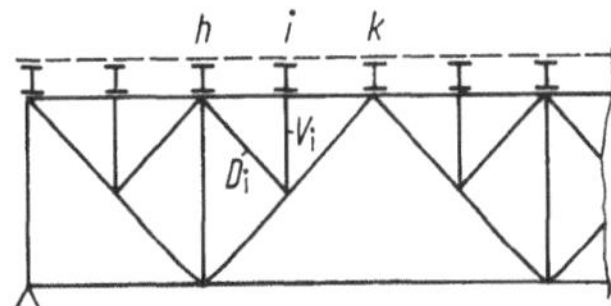

Bild 2.8-15. Fachwerk mit Zwischenfachwerk.

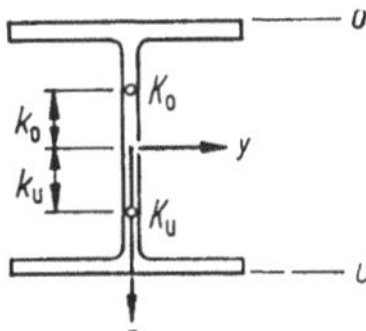

Bild 2.8-16. Kernpunkte für Belastung in der Ebene x,z am Beispiel eines I-Trägers.

2.8.6.2 Kernpunktmomente

Sind Biegemoment und Längskraft nicht unabhängig voneinander (z. B. bei Bögen), so formt man die Spannungsformeln um, s. Bild 2.8-6e:

$$\sigma_0 = +\frac{N}{A} - \frac{M}{W_0} = +\frac{N}{A} + \frac{N \cdot s}{W_0} = \frac{N}{W_0} \cdot \left(\frac{W_0}{A} + s\right)$$

$$\sigma_u = +\frac{N}{A} - \frac{M}{W_u} = +\frac{N}{A} - \frac{N \cdot s}{W_u} = \frac{N}{W_u} \cdot \left(\frac{W_u}{A} - s\right).$$

$W_0/A = k_u$, $W_u/A = k_0$ sind die Kernweiten des Querschnitts, s. Bild 2.8-16. Greift eine exzentrische Längskraft im oberen Kernpunkt an, so ist $\sigma_u = 0$ und umgekehrt. Für die Spannungen erhält man:

$$\sigma_0 = \frac{N}{W_0}(k_u + s) \qquad \sigma_u = \frac{N}{W_u}(k_0 - s)$$

Mit den Kernpunktmomenten bezüglich der Kernpunkte K_u und K_0

$$\left. \begin{aligned} M_{\mathrm{ku}} &= -N(s + k_\mathrm{u}) \\ M_{\mathrm{k0}} &= -N(s - k_0) \end{aligned} \right\} \tag{2.8-7}$$

erhält man die Randspannungen zu

$$\left. \begin{aligned} \sigma_0 &= -\frac{M_{\mathrm{ku}}}{W_0} \\ \sigma_\mathrm{u} &= +\frac{M_{\mathrm{k0}}}{W_\mathrm{u}} \end{aligned} \right\} \tag{2.8-8}$$

2.8.6.3 Indirekt belastete Träger

Die zwischen den Zustandslinien eines direkt und eines indirekt belasteten Trägers gültigen Beziehungen sind im Bild 2.8-17 dargestellt. Sie lauten:

$$M_\mathrm{Z} + M_\mathrm{H} = M; \qquad Q_\mathrm{Z} + Q_\mathrm{H} = Q.$$

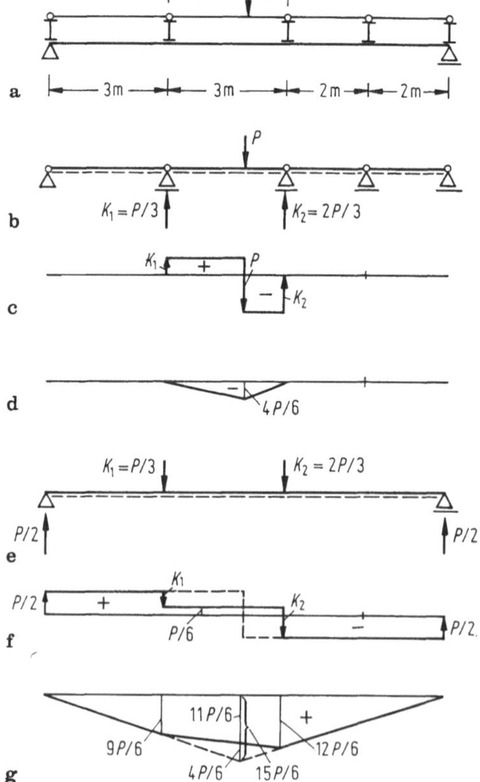

Bild 2.8-17. Indirekt belasteter Träger. a) System, b) Zwischenträger, c) Q_Z für Zwischenträger, d) M_Z für Zwischenträger, e) Hauptträgerbelastung, f) Q_H für Hauptträger, g) M_H für Hauptträger.

Diese Beziehungen gelten nur, wenn die Lastresultierenden des direkt belasteten Trägers und die Resultierenden aus den Stützkräften der Zwischenträger auf den Hauptträger gleich sind.

2.8.6.4 Zusammenfassen von Streckenlasten zu Einzellasten

Bei beliebiger Querbelastung des Trägers ermittelt man den Verlauf von M und Q, indem man die Streckenlasten abschnittsweise zu Einzellasten zusammenfaßt. Hierzu gibt es 2 Möglichkeiten:

a) Zusammenfassen der Belastung einzelner Abschnitte zur Resultierenden, Bild 2.8-18. Als Momentenfläche erhält man einen Tangentenzug an die wirkliche Fläche.

b) Die Belastung wird indirekt aufgebracht, Bild 2.8-19. Als Momentenfläche erhält man einen Sehnenzug der wirklichen Momentenfläche. Die Einzellasten können nach folgenden Formeln berechnet werden:

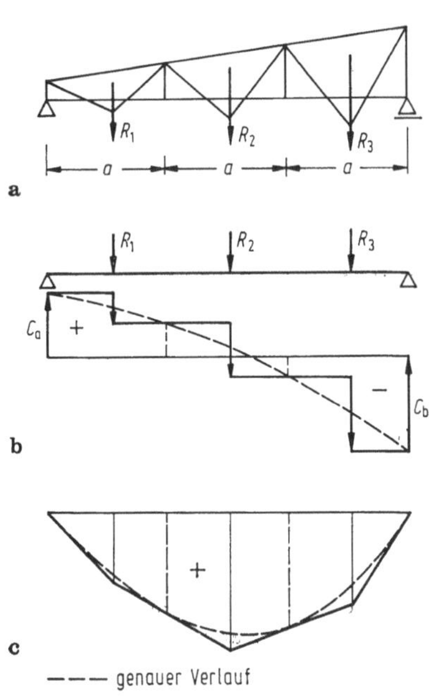

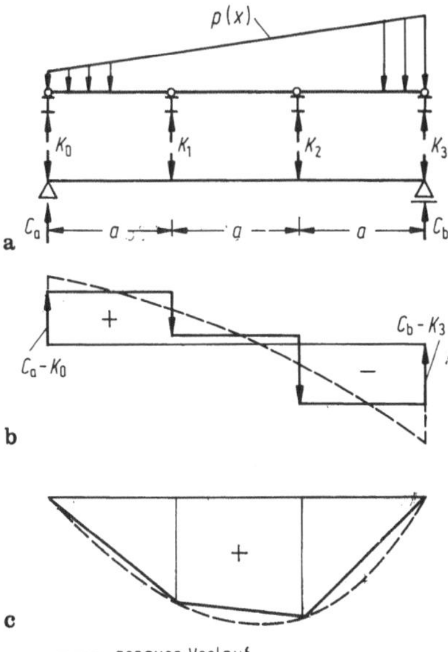

Bild 2.8-18. Streckenlast wird durch die Resultierenden von Teillastflächen ersetzt.
a) Träger mit Belastung, Teillastflächen und resultierenden Lasten, b) Q-Fläche, c) M-Fläche.

Bild 2.8-19. Streckenlast wird durch Knotenlasten (indirekte Belastung) ersetzt.
a) Träger mit Belastung, gedachter indirekter Lastübertragung und Knotenkräften, b) Q-Fläche, c) M-Fläche.

Trapezformel:

$p(x)$ wird durch einen Polygonzug angenähert

$$
\left.
\begin{aligned}
\text{Feldformel:} \quad K_k &= \frac{a_{ik}}{6}(p_i + 2p_k) + \frac{a_{kl}}{6}(2p_k + p_l) \\[2mm]
\text{Für } a_{ik} = a_{kl} = a: \quad K_k &= \frac{a}{6}(p_i + 4p_k + p_l)
\end{aligned}
\right\}
\qquad (2.8\text{-}9)
$$

$$
\left.
\begin{aligned}
\text{Randformeln:} \quad K_i &= \frac{a_{ik}}{6}(2p_i + p_k) \\[2mm]
K_l &= \frac{a_{kl}}{6}(p_k + 2p_l)
\end{aligned}
\right\}
\qquad (2.8\text{-}10)
$$

Parabelformel:

$p(x)$ wird durch eine quadratische Parabel angenähert. Mit $a_{ik} = a_{kl} = a$

$$
\text{Feldformel:} \quad K_k = \frac{a}{12}(p_i + 10p_k + p_l)
\qquad (2.8\text{-}11)
$$

$$
\left.
\begin{aligned}
\text{Randformeln:} \quad K_i &= \frac{a}{24}(7p_i + 6p_k - p_l) \\[2mm]
K_l &= \frac{a}{24}(-p_i + 6p_k + 7p_l)
\end{aligned}
\right\}
\qquad (2.8\text{-}12)
$$

2.9 Berechnung der Verschiebungsgrößen

2.9.1 Allgemeines

Verfahren:

Prinzip der virtuellen Kräfte (einzelne Verschiebungsgrößen)
Differentialgleichungen für die Verschiebungsgrößen (Verlauf der Funktionen der Verschiebungsgrößen)
W-Gewichtsverfahren (Biegelinien)
Williot-Plan (Fachwerke).

Zur Berechnung der Verschiebungsgrößen müssen die Stabverzerrungen (s. Abschnitt 2.4.2) bekannt sein. Sie können eingeprägt sein, wozu auch die Wärmewirkungen zählen (Abschnitt 2.4.3), oder infolge elastischer Verformungen entstanden sein (Abschnitt 2.5).

Bei statisch bestimmten Tragwerken sind Kraft- und Verschiebungszustand entkoppelt, so daß beide nacheinander berechnet werden können. Insbesondere entstehen infolge eingeprägter Weggrößen keine Kraftgrößen. Bei statisch unbestimmten Tragwerken muß erst der Kraftzustand ermittelt werden.

Eine Verschiebungsgröße (Verschiebung, Verdrehung, Verschiebungs- oder Verdrehungssprung, Relativverschiebung oder -verdrehung, Summe und Differenz solcher

Größen) wird allgemein mit δ_i bezeichnet. Dabei legt der Index i fest:

den Ort, für den die Verschiebungsgröße gilt (i muß dabei nicht mit der Bezeichnung des Ortes übereinstimmen),
die Art der Verschiebungsgröße und
die positive Richtung der Verschiebungsgröße.

Soll die Ursache k angegeben werden, so wird diese als zweiter Index hinzugefügt: δ_{ik}.

2.9.2 Prinzip der virtuellen Kräfte

2.9.2.1 Das Prinzip

Das Prinzip der virtuellen Kräfte (1-50, 1-49 und 1-53b) lautet:
Die virtuelle Arbeit W^v, die ein virtueller (gedachter) Gleichgewichtszustand an einem wirklichen Verschiebungszustand verrichtet, ist Null.

$$W^v = W_a^v + W_i^v = 0 \tag{1-50}$$

Zur Berechnung einer bestimmten unbekannten Verschiebungsgröße sollte man den virtuellen Kraftzustand so wählen, daß von allen unbekannten Verschiebungsgrößen nur die gesuchte in den Arbeitsausdruck eingeht. Man setzt daher die zum Gleichgewicht erforderlichen anderen äußeren Kräfte an den Punkten an, an denen die Verschiebungen bekannt sind, z. B. an den Lagern. Der Kraftgröße, die mit der gesuchten Verschiebungsgröße eine virtuelle Arbeit verrichtet, gibt man zur Rechenvereinfachung den Wert „1".

Da vom virtuellen Kraftzustand nur gefordert wird, daß er im Gleichgewicht ist, braucht er bei statisch unbestimmten Tragwerken nicht am wirklichen System ermittelt zu werden. (Nach dem *Reduktionssatz* kann man auch den Verschiebungszustand an einem statisch bestimmten System wählen, dann ist aber der virtuelle Kraftzustand am statisch unbestimmten System zu ermitteln.)

2.9.2.2 Virtuelle äußere Arbeiten

In Tafel 2.9-1 sind Beispiele zur Berechnung von Verschiebungsgrößen mit virtuellen Kraftzuständen und den dabei verrichteten äußeren Arbeiten W_a^v angegeben. Setzt man für die Verschiebungsgrößen entsprechend Abschnitt 2.9.1 allgemein δ_{ik}, so erhält man für die äußeren Arbeiten:

$$W_a^v = 1^v \delta_{ik} \tag{2.9-1}$$

2.9.2.3 Virtuelle innere Arbeiten

Die virtuelle innere Arbeit ergibt sich zu:

$$-W_i^v = \int\limits_l M^v \varkappa \, dx + \int\limits_l N^v \varepsilon \, dx + \int\limits_l Q^v \gamma \, dx + \int\limits_l M_T^v \vartheta' \, dx$$
$$+ \sum_j M_j^v \Delta\varphi_j + \sum_j N_j^v \Delta u_j + \sum_j Q_j^v \Delta w_j + \sum_j M_{Tj}^v \Delta\vartheta_j$$
$$+ \sum_j \frac{M_j^v M_j}{c_M} + \sum_j \frac{N_j^v N}{c_N} + \sum_j \frac{M_{Tj}^v M_T}{c_T} \tag{2.9-2}$$

In Tafel 2.9-2 sind dargestellt: im oberen Teil die Stabverzerrungen für die erste Zeile von (2.9-2), im mittleren Teil die Summanden der zweiten Zeile und im unteren Teil die Summanden der 3. Zeile.

Tafel 2.9-1. Äußere virtuelle Kraftzustände zur Berechnung von Verschiebungsgrößen.

gesuchte Verschiebungsgröße	wirklicher Verschiebungszustand	virtueller Kraftzustand (Gleichgewichtszustand)	äußere Arbeit W_a^V
Verschiebung w_j	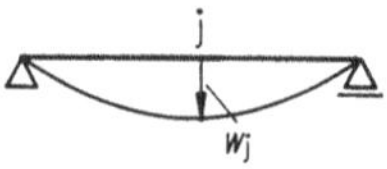 j; w_j	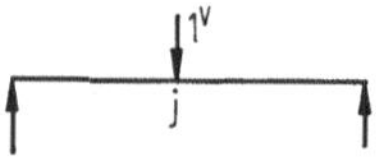 1^V; j	$1^V w_j$
Verschiebung u_j	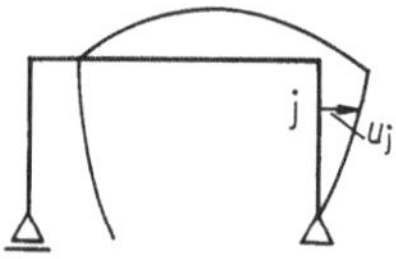 j; u_j	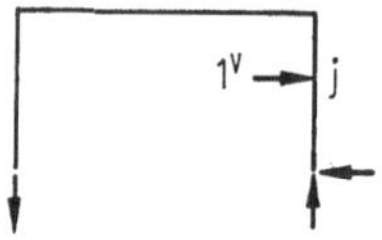 1^V; j	$1^V u_j$
Verdrehung φ_j	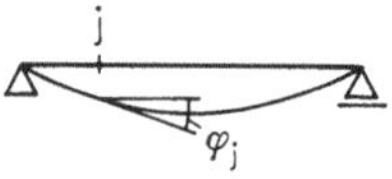 j; φ_j	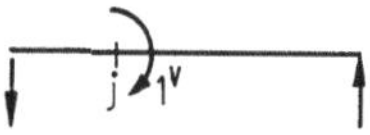 j; 1^V	$1^V \varphi_j$
gegenseitige Gelenkverdrehung $\Delta\varphi_j$	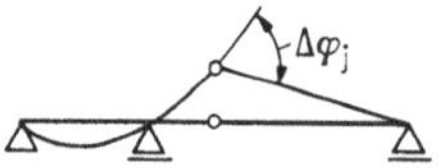 $\Delta\varphi_j$	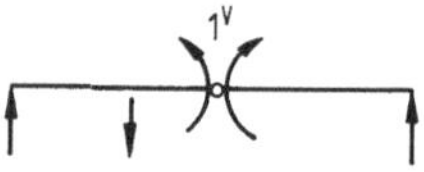 1^V	$1^V \Delta\varphi_j$
gegenseitige Verschiebung zweier Punkte Δu_{ij}	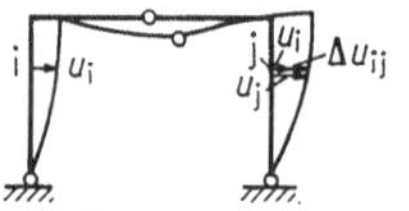 i; u_i; j; u_j; Δu_{ij}	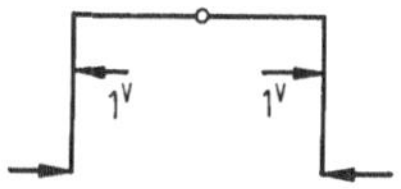 1^V; 1^V	$1^V(u_j - u_i) =$ $1^V \Delta u_{ij}$
Stabsehnendrehwinkel ψ_{ij}	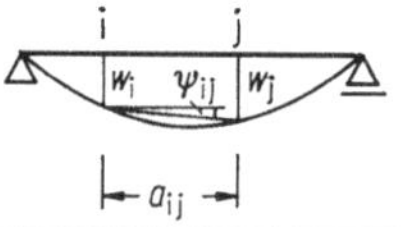 i; j; w_i; ψ_{ij}; w_j; a_{ij}	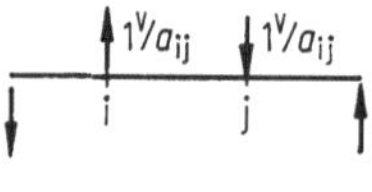 $1^V/a_{ij}$; $1^V/a_{ij}$; i; j	$1^V \dfrac{w_j - w_i}{a_{ij}} =$ $1^V \psi_{ij}$
Knick eines Sehnenpolygons W_j	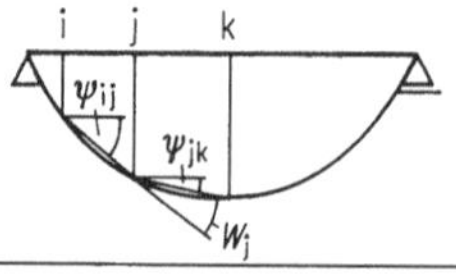 i; j; k; ψ_{ij}; ψ_{jk}; W_j	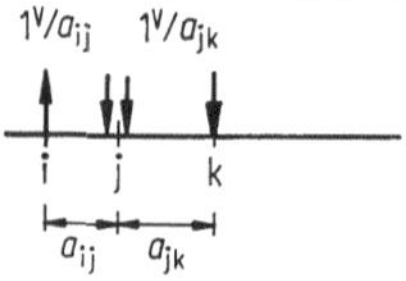 $1^V/a_{ij}$; $1^V/a_{jk}$; i; j; k; a_{ij}; a_{jk}	$1^V(\psi_{ij} - \psi_{jk}) =$ $1^V W_j$
Totalverschiebung des Punktes j: δ_j	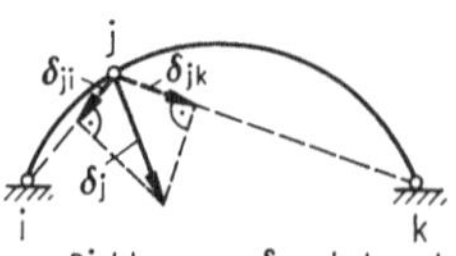 j; δ_{ji}; δ_{jk}; δ_j; i; k; Richtung von δ_j unbekannt	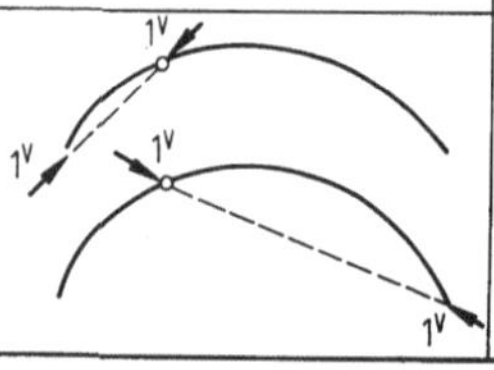 1^V; 1^V; 1^V; 1^V	$1^V \delta_{ji}$ und $1^V \delta_{jk}$

Tafel 2.9-2. Anteile der virtuellen inneren Arbeiten.

stetige Verzerrungsfunktionen

Ursache	Stabverzerrungen			
	$\varkappa$	ε	γ	ϑ'
elastische Verzerrungen (Hooke)	$\dfrac{M}{EI}$	$\dfrac{N}{EA}$	$\dfrac{Q}{G\alpha_Q A}$	$\dfrac{M_T}{GI_T}$
Temperatur	$\dfrac{\alpha_T\,\Delta T}{h}$ $(\Delta T = T_u - T_o)$	$\alpha_T T_S$	–	–
eingeprägte Verzerrungen	$\varkappa_L$	ε_L	γ_L	ϑ'_L

Sprungstellen in den Verschiebungsfunktionen

konstante Schnittgrößen M, N, Q, M_T	$M\int_i \varkappa\,dx \longrightarrow M\Delta\varphi$	$N\int_i \varepsilon\,dx \longrightarrow N\Delta u$	$Q\int_i \gamma\,dx \longrightarrow Q\Delta w$	$M_T\int_i \vartheta'\,dx \longrightarrow M_T\Delta\vartheta$
	$\Delta\varphi = \varphi_l - \varphi_0$	$\Delta u = u_l - u_0$	$\Delta w = w_l - w_0$	$\Delta\vartheta = \vartheta_l - \vartheta_0$
singuläre Punkte in den Verzerrungsfunktionen: $\Delta\varphi_L, \Delta u_L, \Delta w_L, \Delta\vartheta_L$ an der Stelle j 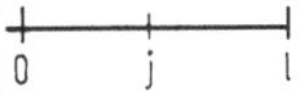	$\int_l M\varkappa\,dx \longrightarrow$ $M_j\Delta\varphi_{jL}$ 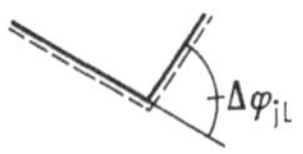	$\int_l N\varepsilon\,dx \longrightarrow$ $N_j\Delta u_{jL}$ 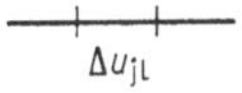	$\int_l Q\gamma\,dx \longrightarrow$ $Q_j\Delta w_{jL}$	$\int_l M_T\vartheta'\,dx \longrightarrow$ $M_{Tj}\Delta\vartheta_{jL}$ 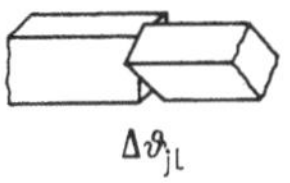

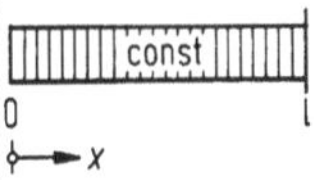

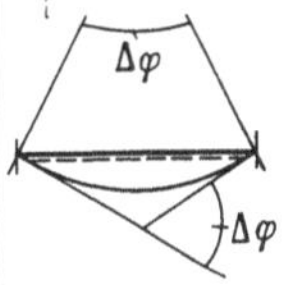

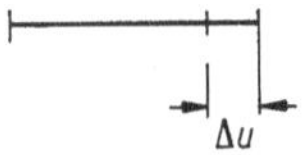

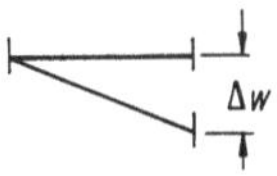

Federn ersetzen einen Trägerteil

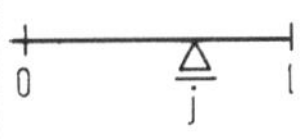 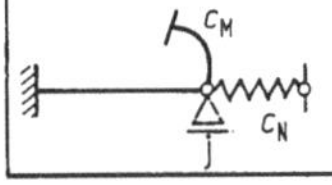	$\int_j^l M^V\dfrac{M}{EI}\,dx \longrightarrow$ $\dfrac{M_j^V M_j}{c_M}$	$\int_j^l N^V\dfrac{N}{EA}\,dx \longrightarrow$ $\dfrac{N_j^V N_j}{c_N}$	– –	$\int_j^l M_T^V\dfrac{M_T}{GI_T}\,dx \longrightarrow$ $\dfrac{M_{Tj}^V M_{Ti}}{c_T}$

Tafel 2.9-3. Werte der Produktintegrale $\int f(x) \cdot g(x)\, dx$.

$f(x)$	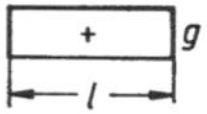 $g(x)$ rectangle	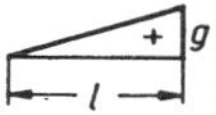 triangle $+g$	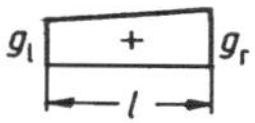 trapezoid $g_l \ldots g_r$	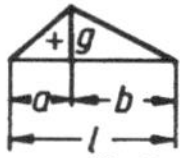 triangle $\alpha=a/l\ \beta=b/l$	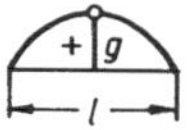 parabola arch	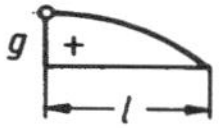 parabola g (left)	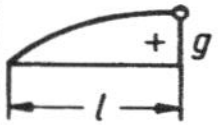 parabola g (right)	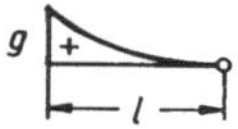 parabola (descending) g	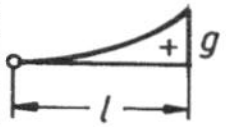 parabola (ascending) g
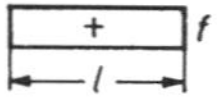 rectangle f	lfg	$\frac{1}{2}lfg$	$\frac{1}{2}lf(g_l+g_r)$	$\frac{1}{2}lfg$	$\frac{2}{3}lfg$	$\frac{2}{3}lfg$	$\frac{2}{3}lfg$	$\frac{1}{3}lfg$	$\frac{1}{3}lfg$
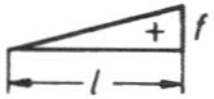 triangle $+f$ (rising)	$\frac{1}{2}lfg$	$\frac{1}{3}lfg$	$\frac{1}{6}lf(g_l+2g_r)$	$\frac{1}{6}lfg(1+\alpha)$	$\frac{1}{3}lfg$	$\frac{1}{4}lfg$	$\frac{5}{12}lfg$	$\frac{1}{12}lfg$	$\frac{1}{4}lfg$
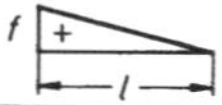 triangle $f+$ (falling)	$\frac{1}{2}lfg$	$\frac{1}{6}lfg$	$\frac{1}{6}lf(2g_l+g_r)$	$\frac{1}{6}lfg(1+\beta)$	$\frac{1}{3}lfg$	$\frac{5}{12}lfg$	$\frac{1}{4}lfg$	$\frac{1}{4}lfg$	$\frac{1}{12}lfg$
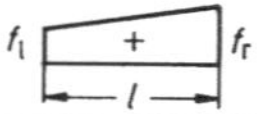 trapezoid $f_l \ldots f_r$	$\frac{1}{2}l(f_l+f_r)g$	$\frac{1}{6}l(f_l+2f_r)g$	$\frac{1}{6}l(2f_l g_l + f_l g_r + f_r g_l + 2f_r g_r)$	$\frac{1}{6}l[f_l(1+\beta)+f_r(1+\alpha)]g$	$\frac{1}{3}l(f_l+f_r)g$	$\frac{1}{12}l(5f_l+3f_r)g$	$\frac{1}{12}l(3f_l+5f_r)g$	$\frac{1}{12}l(3f_l+f_r)g$	$\frac{1}{12}l(f_l+3f_r)g$
triangle $\alpha=\frac{a}{l}\ \beta=\frac{b}{l}$ 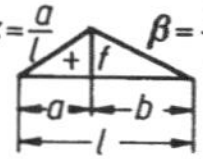	$\frac{1}{2}lfg$	$\frac{1}{6}lfg(1+\alpha)$	$\frac{1}{6}lf[g_l(1+\beta)+g_r(1+\alpha)]$	$\frac{1}{3}lfg$	$\frac{1}{3}lfg(1+\alpha\beta)$	$\frac{1}{12}lfg(5-\alpha-\alpha^2)$	$\frac{1}{12}lfg(5-\beta-\beta^2)$	$\frac{1}{12}lfg(1+\beta+\beta^2)$	$\frac{1}{12}lfg(1+\alpha+\alpha^2)$
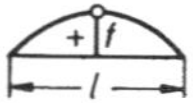 parabola arch $+f$	$\frac{2}{3}lfg$	$\frac{1}{3}lfg$	$\frac{1}{3}lf(g_l+g_r)$	$\frac{1}{3}lfg(1+\alpha\beta)$	$\frac{8}{15}lfg$	$\frac{7}{15}lfg$	$\frac{7}{15}lfg$	$\frac{1}{5}lfg$	$\frac{1}{5}lfg$
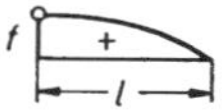 parabola f (vertex left)	$\frac{2}{3}lfg$	$\frac{1}{4}lfg$	$\frac{1}{12}lf(5g_l+3g_r)$	$\frac{1}{12}lfg(5-\alpha-\alpha^2)$	$\frac{7}{15}lfg$	$\frac{8}{15}lfg$	$\frac{11}{30}lfg$	$\frac{3}{10}lfg$	$\frac{2}{15}lfg$
 parabola f (vertex right)	$\frac{1}{3}lfg$	$\frac{1}{12}lfg$	$\frac{1}{12}lf(3g_l+g_r)$	$\frac{1}{12}lfg(1+\beta+\beta^2)$	$\frac{1}{5}lfg$	$\frac{3}{10}lfg$	$\frac{2}{15}lfg$	$\frac{1}{5}lfg$	$\frac{1}{30}lfg$

Die Kurven sind quadratische Parabeln. Parabelscheitel: $\circ$, x zählt von links aus: $\longrightarrow x$

2.9.2.4 Berechnung der Produktintegrale

Die in (2.9-2) auftretenden Produktintegrale lauten allgemein:

$$I = \int\limits_0^l f(x)\,g(x)\,\mathrm{d}x = \int\limits_0^l y(x)\,\mathrm{d}x \qquad (2.9\text{-}3)$$

Verfahren zu ihrer Berechnung:

a) *Direkte Integration* [H 26]. Wird nur in Sonderfällen angewandt.

b) *Numerische Integration* mit der

b1) Eulerschen Summenformel [H 26], genau, wenn $y(x)$ ein Polygonzug ist.

b2) Simpsonschen Regel [H 26], genau, wenn $y(x)$ eine Parabel zweiter oder dritter Ordnung ist.

c) Verwendung der *Integraltafel* Tafel 2.9-3. Dabei können sowohl die Integrationsbereiche unterteilt werden:

$$\int\limits_0^l y(x)\,\mathrm{d}x = \int\limits_0^a y(x)\,\mathrm{d}x + \int\limits_a^l y(x)\,\mathrm{d}x \qquad (2.9\text{-}4)$$

als auch die Funktionen (Bild 2.9-1). Mit $f(x) = f_1(x) + f_2(x)$; $g(x) = g_1(x) + g_2(x)$ erhält man (2.9-3). in der Form:

$$I = \int\limits_0^l f_1(x)\,g_1(x)\,\mathrm{d}x + \int\limits_0^l f_1(x)\,g_2(x)\,\mathrm{d}x + \int\limits_0^l f_2(x)\,g_1(x)\,\mathrm{d}x + \int\limits_0^l f_2(x)\,g_2(x)\,\mathrm{d}x$$

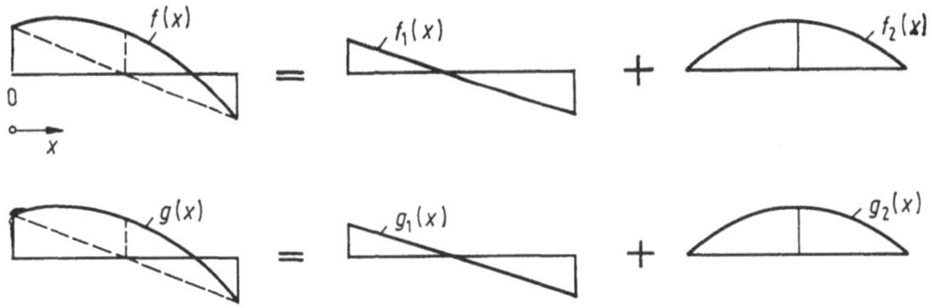

Bild 2.9-1. Aufspalten einer Funktion in bekannte Anteile zur Durchführung der Produktintegration.

d) Berechnung *als Bilinearform* (für programmierbare Taschenrechner). Wenn jede der Funktionen $g(x)$ und $f(x)$ als Polygonzug mit übereinstimmenden Polygonpunkten i und k gegeben ist oder dadurch angenähert werden kann (Bild 2.9-2), so erhält man nach Tafel 2.9-3 mit

$$\boldsymbol{g}_{\mathrm{ik}} = \begin{bmatrix} g_\mathrm{i} \\ g_\mathrm{k} \end{bmatrix}; \quad \boldsymbol{f}_{\mathrm{ik}} = \begin{bmatrix} f_\mathrm{i} \\ f_\mathrm{k} \end{bmatrix}$$

$$\boldsymbol{F}_{\mathrm{ik}} = a_{\mathrm{ik}} \begin{bmatrix} \dfrac{1}{3} & \dfrac{1}{6} \\[2mm] \dfrac{1}{6} & \dfrac{1}{3} \end{bmatrix} \qquad\qquad (2.9\text{-}5)$$

$$I_{\mathrm{ik}} = \boldsymbol{g}_{\mathrm{ik}}^{\mathrm{T}} \boldsymbol{F}_{\mathrm{ik}} \boldsymbol{f}_{\mathrm{ik}} \qquad (2.9\text{-}6)$$

Beispiel, Bild 2.9-3

$$-W_i^v = \frac{F_i}{EI_{0i}}\,[0\ \ 2{,}4]\,F\begin{bmatrix} 0 \\ -0{,}4 \end{bmatrix} + \frac{F_i}{EI_{ij}}\,[2{,}4\ \ 1{,}2]\,F\begin{bmatrix} -0{,}4 \\ -0{,}7 \end{bmatrix}$$

$$+ \frac{F_i}{EI_{jl}}\,[1{,}2\ \ 0]\,F\begin{bmatrix} 0{,}3 \\ 0 \end{bmatrix}$$

Für $EI_{0i} = EI_{ij} = EI_{jl} = EI$ erhält man:

$$-W_i^v = -\frac{1}{EI}\,3{,}8F_i \quad [\mathrm{m^2}]$$

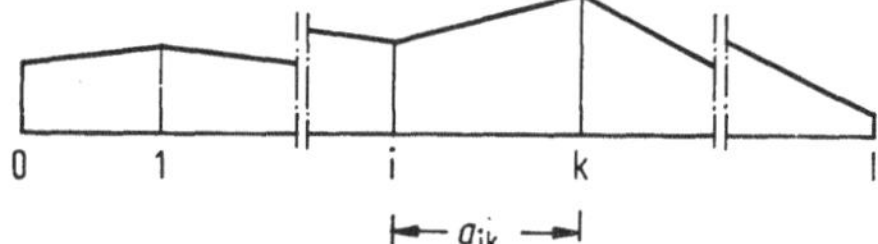

Bild 2.9-2. Funktion $g(x)$ bzw. $f(x)$ als Polygonzug.

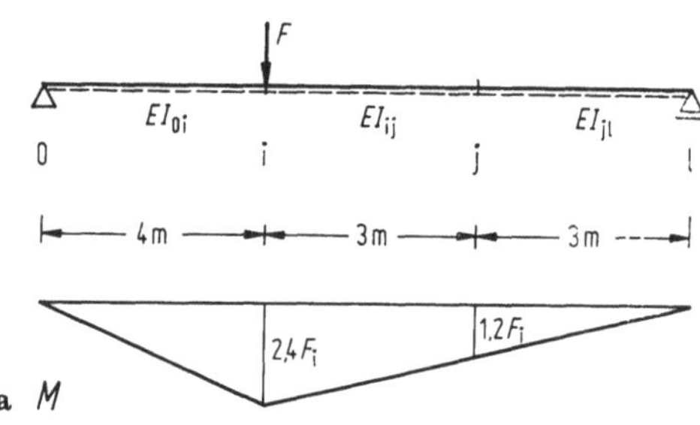

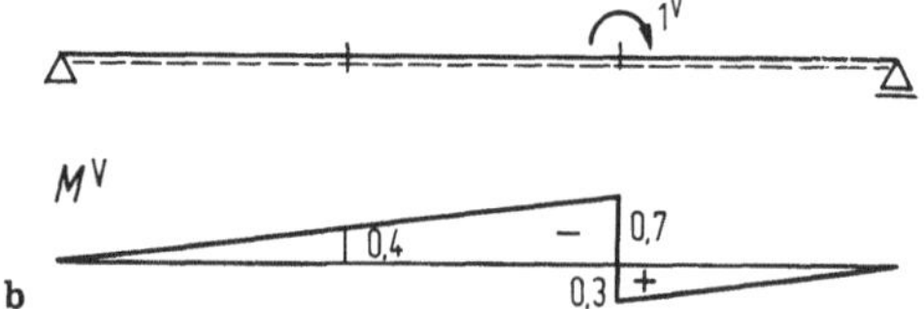

Bild 2.9-3. Beispiel zur Berechnung von φ_j infolge von F_i.
a) Wirklicher Kraftzustand, b) virtueller Kraftzustand.

2.9.3 Differentialgleichungen

2.9.3.1 Allgemeines

Die linearen Differentialgleichungen (2.4-3, 7, 9, 11) beschreiben den Zusammenhang zwischen den Stabverzerrungen und den Verschiebungsgrößen des Tragwerks. Sie entsprechen den Differentialgleichungen, die den Zusammenhang zwischen den Last- und den Schnittgrößen angeben. Es gelten daher alle Angaben des Abschnitts 2.8.3 auch hier, vor allem

die Korrektur der Biegelinie durch eine Gerade, wenn sich die Randbedingungen in den Verschiebungsgrößen ändern (Schlußlinie)
die Aussagen über den Verlauf der Biegelinien.

Die Ordinaten der Biegelinien können mit den ω-Zahlen der Tafel 2.8-1 für die Randbedingungen eines Trägers auf 2 Stützen aus den Stabverzerrungen berechnet werden.

Die konstitutiven Gleichungen (2.6-1) bis (2.6-4), Tafel 2.6-1, in die das Materialgesetz eingearbeitet ist, geben die Beziehungen zwischen den elastischen Verschiebungsgrößen und den Schnittgrößen an. Für sie gelten die Ausführungen entsprechend.

2.9.3.2 Mohrsche Analogie

Bei den Beziehungen Moment M — Querbelastung p (2.3-19) und Verschiebung w — Verkrümmung $\varkappa$ (2.4-7) handelt es sich um dieselben Differentialgleichungen. Die Lösungen sind daher mit den folgenden Entsprechungen auch gleich:

$$\left. \begin{array}{c} \varkappa \,\triangle\, p^* \\ \varphi \,\triangle\, Q^* \\ w \,\triangle\, M^* \\ \Delta\varphi \,\triangle\, P^* \\ \Delta w \,\triangle\, M_{\mathrm{L}}^* \end{array} \right\} \qquad (2.9\text{-}7)$$

Entsprechende Rand- und Zwischenbedingungen sind in Tafel 2.9-4 dargestellt.

Aufgrund der Analogie können die zur Berechnung einer Momentenfläche angegebenen Verfahren (Schnittmethode, Zusammenfassen von Streckenlasten zu Einzellasten, w-Zahlen) auch zur Berechnung der Biegelinie aus den Verkrümmungen angewandt werden. Beispiele zur Biegelinienberechnung mit der Mohrschen Analogie sind in Tafel 2.9-5 angegeben.

Tafel 2.9-4. Zu den Kraftgrößen analoge Rand- und Zwischenbedingungen in den Verschiebungsgrößen (Mohrsche Analogie).

	gegebener Balken	Ersatzbalken
Randbedingungen		
freies Ende	 $\varphi \neq 0$ $\quad w \neq 0$	 $Q^* \neq 0$ $\quad M^* \neq 0$
Einspannung	 $\varphi = 0$ $\quad w = 0$	 $Q^* = 0$ $\quad M^* = 0$
Lager	 $w = 0$ $\quad \varphi \neq 0$	 $M^* = 0$ $\quad Q^* \neq 0$
Zwischenbedingungen		
Gelenk	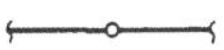 φ hat Sprung $(\Delta\varphi)$	 Q^* hat Sprung (ΔQ^*)
Lager	 $w = 0$ $\quad \varphi_\mathrm{l} = \varphi_\mathrm{r}$	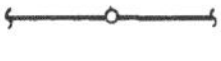 $M^* = 0$ $\quad Q_\mathrm{l}^* = Q_\mathrm{r}^*$

Tafel 2.9-5. Berechnung der Biegelinie mit der Mohrschen Analogie.

gegebenes Tragwerk	Möglichkeiten zur Berechnung mit der Mohrschen Analogie	
	Korrektur der Partikularlösung durch Schlußlinie	Ersatzträger

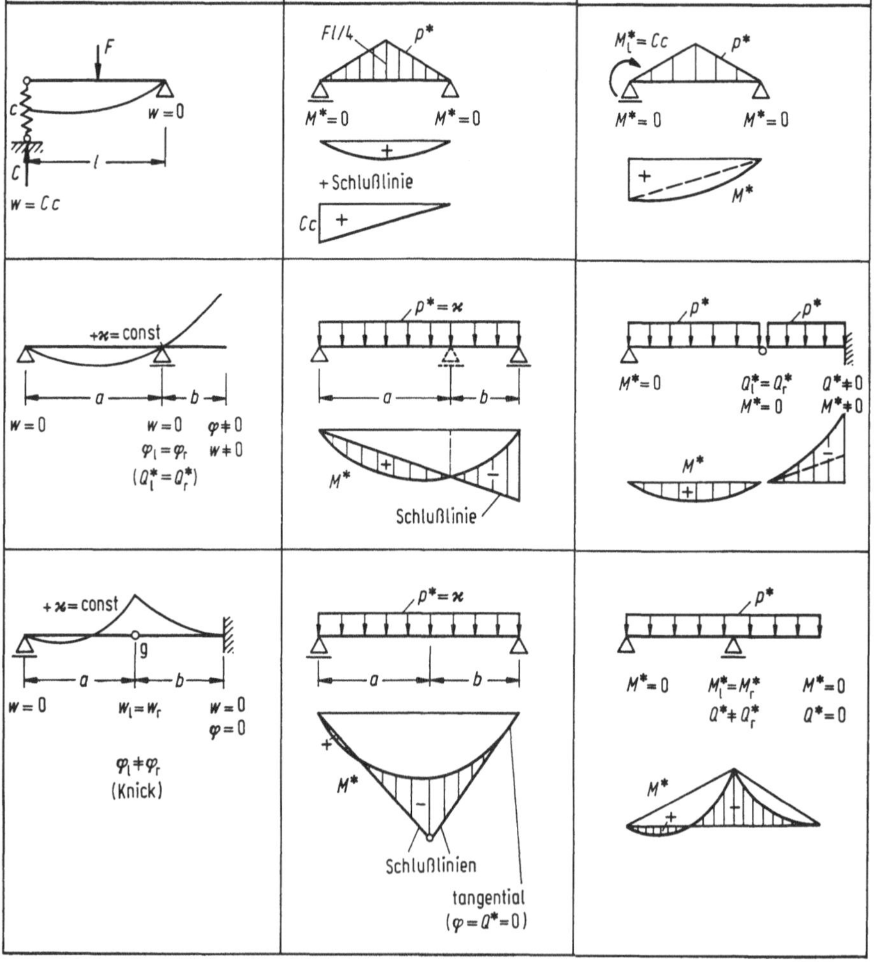

2.9.4 W-Gewichtsverfahren

Ersetzt man die Biegelinie durch ein Sehnenpolygon, so kann man die Knicke in den Polygonpunkten ermitteln

mit dem Prinzip der virtuellen Kräfte durch einen virtuellen Kraftzustand nach Tafel 2.9-1, vorletzte Zeile, für alle Tragwerke und Stabverzerrungen,
durch indirekte Belastung des Trägers (s. Abschnitt 2.8.6.4) mit der Verkrümmungsfläche, den Verschiebungs- oder Verdrehungssprüngen unter Beachtung der Analogien (2.9-7), nur für Biegeträger.

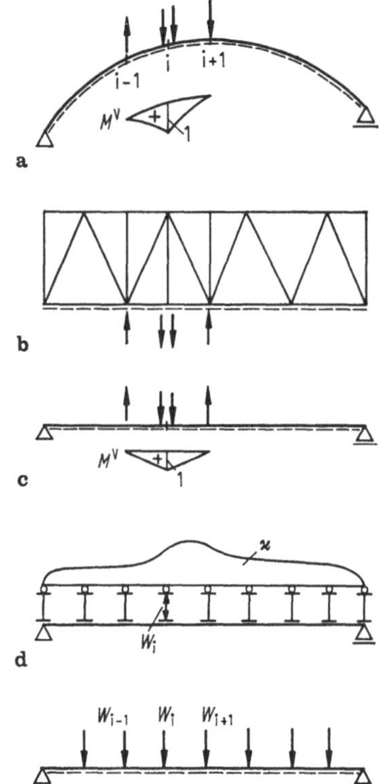

Bild 2.9-4. Ermittlung der Biegelinie für Verschiebungen w mit W-Gewichten.
a) Bogen mit virtuellem Kraftzustand zur Berechnung von W_i, b) Fachwerk mit Stabzug (---) und virtuellen Kräften zur Berechnung von W_i, c) Biegeträger mit virtuellem Kraftzustand zur Berechnung von W, d) Biegeträger indirekt belastet mit $\varkappa$ und W_i als Knotenkraft, e) Ersatzträger zur Berechnung der Biegelinie als Momentenfläche infolge der W-Gewichte für a bis d.

Die Knicke $\Delta\varphi$ in den Polygonpunkten des Sehnenpolygonzuges werden W-Gewichte genannt. Aufgrund der Analogie (2.9-7) $\Delta\varphi \triangleq P^* \equiv W$ erhält man den Polygonzug, wenn man auf einen Ersatzträger die W-Gewichte als Einzellasten aufbringt und dafür die Momentenlinie ermittelt. Der Ersatzträger muß dabei so gewählt werden, daß er die gegebenen geometrischen Rand- und Übergangsbedingungen als analoge Kräfterand- und Übergangsbedingungen enthält (Tafel 2.9-4). Beispiele sind in Bild 2.9-4 dargestellt.

2.9.5 Williot-Plan

Bei einem Fachwerk wird die Verschiebung der Knotenpunkte nur durch Stablängenänderungen der Stäbe verursacht. Bei konstanter Fläche A erhält man

$$\Delta s = \frac{Ss}{EA} + \alpha_T T s \tag{2.9-8}$$

Beispiel: Zweibock, Bild 2.9-5a. Man trägt die Stablängenänderungen in den Stabrichtungen am Knoten c auf. Diese Stablängenänderungen sind die Projektionen der
Totalverschiebung des Punktes c auf die Stabrichtungen. Die Totalverschiebung erhält
man daher, wenn man auf den Projektionen die Lote errichtet. Da die Verschiebungen
klein sind, wird der Plan im vergrößerten Maßstab außerhalb des Systems gezeichnet,
Bild 2.9-5 b.

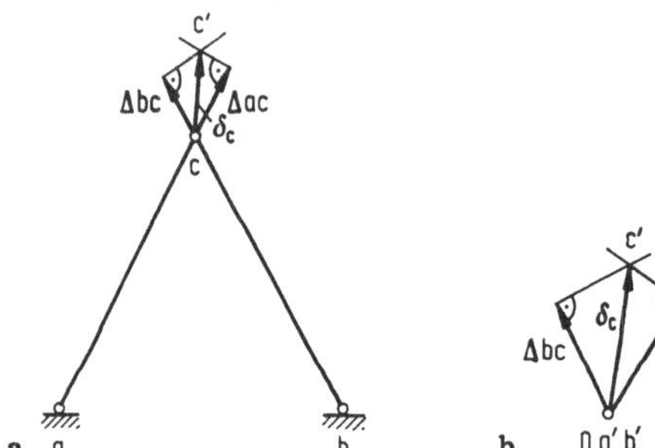

Bild 2.9-5. Williot-Plan am Zweibock.

Dieses zeichnerische Verfahren wird Williot-Plan genannt. Im Williot-Plan sind also
nur die Stablängenänderungen und die Totalverschiebungen der Fachwerkknoten dargestellt. Die verschobenen Fachwerkknoten werden durch ' gekennzeichnet. Man beginnt
mit den Knoten, in denen die Verschiebungen Null sind. Auf diesen Punkt werden alle
Verschiebungen bezogen (Polare Darstellung). Stellt Δs eine Verlängerung des Stabes dar,
so wird es in Richtung zum anderen Stabende aufgetragen, eine Verkürzung entgegengesetzt. Spannungslose Stäbe müssen — im Gegensatz zum Cremona-Plan — im Williot-
Plan berücksichtigt werden.

Die Totalverschiebungen laufen vom Ausgangspunkt 0 zum gestrichenen Punkt.

Mit Hilfe des Williot-Plans kann man auch die *Stabdrehwinkel* bestimmen. In Bild
2.9-6 ist aus den Totalverschiebungen v_i und v_k die Differenz der Projektionen senkrecht
zur Stabrichtung Δ_{ik} ermittelt worden. Damit erhält man:

$$\psi_{ik} = \frac{\Delta_{ik}}{s_{ik}} \tag{2.9-9}$$

Beispiel: Bild 2.9-7. Ausgangspunkt $a \equiv 0$.

Das bisher beschriebene Verfahren ist möglich bei Fachwerken, die nach dem 1. Bildungsgesetz aufgebaut sind und die entweder einen Grundstab besitzen, der an einem
festen und an einem verschieblichen Auflager angeschlossen ist, oder die zwei feste Auflager haben, an denen ein Knoten des Fachwerks mit jeweils einem Stab angeschlossen ist.

Williot-Plan mit zusätzlicher Drehung

Bei dem Fachwerk in Bild 2.9-8a liegt der Punkt a fest, aber die anschließenden Stäbe
können eine Drehung erleiden, die zunächst unbekannt ist. Deshalb wird eine Stabrichtung

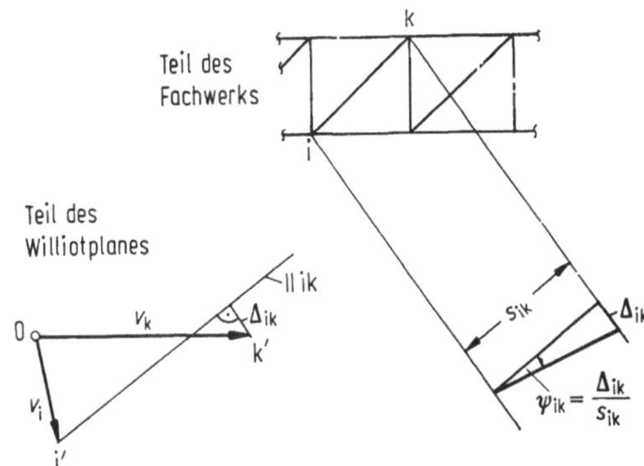

Bild 2.9-6. Ablesen eines Stabdrehwinkels ψ aus dem Williot-Plan.

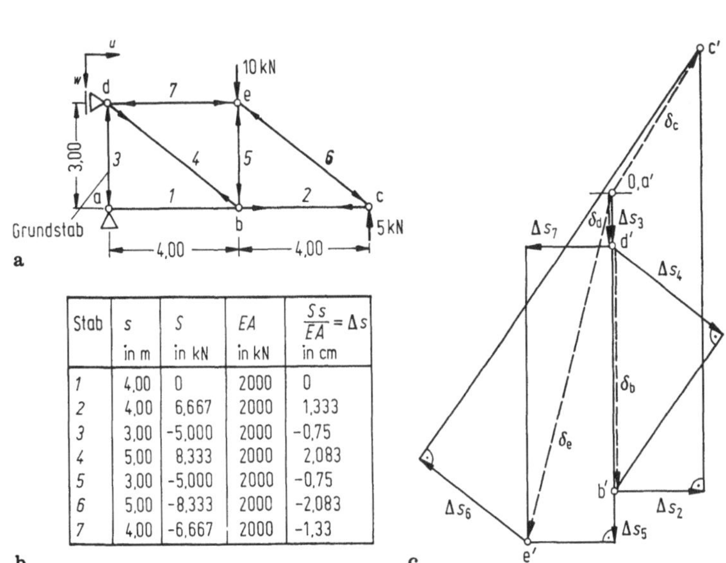

Stab	s in m	S in kN	EA in kN	$\dfrac{S\,s}{EA} = \Delta s$ in cm
1	4,00	0	2000	0
2	4,00	6,667	2000	1,333
3	3,00	−5,000	2000	−0,75
4	5,00	8,333	2000	2,083
5	3,00	−5,000	2000	−0,75
6	5,00	−8,333	2000	−2,083
7	4,00	−6,667	2000	−1,33

b

Bild 2.9-7. Williot-Plan für ein Fachwerk mit einem unverschieblichen Grundstab.
a) Tragwerk mit Belastung und Kraftpfeilen aus einem Cremona-Plan, b) Stablängenänderungen,
c) Williot-Plan.

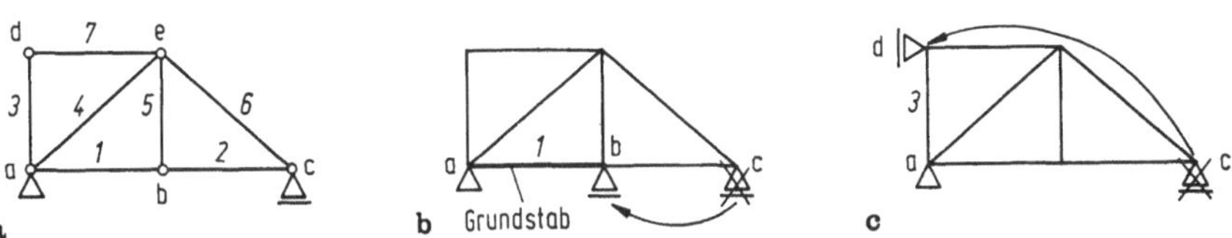

Bild 2.9-8. Wahl eines Grundstabes zum Zeichnen des Williot-Planes.
a) Gegebenes System, b), c) durch gedachten Lagertausch wird der Stabdrehwinkel eines Stabes
(1 bzw. 3) zu Null.

festgehalten, Bild 2.9-8b bzw. c, was einem Versetzen eines Lagers gleichkommt. Für dieses geänderte System wird ein Williot-Plan konstruiert. Die Verschiebung eines Knotens i wird hierin mit δ_i' und die verschobene Lage des Knotens i mit i' bezeichnet.

Um die Verschiebungen für die wirklichen Randbedingungen (Verschiebung am Auflager a Null, am Lager c in Richtung der Rollenbahn) zu erhalten, muß das Tragwerk zusätzlich verdreht werden. Die polare Darstellung für die Drehung ergibt eine um 90° gedrehte, dem System ähnliche Figur. Die Wege δ'' werden von 0 nach i'' gemessen, die Totalverschiebung δ_i von i'' nach i'.

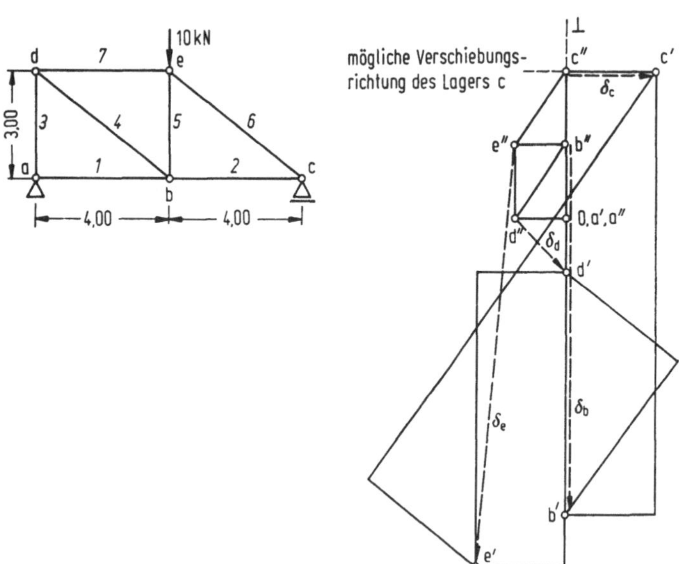

Bild 2.9-9. Williot-Plan mit zusätzlicher Drehung.

Beispiel: Fachwerk mit gleichen Stablängenänderungen wie in Bild 2.9-7, aber Lagerung nach Bild 2.9-9. Als Grundstab wird Stab 3 gewählt (Lager von c nach d versetzt). Williot-Plan mit Punkten a' bis c' wie Bild 2.9-7c. Die Bedingung $w_a = u_a = 0$ ist dadurch erfüllt, daß der Nullpunkt, a' und a'' zusammenfallen. Da sich c nur horizontal verschieben darf, muß c'' auf einer Horizontalen durch c' liegen. Mit diesen Festlegungen läßt sich die um 90° gedrehte ähnliche Figur mit den ''-Punkten zeichnen. Die Totalverschiebungen der Punkte sind gleich den Wegen '' nach '.

2.9.6 Zusätzliche Betrachtungen

2.9.6.1 Sätze von Betti und Maxwell

Der Satz von Betti lautet

$$\sum_{i=1}^{n} (F_i\delta_{ik} + M_i\varphi_{ik}) = \sum_{k=1}^{m} (F_k\delta_{ki} + M_k\varphi_{ki}) \tag{2.9-10}$$

(auch Reziprozitätssatz oder Prinzip der Wechselwirkungen genannt).

Die Summe der Arbeiten des Lastzustandes „i" am Verschiebungszustand „k" ist gleich der Summe der Arbeiten des Lastzustandes „k" am Verschiebungszustand „i" (Bild 2.9-10).

Bestehen die Lastzustände jeweils nur aus einer Kraftgröße „1", folgt der Satz von Maxwell

$$1 \cdot \delta_{ik} = 1 \cdot \delta_{ki} \quad \text{oder kurz} \quad \delta_{ik} = \delta_{ki} \tag{2.9-11}$$

(Beide Sätze erhält man wegen der Gleichheit der beiden Zustände.)

Die Sätze gelten nur für elastische Verschiebungsgrößen bei linear elastischem Materialverhalten.

Bild 2.9-10. Satz von Betti und Maxwell.

2.9.6.2 Berechnung von Federsteifigkeiten

Sind die Federwirkungen entkoppelt, so berechnet man die Federsteifigkeit:

a) Einprägen der Verschiebungsgröße $w = 1$ m bzw. $\varphi = 1$ rad an dem durch eine Feder zu ersetzenden Tragwerksteil und Bestimmung der zugehörigen Kraftgröße, die gleich der Federsteifigkeit c ist.

b) Man setzt die Kraft 1 (bzw. das Moment 1) an dem durch eine Feder zu ersetzenden Tragwerksteil an und berechnet die Verschiebung w in Richtung der Kraft (bzw. die Verdrehung φ in Richtung des Momentes). Dann ist $c_N = 1/w$ bzw. $c_M = 1/\varphi$.

Zwischen der Federkraft C, der Federsteifigkeit c und der Verschiebungsgröße bestehen die Beziehungen:

$$\left. \begin{array}{l} C_N = c_N \cdot w \\[2mm] C_M = c_M \cdot \varphi \end{array} \right\} \tag{2.9-12}$$

Beispiel: In Bild 2.9-11 erhält man für $C = 1$: $w = \Delta h = \dfrac{h}{EA}$ und daraus $c_N = \dfrac{EA}{h}$ [kN/m].

Sind die Federwirkungen gekoppelt, so erhält man ein Gleichungssystem. Mit der Matrix der Stützgrößen c, der Lagerverschiebungsgrößen v und der Federsteifigkeit C:

$$c = \begin{bmatrix} C_1 \\ C_2 \\ \vdots \\ C_n \end{bmatrix}; \quad v = \begin{bmatrix} v_1 \\ v_2 \\ \vdots \\ v_n \end{bmatrix} \quad C = \begin{bmatrix} c_{11} & c_{12} & \cdots & c_{1n} \\ c_{21} & c_{22} & \cdots & c_{2n} \\ \vdots & \vdots & & \vdots \\ c_{n1} & c_{n2} & \cdots & c_{nn} \end{bmatrix}$$

gilt analog zu (2.9-12)

$$c = C \cdot v \tag{2.9-13}$$

Zur Berechnng der Matrix der Federsteifigkeiten kann wieder der direkte Weg a) oder der indirekte Weg b) gewählt werden.

Beispiel: Träger mit einer Abstützung durch einen unsymmetrischen Zweibock (Bild 2.9-12a), der durch gekoppelte Federn nach Bild 2.9-12b ersetzt werden soll. Zur Berechnung der Federsteifigkeitsmatrix wird der Weg b) über die zu (2.9-13) inverse Beziehung gewählt:

$$v = C^{-1}c \qquad (2.9\text{-}14)$$

mit

$$v = \begin{bmatrix} u \\ w \end{bmatrix}; \quad c = \begin{bmatrix} C_x \\ C_z \end{bmatrix}$$

ergibt sich mit $c = \begin{bmatrix} 1 \\ 1 \end{bmatrix}$ nach Bild 2.9-12c und d

$$C^{-1} = \begin{bmatrix} u_1 & u_2 \\ w_1 & w_2 \end{bmatrix}$$

Durch Inversion von C^{-1} [H 26] erhält man die Matrix der Federsteifigkeiten C.

Bild 2.9-11. Federsteifigkeit einer Pendelstütze.

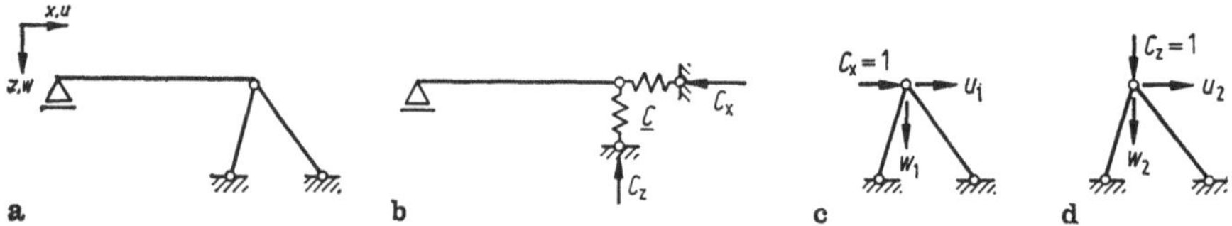

Bild 2.9-12. Federsteifigkeitsmatrix bei einem unsymmetrischen Zweibock.
a) Gegebenes Tragwerk, b) Tragwerk mit gekoppelter Feder, c) Stützgröße $C_X = 1$, d) Stützgröße $C_Z = 1$.

2.10 Berechnung statisch unbestimmter Tragwerke mit dem Kraftgrößenverfahren

2.10.1 Darstellung des Verfahrens

Bei n-fach statisch unbestimmten Tragwerken sind n unbekannte Stütz- oder Schnittgrößen mehr vorhanden, als sich mit den Gleichgewichtsbedingungen berechnen lassen. Um diese Tragwerke einer Berechnung zugänglich zu machen, schaltet man durch Schnitte oder durch das Einführen von Gelenken n Kraftgrößen aus. An den Schnittstellen bzw. den Gelenken entstehen dabei Verschiebungssprünge bzw. Verdrehungssprünge allgemein Inkompatibilitäten δ_i, und zwar Größen δ_{i0} infolge der Einwirkungen (0-Zustand) und Größen δ_{ik} infolge des Zustandes, bei dem die k-te ausgeschaltete Schnittgröße in einer beliebigen Größe als Last angesetzt wird (meist Zustand $X_k = 1$). Mit den n Kompatibilitätsbedingungen $\delta_i = 0$ erhält man die Gleichungen zur Berechnung der n Faktoren

X_k, mit denen die Zustände X_k zu multiplizieren sind. Damit folgt das folgende Vorgehen:

1. Feststellen des Grades n der statischen Unbestimmtheit (Abschnitt 2.2).
2. Wahl und Ausschalten der unbekannten Kraftgrößen durch Schnitte und Gelenke. Es entsteht das statisch bestimmte Grundsystem (Bild 2.10-1 b). Dabei ist zu kontrollieren, ob das Tragwerk nicht kinematisch ist. Wegen der numerischen Stabilität soll das Tragwerk nicht einem kinematischen benachbart sein, sollen sich die unbekannten Kraftgrößen möglichst wenig gegenseitig beeinflussen und sollen sie zu überwiegenden δ_{ii}-Werten führen.

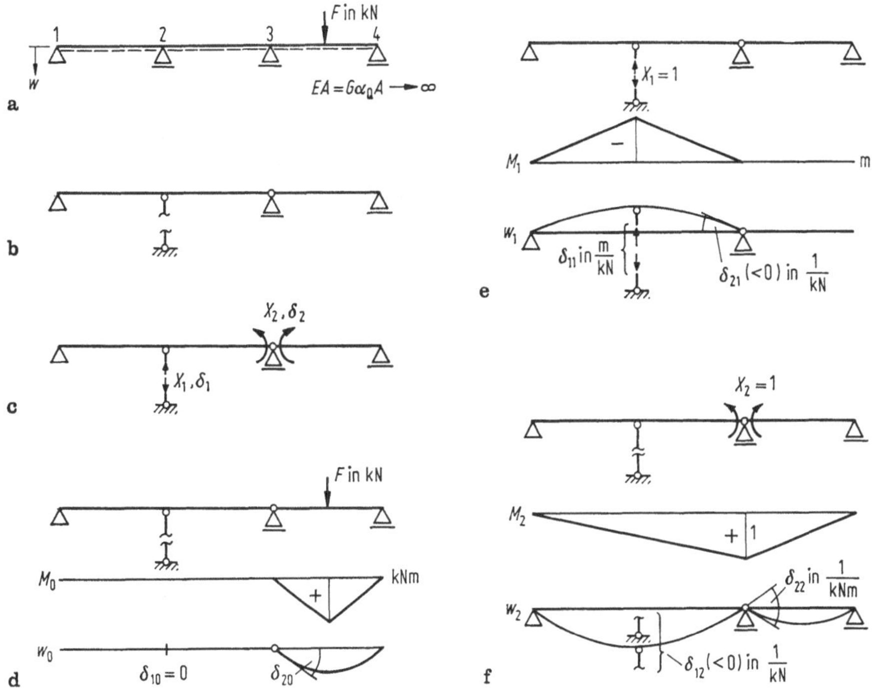

Bild 2.10-1. Berechnung eines 2fach statisch unbestimmten Systems mit dem Kraftgrößenverfahren.

a) Gegebenes System, b) Statisch bestimmtes System, c) Festlegung von X_i und δ_i, d) Last-(0-) Zustand, e) Zustand $X_1 = 1$, f) Zustand $X_2 = 1$

3. Festlegen der Indizierung und der positiven Wirkungsrichtung der ausgeschalteten Kraftgrößen X_i und der Inkompatibilitäten δ_i (Bild 2.10-1 c).
4. Berechnung der Inkompatibilitäten δ_{i0} infolge der Einwirkungen (Abschnitt 2.9) (Bild 2.10-1 d).
5. Es werden nacheinander die ausgeschalteten Kraftgrößen mit dem Faktor $X_i = 1$ angesetzt und die Inkompatibilitäten δ_{ik} nach Abschnitt 2.9 berechnet (Bild 2.10-1 e, f). Verwendet man zur Berechnung der δ_{ik} das Prinzip der virtuellen Kräfte (Abschnitt 2.9.2), so ist der i-te Kraftzustand gleich dem i-ten virtuellen Kraftzustand.

6. Anschreiben der Kompatibilitätsbedingungen $\delta_i = 0$. Man erhält mit

$$x = \begin{bmatrix} X_1 \\ X_2 \\ \vdots \\ X_n \end{bmatrix}; \qquad a = \begin{bmatrix} -\delta_{10} \\ -\delta_{20} \\ \vdots \\ -\delta_{n0} \end{bmatrix} \qquad A = \begin{bmatrix} \delta_{11} & \delta_{12} & \cdots & \delta_{1n} \\ \delta_{21} & \delta_{22} & \cdots & \delta_{2n} \\ \vdots & \vdots & & \vdots \\ \delta_{n1} & \delta_{n2} & \cdots & \delta_{nn} \end{bmatrix}$$

das Gleichungssystem:

$$Ax = a \tag{2.10-1}$$

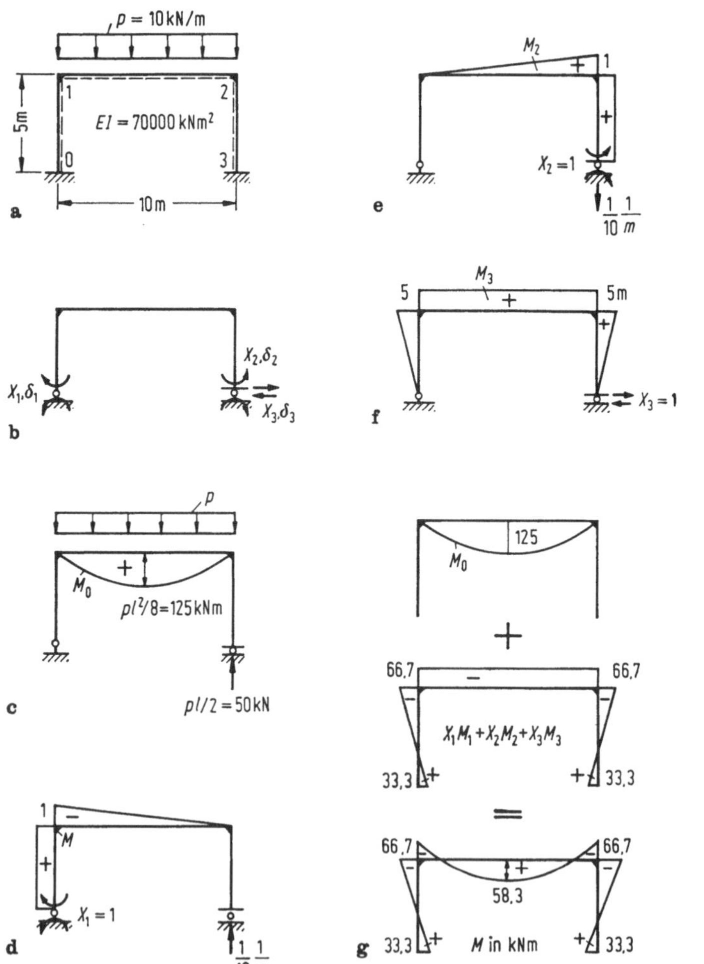

Bild 2.10-2. Berechnung eines eingespannten Rahmens mit dem Kraftgrößenverfahren.
a) Gegebenes System, b) Grundsystem, c), d), e), f) Zustände 0, $X_1 = 1$, $X_2 = 1$, $X_3 = 1$, g) Schlußsuperposition

Kontrollen: Die Matrix A muß, wenn die δ_i nach Art, Größe und Richtung den X_i entsprechen, symmetrisch sein (Betti-Maxwell), die $\delta_{ii} > 0$. Bringt man alle Unbekannten gleichzeitig auf, Zustand s, so müssen die δ_{is} gleich der Summe der i-ten Spalte sein.

7. Lösen des Gleichungssystems mit einem Eliminationsverfahren (Gaußscher Algorithmus), iterativ (Abschnitt 2.11.4 und 2.11.5) oder durch Bilden der Kehrmatrix A^{-1}:

$$x = A^{-1}a \tag{2.10-2}$$

mit $A \cdot A^{-1} = A^{-1}A = I$ und

$$A^{-1} = \begin{bmatrix} \beta_{11} & \beta_{12} & \cdots & \beta_{1n} \\ \beta_{21} & \beta_{22} & \cdots & \beta_{2n} \\ \vdots & \vdots & & \vdots \\ \beta_{n1} & \beta_{n2} & \cdots & \beta_{nn} \end{bmatrix}$$

8. Mit den nun bekannten überzähligen Kraftgrößen lassen sich alle übrigen Kraftgrößen mit den im Abschnitt 2.8 angegebenen Verfahren und danach die Verschiebungsgrößen nach Abschnitt 2.9 berechnen. Wenn jedoch die Kraftgrößen und/oder die Verschiebungsgrößen für die Einzelzustände des Kraftgrößenverfahrens berechnet wurden, führt die Superposition dieser Zustände schneller zum Ziel. Für die Zustandsgrößen Z_j an der Stelle j gilt:

$$Z_j = Z_{j0} + \sum_{i=1}^{n} X_i Z_{ji} \tag{2.10-3}$$

9. Endkontrolle: Die Kompatibilitätsbedingungen $\delta_i = 0$ müssen erfüllt sein. Statt dessen können auch n andere linear unabhängige Kompatibilitätsbedingungen überprüft werden.

Beispiel 10.1

Dreifach statisch unbestimmter Rahmen mit Belastung, Bild 2.10-2a.
Eingeführte statisch Unbestimmte X_1 bis X_3 in Bild 2.10-2b.
Zustand „0" am Grundsystem (alle $X = 0$): M_0 (Bild 2.10-2c).
Zustände „$X_1 = 1$", „$X_2 = 1$" und „$X_3 = 1$" am Grundsystem (alle übrigen $X = 0$, kein Zustand „0"): M_1, M_2, M_3 (Bild 2.10-2d, e und f).
Berechnung der Inkompatibilitäten δ_{ki}, d. h. der Beiwerte und Absolutglieder der Elastizitätsgleichungen mit dem Prinzip der virtuellen Kräfte ($EA = G\alpha_Q A \Rightarrow \infty$ gesetzt).

$$\delta_{11} = \int \frac{M_1^2}{EI}\,dx = \frac{1}{EI}\left[\frac{1}{3}\cdot 1^2 \cdot 10 + 1^2 \cdot 5\right] = 1{,}19 \cdot 10^{-4}\ [1/kNm] = \delta_{22}$$

$$\delta_{33} = \int \frac{M_3^2}{EI}\,dx = \frac{1}{EI}\left[2 \cdot \frac{1}{3}\cdot 5^2 \cdot 5 + 5^2 \cdot 10\right] = 4{,}76 \cdot 10^{-4}\ [m/kN]$$

$$\delta_{13} = \int \frac{M_1 M_3}{EI}\,dx = \frac{1}{EI}\left[\frac{1}{2}\cdot 1 \cdot 5 \cdot 10 + \frac{1}{2}\cdot 1 \cdot 5 \cdot 5\right] = 5{,}36 \cdot 10^{-4}\ [1/kN] = \delta_{31} = \delta_{23} = \delta_{32}$$

$$\delta_{12} = \int \frac{M_1 M_2}{EI}\,dx = \frac{1}{EI}\cdot \frac{1}{6}\cdot 1 \cdot 1 \cdot 10 = 0{,}239 \cdot 10^{-4}\ [1/kNm] = \delta_{21}$$

$$\delta_{10} = \int \frac{M_1 M_0}{EI}\,dx = \frac{1}{EI}\cdot \frac{1}{3}\cdot 1 \cdot 125 \cdot 10 = 59{,}5 \cdot 10^{-4}\ [1] = \delta_{20}$$

$$\delta_{30} = \int \frac{M_3 M_0}{EI}\,dx = \frac{1}{EI}\cdot \frac{2}{3}\cdot 5 \cdot 125 \cdot 10 = 595 \cdot 10^{-4}\ [m]$$

(nach dem Satz von Maxwell-Betti, Abschnitt 2.9.6.1, gilt $\delta_{ik} = \delta_{ki}$).

Anschreiben der Kompatibilitätsbedingungen $\delta_1 = 0$, $\delta_2 = 0$ und $\delta_3 = 0$:

$$\delta_1 = 0 \rightarrow 1,19 \cdot 10^{-4}X_1 + 0,239 \cdot 10^{-4}X_2 + 5,36 \cdot 10^{-4}X_3 = -59,5 \cdot 10^{-4}$$

$$\delta_2 = 0 \rightarrow 0,239 \cdot 10^{-4}X_1 + 1,19 \cdot 10^{-4}X_2 + 5,36 \cdot 10^{-4}X_3 = -59,5 \cdot 10^{-4}$$

$$\delta_3 = 0 \rightarrow 5,36 \cdot 10^{-4}X_1 + 5,36 \cdot 10^{-4}X_2 + 4,76 \cdot 10^{-4}X_3 = -595 \cdot 10^{-4}$$

Lösungen:

$$X_1 = X_2 = 33,2 \text{ kNm}, \qquad X_3 = -20 \text{ kN}.$$

Durch Superposition sind die M-, Q- und N-Flächen zu erhalten. Zum Beispiel $M = M_0 + X_1 M_1 + X_2 M_2 + X_3 M_3$ in Bild 2.10-2g.

Anstatt die Gleichungen für den festen Lastfall zu lösen, kann man auch die Kehrmatrix verwenden, was speziell bei der Berechnung von vielen Lastfällen zu empfehlen ist:

Man bestimmt die Kehrmatrix

$$A^{-1} = \begin{bmatrix} \beta_{11} & \beta_{12} & \beta_{13} \\ \beta_{21} & \beta_{22} & \beta_{23} \\ \beta_{31} & \beta_{32} & \beta_{33} \end{bmatrix} = \begin{bmatrix} 2,767 & 1,716 & -0,504 \\ 1,716 & 2,767 & -0,504 \\ -0,504 & -0,504 & 0,134 \end{bmatrix} \cdot 10^4$$

Dann ist $X = A^{-1}a$, z. B.

$$x_1 = -\beta_{11} \cdot \delta_{10} - \beta_{21} \cdot \delta_{20} - \beta_{31} \cdot \delta_{30}$$

$$= -2,767 \cdot 59,5 - 1,716 \cdot 59,5 + 0,504 \cdot 595$$

$$= 33,2 \text{ kNm}$$

Beispiel 10.2

Rahmen des Beispiels 10.1 nach Bild 2.10-2a, aber mit Temperaturbelastung nach Bild 2.10-3a, b und eingeprägten Lagerverschiebungen nach Bild 2.10-3c, d.

1. Gleichmäßige Erwärmung des Riegels $1-2$ um $T_S = 100$ K
   Verformung des Grundsystems in Bild 2.10-3a. $\delta_{10} = \delta_{20} = 0$, $\delta_{30} = T_S \cdot \alpha_T \cdot l$
   $= 1\,000 \cdot \alpha_T$ [m]
2. Ungleichmäßige Erwärmung des Riegels um $\Delta T = 22,5$ K
   Der Riegel hat eine Querschnittshöhe von h [m]
   Verformung des Grundsystems in Bild 2.10-3b

$$\delta_{10} = \int M_1 \cdot \alpha_T \frac{\Delta T}{h} \, dx = 1 \cdot \frac{1}{2} \cdot 10 \cdot \alpha_T \frac{22,5}{h} = 112,5 \frac{\alpha_T}{h} = \delta_{20}$$

$$\delta_{30} = \int M_3 \cdot \alpha_T \frac{\Delta T}{h} \, dx = 5 \cdot 1 \cdot 10 \cdot \alpha_T \cdot \frac{22,5}{h} = 1125 \frac{\alpha_T}{h} \text{ [m]}$$

(M_1 und M_3 aus Bild 2.10-2d und f)
3. Eingeprägte Drehung des Lagers 3 um $\varphi_L = 0,01$.
   Verformung des Grundsystems in Bild 2.10-3c; $\delta_{10} = 0$; $\delta_{30} = 0$; $\delta_{20} = -\varphi_L$
   $= -0,01$ [$-$]
4. Eingeprägter Weg des Lagers 3: $w_L = 0,02$ m.
   Verformung des Grundsystems in Bild 2.10-3d. $\delta_{30} = 0$

$$\text{Starrkörperverdrehung: } \varphi = \frac{0,02}{10} \left[\frac{\text{m}}{\text{m}} \right] = 0,002 \text{ rad}$$

$$\delta_{10} = \varphi = 0,002; \quad \delta_{20} = -\varphi = -0,002.$$

Beispiel 10.3

Der Rahmen von Beispiel 10.1 (Bild 2.10-2) ist rechts elastisch gelagert (s. Bild 2.10-4). Zu den δ_{ik}-Werten des Beispiels 10.1 kommen nun noch die Federanteile.

$$\delta_{11} = 1{,}19 \cdot 10^{-4} + \frac{1}{10} \cdot \frac{1}{10} \cdot \frac{1}{c_N} \quad [1/\text{kNm}]$$

$$\delta_{22} = 1{,}19 \cdot 10^{-4} + \frac{1}{10} \cdot \frac{1}{10} \cdot \frac{1}{c_N} + 1 \cdot 1 \cdot \frac{1}{c_M} \,[1/\text{kNm}]$$

$$\delta_{33} = 4{,}76 \cdot 10^{-4} \ [\text{m}/\text{kN}]$$

$$\delta_{13} = 5{,}36 \cdot 10^{-4} \ [1/\text{kN}] = \delta_{31} = \delta_{23} = \delta_{32}$$

$$\delta_{12} = 0{,}329 \cdot 10^{-4} + \left(-\frac{1}{10}\right) \cdot \frac{1}{10} \cdot \frac{1}{c_N} \ [1/\text{kNm}] = \delta_{21}$$

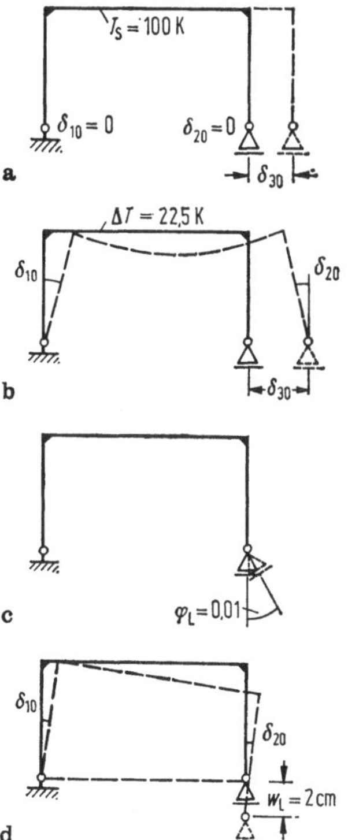

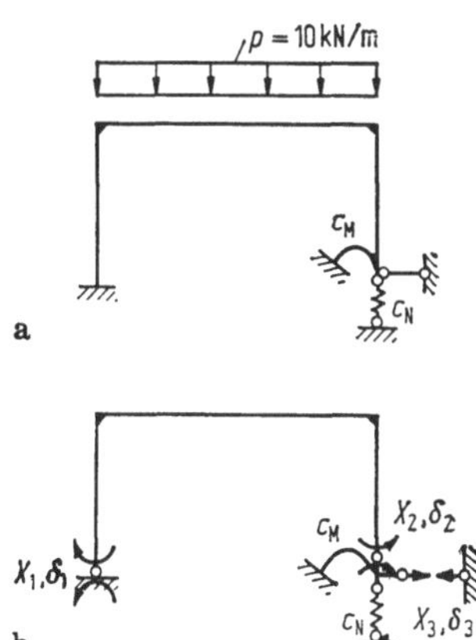

Bild 2.10-3. Berechnung eingeprägter Verformungen mit dem Kraftgrößenverfahren.
a) Gleichmäßige Erwärmung des Riegels,
b) Ungleichmäßige Erwärmung des Riegels,
c) Eingeprägte Drehung, d) Eingeprägter Weg

Bild 2.10-4. Berechnung eines elastisch gelagerten Rahmens mit dem Kraftgrößenverfahren.
a) Rahmen mit Belastung, b) Grundsystem

$$\delta_{10} = 59,5 \cdot 10^{-4} + \left(\frac{1}{10}\right)(50)\cdot\frac{1}{c_N} \;\; [/]$$

$$\delta_{20} = 59,5 \cdot 10^{-4} - \frac{1}{10}\,50\cdot\frac{1}{c_N} \;\; [/]$$

$$\delta_{30} = 59,5 \cdot 10^{4} \;\; [\mathrm{m}]$$

2.10.2 Spezielle Anwendungen

2.10.2.1 Dreimomentengleichung

Das günstigste statisch bestimmte System beim Durchlaufträger erhält man, wenn man über den Stützen Gelenke einführt. Die Unbekannten X_i sind dann gleich den Momenten M_i. Als Matrix entsteht bei starren Stützen eine Bandmatrix mit jeweils einem Element links und rechts der Hauptdiagonalen. Die δ_{ik}-Werte ($k \neq 0$) setzen sich dabei aus den Winkeln τ nach Bild 2.10-5 zusammen Die Winkel τ_0 infolge der Belastung werden mit $6EI/l$ multipliziert „Belastungsglieder" L bzw. R genannt. Die i-te Gleichung (Bild 2.10-6) lautet nach Multiplikation mit $6EI_c$ und mit

$$l' = l\,\frac{I_c}{I} \tag{2.10-4}$$

$$l'_{hi}M_h + 2(l'_{hi} + l'_{ik})\,M_i + l'_{ik}M_k + R_{hi}l'_{hi} + L_{ik}l'_{ik} = 0 \tag{2.10-5}$$

Sie wird Dreimomentengleichung oder Clapayronsche Gleichung genannt.

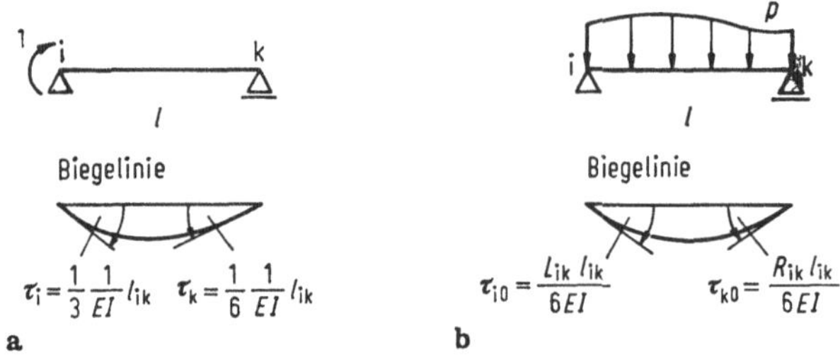

Bild 2.10-5. Winkel τ des Feldes ik.
a) infolge $M_i = 1$, b) infolge einer Belastung

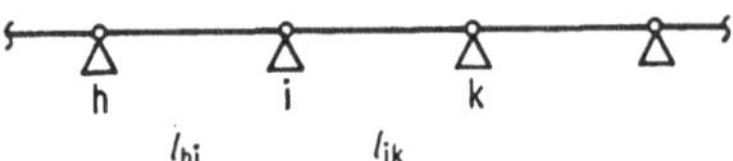

Bild 2.10-6. Ausschnitt aus dem statisch bestimmten Grundsystem eines durchlaufenden Trägers

Ist der Durchlaufträger *elastisch gestützt*, so entstehen nicht nur an der Stütze, an der das unbekannte Moment angesetzt wird, und an den Nachbarstützen Knicke, sondern auch an den übernächsten Stützen. Es entsteht so eine Bandmatriy mit je 2 Elementen links und rechts der Hauptdiagonalen. Die Elastizitätsgleichungen werden „Fünfmomentengleichungen" genannt.

2.10.2.2 Festpunktverfahren

Wird ein Durchlaufträger nur durch ein Randmoment (M_6 in Bild 2.10-7) belastet, so kann man mit M_2 beginnend jeweils ein Moment durch das vorhergehende ausdrücken. Für eine Belastung mit dem Moment M_0 kann man analog mit M_4 beginnend vorgehen. In beiden Fällen tritt an die Stelle eines Gleichungssystems mit n Unbekannten ein System von n Gleichungen mit je einer Unbekannten.

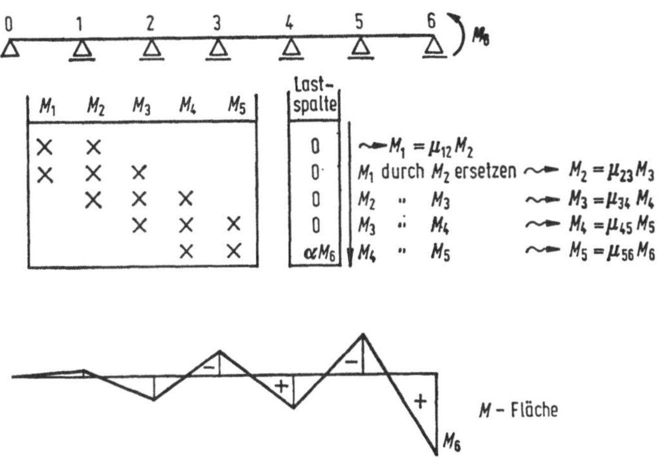

Bild 2.10-7. Durchlaufträger mit Momentenbelastung am rechten Ende. Umbau des Gleichungssystems mit n Unbekannten in n Gleichungen mit jeweils einer Unbekannten

Betrachtet man das unbelastete Feld ik, so gelten bei einer Momentenfortleitung von rechts bzw. von links die in Bild 2.10-8 angegebenen Beziehungen. Daraus folgt, daß jeweils an einem bestimmten Punkt im unbelasteten Feld ik unabhängig von der Größe des fortzuleitenden Momentes der Momentennullpunkt liegt. Diese beiden Punkte werden Festpunkte genannt. Sie liegen bei konstantem Trägheitsmoment und starrer Stützung jeweils in den äußeren Dritteln der Felder.

Bild 2.10-8. Festpunkte im Feld ik

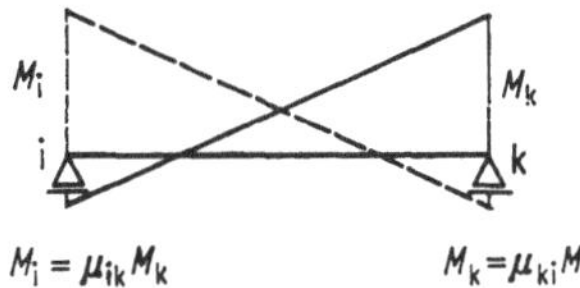

Auf der Kenntnis der Festpunkte kann man ein Rechenverfahren zur Berechnung von Durchlaufträgern aufbauen, das Festpunktverfahren. Dabei wird jeweils nur ein Feld belastet, und die Momente an den Feldgrenzen werden mittels der Festpunkte fortgeleitet. Zur Berechnung der beiden Momente an den Feldgrenzen des belasteten Feldes stehen 2 inhomogene Gleichungen zur Verfügung, Bild 2.10-9.

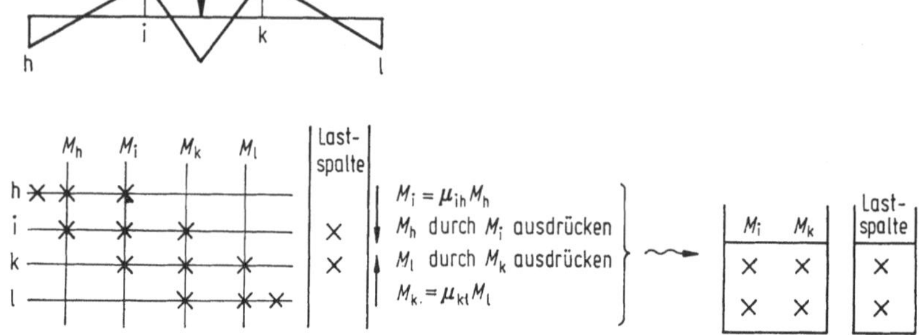

Bild 2.10-9. Belastetes Feld beim Festpunktverfahren

2.10.2.3 Gruppenlasten

Gruppenlasten werden vor allem bei symmetrischen Tragwerken als symmetrische und antimetrische Gruppen von Unbekannten angebracht. Die δ_{ik}-Werte sind dann ebenfalls Gruppen von Sprunggrößen. Es empfiehlt sich, die Belastung ebenfalls in symmetrische und antisymmetrische Lastgruppen aufzuteilen (Belastungsumordnung), Abschnitt 2.7.1.

Beispiel: Symmetrischer Dreifeldträger nach Bild 2.10-10.

Ansetzen einer symmetrischen und einer antimetrischen Gruppe $X_1 = 1$ bzw. $X_2 = 1$. Wegen $\delta_{12} = \delta_{21} = 0$ zerfällt das Gleichungssystem in zwei Gleichungen mit jeweils einer Unbekannten.

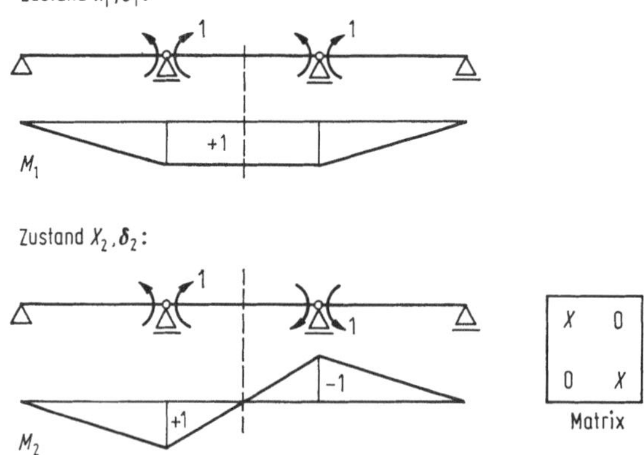

Bild 2.10-10. Unbekannte als symmetrische und antimetrische Gruppenlasten und Matrix bei einem symmetrischen zweifach statisch unbestimmten Durchlaufträger

2.10.2.4 Elastischer Schwerpunkt

Macht man einen 3fach statisch unbestimmten Rahmen oder Bogen dadurch bestimmt, daß man ihn aufschneidet, dort parallel laufende starre Arme und an deren Enden die 3 Schnittgrößen anbringt, so kann man diese Arme bis zu einem Punkt, dem elastischen

Schwerpunkt, führen, für den sich $\delta_{12} = \delta_{23} = \delta_{13} = 0$ ergibt. Die Berechnung des elastischen Schwerpunktes ist eine vorweggenommene Lösung des Gleichungssystems. Der elastische Schwerpunkt liegt auf der Symmetrieachse. Bei dem doppelt-symmetrischen Rahmen in Bild 2.10-11 liegt er in der Mitte.

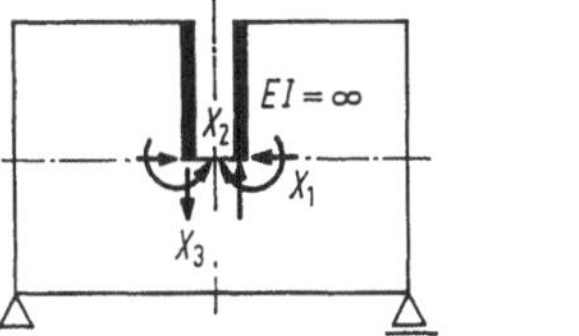

Bild 2.10-11. Unbekannte, elastischer Schwerpunkt und Matrix bei einem doppeltsymmetrischen geschlossenen Rahmen

2.10.2.5 Statisch unbestimmtes Grundsystem

Liegen von statisch unbestimmten Teilen eines Tragwerks alle benötigten Lösungen vor, so braucht man diese Tragwerksteile nicht mehr statisch bestimmt zu machen. Man berechnet die dann noch unbekannten Kraftgrößen an einem statisch unbestimmten Grundsystem.

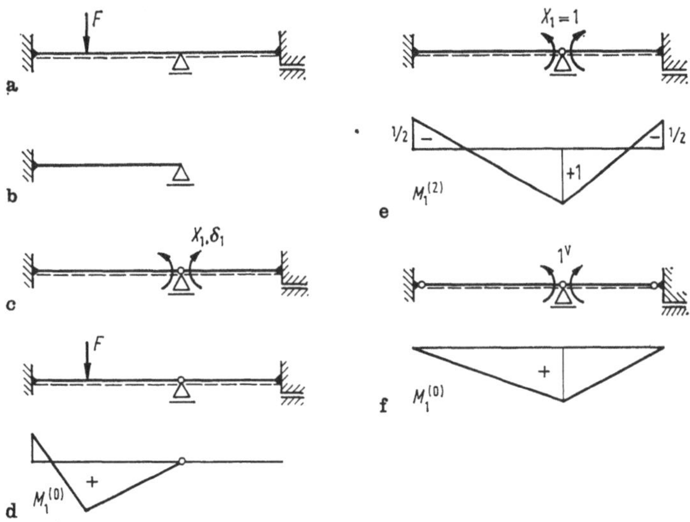

Bild 2.10-12. Statisch unbestimmtes Grundsystem.
a) Gegebener Träger, b) Träger, für den alle benötigten Lösungen vorliegen, c) Statisch unbestimmtes Grundsystem, d) 0-Zustand, e) Zustand $X_1 = 1$, f) Virtueller Kraftzustand zur Berechnung von δ_1

Beispiel:

Der in Bild 2.10-12a dargestellte Träger ist dreifach statisch unbestimmt. Unter Verwendung des unter b dargestellten Trägers erhält man das zweifach statisch unbestimmte Grundsystem nach c. Zur Berechnung der δ_1-Werte kann man sowohl den Gleichgewichtszustand nach e als auch den nach f als virtuellen Kraftzustand wählen.

2.10.2.6 Rechnen ohne festes Grundsystem

Neben einem statisch unbestimmten Grundsystem (Abschnitt 2.10.2.5) kann unter bestimmten Voraussetzungen auch ein kinematisches Grundsystem verwandt werden. Man kann auch auf die Angabe eines für alle Zustände gleichen Grundsystems verzichten und jeden Zustand an einem anderen Grundsystem ermitteln. Liegt z. B. für ein Tragwerk der Kraftzustand näherungsweise vor, so kann man diesen als 0-Zustand verwenden. Es ist ferner möglich, frei von der Bindung an ein Grundsystem Funktionen für die Zustandsgrößen infolge der Belastung und infolge der bei statisch unbestimmten Tragwerken überzähligen Rand- und Zwischenbedingungen so miteinander zu kombinieren, daß alle Rand- und Übergangsbedingungen erfüllt werden, wofür es verschiedene Kriterien gibt.

2.10.2.7 Kombination mit dem Verschiebungsgrößenverfahren

Beim Rechnen mit dem Kraftgrößenverfahren wird das gegebene Tragwerk weicher gemacht. Es ist deshalb vor allem bei weichen Tragwerken (z. B. den antimetrischen Zuständen symmetrischer Tragwerke) oder Tragwerksteilen anzuwenden. Für die steiferen Teile eines Tragwerks verwendet man das Verschiebungsgrößenverfahren (Abschnitt 2.11). Im Übergangsbereich vom weicheren zum steiferen Tragwerksteil ergeben sich Stäbe, die statisch und geometrisch unbestimmt sind. Das Gleichungssystem ist nicht mehr symmetrisch, da $Z_{ik} = -\delta_{ki}$ ist. Um die Symmetrie des Gleichungssystems wiederherzustellen, schreibt man die Gleichgewichtsbedingungen zu $-Z_i = 0$ an.

2.11 Berechnung geometrisch unbestimmter Tragwerke mit dem Verschiebungsgrößenverfahren

2.11.1 Vorbemerkungen

2.11.1.1 Geometrisch bestimmt — geometrisch unbestimmt

Analog zu der Deutung von „statisch bestimmt" im Abschnitt 2.8.3 wird definiert:

Ein Tragwerk ist geometrisch bestimmt, wenn zur Bestimmung der Konstanten in den Lösungen der Differentialgleichungen, die die Verschiebungsgrößen in Abhängigkeit von den Lasten angeben, (2.6-5 bis 8) in Tafel 2.6-1, ausreichend Rand- und Übergangsbedingungen in den Verschiebungsgrößen zur Verfügung stehen. Müssen auch Rand- und Übergangsbedingungen in den Kraftgrößen verwandt werden, so ist das Tragwerk geometrisch unbestimmt. Aus dieser Definition folgt, daß an den Enden der einzelnen Trägerabschnitte alle Verschiebungsgrößen vorgegeben sein müssen, Bild 2.11-1a. Geometrisch bestimmte Tragwerke sind immer statisch unbestimmt.

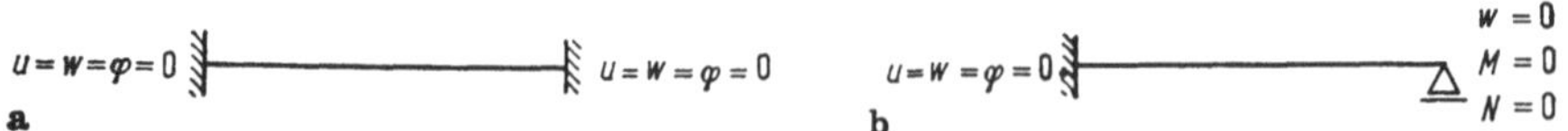

Bild 2.11-1. a) Geometrisch bestimmtes Tragwerk, b) Zweifach geometrisch unbestimmtes Tragwerk.

An einem Ende eines Trägerabschnittes (Knoten) müssen bei einem geometrisch bestimmten Tragwerk im Raum 6, in der Ebene 3 Verschiebungsgrößen vorgegeben sein.

Die Stabendmomente infolge der Knotenverschiebungsgrößen für die Stäbe nach Bild 2.11-1 sind in den Tafeln 2.11-1, 2, 3, 4 angegeben.

2.11.1.2 Unbekannte beim Verschiebungsgrößenverfahren

Unbekannte beim Verschiebungsgrößenverfahren sind die unbekannten Verschiebungsgrößen an den Enden der Trägerabschnitte, i. allg. also jeweils 6 im Raum und 3 in der Ebene. Zur Berechnung der Unbekannten werden die Verschiebungsgrößen zu Null bzw. zu Eins gemacht. Zu diesem Zweck müssen Fesseln angebracht werden: ein Vierkant zur Beherrschung einer Verdrehung, ein starrer Stab zur Beherrschung einer Verschiebung oder ein starrer Stab mit einem Vierkant zur Beherrschung eines Stabdrehwinkels (Bild 2.11-2). Die Festlegung der Trägerabschnitte richtet sich hauptsächlich nach den zur Verfügung stehenden Lösungen für die (statisch unbestimmten) Trägerabschnitte. Um die Anzahl der Unbekannten herabzusetzen, werden geometrisch unbestimmte Stäbe verwandt, Bild 2.11-1 b, und statisch bestimmte Trägerteile nicht zusätzlich gefesselt. Grundsätzlich können aber mehr Fesseln angebracht werden als die Mindestanzahl.

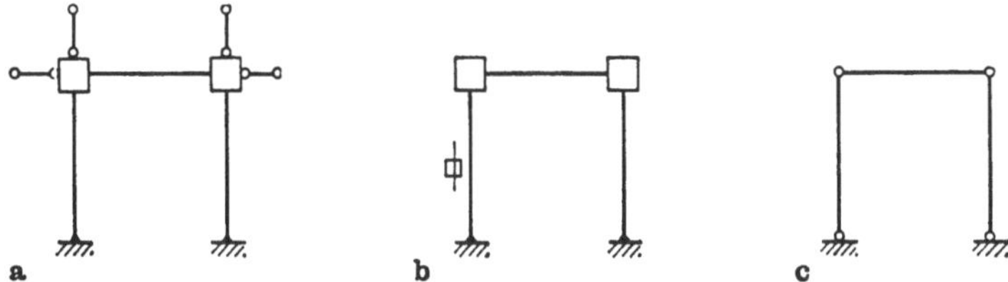

Bild 2.11-2. Geometrisch bestimmter Rahmen.
a) Mit längselastischen Stäben, b) mit längsstarren Stäben, c) Gelenkfigur.

Im allgemeinen hat die Dehnsteifigkeit der Stäbe keinen großen Einfluß auf das Ergebnis einer Berechnung vorwiegend auf Biegung beanspruchter Tragwerke. Man kann daher $EA \to \infty$ setzen. Dadurch werden Verschiebungen voneinander abhängig, und die Anzahl der Unbekannten reduziert sich (Bild 2.11-2b). In diesem Abschnitt wird $EA \to \infty$ vorausgesetzt. Die Berücksichtigung der Dehnsteifigkeit einzelner oder aller Stäbe eines Tragwerks ist jedoch grundsätzlich ohne Schwierigkeiten möglich.

2.11.2 Darstellung des Verfahrens

Man unterteilt ein Tragwerk in Abschnitte entsprechend den zur Verfügung stehenden Lösungen für die Last- und Verschiebungszustände, stellt die unbekannten Verschiebungsgrößen fest und verhindert ihr Entstehen durch zusätzliche Fesseln. Infolge der Belastung entstehen Fesselgrößen in den Fesseln, z. B. Z_{i0} in der i-ten Fessel. Die sonstigen Kraft- und Verschiebungsgrößen im Lastzustand werden zur Unterscheidung vom Lastzustand des Kraftgrößenverfahrens durch einen oberen Index 0 gekennzeichnet. Dann prägt man nacheinander die Verschiebungszustände $\xi_k = 1$ ein. Es entstehen Fesselgrößen Z_{ik}. Aus der Bedingung, daß die Fesselkräfte $Z_i = 0$ sein müssen, berechnet man die unbekannten Faktoren ξ_k, mit denen die Verschiebungszustände zu multiplizieren sind. Die Indizierung der Fesselgrößen Z_{ik} ist gleich der der Verschiebungsgrößen δ_{ik}: der erste Index legt Ort, Art und positive Richtung fest, der zweite gibt die Ursache an. Es sind folgende Schritte erforderlich (Bild 2.11-3):

1. Festlegen der Knoten so, daß für die Stäbe zwischen den Knoten für alle erforderlichen Zustände vorhandene Lösungen verwandt werden können.

2. Feststellen der unbekannten Knotendrehwinkel und Anordnen von Knotenfesseln (Vierkant nach Bild 2.11-2).

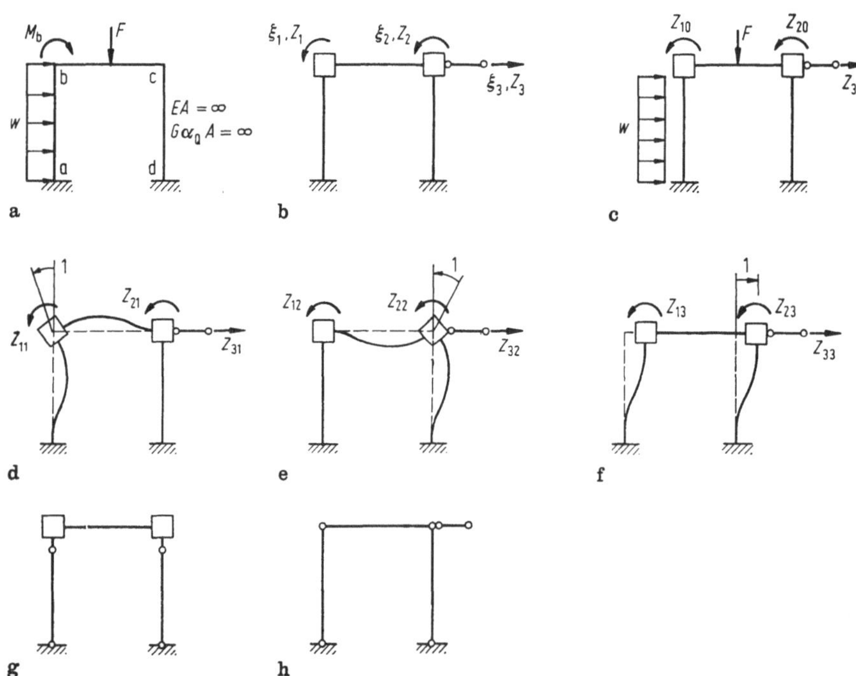

Bild 2.11-3. Berechnung eines Rahmens nach dem Verschiebungsgrößenverfahren.
a) Gegebenes System mit Belastung; b) Geometrisch bestimmtes System mit zusätzlichen Fesseln, unbekannten Verschiebungsgrößen und zugehörige Fesselgrößen; c) 0-Zustand; d) Zustand $\xi_1 = 1$; e) Zustand $\xi_2 = 1$; f) Zustand $\xi_3 = 1$; g) Kinematisches System, an dem der virtuelle Verschiebungszustand zur Berechnung der Fesselgrößen Z_{3k} anzubringen ist; h) Stabilisiertes Gelenkwerk.

3. Feststellen der unbekannten Verschiebungen bzw. Stabdrehwinkel und Anordnen von Fesseln (Wegfessel bzw. Stabfessel nach Bild 2.11-2a bzw. b). Ist diese Feststellung nicht einfach möglich, so ordnet man in allen Knoten Gelenke an (*Gelenkwerk*), stellt die Kinematik des Gelenkwerks fest und behebt sie durch das Anbringen der Fesseln (*stabilisiertes Gelenkwerk*, Bild 2.11-3h).

4. Festlegung und Indizierung der positiven Verschiebungsgrößen und Fesselgrößen, i. allg. positiv in Richtung des globalen Koordinatensystems. Bild 2.11-3b.

5. Berechnung der Fesselgrößen Z_{i0} infolge der Belastung unter Verwendung der Tafeln 2.11-1 bis 4. bei Stützenverschiebungen und Stablängenänderungen eventuell mit Hilfe der Verschiebungen des stabilisierten Gelenkwerks.

6. Es werden nacheinander die Verschiebungsgrößen $\xi_k = 1$ angebracht und die Fesselgrößen Z_{ik} berechnet (Bild 2.11-3d bis f). Die Momente an den Stabenden werden den Tafeln 2.11-1 bis 4 entnommen. Die Momente in den Knotenfesseln werden mit der Gleichgewichtsbedingung $\sum M = 0$ ermittelt, die Kräfte bzw. Momente in den Weg- bzw. Stabfesseln mit dem Prinzip der virtuellen Verschiebungen. Dazu wird das geometrisch bestimmte Tragwerk so kinematisch gemacht, daß von den Fesselgrößen nur die gesuchte und daß von den inneren Kräften nur die Momente an den Stabenden Arbeiten verrichten (Bild 2.11-3g).

7. Anschreiben der Bedingungen $Z_i = 0$. Man erhält mit

$$\boldsymbol{\xi} = \begin{bmatrix} \xi_1 \\ \xi_2 \\ \vdots \\ \xi_n \end{bmatrix} \qquad \boldsymbol{z} = \begin{bmatrix} -Z_{10} \\ -Z_{20} \\ \vdots \\ -Z_{n0} \end{bmatrix} \qquad \boldsymbol{Z} = \begin{bmatrix} Z_{11} & Z_{12} & \cdots & Z_{1n} \\ Z_{21} & Z_{22} & \cdots & Z_{2n} \\ \vdots & \vdots & & \vdots \\ Z_{n1} & Z_{n2} & \cdots & Z_{nn} \end{bmatrix}$$

das Gleichungssystem

$$\boldsymbol{Z}\boldsymbol{\xi} = \boldsymbol{z} \tag{2.11-1}$$

Kontrollen: Die Matrix $\boldsymbol{Z}$ muß symmetrisch sein, wenn die Z_i nach Art, Größe und Richtung den ξ_i entsprechen, die Z_{ii} und alle Anteile, aus denen sich die Z_{ii} zusammensetzen, müssen > 0 sein.

8. Lösen des Gleichungssystems mit einem Eliminationsverfahren (Gaußscher Algorithmus), iterativ (Abschnitt 2.11.4 und 5) oder durch Bilden der Kehrmatrix $\boldsymbol{Z}^{-1}$ entsprechend (2.10-2).

9. Die Momente an den Stabenden werden durch Superposition der einzelnen Zustände ermittelt:

$$M_j = M_j^0 + \sum_{i=1}^{n} \xi_i M_{ji} \tag{2.11-2}$$

Aus den Momenten an den Stabenden und der Belastung können die Querkrafte berechnet werden und aus diesen durch Knotenschnitte die Längskräfte. Bei komplizierteren Systemen kann man zur *Berechnung der Lämgskräfte* eine Fachwerkberechnung am Gelenkwerk durchführen, wobei die Knotenlasten aus den Knotenkräften und den Querkräften an den Stabenden gebildet werden. Ist das Gelenkwerk statisch unbestimmt, so können die Längskräfte nur eindeutig durch eine Berechnung am statisch unbestimmten Fachwerk unter Berücksichtigung der Längssteifigkeiten EA der Stäbe ermittelt werden. Dies steht nicht im Widerspruch zu der Annahme $EA \to \infty$ beim Verschiebungsgrößenverfahren, da der Einfluß der Längssteifigkeiten auf den Querbiegezustand vernachlässigbar sein kann, während gleichzeitig die Längskräfte nur eindeutig bei deren Berücksichtigung ermittelt werden können.

10. Endkontrolle: Die Kraftgrößen in den zusätzlich angebrachten Fesseln müssen Null sein.

11. Mit dem bekannten Kraftzustand können die Verschiebungsgrößen berechnet werden. Die Hälfte der Randverschiebungsgrößen steht dabei für Kontrollen zur Verfügung.

Für manche Betrachtungen ist eine Aufteilung der Matrix $\boldsymbol{Z}$ in Untermatrizen erforderlich.

$$\boldsymbol{Z} = \begin{bmatrix} \boldsymbol{Z}_{11} & \boldsymbol{Z}_{12} \\ \boldsymbol{Z}_{21} & \boldsymbol{Z}_{22} \end{bmatrix} \tag{2.11-3}$$

Tafel 2.11-1. Grundformeln für den geraden Stab.

Festlegung der δ_{ik}

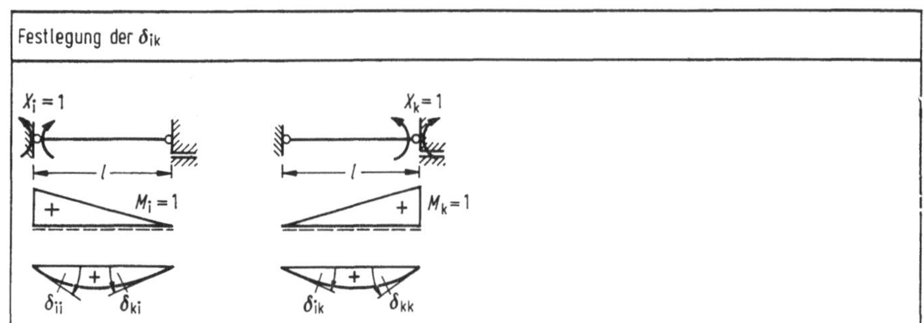

Festlegung der β_{ik}

$$\begin{bmatrix} \delta_{ii} & \delta_{ik} \\ \delta_{ki} & \delta_{kk} \end{bmatrix} \begin{bmatrix} \beta_{ii} & \beta_{ik} \\ \beta_{ki} & \beta_{kk} \end{bmatrix} = \begin{bmatrix} 1 & 0 \\ 0 & 1 \end{bmatrix}$$

$$(\delta_{ik}) \qquad (\beta_{ik}) \qquad = \qquad I$$

$$\delta_{ik} = \delta_{ki} \quad ; \quad \beta_{ik} = \beta_{ki}$$

für $EI = \text{const}$

$$(\delta_{ik}) = \frac{l}{EI} \begin{bmatrix} 1/3 & 1/6 \\ 1/6 & 1/3 \end{bmatrix} ; (\beta_{ik}) = \frac{EI}{l} \begin{bmatrix} 4 & -2 \\ -2 & 4 \end{bmatrix}$$

Grundformeln für den geometrisch bestimmten Stab

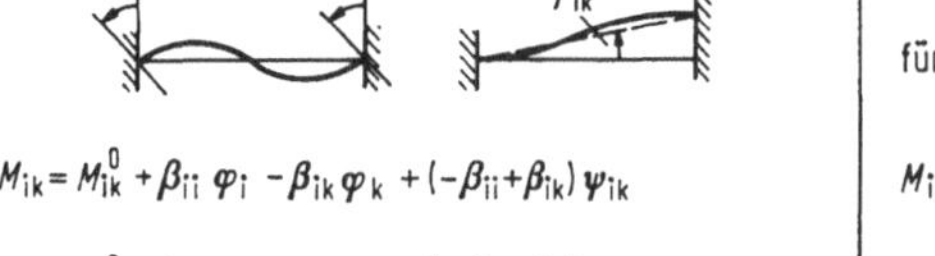

$$M_{ik} = M_{ik}^0 + \beta_{ii}\,\varphi_i - \beta_{ik}\varphi_k + (-\beta_{ii}+\beta_{ik})\,\psi_{ik}$$

$$M_{ki} = M_{ki}^0 - \beta_{ki}\,\varphi_i + \beta_{kk}\varphi_k + (-\beta_{kk}+\beta_{ik})\psi_{ik}$$

für $EI = \text{const}$

$$M_{ik} = M_{ik}^0 + \frac{EI}{l}\,(4\varphi_i + 2\varphi_k - 6\psi_{ik})$$

$$M_{ki} = M_{ki}^0 + \frac{EI}{l}\,(2\varphi_i + 4\varphi_k - 6\psi_{ik})$$

Grundformeln für den geometrisch unbestimmten Stab

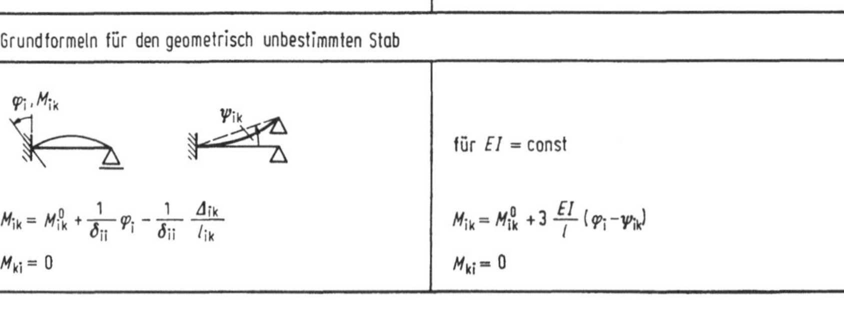

$$M_{ik} = M_{ik}^0 + \frac{1}{\delta_{ii}}\,\varphi_i - \frac{1}{\delta_{ii}}\,\frac{\Delta_{ik}}{l_{ik}}$$

$$M_{ki} = 0$$

für $EI = \text{const}$

$$M_{ik} = M_{ik}^0 + 3\,\frac{EI}{l}\,(\varphi_i - \psi_{ik})$$

$$M_{ki} = 0$$

Tafel 2.11-2. Grundformeln des Verschiebungsgrößenverfahrens nach Theorie I. Ordnung, Grundstab I.

Zustand	schubstarr, $G\alpha_0 A \longrightarrow \infty$ oder schubweich mit $\varrho = \dfrac{EI}{G\alpha_0 A l^2}$	
φ_i	$M_{ik} = 4\,\dfrac{EI}{l}\,\varphi_i$ $M_{ik} = \left(\dfrac{3}{1+12\varrho}+1\right)\dfrac{EI}{l}\,\varphi_i$	$M_{ki} = 2\,\dfrac{EI}{l}\,\varphi_i$ $M_{ki} = \left(\dfrac{3}{1+12\varrho}-1\right)\dfrac{EI}{l}\,\varphi_i$
φ_k	$M_{ik} = 2\,\dfrac{EI}{l}\,\varphi_k$ $M_{ik} = \left(\dfrac{3}{1+12\varrho}-1\right)\dfrac{EI}{l}\,\varphi_k$	$M_{ki} = 4\,\dfrac{EI}{l}\,\varphi_k$ $M_{ki} = \left(\dfrac{3}{1+12\varrho}+1\right)\dfrac{EI}{l}\,\varphi_k$
ψ_{ik}	$M_{ik} = M_{ki} = -6\,\dfrac{EI}{l}\,\psi_{ik}$ $M_{ik} = M_{ki} = \dfrac{-6}{1+12\varrho}\dfrac{EI}{l}\,\psi_{ik}$	
F_c (a, b, c)	$M_{ik} = F_c\,a\,\dfrac{b^2}{l^2}$ $M_{ik} = F_c\,l\,\dfrac{ab}{l^2}\dfrac{(b/l)+6\varrho}{1+12\varrho}$	$M_{ki} = -F_c\,b\,\dfrac{a^2}{l^2}$ $M_{ki} = -F_c\,l\,\dfrac{ab}{l^2}\dfrac{(a/l)+6\varrho}{1+12\varrho}$
M_c (a, b, c)	$M_{ik} = M_c\,\dfrac{b}{l}\left(1-3\dfrac{a}{l}\right)$ $M_{ik} = M_c\,\dfrac{b}{l}\left(1-\dfrac{3(a/l)}{1+12\varrho}\right)$	$M_{ki} = -M_c\,\dfrac{a}{l}\left(1-3\dfrac{b}{l}\right)$ $M_{ki} = -M_c\,\dfrac{a}{l}\left(1-\dfrac{3(b/l)}{1+12\varrho}\right)$
p	$M_{ik} = \dfrac{pl^2}{12}$	$M_{ki} = -\dfrac{pl^2}{12}$
$\Delta T,\ h$	$M_{ik} = EI\,\dfrac{\alpha_T\,\Delta T}{h}$	$M_{ki} = -EI\,\dfrac{\alpha_T\,\Delta T}{h}$
$\Delta\varphi_c$ (a, b, c)	$M_{ik} = \left(4-6\dfrac{a}{l}\right)\dfrac{EI}{l}\,\Delta\varphi_c$ $M_{ik} = \left(1+\dfrac{3-6(a/l)}{1+12\varrho}\right)\dfrac{EI}{l}\,\Delta\varphi_c$	$M_{ki} = \left(-4+6\dfrac{b}{l}\right)\dfrac{EI}{l}\,\Delta\varphi_c$ $M_{ki} = -\left(1+\dfrac{3-6(b/l)}{1+12\varrho}\right)\dfrac{EI}{l}\,\Delta\varphi_c$
Δw_c (a, b, c)	$M_{ik} = M_{ki} = -6\,\dfrac{EI}{l^2}\,\Delta w_c$ $M_{ik} = M_{ki} = -\dfrac{6}{1+12\varrho}\dfrac{EI}{l^2}\,\Delta w_c$	

Grundstab I $\qquad EI = \text{const}\qquad l \qquad G\alpha_0 A \longrightarrow \infty \qquad G\alpha_0 A \neq \infty$

Tafel 2.11-3. Grundformeln des Verschiebungsgrößenverfahrens nach Theorie I. Ordnung, Grundstab II a.

Zustand	
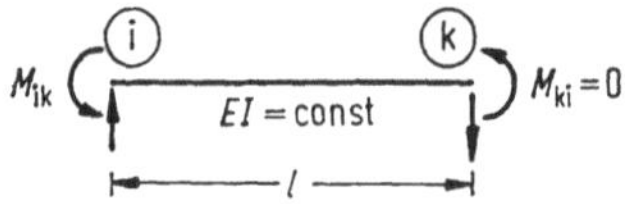 (i) M_{ik} $EI = \text{const}$ (k) $M_{ki}=0$ l	schubstarr, $G\alpha_0 A \longrightarrow \infty$ schubweich, $M_{ik,s}=\dfrac{1}{1+3\varrho}\,M_{ik}$ mit $\varrho = \dfrac{EI}{G\alpha_0 A\,l^2}$ (bis auf Lastfall 4)
 φ_i	$M_{ik} = 3\,\dfrac{EI}{l}\,\varphi_i$ $M_{ki} = 0$
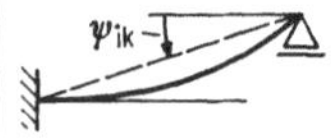 ψ_{ik}	$M_{ik} = -\dfrac{3EI}{l}\,\psi_{ik}$ $M_{ki} = 0$
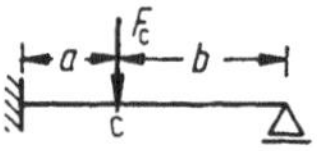 F_c, a, b, c	$M_{ik} = \dfrac{F_c b}{2}\left(1-\dfrac{b^2}{l^2}\right)$ $M_{ki} = 0$
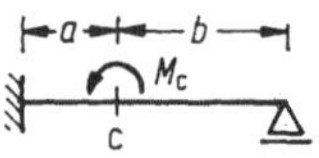 a, b, M_c, c	$M_{ik} = -\dfrac{M_c}{2}\left(3\,\dfrac{b^2}{l^2}-1\right)$ $M_{ik} = -\dfrac{M_c}{2}\left(\dfrac{3(b^2/l^2)-3}{1+3\varrho}+2\right)$ $M_{ki} = 0$
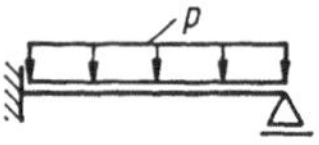 p	$M_{ik} = \dfrac{p l^2}{8}$ $M_{ki} = 0$
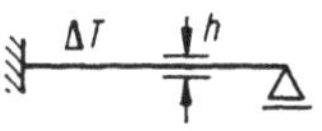 ΔT, h	$M_{ik} = 1{,}5\,EI\,\dfrac{\alpha_T \Delta T}{h}$ $M_{ki} = 0$
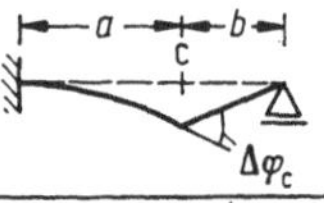 a, b, c, $\Delta\varphi_c$	$M_{ik} = \dfrac{3EI}{l}\,\dfrac{b}{l}\,\Delta\varphi_c$ $M_{ki} = 0$
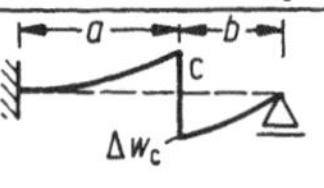 a, b, c, Δw_c	$M_{ik} = -\dfrac{3EI}{l^2}\,\Delta w_c$ $M_{ki} = 0$

Grundstab II b $EI = \text{const}$ l $G\alpha_0 A \longrightarrow \infty$ $G\alpha_0 A \neq \infty$

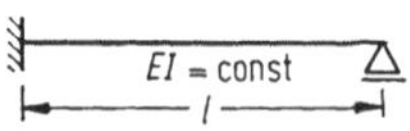

Tafel 2.11-4. Grundformeln des Verschiebungsgrößenverfahrens nach Theorie I. Ordnung, Grundstab II b.

Zustand		
	schubstarr, $G\alpha_0 A \longrightarrow \infty$ oder schubweich, $M_{ki,s} = \dfrac{1}{1+3\varrho} M_{ki}$ mit $\varrho = \dfrac{EI}{G\alpha_0 A l^2}$ (bis auf Lastfall 4)	
φ_k	$M_{ik} = 0$	$M_{ki} = 3\dfrac{EI}{l}\varphi_k$
ψ_{ik}	$M_{ik} = 0$	$M_{ki} = -\dfrac{3EI}{l}\psi_{ik}$
F_c	$M_{ik} = 0$	$M_{ki} = -\dfrac{F_c\,a}{2}\left(1-\dfrac{a^2}{l^2}\right)$
M_c	$M_{ik} = 0$	$M_{ki} = -\dfrac{M_c}{2}\left(3\dfrac{a^2}{l^2}-1\right)$ $M_{ki} = -\dfrac{M_c}{2}\left(\dfrac{3(a^2/l^2)-3}{1+3\varrho}+2\right)$
p	$M_{ik} = 0$	$M_{ki} = -\dfrac{pl^2}{8}$
ΔT	$M_{ik} = 0$	$M_{ki} = -1{,}5\,EI\,\dfrac{\alpha_T\Delta T}{h}$
$\Delta\varphi_c$	$M_{ik} = 0$	$M_{ki} = -\dfrac{3EI}{l}\dfrac{b}{l}\Delta\varphi_c$
Δw_c	$M_{ik} = 0$	$M_{ki} = -\dfrac{3EI}{l^2}\Delta w_c$

Grundstab II b, $EI = \text{const}$, l; $\quad G\alpha_0 A \longrightarrow \infty$; $\quad G\alpha_0 A \neq \infty$

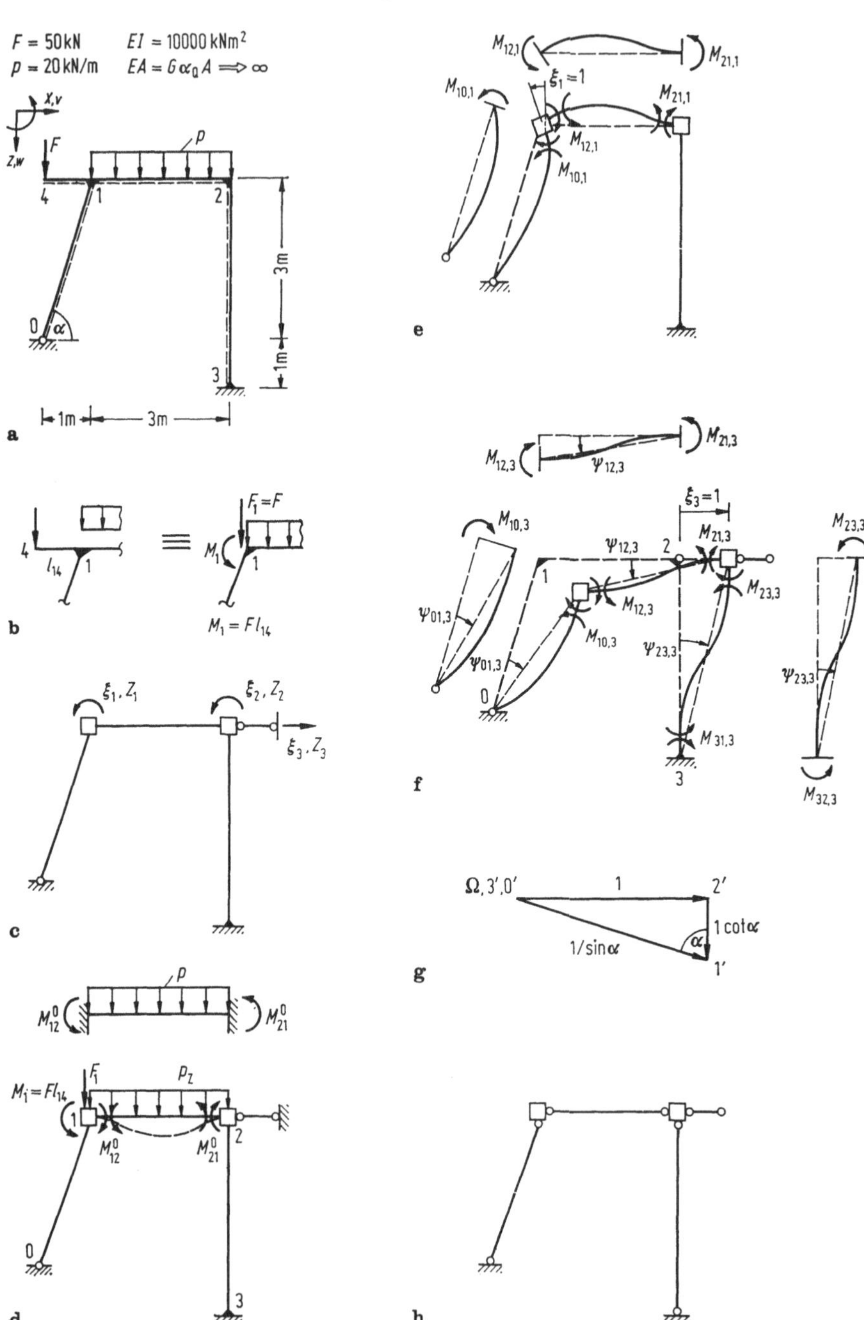

Bild 2.11-4. a−h Zahlenbeispiel zum Verschiebungsgrößenverfahren.

1^V
$w_{1,3}^V$
$\psi_{12,3(+)}^V$
$1^V \cot \alpha$
$\psi_{01,3(-)}^V$
$\psi_{23,3(-)}^V$
i
F_1
p
M_1
Z_{30}
M_{12}^0
M_{21}^0
k
50
13,9
26
26
36,1
+
−
M in kNm
27,25
l
50
34
x
+
−
26
x
+
+
x
Q in kN
11,4
13
m
p
M_{12}
M_{21}
M_{10}
C_{12}
C_{21}
M_{23}
C_{10}
C_{23}
C_{01}
C_{32}
M_{32}
n
50
26
34,05
$Z_3 \overset{?}{=} 0$
11,4
13,35
11,4
13,35
o
−
13
−
−
75
N in kN
34
p

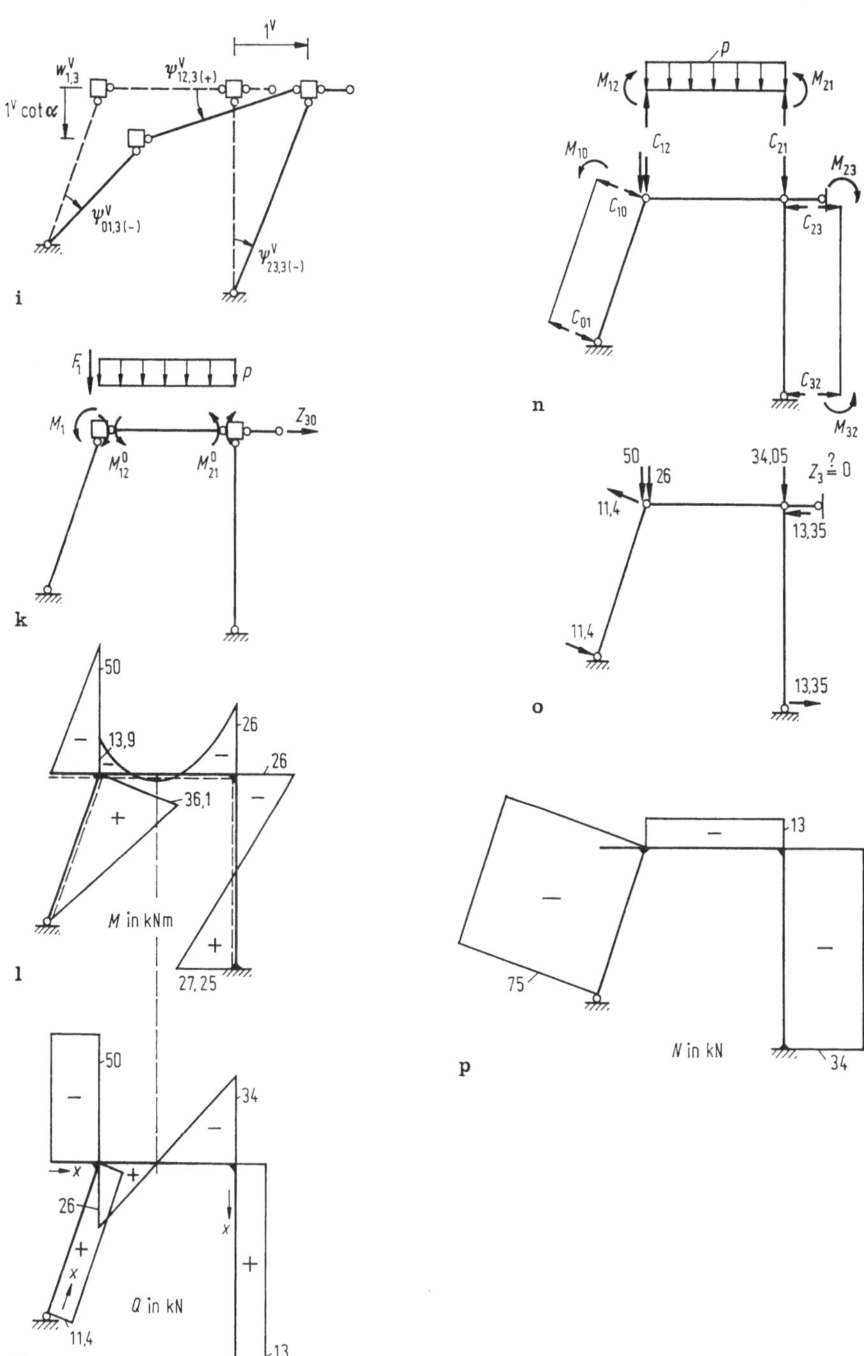

Bild 2.11-4. i—p

Dabei stellt die erste Zeile, die „*Knotengleichungen*", das Knotengleichgewicht dar, die zweite Zeile, die „*Netzgleichungen*", das Gleichgewicht der Kraftgrößen an den Weg- bzw. Stabfesseln. In der ersten Spalte stehen die Fesselgrößen infolge der Knotendrehwinkel, in der zweiten Spalte diejenigen infolge der Verschiebungen und der Stabdrehwinkel.

Beispiel 11.1:

Rahmen mit Belastung in Bild 2.11-4a
Schneide den Kragarm ab und bringe die Anschlußlasten als Knotenlasten in Knoten 1 an (Bild 2.11-4b).
Wahl der kinematisch Unbestimmten $\xi_1 = \varphi_1$, $\xi_2 = \varphi_2$, $\xi_3 = u_2$, Bild 2.11-4c.
Zustand „0" am Grundsystem (alle $\xi = 0$) Bild 2.11-4d:

$$M_{12}^0 = \frac{p \cdot l_{12}^2}{12} = 15 \text{ kNm}, \quad M_{21}^0 = -15 \text{ kNm}, \quad M_1 = F \cdot l_{14} = 50 \text{ kNm}$$

Zustand „$\xi_1 = 1$" (alle übrigen $\xi = 0$, kein Zustand „0"), Bild 2.11-4e. Aus Tafel 2.11-2 bzw. 4 folgt

$$M_{12,1} = 4EI/l_{12} = 13330 \text{ kNm}; \qquad M_{21,1} = 2EI/l_{12} = 6670 \text{ kNm};$$

$$M_{10,1} = 3EI/l_{01} = 9500 \text{ kNm}$$

Analog Zustand „$\xi_2 = 1$": $M_{12,2} = 6670$ kNm, $M_{21,2} = 13330$ kNm, $M_{23,2} = 10000$ kNm, $M_{32,2} = 5000$ kNm.
Zustand „$\xi_3 = 1$" (alle übrigen $\xi = 0$, kein Zustand „0"), Bild 2.11-4f. Dazu die Knotenwege zu $\xi_2 = 1$ aus einem Williot-Plan, Bild 2.11-4g, daraus

$$w_{1,2} = 1 \cdot \cot \alpha = \frac{1}{3}; \quad \psi_{23,3} = -\frac{1}{4}\frac{1}{\text{m}}; \quad \psi_{12,3} = \frac{1 \cdot \cot \alpha}{l_{12}} = \frac{1}{9}\frac{1}{\text{m}};$$

$$\psi_{01,3} = -\frac{1}{l_{01} \cdot \sin \alpha} = -\frac{1}{3}\frac{1}{\text{m}}$$

Mit diesen Werten dann nach Tafel 2.11-2 bzw. 4

$$M_{10,3} = \frac{-3EI}{l_{01}} \psi_{10,3} = 3162 \text{ kN}; \quad M_{12,3} = M_{21,3} = -\frac{6EI}{l_{12}} \psi_{12,3}$$

$$= -2222 \text{ kN}; \quad M_{32,3} = M_{23,3} = -\frac{6EI}{l_{23}} \psi_{23,3} = 3750 \text{ kN}$$

Die zu Knotendrehungen φ_i gehörenden Fesselgrößen Z_i folgen aus dem Knotengleichgewicht:

$$Z_{10} = M_{12}^0 - M_1 = 15 - 50 = -35 \text{ kNm}; \quad Z_{11} = M_{12,1} + M_{10,1} = 13330 + 9500$$

$$= 22830 \text{ kNm}$$

$$Z_{13} = M_{12,3} + M_{10,3} = -2222 + 3102 = 940 \text{ kN}$$

Analog $Z_{20} = -15$ kNm; $Z_{21} = 6670$ kNm $= Z_{12}$; $Z_{22} = 23330$ kNm; $Z_{23} = 1528$ kN
Zur Berechnung der zum Knotenweg $\xi_3 = 1$ gehörenden Fesselgröße wird das Gelenksystem nach Bild 2.11-4h gebildet. Der virtuelle Verformungszustand $\xi_3 = 1^v$ am Gelenk-

system hat die gleichen Stabdrehungen und Knotenwege wie der Zustand $\xi_3 = 1$ am Grundsystem (Bild 2.11-4j), also

$$\psi^{\mathrm{v}}_{23,3} = \frac{-1}{4}\frac{1}{m}, \quad \psi^{\mathrm{v}}_{12,3} = \frac{1}{9}\frac{1}{m}, \quad \psi^{\mathrm{v}}_{01,3} = -\frac{1}{3}\frac{1}{m} \quad \text{und} \quad w^{\mathrm{v}}_{1,3} = \frac{1}{3}$$

Nach dem Prinzip der virtuellen Verschiebungen ergibt sich mit Bild 4.11-4k:

$$Z_{30} \cdot 1^{\mathrm{v}} = -(M^0_{12} + M^0_{21})\,\psi^{\mathrm{v}}_{12,3} - F_1 \cdot w^{\mathrm{v}}_{1,3} - p\,\frac{l_{12}}{2}\,w^{\mathrm{v}}_{1,3}$$

$$= -(15 - 15)\left(\frac{1}{9}\right) - 50 \cdot \frac{1}{3} - \frac{20 \cdot 3}{2}\cdot\frac{1}{3} = -26{,}6\ \mathrm{kN}$$

Entsprechend erhält man:

$$Z_{33} \cdot 1^{\mathrm{v}} = -M_{10,3}\cdot\psi^{\mathrm{v}}_{10,3} - (M_{12,3} + M_{21,3})\,\psi^{\mathrm{v}}_{12,3} - (M_{23,3} + M_{32,3})\,\psi^{\mathrm{v}}_{23,3} = 3423\ \mathrm{kN/m}$$

$$Z_{31} \cdot 1^{\mathrm{v}} = -M_{10,1}\cdot\psi^{\mathrm{v}}_{10,3} - (M_{12,1} + M_{21,1})\cdot\psi^{\mathrm{v}}_{21,3} = 940\ \mathrm{kN}$$

$$Z_{32} \cdot 1^{\mathrm{v}} = -(M_{12,2} + M_{21,2})\,\psi^{\mathrm{v}}_{12,3} - (M_{23,2} + M_{32,2})\,\psi^{\mathrm{v}}_{13,3} = 1528\ \mathrm{kN}$$

Kontrolle: $Z_{31} = Z_{13}$; $Z_{32} = Z_{23}$.
Das Gleichungssystem lautet:

ξ_1	ξ_2	ξ_3	Abs.	$= 0$
22830	6670	940	-35	
6670	23330	1528	-15	
940	1528	3423	$-26{,}6$	

Lösung: $\xi_1 = 0{,}00129\,[1]$, $\xi_2 = -0{,}000219\,[1]$, $\xi_3 = 0{,}00756\ \mathrm{m}$
Endmomente durch Superposition:

$$M_{\mathrm{ik}} = M^0_{\mathrm{ik}} + \xi_1 \cdot M_{\mathrm{ik},1} + \xi_2 \cdot M_{\mathrm{ik},2} + \xi_3 \cdot M_{\mathrm{ik},3}, \quad \text{z. B. } M_{12} = 15 + (0{,}00129) \cdot 13330$$

$$- 0{,}000219 \cdot 6660 + 0{,}00756\,(-2222) = -26{,}14\ \mathrm{kNm}$$

Damit werden die auf die gestrichelte Faser bezogenen Momente und Querkräfte für die einzelnen Stäbe unter Berücksichtigung der Belastung wie bei einem Träger auf 2 Stützen berechnet, Bild 2.11-4l und m. Zur Berechnung der Längskräfte wird das Gelenksystem (Bild 2.11-4n) mit den Auflagerkräften C der einzelnen Stäbe sowie den Knotenlasten belastet (Bild 2.11-4o). Die Längskräfte ergeben sich nach Bild 2.11-4p. Dabei muß $Z_3 = 0$ sein.

Beispiel 11.2:

Rahmen mit elastischer Lagerung, Bild 2.11-5a. Außer den 3 Unbekannten ξ_1 bis ξ_3 des Beispiels 11.1, Bild 2.11-4c sind noch ξ_4 und ξ_5 einzuführen (Bild 2.11-5b).
Verformungszustand $\xi_4 = 1$, Bild 2.11-5c
Verformungszustand $\xi_5 = 1$, Bild 2.11-5d
Fesselgrößen $Z_{5\mathrm{K}}$ mit Knotenschnitt, z. B. $Z_{55} = M_{32,5} - M_{\mathrm{F},5} = M_{32,5} + c_{\mathrm{M}}$

Zur Berechnung der Fesselgrößen $Z_{4\mathrm{K}}$ mit dem Prinzip der virtuellen Verschiebungen wird das Gelenksystem gebildet und der Zustand $\xi_4 = 1^{\mathrm{v}}$ am kinematischen System an-

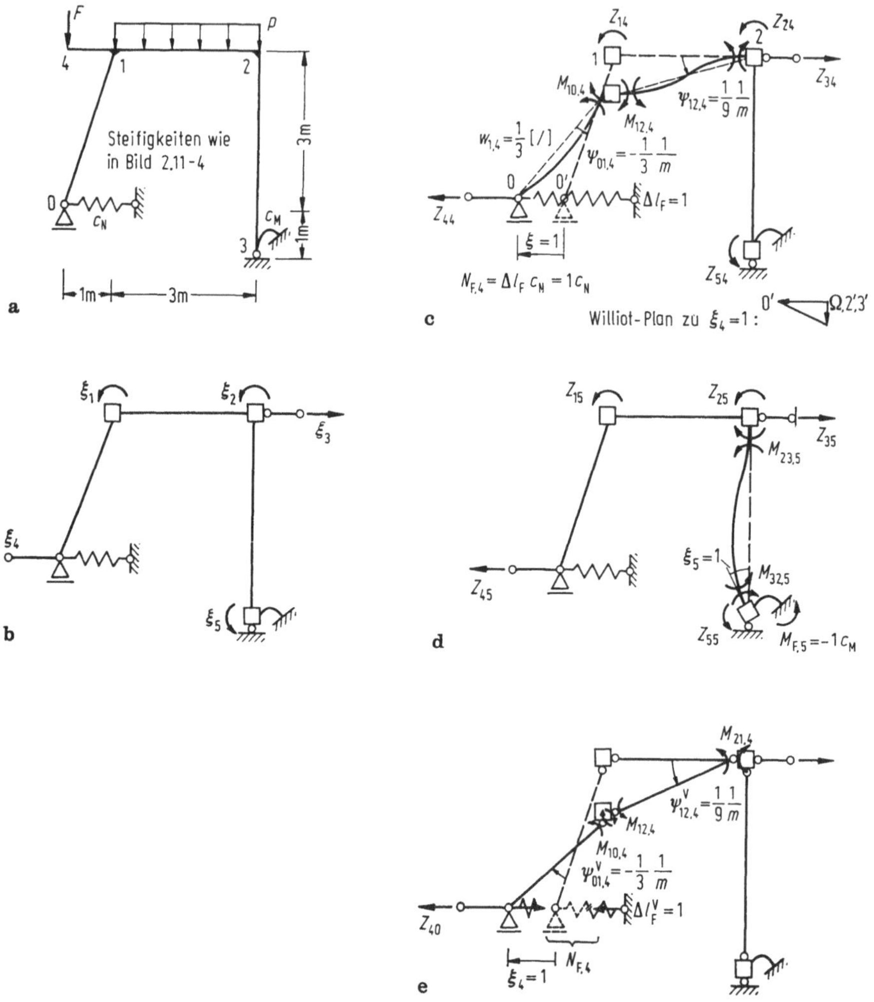

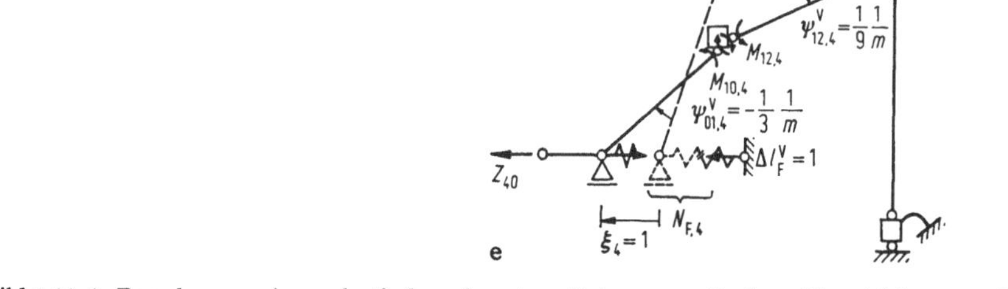

Bild 2.11-5. Berechnung eines elastisch gelagerten Rahmens mit dem Verschiebungsgrößenverfahren.

gebracht. Dabei erhält man durch die Stützkraftfeder eine innere Arbeit. Sollen nur
äußere Arbeiten entstehen, so ist die Feder zu zerschneiden und die Federkraft als äußere
Kraft anzusetzen, Bild 2.11-5 e. Man berechnet z. B.

$$Z_{44} = -(M_{12,4} + M_{21,4})\,\psi_{12,4}^{\mathrm{v}} - M_{10,4} \cdot \psi_{01,4}^{\mathrm{v}} + N_{\mathrm{F},4} \cdot \Delta l_{\mathrm{F}}$$

$$= -(M_{12,4} + M_{21,4}) \cdot \frac{1}{9} - M_{10,4}\left(-\frac{1}{3}\right) + \Delta l_{\mathrm{F}}^2\, c_{\mathrm{N}}.$$

2.11.3 Spezielle Verfahren

2.11.3.1 Gruppenlasten

Die Unbekannten nach dem Verschiebungsgrößenverfahren kann man, vor allem bei symmetrischen Tragwerken, zu Gruppen zusammenfassen. Die Belastung wird mit dem Belastungsumordnungsverfahren dann ebenfalls in einen symmetrischen und einen antimetrischen Anteil aufgespalten, Abschnitt 2.7.1.

Beispiel: Symmetrischer Rahmen, Bild 2.11-6.

Man erhält je ein Gleichungssystem für die symmetrischen und für die antimetrischen Zustände, Bild 2.11-6c.

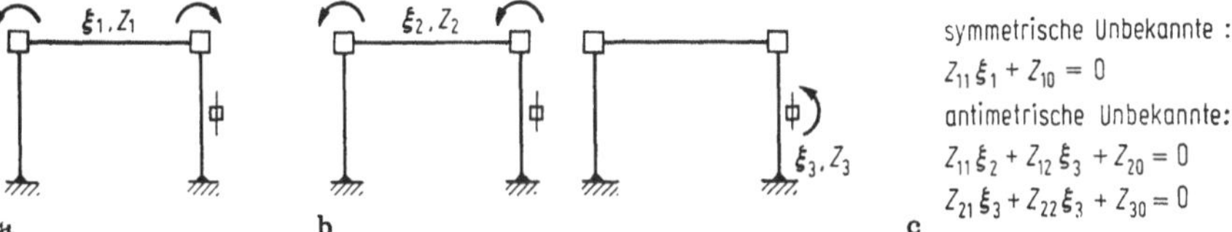

Bild 2.11-6. Gruppenlasten beim Verschiebungsgrößenverfahren.
a) Symmetrische Gruppe, b) Antimetrische Gruppen, c) Gleichungssystem.

2.11.3.2 Geometrisch unbestimmte Grundsysteme

Wenn von geometrisch unbestimmten Teilen eines Tragwerks Lösungen vorliegen, werden diese als geometrisch unbestimmte Grundsysteme verwendet (z. B. Bild 2.11-1 b). Auch das Rechnen mit wechselndem Grundsystem und ohne Grundsystem ist beim Verschiebungsgrößenverfahren möglich. Es bringt jedoch kaum Vorteile, da die Grundsysteme statisch unbestimmt sind.

2.11.3.3 Kombination mit dem Kraftgrößenverfahren

Beim Rechnen mit dem Verschiebungsgrößenverfahren wird das gegebene Tragwerk steifer gemacht. Es ist deshalb vor allem bei steifen Tragwerken (z. B. den symmetrischen Zuständen symmetrischer Tragwerke) oder Tragwerksteilen anzuwenden. Für die weicheren Teile eines Tragwerks verwendet man das Kraftgrößenverfahren (Abschnitt 2.10.2.7).

2.11.3.4 Iterative Berücksichtigung zusätzlicher Freiheitsgrade

Bei der Berechnung von vorwiegend auf Biegung beanspruchten Tragwerken wird durch die Vernachlässigung der *elastischen Stablängenänderungen* ($EA \to \infty$) die Anzahl der Freiheitsgrade reduziert. Stellt sich nach einer Berechnung heraus, daß der Einfluß der elastischen Stablängenänderungen nicht vernachlässigt werden kann, so kann man eine neue Berechnung mit zusätzlichen unbekannten Verschiebungsgrößen dadurch umgehen, daß man die elastischen Stablängenänderungen in einem ersten Iterationsschritt als eingeprägte Verschiebungsgrößen auf das Tragwerk mit $EA \to \infty$ aufbringt. Dann sind aus den in diesem Schritt berechneten Längskräften die elastischen Stablängenänderungen zu ermitteln und in einem zweiten Iterationsschritt zu berücksichtigen. Die Iteration wird abgebrochen, wenn die Änderungen vernachlässigbar klein sind. Dies ist meist nach dem 1. Iterationsschritt der Fall.

Bei *Fachwerken* mit steifen Knoten entstehen infolge der biegesteifen Anschlüsse an den Knoten Biegemomente in den Fachwerkstäben, die i. allg. vernachlässigt werden können. Zu ihrer iterativen Berechnung geht man von den Ergebnissen der Fachwerkberechnung aus, ermittelt die elastischen Stablängenänderungen und faßt diese als eingeprägte Verschiebungsgrößen für eine erste Iteration mit dem Verschiebungsgrößenverfahren mit $EA \to \infty$ auf. Als Unbekannte treten nur Knotendrehwinkel auf. Aus den Längskräften der ersten Iteration werden die zusätzlichen elastischen Stablängenänderungen ermittelt und diese als eingeprägte Verschiebungsgrößen für die 2. Iteration aufgebracht. Die Iteration wird abgebrochen, wenn die Änderungen vernachlässigbar klein sind. Dies ist meist nach dem 1. Iterationsschritt der Fall.

2.11.4 Iterationsverfahren von Cross

Beim Iterationsverfahren von Cross ohne Zusatzbetrachtungen werden nur Knotendrehwinkel zugelassen, d. h. es werden nur die Matrix Z_{11} der Gleichung (2.11-3) und in den Grundformeln der Tafel 2.11-1 nur die Knotendrehwinkel berücksichtigt. Schreibt man die Grundformeln in folgender Form:

$$\left. \begin{aligned} M_{ik} &= M_{ik}^0 + K_{ik}\varphi_i + \gamma_{ki}K_{ki}\varphi_k \\ M_{ki} &= M_{ki}^0 + \gamma_{ik}K_{ik}\varphi_i + K_{ki}\varphi_k \end{aligned} \right\} \qquad (2.11\text{-}4)$$

so erhält man durch Vergleich die in Tafel 2.11-5 angegebenen Ausdrücke für K und γ.

Zur *Iteration* wird das *Summationsverfahren* verwandt. Spaltet man die Matrix Z des Gleichungssystems (2.11-1) auf in eine Matrix L, die die Elemente unterhalb der Hauptdiagonalen enthält, eine Diagonalmatrix D mit den Elementen der Hauptdiagonalen und eine Matrix R mit den Elementen oberhalb der Hauptdiagonalen:

$$Z = L + D + R \qquad (2.11\text{-}5)$$

so lauten die einzelnen, durch einen oberen Index aus römischen Zahlen gekennzeichneten Iterationsschritte:

$$\left. \begin{aligned} \xi^{\mathrm{I}} &= D^{-1}(z - L\xi^{\mathrm{I}}) \\ \xi^{\mathrm{II}} &= D^{-1}(-L\xi^{\mathrm{II}} - R\xi^{\mathrm{I}}) \\ \xi^{\mathrm{N}} &= D^{-1}(-L\xi^{\mathrm{N}} - R\xi^{\mathrm{N-1}}) \end{aligned} \right\} \qquad (2.11\text{-}6)$$

Die Summe über alle Iterationsschritte ergibt mit

$$\sum_{J=I}^{N} \xi^{J} \approx \sum_{J=I}^{N-1} \xi^{J} \approx \xi \qquad (2.11\text{-}7)$$

die Lösung des Gleichungssystems (2.11-1).

Beim Verfahren von Cross werden statt der unbekannten Knotendrehwinkel ξ die durch diese hervorgerufenen verteilten Stabendmomente M_{ik} angeschrieben, für die nach (2.11-4) gilt:

$$M_{ik}^{\mathrm{V}} = K_{ik}\xi_i \qquad (2.11\text{-}8)$$

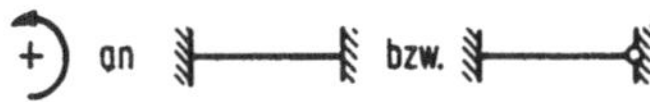

Tafel 2.11-5. Rechenschema zum Iterationsverfahren von Cross.

1) Ermittlung der Stabendmomente M_{ik}^0 (+⤸) an ⊢———⊣ bzw. ⊢———⊣ für die zu untersuchenden Lastfälle

2) Berechnung der Stabsteifigkeiten :

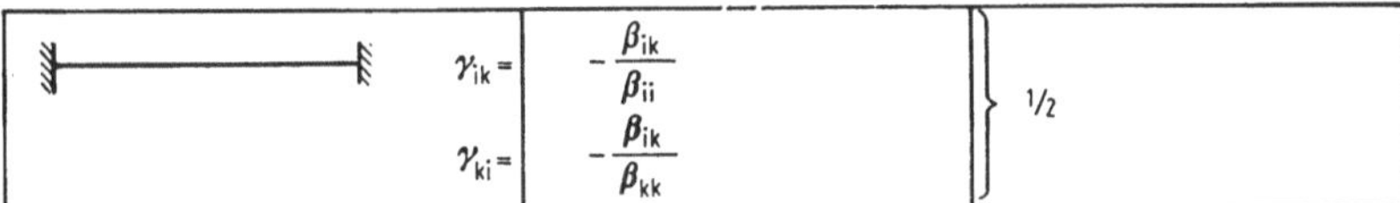

x_i,δ_i ⟶ x_k,δ_k $(\beta_{ik}) = (\delta_{ik})^{-1}$	I veränderlich	I konstant
$K_{ik} =$ $K_{ki} =$	β_{ii} β_{kk}	$4EI/l$ $= K_{ik}$
$K_{ik} =$	β_{ii}	$3EI/l$

3) Berechnung der Verteilungszahlen V_{ik} :

$$V_{ik} = \frac{K_{ik}}{\underset{\text{Knoten}}{\sum} K_{ik}}$$

4) Berechnung der Fortleitungszahlen γ_{ik} :

$\gamma_{ik} =$	$-\dfrac{\beta_{ik}}{\beta_{ii}}$	$\Big\}$ ½
$\gamma_{ki} =$	$-\dfrac{\beta_{ik}}{\beta_{kk}}$	

5) Berechnung der verteilten Momente M_{ik}^V :

$$M_{ik}^V = -V_{ik} \underset{\substack{\text{noch nicht}\\ \text{verteilte Momente}\\ \text{am Knoten i}}}{\sum} (M_{ik}^n + M_{ik}^F)$$

6) Berechnung der fortgeleiteten Momente M_{ki}^F :

$$M_{ki}^F = \gamma_{ik} M_{ik}^V$$

7) Berechnung der endgültigen Stabendmomente

$$M_{ik} = M_{ik}^0 + \underset{\text{alle Iterationsschritte}}{\sum M_{ik}^V + \sum_{ik}^F}$$

Rechenschema zu 5, 6 und 7 :

Knoten	1	2		3		4	
Stabende	12	21	23	32	34	43	45
V_{ik}	0	V_{21}	V_{23}	V_{32}	V_{34}	V_{43}	V_{45}
γ_{ik}		⟵ γ_{21}	γ_{23} ⟶ ⟵ γ_{32}		γ_{34} ⟶ ⟵ γ_{43}		0
	M_{12}^0	M_{21}^0	M_{23}^0	M_{32}^0	M_{34}^0	M_{43}^0	M_{45}^0
		M_{21}^V	M_{23}^V $\sum(\ )$ noch nicht verteilte Momente	M_{32}^V	M_{34}^V $\sum(\ )$ noch nicht verteilte Momente	M_{43}^V $\sum(\ )$ noch nicht verteilte Momente	M_{45}^V
	$\underline{M_{12}^F}$	$\underline{M_{21}^F}$	$\underline{M_{23}^F}$	$\underline{M_{32}^F}$	$\underline{M_{34}^F}$	$\underline{M_{43}^F}$	$\underline{M_{45}^F}$
$\sum$ Iterationsschritte	M_{12}	M_{21}	M_{23}	M_{32}	M_{34}	M_{43}	M_{45}

Beachtet man dies in (2.11-4) und bezeichnet man mit

$$M_{ki}^{V} = \gamma_{ik} M_{ik}^{V} \tag{2.11-9}$$

die fortgeleiteten Momente, so erhält man mit den Elementen der Diagonalmatrix $D = \mathrm{Diag}\left(\underset{\text{Knoten}}{\sum} K_{ik}\right)$, die Iterationsvorschrift (2.11-6) in der folgenden Form:

$$\left.\begin{aligned} M_{ik}^{V} &= -V_{ik}(\sum M_{ik}^{0} + \sum M_{ik}^{F}) \\ \text{mit} \quad V_{ik} &= \frac{K_{ik}}{\underset{\text{Knoten}}{\sum} K_{ik}} \end{aligned}\right\} \tag{2.11-10}$$

wobei über alle noch nicht verteilten Momente zu summieren ist. Der Rechenablauf ist in Tafel 2.11-5 dargestellt. Dabei ist darauf zu achten, daß beim Summationsverfahren bei allen Iterationsstufen mit der gewünschten endgültigen Genauigkeit gerechnet werden muß. Treten Knotenverschiebungen (bzw. Stabdrehwinkel) auf, so sind diese auf andere Weise zu berücksichtigen, z. B. durch eine Erweiterung des Verfahrens oder durch eine Berechnung nach dem Verschiebungsgrößenverfahren. Man ermittelt dann die Knotenverschiebungen an einem geometrisch unbestimmten Grundsystem (Knotendrehwinkel sind keine Unbekannten), das für den Null-Zustand und die Einheitszustände nach Cross berechnet wird.

2.11.5 Iterationsverfahren von Kani

Beim Iterationsverfahren von Kani werden alle Knotendrehwinkel und die Stabdrehwinkel dann zugelassen, wenn man in (2.11-3) die Untermatrix Z_{22} als Diagonalmatrix erhält. Dies ist der Fall, wenn

1. die Stabdrehwinkel aller Stiele eines Stockwerkes nur von einem unabhängigen Stabdrehwinkel desselben Stockwerkes abhängen,
2. bei Stabdrehwinkeln der Stiele keine Stabdrehwinkel in den Riegeln entstehen und umgekehrt.

Daraus folgt, daß sich die Knotenpunkte eines Stockwerkes alle um denselben Vektor Δ verschieben müssen, d. h. die Stiele müssen parallel sein.

Die Grundformeln der Tafel 2.11-1 werden zur Berechnung der unbekannten Verschiebungsgrößen in die folgende Form gebracht:

$$\left.\begin{aligned} M_{ik} &= M_{ik}^{0} + a_{ik}K_{ik}\,2\varphi_i + K_{ki}\,2\varphi_k - 6b_{ik}K_{ik}\frac{\Delta_{ik}}{h_{ik}} \\ M_{ki} &= M_{ki}^{0} + K_{ik}\,2\varphi_i + a_{ki}K_{ki}\,2\varphi_k - 6b_{ki}K_{ki}\frac{\Delta_{ik}}{h_{ik}} \end{aligned}\right\} \tag{2.11-11}$$

und zur Berechnung der Momente in die Form:

$$\left.\begin{aligned} M_{ik} &= M_{ik}^{0} + a_{ik}M_{ik}' + M_{ki}' + b_{ik}M_{ik}'' \\ M_{ki} &= M_{ki}^{0} + M_{ik}' + a_{ki}M_{ki}' + b_{ki}M_{ik}'' \end{aligned}\right\} \tag{2.11-12}$$

Durch Vergleich erhält man die in den Tafeln 2.11-6 und 7 angegebenen Ausdrücke für K_{ik}, a_{ik}, b_{ik} und h_{ik} sowie:

$$\left.\begin{aligned} M_{ik}' &= K_{ik}\,2\varphi_i \\ M_{ik}'' &= -6K_{ik}\frac{\Delta_{ik}}{h_{ik}} \end{aligned}\right\} \tag{2.11-13}$$

Tafel 2.11-6. Rechenschema zum Iterationsverfahren von Kani für unverschiebliche Tragwerke.

1) Ermittlung der Stabendmomente M_{ik}^0 $\circlearrowleft$ (+) an bzw.
   für die zu untersuchenden Lastfälle

2) Berechnung der Festhaltemomente $M_i^0 = \sum\limits_{\text{Knoten}} M_{ik}^0 \equiv Z_{i\varphi}$

3) Berechnung der Werte a_{ik} und der Stabsteifigkeiten R_{ik} :

$X_i,\delta_i \qquad X_k,\delta_k$ $(\beta_{ik})=(\delta_{ik})^{-1}$	I veränderlich			I konstant
	a_{ik}	a_{ki}	K_{ik}	K_{ik}
	$\dfrac{\delta_{kk}}{\delta_{ik}}$	$\dfrac{\delta_{ii}}{\delta_{ik}}$	$-\dfrac{1}{2}\beta_{ik}$	$\dfrac{EI}{l}$
	2		$\dfrac{1}{4\,\delta_{ii}}$	$\dfrac{3}{4}\dfrac{EI}{l}$
	2		$\dfrac{1}{4}(\beta_{ii}+\beta_{ik})$	$\dfrac{1}{2}\dfrac{EI}{l}$
	2		$\dfrac{1}{4}(\beta_{ii}-\beta_{ik})$	$\dfrac{3}{2}\dfrac{EI}{l}$

4) Berechnung der Drehungsfaktoren μ_{ik} :

$\mu_{ik} \;=\;$	$-\dfrac{K_{ik}}{\sum\limits_{\text{Knoten}} a_{ik}K_{ik}}$	$-0{,}5\dfrac{K_{ik}}{\sum\limits_{\text{Knoten}} K_{ik}}$
Kontrolle	$\sum\limits_{\text{Knoten}} a_{ik}\mu_{ik} = -1$	$\sum\limits_{\text{Knoten}} \mu_{ik} = -0{,}5$

5) Berechnung der Stabendmomente aus Knotengleichgewicht M_{ik} :

$$M_{ik}' = \mu_{ik}\left(M_i^0 + \sum\limits_{\text{Knoten}} M_{ki}'\right)$$

6) Berechnung der endgültigen Stabendmomente :

$M_{ik} \;=\;$	$M_{ik}^0 + a_{ik}M_{ik}' + M_{ki}'$	$M_{ik}^0 + 2M_{ik}' + M_{ki}'$

Rechenschemata : zu 4) Berechnung von μ :

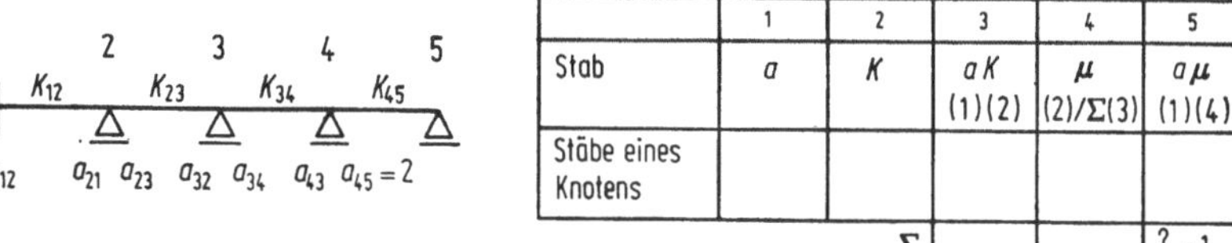

	1	2	3	4	5
Stab	a	K	aK $(1)(2)$	μ $(2)/\Sigma(3)$	$a\mu$ $(1)(4)$
Stäbe eines Knotens					
			Σ		$\overset{?}{=}-1$

zu 5) Iteration am Tragwerk

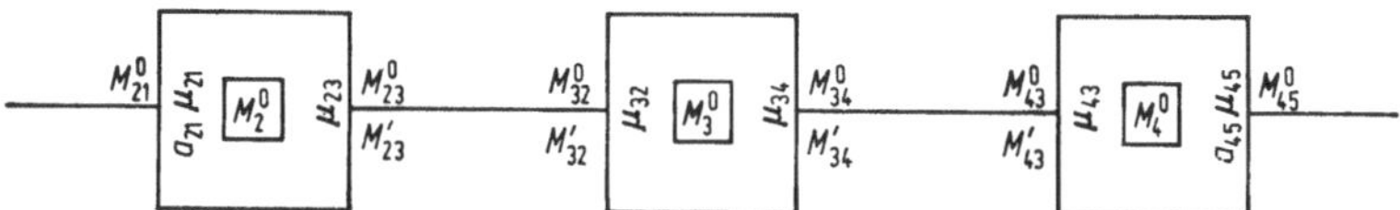

Tafel 2.11-7. Rechenschema zum Iterationsverfahren von Kani für verschiebliche Tragwerke.

1) bis 4) siehe unverschiebliche Tragwerke, Tafel 2.11-6

5) Festlegung einer Vergleichsstockwerkshöhe h_r für die einzelnen Stockwerke

6) Berechnung der Stockwerksquerkräfte und der Stockwerksmomente

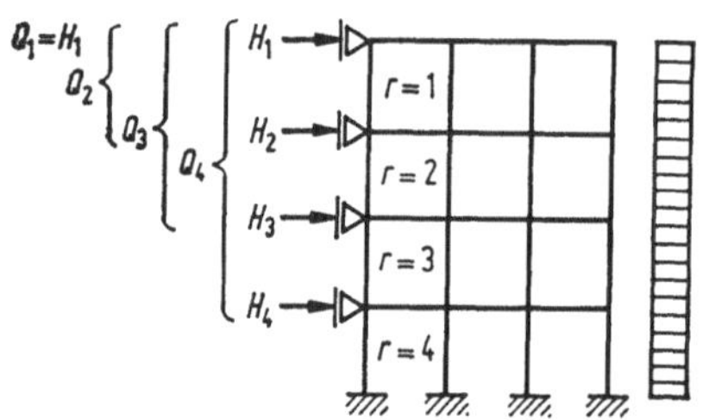

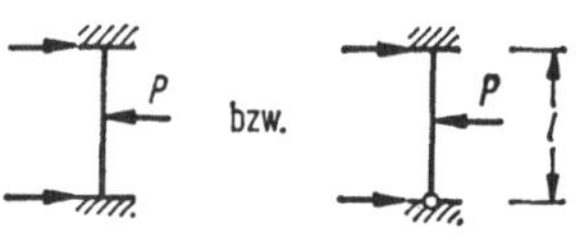

H_i : Lagerreaktionen des Festhaltezustandes, also Reaktionen an :

$$Q_r = \sum_{i=1}^{r} H_i$$

$$M_r^0 = \frac{Q_r h_r}{3} \quad \text{bzw.} \quad M_r^0 = -\frac{Z_{r0}}{3}\frac{h_r}{l_{ik}} \;; \; Z_{r0}: \; \curvearrowright +$$

an l_{ik} berechnet

7) Berechnung der Verschiebungsfaktoren

	I veränderlich	I konstant
ν_{ik}	$-3\,\dfrac{\dfrac{K_{ik}}{h_{ik}}}{\displaystyle\sum_{\text{Stockw.}}(c_{ik}+c_{ki})\dfrac{K_{ik}}{l_{ik}}}$	$-\dfrac{3}{2}\,\dfrac{c_{ik}K_{ik}}{\displaystyle\sum_{\text{Stockw.}}c_{ik}^2\,m\,K_{ik}}$
Kontrolle	$\displaystyle\sum_{\text{Stockw.}}\nu_{ik}\frac{h_{ik}}{l_{ik}}(c_{ik}+c_{ki})=-3$	$\displaystyle\sum_{\text{Stockw.}}\nu_{ik}m\,c_{ik}=-1{,}5$

Dabei ist zu setzen für :

$\textcircled{i}$ / $\textcircled{k}$	⫫ / ⊥	⫫ / ⊥	⫫ / ⊥	⫫ / ⊥
h_{ik}	l_{ik}	$\frac{3}{2}l_{ik}$	l_{ik}	$\frac{3}{2}l_{ik}$
b_{ik}	$\frac{a_{ik}+1}{3}$	1	$-$	$-$
b_{ki}	$\frac{a_{ki}+1}{3}$	0	$-$	$-$
c_{ik}	$\frac{h_r}{h_{ik}}b_{ik}$	$\frac{h_r}{h_{ik}}$	$\frac{h_r}{h_{ik}}$	$\frac{h_r}{h_{ik}}$
c_{ki}	$\frac{h_r}{h_{ki}}b_{ki}$	0	0	0
m	$-$	$-$	1	$\frac{3}{4}$

Rechenschema für I veränderlich :

Stab	1 K/l	2 c	3 $(K/l)c$ $(1)(2)$	4 h/l	5 K/h $(1)/(4)$	6 $-\dfrac{3}{\Sigma(3)}(5)$ $\overset{\nu}{}$	7 Kontrolle $(2)(4)(6)$
Stäbe eines Stockwerks							
Σ							$\underline{?}-3$

In den Spalten 2, 3 und 7 sind die Werte für die Stabenden einzutragen.

Rechenschema für I konstant :

Stab	1 K	2 c	3 m	4 Kc $(1)(2)$	5 cm $(2)(3)$	6 Kc^2m $(4)(5)$	7 $-\dfrac{3}{2}\dfrac{(4)}{\Sigma(6)}$ $\overset{\nu}{}$	8 Kontrolle $(7)(5)$
Stäbe eines Stockwerks								
						Σ		$\underline{?}-1{,}5$

I veränderlich	I konstant

8) Berechnung der Stabendmomente aus Knotengleichgewicht M'_{ik} :

$$M'_{ik} = \mu_{ik}\left[M_i^0 + \underset{\text{Knot.}}{\textstyle\sum} M'_{ki} + \underset{\text{Stiele}}{\textstyle\sum} b_{ik} M''_{ik} \right] \qquad \mu_{ik}\left[M_i^0 + \underset{\text{Knot.}}{\textstyle\sum} M'_{ki} + \underset{\text{Stiele}}{\textstyle\sum} M''_{ik} \right]$$

9) Berechnung der Stabendmomente aus Stockwerksgleichgewicht M''_{ik} :

$$M''_{ik} = \nu_{ik}\left[M_r^0 + \underset{\text{Stockw.}}{\textstyle\sum} (c_{ik} M'_{ki} + c_{ki} M'_{ki}) \right] \qquad \nu_{ik}\left[M_r^0 + \underset{\text{Stockw.}}{\textstyle\sum} c_{ik}(M'_{ik} + M'_{ki}) \right]$$

10) Berechnung der endgültigen Stabendmomente :

$$M_{ik} = M_{ik}^0 + a_{ik} M'_{ik} + M'_{ki} + b_{ik} M''_{ik} \qquad M_{ik}^0 + 2M'_{ik} + M'_{ki} + M''_{ik}$$

Iteration am Tragwerk :

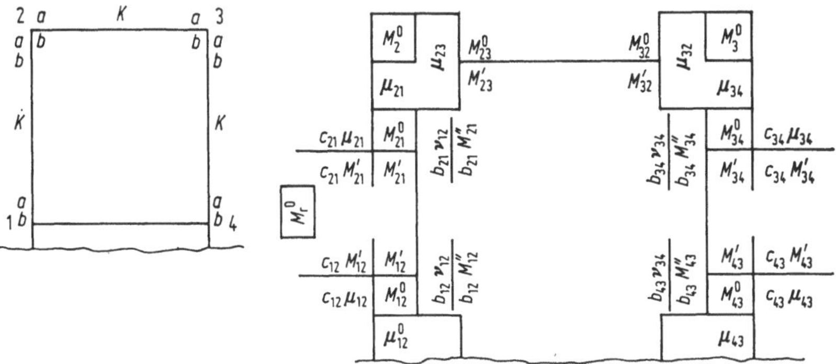

Zur *Iteration* wird das *Einzelschrittverfahren von Gauß-Seidel* verwandt. Für das Gleichungssystem (2.11-1) erhält man mit der Aufspaltung von Z nach (2.11-5) das Ergebnis des J-ten Iterationsschrittes zu:

$$\xi^J = D^{-1}(z - L\xi^J - R\xi^{J-1}) \tag{2.11-14}$$

Die Iteration wird abgebrochen, wenn der Unterschied zwischen ξ^J und ξ^{J+1} vernachlässigbar klein ist. Der Vorteil des Verfahrens ist, daß die Genauigkeit der Ergebnisse erst mit fortschreitender Iteration gesteigert werden muß und daß sich Rechenfehler in den nächsten Iterationsschritten wieder ausgleichen.

Beim Verfahren von Kani werden statt der unbekannten Knotendrehwinkel die Momente M'_{ik} nach (2.11-13) angeschrieben. Mit (2.11-11, 12 und 13) erhält man aus (2.11-14) mit den Elementen der Hauptdiagonalen D der Untermatrix $Z_{11}: D =$ Diag. $\left(\sum_{\text{Knoten}} 2a_{ik}K_{ik}\right)$. Aus der ersten Zeile des Gleichungssystems (2.11-3):

$$M'_{ik} = \mu_{ik}\left[M^0_i + \sum_{\text{Knoten}} M'_{ki} + \sum_{\text{Stiele}} b_{ik}M''_{ik}\right] \tag{2.11-15}$$

mit

$$\mu_{ik} = -\frac{K_{ik}}{\sum_{\text{Knoten}} a_{ik}K_{ik}}$$

Statt der Stabdrehwinkel Δ/l werden die Momente M''_{ik} nach (2.11-13) angeschrieben. Die Elemente der Diagonalmatrix D der Untermatrix Z_{22} sind mit den Abkürzungen c_{ik} der Tafel 2.11-7 $D = $ Diag. $\left(6 \sum_{\text{Stockwerk}} (c_{ik} + c_{ki}) K_{ik}/c_{ik}\right)$. Damit und mit den Anteilen aus der Matrix Z_{21}, die für jedes Stielende $3c_{ik}M'_{ik}$ sind, erhält man aus der zweiten Zeile des Gleichungssystems (2.11-3):

$$M''_{ik} = \nu_{ik}\left[M^0_r + \sum_{\text{Stockwerk}} (c_{ik}M'_{ik} + c_{ki}M'_{ki})\right] \tag{2.11-16}$$

mit

$$\nu_{ik} = -\frac{3\dfrac{K_{ik}}{h_{ik}}}{\sum_{\text{Stockwerk}} \left(c_{ik} + c_{ki}\dfrac{K_{ik}}{l_{ik}}\right)}$$

und

$$M^0_r = -\frac{Z_{r0}}{3}$$

Die Vergleichstockwerkshöhe h_r in Tafel 2.11-7 ist die Länge des Stieles, an dem der unbekannte Stabdrehwinkel $\xi_r = 1$ angebracht wird und an dem daher auch Z_{r0} berechnet werden muß. Bei der Iteration werden in getrennten Durchgängen die Knotendrehwinkel und die Stabdrehwinkel iteriert. Da sich die Berechnung für Tragwerke ohne Stabdrehwinkel erheblich vereinfacht, ist in Tafel 2.11-6 für diese das Rechenschema angegeben. In Tafel 2.11-7 ist das allgemeine Schema dargestellt.

Treten Knotenverschiebungen oder Stabdrehwinkel auf, die mit dem Verfahren von Kani nicht berücksichtigt werden können, so müssen diese verhindert werden und in einer anschließenden Berechnung mit dem Verschiebungsgrößenverfahren ermittelt werden, wobei das dem Verfahren von Kani zugängige Tragwerk als geometrisch unbestimmtes Grundsystem verwandt wird.

2.12 Übertragungsverfahren

2.12.1 Übertragungsmatrix

Die Lösung einer linearen Differentialgleichung m-ter Ordnung setzt sich zusammen aus dem Fundamentalsystem der Lösungen der homogenen Differentialgleichung mit m freien Konstanten und der Partikularlösung. In der Baustatik werden dabei die Lösung und die Ableitungen durch die $m/2$ Verschiebungsgrößen v und die $m/2$ Schnittgrößen k ersetzt und im *Zustandsvektor* z zusammengefaßt. Für den querbelasteten Biegeträger erhält man:

$$z = \begin{bmatrix} v \\ \varphi \\ M \\ Q \end{bmatrix} \qquad (2.12\text{-}1\,\text{a})$$

bzw. bei der Aufspaltung in Verschiebungsgrößen v und Kraftgrößen k:

mit

$$\left. \begin{array}{c} z = \begin{bmatrix} v \\ k \end{bmatrix} \\[3em] v = \begin{bmatrix} v \\ \varphi \end{bmatrix} \quad k = \begin{bmatrix} M \\ Q \end{bmatrix} \end{array} \right\} \qquad (2.12\text{-}1\,\text{b})$$

Ersetzt man die Konstanten durch die Zustandsgrößen z_0 am Bereichsanfang, so schreibt sich das System der Lösungen:

$$z(x) = U(x)\, z_0 + z_p(x) \qquad (2.12\text{-}2\text{a})$$

mit der *Übertragungsmatrix* U und dem Vektor der Partikularlösung z_p. Es gilt:

$$U(0) = I; \qquad z_p(0) = O \qquad (2.12\text{-}3)$$

Für einen Stetigkeitsbereich der Länge l erhält man

$$z_l = U_l \cdot z_0 + z_{p,l} \qquad (2.12\text{-}2\text{b})$$

und für einen Stetigkeitsbereich $i - k$ mit den Bezeichnungen des Bildes 1-13c

$$z_{ki} = U_{ik} z_{ik} + z_{p,ik} \qquad (2.12\text{-}2\text{c})$$

Wird z in v und k aufgespalten, so sollen die Untermatrizen in U sein:

$$U = \begin{bmatrix} U_{vv} & U_{vk} \\ U_{kv} & U_{kk} \end{bmatrix} \qquad (2.12\text{-}4)$$

Für die Differentialgleichungen des geraden Stabes (Tafel 2.6-1) sind die Zustandsgrößen und die Übertragungsmatrizen in der Tafel 2.12-1 angegeben. Die gestrichelten Linien zeigen dabei die Aufteilung der Zustandsgrößen in Kraft- und Verschiebungsgrößen und die Aufteilung der Übertragungsmatrizen nach (2.12-4) an. Wird ein Träger durch verschiedene in ihrer Wirkung entkoppelte Lastarten beansprucht, so setzt man den Zustandsvektor aus den Vektoren der Verschiebungsgrößen und denen der Kraftgrößen, die Übertragungsmatrix aus den Untermatrizen entsprechend (2.12-4) zusammen.

Tafel 2.12-1. Zustands-, Übertragungs- und Lastmatrizen beim Übertragungsverfahren

Differentialgleichung	Zustandsvektor z	Übertragungsmatrix u	Partikularanteil für konstante Belastung z_p
$EIw^{\mathrm{IV}} = p(x)$	$\begin{bmatrix} w \\ \varphi \\ \hline M \\ Q \end{bmatrix}$	$\begin{bmatrix} 1 & x & -\dfrac{x^2}{2EI} & -\dfrac{x^3}{3EI} \\ & 1 & -\dfrac{x}{EI} & -\dfrac{x^2}{2EI} \\ \hline & & 1 & x \\ & & & 1 \end{bmatrix}$	$\begin{bmatrix} \dfrac{x^4}{24EI} \\ \dfrac{x^3}{6EI} \\ \hline \dfrac{x^2}{2} \\ -x \end{bmatrix} p$
$EIw^{\mathrm{IV}} = -m'(x)$	$\begin{bmatrix} w \\ \varphi \\ \hline M \\ Q \end{bmatrix}$	$\begin{bmatrix} 1 & x & -\dfrac{x^2}{2EI} & -\dfrac{x^3}{6EI} \\ & 1 & -\dfrac{x}{EI} & -\dfrac{x^2}{2EI} \\ \hline & & 1 & x \\ & & & 1 \end{bmatrix}$	$\begin{bmatrix} -\dfrac{x^3}{6EI} \\ -\dfrac{x^2}{2EI} \\ \hline x \\ 0 \end{bmatrix} m$
$EAu'' = -n(x)$	$\begin{bmatrix} u \\ \hline N \end{bmatrix}$	$\begin{bmatrix} 1 & \dfrac{x}{EA} \\ \hline & 1 \end{bmatrix}$	$\begin{bmatrix} -\dfrac{x^2}{2EA} \\ \hline -x \end{bmatrix} n$
$GI_{\mathrm{T}}\vartheta'' = -m_{\mathrm{T}}(x)$	$\begin{bmatrix} \vartheta \\ \hline M_{\mathrm{T}} \end{bmatrix}$	$\begin{bmatrix} 1 & \dfrac{x}{GI_{\mathrm{T}}} \\ \hline & 1 \end{bmatrix}$	$\begin{bmatrix} -\dfrac{x^2}{2GI_{\mathrm{T}}} \\ \hline -x \end{bmatrix} m_{\mathrm{T}}$

2.12.2 Erfüllung der Randbedingungen

Bei den Randwertproblemen der Baustatik ist jeweils die Hälfte der Zustandsgrößen an den Rändern durch die Randbedingungen vorgeschrieben. Die restlichen unbekannten Anfangswerte werden mit den Bedingungen am Rande $x = l$ berechnet. Dazu löst man die unbekannten Anfangswerte $\boldsymbol{u}_0$ mit einer *Selektionsmatrix* $\boldsymbol{S}_{\mathrm{u}}$ aus dem Vektor $\boldsymbol{z}_0$ und die bekannten Randwerte $\boldsymbol{b}_l$ mit $\boldsymbol{S}_{\mathrm{b}}$ aus $\boldsymbol{z}_l$.

$$\left.\begin{aligned} \boldsymbol{u}_0 &= \boldsymbol{S}_{\mathrm{u}}\boldsymbol{z}_0 \\ \boldsymbol{b}_l &= \boldsymbol{S}_{\mathrm{b}}\boldsymbol{z}_l \end{aligned}\right\} \tag{2.12-5}$$

Man erhält so das Gleichungssystem zur Berechnung der unbekannten Anfangswerte zu:

$$\boldsymbol{b}_l = \boldsymbol{S}_{\mathrm{b}}\boldsymbol{U}_l\boldsymbol{S}_{\mathrm{u}}^{\mathrm{T}}\boldsymbol{u}_0 + \boldsymbol{S}_{\mathrm{b}}\boldsymbol{z}_{\mathrm{p},l} \tag{2.12-6}$$

Die Lösung ergibt $\boldsymbol{u}_0$. Damit ist $\boldsymbol{z}_0$ bekannt und die Zustandsgrößen können mit (2.12-2a) an jeder Stelle x berechnet werden.

Beispiel: Für den in Bild 2.12-1 dargestellten Biegeträger gilt:

$$\boldsymbol{u}_0 = \begin{bmatrix} \varphi \\ Q \end{bmatrix}; \quad \boldsymbol{S}_\mathrm{u} = \begin{bmatrix} 0 & 1 & 0 & 0 \\ 0 & 0 & 0 & 1 \end{bmatrix}$$

$$\boldsymbol{b}_l = \begin{bmatrix} w \\ \varphi \end{bmatrix} = \begin{bmatrix} 0 \\ 0 \end{bmatrix}; \quad \boldsymbol{S}_\mathrm{b} = \begin{bmatrix} 1 & 0 & 0 & 0 \\ 0 & 1 & 0 & 0 \end{bmatrix}$$

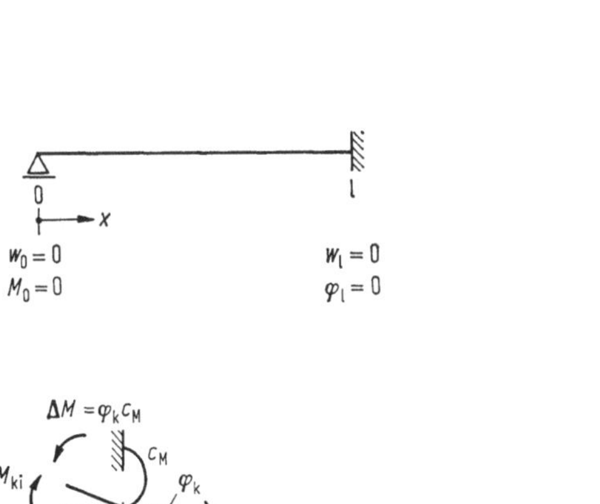

Bild 2.12-1. Träger mit Randbedingungen.

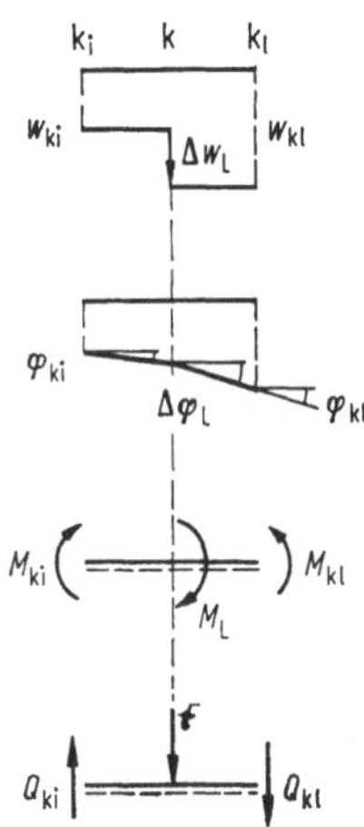

Bild 2.12-2. Einwirkungen am Punkt k.

2.12.3 Unstetigkeiten

Beispiele für Unstetigkeiten werden nur für den querbelasteten Biegeträger gebracht. Für die anderen Lastarten folgen analoge Matrizen.

Infolge der Unstetigkeiten am Punkt k ergeben die Kompatibilitäts- und Gleichgewichtsbedingungen

$$\boldsymbol{z}_{kl} = \boldsymbol{U}_k \boldsymbol{z}_{ki} + \boldsymbol{p}_k \tag{2.12-7}$$

$\boldsymbol{U}_k$: Punktmatrix
$\boldsymbol{p}_k$: Punktvektor

2.12.3.1 Einwirkungen

Für die Einwirkungen nach Bild 2.12-2 erhält man für die Matrizen in (2.12-7):

$$\left. \begin{aligned} \boldsymbol{U}_k &= \boldsymbol{I} \\ \boldsymbol{p}_k &= \begin{bmatrix} \Delta w_\mathrm{L} \\ \Delta \varphi_\mathrm{L} \\ M_\mathrm{L} \\ -F \end{bmatrix} \end{aligned} \right\} \tag{2.12-8}$$

2.12.3.2 Federn

Bei Federn, Bild 2.12-3, gilt:

$$v_{kl} = v_{ki} = v_k \quad \text{und} \quad k_{kl} = k_{ki} + C_k v_k$$

mit

$$C_k = \begin{bmatrix} 0 & -c_M \\ c_Q & 0 \end{bmatrix} \qquad (2.12\text{-}9)$$

Damit wird in (2.12-7):

$$\left.\begin{aligned} p_k &= O \\ U_k &= \begin{bmatrix} I & O \\ C_k & I \end{bmatrix} \end{aligned}\right\} \qquad (2.12\text{-}10)$$

Werden *Federsteifigkeiten sehr groß*, so ist eine feste Stützung anzunehmen, da sich sonst numerische Schwierigkeiten ergeben.

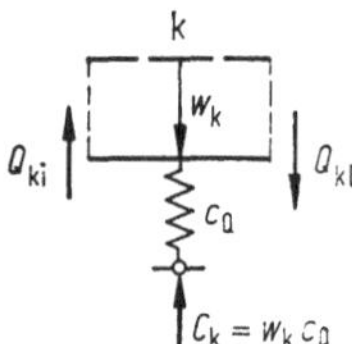

Bild 2.12-3. Sprunggrößen bei Federn.

2.12.3.3 Zwischenbedingungen

Jede Zwischenbedingung hat eine unbekannte Sprunggröße zur Folge. Die Zusammenhänge sind in Tafel 2.12-2 dargestellt, wobei für den konstanten Wert c auch Null gesetzt werden kann. Bezeichnet man die i-te Zustandsgröße nach (2.12-1a) mit Z_i, die i-te

Tafel 2.12-2. Trägerpunkt k mit Zwischenbedingungen und Sprunggrößen

	Punkt k mit Symbol und Sprunggröße			
		ΔM	$\Delta \varphi$	Δw
Zwischenbedingung	$w = 0$ allgemein $w = c$	$\varphi = 0$ allgemein $\varphi = c$	$M = 0$ allgemein $M = c$	$Q = 0$ allgemein $Q = c$
Sprunggröße	C	ΔM	$\Delta \varphi$	Δw
Indizierung $\quad$ j	1	2	3	4
$\quad$ i	4	3	2	1

Spalte der Einheitsmatrix mit i_1, so erhält man in (2.12-7):

$$U_k = I$$

$$p_k = i_1 Z_i$$

(2.12-11)

Zur Berechnung der Unbekannten Z_i steht die Bedingung $Z_j = c$ zur Verfügung.

2.13 Verfahren unter Verwendung finiter Elemente

Bei den Methoden, die finite Elemente verwenden, werden die bei der Berechnung eines Tragwerkes zu lösenden Teilaufgaben (Abschnitt 1.7) an einem endlichen (finiten) Element formuliert. Hier wird vorausgesetzt, daß der Querschnitt und die Materialeigenschaften über die Elementlänge konstant sind.

2.13.1 Betrachtungen an einem finiten Stabelement

2.13.1.1 Grundlegende Beziehungen

Unter der Voraussetzung, daß das Element nur an den Knoten belastet ist, erhält man für das Element i (Kennzeichnung durch hochgestellten Index) Kraftgrößen nach Bild 2.13-1b und Verschiebungsgrößen nach Bild 2.13-1c. Zur Festlegung der Schnittgrößen (Kraftzustände) genügen 3 der 6 Kraftgrößen am Rand, und zur Festlegung der Deformationen ebenfalls 3 der 6 Verschiebungsgrößen am Rand. Lagert man den Träger statisch bestimmt, so gibt es drei unabhängige Kraftgrößen s, die die Schnittgrößen des unbelasteten Elementes festlegen, und drei (abhängige) Stützgrößen a, sowie 3 Deformationsgrößen d und 3 Verschiebungsgrößen für den Starrkörper. Für die Lagerung nach Bild 2.13-1d ist dies in den Bildern 2.13-1d bis g dargestellt. Dafür werden auch im folgenden die Elemente der Matrizen angeschrieben. Der lineare Zusammenhang zwischen den Kraftgrößen lautet:

$$a^i = L^i s^i$$

(2.13-1)

mit

$$a^i = \begin{bmatrix} C_1 \\ C_2 \\ C_{x1} \end{bmatrix}^i ; \quad s^i = \begin{bmatrix} M_1 \\ M_2 \\ N \end{bmatrix}^i ; \quad L^i = \begin{bmatrix} -1/l & +1/l & \\ +1/l & -1/l & \\ & & +1 \end{bmatrix}^i .$$

Für die elastischen Deformationen erhält man, siehe z. B. (2.9-5)

$$d^i = F^i s^i$$

(2.13-2)

mit

$$d^i = \begin{bmatrix} \tau_1 \\ \tau_2 \\ \Delta l \end{bmatrix}^i ; \quad F^i = \begin{bmatrix} \dfrac{1}{3}\dfrac{l}{EI} & \dfrac{1}{6}\dfrac{l}{EI} & \\ \dfrac{1}{6}\dfrac{l}{EI} & \dfrac{1}{3}\dfrac{l}{EI} & \\ & & \dfrac{l}{EA} \end{bmatrix}^i \qquad \text{(Elementfederungsmatrix)}$$

und die Umkehrung:

$$\left. \begin{aligned} s^i &= K_F^i d^i \\ K_F^i &= (F^i)^{-1} \end{aligned} \right\}$$

(2.13-3)

mit

$$\boldsymbol{K}_F^i = \begin{bmatrix} 4\dfrac{EI}{l} & -2\dfrac{EI}{l} & \\ -2\dfrac{EI}{l} & 4\dfrac{EI}{l} & \\ & & \dfrac{EA}{l} \end{bmatrix} \quad \text{(Fundamentalsteifigkeitsmatrix)}$$

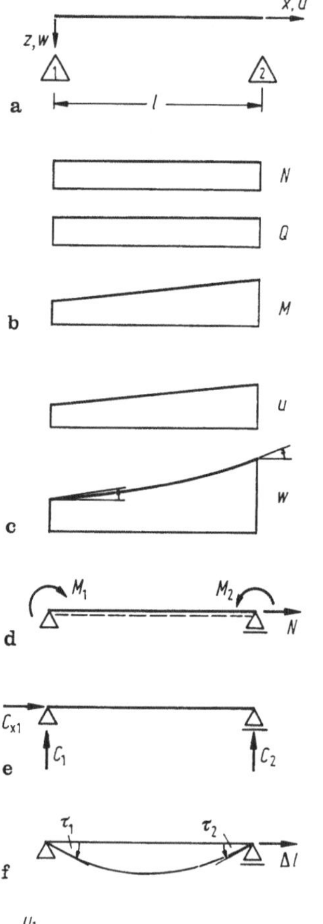

Bild 2.13-1. Finites Element mit
a) Element und Bezeichnungen, b) Kraftzuständen, c) Verschiebungszuständen, d) ◄ unabhängigen Kraftgrößen (Schnittgrößen $\boldsymbol{s}$), e) abhängigen Kraftgrößen (Stützgrößen) $\boldsymbol{a}$, f) Deformationsgrößen $\boldsymbol{d}$, g) Starrkörperverschiebungen.

2.13.1.2 Berechnung statisch unbestimmter Einfeldträger

Berücksichtigt man nur die Querbelastung, so ist jeweils die letzte Zeile und Spalte in den Matrizen der Gleichungen (2.13-1 bis 3) zu streichen. Für einen querbelasteten statisch bestimmten Träger nach Bild 2.13-2 berechnet man die folgenden Größen und schreibt sie in den folgenden Matrizen an:

$$a_0 = \begin{bmatrix} C_{10} \\ C_{20} \end{bmatrix}; \quad d_0 = \begin{bmatrix} \tau_{10} \\ \tau_{20} \end{bmatrix}. \tag{2.13-4}$$

Die Einspannmomente eines *eingespannten Trägers* berechnet man aus der Bedingung

$$d = d_0 + d^\mathrm{i} = 0 \tag{2.13-5}$$

Dies führt mit (2.13-2 u. 3) zu der Beziehung:

$$s = -K_\mathrm{F} d_0 \tag{2.13-6}$$

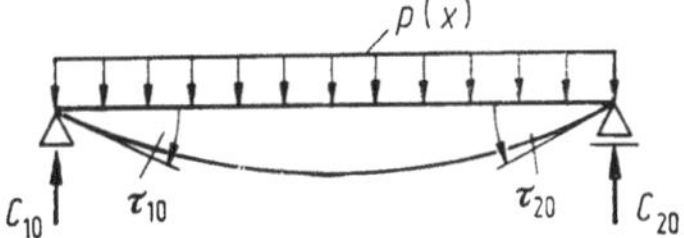

Bild 2.13-2. Statisch bestimmter Einfeldträger mit Belastung und Randgrößen.

Damit erhält man die Stützgrößen zu:

bzw.

mit

$$\left.\begin{aligned} a &= a_0 + L^\mathrm{i} s \\[1mm] a &= a_0 + A d_0 \\[1mm] A &= -L^\mathrm{i} K_\mathrm{F} = \frac{6EI}{l^2} \begin{bmatrix} 1 & -1 \\ -1 & 1 \end{bmatrix} \end{aligned}\right\} \tag{2.13-7}$$

Für den *links eingespannten Träger* erhält man mit den Bedingungen: $\tau_1 = 0$; $M_2 = 0$:

$$M_1 = -3 \frac{EI}{l} \tau_{10} \tag{2.13-8a}$$

und für den *rechts eingespannten* mit $\tau_2 = 0$; $M_1 = 0$:

$$M_2 = -3 \frac{EI}{l} \tau_{20}. \tag{2.13-8b}$$

Die Stützgrößen werden mit (2.13-1) ermittelt.

Die Elemente der Spaltenmatrizen a_0 und d_0 sind für verschiedene Lastfälle in Tafel 2.13-1 zusammengestellt. Mit den hier angegebenen Beziehungen kann man aus diesen für beidseitig oder einseitig eingespannte Einfeldträger die Randwerte berechnen und mit dem Übertragungsverfahren (Abschnitt 2.12) den Verlauf der Zustandsgrößen. — Sind andere Randbedingungen vorgeschrieben, so muß dies in (2.13-5) berücksichtigt werden.

Tafel 2.13-1. Unbekannte Randwerte beim Träger auf 2 Stützen

Zustand	C_1	C_2	τ_1	τ_2
Einzelkraft F_c bei a, b	$F_c \dfrac{b}{l}$	$F_c \dfrac{a}{l}$	$F_c \dfrac{ab}{6EI}\left(1+\dfrac{b}{l}\right)$	$F_c \dfrac{ab}{6EI}\left(1+\dfrac{a}{l}\right)$
Moment M_c bei a, b	$M_c \dfrac{1}{l}$	$-M_c \dfrac{1}{l}$	$M_c \dfrac{l}{6EI}\left(1-3\left(\dfrac{b}{l}\right)^2\right)$	$-M_c \dfrac{l}{6EI}\left(1-3\left(\dfrac{a}{l}\right)^2\right)$
Gleichlast p	$\dfrac{pl}{2}$	$\dfrac{pl}{2}$	$p\,\dfrac{l^3}{24EI}$	$p\,\dfrac{l^3}{24EI}$
Teillast p, $c/2$ $c/2$	$pc\,\dfrac{b}{l}$	$pc\,\dfrac{a}{l}$	$pc\,\dfrac{bl}{6EI}\left(1-\left(\dfrac{b}{l}\right)^2-\left(\dfrac{c}{2l}\right)^2\right)$	$pc\,\dfrac{al}{6EI}\left(1-\left(\dfrac{a}{l}\right)^2-\left(\dfrac{c}{2l}\right)^2\right)$
ΔT, h	0	0	$\dfrac{l}{2}\dfrac{\alpha_T \Delta T}{h}$	$\dfrac{l}{2}\dfrac{\alpha_T \Delta T}{h}$
$\Delta\varphi_c$ bei a, b	0	0	$\Delta\varphi_c \dfrac{b}{l}$	$\Delta\varphi_c \dfrac{a}{l}$
Δw_c	0	0	$-\dfrac{1}{l}\Delta w_c$	$\dfrac{1}{l}\Delta w_c$

2.13.1.3 Knotenkraft- und Verschiebungsgrößen

Zur Berechnung von Tragwerken werden die auf das lokale Koordinatensystem bezogenen Knotenkraft- und Verschiebungsgrößen nach Bild 2.13-3 benötigt (Kennzeichnung durch eine Tilde).

$$\tilde{\boldsymbol{p}}^{\mathrm{i}} = (\tilde{\boldsymbol{B}}^{\mathrm{i}})^{\mathrm{T}}\,\boldsymbol{s}^{\mathrm{i}} \tag{2.13-9}$$

$$\boldsymbol{d}^{\mathrm{i}} = \tilde{\boldsymbol{B}}^{\mathrm{i}}\tilde{\boldsymbol{v}}^{\mathrm{i}} \tag{2.13-10}$$

mit

$$\tilde{p}^{\mathrm{i}} = \begin{bmatrix} \tilde{M}_1 \\ \tilde{M}_2 \\ \tilde{S}_{z1} \\ \tilde{S}_{z2} \\ \tilde{S}_{x1} \\ \tilde{S}_{x2} \end{bmatrix}; \qquad \tilde{v}^{\mathrm{i}} = \begin{bmatrix} \tilde{\varphi}_1 \\ \tilde{\varphi}_2 \\ \tilde{v}_{z1} \\ \tilde{v}_{z2} \\ \tilde{v}_{x1} \\ \tilde{v}_{x2} \end{bmatrix}$$

$$\tilde{B}^{\mathrm{i}} = \begin{bmatrix} -1 & 0 & +\dfrac{1}{l} & -\dfrac{1}{l} & 0 & 0 \\[2mm] 0 & 1 & -\dfrac{1}{l} & +\dfrac{1}{l} & 0 & 0 \\[2mm] 0 & 0 & 0 & 0 & -1 & +1 \end{bmatrix}$$

(2.13-11)

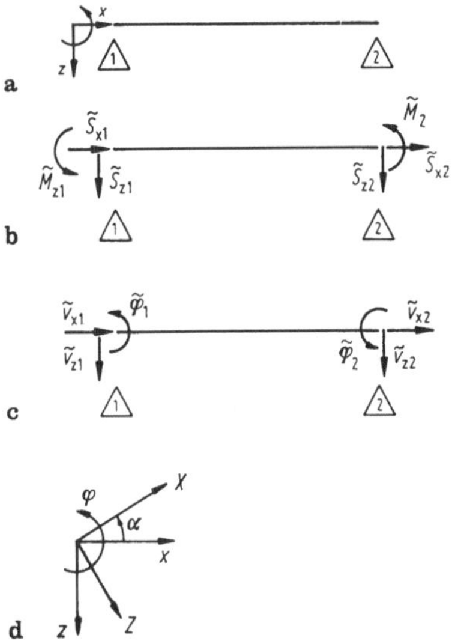

Bild 2.13-3. Finites Trägerelement mit
a) lokalem Koordinatensystem, b) Knotenkraftgrößen (lokal), c) Knotenverschiebungsgrößen
(lokal), d) Lokales Koordinatensystem x, y, φ und
globales Koordinatensystem X, Y, φ.

In (2.13-9) und damit in $(\tilde{B}^{\mathrm{i}})^{\mathrm{T}}$ ist die Beziehung (2.13-1) enthalten. Bei der Berechnung von $\tilde{B}^{\mathrm{i}}$ in (2.13-10) muß man die Starrkörperverschiebungen nach Bild 2.13-1g von den Knotenverschiebungsgrößen v^{i} abziehen. Berücksichtigt man (2.13-9 und 10) in (2.13-3), so ergibt sich:

mit

$$\left.\begin{aligned} \tilde{p}^{\mathrm{i}} &= \tilde{K}^{\mathrm{i}}\tilde{v}^{\mathrm{i}} \\[2mm] \tilde{K}^{\mathrm{i}} &= (\tilde{B}^{\mathrm{i}})^{\mathrm{T}}\,\tilde{K}^{\mathrm{i}}_{\mathrm{F}}\tilde{B}^{\mathrm{i}} \end{aligned}\right\}$$

(2.13-12)

(Elementsteifigkeitsmatrix)

Bei einer Transformation in das globale Koordinatensystem (Bild 2.13-3 d) erhält man analog zu (1-1 b):

$$p^i = (T^i)^T \tilde{p}^i \\ v^i = (T^i)^T \tilde{v}^i \left.\right\} \qquad (2.13\text{-}13)$$

wobei die Matrix T^i aus den Elementen der Matrix T in (1-1 c) entsprechend dem Aufbau der Spaltenmatrizen p^i zusammengesetzt wird. Die Steifigkeitsbeziehung zwischen den Knotenkraft- und Verschiebungsgrößen des Elementes i im globalen Koordinatensystem lautet:

mit
$$p^i = K^i v^i \\ K^i = (T^i)^T \tilde{K}^i T^i \left.\right\} \qquad (2.13\text{-}14)$$

Die Matrizen $\tilde{K}^i$ und K^i sind singulär, da sie nach (2.13-12) als Linearkombination aus der nichtsingulären Matrix K_F gewonnen werden. Physikalisch bedeutet die Singularität, daß die Knotenverschiebungsgrößen frei gewählt werden können, jedoch nicht die Knotenkraftgrößen. Der Rangabfall der Matrix $\tilde{K}^i$ bzw. K^i entspricht der Anzahl Knotenkraftgrößen, die zur Erfüllung der Gleichgewichtsbedingungen erforderlich sind, bzw. der Anzahl der Starrkörperverschiebungen des Elementes.

Aus (2.13-9) erhält man

mit
$$p^i = (B^i)^T s^i \\ (B^i)^T = (T^i)^T (\tilde{B}^i)^T = (\tilde{B}^i T^i)^T \left.\right\} \qquad (2.13\text{-}15)$$

2.13.2 Verschiebungsmethode

Das Vorgehen nach der Verschiebungsmethode ist in Tafel 2.13-2 dargestellt. Bei der Elementierung wird das Tragwerk in Elemente und Tragwerksknoten aufgeteilt. Die Betrachtungen am Element (Zeile 2) wurden im Abschnitt 2.13.1 durchgeführt. Die Kraft- und Verschiebungsgrößen der Tragwerksknoten j werden nach (2.13-16) durch Spaltenmatrizen ausgedrückt. Dann werden die Größen aller Elementknoten und aller Tragwerksknoten zusammengefaßt (2.13-17 und 18). Die Gesamtsteifigkeitsmatrix K^* ist dabei eine Diagonalmatrix mit den Elementsteifigkeitsmatrizen K^i als Diagonalelementen. In Zeile 4 erfolgt der Zusammenbau. Mit den Kompatibilitätsbeziehungen werden die Knotenverschiebungsgrößen des Tragwerks denjenigen der Elemente zugeordnet und mit den Gleichgewichtsbeziehungen die Knotenkraftgrößen der Elemente denjenigen des Tragwerks (2.13-19). Daraus folgt die singuläre Gesamtsteifigkeitsbeziehungen (2.13-20). Der Rangabfall der Matrix K ist gleich der Anzahl der Stützgrößen, die zur Erfüllung der Gleichgewichtsbedingungen erforderlich sind bzw. gleich der Anzahl der Starrkörperverschiebungen, die das von den Lagern getrennte freie Tragwerk ausführen kann. Die Knotenkraftgrößen des Tragwerks können Lastgrößen p_L oder Stützgrößen p_A sein (Zeile 5). Die Stützgrößen p_A sind unbekannt und nicht frei wählbar. Sie werden daher zusammen mit den dort angreifenden Lastgrößen, die direkt in die Lager gehen, und den durch die Lager behinderten Verschiebungsgrößen mit (2.13-22) eliminiert.

Die reduzierte Steifigkeitsbeziehung (2.13-23) ist invertierbar, so daß die unbekannten reduzierten Knotenverschiebungsgrößen v_R aus den bekannten Knotenlastgrößen p_{LR} berechnet werden können, und damit rückwärts gehend der Kraft- und Verschiebungszustand.

Werden *Steifigkeiten sehr groß*, so führt das zu einer linearen Abhängigkeit der Verschiebungsgrößen und damit zu numerischen Schwierigkeiten, wenn die Abhängigkeiten nicht beim Zusammenbau beachtet werden.

Die Gleichung (2.13-23) entspricht (2.11-1) beim Verschiebungsgrößenverfahren. — Der Zusammenbau, Zeile 4, und der Einbau der Randbedingungen, Zeile 6, können zu einem Schritt zusammengefaßt werden. Dann ist es aber nicht möglich, Knotenkraftgrößen infolge von Lagerverschiebungsgrößen mit (2.13-20) zu ermitteln (entsprechend dem Nullzustand infolge von Lagerverschiebungen beim Verschiebungsgrößenverfahren). — Die *Inzidenz- oder Zuordnungsmatrizen* A sind Selektionsmatrizen (s. Abschnitt 2.12.2), bei denen die Anzahl der Zeilen größer ist als die der Spalten und bei denen in jeder Spalte nur jeweils eine 1 steht. Sie werden beim Programmieren durch Inzidenztafeln ersetzt.

Die Verschiebungsmethode wird in ihrer Anwendung auf allgemeine Probleme (Flächentragwerke, partielle Differentialgleichungen) Methode der finiten Elemente (Finite Element Method (FEM)) genannt. Das Ablaufschema und die Matrizengleichungen der Tafel 2.13-2 gelten auch für diese Probleme, die Elemente der Matrizen ändern sich jedoch.

2.13.3 Kraftmethode

2.13.3.1 Rechengang

Das Vorgehen nach der Kraftmethode ist in Tafel 2.13-3 dargestellt. Bei der Elementierung wird das Tragwerk in Elemente und Tragwerksknoten aufgeteilt. Die Betrachtungen am Element (Zeile 2) wurden im Abschnitt 2.13.1 durchgeführt. Die Kraftgrößen der Knoten j werden nach (2.13-16) durch Spaltenmatrizen ausgedrückt. Dann werden die Kraftgrößen aller Elementknoten und aller Tragwerksknoten zusammengefaßt (2.13-24 und 18). Die Matrix B^* ist dabei eine Diagonalmatrix mit den Matrizen B^i als Diagonalelementen. In Zeile 4 erfolgt der Zusammenbau. Die Knotenkraftgrößen der Elemente werden mit den Gleichgewichtsbedingungen denjenigen des Tragwerks zugeordnet (2.13-19). Daraus folgt der Zusammenhang zwischen den Knotenkraftgrößen und den Schnittgrößen (2.13-25). Die Knotenkraftgrößen des Tragwerks können Lastgrößen p_L oder Stützgrößen p_A sein (Zeile 5). Die Stützgrößen p_A sind unbekannt und nicht frei wählbar. Sie werden daher zusammen mit den dort angreifenden Lastgrößen, die direkt in die Lager gehen mit (2.13-22) eliminiert. Die Matrix B_R^T gibt Auskunft darüber, ob ein Tragwerk kinematisch, statisch bestimmt oder statisch unbestimmt ist. Siehe dazu Abschnitt 2.2.2, Tafel 2.2-1.

2.13.3.2 Statisch bestimmte Tragwerke

Bei statisch bestimmten Tragwerken ist B_R nicht singulär und damit die Berechnung der Schnittgrößen mit (2.13-27) möglich. Die reduzierten Knotenverschiebungsgrößen v_R nach (2.13-22, Tafel 2.13-2) erhält man in Abhängigkeit von den analog zu s zusammengefaßten Elementdeformationsgrößen d nach (2.13-28). Die Elementdeformationsgrößen können dabei sowohl elastische d_{el}, als auch eingeprägte d_L nach Abschnitt 2.4.3, Bilder 2.4-6 und 2.4-7, sein. Faßt man die Elementfederungsmatrizen (2.13-2) für das ganze Tragwerk in F^* zusammen (Diagonalmatrix mit Elementfederungsmatrizen F^i als Diagonalelementen), so erhält man die Beziehung (2.13-30).

Tafel 2.13-2. Rechengang bei der Verschiebungsmethode

<table>
<tr><td>1</td><td>Elementie-
rung</td><td colspan="2" align="center">Tragwerk</td></tr>
<tr><td></td><td></td><td align="center">Element</td><td align="center">Knoten</td></tr>
<tr><td></td><td></td><td></td><td></td></tr>
<tr><td>2</td><td>Knotenkraft
und Ver-
schiebungs-
größen</td><td>

$\tilde{p}^i = \tilde{K}^i \tilde{v}^i \quad (2.13-12)$

$p^i = (T^i)^{\mathsf{T}} \tilde{p}^i \quad (2.13-13)$

$\left. \begin{array}{l} p^i = K^i v^i \\ \text{mit } K^i = (T^i)^{\mathsf{T}} \tilde{K}^i T^i \end{array} \right\} \quad (2.13-14)$

</td><td>

$p_j = \begin{bmatrix} M \\ S_Z \\ S_X \end{bmatrix} \; ; \; v_j = \begin{bmatrix} \varphi \\ v_Z \\ v_X \end{bmatrix}$

$(2.13-16)$

</td></tr>
<tr><td>3</td><td>Zusammen-
fassen</td><td>

$p^* = \begin{bmatrix} p^1 \\ \vdots \\ p^i \\ \vdots \\ p^n \end{bmatrix} \; ; \; v^* = \begin{bmatrix} v^1 \\ \vdots \\ v^i \\ \vdots \\ v^n \end{bmatrix}$

(Beispiel: $n = 3$)

$K^* = \text{Diag}\,[K^i]$

$p^* = K^* v^*$

$(2.13-17)$

</td><td>

$p = \begin{bmatrix} p_1 \\ \vdots \\ p_j \\ \vdots \\ p_m \end{bmatrix} \; ; \; v = \begin{bmatrix} v_1 \\ \vdots \\ v_j \\ \vdots \\ v_m \end{bmatrix}$

(Beispiel: $m = 4$)

$(2.13-18)$

</td></tr>
</table>

4	Zusammen-bau	Tragwerk $v^* = Av$ $p = A^T p^*$ $\Big\}$ (2.13-19) $p = Kv$ mit $K = A^T K^* A$ (2.13-20)
5	Identifi-zierung der Knotenkraft-größen	p_L p_A $p = p_L + p_A$ (2.13-21)
6	Einbau der Randbe-dingungen	p_{LR} $p_{LR} = A_R^T p$ $v_R = A_R^T v$ $\Big\}$ (2.13-22) $p_{LR} = K_R v_R$ mit $K_R = A_R^T K A_R$ (2.13-23)

2. Stabtragwerke, lineare Theorie

Tafel 2.13-3. Rechengang bei der Kraftmethode für statisch bestimmte Tragwerke

1	Elementie-rung	**Tragwerk** **Element** / **Knoten**
2	Kraftgrößen	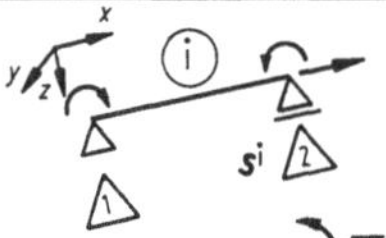 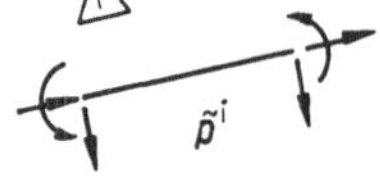   s^i $\tilde{p}^i$ $\tilde{p}^i = (\tilde{B}^i)^\top s^i$ (2.13-9)  $p^i = (T^i)^\top \tilde{p}^i$ (2.13-13) $\left.\begin{array}{l} p^i = (B^i)^\top s^i \\ \text{mit } B^i = \tilde{B}^i T^i \end{array}\right\}$ (2.13-15) $p_j = \begin{bmatrix} M \\ S_z \\ S_x \end{bmatrix}$ (2.13-16)
3	Zusammen-fassung	$p^* = \begin{bmatrix} p^1 \\ \vdots \\ p^i \\ \vdots \\ p^n \end{bmatrix}$; $s = \begin{bmatrix} s^1 \\ \vdots \\ s^i \\ \vdots \\ s^n \end{bmatrix}$ (Beispiel : $n = 3$) $B^* = \text{Diag } [B^i]$ $p^* = (B^*)^\top s$ (2.13-24) $p = \begin{bmatrix} p_1 \\ \vdots \\ p_j \\ \vdots \\ p_m \end{bmatrix}$ (2.13-18) (Beispiel : $m = 4$)
4	Zusammen-bau	**Tragwerk** $p = A^\top p^*$ (2.13-19) $\left.\begin{array}{l} p = B^\top s \\ \text{mit } B = B^* A \end{array}\right\}$ (2.13-25)

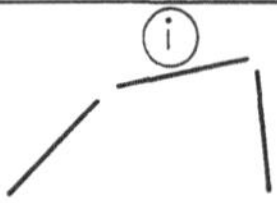

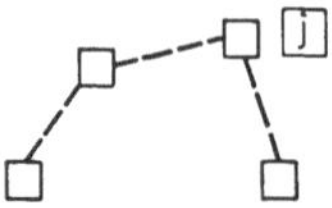

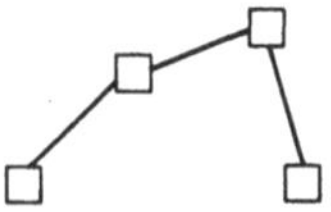

5	Identifizierung der Knotenkraftgrößen	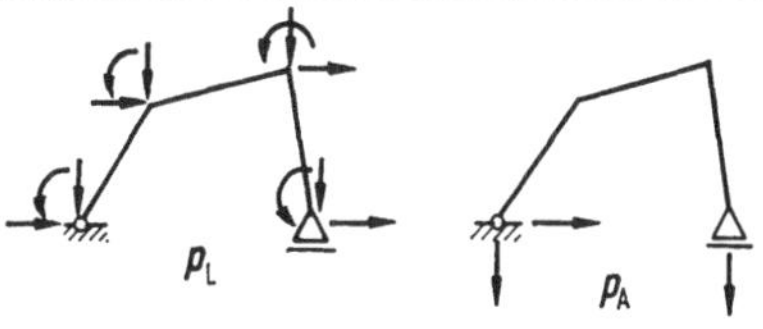 $p = p_L + p_A$ $(2.13-21)$
6	Einbau der Randbedingungen	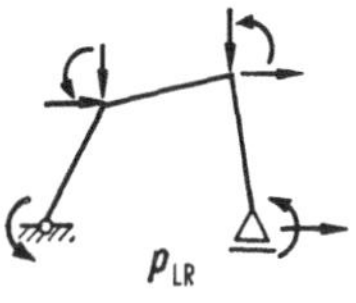 $p_{LR} = A_R^T p$ $(2.13-22)$ $\left.\begin{array}{l} p_{LR} = B_R^T s \\ \text{mit } B_R = BA_R \end{array}\right\}$ $(2.13-26)$
7	Lösung für statisch bestimmte Tragwerke	$\left.\begin{array}{l} s = S\,p_{LR} \\ \text{mit } S = (B_R^T)^{-1} \end{array}\right\}$ $(2.13-27)$
8	Verschiebungsgrößen	$\left.\begin{array}{l} v_R = S^T d \\ \text{mit } d = d_{el} + d_L \end{array}\right\}$ $(2.13-28)$ $\left.\begin{array}{l} d_{el} = F^* s \\ \text{mit } F^* = \text{Diag } [F^i] \end{array}\right\}$ $(2.13-29)$ $\left.\begin{array}{l} v_R = F\,p_{LR} + S^T d_L \\ \text{mit } F = S^T F^* S \end{array}\right\}$ $(2.13-30)$

2.13.3.3 Statisch unbestimmte Tragwerke

Bei statisch unbestimmten Tragwerken wird die Matrix B_R^T aufgespalten in eine nichtsinguläre Matrix B_{geb} und den restlichen Anteil B_{fr}. Analog wird mit s verfahren:

$$\left. \begin{array}{l} B_R^T = [B_{geb} B_{fr}] \\[2mm] s = \begin{bmatrix} s_{geb} \\ s_{fr} \end{bmatrix} \end{array} \right\} \qquad (2.13\text{-}31)$$

An die Stelle von (2.13-26) tritt dann: $p_{LR} = B_{geb} s_{geb} + B_{fr} s_{fr}$. Wird die Aufteilung so vorgenommen, daß die Matrix B_{geb} die größtmöglichen Hauptdiagonalelemente enthält, so entspricht dies der Wahl des numerisch günstigsten statischen bestimmten Systems beim Kraftgrößenverfahren.

Analog zum Kraftgrößenverfahren werden zuerst die freien Größen $s_{fr} = 0$ gesetzt. Mit (2.13-27) erhält man infolge der Belastung $s_{geb} = B_{geb}^{-1} p_{LR}$ und für alle Schnittgrößen

$$\text{mit} \qquad \left. \begin{array}{l} s_0 = S_0 p_{LR} \\[3mm] S_0 = \begin{bmatrix} B_{geb}^{-1} \\ 0 \end{bmatrix} \end{array} \right\} \qquad (2.13\text{-}32)$$

Infolge der freien Schnittgrößen erhält man $s_{geb} = -B_{geb}^{-1} B_{fr} s_{fr}$ und für alle Schnittgrößen

$$\text{mit} \qquad \left. \begin{array}{l} s_X = S_X s_{fr} \\[3mm] S_X = \begin{bmatrix} -B_{geb}^{-1} \, B_{fr} \\ I \end{bmatrix} \end{array} \right\} \qquad (2.13\text{-}33)$$

Die freien Schnittgrößen s_{fr} müssen analog zum Kraftgrößenverfahren aus Kompatibilitätsbedingungen oder nach dem Castiglianoschen Prinzip aus der Minimalbedingung für die Formänderungsarbeit bestimmt werden. Man erhält so mit den Abkürzungen

$$F_{ij} = S_i^T F^* S_j \qquad (2.13\text{-}34)$$

die Bedingungsgleichung

$$F_{XX} s_{fr} = -F_{X0} p_{LR} - S_X^T d_L \qquad (2.13\text{-}35)$$

Diese Gleichung entspricht (2.10-1) beim Kraftgrößenverfahren.

Lösen des Gleichungssystems und Einsetzen in obige Beziehungen ergibt:

$$s = (S_0 - S_X F_{XX}^{-1} F_{X0}) \, p_{LR} - S_X F_{XX}^{-1} S_X^T d_L \qquad (2.13\text{-}36)$$

$$v_R = (F_{00} - F_{0X} F_{XX}^{-1} F_{X0}) \, p_{LR} + (S_0^T - F_{0X} F_{XX}^{-1} S_X^T) \, d_L \qquad (2.13\text{-}37)$$

Werden *Steifigkeiten sehr klein*, so führt dies zur Ausschaltung von Schnittgrößen und damit u. U. zu numerischen Schwierigkeiten, wenn dies nicht bei der Beschreibung des Tragwerks beachtet wird.

2.14 Einflußlinien

2.14.1 Definitionen, Anwendung, Auswertung

Für den in Bild 2.14-1 dargestellten Träger mit einer Einzellast in ξ ergibt sich das Moment in x zu:

$$M(x) = F(l - \xi) x \quad \text{für} \quad x < \xi$$

$$M(x) = F\xi(l - x) \quad \text{für} \quad x > \xi$$

Für einen festen Lastzustand ist ξ konstant und man erhält in Abhängigkeit von x die Zustandslinie. Für eine Wanderlast ist ξ veränderlich. Mit konstantem x erhält man die Einflußlinie in Abhängigkeit von ξ.

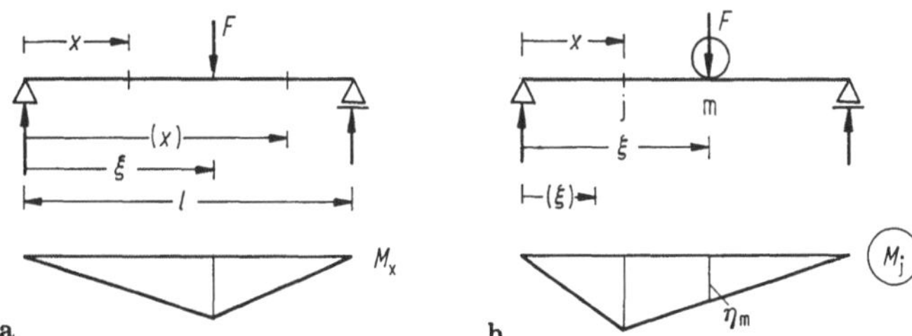

Bild 2.14-1. Träger auf 2 Stützen mit
a) festem Lastzustand und Zustandslinie, b) Wanderlast und Einflußlinie.

Eine Wanderlast wird durch einen Kreis um den Lastpfeil, eine Einflußlinie durch einen Kreis um die Zustandsgröße gekennzeichnet. Falls erforderlich wird der Lastangriffspunkt ξ mit m, die Stelle x mit j, die Einflußlinienordinate mit η bezeichnet. Einflußlinien werden für eine Lastgröße 1 mit der Dimension 1 ermittelt. Mit diesen Festlegungen folgt:

Die Einflußlinienordinate η_m für eine Zustandsgröße gibt an, wie groß diese Zustandsgröße ist, wenn in m diejenige Lastgröße 1 wirkt, für die die Einflußlinie ermittelt wurde.

Als Lastgrößen kommen vorwiegend Kräfte und Momente in Frage. Bei den folgenden allgemeinen Darstellungen wird für beide F gesetzt. Aus der Definition der Einflußlinienordinaten folgt, wenn man auch Streckenlasten p berücksichtigt, die Beziehung zur Berechnung der Zustandsgröße Z:

$$Z = \sum_m F_m \eta_m + \int p(\xi)\, \eta(\xi)\, \mathrm{d}\xi \tag{2.14-1}$$

2.14.2 Ermittlung von Einflußlinien

2.14.2.1 Punktweise Ermittlung

Entsprechend der Definition der Einflußlinienordinaten bringt man im Punkt m diejenige Lastgröße 1 (Dimension 1) auf, für die die Einflußlinie ermittelt wird, berechnet die Zustandsgröße, für die die Einflußlinie gilt, und trägt diesen Wert im Punkt m als Ordinate η_m ab. Dieses einfache, aber rechenintensive Verfahren wird oft in der EDV verwandt.

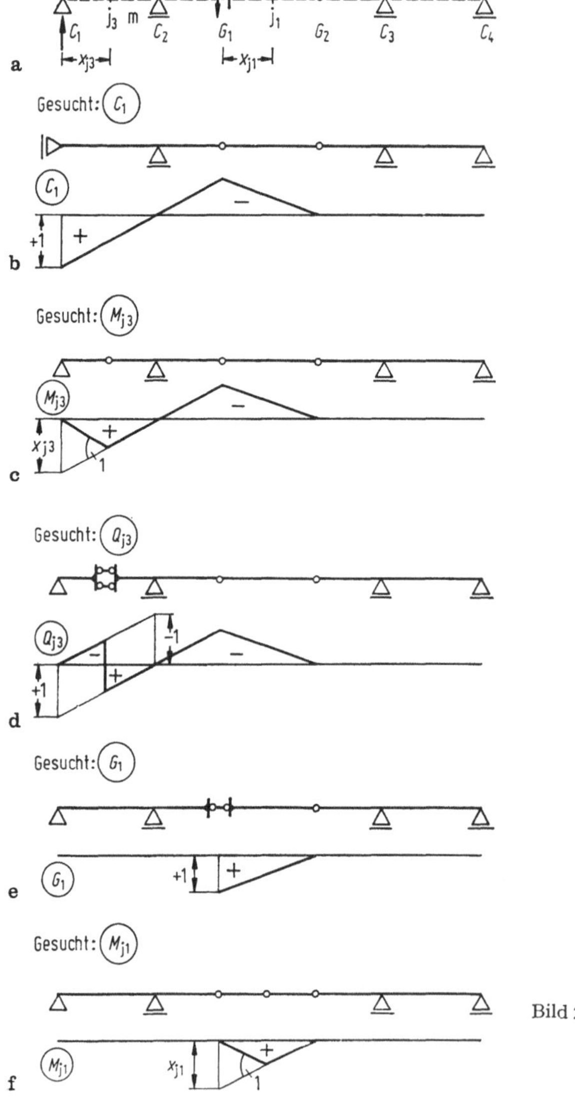

Bild 2.14-2. Einflußlinien für Kraftgrößen am Gerberträger.

2.14.2.2 Einflußlinien für Kraftgrößen mit dem Satz von Land

Einflußlinien für Kraftgrößen können auf zweierlei Arten bestimmt werden:
1. indem man diejenige Fessel, in der die gesuchte Kraftgröße wirkt, zerschneidet und ihr dann eine Verschiebung „1" einprägt, oder
2. indem man dem Tragwerk die der gesuchten Kraftgrößen zugeordnete Verschiebungsgröße „1" einprägt.

Zu 1.: Im Abschnitt 2.8.4 ist dargestellt, wie man Kraftgrößen mit dem Prinzip der virtuellen Verschiebungen berechnet. Schneidet man nach 2.8.4.2 eine Fessel, läßt die dadurch freigesetzte Kraft S als äußere Kraft wirken und bringt die dieser Kraft zugeordnete Verschiebungsgröße -1^{v} an, Bild 2.8-12, so erhält man:

$$\left. \begin{array}{l} W_{\mathrm{a}}^{\mathrm{v}} = F\eta^{\mathrm{v}} - 1^{\mathrm{v}}S \\[1mm] W_{\mathrm{i}}^{\mathrm{v}} = 0 \end{array} \right\} \quad S = F\eta$$

Da die innere Arbeit, auch bei statisch unbestimmten Tragwerken, Null ist, erhält man direkt die gewünschte Beziehung (2.14-1). Die in Bild 2.8-12c dargestellten Verschiebungszustände sind daher auch die Einflußlinien für N_{j}, M_{j} und Q_{j}. Dieses Verfahren wird zur Berechnung der Einflußlinien für die Schnittgrößen und Stützgrößen statisch bestimmter Tragwerke verwandt.

Zu 2.: Prägt man zur Berechnung der Schnittgrößen S die diesen zugeordneten Verschiebungsgrößen (Sprunggrößen) 1^{v} ein, Bild 2.8-13, so erhält man:

$$\left. \begin{array}{l} W_{\mathrm{a}}^{\mathrm{v}} = F\eta^{\mathrm{v}} \\[1mm] -W_{\mathrm{i}}^{\mathrm{v}} = S1^{\mathrm{v}} \end{array} \right\} \quad S = F\eta$$

Da die innere Arbeit, auch bei statisch unbestimmten Tragwerken, $-S1^{\mathrm{v}}$ ist, erhält man direkt die gewünschte Beziehung (2.14-1). Die in Bild 2.8-13c dargestellten Verschiebungszustände sind daher auch die Einflußlinien für N_{j}, M_{j} und Q_{j}. Dieses Verfahren wird zur Berechnung der Einflußlinien für die Schnittgrößen verwandt.

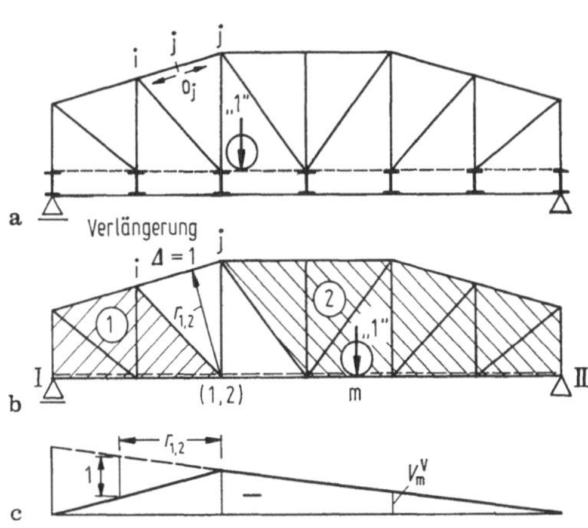

Bild 2.14-3. Einflußlinie O_{j} mit dem Satz von Land.

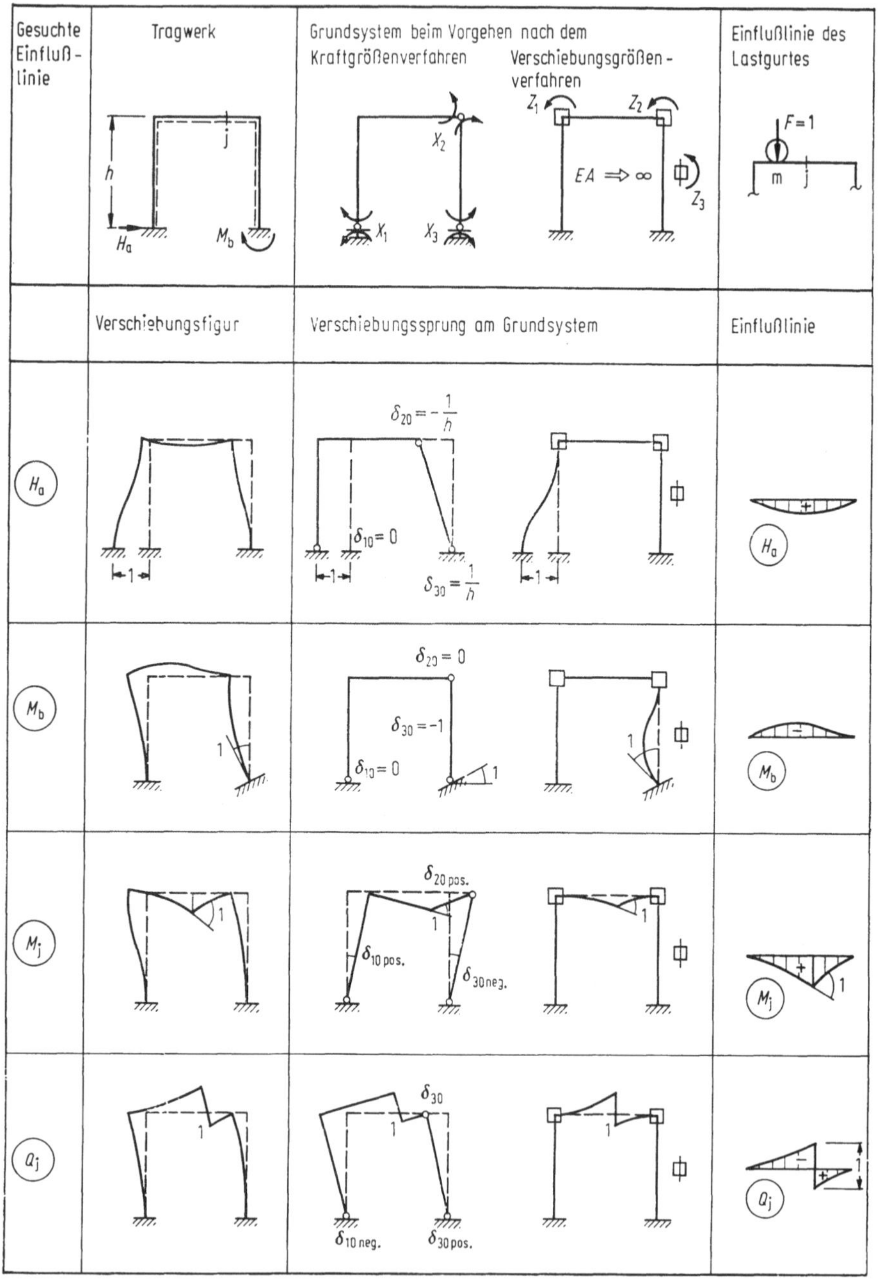

Gesuchte Einflußlinie	Tragwerk	Grundsystem beim Vorgehen nach dem Kraftgrößenverfahren Verschiebungsgrößenverfahren		Einflußlinie des Lastgurtes
	Verschiebungsfigur	Verschiebungssprung am Grundsystem		Einflußlinie
H_a		$\delta_{20} = -\dfrac{1}{h}$ $\delta_{10} = 0$ $\delta_{30} = \dfrac{1}{h}$		H_a
M_b		$\delta_{20} = 0$ $\delta_{30} = -1$ $\delta_{10} = 0$		M_b
M_j		$\delta_{20\,pos.}$ $\delta_{10\,pos.}$ $\delta_{30\,neg.}$		M_j
Q_j		δ_{30} $\delta_{10\,neg.}$ $\delta_{30\,pos.}$		Q_j

Bild 2.14-4. Einflußlinien am eingespannten Rahmen nach dem Satz von Land.

Aus dem Vorgehen nach 1 und 2 folgt der *Satz von Land*: Zur Berechnung der Einflußlinien für Stützgrößen und für diejenigen Schnittgrößen, die als äußere Kraftgrößen in eingeführten Gelenken angesetzt werden, bringt man die zugeordneten Verschiebungsgrößen 1 entgegengesetzt zur positiven Kraftrichtung auf, für die nicht durch Gelenke ausgeschalteten Schnittgrößen prägt man die zugeordneten Sprünge von der Größe 1 in den Verschiebungsgrößen ein und ermittelt die Biegelinie. Die Ordinaten η der gesuchten Einflußlinie sind die den Lastgrößen zugeordneten Verschiebungsgrößen des Lastgurtes. Bei einer Momentenbelastung ist also die Neigung der Biegelinie gleich der Einflußlinie.

Beispiele:

Für den Gerberträger in Bild 2.14-2a sind zu verschiedenen Kraftgrößen die Einflußlinien in Bild 2.14-2b bis f beim Vorgehen nach 1 dargestellt.

Für das im Bild 2.14-3a dargestellte Fachwerk wird die Einflußlinie O_j dadurch ermittelt, daß man dem Stab eine Verlängerung um 1 einprägt (Bild 2.14-3b). Dadurch entsteht zwischen den Scheiben 1 und 2 der Winkel $1/r_{1,2}$. Die Projektion der Biegelinie des Lastgurtes auf die Lastrichtung ist die Einflußlinie (Bild 2.14-3c).

Einflußlinien für den beidseitig eingespannten Rahmen beim Vorgehen nach 2 sind in Bild 2.14-4 angegeben.

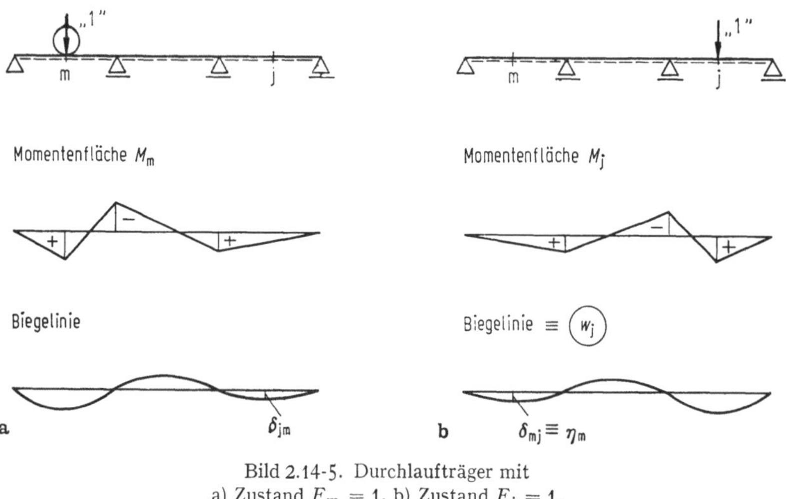

Bild 2.14-5. Durchlaufträger mit
a) Zustand $F_m = 1$, b) Zustand $F_j = 1$.

2.14.2.3 Einflußlinien für Verschiebungsgrößen mit dem Satz von Betti und Maxwell

Zur Berechnung der Einflußlinienordinate η_m für die Verschiebung w_j muß man die Last 1 am Punkt m aufbringen (Bild 2.14-5a), w_j berechnen und $w_j = \delta_{jm}$ als Einflußlinienordinate η_m abtragen. Mit der Beziehung von Betti und Maxwell $\delta_{jm} = \delta_{mj}$ folgt, daß man statt dessen die Verschiebung an der Stelle m infolge einer Last 1 an der Stelle j berechnen und auftragen kann, Bild 2.14-5b. Daraus folgt das Vorgehen zur Ermittlung von Einflußlinien für Verschiebungsgrößen mit dem Satz von Betti und Maxwell: Zur Berechnung der Einflußlinie für eine Verschiebungsgröße am Punkt j bringt man dort

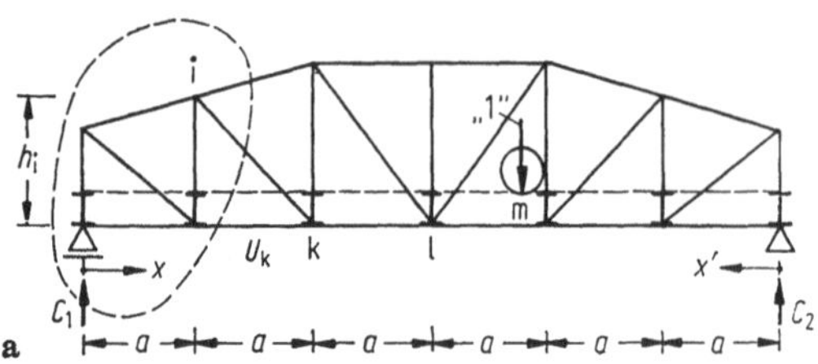

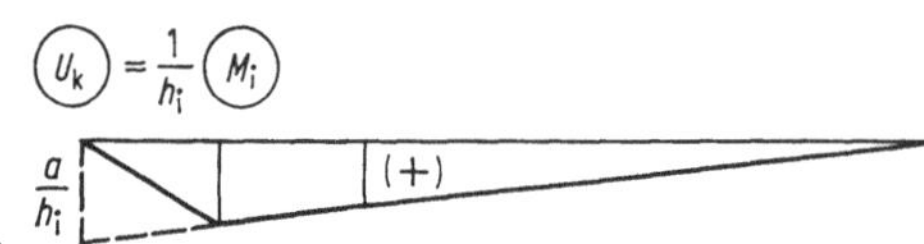

Bild 2.14-6. Einflußlinie U_k mit Ritterschnitt.

gegebenes Tragwerk

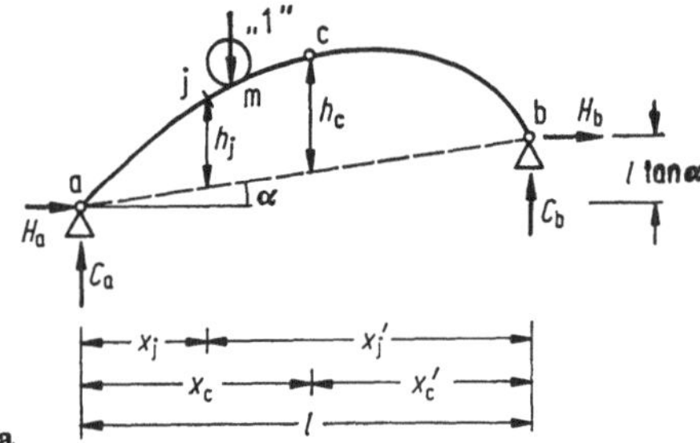

Ersatzsystem

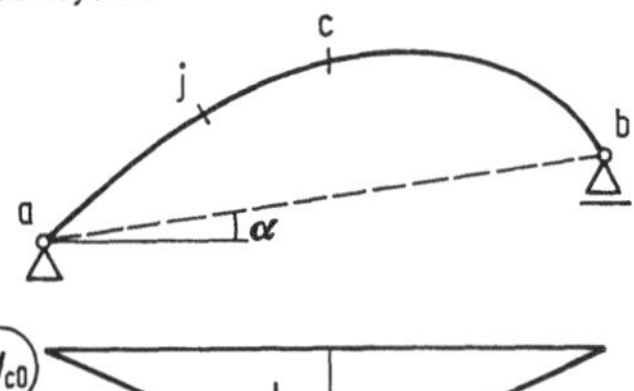

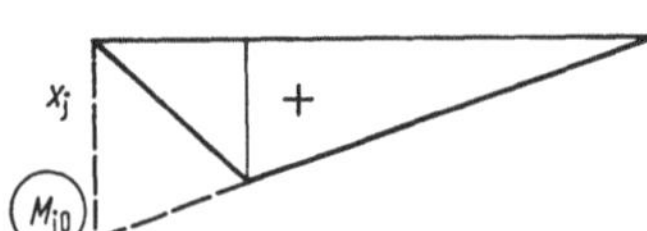

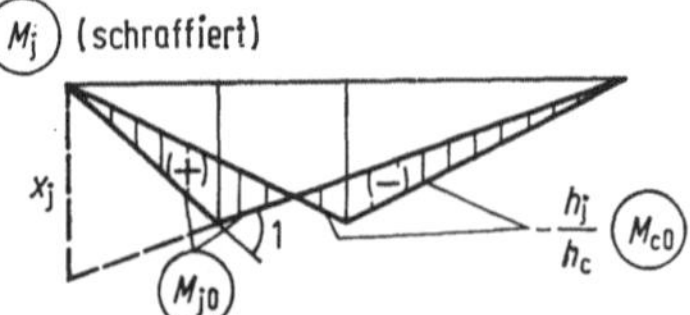

Bild 2.14-7. Einflußlinie M_j mit dem Stabtauschverfahren.

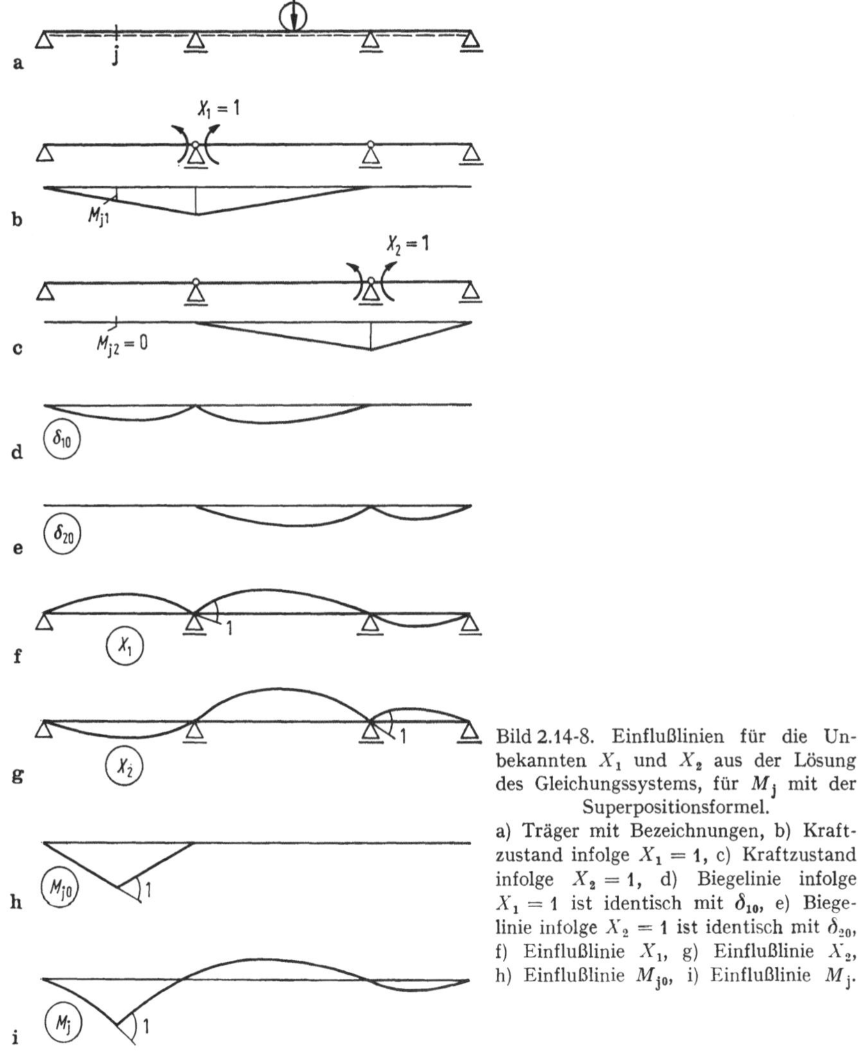

Bild 2.14-8. Einflußlinien für die Unbekannten X_1 und X_2 aus der Lösung des Gleichungssystems, für M_j mit der Superpositionsformel.

a) Träger mit Bezeichnungen, b) Kraftzustand infolge $X_1 = 1$, c) Kraftzustand infolge $X_2 = 1$, d) Biegelinie infolge $X_1 = 1$ ist identisch mit δ_{10}, e) Biegelinie infolge $X_2 = 1$ ist identisch mit δ_{20}, f) Einflußlinie X_1, g) Einflußlinie X_2, h) Einflußlinie M_{j0}, i) Einflußlinie M_j.

die der Verschiebungsgröße zugeordnete Kraftgröße an und ermittelt dafür die Biegelinie. Die Ordinaten η der gesuchten Einflußlinie sind die den Lastgrößen zugeordneten
Verschiebungsgrößen des Lastgurtes. Bei einer Momentenbelastung ist also die Neigung
der Biegelinie gleich der Einflußlinie.

2.14.2.4 Verwendung von Beziehungen für die Kraft- und Verschiebungsgrößen

In den Beziehungen, die man zur Berechnung von Kraft- oder Verschiebungsgrößen
z. B. mit der Schnittmethode, dem Stabtausch-, dem Kraftgrößen- oder Verschiebungsgrößenverfahren erhält, hat man anstelle der Größen, die von der Belastung abhängen,
deren Einflußlinien zu setzen. (In der hier verwandten Bezeichnungsweise sind diese
Größen also mit einem Kreis zu versehen.)

Beispiel: Für das im Abschnitt 2.8.2.5 behandelte Fachwerk erhält man mit dem
Ritterschen *Schnittverfahren* (Bild 2.8-8) $U_\mathrm{k} = M_\mathrm{i}/h_\mathrm{i}$ und daraus die Beziehung für die
Einflußlinie:

$$\left(\!U_\mathrm{k}\!\right) = \frac{1}{h_\mathrm{i}} \left(\!M_\mathrm{i}\!\right) \qquad \text{(Bild 2.14-6)}$$

Beispiel: Für den im Abschnitt 2.8.5 behandelten Dreigelenkbogen (Bild 2.8-14) erhält
man mit dem *Stabtauschverfahren* $M_\mathrm{j} = M_\mathrm{j0} - \dfrac{M_\mathrm{c0}}{h_\mathrm{c}} h_\mathrm{j}$ und daraus die Beziehung für die
Einflußlinie:

$$\left(\!M_\mathrm{j}\!\right) = \left(\!M_\mathrm{j0}\!\right) - \frac{h_\mathrm{j}}{h_\mathrm{c}} \left(\!M_\mathrm{c0}\!\right) \qquad \text{(Bild 2.14-7)}$$

Beispiel: Die Berechnung des in Bild 2.14-8a dargestellten Durchlaufträgers nach dem
Kraftgrößenverfahren ergibt nach (2.10-2)

$$X_1 = -\beta_{11}\delta_{10} - \beta_{12}\delta_{20}$$

$$X_2 = -\beta_{21}\delta_{10} - \beta_{22}\delta_{20}$$

und damit die Einflußlinien:

$$\left(\!X_1\!\right) = -\beta_{11}\left(\!\delta_{10}\!\right) - \beta_{12}\left(\!\delta_{20}\!\right)$$

$$\left(\!X_2\!\right) = -\beta_{21}\left(\!\delta_{10}\!\right) - \beta_{22}\left(\!\delta_{20}\!\right)$$

Die Einflußlinien $\left(\!\delta_{10}\!\right)$ und $\left(\!\delta_{20}\!\right)$ werden nach Abschnitt 2.14.2.3 ermittelt. Sie sind in den
Bildern 2.14-8d und e dargestellt, die Einflußlinien für X_1 und X_2 in den Bildern 2.14-8f
und g. Mit der *Superpositions*formel 2.10-3 erhält man das Moment $M_\mathrm{j} = M_\mathrm{j0} + X_1 M_\mathrm{j1}$
$+ X_2 M_\mathrm{j2}$ und damit die Einflußlinie zu $\left(\!M_\mathrm{j}\!\right) = \left(\!M_\mathrm{j0}\!\right) + \left(\!X_1\!\right) M_\mathrm{j1} + \left(\!X_2\!\right) M_\mathrm{j2}$. Sie ist
in Bild 2.14-8i dargestellt.

2.15 Elastisch gebetteter Balken

Balken, die kontinuierlich durch Federn mit einer linearen Charakteristik gestützt
sind, werden elastisch gebettete Balken genannt. Symbolische Darstellung nach Bild
2.15-1.

Bild 2.15-1. Elastisch gebetteter Balken, symbolische Darstellung.

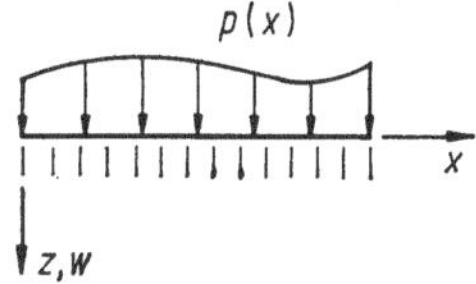

$$\lambda = l\sqrt[4]{k/4EI}$$

Reaktion $q(x) = kw(x)$

$EI = \text{const}$

$EA = E\alpha_0 A \Rightarrow \infty$

$k = \text{const}$

$\xi = x/l \; ; \; \xi' = x'/l$

$\eta = a/l \; ; \; \eta' = b/l$

Ableitungen von w und M nach x	Last links von x $(a<x)$	Last rechts von x $(a>x)$
	A) Belastung $F_c = 1$	
$w(x) =$	$\dfrac{2\lambda}{lk}\,[\,f_1(\xi')\,f_5(\eta) + f_3(\xi')\,f_6(\eta)\,]$	$\dfrac{2\lambda}{lk}\,[\,f_1(\xi)\,f_5(\eta') + f_3(\xi)\,f_6(\eta')\,]$
$\varphi(x) = w'(x) =$	$-\dfrac{2\lambda^2}{l^2 k}\,[\,f_4(\xi')\,f_5(\eta) + 2f_1(\xi')\,f_6(\eta)\,]$	$\dfrac{2\lambda^2}{l^2 k}\,[\,f_4(\xi)\,f_5(\eta') + 2f_1(\xi)\,f_6(\eta')\,]$
$M(x) = -EIw''(x) =$	$\dfrac{l}{\lambda}\,[\,f_2(\xi')\,f_5(\eta) - f_4(\xi')\,f_6(\eta)\,]$	$\dfrac{l}{\lambda}\,[\,f_2(\xi)\,f_5(\eta') - f_4(\xi)\,f_6(\eta')\,]$
$Q(x) = M'(x) =$	$-[\,f_3(\xi')\,f_5(\eta) + 2f_2(\xi')\,f_6(\eta)\,]$	$f_3(\xi)\,f_5(\eta') + 2f_2(\xi)\,f_6(\eta')$
	B) Belastung $M_c = 1$	
$w(x) =$	$-\dfrac{2\lambda^2}{l^2 k}\,[\,f_1(\xi')\,f_7(\eta) + f_3(\xi')\,f_8(\eta)\,]$	$\dfrac{2\lambda^2}{l^2 k}\,[\,f_1(\xi)\,f_7(\eta') + f_3(\xi)\,f_8(\eta')\,]$
$\varphi(x) = w'(x) =$	$\dfrac{2\lambda^3}{l^3 k}\,[\,f_4(\xi')\,f_7(\eta) + 2f_1(\xi')\,f_8(\eta)\,]$	$\dfrac{2\lambda^3}{l^3 k}\,[\,f_4(\xi)\,f_7(\eta') + 2f_1(\xi)\,f_8(\eta')\,]$
$M(x) = -EIw''(x) =$	$-[\,f_2(\xi')\,f_7(\eta) - f_4(\xi')\,f_8(\eta)\,]$	$f_2(\xi)\,f_7(\eta') - f_4(\xi)\,f_8(\eta')$
$Q(x) = M'(x) =$	$\dfrac{\lambda}{l}\,[\,f_3(\xi')\,f_7(\eta) + 2f_2(\xi')\,f_8(\eta)\,]$	$\dfrac{\lambda}{l}\,[\,f_3(\xi)\,f_7(\eta') + 2f_2(\xi)\,f_8(\eta')\,]$

Abkürzungen :

$$c_\lambda = \frac{1}{\frac{1}{4}(e^\lambda - e^{-\lambda})^2 - \sin^2\lambda} \qquad\qquad u = \xi, \eta, \xi' \text{ bzw. } \eta'$$

$$f_1(u) = \frac{\cos \lambda u}{2}(e^{\lambda u} + e^{-\lambda u})$$

$$f_5(u) = c_\lambda\,[\,f_4(u=1)\,f_1(u) + f_2(u=1)\,f_3(u)\,]$$

$$f_2(u) = \frac{\sin \lambda u}{2}(e^{\lambda u} - e^{-\lambda u})$$

$$f_6(u) = c_\lambda\,[\,f_2(u=1)\,f_1(u) - \tfrac{1}{2}f_3(u=1)\,f_3(u)\,]$$

$$f_3(u) = \frac{\cos \lambda u}{2}(e^{\lambda u} - e^{-\lambda u}) + \frac{\sin \lambda u}{2}(e^{\lambda u} + e^{-\lambda u})$$

$$f_7(u) = c_\lambda\,[\,f_4(u=1)\,f_4(u) + 2f_2(u=1)\,f_1(u)\,]$$

$$f_4(u) = \frac{\cos \lambda u}{2}(e^{\lambda u} - e^{-\lambda u}) - \frac{\sin \lambda u}{2}(e^{\lambda u} + e^{-\lambda u})$$

$$f_8(u) = c_\lambda\,[\,f_2(u=1)\,f_4(u) - f_3(u=1)\,f_1(u)\,]$$

Tafel 2.15-1. Ordinaten der Zustands- bzw. Einflußlinien eines elastisch gebetteten Balkens für Belastung durch $F = 1$ bzw. $M = 1$.

Tafel 2.15-2. Grundformeln des elastisch gebetteten Balkens für das Verschiebungsgrößenverfahren.

Zustand	$EI = \text{const},\quad EA = G\alpha_0 A \longrightarrow \infty$ $\lambda = l\sqrt[4]{K/4EI}$ $\qquad q(x) = kw(x)$
φ_i $c_1 \cdots c_4$ für $u = 1$	$M_{ik} = c_1\,\varphi_i\,\dfrac{EI}{l}$ $\qquad$ $M_{ki} = c_2\,\varphi_i\,\dfrac{EI}{l}$ $A_{ik} = c_3\,\varphi_i\,\dfrac{EI}{l^2}$ $\qquad$ $A_{ki} = c_4\,\varphi_i\,\dfrac{EI}{l^2}$
φ_k $c_1 \cdots c_4$ für $u = 1$	$M_{ik} = c_2\,\varphi_k\,\dfrac{EI}{l}$ $\qquad$ $M_{ki} = c_1\,\varphi_k\,\dfrac{EI}{l}$ $A_{ik} = -c_4\,\varphi_k\,\dfrac{EI}{l^2}$ $\qquad$ $A_{ki} = -c_3\,\varphi_k\,\dfrac{EI}{l^2}$
w_i $c_3 \cdots c_6$ für $u = 1$	$M_{ik} = -c_3\,w_i\,\dfrac{EI}{l^2}$ $\qquad$ $M_{ki} = c_4\,w_i\,\dfrac{EI}{l^2}$ $A_{ik} = c_5\,w_i\,\dfrac{EI}{l^3}$ $\qquad$ $A_{ki} = c_6\,w_i\,\dfrac{EI}{l^3}$
w_k $c_3 \cdots c_6$ für $u = 1$	$M_{ik} = -c_4\,w_k\,\dfrac{EI}{l^2}$ $\qquad$ $M_{ki} = c_3\,w_k\,\dfrac{EI}{l^2}$ $A_{ik} = c_6\,w_k\,\dfrac{EI}{l^3}$ $\qquad$ $A_{ki} = c_5\,w_k\,\dfrac{EI}{l^3}$
a — F_c — b (c) c_2, c_4, c_6 $\eta = \dfrac{a}{l}\quad,\ \eta' = \dfrac{b}{l}$	$M_{ik} = -\dfrac{F_c l}{8c_\lambda \lambda^4}\left(\dfrac{c_4(u=1)\,c_2(\eta')}{\eta'} - \dfrac{c_2(u=1)\,c_4(\eta')}{\eta'^2}\right)$ $M_{ki} = \dfrac{F_c l}{8c_\lambda \lambda^4}\left(\dfrac{c_4(u=1)\,c_2(\eta)}{\eta} - \dfrac{c_2(u=1)\,c_4(\eta)}{\eta^2}\right)$ $A_{ik} = \dfrac{F_c}{8c_\lambda \lambda^4}\left(\dfrac{c_4(u=1)\,c_4(\eta')}{\eta'^2} - \dfrac{c_6(u=1)\,c_2(\eta')}{\eta'}\right)$ $A_{ki} = \dfrac{F_c}{8c_\lambda \lambda^4}\left(\dfrac{c_4(u=1)\,c_4(\eta)}{\eta^2} - \dfrac{c_6(u=1)\,c_2(\eta)}{\eta}\right)$
a — M_c — b (c) c_2, c_4, c_6 $\eta = \dfrac{a}{l}\quad,\ \eta' = \dfrac{b}{l}$	$M_{ik} = -\dfrac{M_c}{8c_\lambda \lambda^4}\left(\dfrac{c_4(u=1)\,c_4(\eta')}{\eta'^2} - \dfrac{c_2(u=1)\,c_6(\eta')}{\eta'^3}\right)$ $M_{ki} = -\dfrac{M_c}{8c_\lambda \lambda^4}\left(\dfrac{c_4(u=1)\,c_4(\eta)}{\eta^2} - \dfrac{c_2(u=1)\,c_6(\eta)}{\eta^3}\right)$ $A_{ik} = -\dfrac{M_c}{8l c_\lambda \lambda^4}\left(-\dfrac{c_6(u=1)\,c_4(\eta')}{\eta'^2} + \dfrac{c_4(u=1)\,c_6(\eta')}{\eta'^3}\right)$ $A_{ki} = \dfrac{M_c}{8l c_\lambda \lambda^4}\left(-\dfrac{c_6(u=1)\,c_4(\eta)}{\eta^2} + \dfrac{c_4(u=1)\,c_6(\eta)}{\eta^3}\right)$

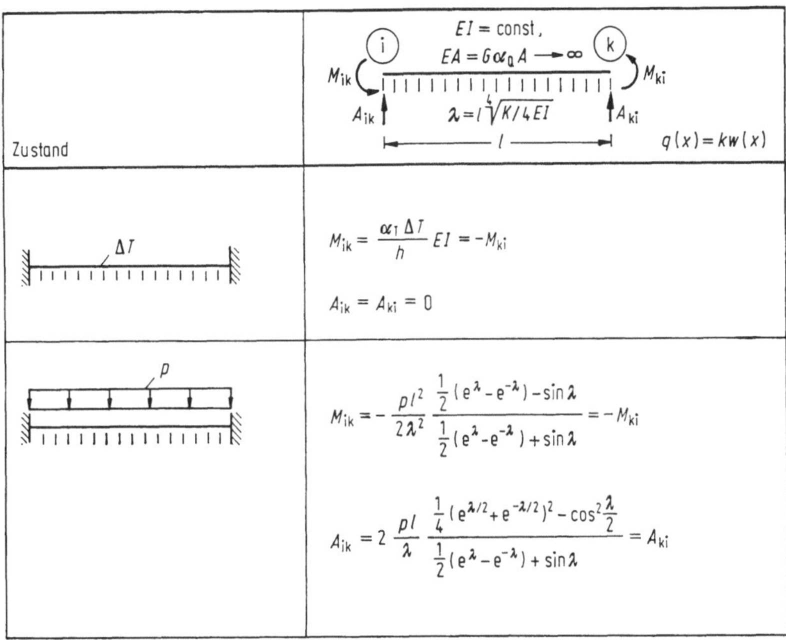

Zustand

$$M_{ik} = \frac{\alpha_t\, \Delta T}{h}\, EI = -M_{ki}$$

$$A_{ik} = A_{ki} = 0$$

$$M_{ik} = -\frac{pl^2}{2\lambda^2}\,\frac{\frac{1}{2}(e^\lambda - e^{-\lambda}) - \sin\lambda}{\frac{1}{2}(e^\lambda - e^{-\lambda}) + \sin\lambda} = -M_{ki}$$

$$A_{ik} = 2\,\frac{pl}{\lambda}\,\frac{\frac{1}{4}(e^{\lambda/2} + e^{-\lambda/2})^2 - \cos^2\frac{\lambda}{2}}{\frac{1}{2}(e^\lambda - e^{-\lambda}) + \sin\lambda} = A_{ki}$$

Abkürzungen :

$$c_\lambda = 1/[(e^\lambda - e^{-\lambda})^2/4 - \sin^2\lambda]$$

$$c_1(u) = 2c_\lambda\lambda u\,[\tfrac{1}{4}(e^{2\lambda u} - e^{-2\lambda u}) - \sin\lambda u\,\cos\lambda u]$$

$$c_2(u) = -c_\lambda\lambda u\,[(e^{\lambda u} - e^{-\lambda u})\cos\lambda u - (e^{\lambda u} + e^{-\lambda u})\sin\lambda u]$$

$$c_3(u) = 2c_\lambda(\lambda u)^2\,[\sin^2\lambda u + \tfrac{1}{4}(e^{\lambda u} - e^{-\lambda u})^2]$$

$$c_4(u) = -2c_\lambda(\lambda u)^2(e^{\lambda u} - e^{-\lambda u})\sin\lambda u$$

$$c_5(u) = -4c_\lambda(\lambda u)^3\,[\tfrac{1}{4}(e^{2\lambda u} - e^{-2\lambda u}) + \sin\lambda u\,\cos\lambda u]$$

$$c_6(u) = 2c_\lambda(\lambda u)^3\,[(e^{\lambda u} - e^{-\lambda u})\cos\lambda u + (e^{\lambda u} + e^{-\lambda u})\sin\lambda u]$$

$$u = \xi, \eta, \xi' \text{ bzw. } \eta'$$

Federcharakteristik:

$$q = kw \tag{2.15-1}$$

Bei positivem w wirkt q in z-Richtung auf die Feder, entgegengesetzt auf den Träger.

Berücksichtigt man q in der Differentialgleichung (2.6-5) für den querbelasteten Biegeträger, so erhält man:

$$\big(EI(x)\,w''(x)\big)'' + k(x)\,w(x) = p(x) \tag{2.15-2}$$

Mit $EI = $ const und $k = $ const (Zimmermannsche Annahme) geht diese Differentialgleichung in eine lineare Differentialgleichung mit konstanten Koeffizienten über:

$$\left.\begin{array}{c} w^{\mathrm{IV}}(x) + 4\,\dfrac{\lambda^4}{4}\,w(x) = \dfrac{p(x)}{EI} \\[3mm] \text{mit } \lambda = l\sqrt[4]{\dfrac{K}{4EI}} \end{array}\right\} \tag{2.15-3}$$

Homogene Lösung:

$$w_{\mathrm{h}} = \mathrm{e}^{\lambda x/l}\left(B_1 \cos\frac{\lambda x}{l} + B_2 \sin\frac{\lambda x}{l}\right) + \mathrm{e}^{-\lambda x/l}\left(B_3 \cos\frac{\lambda x}{l} + B_4 \sin\frac{\lambda x}{l}\right)$$

bzw.

$$w_{\mathrm{h}} = C_1 \cos\frac{\lambda x}{l}\cosh\frac{\lambda x}{l} + C_2 \cos\frac{\lambda x}{l}\sinh\frac{\lambda x}{l}$$

$$+ C_3 \sin\frac{\lambda x}{l}\cosh\frac{\lambda x}{l} + C_4 \sin\frac{\lambda x}{l}\sinh\frac{\lambda x}{l}$$

Die Partikularlösung lautet:

$$w_{\mathrm{p}} = \frac{p(x)\,l^4}{4\lambda^4 EI}$$

$$\text{für } p(x) = \left[p_0 + p_1\cdot\frac{x}{l} + p_2\left(\frac{x}{l}\right)^2 + p_3\left(\frac{x}{l}\right)^3\right]$$

Partikularlösungen können superponiert werden. Daher können alle auf der Superposition beruhenden baustatischen Verfahren, vor allem das Kraft- und Verschiebungsgrößenverfahren, beim elastisch gebetteten Balken angewandt werden. Grundlastfälle für diese Verfahren sind in den Tafeln 2.15-1 und 2 angegeben, die Übertragungsmatrix in Tafel 2.15-3.

Bei den Lastfällen Einzelkraft und Einzelmoment (Bild 2.15-2) kann man mit den Funktionswerten jeweils Zustandslinie und Einflußlinie ermitteln, s. Abschnitt 2.14.1.

Bei der Anwendung des *Kraftgrößenverfahrens* auf Tragwerke, die elastisch gebettete Teile enthalten, werden diese Teile durch das Schneiden von Fesseln so freigeschnitten, daß bekannte Lösungen verwandt werden können. Bei der Berechnung der durch das Schneiden der Fesseln ermöglichten Sprunggrößen in den Verschiebungsgrößen sind die Verschiebungen infolge der elastischen Bettung zu beachten.

Bei der Anwendung des *Verschiebungsgrößenverfahrens* auf Tragwerke, die elastisch gebettete Teile enthalten, werden diese durch das Einführen zusätzlicher Fesseln denjenigen geometrisch bestimmten Trägern angepaßt, deren Lösungen bekannt sind. Bei der Einführung der unbekannten Verschiebungsgrößen an den elastisch gebetteten Teilen ist zu beachten, daß eine gleiche Verschiebung der beiden Knoten eines Trägers rechtwinklig zur Stabachse Verformungen und Kraftgrößen zur Folge hat. Deshalb können Stabdrehwinkel bei elastisch gebetteten Balken nicht als Unbekannte eingeführt werden.

Können die Federn keine Zugkräfte aufnehmen, so ist der Zugbereich iterativ zu ermitteln. An den Übergangsstellen zwischen Druck- und Zugbereich führt man Knoten ein (Feldgrenzen beim Übertragungsverfahren, Gelenke beim Kraftgrößenverfahren, Fesseln beim Verschiebungsgrößenverfahren).

Tafel 2.15-3. Elemente der Matrizen des Übertragungsverfahrens zur Berechnung elastisch gebetteter Balken, f_1 bis f_4 s. Tafel 2.15-1.

$$U(x)=\begin{bmatrix} f_1(\xi) & \dfrac{l}{2\lambda}f_3(\xi) & \dfrac{l^2}{\lambda^2 EI\,2}f_2(\xi) & \dfrac{l^3}{\lambda^3 EI\,4}f_4(\xi) \\[2ex] \dfrac{\lambda}{l}f_4(\xi) & f_1(\xi) & -\dfrac{l\,f_3(\xi)}{\lambda EI\,2} & -\dfrac{l^2 f_2(\xi)}{\lambda^2 EI\,2} \\[2ex] \dfrac{2\lambda^2 EI}{l^2}f_2(\xi) & -\dfrac{4\lambda EI}{l}f_4(\xi) & f_1(\xi) & \dfrac{l}{\lambda 2}f_3(\xi) \\[2ex] \dfrac{2\lambda^3 EI}{l_3}f_3(\xi) & \dfrac{2\lambda^2 EI}{l^2}f_2(\xi) & \dfrac{\lambda f_4(\xi)}{l} & f_1(\xi) \end{bmatrix} \; ; Z_p(x)=\begin{bmatrix} w \\[2ex] \varphi \\[2ex] M \\[2ex] Q \end{bmatrix}$$

Zustandsgröße	Lastfall	
	p (Streckenlast)	$\varkappa_T = \dfrac{\alpha_T \Delta T}{h} = \text{const}$ $\Delta T = T_u - T_o$
w	$-\dfrac{p_0 l^4}{4\lambda^4 EI}\left(f_1(\xi)-1\right)$	$-\dfrac{\alpha_T \Delta T}{h}\dfrac{l^2}{2\lambda^2}f_2(\xi)$
φ	$\dfrac{p_0 l^3}{4\lambda^3 EI}f_4(\xi)$	$-\dfrac{\alpha_T \Delta T}{h}\dfrac{l}{2\lambda}f_3(\xi)$
M	$-\dfrac{p_0 l^2}{2\lambda^2}f_2(\xi)$	$\dfrac{\alpha_T \Delta T\,EI}{h}\left(f_1(\xi)-1\right)$
Q	$-\dfrac{p_0 l}{2\lambda}f_3(\xi)$	$-\dfrac{\alpha_T \Delta T\,EI}{h}\dfrac{\lambda}{l}f_4(\xi)$
$\xi = \dfrac{x}{l}$		

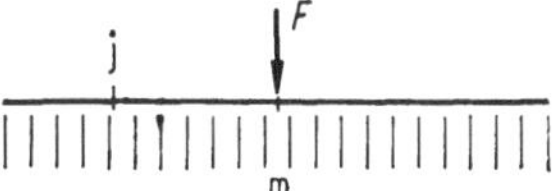

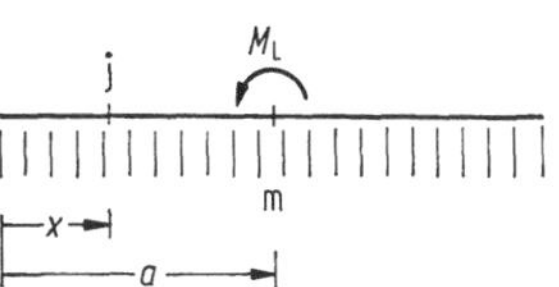

Bild 2.15-2. Belastung durch eine Kraft F und ein Moment M_L.

2.16 Zum Tragverhalten von Stabtragwerken

In diesem Abschnitt werden zuerst einige Anmerkungen zur Zulässigkeit von Linearisierungen und von Vernachlässigungen gemacht, dann wird das Tragverhalten von Stabtragwerken an einigen Beispielen erläutert.

2.16.1 Linearisierungen, Annahmen und Vernachlässigungen

Linearisierung der geometrischen Beziehungen: wegen der kleinen Verschiebungen üblicher Bauwerke i. allg. zulässig. Beispiel einer genaueren Berechnung für einen Träger auf 2 Stützen unter Längsbelastung in Bild 2.16-1.

Linearisierung des Werkstoffgesetzes: bei den üblichen Baustoffen im Gebrauchszustand zulässig, darüber bis zum Bruch teilweise erhebliche Abweichungen (Nichtlineares Materialverhalten).

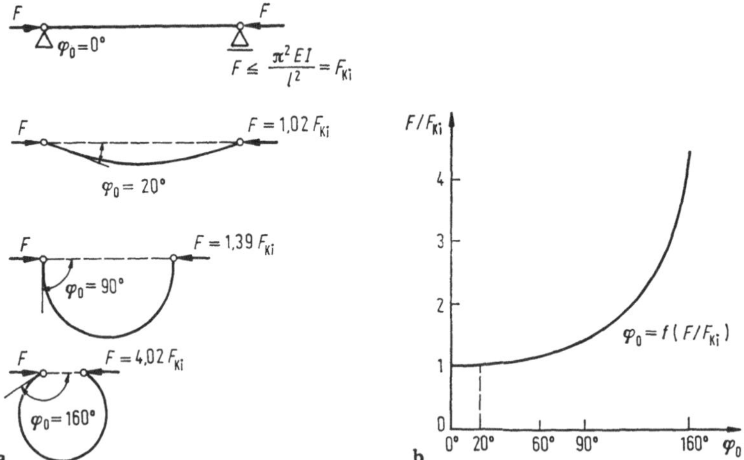

Bild 2.16-1. Wirkliche Verformung eines Knickstabes.

Linearisierung der statischen Beziehungen (Kräfte werden am unverformten System angesetzt): wegen der kleinen Verschiebungen üblicher Bauwerke i. allg. zulässig, jedoch nicht beim Auftreten großer Längskräfte (Theorie II. Ordnung).

Erhaltung der Querschnittskontur: i. allg. zulässig bis auf dünnwandige Querschnitte (Profilverformung und Schalentheorie).

Ebenbleiben des Querschnitts: i. allg. gegeben bis auf Querschnitte, die vorwiegend durch Schub beansprucht werden (Torsion, Scheiben) und dünnwandige Querschnitte (Profilverformung und Schalentheorie).

Elastische Verzerrungen der Stabelemente:

Schubverzerrungen γ können i. allg. vernachlässigt werden bis auf folgende Fälle: kurze Träger mit großer Querkraft, Träger mit geringer Schubaufnahmekapazität (z. B. Wabenträger), Stahlbetonträger im gerissenen Zustand, Träger mit dünnen Stegen.

Längsdehnungen ε dürfen nicht vernachlässigt werden bei Tragwerken, die überwiegend durch Längskräfte beansprucht werden (Fachwerke, Seilkonstruktionen, Bögen), Tragwerken mit Stützen, die in der Länge, der Beanspruchung oder dem Material große Unterschiede aufweisen.

2.16.2 Tragwerke veränderlicher Gliederung

Bei den Tragwerken veränderlicher Gliederung entsteht trotz linearer Annahmen durch das unterschiedliche Verhalten des Tragwerks in verschiedenen Beanspruchungsbereichen ein nichtlineares Kraft-Verschiebungs-Diagramm. Beispiele s. Bild 2.16-2. Superposition ist nur in den einzelnen Bereichen möglich.

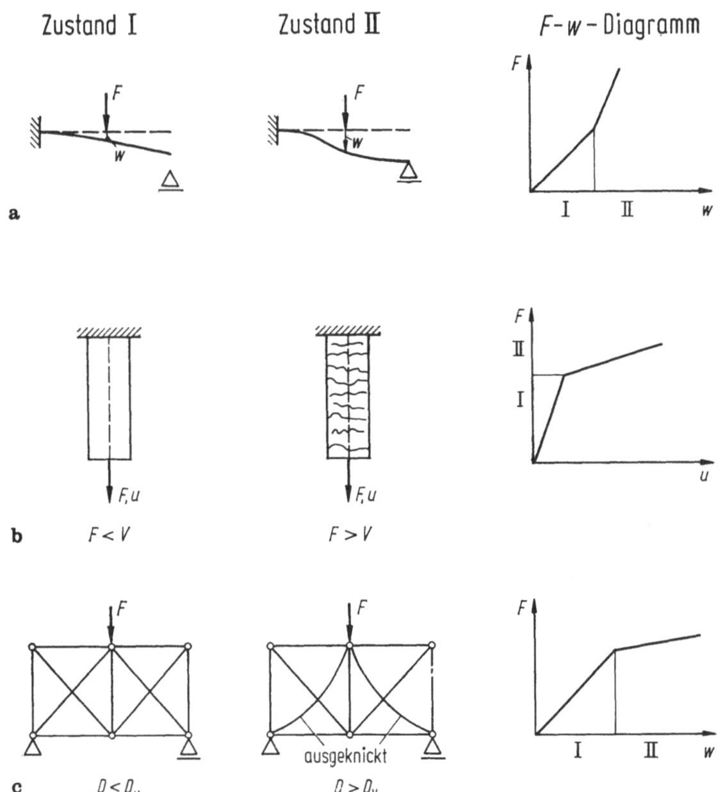

Bild 2.16-2. Systeme veränderlicher Gliederung.
a) Kragträger, der am freien Ende später aufsetzt; b) Stahlbetonstab mit Vorspannung V; c) Fachwerk mit gekreuzten Diagonalen aus Seilen mit Vorspannung D_V.

2.16.3 Verhalten von Tragwerken bei Änderung der Systemwerte

2.16.3.1 Allgemeines

Es kann grundsätzlich gesagt werden, daß die Kräfte von den Stellen an denen die Steifigkeiten abgemindert werden, zu den Stellen wandern, an denen Steifigkeiten erhöht werden.

2.16.3.2 Änderung der Biegesteifigkeit beim Einfeldträger

Am Beispiel eines eingespannten Trägers mit einer Einzellast in Feldmitte wird die Änderung des Einspannmomentes in Abhängigkeit von der Änderung des Trägheitsmomentenverhältnisses gezeigt (Bild 2.16-3). Das Trägheitsmoment ändert sich dabei über x linear, quadratisch oder kubisch.

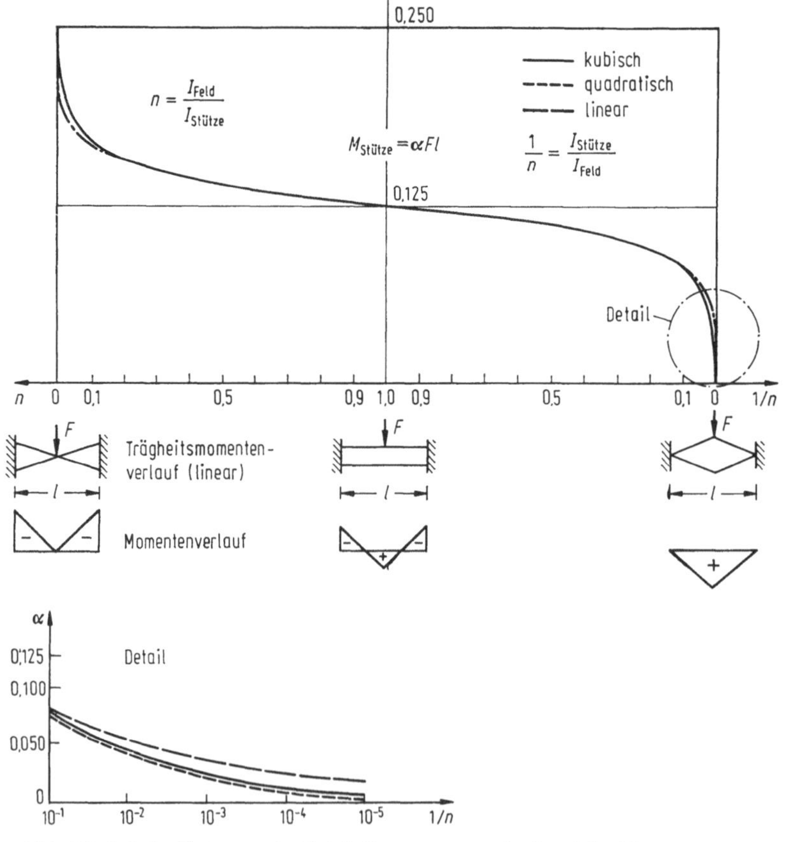

Bild 2.16-3. Einfluß der Änderung des Trägheitsmomentenverlaufs auf das Einspannmoment eines Einfeldträgers.

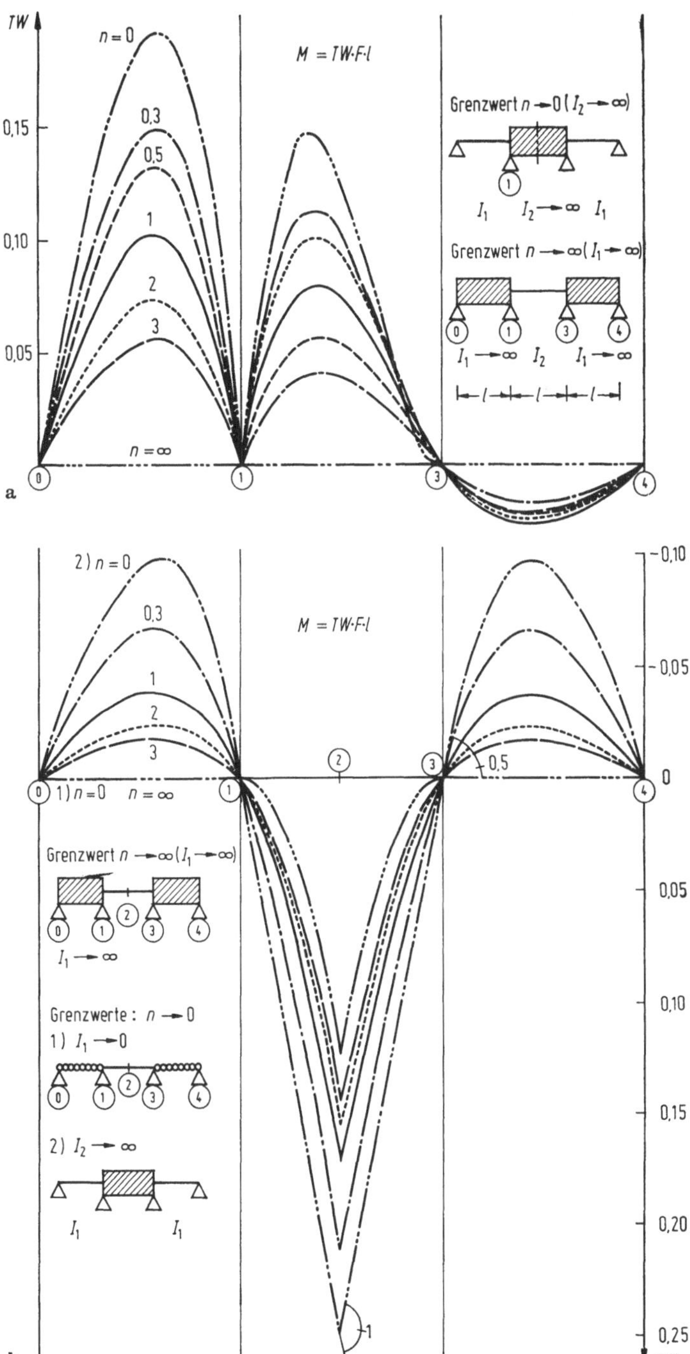

Bild 2.16-4. Einflußlinien zu lotrechten Kräften für einen Dreifeldträger bei feldweiser Änderung des Trägheitsmomentes
a) für das Stützmoment M_1, b) für das Feldmoment M_2.

2.16.3.3 Feldweise Änderung der Biegesteifigkeit beim Mehrfeldträger

Im folgenden wird der Einfluß einer feldweisen Änderung des Trägheitsmomentes bei Durchlaufträgern anhand von Einflußlinien gezeigt. Das Trägheitsmoment ist innerhalb der einzelnen Felder konstant. Da die Ergebnisse von der Änderung der Steifigkeit EI/l abhängen, kann statt einer Vergrößerung des Trägheitsmomentes auch eine Verkürzung der Stützweite angenommen werden. Hier werden die Ergebnisse für konstante Stützweite dargestellt.

In Bild 2.16-4 sind die Einflußlinien für M_1 und M_2 eines symmetrischen Dreifeldträgers, in Bild 2.16-5 sind die Einflußlinien für das Stützmoment M_1 bei unterschiedlicher Felderzahl dargestellt.

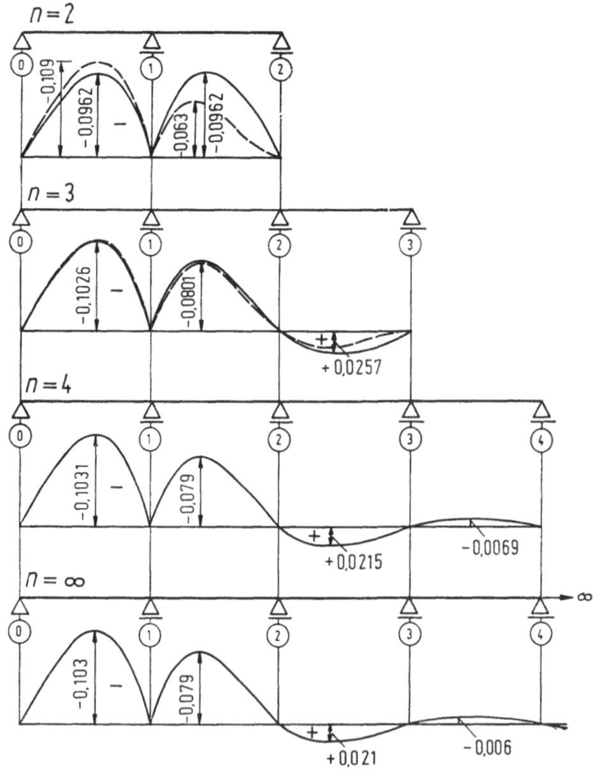

Bild 2.16-5. Einflußlinien zu lotrechten Kräften für M_1 beim Durchlaufträger mit $n = 2, 3, 4$ und ∞ vielen gleichgroßen Feldern.

2.16.3.4 Systemänderungen bei Rahmen

Um den Einfluß der Stielsteifigkeiten abschätzen zu können, wird ein eingespannter symmetrischer einstöckiger einfeldriger Rahmen betrachtet. Für eine symmetrische vertikale Belastung besteht kein Unterschied gegenüber dem symmetrischen Dreifeldträger. Deshalb werden die Momente infolge einer Horizontalkraft angegeben, Bild 2.16-6. Von praktischem Interesse sind nur die Werte, bei denen die Steifigkeit des Riegels größer als die der Stiele ist.

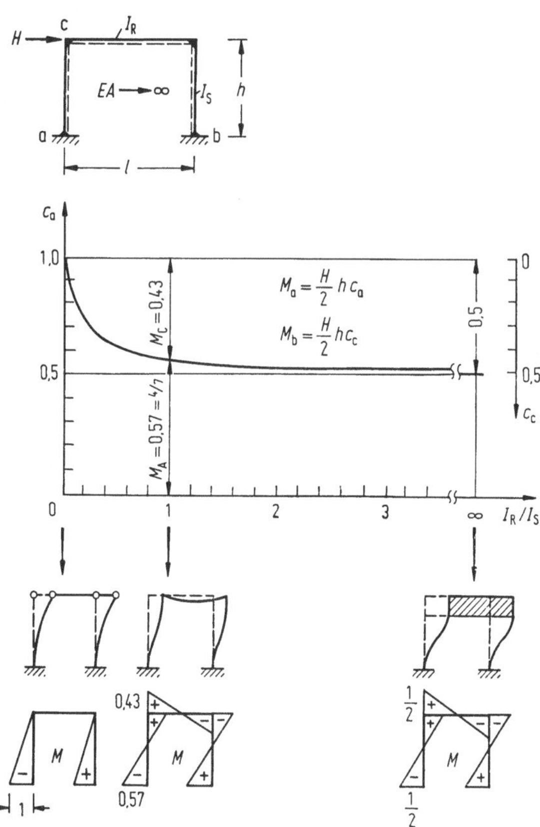

Bild 2.16-6. Rahmen mit horizontaler Kraft. Änderung der Momente bei einer Änderung der Trägheitsmomentenverhältnisse.

Bei Mehrfeldrahmen sinkt der Einfluß der Biegesteifigkeit der Stützen, vor allem der Mittelstützen, bei vertikaler Belastung. Wenn die Biegesteifigkeit der Stützen gegen Null geht, gehen die Zustandslinien in die des Durchlaufträgers über, Bild 2.16-7b. Bei einer Längenänderung des Riegels (z. B. infolge Temperaturänderung T_S) sind die Momente nur von der Biegesteifigkeit der Stützen, vor allem der Randstützen abhängig, Bild 2.16-7c.

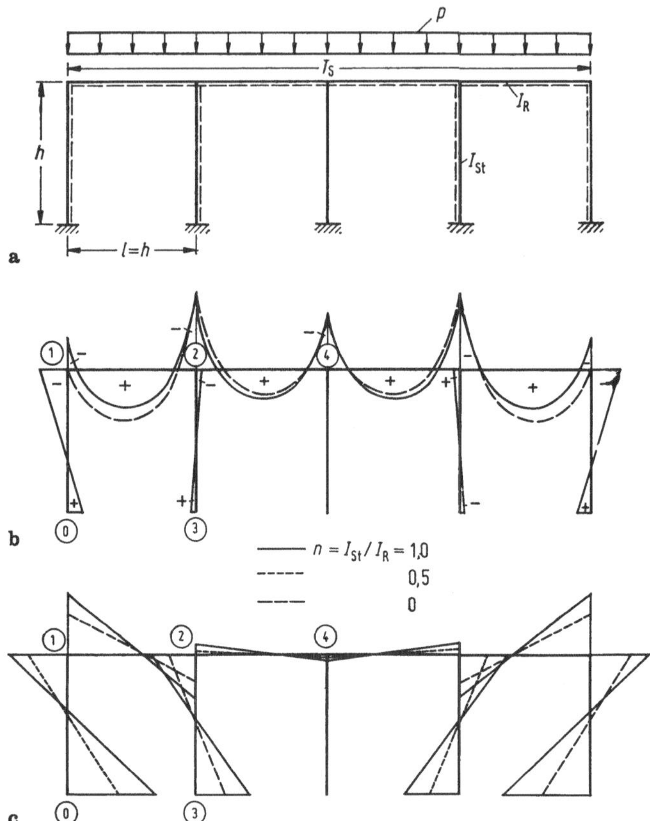

Bild 2.16-7. Vierfeldrahmen mit p und T_S bei Änderung der Trägheitsmomente.
a) Tragwerk mit Belastung, b) M-Fläche infolge p, c) M-Fläche infolge T_S.

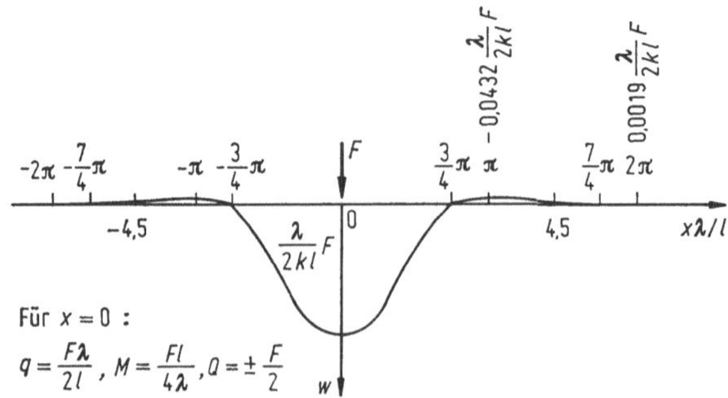

Bild 2.16-8. Biegelinie eines ∞ langen elastisch gebetteten Balkens mit einer Einzellast.

2.16.4 Elastisch gebettete Balken

Störungen — das sind einwirkende Einzellasten oder Momente, eingeprägte Verschiebungen oder Verdrehungen — klingen beim elastisch gebetteten Balken in Abhängigkeit von

$$\frac{\lambda}{l}\,x = x\,\sqrt[4]{\frac{k}{4EI}}$$

(siehe (2.15-3)) ab. Die durch eine Einzellast verursachte Störung, Bild 2.16-8, ist nach $\frac{\lambda}{l}\,x \approx 2\pi$ auf einen Wert abgeklungen, der in der Baustatik vernachlässigt werden kann.

2.16.5 Ungünstige Lastkombinationen

Ungünstige Lastkombinationen werden aufgrund des *Verlaufs der Einflußlinien* festgelegt. Aus den Bildern 2.16-4 und 5 ersieht man z. B., daß für das minimale (negative) Stützmoment die anliegenden Felder und dann jedes zweite Feld belastet werden müssen, für das maximale (positive) Feldmoment das Feld selbst und dann jedes zweite Feld.

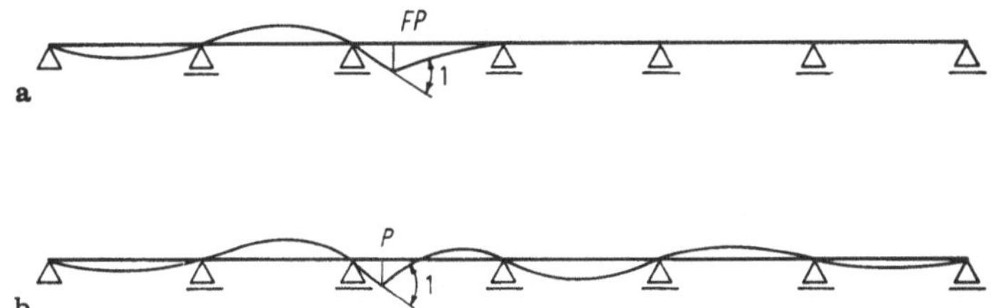

Bild 2.16-9. Momenteneinflußlinien am Durchlaufträger für
a) linken Festpunkt FP eines Feldes, b) einen Punkt *P* zwischen Festpunkt und Stütze.

Eine besondere Betrachtung ist noch für den *Festpunkt* (s. Abschnitt 2.10.2.2) und den Bereich zwischen Festpunkt und Stütze anzustellen, Bild 2.16-9, da die Einflußlinie für z. B. einen linken Festpunkt in den rechts anschließenden Feldern Null ist, diejenige für einen Punkt zwischen Festpunkt und Stütze im zugehörigen Feld das Vorzeichen wechselt.

Die ungünstigste Laststellung für die maximale und minimale Stützkraft ist gleich der für das Stützmoment (Bild 2.16-10a). Die Querkrafteinflußlinien (sie lassen sich für alle Punkte eines Feldes in einem Bild darstellen) wechseln im zugehörigen Feld das Vorzeichen bis auf diejenigen für die Randpunkte des Feldes. Für die maximale oder minimale Querkraft sind ein Teil des betrachteten Feldes und ein Nachbarfeld zu belasten und dann jedes zweite Feld.

Im *Hochbau* darf mit feldweiser Belastung gerechnet werden. Der Vorzeichenwechsel der Momenten- und Querkrafteinflußlinien im Feld wird bei der Festlegung der Laststellung also nicht berücksichtigt.

Als Umhüllende der für jeden Punkt ermittelten maximalen Zustandsgrößen erhält man die *maximalen Zustandslinien*.

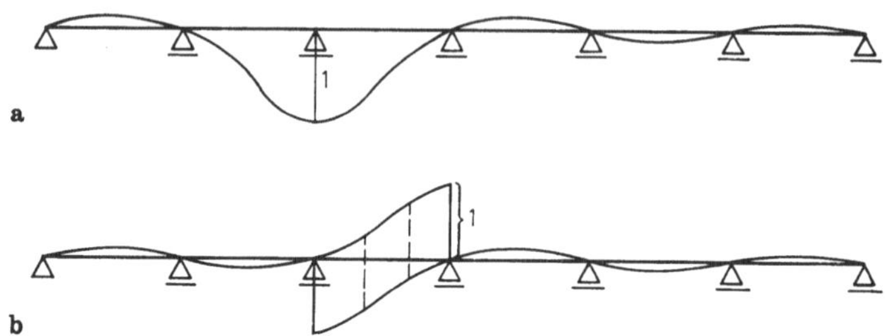

Bild 2.16-10. Einflußlinien am Durchlaufträger für
a) eine Stützkraft, b) eine Querkraft.

2.16.6 Schubverformungen

Werden bei einem Träger nur Schubverformungen betrachtet, so gilt die lineare Differentialgleichung 2. Ordnung (2.6-6). Als deren Lösung erhält man die Verschiebung w infolge der Schubverformung, die Querkraft $Q = G\alpha_Q A w'$ als erste und bei konstanter Schubsteifigkeit die Querbelastung $p = -G\alpha_Q A w''$ als zweite Ableitung. Die homogene Lösung stellt eine Gerade dar, während als Partikularlösung die Momentenfläche infolge der Querbelastung $p(x)$ genommen werden kann. Randbedingungen können nur in den Zustandsgrößen w und Q erfüllt werden. Allerdings ist Q durch die Gleichgewichtsbedingungen an M gebunden. (Zu der konstanten Querkraftfläche nach Bild 2.16-11 gehört eine linear veränderliche Momentenfläche, siehe Tafel 2.8-3.) — In Bild 2.16-11 b ist die Verschiebungsfigur des Trägers für den Fall dargestellt, daß man bei $x = 0$ mit $w = 0$ beginnt und dann die Schubverformungen aufträgt. Die Verschiebungen entsprechen denen eines links eingespannten Kragträgers. Ordnet man an a und b Lager an, so erhält man den in Bild 2.16-11 c dargestellten Verformungszustand mit $w = 0$ zwischen a und b. Von beiden Zuständen ausgehend, kann man ohne Biegeverformungen die Randbedingungen $\varphi_0 = \varphi_e = 0$ nicht realisieren.

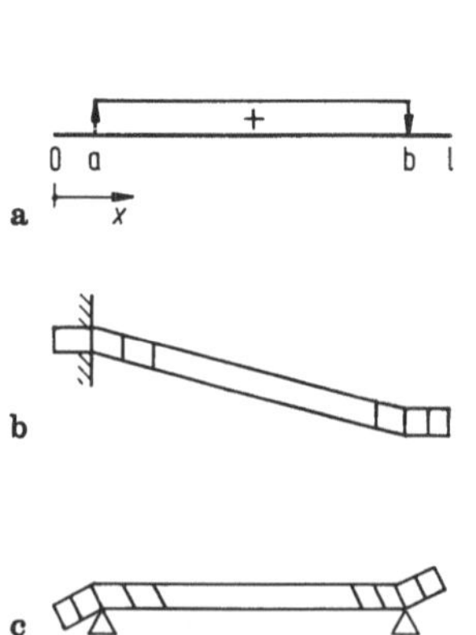

Bild 2.16-11. Schubverformungen bei konstanter Querkraft.
a) Träger mit Querkraft, b) w bei $w_0 = w_a = 0$,
c) w bei $w_a = w_b = 0$

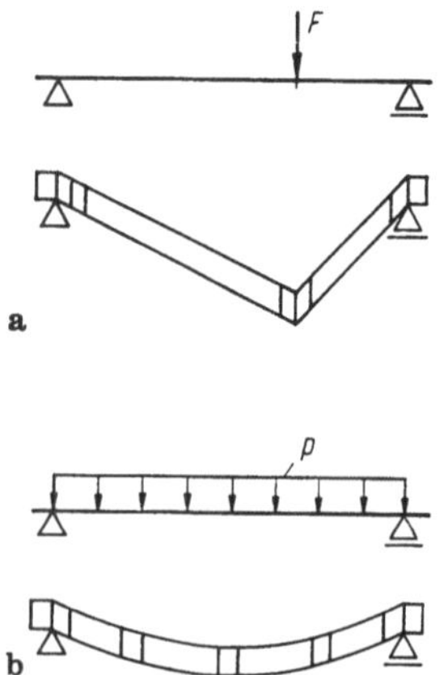

Bild 2.16-12. Schubverformungen bei querbelasteten Trägern.
a) Einzellast in Feldmitte, b) konstante Streckenlast

Wendet man beim Träger auf 2 Stützen zur Berechnung der Stabendverdrehungen das Prinzip der virtuellen Kräfte an, so hat man am Stabende das virtuelle Moment 1^v anzubringen (siehe Tafel 2.9-1) und erhält $Q^v = \text{const}$. Die Verdrehung berechnet sich im Steifigkeitsbereich $0-1$ zu:

$$\varphi_0 = Q^v \int_0^l Q \, dx = Q^v(M_1 - M_0),$$

d. h., bei Zuständen mit $M_1 = M_0$ ist die Stabendverdrehung 0. Das ist bei allen querbelasteten Trägern auf 2 Stützen der Fall, siehe Bild 2.16-12, aber auch bei eingespannten Trägern mit $M_0 = M_1$, also z. B. bei den Trägern mit einer Gleichstreckenlast, einer konstanten eingeprägten Krümmung oder mit einer Einzellast in $l/2$, s. dazu Tafel 2.11-2.

In den in den Tafeln 2.11-3 und 2.11-4 dargestellten Fällen entstehen bis auf den mit M_c belasteten Träger im statisch bestimmten System keine Stabendverdrehungen aus Schubverformungen, sondern nur infolge der konstanten Querkraft aus dem Einspannmoment, was durch den angegebenen Faktor berücksichtigt wird.

2.17 Kontrollen

Werden für Stabtragwerke Ergebnisse vorgelegt, so empfiehlt es sich, diese wie folgt zu kontrollieren:

1. Gleichgewichtskontrollen:

1.1 Kontrolle des Gleichgewichts am Gesamttragwerk.

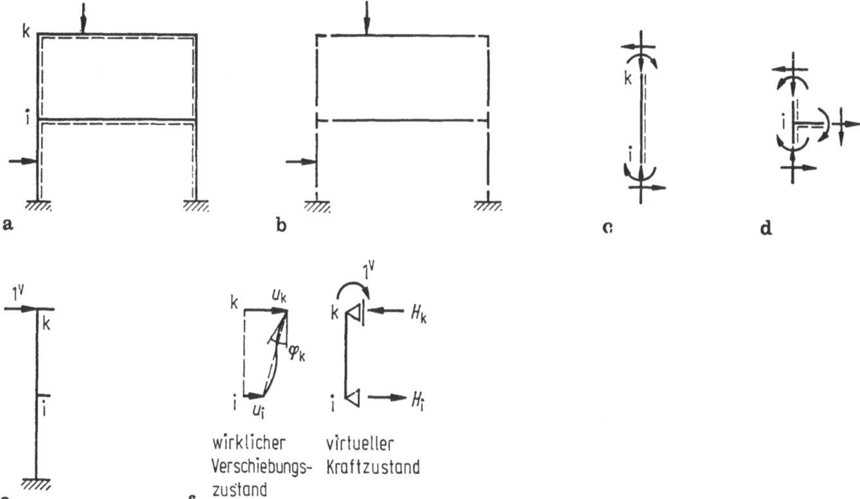

Bild 2.17-1. Zur Kontrolle von Zustandsgrößen.
a) Gegebenes Tragwerk, b) Tragwerk in Stäbe und Knoten aufgeschnitten, c) Kraftzustand am Stab $i-k$, d) Kraftzustand am Knoten i, e) Virtueller Kraftzustand zur Berechnung von u_k, f) Berechnung von φ_k am Stab $i-k$.

1.2 Gleichgewicht der Stäbe.

Man schneidet die einzelnen Stäbe mit ihrer Belastung aus dem Tragwerk heraus, Bild 2.17-1b, bringt an den Schnittstellen die Schnittgrößen an und kontrolliert, ob der Stab im Gleichgewicht ist, Bild 2.17-1c. Falls es erforderlich ist, kontrolliert man auch ausgezeichnete Punkte der Zustandslinien für die Kraftgrößen.

1.3 Knotengleichgewicht.

An den herausgeschnittenen Knoten wird das Gleichgewicht der Schnittgrößen und der evtl. am Knoten angreifenden Lasten kontrolliert, Bild 2.17-1d.

2. Kontrolle von Verschiebungsgrößen

2.1 Verschiebungen der Knoten.

Die Knotenverschiebungen werden (z. B. mit dem Prinzip der virtuellen Kräfte, Bild 2.17-1e) berechnet und auf Kompatibilität kontrolliert.

2.2 Stabendverdrehungen

Die Stabendverdrehungen werden an den herausgeschnittenen Stäben unter Berücksichtigung der Knotenverschiebungen (z. B. mit dem Prinzip der virtuellen Kräfte, Bild 2.17-1f) berechnet.

2.3 Knotenverdrehungen.

Die Verdrehungen der an einem Knoten angreifenden Stabenden müssen gleich sein.

Die Kontrolle weiterer Lastfälle kann auf die belasteten Stäbe beschränkt werden, wenn

beim Kraftgrößen- und beim Verschiebungsgrößenverfahren die Systemmatrix
bei den Iterationsverfahren von Cross und Kani die Systemwerte und die daraus ermittelten Festwerte im Rechenschema
bei Berechnungen mit Programmen die Systemwerte

beibehalten worden sind.

3. Stabtragwerke unter erzwungenen ungedämpften Schwingungen mit harmonischer Anregung

Schwingungsprobleme werden in [H 24] ausführlich behandelt. In diesem Abschnitt wird gezeigt, wie man Probleme, die durch lineare Differentialgleichungen beschrieben werden, mit den Verfahren des Kapitels 2 behandeln kann.

3.1 Voraussetzungen, Differentialgleichung, Lösungen für Einzelstäbe

Bei einem harmonisch mit $\bar{p} = \hat{p} \sin \omega t$ quer zur Stabachse erregten Stab ergibt sich der Kraft- und Verschiebungszustand wieder harmonisch und ohne Phasenverschiebung zu z. B. $w = \hat{w} \sin \omega t$ und $M = \hat{M} \sin \omega t$. Das Zeichen $\wedge$ kennzeichnet die Amplituden, ω ist die Erregerfrequenz (Kreisfrequenz), t die Zeit. Die Differentialgleichung (2.6-5) für den querbelasteten Biegeträger geht über in

$$\frac{d^4 w(x, t)}{dx^4} = \frac{1}{EI} p(x, t), \text{ mit den Anteilen für } p(x, t):$$

$$p(x): \text{ statische Last}$$

Tafel 3-1. Grundformeln des Verschiebungsgrößenverfahrens für harmonische Schwingungen, Grundstab I

Zustand Biegelinie	Vorzeichen $\hat{M}_{ik}\left(\underset{\hat{A}_{ik}}{\overset{\textcircled{i}}{\underset{\lambda=l\sqrt[4]{(m\omega^2)/EI}}{\overset{EI=\text{const},\ G\alpha_0 A\longrightarrow\infty}{\longleftarrow l \longrightarrow}}}}\ \overset{\textcircled{k}}{\hat{A}_{ki}}\right)\hat{M}_{ki}$	
$\hat{\varphi}_i$ F_1 bis F_4 s. Tafel 3-6	$\hat{M}_{ik}=F_2\,\dfrac{EI}{l}\,\hat{\varphi}_i$ $\hat{A}_{ik}=-F_4\,\dfrac{EI}{l^2}\,\hat{\varphi}_i$	$\hat{M}_{ki}=F_1\,\dfrac{EI}{l}\,\hat{\varphi}_i$ $\hat{A}_{ki}=-F_3\,\dfrac{EI}{l^2}\,\hat{\varphi}_i$
$\hat{\varphi}_k$ F_1 bis F_4 s. Tafel 3-6	$\hat{M}_{ik}=F_1\,\dfrac{EI}{l}\,\hat{\varphi}_k$ $\hat{A}_{ik}=F_3\,\dfrac{EI}{l^2}\,\hat{\varphi}_k$	$\hat{M}_{ki}=F_2\,\dfrac{EI}{l}\,\hat{\varphi}_k$ $\hat{A}_{ki}=F_4\,\dfrac{EI}{l^2}\,\hat{\varphi}_k$
$\hat{w}_i$ F_3 bis F_6 s. Tafel 3-6	$\hat{M}_{ik}=F_4\,\dfrac{EI}{l^2}\,\hat{w}_i$ $\hat{A}_{ik}=-F_6\,\dfrac{EI}{l^3}\,\hat{w}_i$	$\hat{M}_{ki}=-F_3\,\dfrac{EI}{l^2}\,\hat{w}_i$ $\hat{A}_{ki}=-F_5\,\dfrac{EI}{l^3}\,\hat{w}_i$
$\hat{w}_k$ F_3 bis F_6 s. Tafel 3-6	$\hat{M}_{ik}=F_3\,\dfrac{EI}{l^2}\,\hat{w}_k$ $\hat{A}_{ik}=-F_5\,\dfrac{EI}{l^3}\,\hat{w}_k$	$\hat{M}_{ki}=-F_4\,\dfrac{EI}{l^2}\,\hat{w}_k$ $\hat{A}_{ki}=-F_6\,\dfrac{EI}{l^3}\,\hat{w}_k$
$\hat{p}$ F_3 bis F_6 s. Tafel 3-6	$\hat{M}_{ik}=(F_3+F_4)\,\dfrac{l^2\,\hat{p}}{\lambda^4}$	$\hat{M}_{ki}=-\hat{M}_{ik}$ $\hat{A}_{ik}=-(F_5+F_6)\,\dfrac{l\,\hat{p}}{\lambda^4}=\hat{A}_{ki}$

Grundstab I $\qquad \dfrac{EI=\text{const}}{G\alpha_0 A \longrightarrow \infty}\quad \longleftarrow l \longrightarrow$

Tafel 3-2a. Grundformeln des Verschiebungsgrößenverfahrens für harmonische Schwingungen, Grundstab II a

Zustand Biegelinie	Vorzeichen	
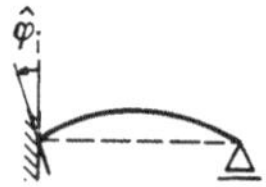 $\hat{\varphi}_i$ F_7 bis F_9 s. Tafel 3-6	$\hat{M}_{ik} = F_7 \dfrac{EI}{l}\,\hat{\varphi}_i$ $\hat{A}_{ik} = -F_9 \dfrac{EI}{l^2}\,\hat{\varphi}_i$	$\hat{M}_{ki} = 0$ $\hat{A}_{ki} = -F_8 \dfrac{EI}{l^2}\,\hat{\varphi}_i$
 $\hat{w}_i$ F_9 bis F_{11} s. Tafel 3-6	$\hat{M}_{ik} = F_9 \dfrac{EI}{l^2}\,\hat{w}_i$ $\hat{A}_{ik} = -F_{11} \dfrac{EI}{l^3}\,\hat{w}_i$	$\hat{M}_{ki} = 0$ $\hat{A}_{ki} = -F_{10} \dfrac{EI}{l^3}\,\hat{w}_i$
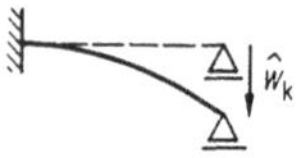 $\hat{w}_k$ F_8 bis F_{12} s. Tafel 3-6	$\hat{M}_{ik} = F_8 \dfrac{EI}{l^2}\,\hat{w}_k$ $\hat{A}_{ik} = -F_{10} \dfrac{EI}{l^3}\,\hat{w}_k$	$\hat{M}_{ki} = 0$ $\hat{A}_{ki} = -F_{12} \dfrac{EI}{l^3}\,\hat{w}_k$
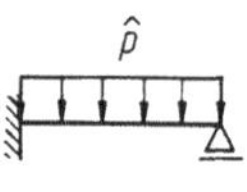 $\hat{p}$ F_8 bis F_{12} s. Tafel 3-6	$\hat{M}_{ik} = +\dfrac{l^2\hat{p}}{\lambda^4}\,(F_8 + F_9)$ $\hat{A}_{ik} = -\dfrac{\hat{p}\,l}{\lambda^4}\,(F_{10} + F_{11})$	$\hat{M}_{ki} = 0$ $\hat{A}_{ki} = -\dfrac{\hat{p}\,l}{\lambda^4}\,(F_{10} + F_{12})$

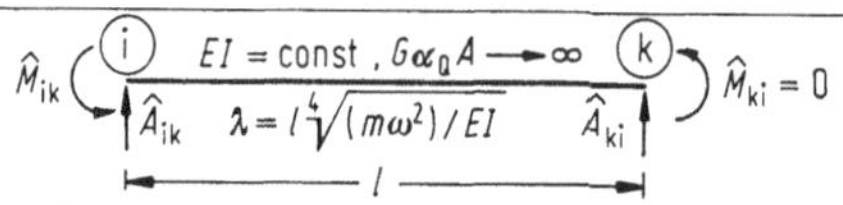

Im Kopf der Tabelle: $\hat{M}_{ik}$, $\;EI = \text{const}\,,\;G\alpha_0 A \longrightarrow \infty$, $\;\hat{M}_{ki} = 0$, $\;\hat{A}_{ik}$, $\;\lambda = l\sqrt[4]{(m\omega^2)/EI}$, $\;\hat{A}_{ki}$, Länge l.

Grundstab II a $EI = \text{const}$, $G\alpha_0 A \longrightarrow \infty$, Länge l

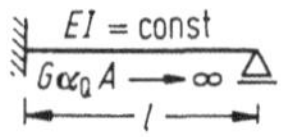

Tafel 3-2b. Grundformeln des Verschiebungsgrößenverfahrens für harmonische Schwingungen, Grundstab II b

Zustand Biegelinie	Vorzeichen	
	$\widehat{M}_{ik} = 0$, $\widehat{A}_{ik}$, $EI = \mathrm{const}$, $G\alpha_0 A \longrightarrow \infty$, $\lambda = l\sqrt[4]{(m\omega^2)/EI}$, $\widehat{A}_{ki}$, $\widehat{M}_{ki}$	
$\widehat{\varphi}_k$ F_7 bis F_9 s. Tafel 3-6	$\widehat{M}_{ik} = 0$ $\widehat{A}_{ik} = F_8 \dfrac{EI}{l^2} \widehat{\varphi}_k$	$\widehat{M}_{ki} = F_7 \dfrac{EI}{l} \widehat{\varphi}_k$ $\widehat{A}_{ki} = F_9 \dfrac{EI}{l^2} \widehat{\varphi}_k$
$\widehat{w}_i$ F_8 bis F_{12} s. Tafel 3-6	$\widehat{M}_{ik} = 0$ $\widehat{A}_{ik} = -F_{12} \dfrac{EI}{l^3} \widehat{w}_i$	$\widehat{M}_{ki} = -F_8 \dfrac{EI}{l^2} \widehat{w}_i$ $\widehat{A}_{ki} = -F_{10} \dfrac{EI}{l^3} \widehat{w}_i$
$\widehat{w}_k$ F_9 bis F_{11} s. Tafel 3-6	$\widehat{M}_{ik} = 0$ $\widehat{A}_{ik} = -F_{10} \dfrac{EI}{l^3} \widehat{w}_k$	$\widehat{M}_{ki} = -F_9 \dfrac{EI}{l^2} \widehat{w}_k$ $\widehat{A}_{ki} = -F_{11} \dfrac{EI}{l^3} \widehat{w}_k$
$\widehat{p}$ F_8 bis F_{12} s. Tafel 3-6	$\widehat{M}_{ik} = 0$ $\widehat{A}_{ik} = -\dfrac{\widehat{p}\,l}{\lambda^4} (F_{10} + F_{12})$	$\widehat{M}_{ki} = -\dfrac{l^2\widehat{p}}{\lambda^4} (F_8 + F_9)$ $\widehat{A}_{ki} = -\dfrac{\widehat{p}\,l}{\lambda^4} (F_{10} + F_{12})$

Grundstab II b $\qquad EI = \mathrm{const}$, $G\alpha_0 A \longrightarrow \infty$, l

$$\tilde{p}(x, t) = \hat{p} \sin \omega t: \text{Erregerkraft}$$

$$p_{\mathrm{m}}(x, t) = -m \frac{d^2 w}{d t^2} = m\omega^2 \hat{w} \sin \omega t: \text{d'Alambertsche Trägheitskraft [H 24]}$$

$$\text{mit } m = \frac{g + p(x)}{9{,}81}$$

Die Wirkung der statischen Last kann — bis auf den mitschwingenden Anteil in der Trägheitskraft — abgespalten und für sich betrachtet werden.

Die übrigen Anteile können aufgespalten werden in die nur von der Zeit abhängigen Faktoren $\sin \omega t$ und die nur von x abhängigen Amplituden

$$\hat{w}^{\mathrm{IV}} = \frac{m}{EI} \omega^2 \hat{w} = \frac{1}{EI} \hat{p}$$

Mit

$$\lambda = l \sqrt[4]{\frac{m\omega^4}{EI}} \tag{3-1}$$

erhält man die Differentialgleichung

$$w^{\mathrm{IV}} - \frac{\lambda^4}{l^4} \hat{w} = \frac{\hat{p}}{EI} \tag{3-2}$$

Homogene Lösung:

$$\hat{w}_{\mathrm{h}} = C_1 \, e^{\frac{\lambda x}{l}} + C_2 \, e^{-\frac{\lambda x}{l}} + C_3 \cos \frac{\lambda x}{l} + C_4 \sin \frac{\lambda x}{l}$$

bzw.

$$\hat{w}_{\mathrm{h}} = C_1 \cosh \frac{\lambda x}{l} + C_2 \sinh \frac{\lambda x}{l} + C_3 \cos \frac{\lambda x}{l} + C_4 \sin \frac{\lambda x}{l}$$

Die Partikularlösung lautet

$$\hat{w}_{\mathrm{p}} = \hat{p}(x) \frac{l^4}{\lambda^4 EI} = -\frac{\hat{p}(x)}{m\omega^2}$$

$$\text{für } \hat{p}(x) = \left[\hat{p}_0 + \hat{p}_1 \frac{x}{l} + \hat{p}_2 \left(\frac{x}{l}\right)^2 + \hat{p}_3 \left(\frac{x}{l}\right)^3 \right]$$

Partikularlösungen können bei gleicher homogener Lösung superponiert werden. Im vorliegenden Fall gilt dies für gleiche Werte λ, also i. allg. für gleiche Erregerfrequenzen ω. Dann können alle auf der Superposition beruhenden baustatischen Verfahren, vor allem das Kraft- und das Verschiebungsgrößenverfahren, angewandt werden. Grundlastfälle für diese Verfahren sind in den Tafeln 3-1 bis 6 angegeben, die Übertragungsmatrix in Tafel 3-7.

Bei unterschiedlichen Erregerfrequenzen ω_{i} können die Teillösungen w_{i} zur Gesamtlösung addiert werden:

$$w = \sum_{i=1}^{n} \hat{w}_{\mathrm{i}} \sin \omega_{\mathrm{i}} t$$

Im Falle homogener Differentialgleichung (keine Erregerkräfte im Feld) und homogener Randbedingungen (keine Erregerkräfte am Rand) gibt es außer der trivialen Lösung mit $C = 0$ ($\hat{w} = 0$) noch die Lösung mit $C \neq 0$ (unbestimmt), die zu den *Eigenfrequenzen* ω_{kr}

Tafel 3-3. Grundformeln des Verschiebungsgrößenverfahrens für harmonische Schwingungen, Grundstab III

Zustand Biegelinie	Vorzeichen	
$\hat{w}_i$	$\hat{A}_{ik} = -F_{14}\dfrac{EI}{l^3}\,\hat{w}_i$	$\hat{A}_{ki} = -F_{13}\dfrac{EI}{l^3}\,\hat{w}_i$
F_{13} und F_{14} s. Tafel 3-6		
$\hat{w}_k$	$\hat{A}_{ik} = -F_{13}\dfrac{EI}{l^3}\,\hat{w}_k$	$\hat{A}_{ki} = -F_{14}\dfrac{EI}{l^3}\,\hat{w}_k$
F_{13} und F_{14} s. Tafel 3-6		
$\tilde{p}=\hat{p}\sin\omega t$	$\hat{A}_{ik} = -(F_{13}+F_{14})\,\dfrac{\hat{p}\,l}{\lambda^4} = \hat{A}_{ki}$	
F_{13} und F_{14} s. Tafel 3-6		

In the header row of the table (Vorzeichen):

$$\textcircled{i}\quad EI = \text{const}, \; G\alpha_0 A \longrightarrow \infty \quad \textcircled{k}$$

$$\hat{M}_{ik}=0 \qquad \hat{A}_{ik} \qquad \lambda = l\sqrt[4]{(m\omega^2)/EI} \qquad \hat{A}_{ki} \qquad \hat{M}_{ki}=0$$

Grundstab III

$$EI = \text{const}$$
$$G\alpha_0 A \longrightarrow \infty$$
$$l$$

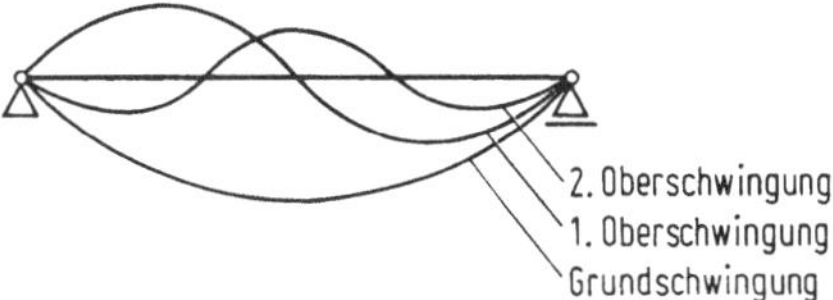

Bild 3-1. Eigenschwingungsformen eines gelenkig gelagerten Stabes.

Tafel 3-4a. Grundformeln des Verschiebungsgrößenverfahrens für harmonische Schwingungen, Grundstab IVa

Zustand Biegelinie	Vorzeichen	
	$\hat{M}_{ik}$ ⟲ (i) $EI = const,\ G\alpha_0 A \longrightarrow \infty$ (k) ⟳ $\hat{M}_{ki} = 0$ $\hat{A}_{ik}$ $\lambda = l\sqrt[4]{(m\omega^2)/EI}$ $\hat{A}_{ki} = 0$ $\longleftarrow\ l\ \longrightarrow$	
$\hat{\varphi}_i$ F_{15} und F_{16} s. Tafel 3-6	$\hat{M}_{ik} = F_{15}\,\dfrac{EI}{l}\,\hat{\varphi}_i$ $\hat{A}_{ik} = -'F_{16}\,\dfrac{EI}{l^2}\,\hat{\varphi}_i$	—
$\hat{w}_i$ F_{16} und F_{17} s. Tafel 3-6	$\hat{M}_{ik} = F_{16}\,\dfrac{EI}{l^2}\,\hat{w}_i$ $\hat{A}_{ik} = -F_{17}\,\dfrac{EI}{l^3}\,\hat{w}_i$	—
$\hat{p}$ F_{16} und F_{17} s. Tafel 3-6	$\hat{M}_{ik} = \dfrac{l^2\hat{p}}{\lambda^4}\,F_{16}$ $\hat{A}_{ik} = -F_{17}\,\dfrac{\hat{p}\,l}{\lambda^4}$	—

Grundstab IVa $EI = const$
 $G\alpha_0 A \longrightarrow \infty$ $\longleftarrow l \longrightarrow$

führt. Bei einer Schwingungsberechnung sind alle Eigenwerte bis zum ersten Eigenwert nach der Erregerfrequenz von Interesse. Liegt die Erregerfrequenz in der Nähe der Eigenfrequenz, entstehen sehr große Amplituden $\hat{w}$.

Beim gelenkig gelagerten Stab gehören die Schwingungsformen nach Bild 3-1 zu den Eigenfrequenzen ω_{kr1}, ω_{kr2} und ω_{kr3}. Erhöht sich die Eigenfrequenz um 1, so tritt ein zusätzlicher Schwingungsknoten (Punkt, der keine Verschiebung erleidet) auf. Für einen mit $\tilde{M}_{ki} = \hat{M}_{ki}\sin\omega t$ erregten Stab sind die Kurven $\hat{\tau}_{ik}$ und $\hat{\tau}_{ki}$ nebst zugehörigen Schwingungsformen in Bild 3-2 angegeben.

3.2 Stabwerke

Zur Berechnung von Stabwerken wird vorwiegend das Verschiebungsgrößenverfahren angewandt, da die Eigenfrequenzen des geometrisch bestimmten Einzelstabes über denen des Stabwerkes, die Eigenfrequenzen des statisch bestimmten Einzelstabes unter denen des Stabwerkes liegen.

Tafel 3-4b. Grundformeln des Verschiebungsgrößenverfahrens für harmonische Schwingungen, Grundstab IVb

Zustand Biegelinie	Vorzeichen	
	$\hat{M}_{ik}=0$ $\quad$ $\hat{A}_{ik}=0$ $\quad$ $EI=\text{const},\ G\alpha_0 A \longrightarrow \infty$ $\quad$ $\lambda = l\sqrt[4]{(m\omega^2)/EI}$ $\quad$ $\hat{A}_{ki}$ $\quad$ $\hat{M}_{ki}$	
$\hat{\varphi}_k$ F_{15} und F_{16} s. Tafel 3-6	—	$\hat{M}_{ki} = -F_{15}\,\dfrac{EI}{l}\,\hat{\varphi}_k$ $\hat{A}_{ki} = F_{16}\,\dfrac{EI}{l^2}\,\hat{\varphi}_k$
$\hat{w}_k$ F_{16} und F_{17} s. Tafel 3-6	—	$\hat{M}_{ki} = -F_{16}\,\dfrac{EI}{l^2}\,\hat{w}_k$ $\hat{A}_{ki} = -F_{17}\,\dfrac{EI}{l^3}\,\hat{w}_k$
$\hat{p}$ F_{16} und F_{17} s. Tafel 3-6	—	$\hat{M}_{ki} = -\dfrac{l^2\hat{p}}{\lambda^4}\,F_{16}$ $\hat{A}_{ki} = -F_{17}\,\dfrac{\hat{p}\,l}{\lambda^4}$

Grundstab IVb $\qquad$ $\dfrac{EI=\text{const}}{G\alpha_0 A \longrightarrow \infty}$ $\quad$ l

Tafel 3-5. Grundformeln des Kraftgrößenverfahrens gelenkig gelagerter Balken auf zwei Stützen

Zustand Biegelinie	Vorzeichen	
	$\hat{A}_{ik}$ $\quad$ i $\quad$ $EI=\text{const},\ G\alpha_0 A \longrightarrow \infty$ $\quad$ k $\quad$ $\hat{A}_{ki}$ $\hat{\tau}_{ik}$ $\quad$ $\lambda = l\sqrt[4]{(m\omega^2)/EI}$ $\quad$ $\hat{\tau}_{ki}$ $\hat{Q}_{ik}=\hat{A}_{ik}$ $\quad$ l $\quad$ $\hat{Q}_{ki}=-\hat{A}_{ki}$	
$\hat{M}_i$ $F_{13},\,F_{14}$ F_{18} und F_{19} s. Tafel 3-6	$\hat{\tau}_{ik} = (-F_{14})\,\dfrac{l}{EI\,\lambda^4}\,\hat{M}_i$ $\hat{A}_{ik} = F_{18}\,\dfrac{\hat{M}_i}{l}$	$\hat{\tau}_{ki} = (-F_{13})\,\dfrac{l}{EI\,\lambda^4}\,\hat{M}_i$ $\hat{A}_{ki} = F_{19}\,\dfrac{\hat{M}_i}{l}$
$\hat{M}_k$ F_{18} und F_{19} s. Tafel 3-6	$\hat{\tau}_{ik} = (-F_{13})\,\dfrac{l}{EI\,\lambda^4}\,\hat{M}_k$ $\hat{A}_{ik} = F_{19}\,\dfrac{\hat{M}_k}{l}$	$\hat{\tau}_{ki} = (-F_{14})\,\dfrac{l}{EI\,\lambda^4}\,\hat{M}_k$ $\hat{A}_{ki} = F_{18}\,\dfrac{\hat{M}_k}{l}$

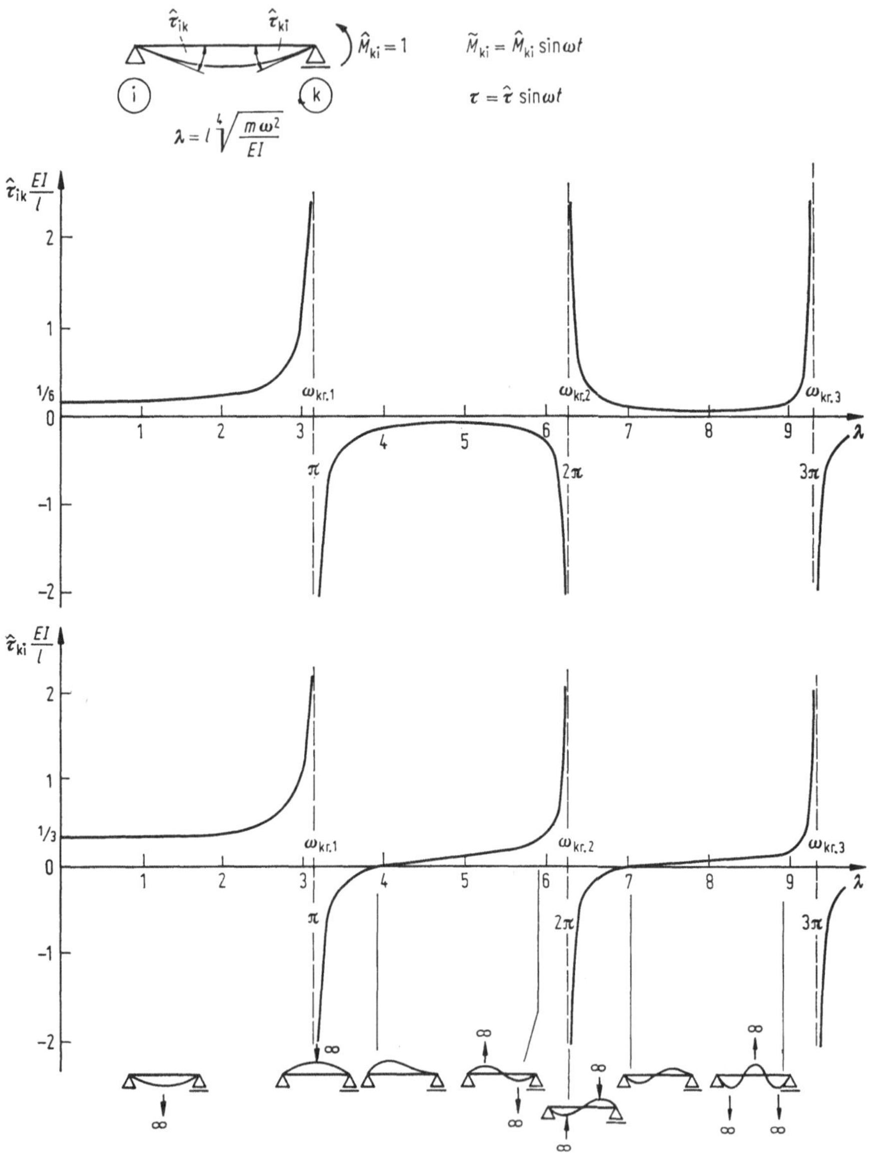

Bild 3-2. Tangentenneigungen eines gelenkig gelagerten Stabes bei Erregung durch ein Moment,

Tafel 3-6. Funktionen F_1 bis F_{19} und Hilfsfunktionen f_1 bis f_{10}

$$\lambda = l \sqrt[4]{\frac{m\omega^2}{EI}} \quad , \quad m = \text{Masse} / \text{Längeneinheit des Stabes}$$

$$\omega = 2\pi n = \text{Kreisfrequenz}, \quad n = \text{Frequenz in Hz}$$

$$F_1 = -\lambda f_4 / f_1 \qquad\qquad F_{13} = -\lambda^3 f_4 / (2 f_7)$$

$$F_2 = -\lambda f_9 / f_1 \qquad\qquad F_{14} = -\lambda^3 f_9 / (2 f_7)$$

$$F_3 = -\lambda^2 f_3 / f_1 \qquad\qquad F_{15} = -\lambda f_9 / f_2$$

$$F_4 = \lambda^2 f_7 / f_1 \qquad\qquad F_{16} = \lambda^2 f_7 / f_2$$

$$F_5 = \lambda^3 f_5 / f_1 \qquad\qquad F_{17} = -\lambda^3 f_{10} / f_2$$

$$F_6 = -\lambda^3 f_{10} / f_1 \qquad\qquad F_{18} = -\lambda f_{10} / (2 f_7)$$

$$F_7 = \lambda f_7 / f_9 \qquad\qquad F_{19} = \lambda f_5 / (2 f_7)$$

$$F_8 = \lambda^2 f_5 / f_9$$

$$F_9 = -\lambda^2 f_{10} / f_9$$

$$F_{10} = -\lambda^3 f_6 / f_9$$

$$F_{11} = 2\lambda^3 f_8 / f_9$$

$$F_{12} = \lambda^3 f_2 / f_9$$

Mit den Hilfsfunktionen $f_1, \cdots, f_{10}$:

$$f_1 = \cosh\lambda \cos\lambda - 1 = \tfrac{1}{2}(e^\lambda + e^{-\lambda})\cos\lambda - 1$$

$$f_2 = \cosh\lambda \cos\lambda + 1 = \tfrac{1}{2}(e^\lambda + e^{-\lambda})\cos\lambda + 1$$

$$f_3 = \cosh\lambda - \cos\lambda = \tfrac{1}{2}(e^\lambda + e^{-\lambda}) - \cos\lambda$$

$$f_4 = \sinh\lambda - \sin\lambda = \tfrac{1}{2}(e^\lambda - e^{-\lambda}) - \sin\lambda$$

$$f_5 = \sinh\lambda + \sin\lambda = \tfrac{1}{2}(e^\lambda - e^{-\lambda}) + \sin\lambda$$

$$f_6 = \cosh\lambda + \cos\lambda = \tfrac{1}{2}(e^\lambda + e^{-\lambda}) + \cos\lambda$$

$$f_7 = \sinh\lambda \cdot \sin\lambda = \tfrac{1}{2}(e^\lambda - e^{-\lambda})\sin\lambda$$

$$f_8 = \cosh\lambda \cdot \cos\lambda = \tfrac{1}{2}(e^\lambda + e^{-\lambda})\cos\lambda$$

$$f_9 = \cosh\lambda \cdot \sin\lambda - \sinh\lambda \cdot \cos\lambda = \tfrac{1}{2}[(e^\lambda + e^{-\lambda})\sin\lambda - (e^\lambda - e^{-\lambda})\cos\lambda]$$

$$f_{10} = \cosh\lambda \cdot \sin\lambda + \sinh\lambda \cdot \cos\lambda = \tfrac{1}{2}[(e^\lambda + e^{-\lambda})\sin\lambda + (e^\lambda - e^{-\lambda})\cos\lambda]$$

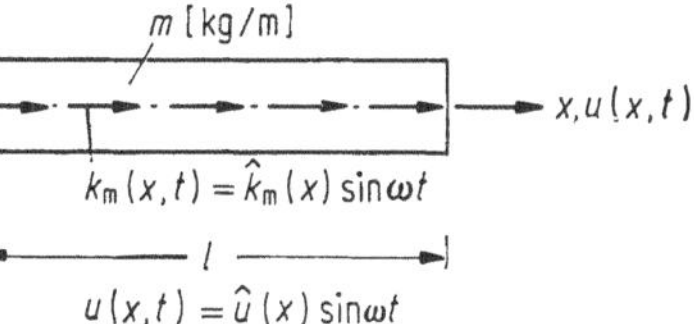

Bild 3-3. Starrer in Stablängsrichtung schwingender Stab.

Die Durchführung der Berechnung nach dem Verschiebungsgrößenverfahren unterscheidet sich bei Tragwerken ohne Knotenwege nicht von derjenigen nach Theorie I. Ordnung (Abschnitt 2.11).

Bei Stabwerken mit Knotenwegen (Stabdrehwinkel) werden Stäbe in Stablängsrichtung x um u verschoben. Sie setzen dieser Verschiebung ihre Trägheitskraft entgegen. Diese Trägheitskraft muß noch zusätzlich berücksichtigt werden, da in der Differentialgleichung nur die Trägheitskräfte quer zur Stabachse enthalten sind. Mit den Bezeich-

Tafel 3-7. Elemente der Matrizen des Übertragungsverfahrens

$$U(x) = \begin{bmatrix}
\frac{1}{2}[\cos a + \frac{1}{2}(e^a + e^{-a})] & \frac{l}{2\lambda}[\sin a + \frac{1}{2}(e^a - e^{-a})] & \frac{l^2}{2\lambda^2 EI}[\cos a - \frac{1}{2}(e^a + e^{-a})] & \frac{l^3}{2\lambda^3 EI}[\sin a - \frac{1}{2}(e^a - e^{-a})] \\[2ex]
-\frac{\lambda}{2l}[\sin a - \frac{1}{2}(e^a - e^{-a})] & \frac{1}{2}[\cos a + \frac{1}{2}(e^a + e^{-a})] & \frac{-l}{2\lambda EI}[\sin a + \frac{1}{2}(e^a - e^{-a})] & \frac{l^2}{2\lambda^2 EI}[\cos a - \frac{1}{2}(e^a + e^{-a})] \\[2ex]
\frac{\lambda^2 EI}{2l^2}[\cos a - \frac{1}{2}(e^a + e^{-a})] & \frac{\lambda EI}{2l}[\sin a - \frac{1}{2}(e^a - e^{-a})] & \frac{1}{2}[\cos a + \frac{1}{2}(e^a + e^{-a})] & \frac{l}{2\lambda}[\sin a + \frac{1}{2}(e^a - e^{-a})] \\[2ex]
-\frac{\lambda^3 EI}{2l^3}[\sin a + \frac{1}{2}(e^a - e^{-a})] & \frac{\lambda^2 EI}{2l^2}[\cos a - \frac{1}{2}(e^a + e^{-a})] & \frac{\lambda}{2l}[\sin a - \frac{1}{2}(e^a - e^{-a})] & \frac{1}{2}[\cos a + \frac{1}{2}(e^a + e^{-a})]
\end{bmatrix}$$

$$Z_p(x) = \begin{bmatrix}
\frac{\hat{p} l^4}{2\lambda^4 EI}[\frac{1}{2}(e^a + e^{-a}) + \cos a - 1] \\[2ex]
\frac{\hat{p} l^3}{2\lambda^3 EI}[\frac{1}{2}(e^a - e^{-a}) - \sin a] \\[2ex]
\frac{\hat{p} l^2}{2\lambda^2}[\cos a - \frac{1}{2}(e^a + e^{-a})] \\[2ex]
-\frac{\hat{p} l}{2\lambda}[\sin a + \frac{1}{2}(e^a - e^{-a})]
\end{bmatrix} \qquad u = \lambda \frac{x}{l}$$

nungen des Bildes 3-3 erhält man die d'Alambertschen Trägheitskräfte zu:

$$\hat{k}_m(x) = m\omega^2 \hat{u} = EI \frac{\lambda^4}{l^4} \hat{u} \tag{3-3}$$

bzw.

$$\hat{K}_m = ml\omega^2 \hat{u} = EI \frac{\lambda^4}{l^3} \hat{u} \tag{3-4}$$

Beispiel:

(1) *System* (Bild 3-4a): $EI = \mathrm{const} = 1\,000\ \mathrm{kNm^2}$
Eigengewicht der Stäbe $g = 0{,}245\,5\ \mathrm{kN/m}$, Masse pro Meter $m = g/9{,}81 = 0{,}025 \cdot 10^3\ \mathrm{kg}$ (Erdbeschleunigung $9{,}81\ \mathrm{m/s^2}$). Frequenz $n = 7{,}96\ \mathrm{Hz}$, $\omega = 2\pi n = 50\ \mathrm{1/s}$.
$\lambda_{13} = \lambda_{24} = 4{,}00\sqrt[4]{0{,}025 \cdot 50^2/1\,000} = 2{,}0$, $\lambda_{12} = 1{,}5$.

(2) *Grundsystem* mit kinematischen Unbestimmten, Bild 3-4b.

(3) *Einheitszustände* (die eingezeichneten Biegelinien ergeben sich bei ω unterhalb der 1. Eigenfrequenz, $\hat{M}$ und $\hat{C}$ mit positivem Richtungssinn eingetragen). Es sind nur diejenigen Werte angegeben, die später zur Berechnung der Fesselgrößen Z benutzt werden.

Zustand „$\hat{\xi}_1 = 1$" (Bild 3-4c):

$$\hat{M}_{12,1} = F_2(\lambda = 1{,}50)\,\frac{EI_{12}}{l_{12}} = 1\,317{,}120\ \mathrm{kNm}$$

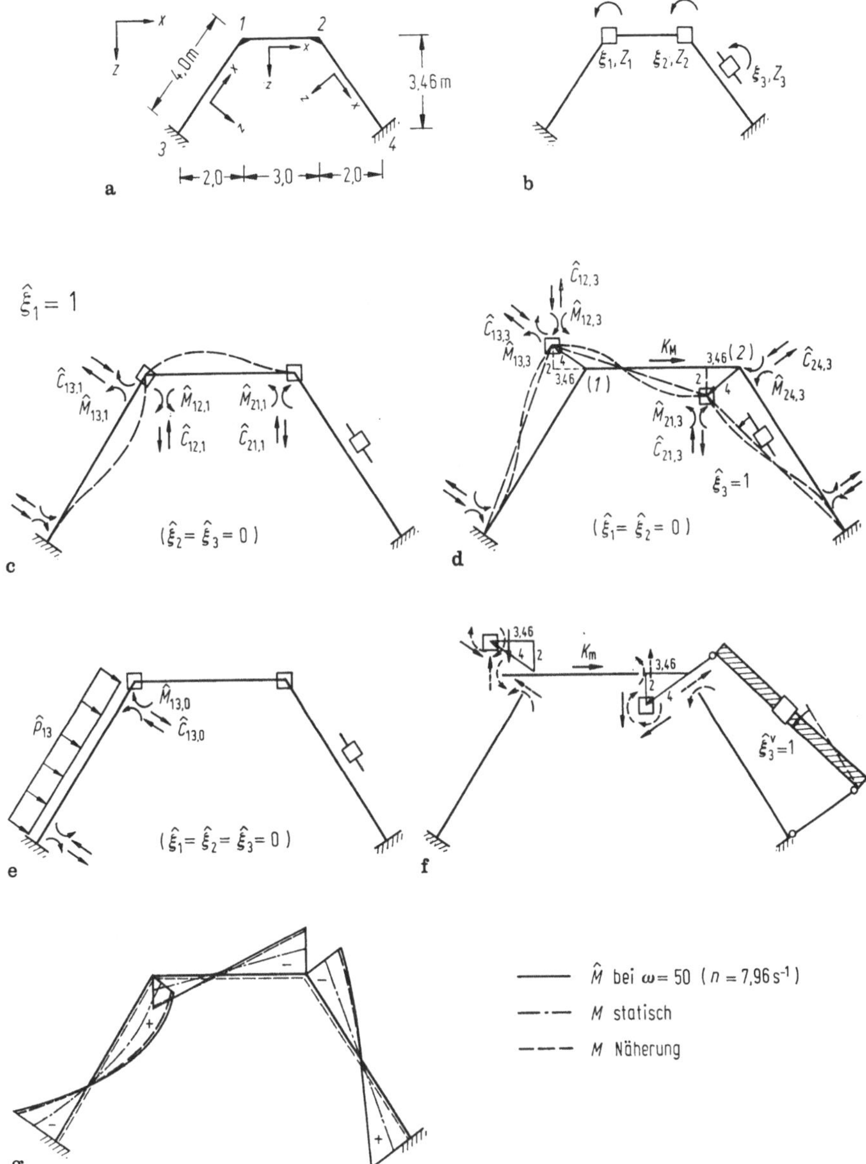

Bild 3-4. Beispiel für einen harmonisch schwingenden Rahmen.

$$\hat{M}_{21,1} = 678{,}857 \text{ kNm}, \quad \hat{M}_{13,1} = 960{,}830 \text{ kNm}$$

$$\hat{C}_{12,1} = -F_4 \, (\lambda = 1{,}50) \, \frac{EI_{12}}{l_{12}^2} = 636{,}977 \text{kN}$$

$$\hat{C}_{21,1} = -684{,}288 \text{ kN}, \quad \hat{C}_{13,1} = -321{,}356 \text{ kN}$$

Zustand „$\hat{\xi}_2 = 1$" *analog* „$\hat{\xi}_1 = 1$":

$$\hat{M}_{21,2} = 1\,317{,}120 \text{ kNm}, \quad \hat{M}_{12,2} = 678{,}857 \text{ kNm}$$

$$\hat{M}_{23,2} = 960{,}830 \text{ kNm}, \quad \hat{C}_{21,2} = -636{,}977 \text{ kN}$$

$$\hat{C}_{12,2} = +684{,}288 \text{ kN}, \quad \hat{C}_{24,2} = +321{,}356 \text{ kN}$$

Zustand „$\hat{\xi}_3 = 1$" (Bild 3-4 d und f)

$$\hat{M}_{12,3} = -2F_4 \, (\lambda = 1{,}5) \cdot \frac{EI_{12}}{l_{12}^2} + 2F_3 \, (\lambda = 1{,}5) \, \frac{EI_{12}}{l_{12}^2} = 2642{,}53 \text{ kNm} = \hat{M}_{21,3}$$

$$\hat{M}_{13,3} = \hat{M}_{24,3} = -1\,285{,}424 \text{ kNm}$$

$$\hat{C}_{12,3} = -2F_6 \, (\lambda = 1{,}5) \left(-\frac{EI_{12}}{l_{12}^3} \right) + 2F_5 \, (\lambda = 1{,}5) \left(-\frac{EI_{12}}{l_{12}^3} \right) = 1\,686{,}634 \text{ kN} = -\hat{C}_{21,3}$$

$$\hat{C}_{13,3} = 372{,}552 \text{ kN} = -\hat{C}_{24,3}$$

D'Alambertsche Trägheitskraft in Stablängsrichtung für Stab 12 mit $u = -3{,}46\hat{\xi}_3$ m:

$$\hat{K}_{\mathrm{m}} = -648\hat{\xi}_3$$

(4) *Lastzustand* $\hat{p}_{13}$; Bild 3-4 e:

$$\hat{M}_{13,0} = -\frac{4^2}{2^4} \, [F_3 \, (\lambda = 2) + F_4 \, (\lambda = 2)] \, \hat{p}_{13} = -1{,}372\,68\hat{p}_{13} \text{ m}^2$$

$$\hat{C}_{13,0} = -\frac{4}{2^4} \, [F_5 \, (\lambda = 2) + F_6 \, (\lambda = 2)] \, \hat{p}_{13} = 2{,}045\,9\hat{p}_{13} \text{ m}$$

(5) *Die Fesselgrößen Z*

$$Z_1 \text{ und } Z_2 \text{ aus dem Knotengleichgewicht,}$$

$$Z_{11} = 2\,277{,}95 \text{ kNm} = Z_{22}, \quad Z_{12} = 678{,}857 \text{ kNm} = Z_{21},$$

$$Z_{13} = 1\,357{,}106 \text{ kNm} = Z_{23}$$

$$Z_{10} = -1{,}372\,68\hat{p}_{13} \text{ m}^2, \quad Z_{20} = 0$$

Die Fesselgrößen Z_3 werden mit dem Prinzip der virtuellen Verschiebungen berechnet. Hierbei werden nur Knotenverschiebungen als Verschiebungszustand gewählt, damit der Anteil aus den senkrecht zum Stab wirkenden d'Alambertschen Trägheitskräften herausfällt, Bild 3-4 f.

$$Z_{31} = 1\,357{,}106 \text{ kNm} = Z_{32}, \quad Z_{33} = 7\,485{,}952 \text{ kNm}, \quad Z_{30} = 8{,}183\,6\hat{p}_{13} \text{ m}^2$$

(6) *Elastizitätsgleichungen*

$$2277{,}85\hat{\xi}_1 + 678{,}857\hat{\xi}_2 + 1\,357{,}106\hat{\xi}_3 - 1{,}37268\hat{p}_{13} = 0$$

$$679{,}857\hat{\xi}_1 + 2277{,}95\hat{\xi}_2 + 1\,357{,}106\hat{\xi}_3 + 0 = 0$$

$$1\,357{,}106\hat{\xi}_1 + 1\,357{,}106\hat{\xi}_2 + 7485{,}952\hat{\xi}_3 + 8{,}1836\hat{p}_1 = 0$$

Lösung: $\hat{\xi}_1 = 0{,}0013096\hat{p}_{13}$, $\hat{\xi}_2 = 0{,}0004512\hat{p}_{13}$, $\hat{\xi}_3 = -0{,}0014124\hat{p}_{13}$

(7) *Schlußsuperposition* Bild 3-4 g:

$$M = \hat{M}\sin\omega t$$

Für einen Stockwerkrahmen, der am Punkt 1 durch eine Kraft $\tilde{F}_1$ erregt wird, ist die Verschiebung u_1 in Bild 3-5 in Abhängigkeit von ω aufgetragen. Bei jedem Durchgang der Kurve durch die Abszisse (Durchgang durch eine Eigenfrequenz) entsteht ein neuer Schwingungsknoten. Außerdem wechselt das Vorzeichen der Amplituden.

Die *Eigenfrequenzen* für Tragwerke können i. allg. nicht explizit angegeben werden. Zu ihrer Ermittlung trägt man den Wert der Determinante der Matrix der Fesselgrößen Z (2.11-1) in Abhängigkeit von der Erregerfrequenz ω auf und ermittelt als Nulldurchgänge die Eigenfrequenzen.

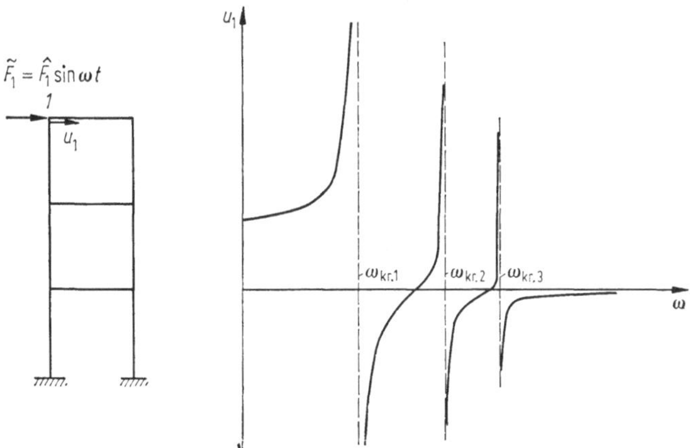

Bild 3-5. Stockwerkrahmen mit Erregerkraft $\tilde{F}_1$ und Horizontalverschiebung $\hat{u}_1$.

Bei Tragwerken, bei denen die quer zur Stabachse schwingenden Massen und die daraus resultierenden *Trägheitskräfte klein* sind im Verhältnis zu den Trägheitskräften, die bei einer Längsverschiebung geweckt werden, kann man die ersten Trägheitskräfte gegenüber den zweiten vernachlässigen, d. h. $p_m(x, t) = 0 \leadsto \lambda = 0$. Die Differentialgleichung (3-2) für die Amplituden geht dann in die des querbelasteten Balkens (2.6-5) über.

Eine näherungsweise Berücksichtigung der Massenkräfte aus der Schwingung quer zur Stabrichtung erreicht man, wenn man nur die Massenkräfte des starren Stabes berücksichtigt, also die Massenkräfte infolge der Verformung der Stabsehne vernachlässigt, siehe die Eintragung in Bild 3-4 g.

Näherungslösungen ergeben unterhalb der ersten Eigenfrequenz gute Ergebnisse.

4. Stabtragwerke bei nichtlinearem Materialverhalten

4.1 Allgemeines

Verwendet man Werkstoffe, für die das Hookesche Gesetz (Linearität zwischen Spannungen und Dehnungen) nicht oder nicht im ganzen Beanspruchungsbereich gilt (s. Bild 1-20), so nimmt man zur Berechnung der Momenten-Verkrümmungs-Beziehungen bzw. der Längskraft-Dehnungs-Beziehungen Ebenbleiben des Querschnitts an. Gleichzeitig auftretende Schubspannungen müssen dabei berücksichtigt werden. Beim Fließem gilt entsprechend (1-41): $\sigma^2 + 3\tau^2 = \sigma_{\mathrm{F}}^2$. Die folgenden Ausführungen beschränken sich auf Momenten-Verkrümmungs-Beziehungen, können aber analog für alle anderen Schnittgrößen-Verzerrungs-Beziehungen angewandt werden.

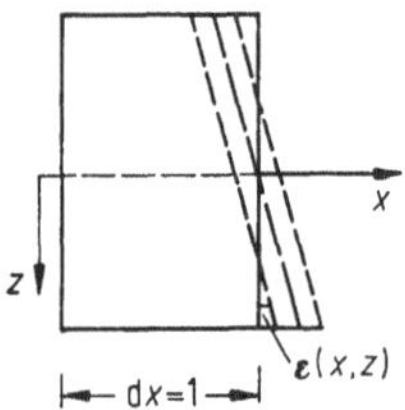

Bild 4-1. Stabelement zur Ermittlung von Momenten-Verkrümmungs-Beziehungen.

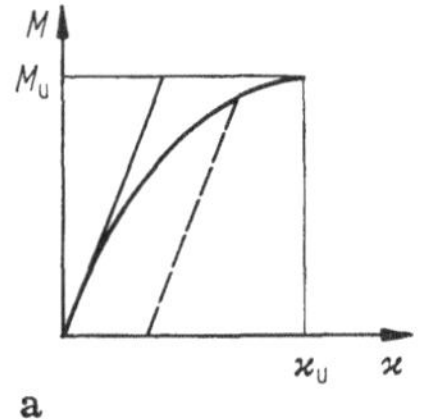
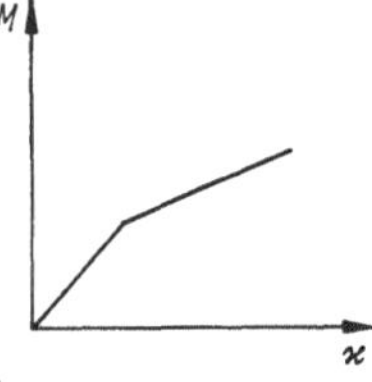
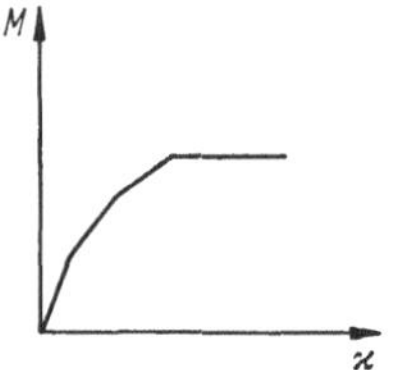
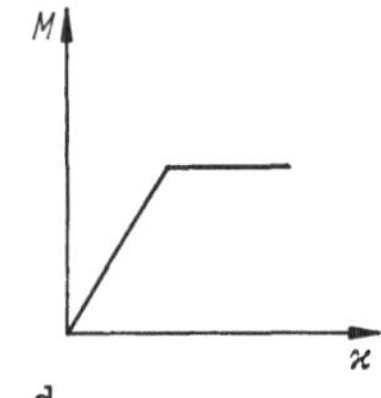

Bild 4-2. Momenten-Verkrümmungs-Linien.
a) Funktion, b) Bilinear, c) Polygonal, d) Linear elastisch-ideal plastisch.

Die Momenten-Verkrümmungs-Beziehungen werden zweckmäßig für eine bestimmte Längskraft und Querkraft ermittelt, da sich diese bei Kraftumlagerungen nicht so stark ändern wie die Momente. Die Beziehungen können i. allg. nur punktweise ermittelt werden. Dazu wählt man eine bestimmte Krümmung, Bild 4-1, berechnet die Längsspannungen und daraus die Längskraft. Stimmt diese mit der vorgegebenen nicht überein, so ändert man den Punkt mit $\varepsilon = 0$ so lange, bis die gewünschte Übereinstimmung gegeben ist. Dann berechnet man das Moment und erhält damit einen Punkt der Momenten-Verkrümmungs-Linie. Anschließend wird die Iteration mit einer neuen Krümmung fortgesetzt. Die so ermittelten Kurven können durch Funktionen (meist zweigliedrige Polynome) oder Polygonzüge angenähert werden, Bild 4-2.

Wegen der nichtlinearen Materialbeziehungen ist eine Superposition einzelner Lastzustände sowie eine lineare Extrapolation erhaltener Ergebnisse nicht möglich.

4.2 Bilineare Momenten-Verkrümmungs-Beziehung

Das *bilineare Gesetz* wird hier behandelt, weil es sich zu einem Polygonzug erweitern läßt, und weil es sich für Berechnungen nach der Theorie II. Ordnung eignet.

Das Gesetz lautet, Bild 4-3

$$\left.\begin{aligned}
\varkappa &= \frac{M}{B_0} &&\text{für} \quad M \leq M_{\mathrm{K}} \\[2mm]
\varkappa &= \frac{M}{B_{\mathrm{u}}} + \varkappa_{\mathrm{v}} &&\text{für} \quad M \geq M_{\mathrm{K}}
\end{aligned}\right\} \tag{4-1}$$

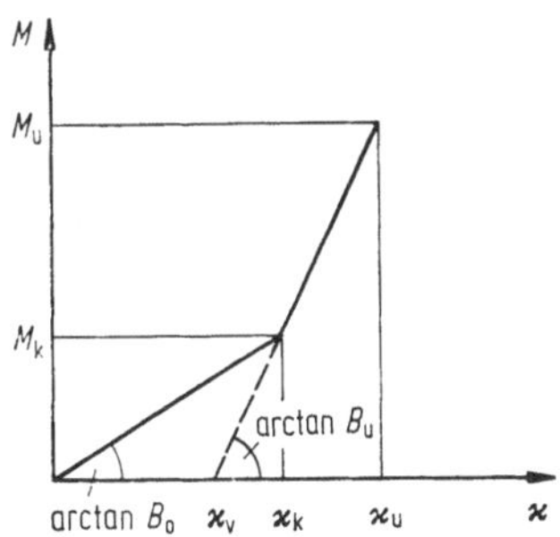

Bild 4-3. Bezeichnungen für das bilineare Gesetz.

Darin sind:

$$\left.\begin{aligned}
B_0 &= \frac{M_{\mathrm{K}}}{\varkappa_{\mathrm{K}}} \\[2mm]
B_{\mathrm{u}} &= \frac{M_{\mathrm{u}} - M_{\mathrm{K}}}{\varkappa_{\mathrm{u}} - \varkappa_{\mathrm{K}}}
\end{aligned}\right\} \tag{4-2}$$

$$\varkappa_{\mathrm{v}} = \varkappa_{\mathrm{K}} - \frac{M_{\mathrm{K}}}{B_{\mathrm{u}}} \tag{4-3}$$

Durch dieses Gesetz wird die Momentenfläche in Bereiche $M < M_{\mathrm{K}}$ und $M > M_{\mathrm{K}}$ aufgeteilt. In beiden Bereichen ist eine lineare Berechnung möglich, wobei im Bereich $M > M_{\mathrm{K}}$ zusätzlich die Anfangskrümmung $\varkappa_{\mathrm{v}}$ zu berücksichtigen ist.

Bei *statisch bestimmten Tragwerken* sind die Kraftgrößen unabhängig von den Verschiebungsgrößen, die einzelnen Bereiche liegen fest und die Verschiebungen können mit den Verfahren des Abschnittes 2.9 berechnet werden.

Beispiel: Für das Materialgesetz nach Bild 4-4a erhält man:

$$B_0 = 171{,}3 \cdot 10^3 \ \mathrm{kNm^2}$$

$$B_{\mathrm{u}} = 5{,}69 \cdot 10^3 \ \mathrm{kNm^2}$$

$$\varkappa_{\mathrm{v}} = 3{,}24 \cdot 10^{-3} - \frac{555}{5{,}69 \cdot 10^3} = -94{,}3 \cdot 10^{-3}$$

Für den in Bild 4-4b dargestellten Träger berechnet man die Zustandslinien nach Bild 4-4c bis e.

Bei *statisch unbestimmten Tragwerken* ist der Kraftzustand vom Verschiebungszustand abhängig und damit auch vom Materialgesetz. Wegen des nichtlinearen Materialgesetzes sind Teillösungen nicht superponierbar. Die Lösung kann nur iterativ gefunden werden.

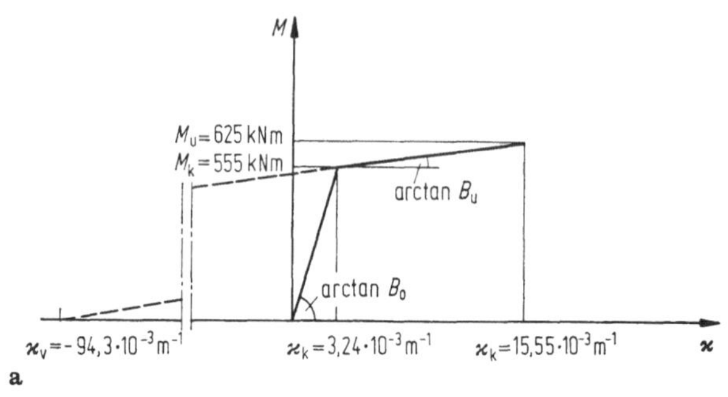

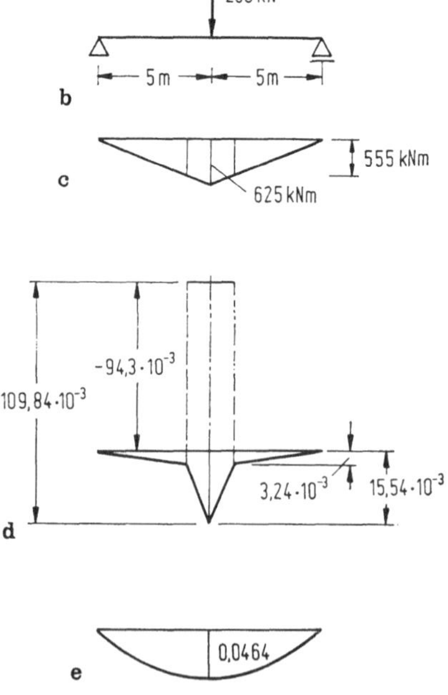

Bild 4-4. Statisch bestimmter Träger mit nichtlinearem Materialgesetz.
a) Momenten-Verkrümmungs-Beziehung, b) Träger mit Belastung, c) Momentenlinie, d) Verkrümmungslinie, e) Biegelinie.

Berechnet man ein statisch unbestimmtes Tragwerk mit dem Kraftgrößenverfahren oder dem Übertragungsverfahren, so kann man vom elastischen Tragwerk oder von einem geschätzten Kraftzustand als erster Iterationsstufe ausgehen. Bei der nächsten Iteration berücksichtigt man die Abweichungen von der linearen oder der geschätzten Lösung, was eine Kraftumlagerung zur Folge hat. Dieser Kraftzustand ist dann der Ausgangspunkt für die nächste Iterationsstufe. Die Iteration wird abgebrochen, wenn die Änderung der Ergebnisse unter einer gewählten Genauigkeitsschranke liegt.

Da eine Superposition nicht möglich ist, müssen die verschiedenen Lastkombinationen betrachtet werden. Soll die Gebrauchslast einen bestimmten Abstand γ von der Versagenslast haben, wobei γ für die einzelnen Lasten unterschiedlich sein kann, so müssen die Gebrauchslasten mit dem Beiwert γ multipliziert werden und es muß der Nachweis erbracht werden, daß diese γ-fache Belastung an keiner Stelle die Bruchlast überschreitet. Soll dagegen die Bruchlast festgestellt werden, so muß die Belastung bis zur Bruchlast gesteigert werden. Für jede Laststufe ist dann eine Iteration erforderlich.

4.3 Fließgelenkverfahren

4.3.1 Einführung

Im Falle der linear elastisch-idealplastischen Momenten-Verkrümmungs-Linie, Bild 4-2d, versagt das Vorgehen nach Abschnitt 4.2, weil $\varkappa_v$ (4-3) unendlich groß wird. Da $\varkappa$ jeden beliebigen Wert einschließlich ∞ annehmen kann, kann ein Knick in der Biegelinie entstehen. Man konzentriert daher die plastischen Bereiche in jeweils einem Punkt, dem *Fließgelenk oder plastischen Gelenk*, das durch einen ausgefüllten Kreis dargestellt wird, Bild 4-5, und das für $M > M_{pl}$ einen Knick ermöglicht. (Bei der Berechnung von M_{pl} müssen die gleichzeitig im Querschnitt wirkende Längskraft und Querkraft berücksichtigt werden). Aus diesen Festlegungen folgen die Plastizitätsbedingungen:

(1) Statische Plastizitätsbedingung: im Fließgelenk ist $M = M_{pl}$, in den übrigen Tragwerksteilen ist $M \leqq M_{pl}$.
(2) Kinematische Plastizitätsbedingung: im Fließgelenk ist $\operatorname{sgn} \Delta\varphi = \operatorname{sgn} M_{pl}$ (Vorzeichen von $\Delta\varphi$ nach Bild 2.4.—6, von M_{pl} nach Bild 2.3.—4).

Bild 4-5. Darstellung eines Fließgelenkes.

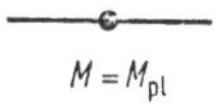

$$M = M_{pl}$$

Die plastische Grenzlast eines Tragwerks ist erreicht, wenn sich so viele plastische Gelenke gebildet haben, daß das Tragwerk oder Teile des Tragwerks kinematisch werden. Hierzu ist i. allg. eine Laststeigerung erforderlich, die beim Fließgelenkverfahren proportional, also mit einem konstanten Faktor ν für alle Lasten, erfolgen muß. Bei einem statisch bestimmten Tragwerk wird der Laststeigerungsfaktor ν mit der Bedingung $\max M = M_{pl}$ berechnet. Bei statisch unbestimmten Tragwerken findet i. allg. gegenüber einer elastischen Berechnung eine Umlagerung der Schnittgrößen statt. Wie sich zeigen läßt, gilt für die plastische Grenzlast:

(1) Der Kraftzustand ist unabhängig von der Belastungsgeschichte, wenn die einzelnen Lasten die für die Grenzlast gültigen Werte zu keiner Zeit überschreiten.
(2) Der Kraftzustand ist unabhängig von Eigenspannungszuständen.
(3) Der Verschiebungszustand ist von der Belastungsgeschichte und den Eigenspannungszuständen abhängig.

4.3.2 Berechnung der plastischen Grenzlast, Probierverfahren

4.3.2.1 Statische Methode

Vorgehen nach der statischen Methode:

(1) Annahme eines plausiblen Kraftzustandes, der unter Beachtung der möglichen Rand- und Übergangsbedingungen mit der gegebenen Belastung im Gleichgewicht ist: zulässiger Kraftzustand.

(2) Berechnung von F_{stat} (und damit des Laststeigerungsfaktors ν) unter Beachtung der statischen Plastizitätsbedingung $M \leqq M_{\text{pl}}$.

(3) Kinematische Kontrolle: Für $F_{\text{stat}} = F_{\text{pl}}$ muß sich eine (einfach kinematische) Fließgelenkkette ergeben, die mit den gegebenen Rand- und Übergangsbedingungen (einschließlich derjenigen infolge der plastischen Gelenke) und der kinematischen Plastizitätsbedingung verträglich ist: verträglicher Verschiebungszustand.

Da sich zu einer Belastung oberhalb der plastischen Grenzlast kein Gleichgewichtszustand mehr angeben läßt, ist die nach (1) und (2) ermittelte Belastung $F_{\text{stat}} \leqq F_{\text{pl}}$. Bezeichnet man einen Kraftzustand, der die statische Plastizitätsbedingung erfüllt, als statisch stabil oder sicher, so führt die statische Methode zu folgendem Grenzwertsatz:

Statischer Satz (Sicherheitssatz)

Jede Belastung, zu der sich ein sicherer statisch zulässiger Kraftzustand nach (1) und (2) angeben läßt, ist kleiner oder gleich der plastischen Grenzlast.

$$F_{\text{stat}} \leqq F_{\text{pl}} \tag{4-4}$$

Die Anwendung der statischen Methode empfiehlt sich vor allem dann, wenn nur der Nachweis erbracht werden muß, daß unter einer ν-fachen Belastung die Grenzlast nicht überschritten wird. Kann man, ausgehend von den ν-fachen Momentenlinien, die z. B. für einen statisch bestimmten Träger ermittelt wurden, Schlußlinien so zeichnen, daß M_{pl} nicht überschritten wird, so ist $\nu F \leqq F_{\text{pl}}$.

Beispiel:

Träger mit Belastung, M_{pl} und ν nach Bild 4-6a. In Bild 4-6b ist die Momentenfläche eines statisch bestimmten Systems unter 1,3facher Belastung gezeichnet, die die statische Plastizitätsbedingung nicht erfüllt. Zeichnet man eine Schlußlinie so, daß am Punkt 1 M_{pl} auftritt, so erhält man die Momentenfläche nach Bild 4-6c. Nach Bild 4-6d hat sich noch keine kinematische Kette gebildet, unter ν-facher Belastung wird also die Grenzlast noch nicht erreicht.

4.3.2.2 Kinematische Methode

Vorgehen nach der kinematischen Methode.

(1) Annahme einer plausiblen Fließgelenkkette.

(2) Berechnung von F_{kin} mit dem Prinzip der virtuellen Verschiebungen (Gleichgewicht).

(3) Statische Kontrolle: Für $F_{\text{kin}} = F_{\text{pl}}$ muß die statische Plastizitätsbedingung im ganzen Tragwerk erfüllt sein.

Da sich jedes Tragwerk so verformt, daß die Arbeit ein Minimum ist, wird die Arbeit mit der richtigen Fließgelenkkette kleiner sein als die Arbeiten mit anderen Gelenkketten. Damit ist die nach (1) und (2) ermittelte Belastung $F_{\text{kin}} \geqq F_{\text{pl}}$. Daraus folgt der Grenzwertsatz:

Kinematischer Satz (Unsicherheitssatz)

Jede Belastung, die mit einer kinematisch zulässigen Fließgelenkkette ermittelt wird, ist größer oder gleich der plastischen Grenzlast.

$$F_{\text{kin}} \geqq F_{\text{pl}} \tag{4-5}$$

Aus dem statischen und dem kinematischen Satz folgt der

Einzigkeitssatz (Eindeutigkeitssatz)

Die zu einem sicheren statisch zulässigen Kraftzustand und zu einer kinematisch zulässigen Fließgelenkkette ermittelte Belastung ist gleich der plastischen Grenzlast.

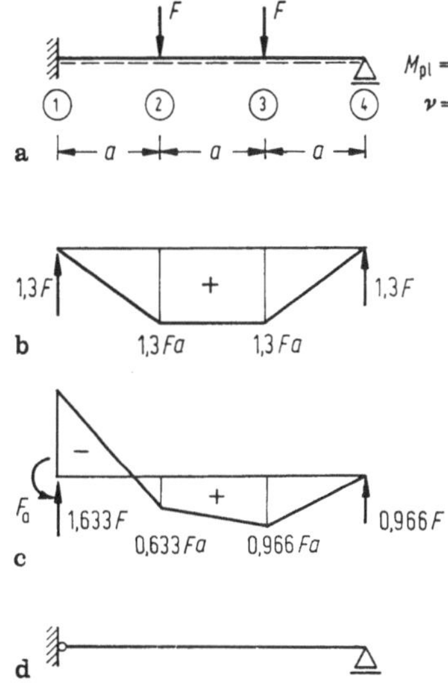

Bild 4-6. Nachweis ausreichender Sicherheit mit der statischen Methode.
a) Träger mit Belastung, b) Momentenfläche unter ν-facher Belastung an einem statisch bestimmten System, c) Sicherer statisch zulässiger Kraftzustand, d) Träger mit Fließgelenken.

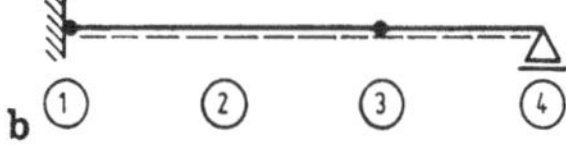
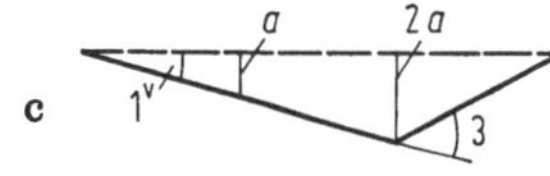
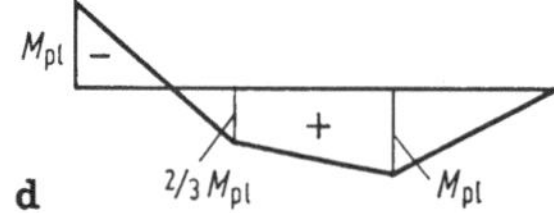

Bild 4-7. Berechnung der plastischen Grenzlast des einseitig eingespannten und einseitig gelenkig gelagerten Trägers mit der kinematischen Methode.
a) Träger mit Belastung, b) Plausible Fließgelenkkette, c) Virtueller Verschiebungszustand, d) Plastizitätskontrolle.

Beispiel:

Berechnung der plastischen Grenzlast des einseitig eingespannten Einfeldträgers, Bild 4-7, mit der kinematischen Methode. Die virtuellen Arbeiten ergeben sich zu:

$$W_{\text{a}}^{\text{v}} = Fa + F\,2a = 3Fa$$

$$-W_{\text{i}}^{\text{v}} = M_{\text{pl}}\,1^{\text{v}} + M_{\text{pl}}\,3^{\text{v}} = 4M_{\text{pl}}$$

Die inneren virtuellen Arbeiten sind nach der kinematischen Plastizitätsbedingung immer negativ. Aus dem Prinzip folgt:

$$F_{kin} = \frac{4}{3} \frac{M_{pl}}{a}.$$

Da sich zu der angenommenen Fließgelenkkette ein sicherer statisch zulässiger Kraftzustand zeichnen läßt (Plastizitätskontrolle), gilt

$$F_{kin} = F_{pl} = \frac{4}{3} \frac{M_{pl}}{a}.$$

4.3.3 Berechnung der plastischen Grenzlast mit der kinematischen Methode durch Kombination von Elementarketten

Während bei der statischen Methode die Berechnung der plastischen Grenzlast nur in Ausnahmefällen erforderlich ist, muß diese wegen $F_{kin} \geqq F_{pl}$ bei der kinematischen Methode immer ermittelt werden. Zu deren systematischer Berechnung stellt man zuerst fest, wieviele einfach kinematische Elementarketten entstehen können, berechnet für diese F_{kin} und untersucht dann, ob es Kombinationen der Ketten mit einem kleineren F_{kin} gibt. Nach (4-5) ist die kleinste kinematische Last gleich der plastischen Grenzlast. Es ergibt sich so das folgende Vorgehen:

1. Grad der statischen Unbestimmtheit n feststellen (bei Einfeld- und Durchlaufträgern nur für Querbelastung).
2. Ermittlung der Anzahl z der Stellen, an denen sich plastische Gelenke bilden können. Das sind alle Stellen mit einem Krümmungsmaximum (Maximalwerte der Momentenlinie im Feld, an den Knoten und Lagern, Unstetigkeitsstellen im Querschnitt),
3. Berechnen der Anzahl u der einfach kinematischen, unabhängigen Elementarketten

$$u = z - n \qquad\qquad (4\text{-}6)$$

4. Festlegen der u Elementarketten. Elementarketten siehe Bild 2.1-4 (Knotenketten nur bei mehr als zweistäbigem Anschluß).
5. Einprägen eines virtuellen Verschiebungszustandes in jede der Elementarketten und berechnen der virtuellen Arbeiten

$$W_a^v = \alpha F_{kin}; \qquad -W_i^v = \beta M_{pl}$$

6. Berechnen von F_{kin} mit dem Prinzip der virtuellen Verschiebungen für jede der Elementarketten:

$$F_{kin} = \frac{\beta}{\alpha} M_{pl} \qquad\qquad (4\text{-}7)$$

Knotenketten stellen, wenn der Knoten nicht durch ein Moment M_L belastet wird, keinen Versagensmechanismus dar. Sie sind ein Hilfsmittel zur Kombination mit anderen Ketten.

7. Durchspielen aller möglichen Kombinationen der Elementarketten und prüfen, ob sich ein kleinerer Wert β/α ergibt. Dabei beachte man, daß auch die Kombinationen nur einfach kinematisch sein dürfen.

8. Plastische Grenzlast

$$F_{\mathrm{pl}} = \min F_{\mathrm{kin}}$$

9. Statische Plastizitätskontrolle. Dazu ist der Kraftzustand zu berechnen. Bei statisch unbestimmten Tragwerksteilen braucht dabei nur nachgewiesen zu werden, daß sich ein Gleichgewichtszustand mit $M < M_{\mathrm{pl}}$ angeben läßt.

Beispiel:

Rahmen mit Belastung und M_{pl} nach Bild 4-8a.

1. $n = 4$
2. $z = 8$. In Bild 4-8a durch Kreuze gekennzeichnet.
3. $u = 8 - 4 = 4$
4., 5., 6. Elementarketten, virtuelle Verschiebungszustände, virtuelle Arbeiten und F_{kin} siehe Bild 4-8b bis e
7. Kombination (1), (2) und (4) siehe Bild 4-8f. Kombination (1) und (3) (Schließen des Gelenkes, bei 1): α wird gegenüber (1) um 15% $\left(\dfrac{3}{10}\right)$ größer, β um 20% $(4 - 2 \cdot 1)$ größer, also nicht maßgebend. Kombination (2) und (3): $\dfrac{1}{3}$ (2) + (3) + (4), Schließen des Gelenkes bei 3 rechts und unten. α wird gegenüber (3) um 333% $\left(\dfrac{1}{3}\,3\right)$ größer, β um 358% $\left(\dfrac{1}{3}\,22 - 2 \cdot 1 - 2 \cdot 3 = 14{,}33\right)$ größer, also nicht maßgebend.

8. $F_{\mathrm{pl}} = 5\,\dfrac{M_{\mathrm{pl}}}{a}$.

9. Statische Plastizitätskontrolle erfüllt (Momentenfläche Bild 4-8g). Dabei wurde für die rechte, statisch unbestimmte, Rahmenhälfte (Punkte 3 bis 6) ein Gleichgewichtszustand mit $M < M_{\mathrm{pl}}$ angegeben.

4.3.4 Berechnung des Verschiebungszustandes

Ein Verschiebungszustand läßt sich nur für kinematisch stabile Tragwerke eindeutig angeben, beim Fließgelenkverfahren also für das Tragwerk, bei dem sich beim Erreichen der plastischen Grenzlast das letzte Fließgelenk noch nicht ausgebildet hat. Da die Lage des letzten Fließgelenkes nicht bekannt ist, muß diese ermittelt werden. Hierzu empfiehlt sich folgendes systematische Vorgehen.

1. Stabilisieren des kinematischen Tragwerks durch Einbau einer Fessel (gleichbedeutend mit Schließen eines Fließgelenkes)
2. Berechnen des elastischen Verschiebungszustandes an diesem Tragwerk w_{el}, vor allem der Knicke $\Delta\varphi_{i\,\mathrm{el}}$ in den Fließgelenken i mit den Verfahren des Abschnittes 2.9.
3. Berechnen des Starrkörperverschiebungszustandes w_{starr} der Fließgelenkkette, vor allem der Knicke $\Delta\varphi_{i\,\mathrm{starr}}$ in den Fließgelenken i. Dies ist nur möglich, wenn eine Verschiebungsgröße willkürlich festgelegt wird. Aus diesem Grunde ist dieser Zustand mit einem Faktor c zu multiplizieren.
4. Berechnung der Verhältniswerte

$$c_{\mathrm{i}} = -\frac{\Delta\varphi_{i\,\mathrm{el}}}{\Delta\varphi_{i\,\mathrm{starr}}} \tag{4-8}$$

5. Bestimmung von c:

$$c = \max c_{\mathrm{i}} \tag{4-9}$$

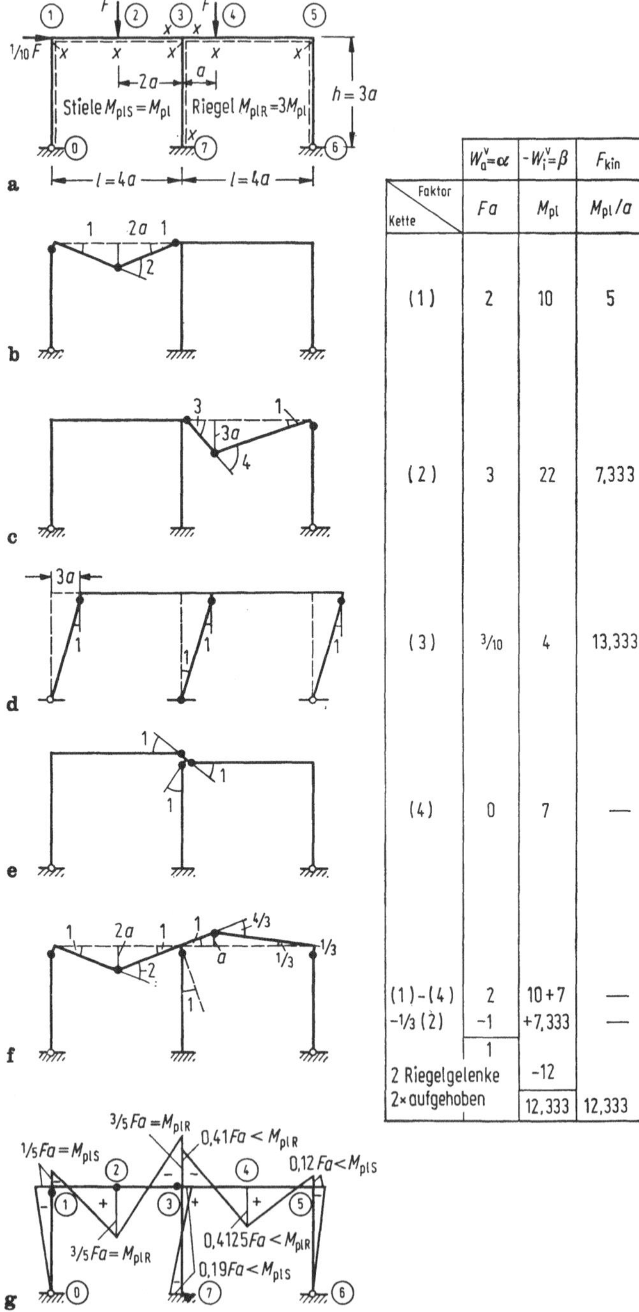

Faktor Kette	$W_a^v=\alpha$ Fa	$-W_i^v=\beta$ M_{pl}	F_{kin} M_{pl}/a
(1)	2	10	5
(2)	3	22	7,333
(3)	3/10	4	13,333
(4)	0	7	—
(1)−(4)	2	10+7	—
−1/3 (2)	−1	+7,333	—
	1		
2 Riegelgelenke		−12	
2× aufgehoben		12,333	12,333

6. Verschiebungszustand

$$w = w_{el} + c w_{starr}$$
$$\Delta\varphi_i = \Delta\varphi_{i\,el} + c\,\Delta\varphi_{i\,starr}$$

(4-10)

Eigenspannungs- und Verschiebungszustände haben (im Gegensatz zur Grenzlastberechnung) einen Einfluß auf den Verschiebungszustand.

Beispiel:

Träger nach Bild 4-7.

1. Im Punkt 3, Bild 4-7b wird ein Lager angeordnet.

2. $\Delta\varphi_{1\,el} = 0$; $\Delta\varphi_{3\,el} = -\dfrac{M_{pl}a}{EI}$

3. Bild 4-7c: $\Delta\varphi_{1,starr} = -1$; $\Delta\varphi_{3\,starr} = 3$

4. $c_1 = 0$; $c_3 = \dfrac{M_{pl}a}{3EI}$

5. Aus (4-9) folgt: $c = c_3$.

6. Die Biegelinie, Bild 4-9, ergibt sich nach (4-10) aus w_{el} (schraffiert) und der mit c_3 multiplizierten Starrkörperverschiebung des Bildes 4-7c.

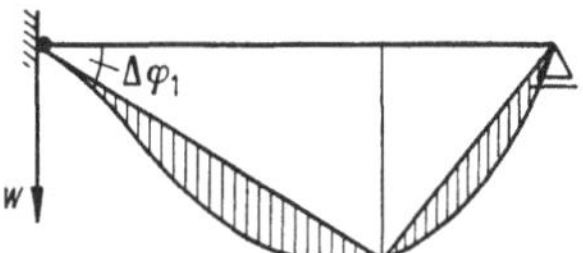

Bild 4-9. Biegelinie zu Bild 4-7.

4.3.5 Zusätzliche Betrachtungen

4.3.5.1 Streckenlasten

Bei Streckenlasten ist die Lage des Maximalmomentes und damit auch die des plastischen Gelenkes i. allg. nicht bekannt, da sie von der Größe der Einspannmomente $M_{pl,1}$ und $M_{pl,2}$ (Bild 4-10) abhängig ist. Hier bieten sich verschiedene Wege zur Bestimmung von p_{pl} an:

(1) Die Lage des plastischen Feldmomentes bei konstanter Streckenlast kann für verschiedene Verhältnisse der plastischen Momente in den Punkten 1 und 2 zum plastischen Feldmoment Tabellen entnommen werden [8].

(2) Man schätzt die Lage des Fließgelenkes im Feld. Im allgemeinen ergibt sich dann neben dem Gelenk ein Wert $|M| > |M_{pl}|$. Die Überschreitung ist bei einer vernünftigen Wahl des Fließgelenkes jedoch gering.

Bild 4-8. Ermittlung der plastischen Grenzlast.
a) Tragwerk mit Belastung und Kennzeichnung der Stellen durch *x*, an denen sich plastische Gelenke bilden können; b) bis e) Elementarketten mit virtuellem Verschiebungszustand, äußerer und innerer Arbeit und F_{kin}; f) Kombination; g) Momentenfläche.

Die Größe der plastischen Grenzlast ist bei Gleichstreckenlasten nicht sehr empfindlich gegen Ungenauigkeiten in der Lage des Fließgelenkes.

(3) Man ersetzt die Streckenlasten durch Einzellasten. Wählt man die Einzellasten so, daß deren Momentenfläche ein Tangentenpolygon an die wirkliche Momentenfläche ist, so liegen die Ergebnisse auf der sicheren Seite (s. Abschnitt 2.8.6.4).

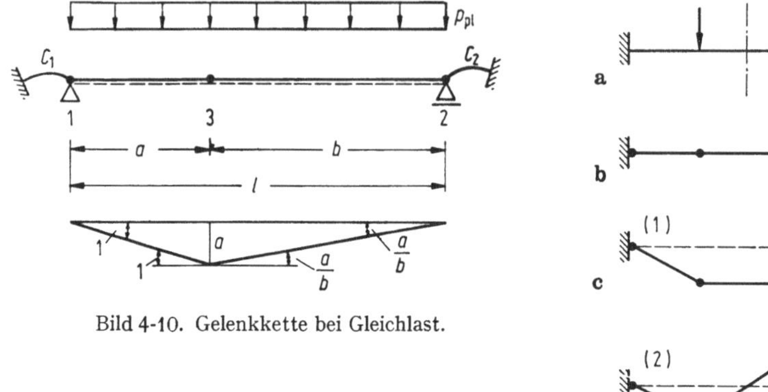

Bild 4-10. Gelenkkette bei Gleichlast.

Bild 4-11. Gelenkketten bei einem symmetrischen Tragwerk.

4.3.5.2 Symmetrische Tragwerke

Bei symmetrischen Tragwerken und symmetrischer Belastung können sich Fließgelenkketten mit 2 Freiheitsgraden bilden. Da jedoch die Symmetriebedingung beachtet werden muß, ist z. B. die Kette (2) in Bild 4-11 nicht möglich und damit der kinematische Zustand eindeutig.

Eine unsymmetrische Fließgelenkkette mit einem Freiheitsgrad z. B. (3) in Bild 4-11 führt zu derselben Momentenfläche wie die symmetrische Kette. Im Versuch stellt sich i. allg. ein unsymmetrischer Mechanismus ein, da das reale Tragwerk und die reale Belastung nie voll symmetrisch sind.

4.3.5.3 Sonderfälle

Auch bei beliebigen Tragwerken können sich mehrere Gelenkketten gleichzeitig bilden oder *Fließgelenkketten mit mehr als einem Freiheitsgrad* entstehen. Dies ist jedoch belanglos, wenn bis zum Erreichen der plastischen Grenzlast das Tragwerk nicht kinematisch ist. Im Grenzfall werden sich bei einem Träger, der in allen Schnitten nach der Momentenfläche der Elastizitätstheorie bemessen ist, in allen Schnitten gleichzeitig plastische Gelenke ausbilden, da die Spannungen in allen Schnitten dieselben sind.

Die in Wirklichkeit immer gegebene beschränkte *Rotationsfähigkeit der Fließgelenke* muß beachtet werden, wenn sich die kinematische Kette erst nach der Ausbildung großer Knicke einstellen kann (Dreifeldträger mit sehr großen Randfeldern), oder wenn die Rotationsfähigkeit gering ist (hochfeste Stähle, Stahlbeton).

Zyklische Belastungen können dadurch zu großen Verschiebungen und damit zum Versagen führen, daß in jedem Zyklus plastische Verformungen entstehen, ohne daß die Grenzlast erreicht wird.

5. Theorie II. Ordnung

Bei der Theorie II. Ordnung handelt es sich um ein nichtlineares Problem, so daß eine Superposition einzelner Lastzustände und eine lineare Extrapolation erhaltener Ergebnisse i. allg. nicht möglich ist. Sollen die Gebrauchslasten einen bestimmten Abstand v von der Versagenslast haben, so müssen sie mit dem Laststeigerungsfaktor vor Beginn der Berechnung multipliziert werden, und es muß der Nachweis erbracht werden, daß diese v-fache Belastung an keiner Stelle die Bruchlast überschreitet.

5.1 Voraussetzungen und Differentialgleichung

Von den *Linearisierungen* der Theorie I. Ordnung werden diejenigen in der Geometrie und für die Werkstoffe beibehalten. Die Kräfte werden am verformten Tragwerk angesetzt. Ferner setzt man i. allg. noch voraus:

Die äußeren Kräfte bleiben richtungstreu (konservative Kräfte).

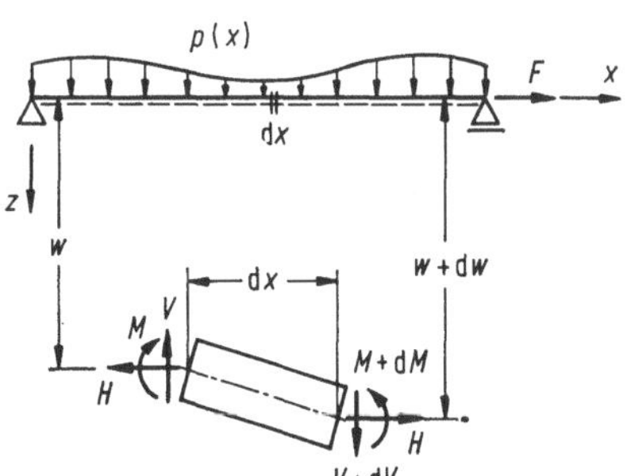

Bild 5-1. Kraftgrößen am verschobenen Stabelement.

Die Verformungen γ infolge von Querkräften Q und die Verformungen ε infolge von Längskräften N werden Null gesetzt ($G\alpha_Q \cdot A \to \infty$, $EA \to \infty$). γ kann durch Zusatzglieder berücksichtigt werden, während ε zu komplizierteren Differentialgleichungen führt.

Die Kraft in Richtung der unverformten Stabsehne sowie das Trägheitsmoment sind über die Trägerlänge konstant.

Zur Herleitung der *Differentialgleichung* betrachtet man ein verschobenes Stabelement im lokalen Koordinatensystem x, z (Bild 5-1). Die Gleichgewichtsbedingungen auten:

$$\frac{\mathrm{d}V}{\mathrm{d}x} = -p(x) \tag{5-1}$$

$$\frac{\mathrm{d}M}{\mathrm{d}x} = V - H\frac{\mathrm{d}w}{\mathrm{d}x} \tag{5-2}$$

bzw.

$$\frac{\mathrm{d}^2M}{\mathrm{d}x^2} + H\frac{\mathrm{d}^2w}{\mathrm{d}x^2} = -p(x) \tag{5-3}$$

Mit der linearen konstitutiven Gleichung (2.5-6) erhält man nach Multiplikation mit $(-1/EI)$

$$w^{\mathrm{IV}} - \frac{H}{EI}w'' = \frac{p(x)}{EI} \tag{5-4}$$

und nach zweimaliger Integration:

$$w'' - \frac{H}{EI}w = \frac{1}{EI}\int\int p(x)\,\mathrm{d}x^2 + C_1 x + C_2 \tag{5-5}$$

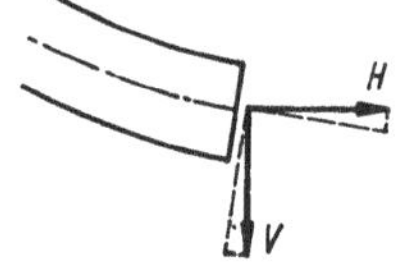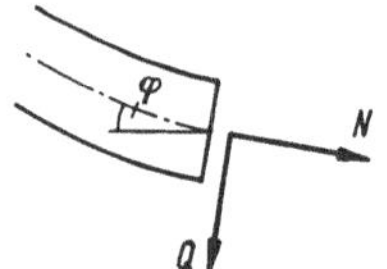

Bild 5-2. Zur Berechnung von N und Q aus H und V.

Bei statisch bestimmt gelagerten Trägern können die Konstanten bestimmt werden und die rechte Seite entspricht dann dem Moment nach Theorie I. Ordnung (s. Abschnitt 2.8.3).

Sind die auf die Richtung der verformten Stabachse bezogenen *Längs- und Querkräfte* N und Q, Bild 5-2, gesucht, so erhält man unter Beachtung der Näherungen in der Geometrie (2.4-6):

$$\left.\begin{aligned} N &= H + V\varphi = H + Vw' \\ Q &= V - H\varphi = V - Hw' \end{aligned}\right\} \tag{5-6}$$

Durch Vergleich ergibt sich, daß auch bei Theorie II. Ordnung $\mathrm{d}M/\mathrm{d}x = Q$ gilt. Aus der Beziehung für Q folgt für V:

$$V = Q + Hw' \tag{5-7}$$

Bei Theorie II. Ordnung setzen sich die vertikalen Lagerreaktionen aus den Vertikalkräften zusammen und nicht mehr aus den Querkräften wie bei Theorie I. Ordnung.

Bei der Theorie II. Ordnung können die Schnittgrößen nicht ohne die Kenntnis der Verschiebungsgrößen ermittelt werden. Nach den Definitionen des Abschnittes 2.2.1 handelt es sich um ein statisch unbestimmtes Problem, bei statisch bestimmt gelagerten Tragwerken, bei denen sich die Stützgrößen mit den Gleichgewichtsbedingungen berechnen lassen, um ein innerlich statisch unbestimmtes Problem.

5.2 Einzelstäbe

5.2.1 Lösung der Differentialgleichung

Mit der Stabkennzahl

$$\varepsilon = l \sqrt{\frac{-H}{EI}} \qquad (5\text{-}8)$$

l: Stützweite des Stabes
lautet die Lösung der homogenen Differentialgleichung

$$w_{\mathrm{h}} = C_1 + C_2 x + C_3 \sin \frac{\varepsilon}{l} x + C_4 \cos \frac{\varepsilon}{l} x \qquad (5\text{-}9)$$

Für die im folgenden hauptsächlich behandelten Druckstäbe erhält man mit dem Absolutwert der Druckkraft D

$$D = -H \qquad (5\text{-}10)$$

und die Stabkennzahl

$$\varepsilon = l \sqrt{\frac{D}{EI}}\,. \qquad (5\text{-}11)$$

Die Partikularlösung lautet für $p = \mathrm{const}$:

$$w_{\mathrm{p}} = \frac{p}{EI} \left(\frac{l}{\varepsilon}\right)^2 \frac{x^2}{2} \qquad (5\text{-}12)$$

Partikularlösungen können bei gleicher homogener Lösung superponiert werden. Im vorliegenden Fall gilt dies für gleiche Werte ε, also für gleiche Stabkräfte D (bzw. H) für die zu superponierenden Lastfälle.

Grundlastfälle für das Kraft- und das Verschiebungsgrößenverfahren sind in den Tafeln 5-1 bis 5-4 und 5-6 angegeben.

Im Zustandsvektor z des *Übertragungsverfahrens* wird statt der Querkraft Q die Kraft V senkrecht zur unverformten Stabachse eingeführt, weil man so die Stützkräfte senkrecht zur unverformten Stabachse direkt angeben kann. Die Übertragungsmatrizen sind in Tafel 5-5 angegeben.

5.2.2 Verhalten der Einzelstäbe, Verzweigungslasten

In Bild 5-3 sind für einen Träger auf 2 Stützen die Verdrehungen τ an den Auflagern i und k infolge eines Momentes M_{k} in Abhängigkeit von ε (und damit D) und einige sich dabei einstellende Biegelinien aufgetragen. Für $\varepsilon = \pi$, 2π usw. werden die Verschiebungen unendlich groß. Solche Probleme, die zu eindeutigen Lösungen führen, werden *Spannungsprobleme* genannt.

Unterliegt ein Träger auf 2 Stützen keiner Querbelastung, so hat die Differentialgleichung neben der trivialen Lösung $w = 0$ für alle Druckkräfte noch die Lösung w unbestimmt für die Eigenwerte $\varepsilon = \pi$, 2π, 3π usw. Hier interessiert nur der niedrigste Eigenwert, weil beim Erreichen dieses Wertes das Tragwerk zu Bruch geht. Zum ersten Eigenwert gehört die Verzweigungslast (auch Knicklast oder kritische Last genannt) D_{kr}.

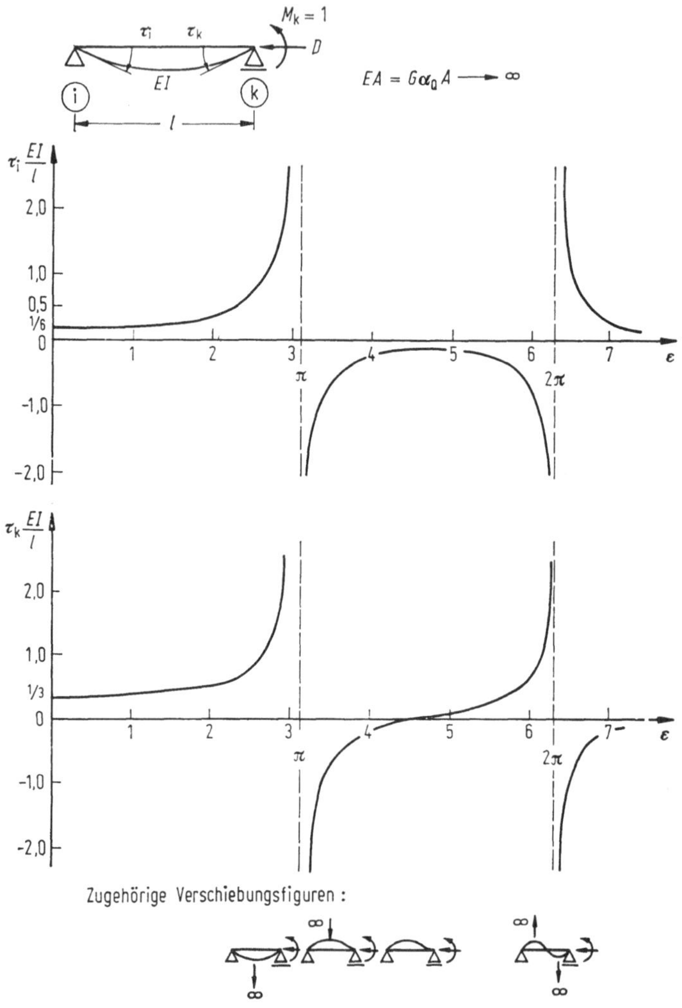

Bild 5-3. Abhängigkeit der Winkel τ von S.

Für verschiedene Lagerungsfälle sind die Verzweigungslasten in Bild 5-4 angegeben. Probleme, die über die Eigenwerte zu Verzweigungslasten führen werden *Verzweigungsprobleme* genannt.

Beim *Übertragungsverfahren* erhält man im Falle des Verzweigungsproblems ein homogenes Gleichungssystem zur Bestimmung der unbekannten Anfangswerte. Dieses Gleichungssystem hat neben der trivialen Lösung Null noch unbestimmte Lösungen für die Eigenwerte. Der erste Eigenwert ergibt sich aus dem ersten Nulldurchgang der Determinante, wenn man diese als Funktion von ε bzw. D aufträgt.

Tafel 5-1. Grundformeln des Verschiebungsgrößenverfahrens nach Theorie II. Ordnung

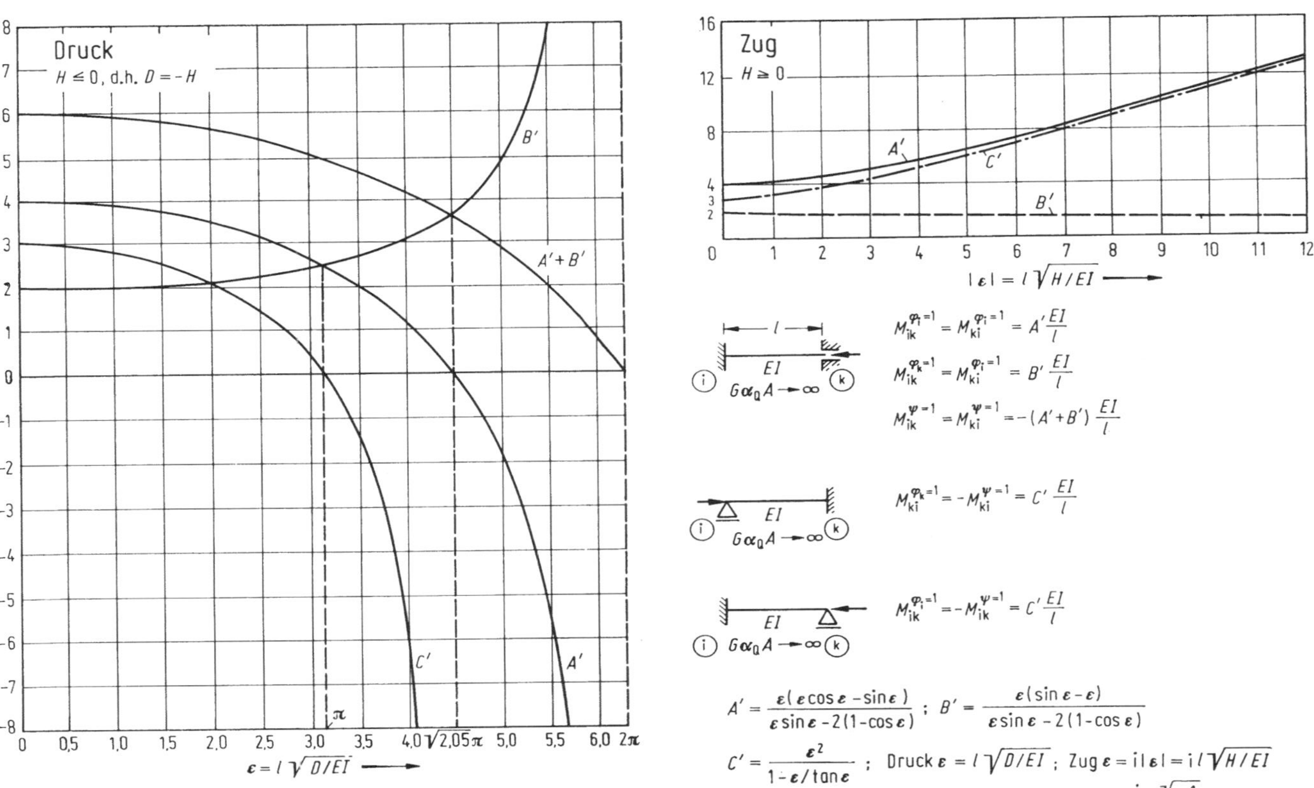

Tafel 5-2. Grundformeln des Verschiebungsgrößenverfahrens nach Theorie II. Ordnung, Grundstab I bei Druck

Zustand Biegelinie	Vorzeichen	

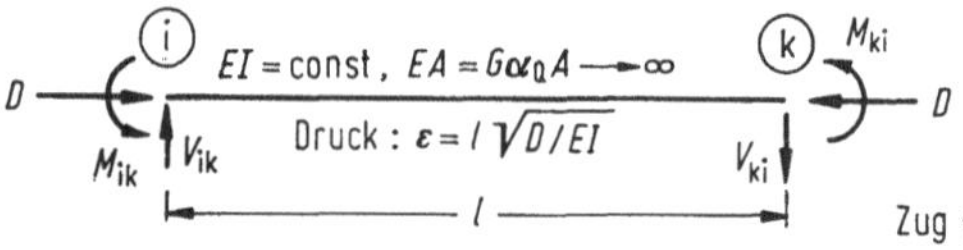

Vorzeichen:

$EI = const,\ EA = G\alpha_0 A \longrightarrow \infty$

$\text{Druck}: \varepsilon = l\sqrt{D/EI}$

Zug s. Tafel 5-6

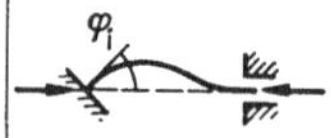 φ_i	$M_{ik} = A'\,\dfrac{EI}{l}\,\varphi_i$ *)	$M_{ki} = B'\,\dfrac{EI}{l}\,\varphi_i$ *)
	$V_{ik} = (M_{ik}+M_{ki})\,l = V_{ki}$	
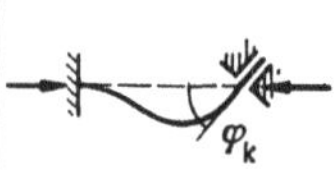 φ_k	$M_{ik} = B'\,\dfrac{EI}{l}\,\varphi_k$ *)	$M_{ki} = A'\,\dfrac{EI}{l}\,\varphi_k$ *)
	$V_{ik} = (M_{ik}+M_{ki})/l = V_{ki}$	
 ψ_{ik}	$M_{ik} = -(A'+B')\,\dfrac{EI}{l}\,\psi_{ik}$ *)	$M_{ki} = -(A'+B')\,\dfrac{EI}{l}\,\psi_{ik}$ *)
	$V_{ik} = (M_{ik}+M_{ki})/l + D\,\psi_{ik} = V_{ki}$	
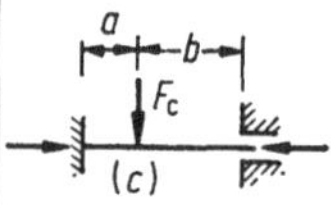 a — b ; F_c (c)	$M_{ik} = \dfrac{F_c l}{\varepsilon^2}\left[-B'\left(\dfrac{\sin\left(\varepsilon\frac{a}{l}\right)}{\sin\varepsilon}-\dfrac{a}{l}\right)+A'\left(\dfrac{\sin\left(\varepsilon\frac{b}{l}\right)}{\sin\varepsilon}-\dfrac{b}{l}\right)\right]$ *)	$M_{ki} = \dfrac{F_c l}{\varepsilon^2}\left[-A'\left(\dfrac{\sin\left(\varepsilon\frac{a}{l}\right)}{\sin\varepsilon}-\dfrac{a}{l}\right)+B'\left(\dfrac{\sin\left(\varepsilon\frac{b}{l}\right)}{\sin\varepsilon}-\dfrac{b}{l}\right)\right]$ *)
	$V_{ik} = (M_{ik}+M_{ki})/l + \dfrac{F_c b}{l}$	$V_{ki} = (M_{ik}+M_{ki})/l - \dfrac{F_c a}{l}$
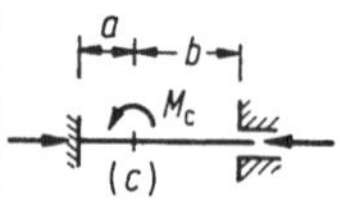 a — b ; M_c (c)	$M_{ik} = \dfrac{\cos\left(\varepsilon\frac{b}{l}\right)-\cos\left(\varepsilon\frac{a}{l}\right)+\varepsilon\sin\left(\varepsilon\frac{b}{l}\right)-(1-\cos\varepsilon)}{\varepsilon\sin\varepsilon + 2(\cos\varepsilon-1)}\,M_c$	$M_{ki} = \dfrac{\cos\left(\varepsilon\frac{a}{l}\right)-\cos\left(\varepsilon\frac{b}{l}\right)+\varepsilon\sin\left(\varepsilon\frac{a}{l}\right)-(1-\cos\varepsilon)}{\varepsilon\sin\varepsilon + 2(\cos\varepsilon-1)}\,M_c$
	$V_{ik} = (M_{ik}+M_{ki}+M_c)/l = V_{ki}$	
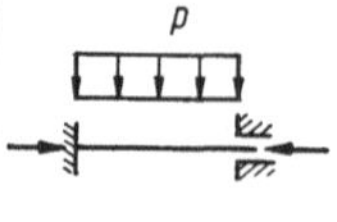 p	$M_{ik} = \dfrac{pl^2}{\varepsilon^2}\left[1-\dfrac{1}{2}(A'-B')\right]$ *)	$M_{ki} = -M_{ik}$ *)
	$V_{ik} = \dfrac{pl}{2}$	$V_{ki} = -\dfrac{pl}{2}$

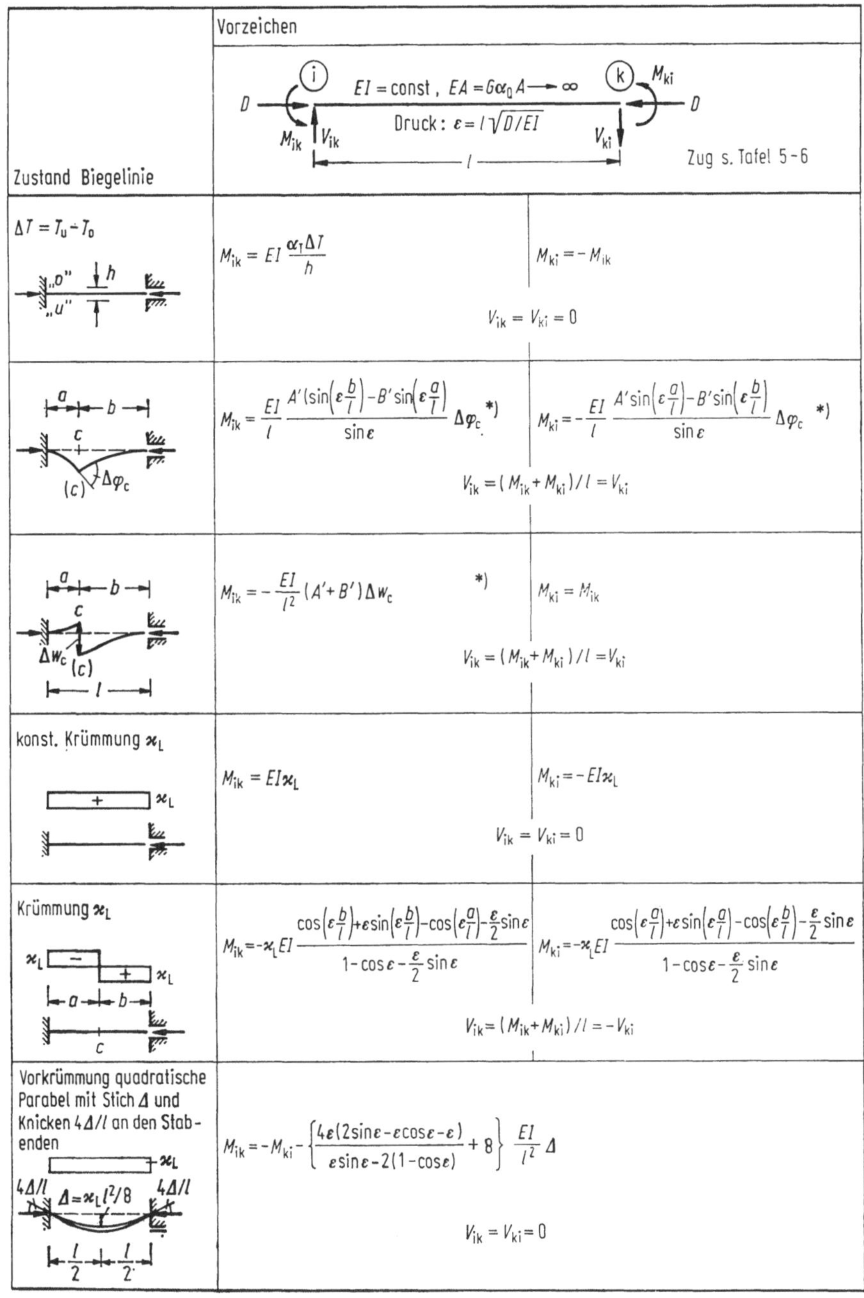

Zustand Biegelinie	Vorzeichen	
	$EI = \text{const}$, $EA = G\alpha_0 A \longrightarrow \infty$ — Druck: $\varepsilon = l\sqrt{D/EI}$ — Zug s. Tafel 5-6	
$\Delta T = T_u - T_0$	$M_{ik} = EI\,\dfrac{\alpha_T \Delta T}{h}$	$M_{ki} = -M_{ik}$
	$V_{ik} = V_{ki} = 0$	
	$M_{ik} = \dfrac{EI}{l}\,\dfrac{A'\sin\!\left(\varepsilon\frac{b}{l}\right) - B'\sin\!\left(\varepsilon\frac{a}{l}\right)}{\sin\varepsilon}\,\Delta\varphi_c$ *)	$M_{ki} = -\dfrac{EI}{l}\,\dfrac{A'\sin\!\left(\varepsilon\frac{a}{l}\right) - B'\sin\!\left(\varepsilon\frac{b}{l}\right)}{\sin\varepsilon}\,\Delta\varphi_c$ *)
	$V_{ik} = (M_{ik} + M_{ki})/l = V_{ki}$	
	$M_{ik} = -\dfrac{EI}{l^2}(A'+B')\,\Delta w_c$ *)	$M_{ki} = M_{ik}$
	$V_{ik} = (M_{ik} + M_{ki})/l = V_{ki}$	
konst. Krümmung $\varkappa_L$	$M_{ik} = EI\varkappa_L$	$M_{ki} = -EI\varkappa_L$
	$V_{ik} = V_{ki} = 0$	
Krümmung $\varkappa_L$	$M_{ik} = -\varkappa_L EI\,\dfrac{\cos\!\left(\varepsilon\frac{b}{l}\right) + \varepsilon\sin\!\left(\varepsilon\frac{b}{l}\right) - \cos\!\left(\varepsilon\frac{a}{l}\right) - \frac{\varepsilon}{2}\sin\varepsilon}{1 - \cos\varepsilon - \frac{\varepsilon}{2}\sin\varepsilon}$	$M_{ki} = -\varkappa_L EI\,\dfrac{\cos\!\left(\varepsilon\frac{a}{l}\right) + \varepsilon\sin\!\left(\varepsilon\frac{a}{l}\right) - \cos\!\left(\varepsilon\frac{b}{l}\right) - \frac{\varepsilon}{2}\sin\varepsilon}{1 - \cos\varepsilon - \frac{\varepsilon}{2}\sin\varepsilon}$
	$V_{ik} = (M_{ik} + M_{ki})/l = -V_{ki}$	
Vorkrümmung quadratische Parabel mit Stich Δ und Knicken $4\Delta/l$ an den Stabenden; $\Delta = \varkappa_L l^2/8$	$M_{ik} = -M_{ki} - \left\{\dfrac{4\varepsilon(2\sin\varepsilon - \varepsilon\cos\varepsilon - \varepsilon)}{\varepsilon\sin\varepsilon - 2(1-\cos\varepsilon)} + 8\right\}\dfrac{EI}{l^2}\,\Delta$	
	$V_{ik} = V_{ki} = 0$	

Grundstab I — $G\alpha_0 A \longrightarrow \infty$, $EI = \text{const}$, l

*) A', B', C' : Tafel 5-1

Tafel 5-3a. Grundformeln des Verschiebungsgrößenverfahrens nach Theorie II. Ordnung, Grundstab II a bei Druck

Zustand Biegelinie	Vorzeichen	
	$EI = \text{const}, EA = G\alpha_Q A \longrightarrow \infty$ $\quad M_{ki} = 0$ $\text{Druck}: \varepsilon = l\sqrt{D/EI}$ Zug s. Tafel 5-6	
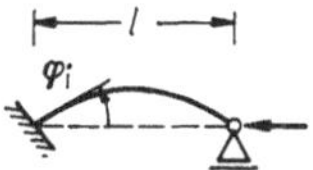 (Biegelinie φ_i)	$M_{ik} = C'\dfrac{EI}{l}$	$M_{ki} = 0$ $V_{ik} = \dfrac{M_{ik}}{l} = V_{ki}$
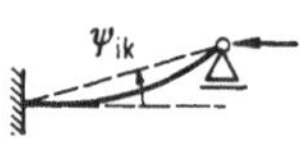 (Biegelinie ψ_{ik})	$M_{ik} = -C'\dfrac{EI}{l}\psi_{ik}$	$M_{ki} = 0$ $V_{ik} = \dfrac{M_{ik}}{l} + D\,\psi_{ik} = V_{ki}$
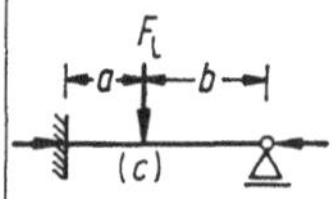 (F_L; $\vdash a \dashv\vdash b \dashv$; (c))	$M_{ik} = C'\dfrac{F_L l}{\varepsilon^2}\left[\dfrac{\sin\left(\varepsilon\frac{b}{l}\right)}{\sin\varepsilon} - \dfrac{b}{l}\right]$ $V_{ik} = \dfrac{M_{ik}}{l} + \dfrac{F_L b}{l}$	$M_{ki} = 0$ $V_{ki} = \dfrac{M_{ik}}{l} - \dfrac{F_L a}{l}$
(M_L; $\vdash a \dashv\vdash b \dashv$; (c))	$M_{ik} = -\dfrac{1}{\varepsilon^2}\left(1 - \dfrac{\varepsilon\cos\varepsilon\frac{b}{l}}{\sin\varepsilon}\right)C'M_L$	$M_{ki} = 0$ $V_{ik} = (M_{ik} + M_L)/l = V_{ki}$
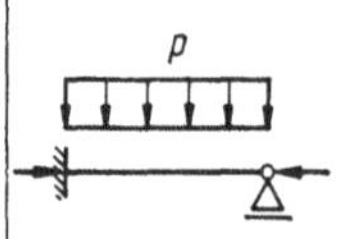 (p)	$M_{ik} = -\dfrac{pl^2}{2\varepsilon}\left[\dfrac{2(1-\cos\varepsilon)-\varepsilon\sin\varepsilon}{\varepsilon\cos\varepsilon - \sin\varepsilon}\right]$ $V_{ik} = \dfrac{M_{ik}}{l} + \dfrac{pl}{2}$	$M_{ki} = 0$ $V_{ki} = \dfrac{M_{ik}}{l} - \dfrac{pl}{2}$
$\Delta T = T_u - T_o$ 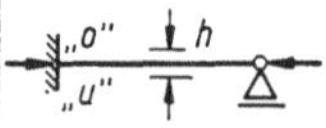 ("o" $\updownarrow h$ "u")	$M_{ik} = C'EI\,\dfrac{\alpha_T\,\Delta T}{h}\,\dfrac{\tan(\varepsilon/2)}{\varepsilon}$	$M_{ki} = 0$ $V_{ik} = \dfrac{M_{ik}}{l} = V_{ki}$

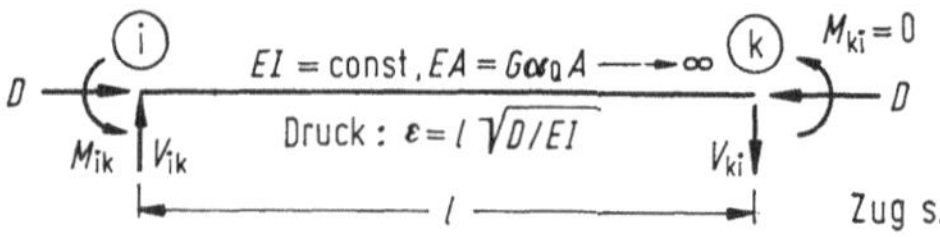

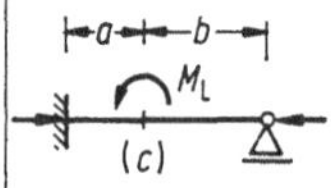

Zustand Biegelinie	Vorzeichen	
	$EI = \text{const}, EA = G\alpha_0 A \longrightarrow \infty$ Druck: $\varepsilon = l\sqrt{D/EI}$ $M_{ki}=0$ Zug s. Tafel 5-6	
(c) $\Delta\varphi$	$M_{ik} = C'\dfrac{EI}{l}\,\dfrac{\sin\left(\varepsilon\frac{b}{l}\right)}{\sin\varepsilon}\,\Delta\varphi_c$	$M_{ki} = 0$ $V_{ik} = \dfrac{M_{ik}}{l} = V_{ki}$
Δw_c (c)	$M_{ik} = -C'\dfrac{EI}{l^2}\,\dfrac{\varepsilon\cos\left(\varepsilon\frac{b}{l}\right)}{\sin\varepsilon}\,\Delta w_c$	$M_{ki} = 0$ $V_{ik} = \dfrac{M_{ik}}{l} = 0$
konst. Krümmung $\varkappa_L$	$M_{ik} = C'EI\varkappa_L\,\dfrac{\tan(\varepsilon/2)}{\varepsilon}$	$M_{ki} = 0$ $V_{ik} = \dfrac{M_{ik}}{l} = V_{ki}$
Krümmung $\varkappa_L$	$M_{ik} = -\varkappa_L EI\varepsilon\,\dfrac{1+\cos\varepsilon-2\cos\varepsilon\frac{b}{l}}{\varepsilon\cos\varepsilon-\sin\varepsilon}$	$M_{ki} = 0$ $V_{ik} = \dfrac{M_{ik}}{l} = V_{ki}$
Vorkrümmung quadratische Parabel mit Stich Δ und Knicken $4\Delta/l$ an den Stabenden $\Delta = \varkappa_L l^2/8$	$M_{ik} = 8\left[1 + \dfrac{1+\frac{\varepsilon^2}{2}-\cos\varepsilon-\varepsilon\sin\varepsilon}{\varepsilon\cos\varepsilon-\sin\varepsilon}\,\sin\varepsilon-\cos\varepsilon\right]\dfrac{EI}{l^2}\Delta$	$M_{ki} = 0$ $V_{ik} = \dfrac{M_{ik}}{l} = V_{ki}$

Grundstab IIa $G\alpha_0 A \longrightarrow \infty$, $EI = \text{const}$, l C' : Tafel 5-1

Tafel 5-3b. Grundformeln des Verschiebungsgrößenverfahrens nach Theorie II. Ordnung, Grundstab IIb bei Druck

Zustand Biegelinie	Vorzeichen	
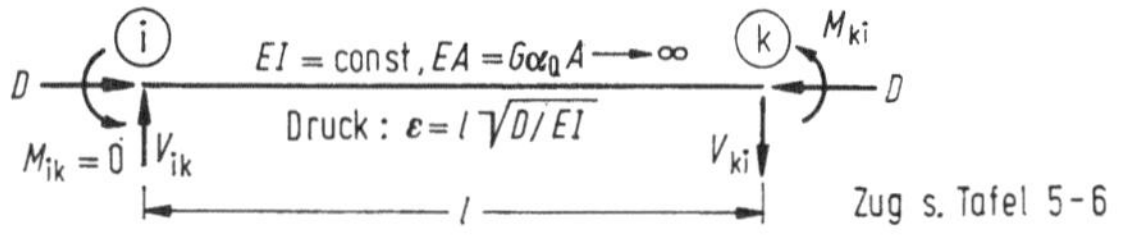	$EI = \text{const}, \; EA = G\alpha_0 A \longrightarrow \infty$ $\text{Druck}: \; \varepsilon = l\sqrt{D/EI}$ $M_{ik} = 0$, V_{ik}, V_{ki}, M_{ki}, D, i, k, l Zug s. Tafel 5-6	
	$M_{ik} = 0$	$M_{ki} = C' \dfrac{EI}{l}\, \varphi_k$ $V_{ik} = \dfrac{M_{ki}}{l} = V_{ki}$
	$M_{ik} = 0$	$M_{ki} = -C' \dfrac{EI}{l}\, \psi_{ik}$ $V_{ik} = \dfrac{M_{ki}}{l} + D\,\psi_{ik} = V_{ki}$
	$M_{ik} = 0$ $V_{ik} = \dfrac{M_{ki}}{l} + \dfrac{F_c\, b}{l}$	$M_{ki} = -C' \dfrac{F_c}{\varepsilon^2}\left[\dfrac{\sin\left(\varepsilon \frac{a}{l}\right)}{\sin \varepsilon} - \dfrac{a}{l}\right]$ $V_{ki} = \dfrac{M_{ki}}{l} - \dfrac{F_c\, a}{l}$
	$M_{ik} = 0$	$M_{ki} = \dfrac{1}{\varepsilon^2}\left(1 - \dfrac{\varepsilon \cos \varepsilon \frac{a}{l}}{\sin \varepsilon}\right) C'M_L$ $V_{ik} = (M_{ki} + M_L)/l = V_{ki}$
	$M_{ik} = 0$ $V_{ik} = \dfrac{M_{ki}}{l} + \dfrac{pl}{2}$	$M_{ki} = \dfrac{pl^2}{2\varepsilon}\left[\dfrac{2(1-\cos \varepsilon) - \varepsilon \sin \varepsilon}{\varepsilon \cos \varepsilon - \sin \varepsilon}\right]$ $V_{ki} = \dfrac{M_{ki}}{l} - \dfrac{pl}{2}$
$\Delta T = T_u - T_o$	$M_{ik} = 0$	$M_{ki} = -C'EI\, \dfrac{\alpha_T\, \Delta T}{h}\, \dfrac{\tan(\varepsilon/2)}{\varepsilon}$ $V_{ik} = \dfrac{M_{ki}}{l} = V_{ki}$
	$M_{ik} = 0$	$M_{ki} = -C' \dfrac{EI}{l}\, \dfrac{\sin\left(\varepsilon \frac{a}{l}\right)}{\sin \varepsilon}\, \Delta\varphi_c$ $V_{ik} = \dfrac{M_{ki}}{l} = V_{ki}$

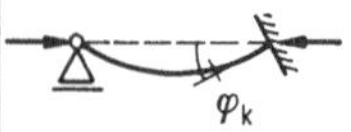

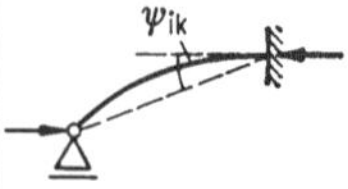

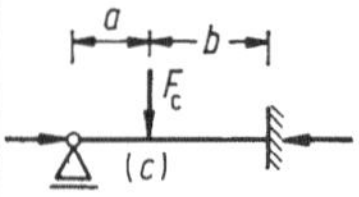

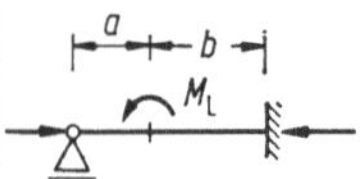

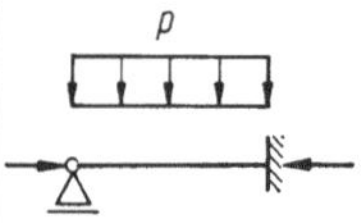

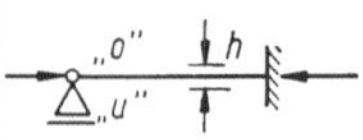

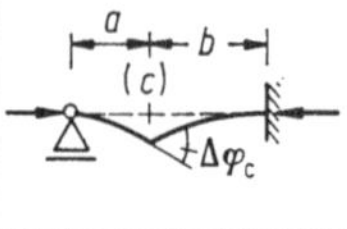

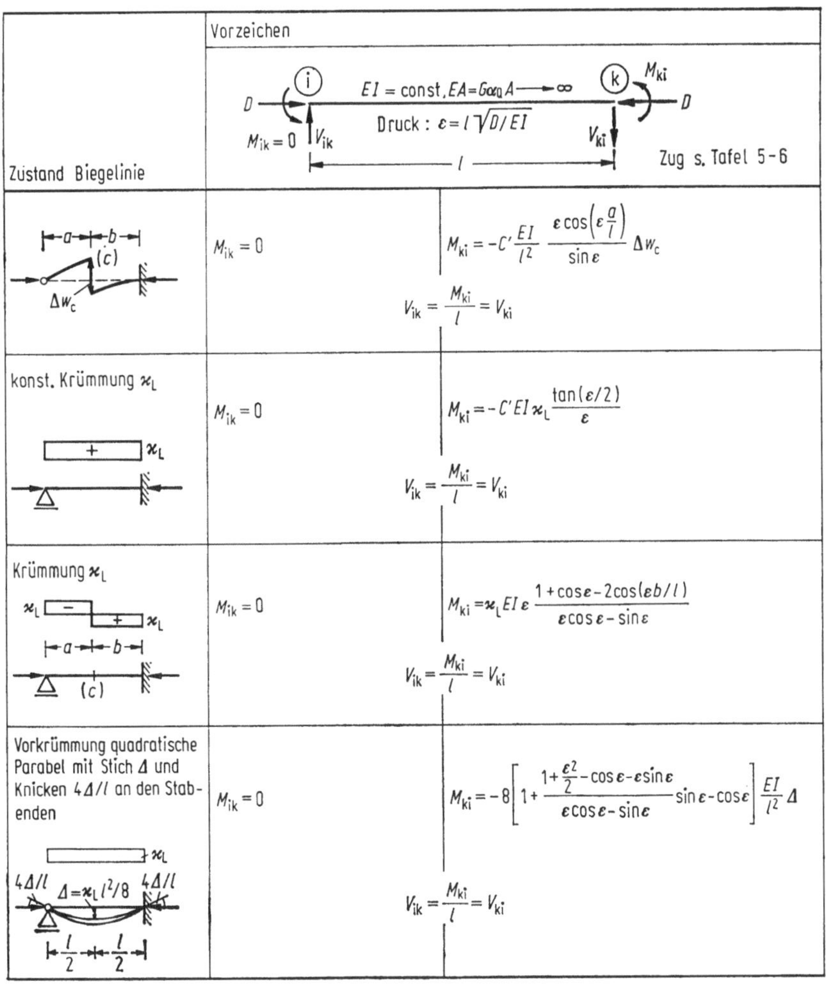
Vorzeichen

$EI = \text{const}, EA = G\alpha_0 A \longrightarrow \infty$
Druck: $\varepsilon = l\sqrt{D/EI}$
$M_{ik} = 0$
V_{ik}
M_{ki}
V_{ki}
l
Zug s. Tafel 5-6

Zustand Biegelinie

a b
(c)
Δw_c
$M_{ik} = 0$
$M_{ki} = -C'\dfrac{EI}{l^2}\,\dfrac{\varepsilon\cos\left(\varepsilon\frac{a}{l}\right)}{\sin\varepsilon}\,\Delta w_c$
$V_{ik} = \dfrac{M_{ki}}{l} = V_{ki}$

konst. Krümmung $\varkappa_L$
$+$ $\varkappa_L$
$M_{ik} = 0$
$M_{ki} = -C'EI\varkappa_L\,\dfrac{\tan(\varepsilon/2)}{\varepsilon}$
$V_{ik} = \dfrac{M_{ki}}{l} = V_{ki}$

Krümmung $\varkappa_L$
$\varkappa_L$ $-$ $+$ $\varkappa_L$
a b
(c)
$M_{ik} = 0$
$M_{ki} = \varkappa_L EI\varepsilon\,\dfrac{1+\cos\varepsilon-2\cos(\varepsilon b/l)}{\varepsilon\cos\varepsilon-\sin\varepsilon}$
$V_{ik} = \dfrac{M_{ki}}{l} = V_{ki}$

Vorkrümmung quadratische Parabel mit Stich Δ und Knicken $4\Delta/l$ an den Stabenden
$\varkappa_L$
$4\Delta/l$ $\Delta = \varkappa_L l^2/8$ $4\Delta/l$
$\frac{l}{2}$ $\frac{l}{2}$
$M_{ik} = 0$
$M_{ki} = -8\left[1+\dfrac{1+\frac{\varepsilon^2}{2}-\cos\varepsilon-\varepsilon\sin\varepsilon}{\varepsilon\cos\varepsilon-\sin\varepsilon}\sin\varepsilon-\cos\varepsilon\right]\dfrac{EI}{l^2}\,\Delta$
$V_{ik} = \dfrac{M_{ki}}{l} = V_{ki}$

Grundstab II b
$G\alpha_0 A \longrightarrow \infty$
$EI = \text{const}$
l
C' : Tafel 5-1

Tafel 5-4. Grundformeln des Kraftgrößenverfahrens nach Theorie II. Ordnung bei Druck

Zustand Biegelinie	Vorzeichen

Kopfzeile (Vorzeichen):
$$D \longrightarrow \quad (i) \quad \tau_{ik} \quad EI = \text{const}, \ EA = G\alpha_0 A \longrightarrow \infty \quad \tau_{ki} \quad (k) \longrightarrow D$$
$$\text{Druck}: \ \varepsilon = l\sqrt{D/EI}$$
$$V_{ik} \qquad l \qquad V_{ki}$$

X_i

$$\tau_{ik} = X_i \frac{l}{EI}\left[-\frac{1}{\varepsilon}\left(\cot\varepsilon - \frac{1}{\varepsilon}\right)\right] \qquad \tau_{ki} = X_i \frac{l}{EI}\frac{1}{\varepsilon}\left(\frac{1}{\sin\varepsilon} - \frac{1}{\varepsilon}\right)$$

$$V_{ik} = -\frac{X_i}{l_{ik}} = V_{ki}$$

X_k

$$\tau_{ik} = X_k \frac{l}{EI}\frac{1}{\varepsilon}\left(\frac{1}{\sin\varepsilon} - \frac{1}{\varepsilon}\right) \qquad \tau_{ki} = X_k \frac{l}{EI}\left(-\frac{1}{\varepsilon}\left(\cot\varepsilon - \frac{1}{\varepsilon}\right)\right)$$

$$V_{ik} = \frac{X_k}{l_{ik}} = V_{ki}$$

Einzellast F

$$\tau_{ik} = \frac{F_c l^2}{EI}\frac{1}{\varepsilon^2}\left[\frac{\sin\left(\varepsilon\frac{b}{l}\right)}{\sin\varepsilon} - \frac{b}{l}\right] \qquad \tau_{ki} = \frac{F_c l^2}{EI}\frac{1}{\varepsilon^2}\left[\frac{\sin\left(\varepsilon\frac{a}{l}\right)}{\sin\varepsilon} - \frac{a}{l}\right]$$

$$V_{ik} = \frac{F_c b}{l} \qquad\qquad V_{ki} = -\frac{F_c a}{l}$$

M_L

$$\tau_{ik} = -M_L\frac{l}{EI}\left(-\frac{1}{\varepsilon}\left[\frac{\cos\left(\varepsilon\frac{b}{l}\right)}{\sin\varepsilon} - \frac{1}{\varepsilon}\right]\right) \qquad \tau_{ki} = -M_L\frac{l}{EI}\frac{1}{\varepsilon}\left[\frac{\cos\left(\varepsilon\frac{a}{l}\right)}{\sin\varepsilon} - \frac{1}{\varepsilon}\right]$$

$$V_{ik} = \frac{M_L}{l} = V_{ki}$$

p

$$\tau_{ik} = p\frac{l^3}{EI}\left[+\frac{1}{\varepsilon^3}\left(\tan\frac{\varepsilon}{2} - \frac{\varepsilon}{2}\right)\right] \qquad \tau_{ki} = \tau_{ik}$$

$$V_{ik} = \frac{pl}{2} \qquad\qquad V_{ki} = -\frac{pl}{2}$$

$\Delta T = T_u - T_o$

$$\tau_{ik} = \frac{\alpha_T \Delta T}{h}\, l\left(\frac{1-\cos\varepsilon}{\varepsilon\sin\varepsilon}\right) = \tau_{ki}$$

$$V_{ik} = 0 = V_{ki}$$

Zustand Biegelinie	Vorzeichen	
	$D \rightarrow$ (i) τ_{ik} $\quad EI=const, EA=G\alpha_0 A \rightarrow \infty$ $\quad \tau_{ki}$ (k) $\leftarrow D$ $\quad$ Druck: $\varepsilon = l\sqrt{D/EI}$ $\quad V_{ik}\uparrow \quad\quad\quad V_{ki}\downarrow \quad\quad l$	
(c) $\Delta\varphi_c$ $\;\vdash a\dashv\vdash b\dashv$	$\tau_{ik} = \dfrac{\sin\left(\varepsilon\frac{b}{l}\right)}{\sin\varepsilon}\Delta\varphi_c$	$\tau_{ki} = \dfrac{\sin\left(\varepsilon\frac{a}{l}\right)}{\sin\varepsilon}\Delta\varphi_c$ $$V_{ik} = 0 = V_{ki}$$
(c) Δw_c $\;\vdash a\dashv\vdash b\dashv$	$\tau_{ik} = -\dfrac{\varepsilon\cos\left(\varepsilon\frac{b}{l}\right)}{\sin\varepsilon}\dfrac{\Delta w_c}{l}$	$\tau_{ki} = \dfrac{\varepsilon\cos\left(\varepsilon\frac{a}{l}\right)}{\sin\varepsilon}\dfrac{\Delta w_c}{l}$ $$V_{ik} = 0 = V_{ki}$$
Krümmung $\varkappa_L$ $\varkappa_L = const$ $\boxed{+}$	$\tau_{ik} = \varkappa_L l\left(\dfrac{1-\cos\varepsilon}{\varepsilon\sin\varepsilon}\right)$	$\tau_{ik} = \tau_{ik}$ $$V_{ik} = 0 = V_{ki}$$
Krümmung $\varkappa_L$ $\varkappa_L \boxed{-}$ $\boxed{+} \varkappa_L$ $\vdash a\dashv\vdash b\dashv$ (c)	$\tau_{ik} = \varkappa_L\dfrac{l}{\varepsilon}\left(\dfrac{1+\cos\varepsilon-2\cos\varepsilon(b/l)}{\sin\varepsilon}\right)$	$\tau_{ki} = \varkappa_L\dfrac{l}{\varepsilon}\left(-\dfrac{1+\cos\varepsilon-2\cos\varepsilon(a/l)}{\sin\varepsilon}\right)$ $$V_{ik} = 0 = V_{ki}$$
Vorkrümmung quadratische Parabel mit Stich Δ und Knicken $4\Delta/l$ an den Stabenden $\varkappa_L$ $4\Delta/l \quad \Delta=\varkappa_L l^2/8 \quad 4\Delta/l$ $\tau_{ik} \quad \tau_{ki}$ $\vdash\frac{l}{2}\dashv\vdash\frac{l}{2}\dashv$	$\tau_{ik} = -\left(1 - \dfrac{2(1-\cos\varepsilon)}{\varepsilon\sin\varepsilon}\right)\dfrac{4\Delta}{l} = \tau_{ki}$ $$V_{ik} = 0 = V_{ki}$$	

Tafel 5-5. Matrizen für das Übertragungsverfahren bei Theorie II. Ordnung
$(EI = \text{const}, G\alpha_Q A \Rightarrow \infty)$

Feldmatrix für Druck ; für Zug s. Tafel 5-6

$$
\boldsymbol{U}(x)=
\begin{bmatrix}
1 & \dfrac{l}{\varepsilon}\sin\dfrac{\varepsilon x}{l} & -\dfrac{l^2}{\varepsilon^2 EI}\left(1-\cos\dfrac{\varepsilon x}{l}\right) & -\dfrac{l^3}{\varepsilon^3 EI}\left(\dfrac{\varepsilon x}{l}-\sin\dfrac{\varepsilon x}{l}\right) \\[2ex]
0 & \cos\dfrac{\varepsilon x}{l} & -\dfrac{l}{\varepsilon EI}\sin\dfrac{\varepsilon x}{l} & -\dfrac{l^2}{\varepsilon^2 EI}\left(1-\cos\dfrac{\varepsilon x}{l}\right) \\[2ex]
0 & \dfrac{\varepsilon}{l}EI\sin\dfrac{\varepsilon x}{l} & \cos\dfrac{\varepsilon x}{l} & \dfrac{l}{\varepsilon}\sin\dfrac{\varepsilon x}{l} \\[2ex]
0 & 0 & 0 & 1
\end{bmatrix}
; Z_p(x)=
\begin{bmatrix} w \\[2ex] \varphi \\[2ex] M \\[2ex] V \end{bmatrix}
$$

Zustands-größe	Lastfall		
	$\varkappa$	p	parabolische Vorkrümmung mit Maximalordinate Δ
w	$\varkappa\dfrac{l^2}{\varepsilon^2}\left(\cos\dfrac{\varepsilon x}{l}-1\right)$	$-\dfrac{pl^4}{\varepsilon^4 EI}\left(1-\cos\dfrac{\varepsilon x}{l}-\dfrac{\varepsilon^2 x^2}{2l^2}\right)$	$\Delta\cdot 4\left[\dfrac{2}{\varepsilon^2}\left(\cos\dfrac{\varepsilon x}{l}-1\right)-\dfrac{x}{l}+\dfrac{x^2}{l^2}\right]$
φ	$-\varkappa\dfrac{l}{\varepsilon}\sin\dfrac{\varepsilon x}{l}$	$\dfrac{pl^3}{\varepsilon^3 EI}\left(\dfrac{\varepsilon x}{l}-\sin\dfrac{\varepsilon x}{l}\right)$	$\Delta\dfrac{4}{l}\left(2\dfrac{x}{l}-\dfrac{2}{\varepsilon}\sin\dfrac{\varepsilon x}{l}-1\right)$
M	$EI\varkappa\left(\cos\dfrac{\varepsilon x}{l}-1\right)$	$-\dfrac{pl^2}{\varepsilon^2}\left(1-\cos\dfrac{\varepsilon x}{l}\right)$	$\Delta\dfrac{EI\cdot 8}{l}\left(\cos\dfrac{\varepsilon x}{l}-1\right)$
V	0	$-px$	0
	$\varkappa=\varkappa_L+\varkappa_T$ $\varkappa_T=(\varepsilon_T\Delta T)/h$		w und φ zusätzlich zur krummen Linie (Δ).

Bei eingeprägten Unstetigkeiten am Punkt k : p_k nach Gl. (2.12-8) bis auf Δw_L

Infolge Δw_L : $p_k = \begin{bmatrix} \Delta w_L \\ 0 \\ S\Delta w_L \\ 0 \end{bmatrix}$

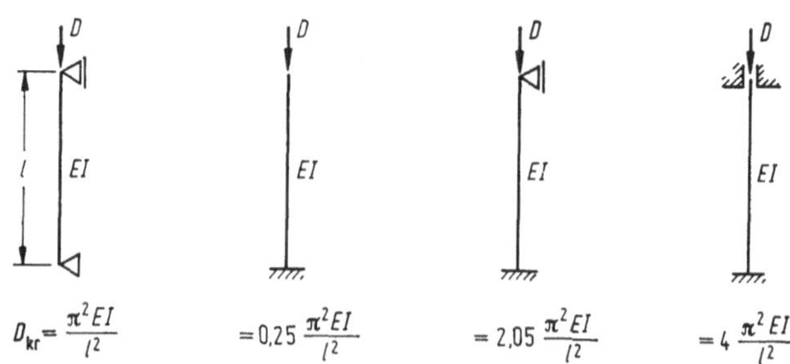

$$D_{kr}=\frac{\pi^2 EI}{l^2} \qquad =0{,}25\,\frac{\pi^2 EI}{l^2} \qquad =2{,}05\,\frac{\pi^2 EI}{l^2} \qquad =4\,\frac{\pi^2 EI}{l^2}$$

Bild 5-4. Verzweigungslasten des geraden Stabes bei unterschiedlicher Lagerung. Die 4 Euler-Fälle.

Tafel 5-6. Änderung der Formeln in Tafel 5-2 bis 5-5 im Falle Zug

In den Ausdrücken für Druck (Tafeln 5-2 bis 5-5)	ist zu setzen bei Zug
D	$-H$
ε	$i\,\|\varepsilon\|$ mit $i=\sqrt{-1}$, $\|\varepsilon\|=l\sqrt{H/EI}$
$\sin(\varepsilon u)$	$i\,\sinh(\|\varepsilon\|u)$
$\cos(\varepsilon u)$	$\cosh(\|\varepsilon\|u)$
$\tan(\varepsilon u)$	$i\,\tanh(\|\varepsilon\|u)$
$\cot(\varepsilon u)$	$i\,\coth(\|\varepsilon\|u)$

mit $u = 1, \dfrac{1}{2}, \dfrac{a}{l}, \dfrac{b}{l}, \dfrac{x}{l}$

Bei der Verwendung von Taschenrechnern ohne hyperbolische Funktionen ist zu setzen :

$$\sinh u = \frac{1}{2}\,(e^{u}-e^{-u}) \quad ; \quad \cosh u = \frac{1}{2}\,(e^{u}+e^{-u})$$

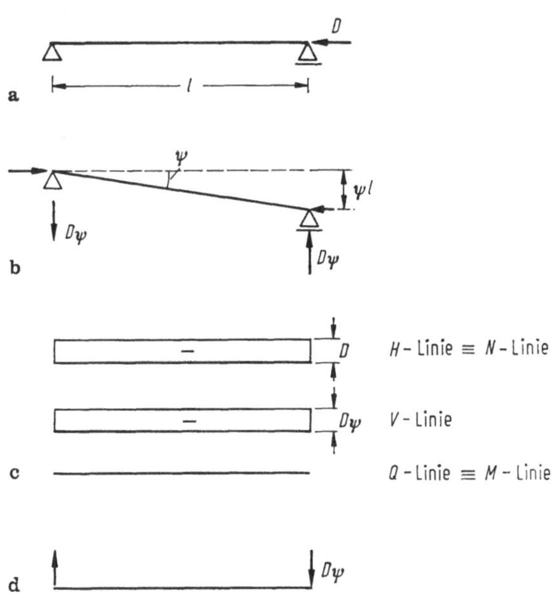

Bild 5-5. Einzelstab mit Stabdrehwinkel.
a) Ausgangssystem, b) Stabdrehwinkel infolge Stützensenkung, c) Zustandslinien, d) Fiktive Lasten P_{fi} bzw. Abtriebskräfte.

5.2.3 Stäbe mit Stabdrehwinkeln

Bei Trägern mit Stabdrehwinkeln (Verschiebungsdifferenzen an den Lagern) entstehen Stützgrößen und Schnittgrößen entsprechend Bild 5-5. Ist der Stab Teil eines Tragwerks, so müssen die Stützgrößen (entgegengesetzt wirkend) vom Tragwerk aufgenommen werden. Man nennt diese Kräfte dann Abtriebskräfte bzw. *fiktive Lasten* P_{fi}.

$$P_{fi} = D\psi \tag{5-13}$$

Die fiktiven Lasten bilden immer ein Kräftepaar, das an den Trägerenden wirkt und das bei Druckkräften gleichgerichtet mit dem Stabdrehwinkel ist, bei Zugkräften entgegengesetzt gerichtet ist.

5.3 Anwendung der Prinzipien der virtuellen Arbeiten

Bei der Anwendung des *Prinzips der virtuellen Kräfte* zur Berechnung von Verschiebungsgrößen braucht der virtuelle Kraftzustand nur im Gleichgewicht zu sein, er kann also z. B. an einem statisch bestimmten System nach der Theorie I. Ordnung berechnet werden. Bei den inneren Arbeiten ergeben sich Integrale über transzendente Funktionen. Aus diesem Grunde ist es meist einfacher, die Verschiebungsgrößen vertafelten Lösungen zu entnehmen oder sie mit dem Übertragungsverfahren zu berechnen.

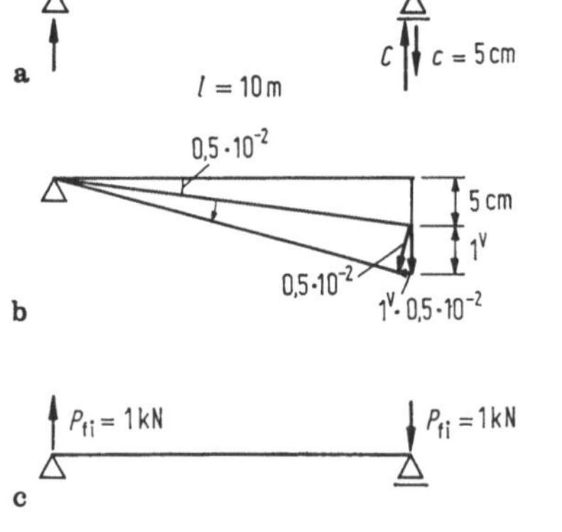

Bild 5-6. Berechnung der Stützkraft C mit dem Prinzip der virtuellen Verschiebungen.
a) Träger mit Belastung und Lagerverschiebung, b) Virtueller Verschiebungszustand am verformten System, c) Fiktive Belastung infolge des wirklichen Stabdrehwinkels, d) Virtueller Verschiebungszustand am unverformten System.

Bei der Anwendung des *Prinzips der virtuellen Verschiebungen* zur Berechnung von Kraftgrößen muß man den virtuellen Verschiebungszustand am verformten System anbringen, da das Gleichgewicht am verformten System zu formulieren ist. Es ist zweckmäßig, den virtuellen Verschiebungszustand an einem kinematischen System anzubringen, da dann die Integration über die Momente (transzendente Funktionen) entfällt. Bringt man beim wirklichen Kraftzustand an den Stäben mit Stabdrehwinkeln zusätzlich die fiktiven Lasten als Belastung auf, so ist der virtuelle Verschiebungszustand am unverformten System zu nehmen.

Beispiel:

Berechnung der Stützkraft eines Trägers mit Lagerverschiebung, Bild 5-6a. Mit dem vom verschobenen Tragwerk ausgehenden virtuellen Verschiebungszustand nach Bild 5-6b erhält man

$$W_a^v = -1^v C + 1^v \cdot 0,5 \cdot 10^{-2} \cdot 200 = 0$$

und daraus

$$C = 1 \text{ kN}$$

Bringt man den virtuellen Verschiebungszustand am unverformten System an, Bild 5-6d, so hat man beim wirklichen Kraftzustand die fiktiven Lasten anzusetzen. Man erhält:

$$W_a^v = -1^v C + 1^v \cdot 1 = 0$$

und daraus

$$C = 1 \text{ kN}.$$

5.4 Berechnung von Stabwerken

5.4.1 Allgemeines

Zur Berechnung von Stabwerken stehen die Differentialgleichungen, das Übertragungsverfahren, das Kraftgrößenverfahren und das Verschiebungsgrößenverfahren zur Verfügung. Bei der Anwendung muß beachtet werden, daß eine Superposition von Lastfällen nur für gleiche Stabkräfte D bzw. H möglich ist. Da im allgemeinen die Stabkräfte zu Beginn der Berechnung nicht bekannt sind, müssen sie zur Berechnung der Stabkennzahlen ε und der fiktiven Lasten P_{fi} geschätzt werden. Am Ende der Berechnung ist zu prüfen, ob die geschätzten Stabkräfte mit den berechneten so gut übereinstimmen, daß auf einen weiteren Iterationsschritt mit verbesserten Stabkräften verzichtet werden kann.

Bei der Lösung durch Differentialgleichungen wächst die Anzahl der zu bestimmenden Integrationskonstanten (gleich der Anzahl der Rand- und Übergangsbedingungen) sehr schnell an. Das Verfahren wird daher in der Baustatik kaum angewandt.

Beim *Übertragungsverfahren* ist die Anzahl der unbekannten Rand- und Zwischengrößen gleich der bei Theorie I. Ordnung, bei einem Träger ohne Zwischenbedingungen also immer zwei. Das Verfahren ist vor allem für Durchlaufträger geeignet. Die Durchführung der Berechnung unterscheidet sich grundsätzlich nicht von der des Einzelstabes bzw. der nach Theorie I. Ordnung.

Das Verschiebungsgrößenverfahren und das Kraftgrößenverfahren werden in den nächsten Abschnitten dargestellt.

Sind bei den erwähnten Verfahren die Gleichungen zur Berechnung der Unbekannten inhomogen, so handelt es sich um ein *Spannungsproblem*. Der Kraft- und Verschiebungszustand kann eindeutig berechnet werden. Sind die Gleichungen homogen, so handelt es sich um ein *Verzweigungsproblem*. Neben der trivialen Lösung, bei der keine Verschiebungen entstehen, sind noch unbestimmte Lösungen möglich, für die nur der Verlauf des Verschiebungszustandes angegeben werden kann. Diese Lösungen, die Eigenwerte, erhält man für die Nulldurchgänge der Determinante des Gleichungssystems, wenn die Determinante in Abhängigkeit von einer Stabkennzahl ε oder einer Längskraft D aufgetragen wird. Bei der Theorie II. Ordnung interessiert nur der erste *Eigenwert*. Er muß i. allg. iterativ ermittelt werden. Im ersten Iterationsschritt werden alle Längskräfte Null gesetzt (Theorie I. Ordnung).

5.4.2 Verschiebungsgrößenverfahren

Das Verfahren und der Gang der Berechnung unterscheiden sich grundsätzlich nicht vom Vorgehen nach der Theorie I. Ordnung. Da das Verfahren auf der Superposition beruht, müssen der Nullzustand und die ξ_i Zustände jeweils für dieselbe Stabkennzahl ε (also dieselbe Stabkraft) ermittelt werden. Gegenüber dem im Abschnitt 2.11.2 beschriebenen Vorgehen sind folgende Ergänzungen erforderlich, wenn bei der Anwendung des Prinzips der virtuellen Verschiebungen der virtuelle Verschiebungszustand am unverformten System angebracht wird:

Zu 1. Stabweise muß D/EI konstant sein. Knoten sind also auch an den Stellen anzuordnen, an denen sich dieser Wert ändert. Berechnen der für alle Zustandsgrößen maßgebenden Stabkennzahlen ε nach (5-11). Die Längskräfte müssen in den meisten Fällen geschätzt werden.

Zu 5. Für Nullzustände mit Stabdrehwinkeln infolge eingeprägter Verschiebungen sind die fiktiven Lasten nach (5-13) zu ermitteln und anzusetzen.

Zu 6. Entstehen bei den Verschiebungsgrößen $\xi_k = 1$ Stabdrehwinkel, so sind die fiktiven Lasten nach (5-13) zu berechnen und anzusetzen. Der virtuelle Verschiebungszustand wird am unverformten System eingeprägt, die fiktiven Lasten sind bei der virtuellen Arbeit zu berücksichtigen.

Zu 9. Alle Zustandsgrößen an den Stabanfängen werden durch Superposition ermittelt, die Zustandsgrößen in den Feldern mit dem Übertragungsverfahren. Berechnung der Längskräfte unverändert.

11. entfällt. Dafür Vergleich der berechneten Stabkräfte mit den geschätzten und Entscheidung, ob eine neue Berechnung mit neuen Stabkräften erforderlich ist.

Beispiel:

Rahmen nach Bild 5-7a. Spannungsproblem. Die Belastung ist v-fach angesetzt.

1. Knoten an den Punkten 1 und 2.
   Geschätzte Stabkräfte: $S_{01} = 500$ kN, $S_{12} = 10$ kN, $S_{23} = 360$ kN

   Stabkennzahlen: $\varepsilon_{01} = 8\sqrt{\dfrac{500}{10\,000}} = 1{,}75$, $\varepsilon_{12} \approx 0$, $\varepsilon_{23} = 1{,}5$

2., 3., 4. Bild 5-7b

5., 6. Bilder 5-7c, d, e und die zu e gehörenden fiktiven Lasten in Bild 5-7f.
   Stabendmomente mit Tafel 5-2:

$$\text{,,0'': } M_{10}^0 = -M_{01}^0 = 0{,}133 \cdot 40 \cdot 8 = 42{,}5 \text{ kNm}$$

$$\text{,,}\xi_1 = 1\text{'': } M_{01,1} = 2{,}05 \cdot \frac{10\,000}{8} = 2\,570; \quad M_{10,1} = 3{,}55 \frac{10\,000}{8} = 4\,430;$$

$$M_{12,1} = 6\,670; \quad M_{21,1} = 3\,330 \text{ kNm}; \quad M_{23,1} = M_{32,1} = 0$$

$$\text{,,}\xi_2 = 1\text{'': } M_{01,2} = M_{10,2} = 0; \quad M_{12,2} = 3\,330; \quad M_{21,2} = 6\,670; \quad M_{23,2} = 3\,700;$$

$$M_{32,2} = 2\,000 \text{ kNm}$$

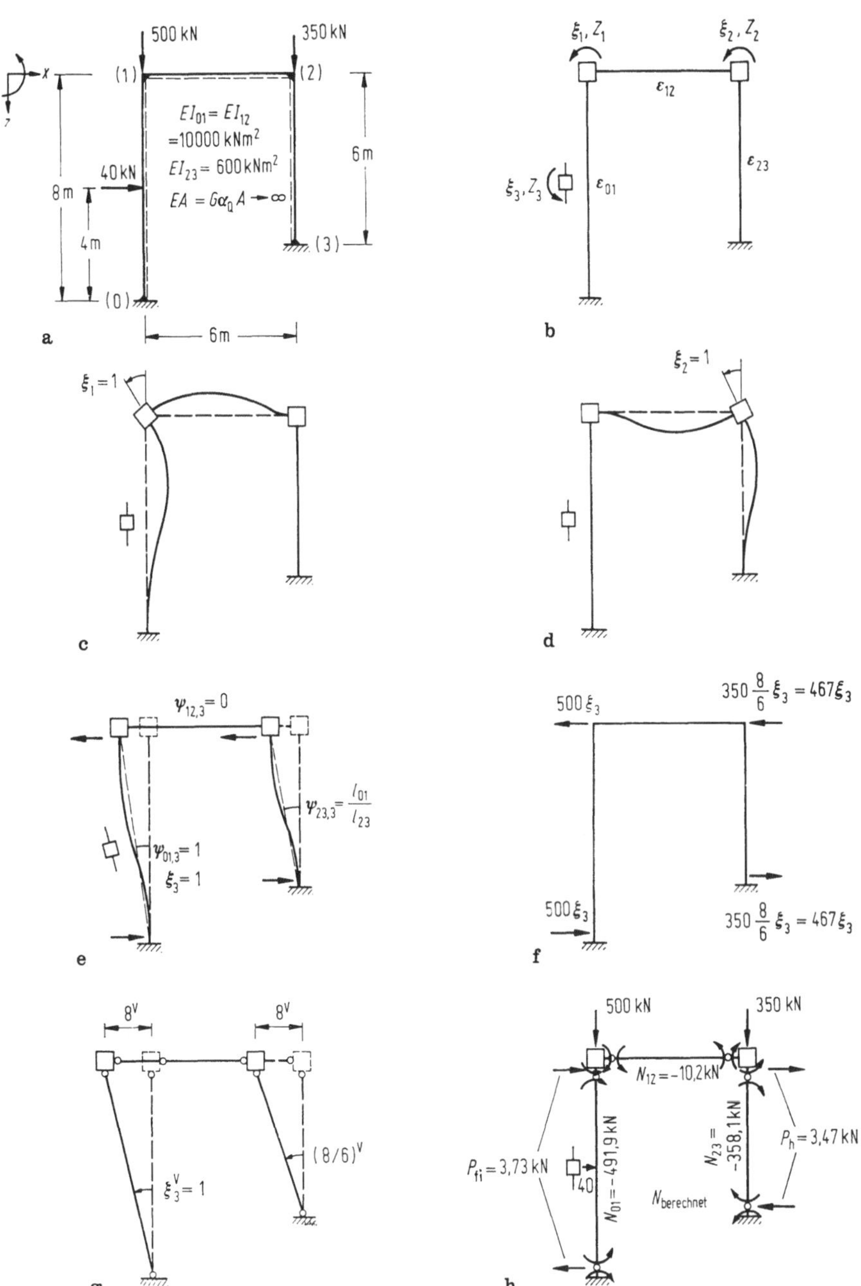

Bild 5-7. Berechnung eines Rahmens nach der Theorie II. Ordnung.
a) Tragwerk mit Belastung, b) Unbekannte und Fesselgrößen, c) Zustand $\xi_1 = 1$, d) Zustand $\xi_2 = 1$, e) Zustand $\xi_3 = 1$, f) Fiktive Lasten infolge ξ_3, g) Virtueller Verschiebungszustand zur Berechnung von Z_3, h) Gelenkwerk mit Belastung zur Berechnung der Längskräfte.

$$\text{,,}\xi_3 = 1\text{“}: M_{01,3} = M_{10,3} = -5{,}6 \cdot \frac{10\,000}{8} = -7\,000; \quad M_{12,3} = M_{21,3} = 0;$$

$$M_{23,3} = M_{32,3} = -\frac{4}{3} \cdot 5 \cdot 7 \cdot \frac{6\,000}{6} = -7\,600 \text{ kNm}$$

Fesselgrößen Z_1 und Z_2 durch Momentengleichgewicht an den Knoten:

$$Z_{10} = M_{10}^0 = -42{,}5 \text{ kNm}$$

$$Z_{11} = M_{12,1} + M_{10,1} = 11\,100; \quad Z_{12} = Z_{21} = M_{12,1} = 3\,330$$

$$Z_{13} = M_{12,3} + M_{10,3} = -7\,000 \text{ kNm}$$

$$Z_{20} = 0; \quad Z_{22} = 10\,370; \quad Z_{23} = -7\,600$$

Z_3 mit dem virtuellen Verschiebungszustand nach Bild 5-7g.

$$Z_{30} = (-M_{10}^0 - M_{01}^0) \cdot 1^{\text{v}} + 40 \cdot 1^{\text{v}} \cdot 4 = 160 \text{ kNm}$$

$$Z_{31} = -(2\,570 + 4\,430)\,1 = -7\,000 \text{ kNm}$$

$$Z_{32} = -(3\,700 + 2\,000)\,\frac{8}{6} = -7\,600 \text{ kNm}$$

$$Z_{33} = (7\,000 + 7\,000)\,1^{\text{v}} + (7\,600 + 7\,600) \cdot \frac{4^{\text{v}}}{3} - 500 \cdot 8^{\text{v}} - 467 \cdot 8^{\text{v}} = 26\,530 \text{ kNm}$$

7. Gleichungssystem

ξ_1	ξ_2	ξ_3	
11 100	3 330	−7 000	−42,5
3 330	10 370	−7 600	0
−7 000	−7 600	26 530	160

8. Lösungen: $\xi_1 = 85 \cdot 10^{-5}; \xi_2 = -573 \cdot 10^{-5}; \xi_3 = -745 \cdot 10^{-5}$

9. Stabendmomente:

$$M_{01} = 42{,}5 + 0{,}000\,85 \cdot 2\,570 + 0 + (-0{,}007\,45)\,(-7\,000) = 96{,}9 \text{ kNm}$$

$$M_{10} = 13{,}4; \quad M_{12} = -13{,}4; \quad M_{21} = -35{,}4; \quad M_{23} = 35{,}5; \quad M_{32} = -45{,}1 \text{ kNm}$$

Berechnung der Längskräfte aus der Belastung, den Stabendmomenten und den fiktiven Lasten, Bild 5-7h. Diese betragen

Stab 01: $P_{\text{fi}} = 500 \cdot 0{,}007\,45 = 3{,}73 \text{ kN}$

Stab 23: $P_{\text{fi}} = 350 \cdot 0{,}007\,45 \cdot \frac{4}{3} = 3{,}47 \text{ kN}$

Vergleich der berechneten mit den geschätzten Stabkräften:

$$N_{01} = -491{,}9 \text{ kN} \approx \text{geschätzt} = -500 \text{ kN}$$

$$N_{12} = -10{,}2 \text{ kN} \approx \text{geschätzt} = -10 \text{ kN}$$

$$N_{23} = -358{,}1 \text{ kN} \approx \text{geschätzt} = -350 \text{ kN}$$

Größte Abweichung 8,1 von 350, d. h. 2,3%, also keine weitere Rechnung erforderlich. Aufstellen des Zustandsvektors z_0 für den Stab 01: $z_0^T = [w_0, \varphi_0, M_0, V_0]$ für das Übertragungsverfahren.

Größen auf die gestrichelte Faser bezogen. $z_0^T = [0; 0; -96,9; 30,06]$ mit $V_0 = \dfrac{40}{2}$

$$+ \frac{96,9 + 13,4}{8} - 3,73 = 30,06 \text{ kN}$$

Berechnung der Zustandsgrößen im Feld 01 mit dem Übertragungsverfahren (Tafel 5-5). Dann z_0 für den Stab 12 usw.

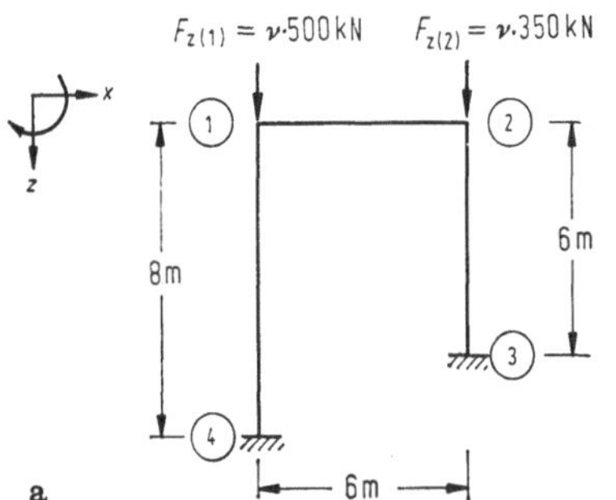

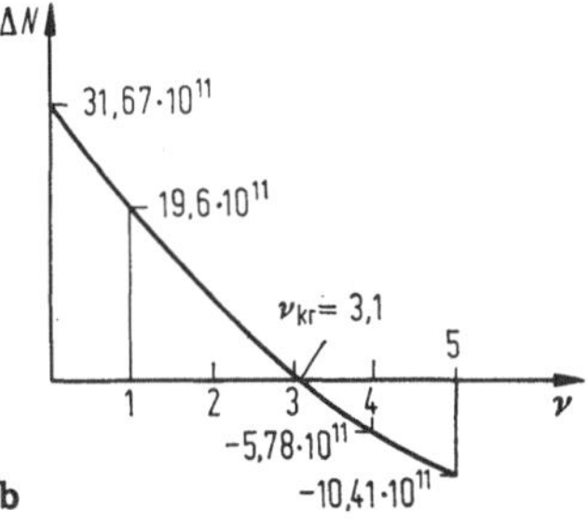

Bild 5-8. Berechnung der Verzweigungslast eines Rahmens.
a) Tragwerk mit Belastung, b) Determinante ΔN als Funktion von ν.

Beispiel:

Rahmen nach Bild 5-8a. Verzweigungsproblem. Es handelt sich um denselben Rahmen wie in Bild 5-7, so daß die dort dargestellten Zustände verwandt werden können. Man erhält für die Determinante ΔN für variables ν:

$$\nu = 0: \Delta N = \begin{vmatrix} 11\,670 & 3\,330 & -7\,500 \\ 3\,330 & 10\,670 & -8\,000 \\ -7\,500 & -8\,000 & 36\,330 \end{vmatrix} = 31,67 \cdot 10^{11}$$

$\nu = 1$: (siehe vorhergehendes Beispiel) $\Delta N = 19,61 \cdot 10^{11}$
$\nu = 4$: $\Delta N = -5,78 \cdot 10^{11}$

In Bild 5-8b ist ΔN in Abhängigkeit von ν aufgetragen. Graphisch wird ν_{kr} zu 3,1 ermittelt. Das heißt $F_{kr(1)} = 3,1 \cdot 500 = 1\,550$, $F_{kr(2)} = 3,1 \cdot 350 = 1\,085$ kN.

5.4.3 Kraftgrößenverfahren

5.4.3.1 Kombiniertes Kraft- und Verschiebungsgrößenverfahren

Beim Kraftgrößenverfahren muß das Tragwerk in vertafelte äußerlich statisch bestimmte Stäbe aufgeteilt werden. Es sind also mindestens an allen Knicken und an allen Stellen, an denen sich die Längskraft oder die Biegesteifigkeit ändern, Gelenke anzuordnen und deren Verschiebungen zu behindern, da infolge auftretender Stabdrehwinkel fiktive Lasten entstehen. Hierzu sind wie beim Verschiebungsgrößenverfahren zusätzliche

Fesseln anzuordnen. Man erhält dann als Unbekannte Momente in den Gelenken und Stabdrehwinkel bzw. Knotenverschiebungen. Zur Berechnung der Unbekannten stehen die Kompatibilitätsbedingungen $\delta_i = 0$ in den eingeführten Gelenken i und die Kräftebedingungen $Z_k = 0$ für die Stützgrößen der eingeführten Fesseln k zur Verfügung. Das Vorgehen beim Kraftgrößenverfahren unterscheidet sich von dem bei der Theorie I. Ordnung dadurch, daß

1. das Tragwerk nicht durch beliebige Schnitte statisch bestimmt gemacht werden kann, sondern nur durch das Einführen von Gelenken,
2. die Gelenke nicht an beliebiger Stelle eingeführt werden können,
3. evtl. soviele Gelenke eingeführt werden müssen, daß das Tragwerk kinematisch wird. Es ist dann durch das Einführen von Stabfesseln zu stabilisieren.
4. im Falle 3. das Verfahren aus einer Kombination mit dem Verschiebungsgrößenverfahren besteht.

Da die Steifigkeit der Einzelstäbe geringer ist als die des Tragwerks, kann sich der statisch bestimmte Einzelstab schon jenseits des ersten Eigenwertes befinden und Verdrehungen aufweisen, die entgegengesetzt zum angreifenden Moment gerichtet sind, s. Bild 5-3.

Da das Verfahren auf der Superposition beruht, müssen die Teilzustände mit derselben Stabkennzahl ε (also mit derselben Stabkraft) ermittelt werden.

Das Vorgehen ist im folgenden Beispiel ohne Zahlenrechnung dargestellt.

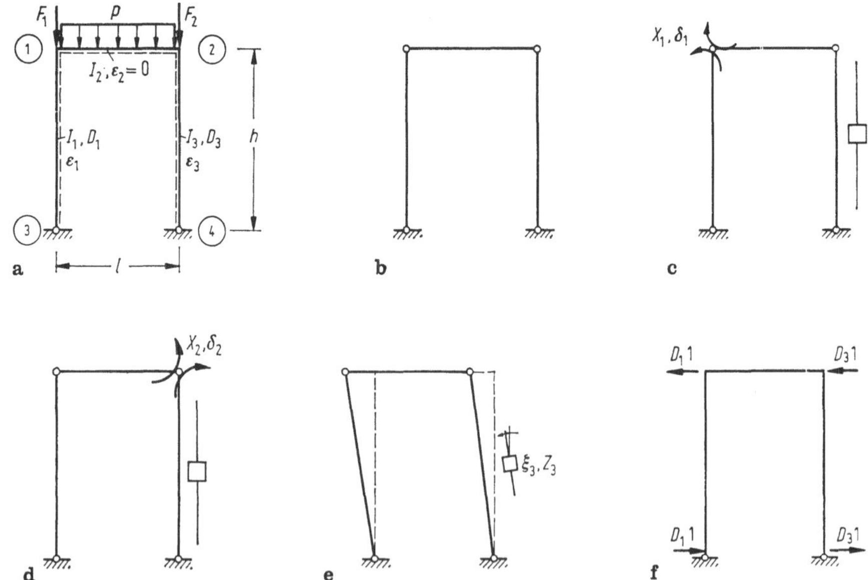

Bild 5-9. Berechnung eines Rahmens mit dem kombinierten Kraft- und Verschiebungsgrößenverfahren nach Theorie II. Ordnung.
a) Tragwerk mit Belastung; b) Gelenkwerk; c) X_1, δ_1; d) X_2, δ_2; e) ξ_3, Z_3; f) Fiktive Lasten infolge $\xi_3 = 1$.

Beispiel:

Rahmen nach Bild 5-9a. Die erforderlichen Gelenke sind in Bild 5-9b dargestellt. Das Tragwerk wird dadurch einfach kinematisch. Neben den beiden Kraftgrößen X_1 und X_2, Bild 5-9c und d, ist daher noch der unbekannte Stabdrehwinkel ξ_3, Bild 5-9e, einzuführen. Infolge der Stabdrehwinkel entstehen die fiktiven Lasten nach Bild 5-9f.

Berechnung der Verdrehungssprünge δ_1. Bei δ_{10} entsteht nur ein Anteil im Riegel (im Riegel $\varepsilon \approx 0$), der Tabellen entnommen werden kann, ebenso wie die Anteile δ_{11} aus Stiel und Riegel und δ_{12} aus dem Riegel. $\delta_{13} = +1$ kann aus Bild 5-9e abgelesen werden. Analog geht man bei der Ermittlung von δ_2 vor. $\delta_{23} = -1$ nach Bild 5-9e. Z_3 wird mit dem Prinzip der virtuellen Verschiebungen mit dem virtuellen Verschiebungszustand nach Bild 5-9e ermittelt. Man erhält $Z_{30} = 0$, aus $Z_{31} \cdot 1^{\mathrm{V}} + 1 \cdot 1^{\mathrm{V}} = 0$ den Wert $Z_{31} = -1$, und analog $Z_{32} = +1$ (es gilt allgemein bei den getroffenen Vereinbarungen $Z_{ik} = -\delta_{ki}$), ferner aus der Arbeit der fiktiven Lasten $Z_{33} = -(D_1 + D_3)\, h$. Das Gleichungssystem lautet:

$$X_1\delta_{11} + X_2\delta_{12} + \xi_3\delta_{13} = -\delta_{10}$$

$$X_1\delta_{21} + X_2\delta_{22} + \xi_3\delta_{23} = -\delta_{20}$$

$$X_1 Z_{31} + X_2 Z_{32} + \xi_3 Z_{33} = -Z_{30}$$

Multipliziert man die letzte Gleichung mit -1, so erhält man ein symmetrisches Gleichungssystem.

Als Lösung erhält man X_1, X_2 und ξ_3. Mit diesen Werten lassen sich die Zustandsvektoren für die einzelnen Stabanfänge angeben, z. B. für den Punkt 3 des Stabes 3-1:

$$w_{31} = 0 \quad \text{(Randbedingung)}$$

$$\varphi_{31} = \varphi_{31,X_1=1} \cdot X_1 - 1\xi_3$$

$$M_{31} = 0 \quad \text{(Randbedingung)}$$

$$V_{31} = \frac{1}{l} X_1 - D_{13}\xi_3$$

5.4.3.2 Kraftgrößenverfahren mit unbekannten Stabdrehwinkeln

Allgemein erhält man bei der kombinierten Anwendung von Kraft- und Verschiebungsgrößenverfahren für ein n-fach statisch unbestimmtes Tragwerk die folgenden Gleichungen (in Matrizenschreibweise):

$$\left.\begin{aligned}
\boldsymbol{\delta}(X)\,\boldsymbol{X} + \boldsymbol{\delta}(\xi)\,\boldsymbol{\xi} + \boldsymbol{\delta}_0 &= \boldsymbol{0} \\
\boldsymbol{Z}(X)\,\boldsymbol{X} + \boldsymbol{Z}(\xi)\,\boldsymbol{\xi} + \boldsymbol{Z}_0 &= \boldsymbol{0}
\end{aligned}\right\} \tag{5-14a}$$

Zur Formulierung der Beziehungen für das Kraftgrößenverfahren mit unbekannten Stabdrehwinkeln werden die Kraftgrößen X aufgeteilt in diejenigen X_{n}, die erforderlich sind, um das Tragwerk statisch bestimmt zu machen, und diejenigen X_{r}, die sich an den zusätzlichen r Gelenken ergeben. Damit lauten die Gleichungen (5-14a):

$$\left.\begin{aligned}
\boldsymbol{\delta}(X_{\mathrm{n}})\,\boldsymbol{X}_{\mathrm{n}} + \boldsymbol{\delta}(X_{\mathrm{r}})\,\boldsymbol{X}_{\mathrm{r}} + \boldsymbol{\delta}(\xi)\,\boldsymbol{\xi} + \boldsymbol{\delta}_0 &= 0 \\
\boldsymbol{Z}(X_{\mathrm{n}})\,\boldsymbol{X}_{\mathrm{n}} + \boldsymbol{Z}(X_{\mathrm{r}})\,\boldsymbol{X}_{\mathrm{r}} + \boldsymbol{Z}(\xi)\,\boldsymbol{\xi} + \boldsymbol{Z}_0 &= 0
\end{aligned}\right\} \tag{5-14b}$$

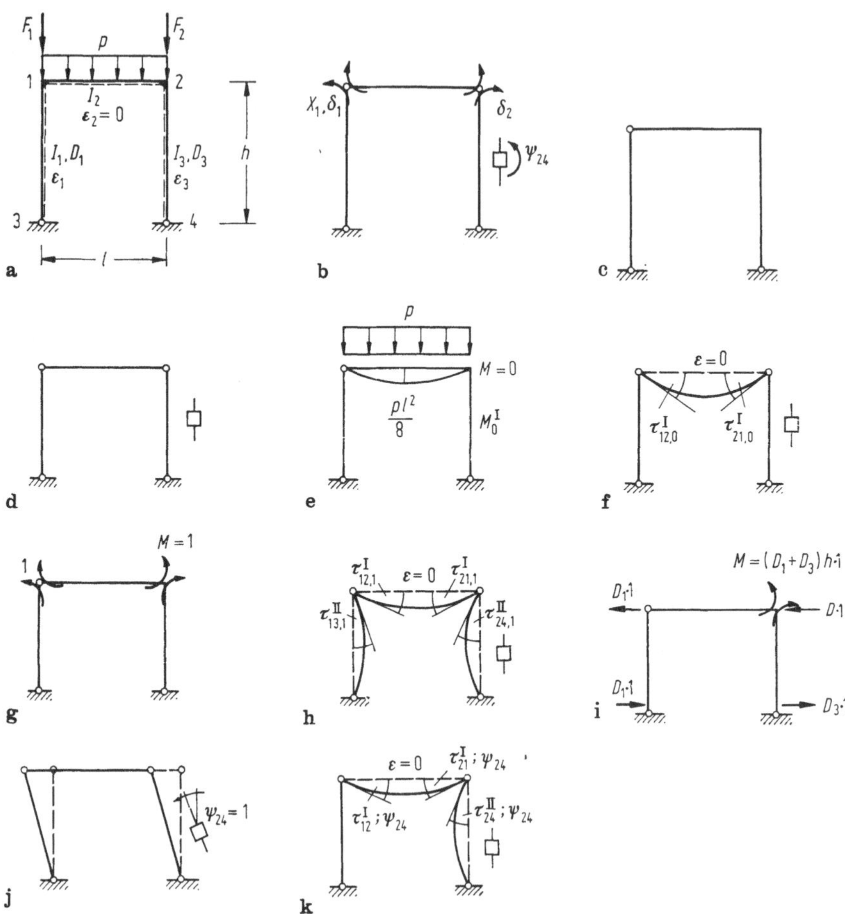

Bild 5-10. Berechnung eines Rahmens mit dem Kraftgrößenverfahren mit unbekannten Stabdrehwinkeln.

a) Tragwerk mit Belastung; b) Festlegungen; c) statisch bestimmtes Tragwerk für Kraftzustände; d) Stabilisiertes Gelenkwerk für Verschiebungszustände; e), f) Momente und Verschiebungszustand infolge der Belastung; g), h) Momente und Verschiebungszustand infolge $X_1 = 1$; i), j), k) fiktive Lasten und Momente, Starrkörperverschiebungen u. elastische Verschiebungen infolge $\psi_{24} = 1$.

Beim Null-Zustand, den ξ-Zuständen und den X_n-Zuständen werden in den r zusätzlichen Gelenken Momente angebracht, die so bestimmt werden, daß die Fesselgrößen Null sind:

$$Z_0 = Z(\xi) = Z(X_n) = 0 \tag{5-15}$$

Diese Bedingungen sind erfüllt, wenn man die Momente in den r zusätzlichen Gelenken unter Berücksichtigung der fiktiven Lasten P_{fi}, (5-13), (sonst aber nach Theorie I. Ordnung) am statisch bestimmten Tragwerk berechnet. Aus dem letzten Gleichungssystem in (5-14b) folgt mit (5-15):

$$X_r = 0 \tag{5-16}$$

Das heißt, die Momente in den r zusätzlichen Gelenken sind gleich denjenigen, die mit der Bedingung (5-15) ermittelten werden. — Mit (5-16) geht das erste Gleichungssystem in (5-14b) über in:

$$\delta(X_n)\, X_n + \delta(\psi)\, \psi + \delta_0 = 0 \tag{5-17}$$

Es sind dies die Kompatibilitätsbedingungen für die $n + r$ Gelenke, aus denen die n unbekannten Kraftgrößen und die r unbekannten Stabdrehwinkel berechnet werden, die in (5-17) mit ψ bezeichnet wurden, weil sie keine Unbekannten ξ im Sinne des Verschiebungsgrößenverfahrens mehr sind. — Die Winkelsprünge δ in den Gelenken ermittelt man am stabilisierten Gelenksystem nach Theorie II. Ordnung.

Beispiel: Berechnung des Rahmens nach Bild 5-10a.

Die erforderlichen Gelenke, die unbekannten Momente und Stabdrehwinkel und die positiv definierten Verdrehungssprünge sind in Bild 5-10b eingetragen. Zur Berechnung der Kraftgrößen an den Stabenden nach Theorie I. Ordnung wird das statisch bestimmte Tragwerk nach Bild 5-10c verwandt, zur Berechnung der Verschiebungsgrößen Bild 5-10d. Im Riegel kann wieder $\varepsilon = 0$ gesetzt werden, so daß sich dort im Nullzustand, Bild 5-10e und f, der Kraft- und Verschiebungszustand wie bei Theorie I. Ordnung ergibt. Infolge $X_1 = 1$ erhält man $M_2 = +1$, Bild 5-10g, und damit den Verschiebungszustand nach Bild 5-10h. Infolge $\psi_{24} = 1$ ergeben sich die Starrkörperverschiebungen nach Bild 5-10j, daraus die fiktiven Lasten und M nach Bild 5-10i und die elastischen Verformungen nach Bild 5-10k. Aus den Kompatibilitätsbedingungen $\delta_1 = \delta_2 = 0$ erhält man das Gleichungssystem zur Berechnung der Unbekannten X_1 und ψ_{24} zu:

$$X_1\delta_{11} + \psi_{24}\delta_{1,\psi_{24}} = -\delta_{10}$$

$$X_1\delta_{21} + \psi_{24}\delta_{2,\psi_{24}} = -\delta_{20}$$

Mit den Lösungen kann man die Zustandsvektoren für das Übertragungsverfahren angeben. Man erhält z. B. für den Punkt 2 des Stabes 2-4:

$$w_{24} = h\psi_{24}$$

$$\varphi_{24} = \tau_{24,1}X_1 - (1 - \tau_{24,\psi_{24}})\, \psi_{24}$$

$$M_{24} = X_1 + (D_1 + D_3)\, h\psi_{24}$$

$$V_{24} = -\frac{1}{h}\, M_{24} - D_3 \cdot \psi_{24}$$

5.5 Zusätzliche Bemerkungen

In der Baupraxis treten immer *Imperfektionen* auf, die z. B. durch Ungenauigkeiten beim Bau, exzentrische Anschlüsse und exzentrische Lasteinleitungen verursacht werden. Diese Imperfektionen können bei Berechnungen nach der Theorie II. Ordnung einen großen Einfluß auf den Spannungs- und Verschiebungszustand haben und dürfen daher nicht vernachlässigt werden. Sie müssen gewissenhaft geschätzt werden, wenn in den Vorschriften keine Angaben darüber enthalten sind, mit welchen Exzentrizitäten zu rechnen ist. Aus diesem Grunde liegen zur Berechnung auch meist Spannungsprobleme und keine Verzweigungsprobleme vor. Bei linear elastischem Verhalten stimmen die Längskräfte, die beim Spannungsproblem unendlich große Verschiebungen verursachen, Bild 5-3, mit denen überein, bei denen beim Verzweigungsproblem unbestimmte Verschiebungen auftreten. Aus diesem Grunde muß man auch bei Spannungsproblemen eine genügende Sicherheit gegenüber der Knicklast einhalten.

Bei großen Tragwerken mit unterschiedlicher Steifigkeit beschränkt man sich oft darauf, nur *Tragwerksteile* zu untersuchen. Man kann die Elastizität angrenzender weicherer Tragwerksteile vernachlässigen, weil dadurch i. allg. die Knicklast kleiner wird. Man muß dabei aber die in diesen Teilen entstehenden fiktiven Lasten (Abtriebskräfte) berücksichtigen. Ein Beispiel dafür ist in Bild 5-11 dargestellt.

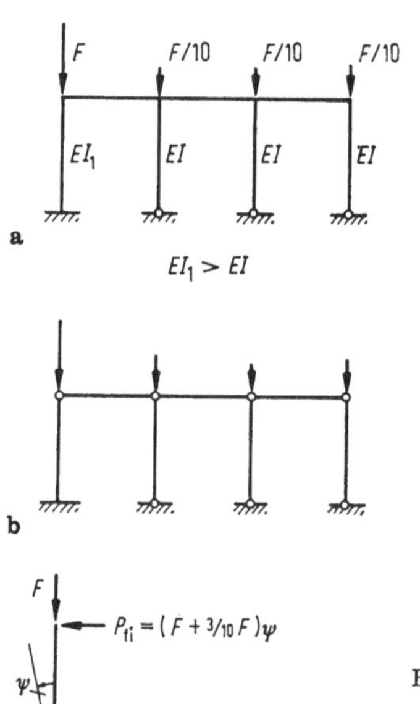

Bild 5-11. Vereinfachter Stabilitätsnachweis für einen einstöckigen Rahmen.
a) Gegebenes Tragwerk, b) Tragwerk weicher, c) Nachweis am Einzelstab mit den fiktiven Lasten des Tragwerks.

Kleine Werte ε: Bei Rahmenkonstruktionen sind die Stabkennzahlen ε oft so klein, daß mit $\varepsilon = 0$ gerechnet werden kann, d. h. für den Einzelstab kann die Theorie I. Ordnung angesetzt werden und damit auch zur Berechnung der Fesselgrößen Z_{ik} und der Verdrehungssprünge δ_{ik}. Der Einfluß der Theorie II. Ordnung ist dann nur durch die aus den Stabdrehwinkeln folgenden fiktiven Lasten und deren Anteile in den Z_{ik}- bzw. δ_{ik}-Werten gegeben.

5.6 Nichtlineares Materialverhalten

5.6.1 Bilineare Momenten-Verkrümmungs-Beziehung

Bei nichtlinearem Materialverhalten ist eine abschnittsweise Linearisierung angebracht. Man erhält so einen polygonalen Verlauf. Alles Wesentliche für die Anwendung kann am bilinearen Gesetz (s. Abschnitt 4.2, Bild 4-3) gezeigt werden. Die Beziehungen für das lineare und das bilineare Gesetz sind in Tafel 5-7 zusammengestellt. Die Momente setzen sich dabei zusammen aus denen infolge der Querbelastung $M(q)$, denen infolge der Stabkraft $M(D)$ und im Bereich $M > M_K$ aus denen infolge der zusätzlichen rechnerischen Anfangskrümmung $M(\varkappa_v)$. Ein Vergleich zeigt, daß man im Bereich $0 \leqq M \leqq M_k$ in beiden Fällen dieselben Ausdrücke hat bis auf die Biegesteifigkeit. Für diese ist statt EI die Anfangssteifigkeit B_0 zu setzen. Dies gilt auch für die Stabkennzahl ε. Im Bereich $M_k \leqq M \leqq M_u$ ist die Endsteifigkeit B_u zu verwenden und außerdem noch die Anfangskrümmung $\varkappa_v$ zu berücksichtigen, die einer Temperaturbeanspruchung ΔT entspricht. Für diesen Lastfall stehen Tabellenwerte für die Theorie II. Ordnung zur Verfügung. Der Lastfall $\varkappa_v$ ist ebenfalls mit der vorhandenen Längskraft zu berechnen, also mit derselben Stabkennzahl wie die anderen Lastfälle, da sonst nicht superponiert werden darf.

Das, was über die Durchführung der Berechnung nach der Theorie II. Ordnung, über Anwendungsgrenzen und Vereinfachungen gesagt wurde, gilt hier ebenfalls, ebenso wie das, was über das iterative Vorgehen bei der Anwendung des bilinearen Gesetzes im Abschnitt 4.2 gesagt wurde. Kann man abschätzen, in welchem *Teil des Tragwerkes* das Versagen eintreten wird, so braucht man die anschließenden Tragwerksteile nur näherungsweise zu berücksichtigen. Wird dabei deren Steifigkeit nicht voll angesetzt, so liegen die Ergebnisse auf der sicheren Seite. Die fiktiven Lasten sind aber immer anzubringen, s. Bild 5-11.

Tafel 5-7. Beziehungen für das lineare und das bilineare Gesetz. Siehe dazu Bild 4-3.

| | Materialgesetz | | |
| | linear | bilinear | |
		$M < M_k$	$M > M_k$
Verschiebungszustand	$w'' = -\varkappa$	$w'' = -\varkappa$	$w'' = -\varkappa$
Werkstoffgesetz	$\varkappa = \dfrac{M}{EI}$	$\varkappa = \dfrac{M}{B_0}$	$\varkappa = \dfrac{M}{B_u} + \varkappa_v$
Kraftzustand	$M = M(q) + M(D)$	$M = M(q) + M(D)$	$M = M(q) + M(D) + M(\varkappa_v)$
Stabkennzahl (Druck)	$\varepsilon = l\sqrt{D/EI}$	$\varepsilon = l\sqrt{D/B_0}$	$\varepsilon = l\sqrt{D/B_u}$

5.6.2 Fließgelenktheorie II. Ordnung

Geht bei dem bilinearen Gesetz die Steifigkeit B_u gegen Null, so versagt das dargestellte Verfahren. Nimmt man in diesem Fall wie bei der Theorie I. Ordnung, Abschnitt 4.3, an, daß sich an einzelnen Punkten Fließgelenke bilden, so führt das zur Fließgelenktheorie II. Ordnung. Während der plastische Grenzlastzustand nach der Theorie I. Ordnung vom Verschiebungszustand unabhängig ist, gilt dies bei der Theorie II. Ordnung nicht mehr. Er kann deshalb nur mit vorgeschätzten Verschiebungen i. allg. iterativ ermittelt werden. Dabei kann die Traglast, also die vom Tragwerk maximal aufnehmbare Last, aber schon erreicht werden, bevor sich eine kinematische Kette gebildet hat, Bild 5-12. Aus diesem Grunde wird das Tragwerk unter einer klein angenommenen Anfangslast nach dem Kraftgrößen- oder dem Verschiebungsgrößenverfahren berechnet und die Last jeweils gesteigert, bis sich ein Fließgelenk ausgebildet hat. Dann wird das Gleichungssystem für das Tragwerk mit Fließgelenken aufgestellt. Ändert dessen Determinante gegenüber der vorher gültigen das Vorzeichen, so ist die Traglast erreicht. — Dadurch, daß die plastischen Bereiche eines Stabes jeweils in einem Fließgelenk zusammengefaßt werden (Kurvenpolygon in Bild 5-12), ist dieses Tragwerk steifer, als das, bei dem die Ausbreitung der plastischen Bereiche berücksichtigt wird (stetige Kurve in Bild 5-12).

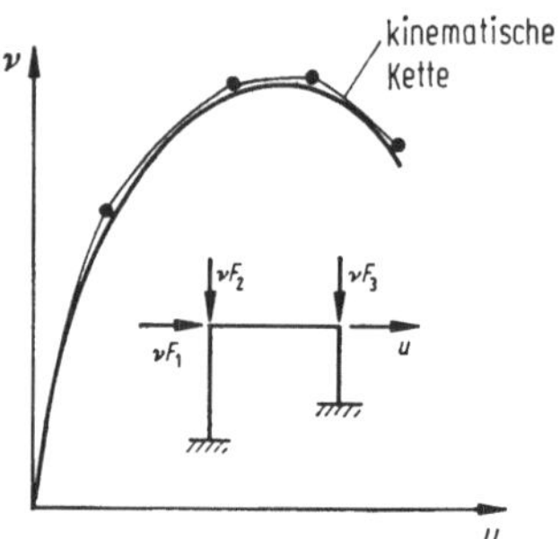

Bild 5-12. Last-Verschiebungs-Diagramm für einen Rahmen bei Berücksichtigung plastischer Bereiche und bei deren Zusammenfassung in Fließgelenken.

Durch eine Linearisierung der Beziehungen erhält man statt des Kurvenpolygons ein Geradenpolygon. Dies hat den Vorteil, daß man auf den einzelnen Last-Verschiebungs-Geraden den Punkt, an dem sich das nächste Fließgelenk bildet, durch eine lineare Änderung der angenommenen Belastung bestimmen kann. Die Linearisierung erreicht man dadurch, daß man die Knoten des Tragwerks so anordnet, daß sich für alle Stäbe $\varepsilon < 1$ nach (5-11) ergibt. Bei den dann nur noch zu berücksichtigenden fiktiven Lasten (5-13) schätzt man die endgültige Größe von D oder ψ vor und hält diese während der Berechnung konstant. Ebenso schätzt man N und Q vor und berechnet damit aus den Interaktionsbeziehungen M_{pl}. Durch diese Annahmen wird das Tragwerk in den unteren Bereichen der Last-Verschiebungs-Beziehung, Bild 5-12, zu weich angenommen, wodurch sich das Geradenpolygon nicht so weit von der Kurve entfernen wird wie das Kurvenpolygon. Stimmen die geschätzten Werte mit den endgültig ermittelten nicht überein, muß die Berechnung mit verbesserten Schätzungen wiederholt werden.

6. Lineare Plattentheorie

6.1 Voraussetzungen und Definitionen

Einige Plattenformen sind in Bild 6-1 dargestellt.

6.1.1 Voraussetzungen

Als Folge der allein wirksamen Querbelastung verbleiben nur Querkräfte, Biege- und Drillmomente als Schnittgrößen. (Vgl. Abschnitt 1.2.1.) Die weiteren Voraussetzungen sind:

1. Die Mittelfläche der Platte bleibt bei den wirkenden Schnittgrößen unverzerrt. Die Punkte dieser Mittelfläche verschieben sich — kleine Verschiebungen vorausgesetzt — nur in z-Richtung: $w = w(x, y)$.
2. Die Querschnitte bleiben eben.
3. Schnitte senkrecht zur Mittelfläche stehen auch nach der Verformung senkrecht zur verformten Mittelfläche (Bernoulli-Hypothese). Die Annahmen 2. und 3. bedeuten eine Vernachlässigung der Querschubverzerrungen.
4. Es wird (wie beim ebenen Spannungszustand) $\sigma_z = 0$ gesetzt.
5. Die Verzerrungen ε_z werden vernachlässigt.

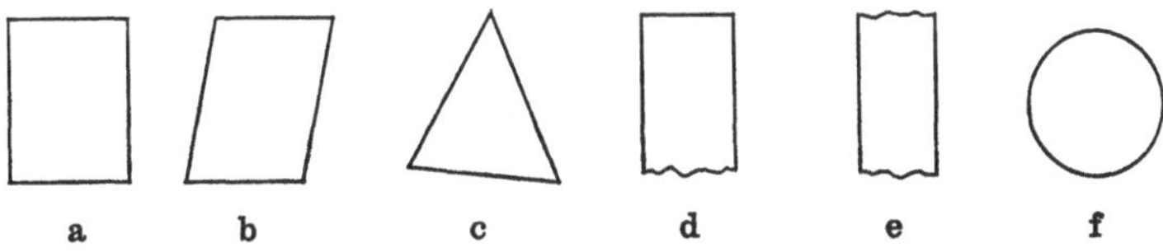

Bild 6-1. Unterscheidung von Platten nach der Form.
a) Rechteckplatte, b) Parallelogrammplatte, c) Dreieckplatte, d) Plattenhalbstreifen, e) Plattenstreifen, f) Kreisplatte.

6.1.2 Lagerung

Die Ränder der Platten sollen eingespannt, gelenkig gelagert oder frei sein (Bild 6-2). Im Falle der Festeinspannung und der gelenkigen Lagerung kann elastische Nachgiebigkeit mit entsprechenden Federkonstanten- bzw. Federsteifigkeitsfunktionen vorliegen. Weiterhin kann die Platte auch außer an den Rändern im Innern ganz oder teilweise starr oder nachgiebig gelagert sein. Eine starre oder nachgiebige punktweise Abstützung der Platte an einzelnen Stellen ist möglich.

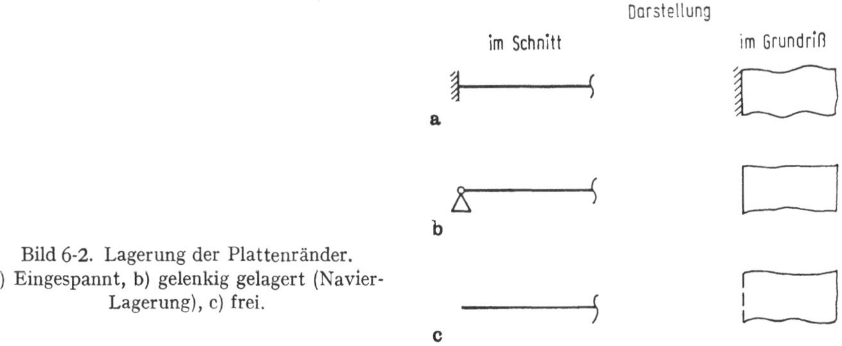

Bild 6-2. Lagerung der Plattenränder.
a) Eingespannt, b) gelenkig gelagert (Navier-Lagerung), c) frei.

6.1.3 Belastung

Die Belastung der Platten wirkt senkrecht zur Mittelfläche. Sie darf keine Komponente in Richtung der Mittelfläche haben.
Es können auftreten, Bild 6-3:
1. Flächenlasten $p(x, y)$,
2. Linienlasten $q(s)$ im Innern oder am Rand,

3. Einzelkräfte F im Innern oder am Rand,
4. flächenhaft verteilte Momente $m(x, y)$,
5. linienhaft verteilte Momente $m(s)$ im Innern oder am Rand,
6. Einzelmomente M im Innern oder am Rand,
7. Temperaturänderungen (ΔT),
8. Das volumenhaft verteilte Eigengewicht wird als in der Mittelfläche wirkende Flächenlast p betrachtet.

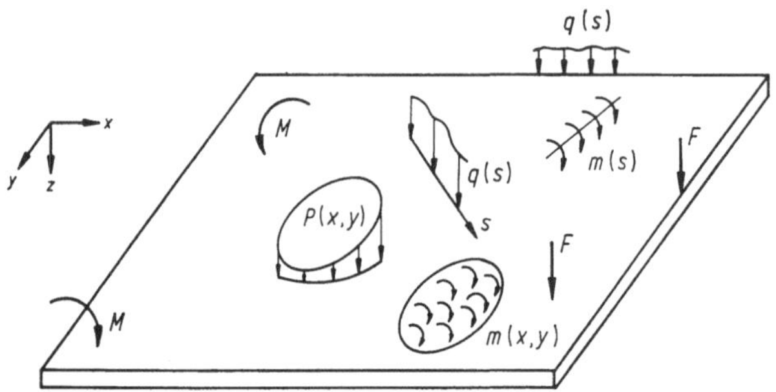

Bild 6-3. Belastung einer Platte.

6.1.4 Schnittgrößen

Die positiven Definitionen entsprechen der Orientierung nach einer gekennzeichneten Seite nach DIN 1080 Teil 2. Mit den Bezeichnungen des Bildes 6-4 erhält man:
Querkräfte je Längeneinheit:

$$q_x = \int\limits_{-h/2}^{+h/2} \tau_{xz}\, \mathrm{d}z \qquad q_y = \int\limits_{-h/2}^{+h/2} \tau_{yz}\, \mathrm{d}z \tag{6-1}$$

Biegemomente je Längeneinheit:

$$m_x = \int\limits_{-h/2}^{+h/2} \sigma_x z\, \mathrm{d}z \qquad m_y = \int\limits_{-h/2}^{+h/2} \sigma_y z\, \mathrm{d}z \tag{6-2}$$

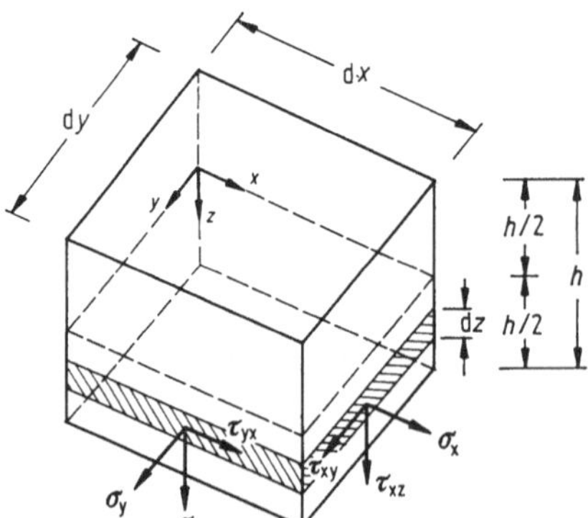

Bild 6-4. Spannungen an einem Plattenelement.

Drillmomente je Längeneinheit:

$$m_{xy} = \int\limits_{-h/2}^{+h/2} \tau_{xy} z \, \mathrm{d}z \qquad m_{yx} = \int\limits_{-h/2}^{+h/2} \tau_{yx} z \, \mathrm{d}z \qquad (6\text{-}3)$$

6.1.5 Verschiebungsgrößen

Definitionen der Verschiebungsgrößen der Plattenmittelfläche (s. auch Bild 6-5):

$$\frac{\partial w}{\partial x} = \tan \varphi_x = \varphi_x = \lim_{\Delta x \to 0} \frac{w(x + \Delta x, y) - w(x, y)}{\Delta x} \qquad (6\text{-}4\,\mathrm{a})$$

$$\varkappa_x = -\lim_{\Delta x \to 0} \frac{\varphi_x(x + \Delta x, y) - \varphi_x(x, y)}{\Delta x} = -\frac{\partial \varphi_x}{\partial x} = -\frac{\partial^2 w}{\partial x^2} \qquad (6\text{-}5\,\mathrm{a})$$

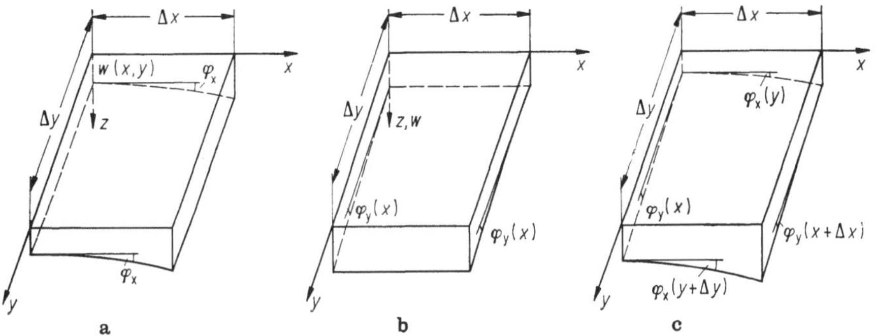

Bild 6-5. Darstellung der Verschiebungsgrößen der Plattenmittelfläche.
a) $\varphi_x, \varkappa_x$; b) $\varphi_y, \varkappa_y$; c) $\varkappa_{xy}$.

$$\frac{\partial w}{\partial y} = \tan \varphi_y = \varphi_y = \lim_{\Delta y \to 0} \frac{w(x, y + \Delta y) - w(x, y)}{\Delta y} \qquad (6\text{-}4\,\mathrm{b})$$

$$\varkappa_y = -\lim_{\Delta y \to 0} \frac{\varphi_y(x, y + \Delta y) - \varphi_y(x, y)}{\Delta y} = -\frac{\partial \varphi_y}{\partial y} = -\frac{\partial^2 w}{\partial y^2} \qquad (6\text{-}5\,\mathrm{b})$$

$$\left. \begin{aligned} \varkappa_{xy} &= -\lim_{\Delta y \to 0} \frac{\varphi_x(x, y + \Delta y) - \varphi_x(x, y)}{\Delta y} = -\frac{\partial \varphi_x}{\partial y} = -\frac{\partial^2 w}{\partial x \, \partial y} \\ \varkappa_{yx} &= -\lim_{\Delta x \to 0} \frac{\varphi_y(x + \Delta x, y) - \varphi_y(x, y)}{\Delta x} = -\frac{\partial \varphi_y}{\partial x} = -\frac{\partial^2 w}{\partial x \, \partial y} \\ \varkappa_{xy} &= \varkappa_{yx} \end{aligned} \right\} \qquad (6\text{-}5\,\mathrm{c})$$

In Matrizenschreibweise lauten diese Bezeichnungen:

$$\varkappa = -dw$$

mit

$$\varkappa = \begin{bmatrix} \varkappa_x \\ \varkappa_y \\ 2\varkappa_{xy} \end{bmatrix}; \quad d = \begin{bmatrix} \dfrac{\partial^2}{\partial x^2} \\ \dfrac{\partial^2}{\partial y^2} \\ 2\dfrac{\partial^2}{\partial x\,\partial y} \end{bmatrix} \Bigg\} . \tag{6-6}$$

6.1.6 Transformation der Schnitt- und Verschiebungsgrößen in ein anderes Koordinatensystem

Bei einer Transformation der Schnittgrößen aus dem rechtwinkligen x,y-Koordinatensystem in das rechtwinklige n,t-Koordinatensystem erhält man mit den Bezeichnungen und Beziehungen des Bildes 6-6 aus den Gleichgewichtsbedingungen:

$$\left. \begin{aligned} m_n &= m_x \cos^2 \alpha + m_y \sin^2 \alpha + m_{xy} \sin 2\alpha \\ m_t &= m_x \sin^2 \alpha + m_y \cos^2 \alpha - m_{xy} \sin 2\alpha \end{aligned} \right\} \tag{6-7}$$

$$m_{nt} = m_{tn} = \frac{1}{2}(m_y - m_x)\sin 2\alpha + m_{xy}\cos 2\alpha \tag{6-8}$$

$$\left. \begin{aligned} q_n &= q_x \cos \alpha + q_y \sin \alpha \\ q_t &= -q_x \sin \alpha + q_y \cos \alpha \end{aligned} \right\} \tag{6-9}$$

Die Neigungen ergeben sich zu:

$$\left. \begin{aligned} \varphi_n &= \frac{\partial w}{\partial n} = + \frac{\partial w}{\partial x}\cos \alpha + \frac{\partial w}{\partial y}\sin \alpha \\ \varphi_t &= \frac{\partial w}{\partial t} = - \frac{\partial w}{\partial x}\sin \alpha + \frac{\partial w}{\partial y}\cos \alpha \end{aligned} \right\} \tag{6-10}$$

6.2 Herleitung der Differentialgleichung, Kirchhoffsche Plattengleichung

6.2.1 Lastgrößen-Schnittgrößen-Beziehung

Bringt man die Lastgrößen und die Schnittgrößen an einem infinitesimalen Plattenelement an, Bild 6-7, so erhält man mit den Gleichgewichtsbedingungen $\sum F_Z = 0$, $\sum M_{2-2} = 0$ und $\sum M_{1-1} = 0$ bei Vernachlässigung der Terme höherer

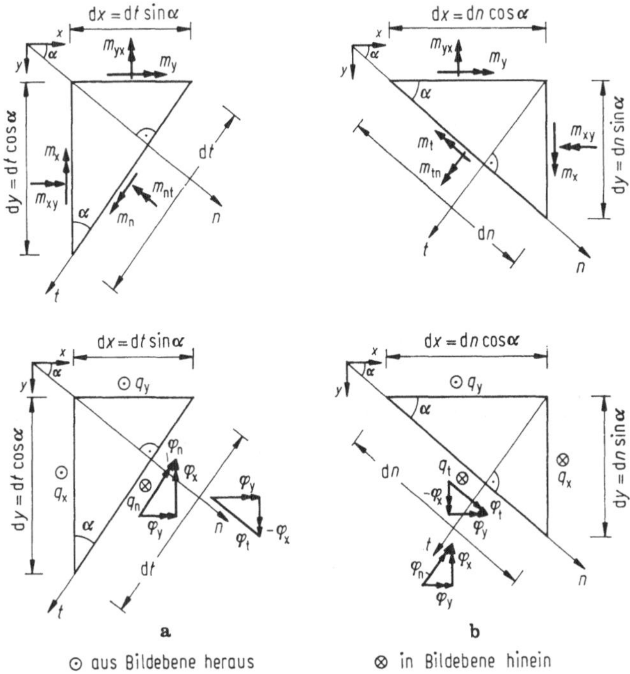

Bild 6-6. Zur Transformation der Schnitt- und Verschiebungsgrößen aus dem x,y-Koordinatensystem ins n,t-Koordinatensystem.
a) Schnitt parallel t, b) Schnitt parallel n.

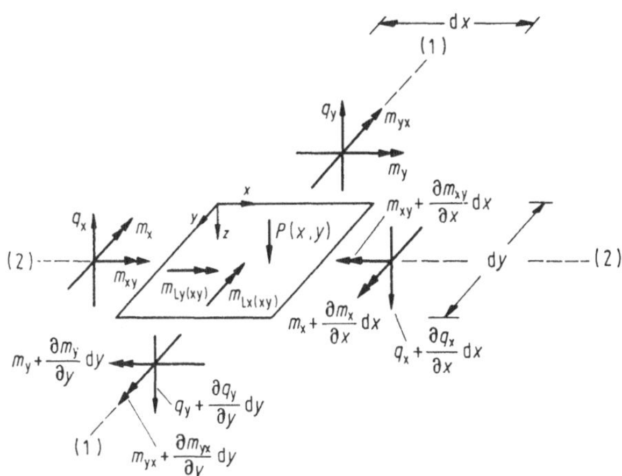

Bild 6-7. Plattenelement mit Schnittgrößen und Lastgrößen.

Ordnung:

$$\begin{aligned}
&\frac{\partial q_x}{\partial x} + \frac{\partial q_y}{\partial y} + p = 0 \\[2mm]
&\frac{\partial m_x}{\partial x} + \frac{\partial m_{yx}}{\partial y} - q_x - m_{Lx} = 0 \\[2mm]
&\frac{\partial m_y}{\partial y} + \frac{\partial m_{xy}}{\partial x} - q_y - m_{Ly} = 0
\end{aligned} \right\} \qquad (6\text{-}11)$$

6.2.2 Verzerrungs-Verschiebungs-Beziehungen

Während die Plattenmittelfläche keine Verschiebungen u, v erleidet, entstehen im Abstand z von der Mittelfläche, s. Bild 6-8:

$$u = -z\varphi_x = -z\frac{\partial w}{\partial x} \qquad v = -z\varphi_y = -z\frac{\partial w}{\partial y} \qquad (6\text{-}12)$$

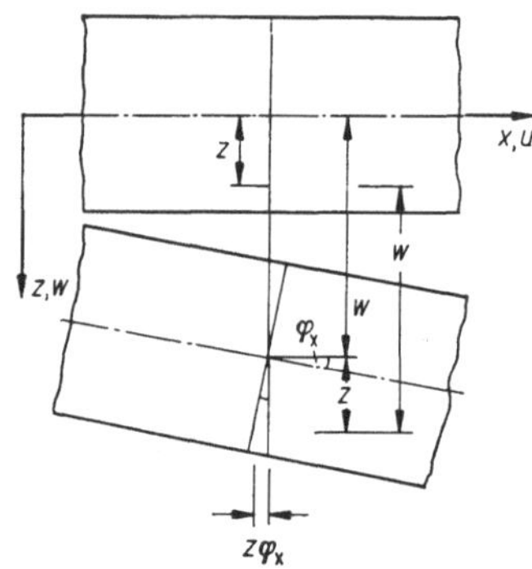

Bild 6-8. Verschiebungen am Plattenquerschnitt.

Für die linearen Anteile von (1-27) ergibt sich nach Einsetzen der entsprechenden Ableitungen von (6-12) und unter Beachtung von (6-5):

$$\begin{aligned}
&\varepsilon_x = -z\frac{\partial^2 w}{\partial x^2} = z\varkappa_x \qquad \varepsilon_y = -z\frac{\partial^2 w}{\partial y^2} = z\varkappa_y \\[2mm]
&\gamma_{xy} = -z\left(\frac{\partial^2 w}{\partial x\,\partial y} + \frac{\partial^2 w}{\partial y\,\partial x}\right) = 2z\varkappa_{xy}
\end{aligned} \right\} \qquad (6\text{-}13)$$

$$\boldsymbol{\varepsilon} = z\boldsymbol{\varkappa}$$

mit $\boldsymbol{\varepsilon} = \begin{bmatrix} \varepsilon_x \\ \varepsilon_y \\ \varepsilon_{xy} \end{bmatrix}$ und $\boldsymbol{\varkappa}$ nach (6-6).

6.2.3 Werkstoffbeziehungen

Mit den Spannungs-Dehnungs-Beziehungen (1-44) erhält man aus (6-13).

$$\sigma_x = \frac{E}{1 - \mu^2} \cdot z(\varkappa_x + \mu\varkappa_y) \qquad \sigma_y = \frac{E}{1 - \mu^2} \cdot z(\varkappa_y + \mu\varkappa_x)$$

$$\tau_{xy} = \frac{E}{2(1 + \mu)} \cdot z\, 2\varkappa_{xy} \qquad \boldsymbol{\sigma} = z\boldsymbol{E}_{SZ}\boldsymbol{\varkappa}$$

und nach Interation entsprechend (6-2) und (6-3):

bzw.

$$\left. \begin{array}{l} \boldsymbol{m} = \dfrac{h^3}{12}\,\boldsymbol{E}_{SZ} \quad \text{mit} \\[2em] \boldsymbol{m} = \begin{bmatrix} m_x \\ m_y \\ m_{xy} \end{bmatrix} \end{array} \right\} \qquad (6\text{-}14\,\text{a})$$

$$\boldsymbol{m} = K\boldsymbol{E}_{Pl}\boldsymbol{\varkappa} \qquad (6\text{-}14\,\text{b})$$

$$\left. \begin{array}{l} K = \dfrac{Eh^3}{12(1 - \mu^2)} : \text{ mit} \\[2em] \dfrac{h^3}{12}\,\boldsymbol{E}_{SZ} = K\boldsymbol{E}_{Pl} \end{array} \right\} \qquad (6\text{-}15)$$

Die Elemente von $\boldsymbol{E}_{Pl}$ sind gleich denen der Matrix in (1-44) ohne den Faktor $E/(1 - \mu^2)$.

6.2.4 Differentialgleichung

Aus den geometrischen Beziehungen (6-6) und den Werkstoffbeziehungen (6-14) erhält man nach Tafel 6-1 die konstitutiven Gleichungen (6-16) und aus diesen mit der 2. und 3. Gleichung (6-11) die Beziehungen für die Querkräfte (6-17). Aus den mittels der ersten Gleichung (6-11) zu einer partiellen Differentialgleichung zusammengefaßten Gleichgewichtsbedingungen und den konstitutiven Gleichungen folgt die partielle Differentialgleichung 4. Ordnung (Bipotentialgleichung) für die Platte (6-18a), die mit dem Laplace-Operator [H 26]

$$\Delta = \frac{\partial^2}{\partial x^2} + \frac{\partial^2}{\partial y^2} \qquad (6\text{-}19)$$

in der Form (6-18b) geschrieben werden kann.

Wie aus (6-18a) zu ersehen ist, können die Querbelastung p und die Ableitungen der Momentenbelastungen, also die Klammerausdrücke, zu einem Ausdruck zusammengefaßt werden. Aus diesem Grund wird die Plattendifferentialgleichung weiterhin nur noch in der üblichen Form ohne die Momentenbelastungsanteile angeschrieben.

Als Lösung der inhomogenen Bipotentialgleichung erhält man die Verschiebungsfunktion $w(x, y)$ und über die Ableitungen die Verdrehungen, Momente und Querkräfte und daraus analog zum Abschnitt 2.3.2 die Spannungen.

Tafel 6-1. Schema zur Herleitung der Plattendifferentialgleichung.

Gleichgewicht Gl. (6-11)

$$\frac{\partial q_x}{\partial x} + \frac{\partial q_y}{\partial y} + p = 0$$

$$\frac{\partial m_x}{\partial x} + \frac{\partial m_{yx}}{\partial y} - q_x - m_{Lx} = 0$$

$$\frac{\partial m_y}{\partial y} + \frac{\partial m_{xy}}{\partial x} - q_y - m_{Ly} = 0$$

$$\frac{\partial^2 m}{\partial x^2} + \frac{\partial^2}{\partial x\,\partial y}(m_{xy} + m_{yx}) + \frac{\partial^2 m_y}{\partial y^2} = -p + \frac{\partial m_{Lx}}{\partial x} + \frac{\partial m_{Ly}}{\partial y}$$

$$\boldsymbol{d}^{\mathsf{T}} \boldsymbol{m} = -p + \frac{\partial m_{Lx}}{\partial x} + \frac{\partial m_{Ly}}{\partial y}$$

Werkstoff Gl. (6-14)

$$\boldsymbol{m} = K E_{Pl} \boldsymbol{\varkappa}$$

Geometrie Gl. (6-6)

$$\boldsymbol{\varkappa} = -\boldsymbol{d}w$$

konstitutive Gl. (6-16)

$$m_x = -K\left(\frac{\partial^2 w}{\partial x^2} + \mu\,\frac{\partial^2 w}{\partial y^2}\right)$$

$$m_y = -K\left(\frac{\partial^2 w}{\partial y^2} + \mu\,\frac{\partial^2 w}{\partial x^2}\right)$$

$$(m_{xy} + m_{yx}) = -2K(1-\mu)\,\frac{\partial^2 w}{\partial x\,\partial y}$$

$$\boldsymbol{m} = -K E_{Pl}\,\boldsymbol{d}w$$

$$\boldsymbol{d}^{\mathsf{T}} E_{Pl}\,\boldsymbol{d}w =$$
$$\frac{\partial^4 w}{\partial x^4} + 2\,\frac{\partial^4 w}{\partial x^2\,\partial y^2} + \frac{\partial^4 w}{\partial y^4}$$
$$= \frac{1}{K}\left(p - \frac{\partial m_{Lx}}{\partial x} - \frac{\partial m_{Ly}}{\partial y}\right) \quad (6\text{-}18a)$$
$$\Delta\Delta w = \frac{p}{K} - \frac{1}{K}\left(\frac{\partial m_{Lx}}{\partial x} + \frac{\partial m_{Ly}}{\partial y}\right) \quad (6\text{-}18b)$$

Gl. (6-17)

$$q_x = -K\left(\frac{\partial^3 w}{\partial x^3} + \frac{\partial^3 w}{\partial x\,\partial y^2}\right) - m_{Lx}$$

$$q_y = -K\left(\frac{\partial^3 w}{\partial y^3} + \frac{\partial^3 w}{\partial x^2\,\partial y}\right) - m_{Ly}$$

Schnittgrößen   **Lösung** $w(x,y)$

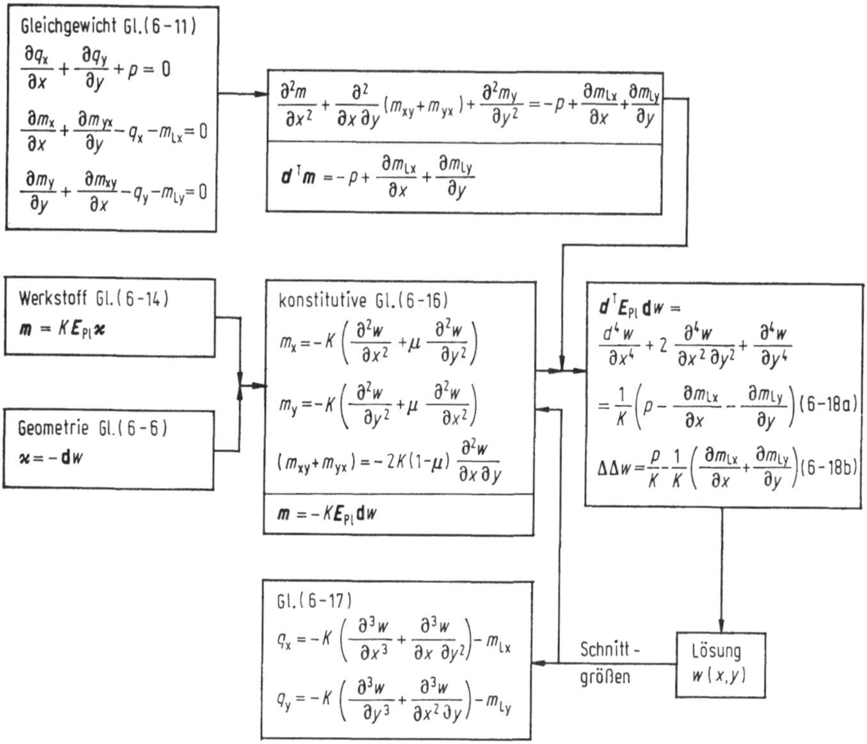

6.2.5 Differentialgleichung und Schnittgrößen in Polarkoordinaten

Für die Behandlung kreisförmig begrenzter Flächentragwerke ist die Einführung von Polarkoordinaten sinnvoll.

Der Zusammenhang zwischen kartesischen und Polarkoordinaten, Bild 6-9, lautet:

$$r = \sqrt{x^2 + y^2} \qquad \varphi = \arctan\frac{y}{x} \qquad (6\text{-}20)$$

$$x = r \cdot \cos\varphi \qquad y = r \cdot \sin\varphi \qquad (6\text{-}21)$$

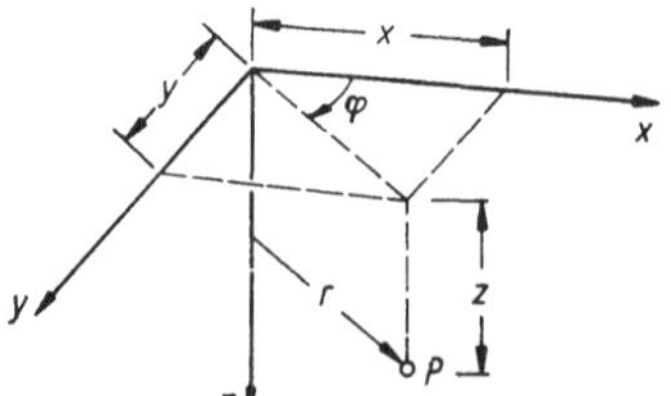

Bild 6-9. Koordinaten eines Punktes P im kartesischen und Polarkoordinatensystem.

Die Plattendifferentialgleichung in Polarkoordinaten ergibt sich mit den Laplace-Operator in Polarkoordinaten $\hat{\Delta}$ zu:

$$\hat{\Delta}\hat{\Delta}w = \frac{p(r, \varphi)}{K} \tag{6-22a}$$

mit:

$$\hat{\Delta} = \left(\frac{\partial^2}{\partial r^2} + \frac{1}{r^2}\frac{\partial^2}{\partial \varphi^2} + \frac{1}{r}\frac{\partial}{\partial r} \right). \tag{6-23}$$

Ausgeschrieben lautet (6-22a):

$$\frac{\partial^4 w}{\partial r^4} + \frac{2}{r}\frac{\partial^3 w}{\partial r^3} + \frac{1}{r^2}\left(2\frac{\partial^4 w}{\partial r^2 \partial \varphi^2} - \frac{\partial^2 w}{\partial r^2} \right) + \frac{1}{r^3}\left(\frac{\partial w}{\partial r} - 2\frac{\partial^3 w}{\partial r\, \partial \varphi^2} \right)$$

$$+ \frac{1}{r^4}\left(4\frac{\partial^2 w}{\partial \varphi^2} + \frac{\partial^4 w}{\partial \varphi^4} \right) = \frac{p(r, \varphi)}{K} \tag{6-22b}$$

Schnittgrößen in Polarkoordinaten
Biegemomente:

$$\left.\begin{aligned}
m_{\mathrm{r}} &= -K\left[\frac{\partial^2 w}{\partial r^2} + \mu\left(\frac{1}{r^2}\frac{\partial^2 w}{\partial \varphi^2} + \frac{1}{r}\frac{\partial w}{\partial r} \right) \right] \\
m_{\varphi} &= -K\left[\mu\frac{\partial^2 w}{\partial r^2} + \frac{1}{r^2}\frac{\partial^2 w}{\partial \varphi^2} + \frac{1}{r}\frac{\partial w}{\partial r} \right]
\end{aligned}\right\} \tag{6-24}$$

Drillmoment:

$$m_{\mathrm{r}\varphi} = m_{\varphi\mathrm{r}} = -(1-\mu)\,K\,\frac{\partial}{\partial r}\left(\frac{1}{r}\frac{\partial w}{\partial \varphi} \right) \tag{6-25}$$

Querkräfte:

$$q_{\mathrm{r}} = -K\frac{\partial(\hat{\Delta}w)}{\partial r} \qquad q_{\varphi} = -K\frac{1}{r}\frac{\partial(\hat{\Delta}w)}{\partial \varphi} \tag{6-26}$$

Ersatzquerkräfte (s. Abschnitt 6.3.1):

$$\bar{q}r = q_{\mathrm{r}} + \frac{1}{r}\frac{\partial m_{\mathrm{r}\varphi}}{\partial \varphi} \qquad \bar{q}_{\mathrm{r}} = q_{\mathrm{r}} + \frac{\partial m_{\varphi\mathrm{r}}}{\partial_{\mathrm{r}}} \tag{6-27}$$

Bei *rotationssymmetrischer Platte und Belastung* $p = p(r)$ ist $\dfrac{\partial}{\partial \varphi} = 0$ und $w = w(r)$.

Damit geht (6-22b) über in die gewöhnliche Differentialgleichung:

$$\frac{\mathrm{d}^4 w}{\mathrm{d}r^4} + \frac{2}{r}\frac{\mathrm{d}^3 w}{\mathrm{d}r^3} - \frac{1}{r^2}\frac{\mathrm{d}^2 w}{\mathrm{d}r^2} + \frac{1}{r^3}\frac{\mathrm{d}w}{\mathrm{d}r} = \frac{p(r)}{K} \tag{6-28}$$

Für die Zustandsgrößen erhält man:

Biegemomente:

$$m_{\mathrm{r}} = -K\left(\frac{\mathrm{d}^2 w}{\mathrm{d}r^2} + \mu\frac{1}{r}\frac{\mathrm{d}w}{\mathrm{d}r} \right) \qquad m_{\varphi} = -K\left(\mu\frac{\mathrm{d}^2 w}{\mathrm{d}r^2} + \frac{1}{r}\frac{\mathrm{d}w}{\mathrm{d}r} \right) \tag{6-29}$$

Drillmomente

$$m_{r\varphi} = m_{\varphi r} = 0 \tag{6-30}$$

Querkräfte bzw. Ersatzquerkräfte:

$$q_{r} \equiv \bar{q}_{r} = -K \frac{\mathrm{d}}{\mathrm{d}r} (\hat{\Delta} w) \qquad q_{\varphi} \equiv \bar{q}_{\varphi} = 0 \tag{6-31}$$

6.2.6 Differentialgleichung in schiefwinkligen Koordinaten

Die Einführung von schiefwinkligen Koordinaten ist vorteilhaft bei schiefen Platten.
Der Zusammenhang zwischen kartesischen und schiefwinkligen Koordinaten, Bild 6-10,
lautet:

$$\bar{x} = x - y \tan \varphi \qquad \bar{y} = \frac{1}{\cos \varphi} y \tag{6-32}$$

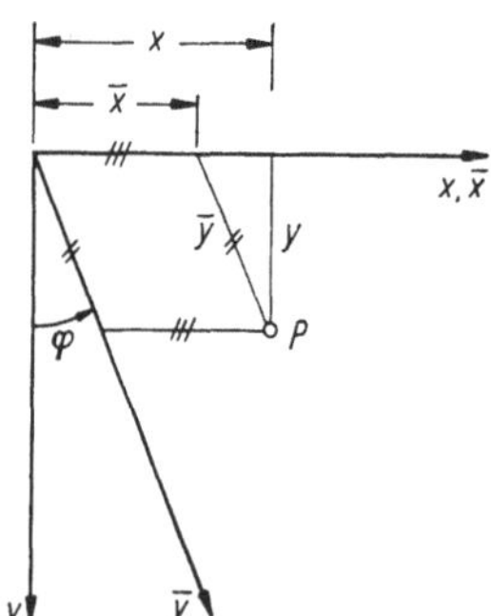

Bild 6-10. Koordinaten eines Punktes P im kartesischen und
im schiefwinkligen Koordinatensystem.

Die Plattendifferentialgleichung in schiefwinkligen Koordinaten ergibt sich mit dem
Laplace-Operator in schiefwinkligen Koordinaten $\bar{\Delta}$ zu:

$$\bar{\Delta}\bar{\Delta} w(\bar{x}, \bar{y}) = \frac{p}{K} (\bar{x}, \bar{y}) \tag{6-33}$$

mit

$$\bar{\Delta} = \frac{1}{\cos^2 \varphi} \left(\frac{\partial^2}{\partial \bar{x}^2} - 2 \sin \varphi \frac{\partial^2}{\partial \bar{x} \, \partial \bar{y}} + \frac{\partial^2}{\partial \bar{y}^2} \right) \tag{6-34}$$

6.3 Randbedingungen

Die folgenden Beziehungen werden allgemein für gerade Ränder rechteckiger Platten
im kartesischen Koordinatensystem x, y, z für einen Rand $x = $ const angeschrieben. Be-
sonderheiten bei Parallelogrammplatten oder krummlinig berandeten Platten werden im
Parallelkoordinatensystem bzw. im krummlinigen Koordinatensystem n, t, z für einen
Rand $n = $ const angegeben. Sonst ist x durch n und y durch t zu ersetzen.
Die Randbedingungen können homogen sein (die betreffenden Zustandsgrößen müssen
Null sein), inhomogen (die Zustandsgrößen müssen $\neq 0$, gleich den dort geforderten, sein).

oder es können Kompatibilitätsbedingungen sein (die Zustandsgrößen müssen gleich denjenigen dort angrenzender Bauteile sein). Im letzten Fall kann die Elastizität der angrenzenden Bauteile oft durch federnde Lagerungen ersetzt werden. Hier werden die Beziehungen nur für homogene Randbedingungen angegeben.

6.3.1 Ersatzquerkraft

Am Rande $x = $ const treten folgende Größen auf, Bild 6-11:

Querkraft	q_x	Verschiebung	w
Biegemoment	m_x	Verdrehung	φ_x
Drillmoment	m_{xy}	Verdrehung	φ_y

Wegen (6-4b) ist φ_y entlang des Randes an w gebunden und daher keine Größe, über die frei verfügt werden kann. Vorschriften können nur für w und φ_x getroffen werden.

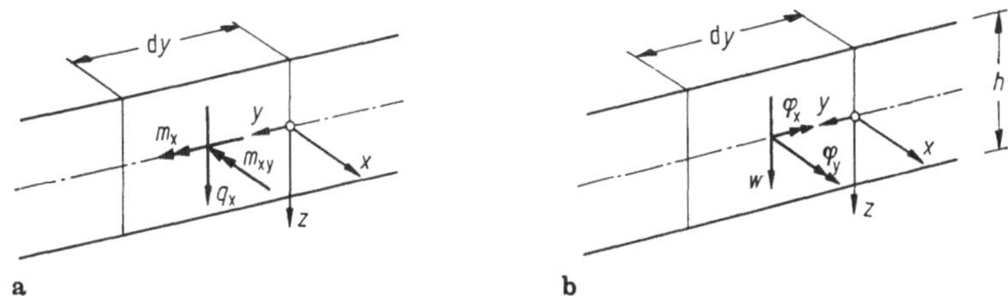

Bild 6-11. Zustandsgrößen an einem Rand $x = $ const.
a) Kraftgrößen, b) Verschiebungsgrößen.

Da die Differentialgleichung 4. Ordnung an jedem Rand nur 2 Freigrößen zuläßt, werden Querkraft und Drillmoment entsprechend Bild 6-12 zu einer Ersatzquerkraft $\bar{q}$ zusammengefaßt. Man denkt sich die Randdrillmomente an den Elementen dy durch statisch gleichwertige Kräftepaare ersetzt (Bild 6-12a). Dies bewirkt nur in einer schmalen Randzone eine Änderung des Spannungszustandes. Faßt man die in eine Wirkungsgerade fallenden Kräfte zweier benachbarter Elemente zusammen, Bild 6-12b, so bleibt eine Resultierende der Größe

$$\frac{\partial m_{xy}}{\mathrm{d}y}\,\mathrm{d}y$$

übrig, die man der Querkraft $q_y\,\mathrm{d}y$ zuschlägt. Beide zusammen ergeben die Ersatzquerkraft $\bar{q}_x$. Analog erhält man die Ersatzquerkraft $\bar{q}_y$ für einen Rand $y = $ const

$$\left.\begin{aligned}
\bar{q}_x &= q_x + \frac{\partial m_{xy}}{\partial y} = -K\left[\frac{\partial^3 w}{\partial x^3} + (2-\mu)\,\frac{\partial^3 w}{\partial x\,\partial y^2}\right] \\
\bar{q}_y &= q_y + \frac{\partial m_{yx}}{\partial x} = -K\left[\frac{\partial^3 w}{\partial y^3} + (2-\mu)\,\frac{\partial^3 w}{\partial x^2\,\partial y}\right]
\end{aligned}\right\}$$

$$(6\text{-}35)$$

Weist der Drillmomentenverlauf am Plattenrand eine Unstetigkeit Δm_{xy} auf, so hat das im $\bar{q}_x$-Verlauf eine Einzellast Δm_{xy} zur Folge.

Für Ränder im Koordinatensystem n, t, z ist x durch n und y durch t zu ersetzen.

Am Plattenrand einwirkende Drillmomente und Querkräfte sind analog zu einer Ersatzquerbelastung $\bar{p}$ zusammenzufassen.

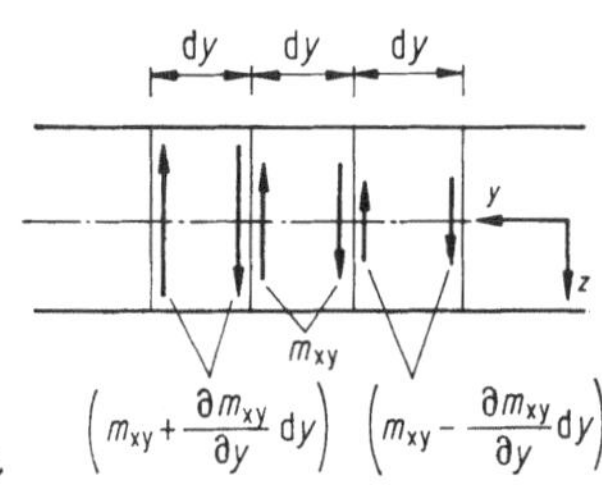
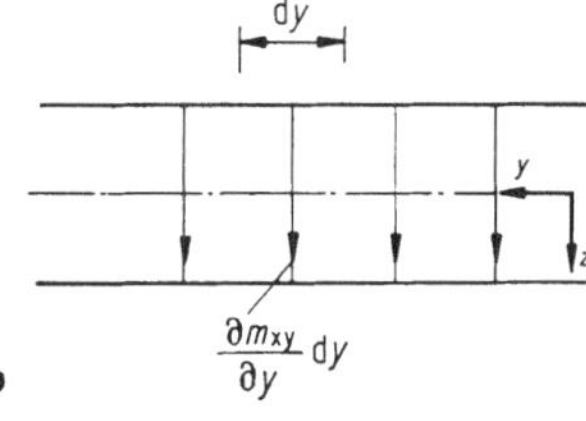
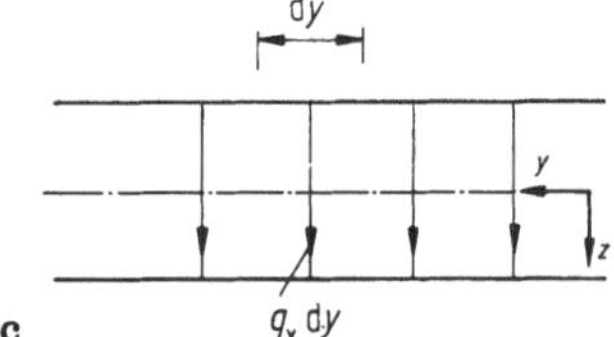

Bild 6-12. Zur Definition der Ersatzquerkraft.
a) Drillmomente als Kräftepaare, b) Resultierende Kräfte,
c) Querkräfte.

6.3.2 Eingespannte Ränder

Siehe Bild 6-2a.

Bedingungen:

$$w = 0 \qquad \frac{\partial w}{\partial x} = 0 \qquad\qquad (6\text{-}36)$$

Wegen $w = 0$ ist auch der Winkel $\partial w/\partial y = 0$, und weil $\dfrac{\partial w}{\partial x} = 0$ ist, gilt $\dfrac{\partial^2 w}{\partial x \partial y} = 0$. Damit erhält man die aus den Bedingungen des eingespannten Randes abgeleiteten Bedingungen:

$$\frac{\partial w}{\partial y} = 0 \qquad \frac{\partial^2 w}{\partial x \partial y} = 0 \qquad m_{xy} = 0 \qquad \bar{q}_x \equiv q_x \qquad (6\text{-}37)$$

6.3.3 Gelenkige Ränder. Sonderfall der gelenkig gelagerten Platte

Siehe Bild 6-2 b.
Bedingungen:

$$w = 0 \qquad m_\mathrm{x} = 0 \tag{6-38}$$

Wegen $w = 0$ ist auch der Winkel $\partial w/\partial y = 0$ und ebenfalls $\dfrac{\partial^2 w}{\partial y^2} = 0$. Aus der zweiten Bedingung (6-38) folgt mit (6-16): $\dfrac{\partial^2 w}{\partial x^2} = 0$ und somit die abgeleiteten Bedingungen für gerade Ränder

$$\frac{\partial w}{\partial y} = 0 \qquad \Delta w = 0 \qquad m_\mathrm{y} = 0 \tag{6-39}$$

Sind alle geraden Ränder einer Platte gelenkig gelagert (Navier-Lagerung), so kann man die Differentialgleichung der Platte (6-18) in zwei entkoppelte partielle Differentialgleichungen 2. Ordnung aufspalten. Mit

$$m = \frac{m_\mathrm{x} + m_\mathrm{y}}{1 + \mu} = -K\,\Delta w \tag{6-40a}$$

folgt nach Anwendung des Laplace-Operators Δ und Vergleich der rechten Seite mit (6-18 b):

$$\Delta m = -p \tag{6-40b}$$

Die Randbedingungen lauten:

$$w = 0 \qquad m = 0 \tag{6-41}$$

Die Kraftgrößen sind sowohl in der Differentialgleichung als auch in den Randbedingungen unabhängig von den Verschiebungsgrößen. Die gelenkig gelagerte Platte (auch Navierplatte oder Platte mit Navier-Rändern) ist daher statisch bestimmt.

6.3.4 Freie Ränder

Siehe Bild 6-2 c.
Bedingungen:

$$\bar{q}_\mathrm{x} = 0 \qquad m_\mathrm{x} = 0 \tag{6-42}$$

Die Einführung der Ersatzquerkraft ist erforderlich, da die Bedingungen $m_\mathrm{xy} = 0$ und $q_\mathrm{x} = 0$ nicht jede für sich erfüllt werden können. Einwirkende Randdrillmomente und Randquerlasten (z. B. aus Fassaden) sind zur Ersatzquerkraft $\bar{p}_\mathrm{x}$ zusammenzufassen.

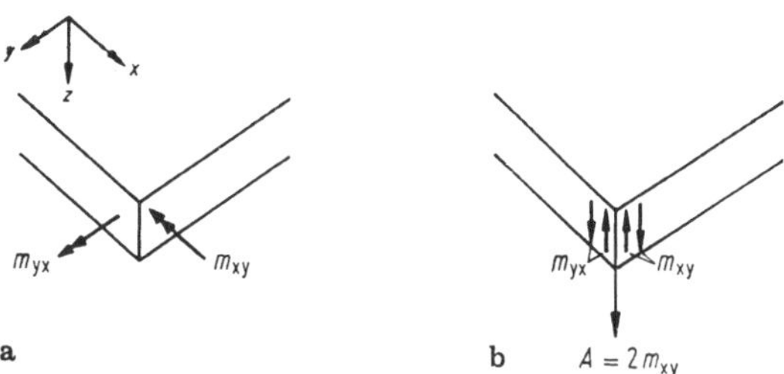

Bild 6-13. Rechtwinklige Plattenecke mit
a) Drillmomenten, b) Kräftepaaren.

6.3.5 Eckpunkte

Bei einer *rechtwinkligen* Ecke, Bild 6-13, hat die rechnerische Umwandlung der Drillmomente $m_{xy} = m_{yx}$ in Kräftepaare eine Eckkraft

$$A = 2m_{xy} \qquad (6\text{-}43)$$

zur Folge.

Für die Kombinationen verschiedener Ränder sind die Verhältnisse in Bild 6-14 angegeben. Randdrillmomente entstehen nur, wenn 2 gelenkige Ränder oder ein gelenkiger Rand und ein freier Rand zusammenstoßen, Biegemomente in der Ecke am eingespannten Rand nur bei $\mu = 0$, wenn der andere Rand gelenkig oder frei ist. Bei einer rechtwinkligen Ecke, in der zwei freie Ränder aneinanderstoßen, besteht keine Möglichkeit, eine Eckkraft A aufzunehmen. Aus diesem Grunde müssen die Drillmomente an der Ecke Null sein.

An *schiefwinkligen* Ecken können aus Gleichgewichtsgründen keine Randbiegemomente, keine Drillmomente und damit auch keine Eckkräfte auftreten. Hier entstehen an den Ecken Bereiche mit stetig verteilten negativen Stützkräften. Geht der Winkel gegen 90°, so gehen die Bereiche gegen Null, und die stetigen Stützkräfte gehen in die Eckkräfte über.

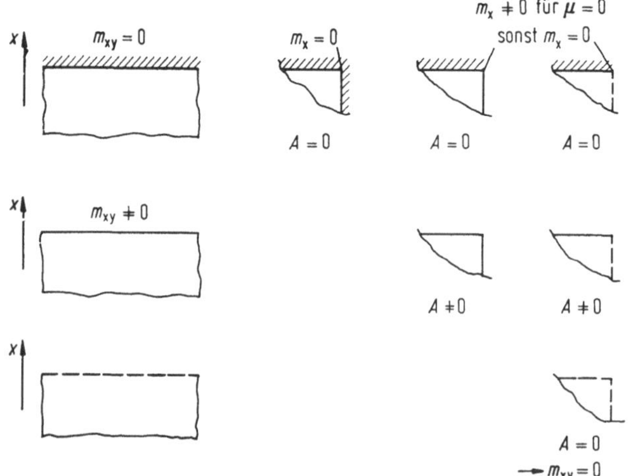

Bild 6-14. Randmomente und Eckkräfte an einer rechtwinkligen Plattenecke.

6.4 Lösungsverfahren

6.4.1 Allgemeines

Bei der Plattengleichung (6-18) handelt es sich um eine partielle quasilineare inhomogene Differentialgleichung 4. Ordnung. Die Lösung setzt sich zusammen aus der Partikularlösung w_p, die eine spezielle Lösung der inhomogenen Differentialgleichung ist, und der allgemeinen Lösung der homogenen Differentialgleichung w_h, durch die die Partikularlösung den Randbedingungen angepaßt wird. An die Stelle der Konstanten bei einer gewöhnlichen linearen Differentialgleichung (siehe Abschnitt 2.8.3) treten hier Funktionen von x und y. Geschlossene Lösungen gelingen nur bei einigen wenigen Plattenformen und Belastungen. Aus diesem Grunde werden Verfahren zur näherungsweisen Lösung angewandt. Diese kann man unterteilen in

- Verfahren, die auf einer Reihenentwicklung der Lösung beruhen. Sie sind mathematisch exakt, trotzdem aber Näherungen, weil immer nur eine beschränkte Anzahl von Reihengliedern berechnet werden kann.
- Näherungsverfahren,
  - bei denen ein Näherungsansatz für die Lösung verwandt wird,
  - bei denen der Bereich oder die Differentialgleichung diskretisiert wird.
- baustatische Verfahren, bei denen die Platte aufgrund ihrer Tragwirkung durch andere Tragwerke angenähert wird und die daher i. allg. nicht direkt auf die Plattengleichung zurückgehen.

Der größte Teil der Verfahren kann hier nur kurz erwähnt werden.

Bei einer rotationssymmetrischen Platte mit rotationssymmetrischer Belastung geht die partielle quasilineare Differentialgleichung (6-18) in die gewöhnliche lineare (6-28) über. Die Lösung dieser Differentialgleichung findet man analog zu denen der Stabstatik. die wird deshalb hier nicht weiter behandelt.

6.4.2 Lösung durch Reihenentwicklung

6.4.2.1 Doppelreihenansatz

Bei Rechteckplatten, deren Ränder gelenkig gelagert sind (Navierlagerung), Bild 6-15, ist eine Entwicklung in Sinusreihen in Richtung der x- und y-Achse angebracht, da dieser Ansatz die Randbedingungen befriedigt.

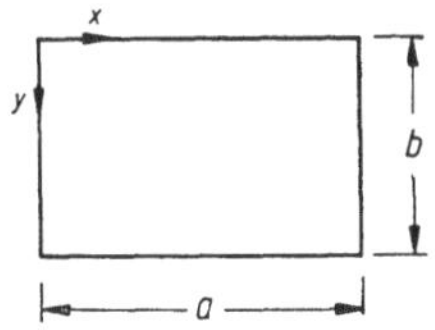

Bild 6-15. Gelenkig gelagerte Rechteckplatte mit Koordinatensystem und Seitenlängen.

Mit dem Lösungsansatz:

$$w(x, y) = \sum_m \sum_n w_{mn} \sin \frac{m\pi x}{a} \sin \frac{n\pi y}{b}$$

$$m = 1, 2, 3, 4, \ldots$$

$$n = 1, 2, 3, 4, \ldots$$

$$(6\text{-}44)$$

lautet die homogene Plattengleichung $\Delta\Delta w = 0$:

$$\sum_m \sum_n w_{mn} \left[\left(\frac{m\pi}{a}\right)^2 + \left(\frac{n\pi}{b}\right)^2\right]^2 \sin \frac{m\pi x}{a} \sin \frac{n\pi y}{b} = 0 \qquad (6\text{-}45)$$

Die Belastung wird ebenfalls in eine Sinusreihe entwickelt:

$$p(x, y) = \sum_m \sum_n p_{mn} \sin \frac{m\pi x}{a} \sin \frac{n\pi y}{b} \qquad (6\text{-}46)$$

Setzt man (6-45) und (6-46) in die Differentialgleichung (6-18) ein, so kann man durch Koeffizientenvergleich die Biegeflächenordinaten w_{mn} bestimmen:

$$w_{mn} = \frac{1}{K} \frac{p_{mn}}{\left[\left(\frac{m\pi}{a^2}\right)^2 + \left(\frac{n\pi}{b}\right)^2\right]^2} \qquad (6\text{-}47)$$

Für eine konstante Flächenlast p ergibt sich:

$$p_{mn} = \frac{16p}{\pi^2} \frac{1}{m} \frac{1}{n} \qquad (6\text{-}48)$$

Damit erhält man die Biegefläche zu:

$$w(x, y) = \frac{16p}{K\pi^2} \sum_m \sum_n \frac{1}{\left[\left(\frac{m\pi}{a}\right)^2 + \left(\frac{n\pi}{b}\right)^2\right]^2} \sin \frac{m\pi x}{a} \sin \frac{n\pi y}{b} \qquad (6\text{-}49)$$

Die Doppelreihen konvergieren für die Durchbiegung gut, für die Momente und Querkräfte schlechter. Die Doppelreihenansätze sind praktisch auf Rechteckplatten mit Navierschen Randbedingungen beschränkt. Dabei ist die Konvergenz um so schlechter, je weiter die Platte vom quadratischen Grundriß abweicht. Außerdem werden Unstetigkeiten durch Fourieransätze sehr schlecht beschrieben.

6.4.2.2 Einfachreihenansatz

Bei der Einfachreihenlösung wird der Ansatz $w(x, y)$ für die Biegefläche aufgespalten in ein Produkt von Ansätzen, die nur von x bzw. y abhängen.

$$w(x, y) = w(x) \cdot w(y) \qquad (6\text{-}50)$$

Der Ansatz in einer Richtung ist dabei ein Reihenansatz, der die Differentialgleichung und die Randbedingungen dieser Richtung erfüllt. Im folgenden wird für diesen Ansatz die x-Richtung gewählt. Sind bei $x = 0$ und $x = a$ Navier-Ränder, so empfiehlt sich ein Fourieransatz. Für die Lösung der homogenen Differentialgleichung setzt man:

$$\left.\begin{aligned} w_h(x) &= \sum_n \sin \frac{n\pi x}{a} \qquad n = 1, 2, 3, \ldots \\ w_h(y) &= \sum_n w_{nh}(y) \end{aligned}\right\} \qquad (6\text{-}51)$$

Damit erhält man für die homogene Differentialgleichung:

$$\Delta\Delta w = \left[\frac{d^4 w_{nh}(y)}{dy^4} - 2\left(\frac{n\pi}{a}\right)^2 \frac{d^2 w_{nh}(y)}{dy^2} + \left(\frac{n\pi}{a}\right)^4 w_{nh}(y)\right] \sin \frac{n\pi x}{a} = 0 \qquad (6\text{-}52)$$

und wegen $\sin n\pi x/a \neq 0$ zur Berechnung der n unbekannten Funktionen $w_{\mathrm{nh}}(y)$ die n gewöhnlichen Differentialgleichungen mit konstanten Koeffizienten

$$\frac{\mathrm{d}^4 w_{\mathrm{nh}}(y)}{\mathrm{d}y^4} - 2\left(\frac{n\pi}{a}\right)^2 \frac{\mathrm{d}^2 w_{\mathrm{nh}}(y)}{\mathrm{d}y^2} + \left(\frac{n\pi}{a}\right)^4 w_{\mathrm{nh}}(y) = 0 \tag{6-53}$$

Mit

$$\alpha_{\mathrm{n}} = \frac{n\pi}{a}\left[\frac{1}{m}\right] \tag{6-54}$$

lautet die Lösung

$$w_{\mathrm{nh}}(y) = \bar{A}_{\mathrm{n}}\, \mathrm{e}^{\alpha_n y} + \bar{B}_{\mathrm{n}}\, \mathrm{e}^{-\alpha_n y} + \bar{C}_{\mathrm{n}}\alpha_{\mathrm{n}} y\, \mathrm{e}^{\alpha_n y} + \bar{D}_{\mathrm{n}}\alpha_{\mathrm{n}} y\, \mathrm{e}^{-\alpha_n y} \tag{6-55a}$$

bzw. in hyperbolischen Funktionen:

$$w_{\mathrm{nh}}(y) = A_{\mathrm{n}} \cosh \alpha_{\mathrm{n}} y + B_{\mathrm{n}} \sinh \alpha_{\mathrm{n}} y + C_{\mathrm{n}}\alpha_{\mathrm{n}} y \cosh \alpha_{\mathrm{n}} y + D_{\mathrm{n}}\alpha_{\mathrm{n}} y \sinh \alpha_{\mathrm{n}} y \tag{6-55b}$$

Die 4 Konstanten werden zur Erfüllung der Randbedingungen an den Rändern $y = 0$ und $y = b$ benötigt.

Die Partikularlösung muß nun nicht nur die inhomogene Differentialgleichung erfüllen, sondern auch die Randbedingungen der Ränder $x = 0$ und $x = a$. Im allgemeinen wird sich hier auch eine Fourierentwicklung in x-Richtung empfehlen.

$$p(x, y) = \sum_n p_{\mathrm{n}}(y) \sin \frac{n\pi x}{a}. \tag{6-56}$$

Bild 6-16. Platten, die mit dem Einfachreihenansatz berechnet werden können.

Ist $p_{\mathrm{n}}(y)$ konstant oder linear, d. h., ist $\dfrac{\partial^2 p_{\mathrm{n}}(y)}{\partial y^2} = 0$, so lautet die Partikularlösung:

$$w_{\mathrm{p}}(x, y) = \frac{1}{K}\left(\frac{a}{\pi}\right)^4 \sum_n \frac{1}{n^4} p_{\mathrm{n}}(y) \sin \frac{n\pi x}{a} \tag{6-57}$$

Für $p = \mathrm{const}$ ist

$$p_{\mathrm{n}}(y) = \frac{4p}{\pi n} \tag{6-58}$$

und damit

$$w_{\mathrm{p}}(x, y) = \frac{4p}{K}\frac{a^4}{\pi^5} \sum_n \frac{1}{n^5} \sin \frac{n\pi x}{a} \tag{6-59}$$

Mit der Einfachreihenlösung können die in Bild 6-16 dargestellten Rechteckplatten behandelt werden.

Mit der bekannten homogenen Lösung (6-55) können die Übertragungsmatrizen für das Übertragungsverfahren aufgestellt werden und die Platten in y-Richtung mit dem Übertragungsverfahren berechnet werden. Hierbei ist für jedes n ein Lauf erforderlich.

6.4.3 Näherungsansätze

Bei den Näherungsverfahren werden Näherungsansätze $\overline{w}$ der Form

$$\overline{w}(x, y) = w_0(x, y) + \sum_{k=1}^{n} c_k w_k(x, y) \tag{6-60}$$

verwendet. Dabei unterscheidet man

— Randmethoden. Der Ansatz w_0 erfüllt die inhomogene und alle Ansätze w_k erfüllen die homogene Differentialgleichung exakt. Die Randbedingungen werden durch die Methode näherungsweise erfüllt;
— Gebietsmethoden. Der Ansatz w_0 erfüllt die inhomogenen Randbedingungen, und alle Ansätze w_k erfüllen die homogenen Randbedingungen exakt. Die Differentialgleichung wird durch die Methode näherungsweise erfüllt.

6.4.3.1 Fehlerquadratmethode

Bei der Fehlerquadratmethode verlangt man, daß die Fehlerquadrate im Mittel zu einem Minimum werden:

$$\left. \begin{aligned} I &= \iint (\overline{w} - w)^2 \, dx \, dy = \text{Min} \rightsquigarrow \\ \frac{\partial I}{\partial c_k} &= 0 \end{aligned} \right\} \tag{6-61}$$

Integriert wird bei der Randmethode über den Rand, bei der Gebietsmethode über das Gebiet.

6.4.3.2 Kollokationsmethode

Die Kollokationsmethode kann man sowohl als Rand- als auch als Gebietsmethode anwenden, wobei jedoch die Randkollokation vorzuziehen ist.

Bei der Randkollokation verlangt man, daß an so vielen Randpunkten die Randbedingungen erfüllt werden, wie freie Konstanten im Ansatz vorhanden sind. Man erhält damit n Gleichungen zur Bestimmung der n freien Parameter. Für die Platte in Bild 6-17 erhält man z. B. aus den Bedingungen: $w_1 = 0$; $w_2 = 0$; $w_3 = 0$; $w_4 = 0$ vier Gleichungen, mit denen 4 Konstanten bestimmt werden können.

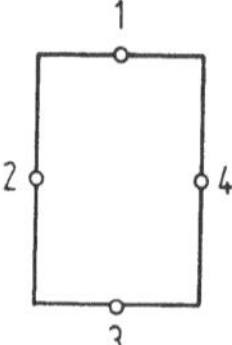

Bild 6-17. Zur Randkollokation.

Als Matrizengleichung geschrieben lauten die Bedingungsgleichungen:

$$\boldsymbol{A}\boldsymbol{c} + \boldsymbol{r} = \boldsymbol{0} \tag{6-62}$$

mit $\boldsymbol{c}$: Freiwerte (Konstanten); $\boldsymbol{A}$: Matrix der Randwerte aus den Ansatzfunktionen (quadratisch); $\boldsymbol{r}$: Randwerte aus Partikularlösung.

Die Randbedingung wird nur in den angegebenen Punkten erfüllt. Dazwischen können die Werte zum Teil erheblich abweichen.

Eine Verdichtung der Punkte kann

1. ein stärkeres Oszillieren zwischen den Punkten hervorrufen,
2. zu einer linearen Abhängigkeit im Gleichungssystem führen.

Bei der verbesserten Kollokation werden mehr Kollokationspunkte verwendet als Freiwerte vorhanden sind. Man erhält damit mehr Gleichungen als Unbekannte, so daß die Randbedingungen in den Kollokationspunkten nicht mehr exakt erfüllt werden können. Aus der Bedingung, daß das Quadrat der Fehler, die dabei entstehen, ein Minimum sein soll, erhält man die erforderliche Anzahl von Gleichungen.

Bei der verbesserten Kollokation erhält man die Matrizengleichung

$$\boldsymbol{A c} + \boldsymbol{r} = \boldsymbol{f} \tag{6-63}$$

mit $\boldsymbol{f}$: Fehler in den einzelnen Gleichungen; $\boldsymbol{A}$: ist eine Rechteckmatrix mit mehr Zeilen als Spalten.

Die Bedingung „Fehlerquadrat $Q = \mathrm{Min}$"

$$Q = \boldsymbol{f}^{\mathrm{T}}\boldsymbol{f} = \mathrm{Min} \rightarrow \frac{\partial Q}{\partial \boldsymbol{c}} = 0 \tag{6-64}$$

führt zur folgenden Beziehung

$$\boldsymbol{A}^{\mathrm{T}}\boldsymbol{A c} + \boldsymbol{A}^{\mathrm{T}}\boldsymbol{r} = \boldsymbol{0}, \tag{6-65}$$

aus der $\boldsymbol{c}$ berechnet werden kann ($\boldsymbol{A}^{\mathrm{T}}\boldsymbol{A}$ ist quadratisch und nicht singulär).

6.4.3.3 Verfahren von Ritz

Bei dem Verfahren von Ritz handelt es sich um eine Gebietsmethode, wobei im Ansatz die wesentlichen Randbedingungen (Randbedingungen in den Verschiebungsgrößen) erfüllt werden müssen. Die Ansatzfunktionen müssen zulässige Funktionen sein, d. h., sie müssen zweimal stetig differenzierbar sein. Aus der Minimalbedingung für die potentielle Energie

$$\left.\begin{aligned} \pi &= \mathrm{Min} \\ \leadsto \frac{\partial \pi}{\partial c_{\mathrm{j}}} &= 0 \end{aligned}\right\} \tag{6-66}$$

werden die Konstanten bestimmt. Die Differentialgleichung und die restlichen Randbedingungen werden im Mittel erfüllt.

6.4.3.4 Verfahren von Galerkin

Beim Verfahren von Galerkin müssen die Ansatzfunktionen Vergleichsfunktionen sein, also 4mal stetig differenzierbar sein, und alle Randbedingungen erfüllen. Da das Verfahren von Galerkin über das Prinzip der virtuellen Verrückungen hergeleitet werden kann, braucht kein Potential zu bestehen. Bei Galerkin erhält man die n Gleichungen zur Bestimmung der unbekannten Konstanten c_{k} aus:

$$\int_{F} p w_{\mathrm{k}}\,\mathrm{d}F = K \int_{F} (c_1 \Delta\Delta w_1 + c_2 \Delta\Delta w_2 + \cdots + c_{\mathrm{n}} \Delta\Delta w_{\mathrm{n}})\, w_{\mathrm{k}}\,\mathrm{d}F \quad k = 1, 2, 3, \ldots, n \tag{6-67}$$

Die Differentialgleichung wird im Mittel erfüllt.

6.4.3.5 Verfahren von Trefftz

Das Verfahren von Trefftz ist eine Randmethode, d. h., die Ansatzfunktionen müssen die Differentialgleichung erfüllen. Aus der Bedingung, daß das Potential ein Minimum sein muß, bestimmt man die Konstanten des Ansatzes. Die Integration erstreckt sich dabei über den Rand. Die Randbedingungen werden im Mittel erfüllt.

6.4.3.6 Differenzenverfahren

Beim Differenzenverfahren überzieht man die Platte mit einem Rechteck- (Bild 6-18a), Dreieck- oder Parallelogrammgitter mit gleichen Abständen paralleler Gitterlinien. Die Differentialgleichung wird durch eine Differenzengleichung der Lösungsfunktion in den Gitterpunkten ersetzt. Die Differenzenausdrücke erhält man durch eine Taylorentwicklung der Lösungsfunktion an den Nachbarpunkten. Durch eine Abschätzung des Restgliedes kann man Differenzenausdrücke etwa gleicher Genauigkeit angeben. An die Stelle der Differentialgleichung tritt ein System von algebraischen Gleichungen für die Ordinaten der Lösungsfunktion in den Gitterpunkten.

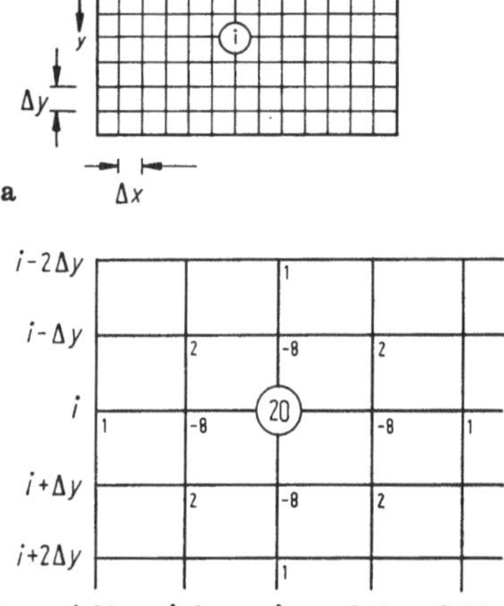

Bild 6-18. Zum Differenzenverfahren.
a) Platte mit Rechteckraster,
b) Differenzenstern für den Punkt i.

Die Beiwerte der Ordinaten der Lösungsfunktion in den Gitterpunkten werden in Differenzensternen angegeben.

Für den Punkt i in Bild 6-18a erhält man statt der Differentialgleichung (6-18) für $\mu = 0$ und $\Delta x = \Delta y = \Delta$ mit dem Differenzenstern des Bildes 6-18b die Gleichung:

$$w_{i-2\Delta x} + w_{i+2\Delta x} + w_{i-2\Delta y} + w_{i+2\Delta y} + 2(w_{i-\Delta y-\Delta x} + w_{i-\Delta y+\Delta x} + w_{i+\Delta y-\Delta x}$$

$$+ \; w_{i+\Delta y+\Delta x}) + -8(w_{i-\Delta x} + w_{i+\Delta x} + w_{i-\Delta y} + w_{i+\Delta y}) + 20w_i = \frac{p_i}{K}\Delta^4 \qquad (6\text{-}68)$$

Schwierigkeiten beim Differenzenverfahren bereiten die Randpunkte und die Erfüllung derjenigen Randbedingungen, die in den höheren Ableitungen der Lösungsfunktion gegeben sind, da mit steigendem Grad der Ableitung die Genauigkeit abnimmt. Je dichter das Gitter ist, das über die Platte gelegt wird, um so besser ist die Lösung, um so größer ist aber auch das Gleichungssystem. Bei großen Gleichungssystemen kann es zu numerischen Schwierigkeiten kommen.

Beim gewöhnlichen Differenzenverfahren entwickelt man die Funktion in jeder Koordinatenrichtung an $n + 1$ Punkten, wenn n (gerade) die in der Differentialgleichung auftretende höchste Ableitung ist. Bei der Plattendifferentialgleichung ist an jeweils 5 Punkten in x- bzw. y-Richtung zu entwickeln. Ist n ungerade, so wird die Funktion an $n + 2$ Punkten entwickelt.

Beim verbesserten Differenzenverfahren wird die Lösungsfunktion an mehr als $n + 1$ (bzw. $n + 2$) Stellen entwickelt. Dabei steigt der Arbeitsaufwand, vor allem bei der Entwicklung der Randformeln, erheblich, ohne daß im allgemeinen ein wesentlicher Genauigkeitszuwachs erreicht wird.

Beim Mehrstellenverfahren wird nicht nur die Lösungsfunktion, sondern auch die in der Differentialgleichung auftretende Ableitung (Belastung) an mehreren Stellen entwickelt. Man erhält also auch für die Lastwerte Differenzensterne. Statt p_i/K auf der rechten Seite von (6-68) erhält man einen Ausdruck $(p_i/K) \cdot$ Differenzenstern.

Das Mehrstellenverfahren bringt einen Genauigkeitszuwachs, ohne daß das Gleichungssystem dabei vergrößert wird.

Die Berechnung der Kraftgrößen durch Differenzenbildung bringt einen erheblichen Genauigkeitsverlust. Man kann auch für diese Rechenschritte Mehrstellenformeln angeben und damit die Genauigkeit steigern.

6.4.3.7 Methode der finiten Elemente

Bei der Methode der finiten Elemente, die aus der Verschiebungsmethode der Stabtragwerke (Abschnitt 2.13.2) hervorgegangen ist, wird die Platte in finite Elemente aufgeteilt, die an Knoten miteinander verbunden sind. Für jedes Element wird die Elementsteifigkeitsmatrix $\tilde{K}^i$ aufgestellt, die nach (2.13-12) die Elementknotenkraftgrößen $\tilde{p}^i$ in Abhängigkeit von den Elementknotenverschiebungsgrößen $\tilde{v}^i$ angibt. Das Zusammenfassen zur Gesamtsteifigkeitsbeziehung, der Zusammenbau zur Systemsteifigkeitsbeziehung, und das Reduzieren auf die nichtsinguläre reduzierte Systemsteifigkeitsbeziehung erfolgen formelmäßig und inhaltlich gleich wie im Abschnitt 2.13.2, Tafel 2.13-2 dargestellt.

Als Elemente werden Dreieckelemente, Rechteckelemente und beliebige Viereckelemente verwandt. Knoten werden entweder nur an den Ecken oder auch zusätzlich an den Elementseiten angeordnet. Die Freiheitsgrade der Eckknoten (Verschiebungsgrößen) entsprechen i. allg. den 3 Verschiebungsgrößen der Platte: w, φ_x, φ_y. Es können jedoch auch höhere Freiheitsgrade berücksichtigt werden. — Bei der Aufstellung der Elementsteifigkeitsbeziehung geht man nicht von der Lösung der Plattendifferentialgleichung aus, sondern man gibt Verschiebungszustände vor.

Die Güte der Lösungen hängt von der Güte der Ansätze für das einzelne Element und von der Güte der Elementierung ab. Da nur Verträglichkeit an den Knoten verlangt wird, ist nicht in jedem Fall die Verträglichkeit an den Elementrändern gesichert. Durch eine feinere Elementierung vor allem in Bereichen großer Verschiebungs- oder Spannungsänderungen oder durch höherwertige Verschiebungsansätze und höhere Freiheitsgrade oder zusätzliche Knoten kann man diesen Nachteil ausgleichen. Dies führt allerdings zu größeren Gleichungssystemen.

6.4.4 Baustatische Verfahren

6.4.4.1 Balkenkreuz

Es werden zwei Streifen der Breite 1 aus der Mitte der Platte herausgeschnitten, Bild 6-19. Aus der Bedingung, daß beide Streifen die gleiche Durchbiegung in der Mitte haben:

$$w_x \left(\frac{l_x}{2} \right) = w_y \left(\frac{l_y}{2} \right) \tag{6-69}$$

berechnet man die Lastanteile in x- bzw. y-Richtung. Mit

$$p_x = \varkappa p \qquad p_y = \varrho p \qquad \varkappa + \varrho = 1 \tag{6-70}$$

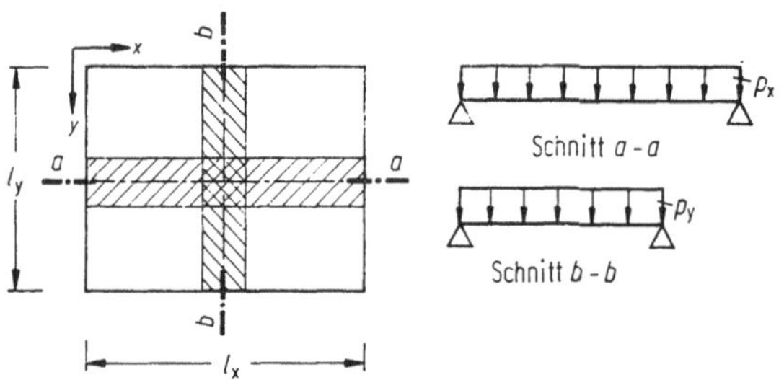

Bild 6-19. Platte durch Balkenkreuz ersetzt.

erhält man z. B. für eine gelenkig gelagerte Rechteckplatte mit konstanter Flächenbelastung

$$\varkappa = \frac{l_y^4}{l_x^4 + l_y^4} \tag{6-71}$$

Marcus hat zusätzlich den günstigen Einfluß der Drillmomente näherungsweise erfaßt. Bringt man nach dem Schnittprinzip die Drillmomente als äußere Belastung auf die Plattenstreifen auf, so haben sie eine Verringerung der Durchbiegung und eine Verringerung der Momente zur Folge.

Die Methode ist nicht anwendbar auf Platten mit freien Rändern, da der herausgeschnittene Streifen keine ausreichende Auflagerung hat.

6.4.4.2 Trägerrost

Wird die Platte in mehrere Streifen in beiden Richtungen aufgeteilt, so liegt das Modell eines drillweichen Trägerrostes vor. Beim Übergang auf unendlich viele Streifen geht das Modell in die drillweiche Platte über (Bild 6-20).

Berücksichtigt man die Torsionssteifigkeit der Streifen, so handelt es sich um einen drillsteifen Trägerrost. Beim Übergang auf unendlich viele Streifen geht das Modell in eine Platte über. Bei diesem Übergang zeigt sich, daß $I_T = \dfrac{\lambda h^3}{6}$ zu setzen ist, wenn mit λ die Streifenbreite bezeichnet wird. In den Kreuzungspunkten müssen die Bedingungen erfüllt sein:

$$w_\mathrm{x} = w_\mathrm{y} \qquad \varphi_\mathrm{x} = -\vartheta_\mathrm{y} \qquad \varphi_\mathrm{y} = \vartheta_\mathrm{x} \tag{6-72}$$

Der Einfluß der Querkontraktion kann durch eine entsprechende Erhöhung der Steifigkeiten berücksichtigt werden.

$$\left.\begin{array}{ll} \text{Biegesteifigkeit:} & \dfrac{E\lambda h^3}{12(1-\mu^2)} \\[3ex] \text{Torsionssteifigkeit:} & \dfrac{E\lambda h^3}{12(1-\mu^2)} \quad \text{bzw.} \quad \dfrac{G\lambda h^3}{6(1-\mu)} \end{array}\right\} \tag{6-73}$$

Mit dem drillsteifen Trägerrost erhält man gute Näherungen an genaue Lösungen.

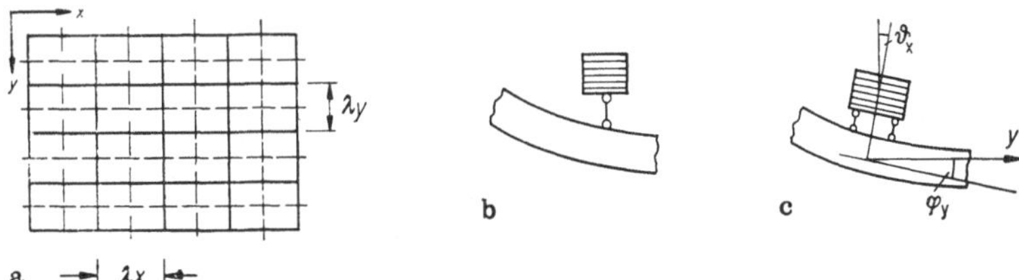

Bild 6-20. a) Platte durch Trägerrost ersetzt. Kreuzungspunkte beim b) drillweichen und c) drillsteifen Trägerrost.

6.4.4.3 Verfahren für durchlaufende Platten

Zur Berechnung von Platten, die in einer oder in zwei Richtungen durchlaufen, gibt es verschiedene baustatische Näherungsmethoden. Dabei wird vorausgesetzt, daß sich die Platten über den Linien der Zwischenlager frei verdrehen können und daß diese Lagerlinien sich nicht durchbiegen. Die Näherungsmethoden gelten nur für Platten mit Lagerlinien, die nicht versetzt sind.

Zur Ermittlung des Kraft- und Verschiebungszustandes von durchlaufenden Platten kann auch eine Berechnung mit drillsteifen Trägerrosten durchgeführt werden. Dagegen führt die Berechnung von einzelnen Durchlaufträgern in x- und y-Richtung unabhängig voneinander, mit der Lastaufteilung nach Marcus, die an der Einfeldplatte ermittelt wurde, zu falschen Ergebnissen, da das Abklingverhalten von Platte und Durchlaufträger unterschiedlich ist.

Das einfachste Näherungsverfahren ist das *Belastungsumordnungsverfahren* (BU-Verfahren). Bei diesem Verfahren wird zusätzlich vorausgesetzt, daß

1. die Plattenfelder auch an den Außenrändern frei drehbar gelagert sind,
2. die Plattendicke in allen Feldern gleich ist,
3. die Belastung gleichmäßig verteilt ist.

Das Verfahren ist ausreichend genau, solange die Steifigkeiten der einzelnen Plattenfelder (d. h. bei gleicher Plattensteifigkeit K und gleicher Lagerung die Seitenlängen) höchstens um 20% voneinander abweichen. Ist die Platte durch das Eigengewicht g und die Verkehrslast p belastet, so bildet man die Lastanteile

$$q' = g + \frac{p}{2} \qquad q'' = \frac{p}{2} \qquad\qquad (6\text{-}74)$$

Da die Plattendicke und damit g in allen Feldern gleich ist, entspricht q' dem symmetrischen, q'' dem antimetrischen Anteil der Belastung entsprechend Bild 2.7-1.

Man belastet zuerst die ganze Platte mit q' — Lagerungsfall 1, Bild 6-21a — und nimmt dabei volle Einspannung an allen Zwischenlagerlinien an. Hierfür entnimmt man die größten Feld- und Stützmomente den Tabellenwerken für Einfeldplatten.

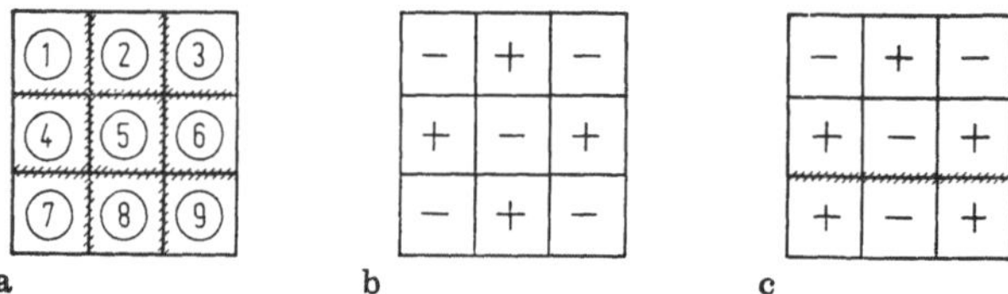

Bild 6-21. Zum Belastungsumordnungsverfahren.
a) Lagerungsfall 1: q', b) Lagerungsfall 2: $\pm q''$, c) Lagerungsfall 3: $\pm q''$.

Die größten Feldmomente in den Feldern 2, 4, 6, 8 und die kleinsten Feldmomente in den Feldern 1, 3, 5, 7, 9 erhält man, wenn man zu den Momenten aus q' die Anteile aus q'' addiert, die für den Lagerungsfall 2, Bild 6-21b, mit der Annahme freier Drehbarkeit über allen Zwischenlagerlinien Tabellenwerken für Einfeldplatten entnommen werden können.

Mit dem Lagerungsfall 3, Bild 6-21c, erhält man die größten negativen Stützmomente zwischen den Platten 4, 7 und 6, 9 und die kleinsten zwischen den Platten 5, 8. Man entnimmt die entsprechenden Momente Tabellenwerken für Einfeldplatten mit den Randbedingungen nach Bild 6-21c und addiert sie zu denjenigen des Lastfalles 1.

Bei der Addition der Momentenanteile aus q' und aus q'' wird außer acht gelassen, daß diese meist nicht an denselben Stellen wirken. — Zur Berechnung der anderen maximalen und minimalen Feld- und Stützmomente geht man analog vor.

Das *Einspanngradverfahren* ist eine Erweiterung des Belastungsumordnungsverfahrens. Die Durchlaufwirkung wird dabei durch die Berechnung des Einspanngrades berücksichtigt. Er ist abhängig von Stützungsart, Seitenverhältnis und der Belastungsaufteilung. Gegenüber dem Belastungsumordnungsverfahren kommt als zusätzlicher Parameter das Stützweitenverhältnis hinzu. Die Bedingung, daß die Platten an den Außenrändern frei drehbar gelagert sein müssen, entfällt.

Pieper und Martens [23] haben festgestellt, daß die Feldmomente i. allg. als Mittel aus den Feldmomenten bei freier Auflagerung und bei Volleinspannung an den Innenrändern gewonnen werden können. Die Mittelwerte sind in Tafeln für unterschiedliche Plattentypen angegeben. Für die Fälle, in denen auf zwei kleine Felder ein großes Feld folgt, werden besondere Tabellen angegeben. Die Stützmomente werden als Mittel der Volleinspannmomente — jedoch nicht kleiner als 75% des größten Einspannmomentes errechnet, wenn das Verhältnis der Spannweiten benachbarter Felder kleiner als 5:1 ist. Beim Verhältnis größer als 5:1 ist das Stützmoment des größeren Feldes zugrunde zu legen.

Steifigkeits- und Fortleitungszahlen wurden von verschiedenen Verfassern in Tabellenwerken für unterschiedliche Lagerungen und unterschiedliche Seitenverhältnisse angegeben [11]. Dabei sind i. allg. Momentenfortleitungen nach allen übrigen Plattenrändern und zur Plattenmitte angegeben. An den Plattenrändern wird jeweils der größte auftretende Wert berücksichtigt. Dies ist nicht immer der Wert in der Mitte des Randes. Mit den Momentenfortleitungszahlen können durchlaufende Platten analog zum Verschiebungsgrößenverfahren, Abschnitt 2.11, und den Iterationsverfahren, Abschnitte 2.11.4 und 2.11.5, berechnet werden.

6.5 Einflußflächen

Um den Kraft- und Verschiebungszustand einer Platte infolge Wanderlasten — vor allem die Maximalwerte — zu ermitteln, verwendet man Einflußflächen (Einflußfelder), die analog zu den Einflußlinien der Stabtragwerke, Abschnitt 2.14, festgelegt und bezeichnet werden.

6.5.1 Einflußflächen für Verschiebungsgrößen

Einflußflächen für Verschiebungsgrößen erhält man bei Gültigkeit des Satzes von Betti-Maxwell, indem man dem Tragwerk die der gesuchten Verschiebungsgröße zugeordnete Kraftgröße ,,1`` einprägt und dafür die Biegefläche ermittelt. Die Einflußflächen (Biegeflächen) werden meist unter Verwendung von Höhenlinien dargestellt.

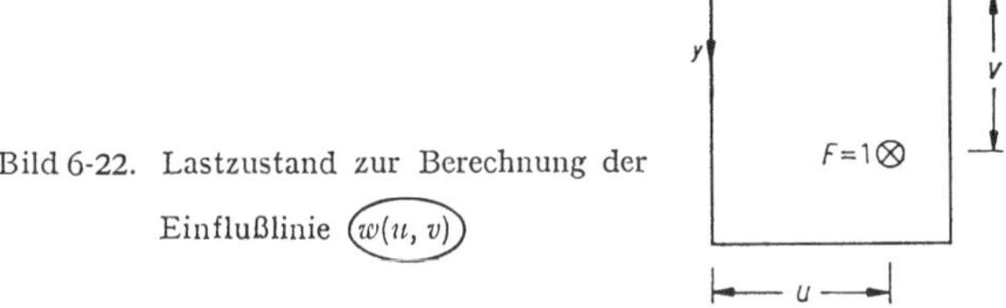

Bild 6-22. Lastzustand zur Berechnung der Einflußlinie $(w(u, v))$

Die Einflußfläche für die Verschiebung im Punkt u, v: $(w(u,v))$ erhält man, wenn man im Punkt u, v die Last 1 aufbringt, Bild 6-22, und dafür die Biegelinie zeichnet:

$$(w(u, v)) \equiv w(x, y; u, v) \tag{6-75}$$

Die Schwierigkeit liegt bei Platten in der Bestimmung der Biegefläche infolge der Einzellast im Aufpunkt. Fourier-Reihen eignen sich schlecht, da sie für konzentrierte Einzellasten nicht oder nur schlecht konvergieren. Deshalb wird oft die Puchersche Singularitätenmethode angewandt. Dabei wird in Polarkoordinaten eine Biegefläche infolge der Einzellast ermittelt, die singuläre Lösung. Zur Erfüllung der Randbedingungen werden Reihenansätze verwandt, die meist gut konvergieren.

Für Flächenlasten $p(x, y)$ erhält man die Durchbiegung $w(u, v)$ durch Auswerten der Einflußfläche

$$w(u, v) = \int_x \int_y w(x, y; u, v)\, p(x, y)\, \mathrm{d}y\, \mathrm{d}x \tag{6-76}$$

6.5.2 Einflußflächen für Schnittgrößen

Zur Bestimmung der Einflußflächen für die Schnittgrößen betrachtet man außer dem Aufpunkt u, v einen benachbarten Punkt $u + h$, v, Bild 6-23. Die Auswertung der Einflußfläche für eine Flächenlast liefert:

$$w(u, v) = \iint\limits_{A} w(x, y; u, v)\, p(x, y)\, \mathrm{d}A$$

$$w(u + h, v) = \iint\limits_{A} w(x, y; u + h, v)\, p(x, y)\, \mathrm{d}A$$

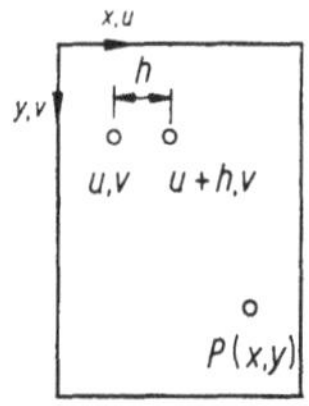

Bild 6-23. Zur Bestimmung der Einflußflächen für Schnittgrößen.

Wendet man auf diese Beziehungen die Gleichungen (6-4), (6-16) und (6-17) an, so erkennt man, daß man die Einflußflächen durch entsprechende Differentiationen der Einflußfläche für die Durchbiegung nach den Koordinaten des Aufpunkts erhält. (Nach diesem Verfahren können auch die Einflußlinien für Biegeträger bestimmt werden.)

$$\left.\begin{aligned}
\frac{\partial\, w(u, v)}{\partial u} &= \varphi_{\mathrm{u}}(u, v) \\[2ex]
\frac{\partial\, w(u, v)}{\partial v} &= \varphi_{\mathrm{v}}(w, v)
\end{aligned}\right\} \tag{6-77}$$

$$\left.\begin{aligned}
m_{\mathrm{u}}(u, v) &= -K\left(\frac{\partial^2\, w(u, v)}{\partial u^2} + \mu\, \frac{\partial^2\, w(u, v)}{\partial v^2}\right) \\[2ex]
m_{\mathrm{v}}(u, v) &= -K\left(\frac{\partial^2\, w(u, v)}{\partial v^2} + \mu\, \frac{\partial^2\, w(u, v)}{\partial u^2}\right) \\[2ex]
m_{\mathrm{uv}}(u, v) &= -(1 - \mu)\, K\, \frac{\partial^2\, w(u, v)}{\partial u\, \partial v}
\end{aligned}\right\} \tag{6-78}$$

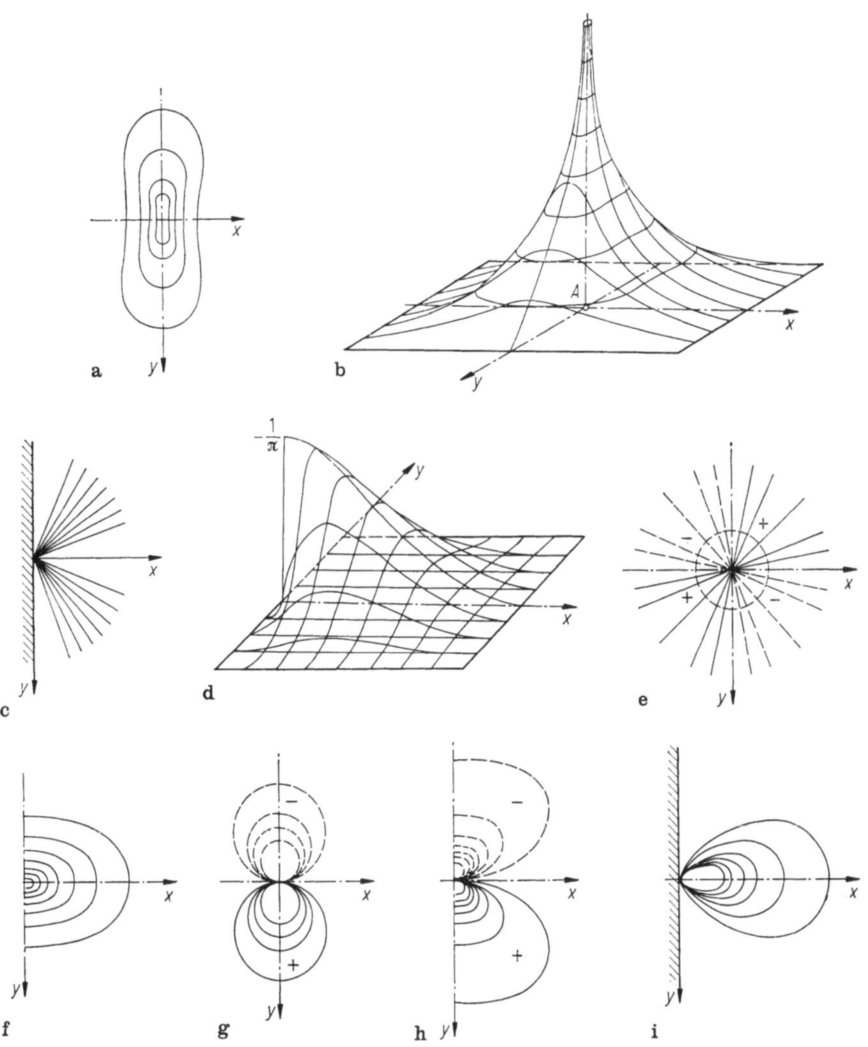

Bild 6-24. Beispiele für Einflußflächen.

a) $\left(m_\mathrm{x}\right)$ im Feld, Höhenlinien; b) $\left(m_\mathrm{x}\right)$ im Feld, isometrische Darstellung; c) $\left(m_\mathrm{x}\right)$ am eingespannten Rand, Höhenlinien; d) $\left(m_\mathrm{x}\right)$ am eingespannten Rand, isometrische Darstellung; e) $\left(m_\mathrm{xy}\right)$ im Feld; f) $\left(m_\mathrm{y}\right)$ am freien Rand; g) $\left(q_\mathrm{y}\right)$ im Feld; h) $\left(q_\mathrm{y}\right)$ am freien Rand; i) $\left(q_\mathrm{x}\right)$ am eingespannten Rand.

$$q_{\mathrm{u}}(u, v) = -K \frac{\partial}{\partial u}\left(\frac{\partial^2 w(u, v)}{\partial u^2} + \frac{\partial^2 w(u, v)}{\partial v^2} \right)$$

$$q_{\mathrm{v}}(u, v) = -K \frac{\partial}{\partial v}\left(\frac{\partial^2 w(u, v)}{\partial u^2} + \frac{\partial^2 w(u, v)}{\partial v^2} \right)$$

(6-79)

Beispiele für Einflußflächen sind in Bild 6-24 dargestellt.

6.6 Lösungen und Tragverhalten ausgewählter Platten

6.6.1 Halbstreifen

Bei einem Halbstreifen, Bild 6-25, liegen die Ränder in y-Richtung so weit voneinander entfernt, daß sie sich gegenseitig nicht mehr beeinflussen. Bei der Einfachreihenlösung müssen daher nur die vom Rande $y = 0$ abklingenden Funktionen e^{-y} berücksichtigt werden. Für die n-te homogene Lösung erhält man so statt (6-55a):

$$w_{\mathrm{nh}}(y) = \bar{B}_{\mathrm{n}} \, e^{-\alpha_n y} + \bar{D}_{\mathrm{n}} \alpha_n y \, e^{-\alpha_n y} \tag{6-80}$$

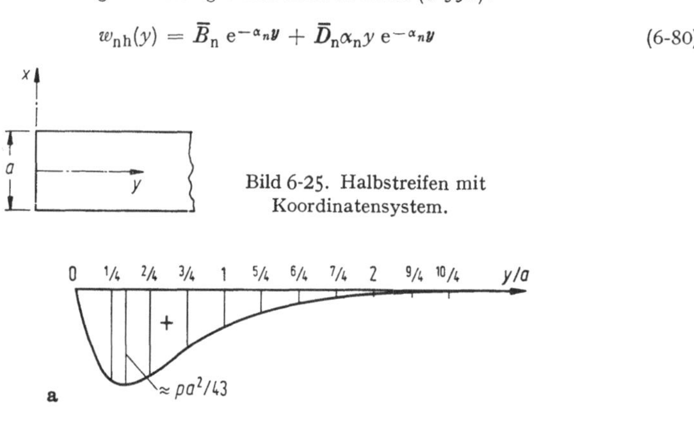

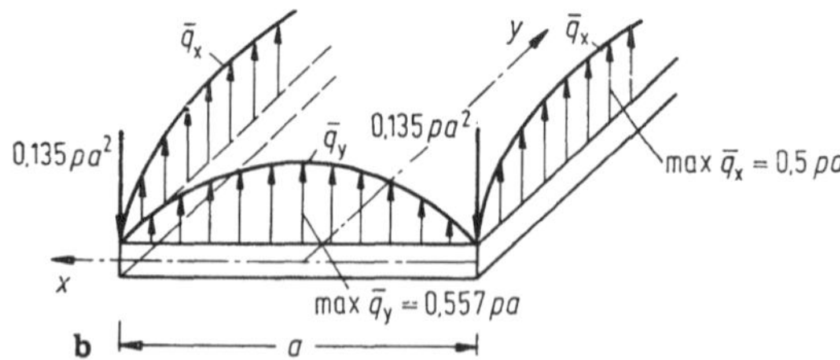

Bild 6-26. Halbstreifen mit gelenkig gelagerten Rändern, konstanter Flächenlast p, $\mu = 0$.
a) Verlauf von m_{y} längs der y-Achse ($x = 0$); b) Randquerkräfte, isometrische Darstellung.

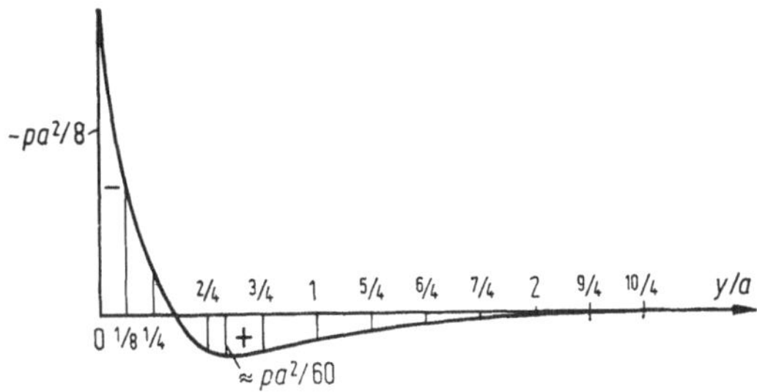

Bild 6-27. Verlauf von m_y längs der y-Achse ($x = 0$) bei einem Halbstreifen mit eingespanntem kurzen Rand, konstanter Flächenlast p, $\mu = 0$.

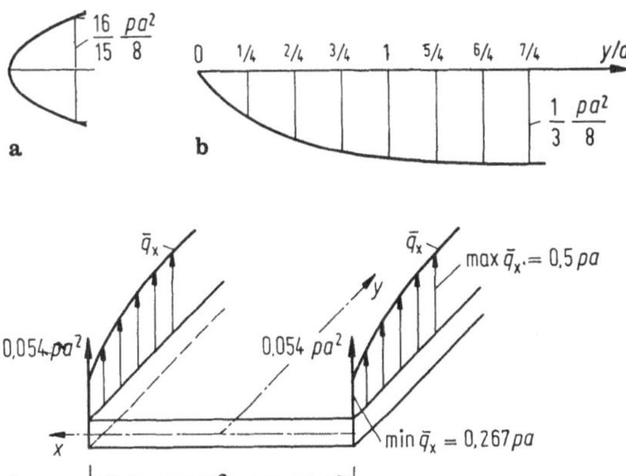

Bild 6-28. Plattenstreifen mit freiem kurzem Rand, konstanter Flächenlast p, $\mu = 1/3$.
a) Verlauf von m_x längs x ($y = 0$); b) Verlauf von m_y längs y ($x = 0$);
c) Randquerkräfte, isometrische Darstellung.

Diese Funktion und damit die Störung, die vom Rande $y = 0$ ausgeht, ist im Abstand

$$\frac{y}{a} \geqq 2 \tag{6-81}$$

in etwa abgeklungen. Dies zeigen auch die Lösungen in den Bildern 6-26 bis 28.

6.6.2 Plattenstreifen

Sind die kurzen Ränder so weit vom betrachteten Plattenbereich entfernt, daß die von dort ausgehenden Störungen abgeklungen sind, so handelt es sich um einen Plattenstreifen, Bild 6-1e. Bei einer in Plattenlängsrichtung (y-Richtung nach Bild 6-25) konstanten Belastung, sind die Durchbiegung w und alle Ableitungen nur von x abhängig. Die Plattengleichung (6-18) geht dann über in die gewöhnliche Differentialgleichung:

$$\frac{\mathrm{d}^4 w}{\mathrm{d} x^4} = \frac{p(x)}{K} \tag{6-82}$$

die der des Biegeträgers (2.6-5) entspricht. Unter Berücksichtigung der in der Tafel 6-2 angegebenen Beziehungen, können die Plattenstreifen wie Balken mit der Breite 1 berechnet werden.

Ist die Belastung auch über die Längsrichtung y veränderlich, so kann die Einfachreihenlösung angewandt werden. Für den im Bild 6-29 dargestellten Fall sind dabei im Bereich I alle 4 Funktionen der homogenen Lösung (6-55) zu verwenden, während in den Bereichen II die abklingenden Funktionen (6-80) genügen.

Tafel 6-2. Beziehungen zwischen Balken und Plattenstreifen mit $p = p(x)$.

	Balken der Breite „1" (Index B)	Plattenstreifen der Breite „1" (Index P)
Biegesteifigkeit	$EI = \dfrac{Eh^3}{12} \qquad \dfrac{EI}{1-\mu^2} = K$	$K = \dfrac{Eh^3}{12(1-\mu^2)}$
Differentialgleichung	$\dfrac{d^4 w_B}{dx^4} = \dfrac{p(x)}{EI}$	$\dfrac{d^4 w_P}{dx^4} = \dfrac{p(x)}{EI}(1-\mu^2)$
Verschiebung	$w_B(1-\mu^2) = w_P$	
Biegemomente m_x	$M_B = m_{xP}$	
$\qquad\qquad m_y$	—	$m_{yP} = \mu m_{xP}$
Querkräfte $q_x = \bar{q}_x$ wegen $m_{xy} = 0$	$q_{xB} = q_{xP}$	
$q_y = \bar{q}_y$	—	$q_{yP} = 0$

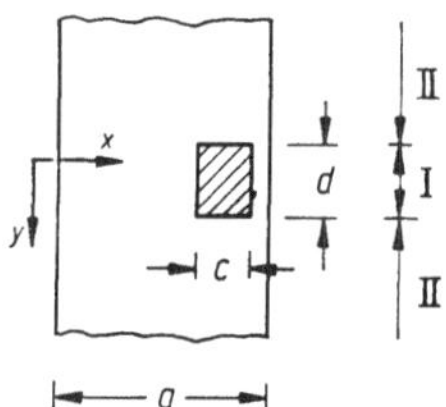

Bild 6-29. Ausschnitt aus einem. Plattenstreifen mit $p = p(x, y)$.

6.6.3 Rechteckplatten

Für eine gelenkig gelagerte Rechteckplatte mit der konstanten Flächenlast p und $\mu = 0$ ist der Verlauf der Momente m_x und m_y in den Symmetrieachsen für verschiedene Seitenverhältnisse in Bild 6-30 dargestellt. Man erkennt, daß für $b/a = 4$ entsprechend (6-81) m_y in Plattenmitte abgeklungen ist und m_x dem Moment eines Balkens entspricht. Für eine eingespannte Platte sind die Momentenverläufe in Bild 6-31 für $\mu = 0,25$ dargestellt. Bild 6-32 zeigt einen Vergleich zwischen eingespannter und gelenkig gelagerter Rechteckplatte mit dem Verhältnis $b/a = 1,5$. Der größte Absolutwert des Momentes entsteht dabei am Rand der eingespannten Platte. — Bild 6-33 zeigt die Momentenverteilung und die Eckkräfte einer dreiseitig gelenkig gelagerten einseitig freien Rechteckplatte.

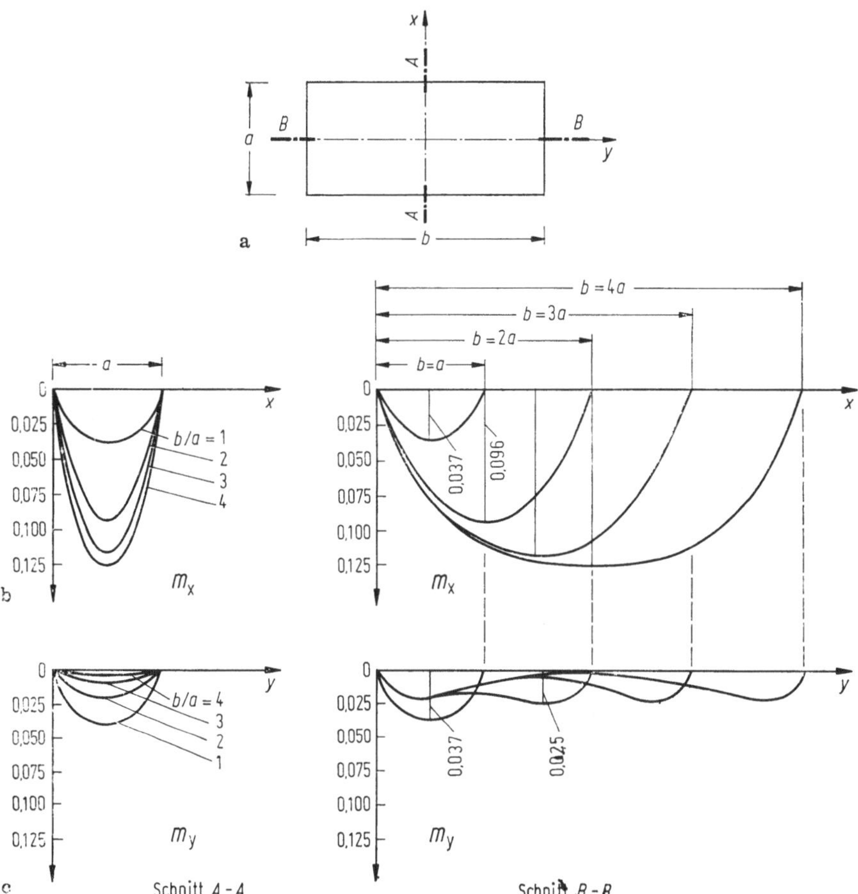

Bild 6-30. Gelenkig gelagerte Rechteckplatte mit konstanter Flächenlast p, $\mu = 0$ und verschiedenen Seitenverhältnissen b/a.
a) Tragwerk, b) auf pa^2 bezogene Momente m_x, c) auf pa^2 bezogene Momente m_y.

6.6.4 Schiefwinklige und Dreieckplatten

Den Übergang von einer rechtwinkligen zu einer schiefwinkligen Platte zeigt Bild 6-34. Für die 40°-Platte hat sich deutlich eine Haupttragrichtung zwischen den stumpfen Ecken ausgebildet, während sich in den spitzen Ecken ein Spannungszustand wie in den Ecken entsprechender Dreieckplatten ausbildet.

Für gleichschenklige Dreieckplatten sind die Hauptmomententrajektorien und die Biegemomentenverläufe in ausgewählten Schnitten in den Bildern 6-35 und 6-36 dargestellt.

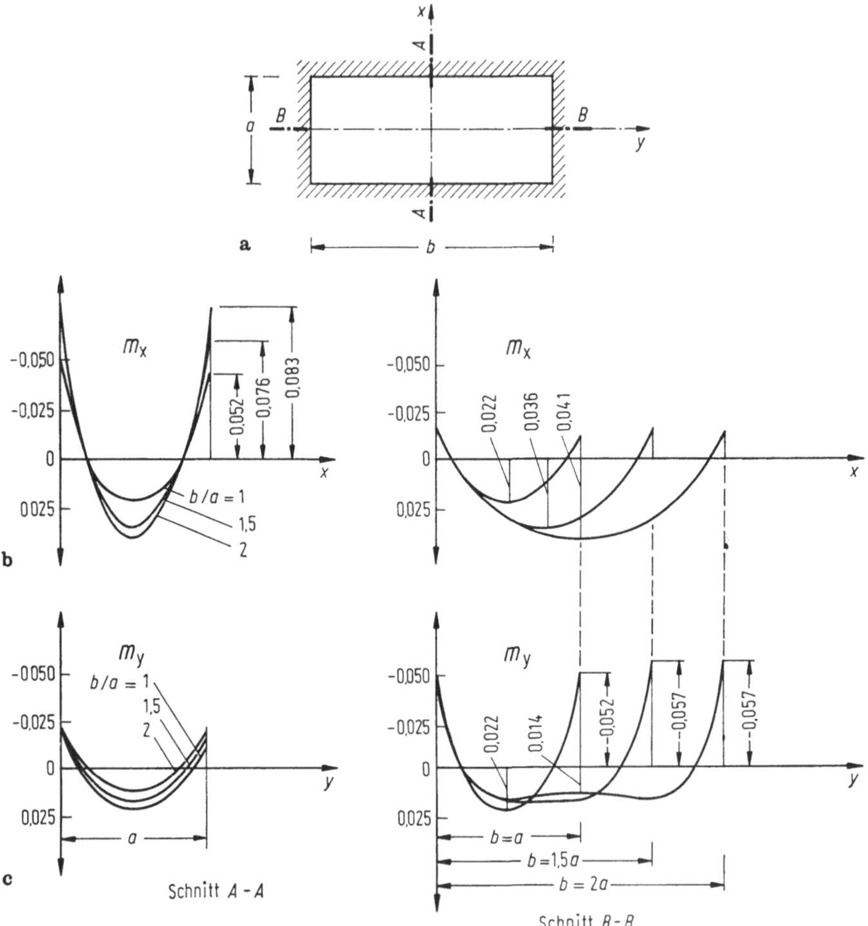

Bild 6-31. Eingespannte Rechteckplatte mit konstanter Flächenlast p, $\mu = 0,25$ und verschiedenen Seitenverhältnissen b/a.
a) Tragwerk, b) auf pa^2 bezogene Momente m_x, c) auf pa^2 bezogene Momente m_y.

6.6.5 Rotationssymmetrisch belastete Kreisplatten

Im Falle der rotationssymmetrisch belasteten Kreisplatte geht die partielle Platten-differentialgleichung in die gewöhnliche Differentialgleichung (6-28) über, für die die homogene Lösung lautet:

$$w = C_1 + C_2 r^2 + C_3 r^2 \ln \frac{r}{a} + C_4 \ln \frac{r}{a} \tag{6-83}$$

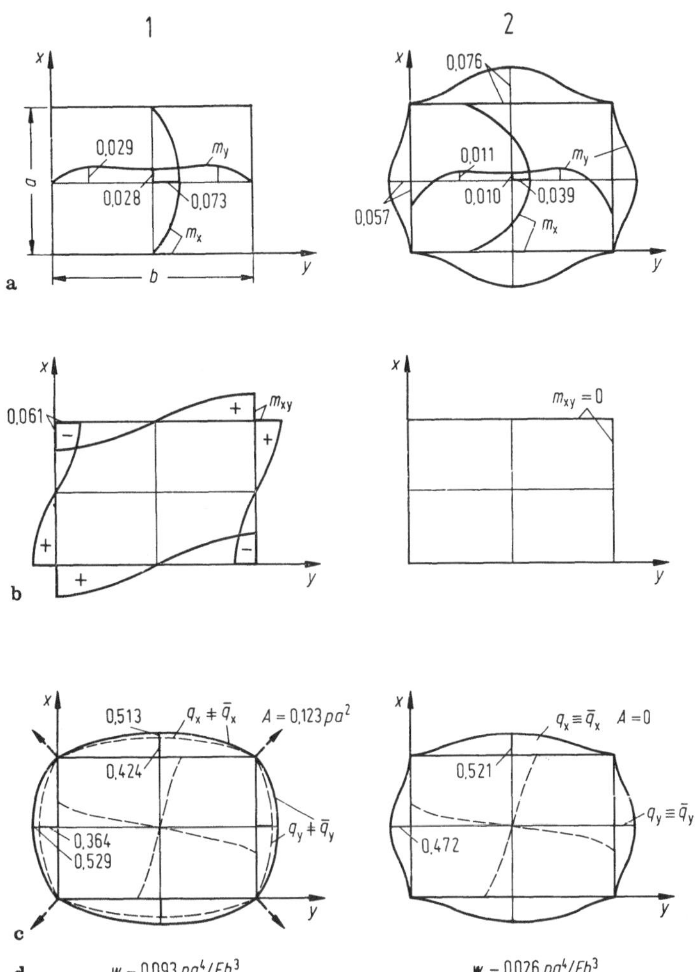

Bild 6-32. Vergleich (1.) gelenkig gelagerte und (2.) eingespannte Platte mit konstanter Flächenlast p und $b/a = 1,5$.
a) Auf pa^2 bezogene Momente m_x und m_y, b) auf pa^2 bezogene Randdrillmomente, c) Eckkräfte und auf pa bezogene Randquerkräfte, d) Durchbiegung in Feldmitte.

Die vier Konstanten werden so gewählt, daß die Randbedingungen erfüllt sind und die Verschiebung und die Verdrehung in Plattenmitte endlich bleiben. Die Zustandsgrößen für eine konstante Flächenlast p und eine Einzellast F in Plattenmitte sind in den Bildern 6-37 und 38 dargestellt.

In der Nähe von Einzelstützen stellt sich in der ungestörten Platte ein Zustand wie bei einer Kreisplatte mit einer Einzellast in Plattenmitte ein.

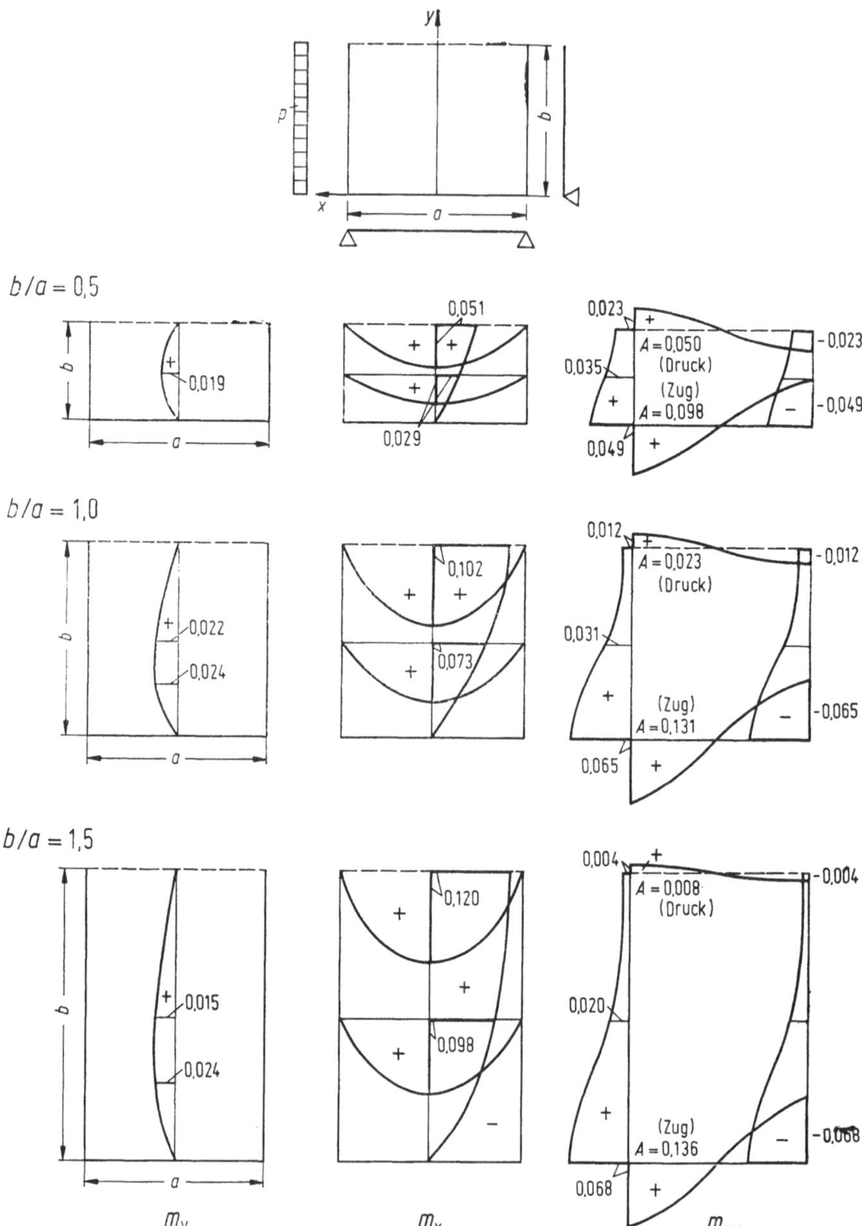

Bild 6-33. Auf pa^2 bezogene Momente und Eckkräfte bei einer Rechteckplatte mit drei gelenkig gelagerten Rändern und einem freien Rand, konstanter Flächenlast p und $\mu = 0$ für verschiedene Verhältnisse b/a.

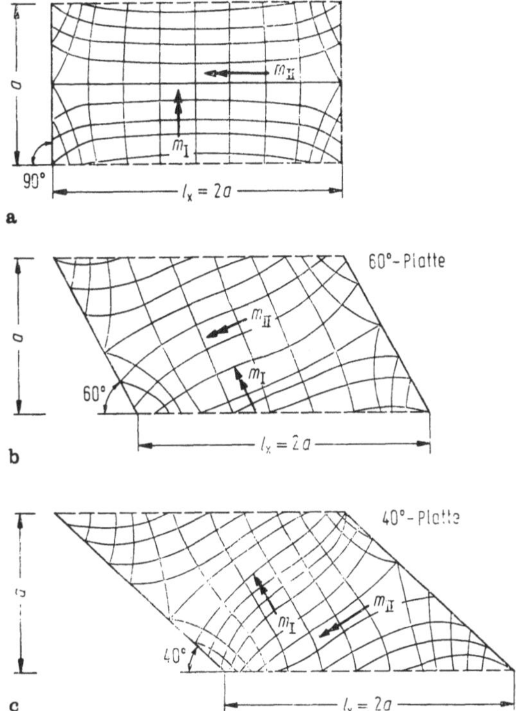

Bild 6-34. Hauptmomententrajektorien für Platten mit je 2 gegenüberliegenden freien und gelenkig gelagerten Rändern mit konstanter Flächenlast bei $\mu = 0{,}22$.
a) Rechteckplatte, b) 60°-Platte, c) 40°-Platte.

6.6.6 Einfluß der Querkontraktion

Die homogene Plattendifferentialgleichung und damit auch deren allgemeine homogene Lösung sind von der Querkontraktion unabhängig. In die homogene Lösung für bestimmte Probleme geht μ dann nicht ein, wenn es sich um Platten mit Rändern handelt, deren Randbedingungen von μ unabhängig sind (*μ-freie Ränder*), Bild 6-39. In diesen Fällen kann die Lösung der inhomogenen Plattendifferentialgleichung (6-18), die wegen der μ-behafteten Plattensteifigkeit von μ abhängig ist, mit dem Verhältnis der Plattensteifigkeiten für jedes beliebige μ umgerechnet werden. Aus den Gleichungen (6-4), (6-16), (6-17) und (6-35) folgen die in der Tafel 6-3 zusammengestellten Beziehungen für die Zustandsgrößen der Platte. Mit den Gleichungen und diesen Beziehungen können in konkreten Fällen Aussagen über den Einfluß der Querkontraktion gemacht werden.

Bei Platten mit *μ-behafteten Rändern* muß für jedes μ eine neue Lösung ermittelt werden. Mit den oben angegebenen Gleichungen und Beziehungen kann man jedoch näherungsweise Aussagen über den Einfluß der Querkontraktion machen.

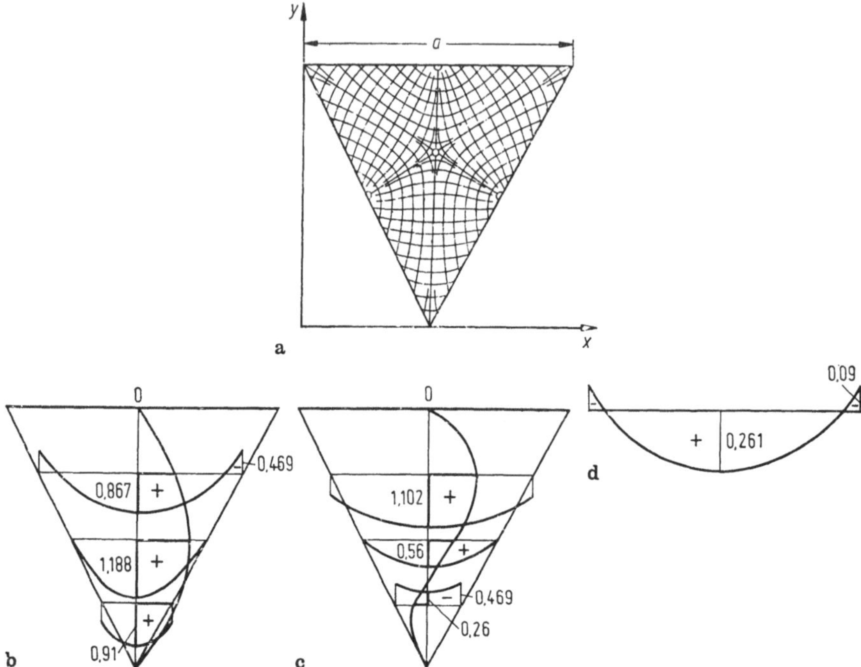

Bild 6-35. Gleichseitige, gelenkig gelagerte Dreieckplatte mit konstanter Flächenlast p, $\mu = 1/6$. a) Hauptmomententrajektorien, b) Verlauf von m_x auf $pa^2/64$ bezogen, c) Verlauf von m_y auf $pa^2/64$ bezogen, d) Verlauf von q auf pa bezogen.

6.7 Abschließende Bemerkungen

Im Rahmen dieses Abschnittes kann nicht auf die Probleme eingegangen werden, die nicht von der Kirchhoffschen Plattentheorie erfaßt werden. Es sind dies vor allem: *Anisotrope Platten*, wobei hauptsächlich Anisotropien in der Plattenebene und senkrecht zur Plattenebene vorkommen. Der bekannteste Vertreter der ersten Gruppe ist die (orthogonal anisotrope) orthotrope Platte, der zweiten Gruppe die Sandwichplatte.

Reißnersche Plattentheorie. Reißner berücksichtigt näherungsweise die Querschubverzerrungen γ_{xz} und γ_{yz} (analog zu Abschnitt 2.5) und die Dehnung in z-Richtung. Die partielle Differentialgleichung ist von 6. Ordnung, so daß alle Randbedingungen befriedigt werden können.

Theorie II. Ordnung (Beulen). Durch die Berücksichtigung der Lasten in der durch Querbelastung ausgebogenen Plattenebene entsteht eine Kopplung mit der Differentialgleichung der Scheibe, wenn deren Lasten am verformten Tragwerk angebracht werden. Es entstehen Ausdrücke, die denen der flachen Schalen entsprechen.

Bild 6-36. Gleichseitige eingespannte Dreieckplatte mit konstanter Flächenlast p, $\mu = 1/6$.
a) Hauptmomententrajektorien, b) Verlauf von m_x auf $pa^2/64$ bezogen,
c) Verlauf von m_y auf $pa^2/64$ bezogen, d) Verlauf von $q = \bar{q}$ auf pa bezogen.
Bild 6-37. Kreisplatte mit konstanter Flächenlast p. a) Gelenkige Lagerung, b) eingesp. Rand.

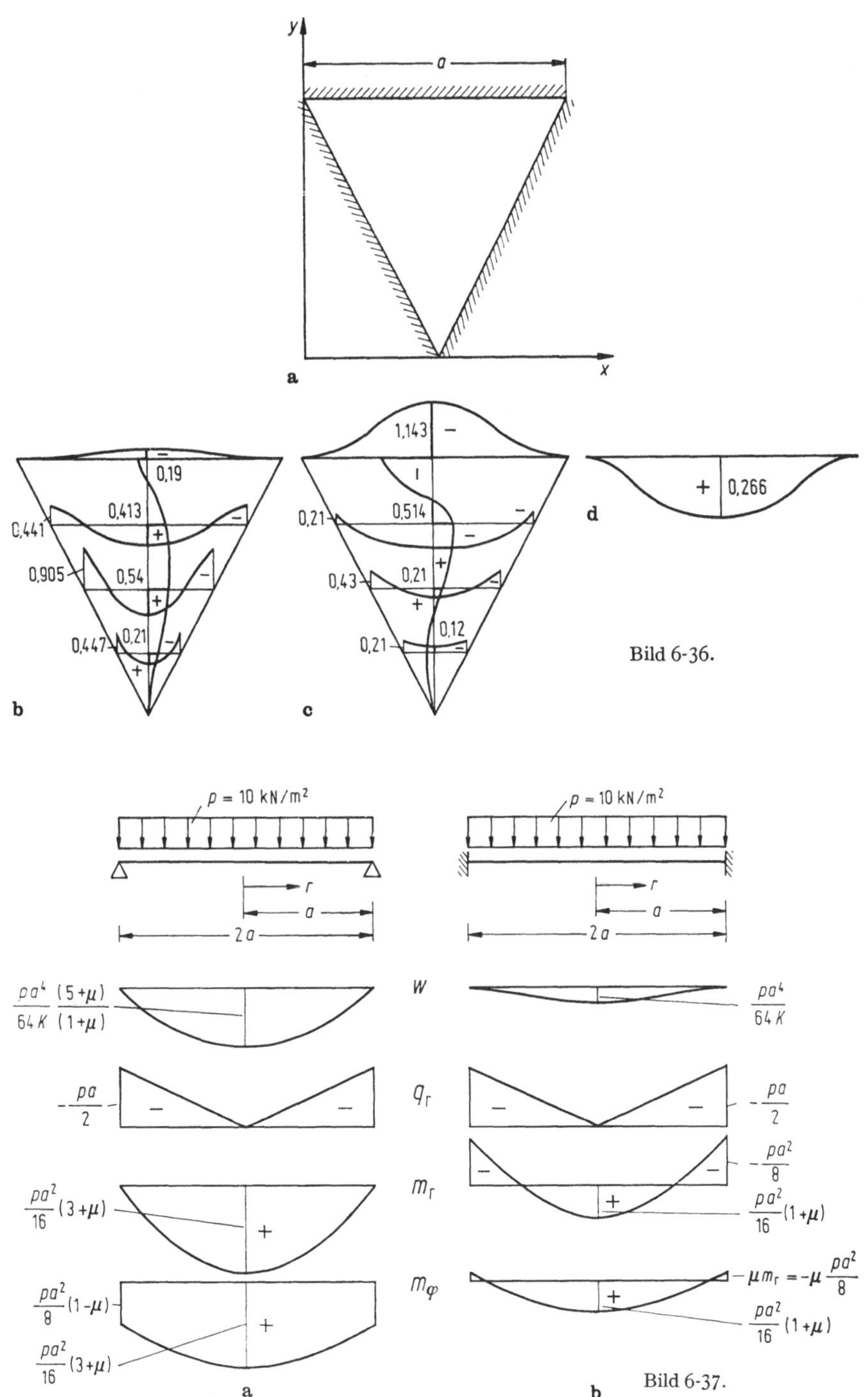

Bild 6-36.

Bild 6-37.

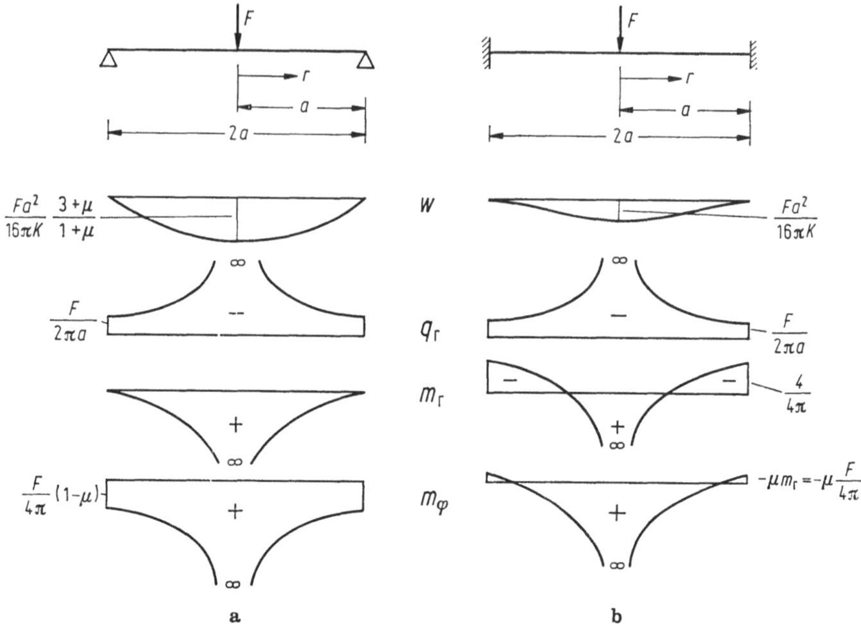

Bild 6-38. Kreisplatte mit einer Einzellast in Plattenmitte.
a) Gelenkige Lagerung, b) eingespannter Rand.

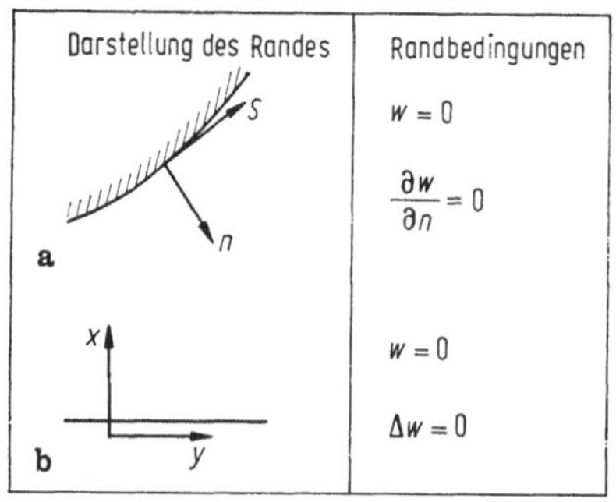

Bild 6-39. Ränder, deren Bedingungen unabhängig von der Querkontraktionszahl μ sind.
a) Alle eingespannten Ränder,
b) gerade gelenkig gelagerte Ränder.

Nichtlineares Materialverhalten. Bei einem linear elastischen (oder starren) -ideal plastischen Materialverhalten, (Bild 4-2d) entstehen bei Platten Fließgelenklinien, auch Bruchlinien genannt. Zur Berechnung der plastischen Grenzlast kann, wie im Abschnitt 4.3.2 für Stabtragwerke gezeigt wurde, die statische und kinematische Methode verwandt werden. Mit der kinematischen Methode, die bei Platten Bruchlinientheorie genannt wird, erhält man die kinematische Last größer oder gleich der plastischen Grenzlast, während die mit der statischen Methode ermittelte statische Last gleich oder kleiner der plastischen Grenzlast ist. Sie ist daher, und weil sich Gleichgewichtszustände leichter angeben lassen, für Nachweise besonders geeignet.

Tafel 6-3. Umrechnung der Zustandsgrößen von Platten mit μ-freien Rändern auf eine andere Querkontraktionszahl.

gegebene Lösung 1 mit μ_1	gesuchte Lösung 2 mit μ_2
w_1	$w_2 = \dfrac{K_1}{K_2} w_1$
φ_{x1}	$\varphi_{x2} = \dfrac{K_1}{K_2} \varphi_{x1}$
φ_{y1}	$\varphi_{y2} = \dfrac{K_1}{K_2} \varphi_{y1}$
m_{x1}	$m_{x2} = \dfrac{1}{1-\mu_1^2}\left[(1-\mu_1\mu_2)m_{x1} + (\mu_2-\mu_1)m_{y1}\right]$
m_{y1}	$m_{y2} = \dfrac{1}{1-\mu_1^2}\left[(1-\mu_1\mu_2)m_{y1} + (\mu_2-\mu_1)m_{x1}\right]$
m_{xy1}	$m_{xy2} = \dfrac{1-\mu_2}{1-\mu_1} m_{xy1}$
q_{x1}	$q_{x2} = q_{x1}$
q_{y1}	$q_{y2} = q_{y1}$
$\bar{q}_{x1}$	$\bar{q}_{x2} = q_{x1} + \dfrac{1-\mu_2}{1-\mu_1}\dfrac{\partial}{\partial y} m_{xy1}$
$\bar{q}_{y1}$	$\bar{q}_{y2} = q_{y1} + \dfrac{1-\mu_2}{1-\mu_1}\dfrac{\partial}{\partial x} m_{xy1}$

7. Lineare Scheibentheorie

7.1 Voraussetzungen und Definitionen

Einige Scheibenformen sind in Bild 7-1 dargestellt.

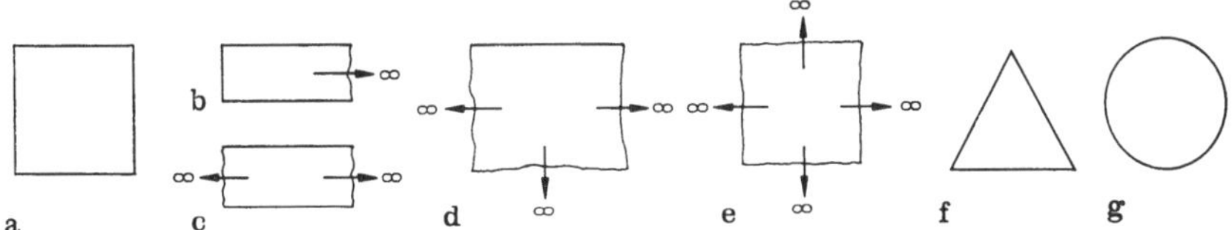

Bild 7-1. Unterscheidung von Scheiben nach der Form.
a) Rechteckscheibe, b) Halbstreifen, c) Vollstreifen, d) Halbebene, e) Vollebene, f) Keilscheibe, g) Kreisscheibe.

7.1.1 Voraussetzungen

Als Folge der allein wirksamen Belastung in der Scheibenebene verbleiben nur die Längskräfte und die Schubkräfte als Schnittgrößen (vgl. Abschnitt 1.2.1). Weiter wird vorausgesetzt, daß sich die Scheibe nur im ebenen Spannungszustand oder im ebenen

Verzerrungszustand befindet (Abschnitt 1.7.6), wozu die Scheibendicke klein sein muß. Der ebene Spannungszustand gilt dann für eine einzelne Scheibe, der ebene Verzerrungszustand für eine Scheibe mit behinderter Dehnung senkrecht zur Mittelfläche, wie sie z. B. als Ausschnitt aus einem Damm entsteht, Bild 7-2.

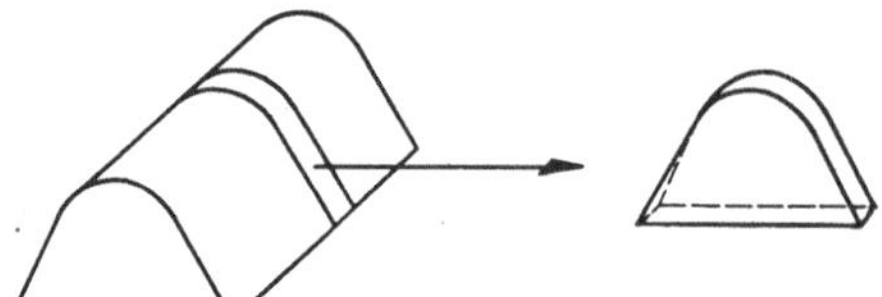

Bild 7-2. Scheibe mit ebenem Verzerrungszustand als Ausschnitt aus einem Damm.

7.1.2 Lagerung

Die Ränder der Scheibe sind entweder frei oder verschiebungsbehindert, Bild 7-3. Bei einer elastischen Nachgiebigkeit der Lager ist die Angabe der Federkonstanten- oder Federsteifigkeitsfunktion erforderlich. Es ist auch eine starre oder elastische punktweise Abstützung möglich.

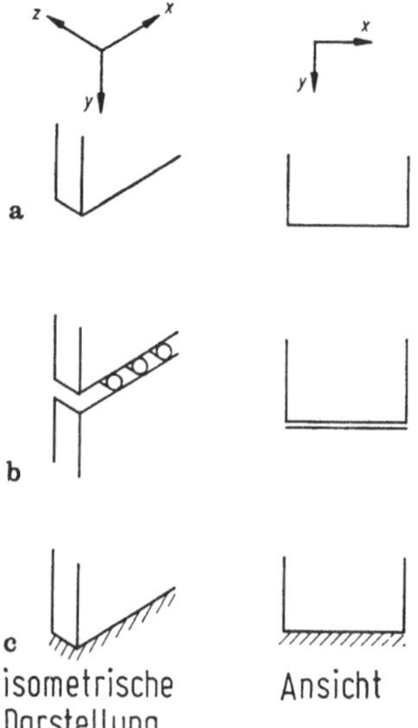

Bild 7-3. Lagerung der Scheibenränder. a) Frei, b) Gleitlager, c) festes Lager.

7.1.3 Belastung

Die Belastung der Scheiben wirkt in Richtung der Mittelfläche und soll über die Scheibendicke konstant sein. Es können auftreten, Bild 7-4:

1. volumenhaft verteilte Kräfte V im Innern der Scheibe,
2. Flächenlasten σ_R am Rand, und zwar senkrecht zum Rand,
3. Flächenlasten τ_R am Rand, und zwar tangential zum Rand,
4. Einzelkräfte F im Innern oder am Rand (als Linienlasten konstant über die Dicke der Scheibe),
5. Temperaturänderungen T.

7.1.4 Schnittgrößen

Mit den Bezeichnungen des Bildes 6-4 erhält man:
Längskräfte je Längeneinheit:

$$n_x = \int\limits_{-h/2}^{+h/2} \sigma_x \, \mathrm{d}z \qquad n_y = \int\limits_{-h/2}^{+h/2} \sigma_y \, \mathrm{d}z \qquad (7\text{-}1)$$

Schubkräfte je Längeneinheit:

$$n_{xy} = \int\limits_{-h/2}^{+h/2} \tau_{xy} \, \mathrm{d}z \qquad n_{yx} = \int\limits_{-h/2}^{+h/2} \tau_{yx} \, \mathrm{d}z \qquad n_{xy} = n_{yx} \qquad (7\text{-}2)$$

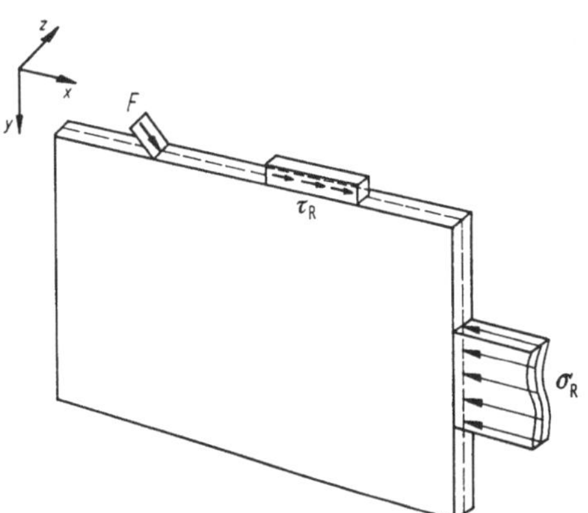

Bild 7-4. Belastung einer Scheibe.

7.2 Herleitung der Differentialgleichungen

Bei einer Scheibe treten bei Vernachlässigung der Volumenkräfte nur auf: die Dehnungen ε_x, ε_y und γ_{xy}, die Spannungen σ_x, σ_y und τ_{xy} sowie beim ebenen Spannungszustand die Dehnung ε_z, beim ebenen Verschiebungszustand die Spannung σ_z, wobei die letzteren als abhängige Größen in die Herleitung der Differentialgleichungen nicht eingehen. Berücksichtigt man dies in den geometrischen Beziehungen (1-27) und den Gleichgewichtsbeziehungen (1-29), so erhält man die Ausgangsbeziehungen (7-3) und (7-4) zur Herleitung der Differentialgleichungen, die in den Tafeln 7-1 dargestellt sind. Da die Randbedingungen hauptsächlich in den Kraftgrößen gegeben sind, ist es in der Baustatik nicht üblich, die Differentialgleichungen in den Verschiebungen u und v anzugeben. Statt dessen wird die Airysche Spannungsfunktion (7-5) eingeführt, die die Gleichgewichtsbedingungen (7-4) erfüllt und an die Stelle der Spannungen tritt. Aus den geometrischen Beziehungen (7-3) werden die Verschiebungen eliminiert, was zu der Kompatibilitätsaussage (7-7) führt. Berücksichtigt man darin das Materialgesetz (1-34) und die Airysche Spannungsfunktion, so erhält man die Differentialgleichung für die Airysche Spannungsfunktion (7-8). Multipliziert man das Matrizenprodukt aus, so ergibt sich (7-9a), das mit dem Laplace-Operator Δ (6-19) auch in der Form (7-9b) geschrieben werden kann. Die Lösung

Tafel 7-1. Schema zur Herleitung der Scheibendifferentialgleichung für den ebenen Spannungszustand.

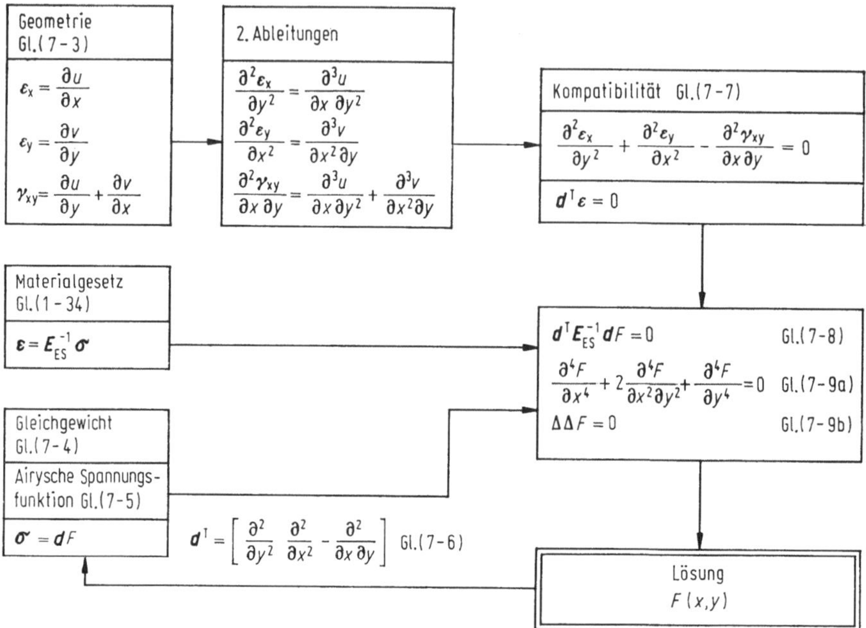

der homogenen Bipotentialgleichung ist die Spannungsfunktion F. Deren 2. Ableitungen
sind die Spannungen.

Beim ebenen Spannungszustand berechnet man aus den beiden ersten Gleichungen
(7-3) und (1-34) die Verschiebungen zu:

$$Eu = \int (\sigma_x - \mu\sigma_y)\,\mathrm{d}x + g(y) \tag{7-10a}$$

$$Ev = \int (\sigma_y - \mu\sigma_x)\,\mathrm{d}y + f(x) \tag{7-11a}$$

Aus den letzten Gleichungen folgt die Nebenbedingung

$$E\left(\frac{\partial u}{\partial y} + \frac{\partial v}{\partial x}\right) = 2(1 + \mu)\,\tau_{xy} \tag{7-12a}$$

Beim ebenen Verzerrungszustand ist das Materialgesetz (1-45) einzusetzen. Man erhält
so:

$$d^{\mathrm{T}}E_{\mathrm{VZ}}^{-1}\,dF = 0 \tag{7-10}$$

Nach dem Ausmultiplizieren des Matrizenproduktes ergeben sich ebenfalls die partiellen
Differentialgleichungen (7-9). Die Verschiebungen berechnen sich für den ebenen Ver-

zerrungszustand zu:

$$\frac{E}{1 + \mu} u = \int \left[(1 - \mu)\, \sigma_x - \mu\sigma_y \right] \mathrm{d}x + g(y) \tag{7-10b}$$

$$\frac{E}{1 + \mu} v = \int \left[(1 - \mu)\, \sigma_y - \mu\sigma_x \right] \mathrm{d}y + f(x) \tag{7-11b}$$

$$\frac{E}{1 + \mu} \left(\frac{\partial u}{\partial y} + \frac{\partial v}{\partial x} \right) = 2\tau_{xy} \tag{7-12b}$$

7.3 Lösungsverfahren

7.3.1 Allgemeines

Bei der Scheibengleichung (7-9) handelt es sich um eine homogene Bipotentialgleichung. Die im Abschnitt 6.4.1 gemachten allgemeinen Angaben und die Lösungsmethoden der Abschnitte 6.4.2 und 6.4.3 können auch hier entsprechend angewandt werden. In den beiden folgenden Abschnitten werden daher nur noch zwei für Scheiben besonders geeignete Verfahren angegeben.

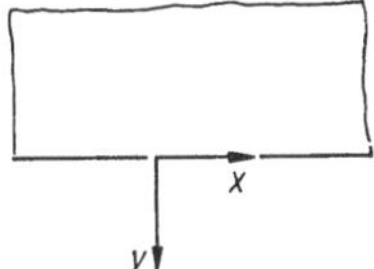

Bild 7-5. Scheibenrand mit Koordinatensystem x, y.

Sucht man eine geschlossene Lösung für die Spannungsfunktion F, was nicht in allen Fällen gelingt, so hat man folgendes zu beachten. Da es sich um eine homogene Differentialgleichung handelt, können Belastungen nur über die Randwerte berücksichtigt werden. Für einen Rand mit dem Koordinatensystem x, y, Bild 7-5, erhält man die Randspannungen mit (7-5) zu

$$\sigma_y = \frac{\partial^2 F}{\partial x^2} \quad \text{und} \quad \tau_{xy} = -\frac{\partial}{\partial y}\left(\frac{\partial F}{\partial x} \right).$$

Durch Vergleich mit (2.3-19) und (2.3-18) stellt man fest, daß sich die Funktionen der Randbelastungen $-\sigma_y$ und $-\tau_{xy}$ und die Spannungsfunktion F über den Rand x ($y = $ const) zueinander verhalten wie eine Belastung $p(x)$, die Querkraft $Q(x)$ und das Moment $M(x)$. Dabei ist zu beachten, daß zur Berechnung von τ_{xy} die Spannungsfunktion auch nach y abgeleitet werden muß.

7.3.2 Scheibenlösung als Balkenlösung mit Zusatzlösung

Bei der Balkenlösung werden nur die elastischen Verformungen infolge der Spannungen σ_x berücksichtigt. Die Spannungen σ_y werden Null gesetzt und die Schubspannungen τ_{xy} aus Gleichgewichtsbedingungen am Balkenelement berechnet. Der Einfluß der Schubverformungen auf die Durchbiegung wird — wenn überhaupt — näherungsweise berücksichtigt.

Treten bei einer Scheibe z. B. nur Belastungsfunktionen σ_x auf, die sich linear über die ganze Höhe erstrecken, so stimmen die Spannungszustände der Scheiben- und der Balkenlösung überein. Wird die Querbelastung entsprechend dem Schubspannungsverlauf nach der Balkentheorie, bei einem Rechteckquerschnitt also parabolisch über die Höhe verteilt, in die Scheibe eingeleitet, und ist die Querkraft über die Scheibenlänge x konstant, so stimmen die Kraftzustände von Scheiben- und Balkenlösung ebenfalls überein, Bilder 7-10 bis 7-12. In allen anderen Fällen unterscheiden sich Balken- und Scheibenlösung. Dabei ist der Bereich der Abweichungen in jeder Richtung etwa gleich der Balkenhöhe. Aus diesem Grunde kann man die Abweichung des Spannungszustandes der Scheibenlösung von demjenigen der Balkenlösung als lokale Zusatzlösung angeben. Da die Balkenlösung alle Gleichgewichtsbedingungen für Schnitte $x = $ const erfüllt, handelt es sich bei der Zusatzlösung um Gleichgewichtszustände. Diese sind so aufzubauen, daß an der Lasteinleitungsstelle die tatsächliche Belastung der nach der Balkentheorie erforderlichen Längs- oder Schubspannungsverteilung entgegenwirkt, Bild 7-6. Für eine Einzellast, die an der Oberseite eines Balkens mit Rechteckquerschnitt angreift, ist die Lösung in Bild 7-7 angegeben. Weitere Lösungen, mit denen die in der Praxis am häufigsten vorkommenden Lastfälle beherrscht werden können, sind von Schleeh angegeben worden.

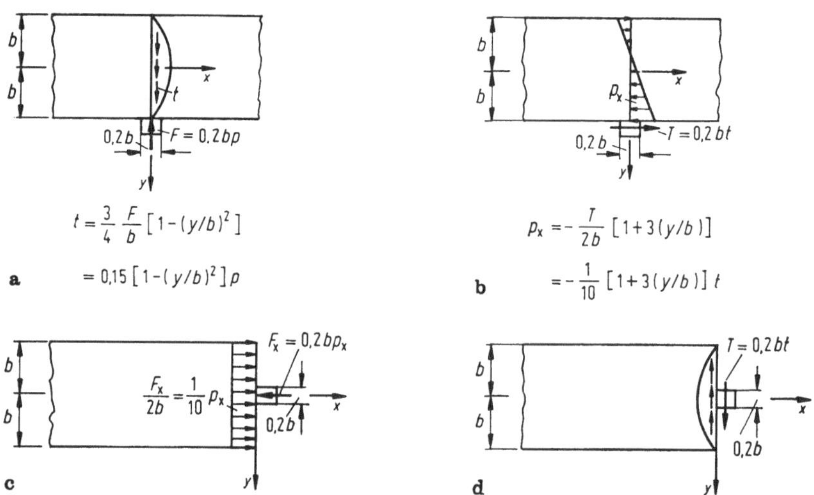

Bild 7-6. Gleichgewichtszustände zur Berechnung von Zusatzlösungen.
a) Vertikallast, b) Horizontallast am Rand eines Vollstreifens, c) Horizontallast,
d) Vertikallast am Ende eines Halbstreifens.

7.3.3 Spannungsoptische Untersuchungen

Scheibenprobleme lassen sich sowohl qualitativ als auch quantitativ mit der Spannungsoptik lösen. Die Grundlage der Spannungsoptik ist die physikalische Eigenschaft bestimmter durchsichtiger Materialien (z. B. Plexiglas, Kunstharze wie Araldit u. a.), sich bei Belastung optisch anisotrop zu verhalten. Dabei fallen die Hauptachsen der optischen Anisotropie mit den Spannungshauptachsen zusammen.

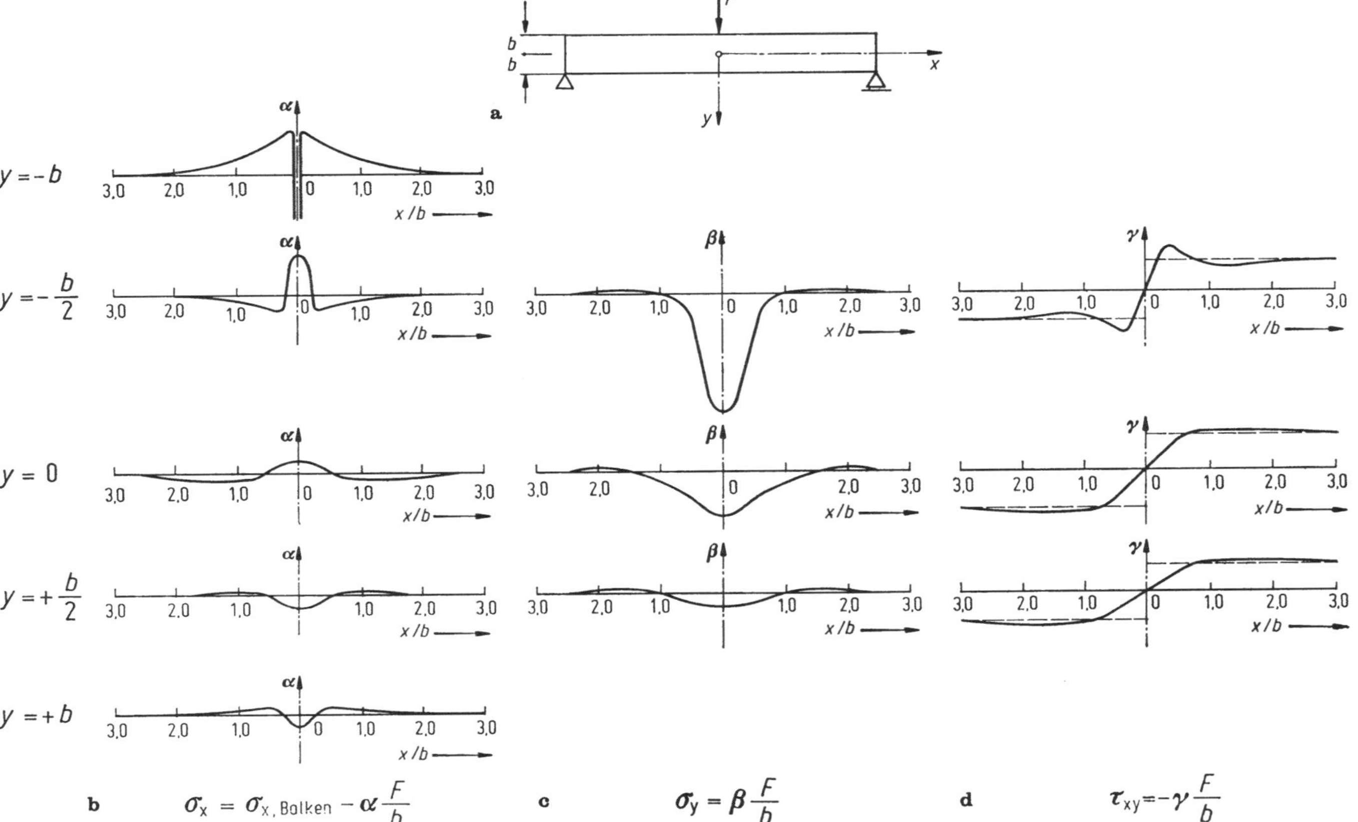

Bild 7-7. Scheibenspannungen im Bereich einer Lasteinleitung. a) Träger mit Belastung, b) σ_x, c) σ_y, d) τ_{xy} in verschiedenen Höhen.

Beim Spannungsoptischen Versuch wird das Scheibenmodell zwischen 2 Polarisationsfilter gestellt, deren Polarisationsrichtungen senkrecht zueinander stehen, Bild 7-8. Fällt die Hauptspannungsrichtung im Modell mit der Polarisationsrichtung des Polarisators zusammen, so passiert das einfallende Licht das Modell ungebrochen und wird vom Analysator verschluckt, so daß die Hauptspannungslinien als schwarze Linien hinter dem Analysator erscheinen. Sie werden Isoklinen genannt. Dreht man Polarisator und Analysator synchron, so erscheinen nacheinander die den jeweiligen Richtungen zugeordneten Isoklinen. Mit Hilfe der den verschiedenen Richtungen zugeordneten Isoklinen kann man das Netz der Hauptspannungstrajektorien zeichnen.

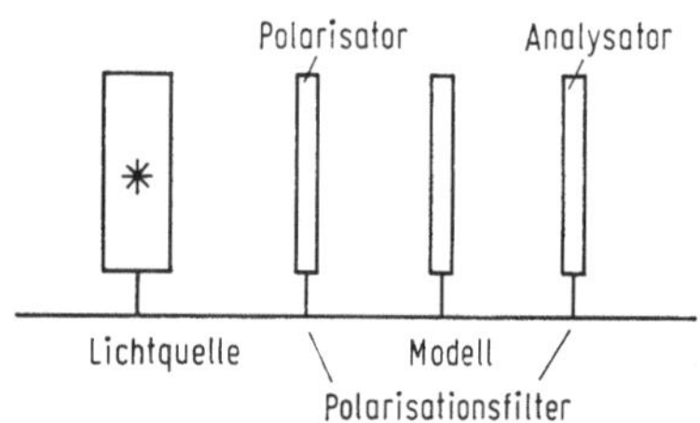

Bild 7-8. Aufbau eines spannungsoptischen Versuchs.

Die Amplituden der anderen Strahlen werden beim Durchgang durch das Modell in die Hauptspannungsrichtungen zerlegt. Dabei wird die Frequenz unterschiedlich geändert. Der Gangunterschied (Differenz der Frequenzen) ist der Hauptspannungsdifferenz proportional. Ist der Gangunterschied ganzzahlig, so heben sich die durch den Analysator tretenden Amplituden auf, so daß bei monochromatischem (einfarbigem) Licht dunkle Linien, Isochromaten genannt, hinter dem Analysator erscheinen. Von einer Isochromate bis zur nächsten erhöht sich der Gangunterschied um 1 und damit die Hauptspannungsdifferenz um einen festen Betrag (eine Ordnung). — Bei weißem Licht wird kontinuierlich jeweils eine Wellenlänge gelöscht. Es erscheint dann die Komplementärfarbe hinter dem Analysator. Hat sich die Hauptspannungsdifferenz um eine Ordnung erhöht, so erscheint dieselbe Farbe wieder. Aus dieser Erscheinung folgt der Name der Isochromaten = Farbgleiche. Da die halbe Hauptspannungsdifferenz gleich der maximalen Schubspannung ist, sind die Isochromaten Linien gleicher maximaler Schubspannungen.

Mit diesen Kenntnissen kann man aus den spannungsoptischen Bildern qualitative Aussagen über den Spannungsverlauf in einer Scheibe machen. Zur quantitativen Aussage sind umfangreiche Rechnungen erforderlich.

Für eine durch eine Einzellast belastete Scheibe sind die Isochromaten und Isoklinen in Bild 7-9 dargestellt.

7.4 Tragverhalten ausgewählter Scheiben

7.4.1 Scheibenlösung und Balkenlösung sind gleich

Bei den in den Bildern 7-10 bis 7-12 dargestellten Rechteckscheiben mit unterschiedlichen Seitenverhältnissen ergeben sich Spannungszustände, die denen der Balkentheorie gleichen (und deshalb nicht dargestellt sind), da die Randkräfte entsprechend den sich nach der Balkentheorie ergebenden Spannungsverläufen eingeleitet werden. Die Belastungen sind Gleichgewichtszustände, so daß keine Lagerung erforderlich ist. Die Ver-

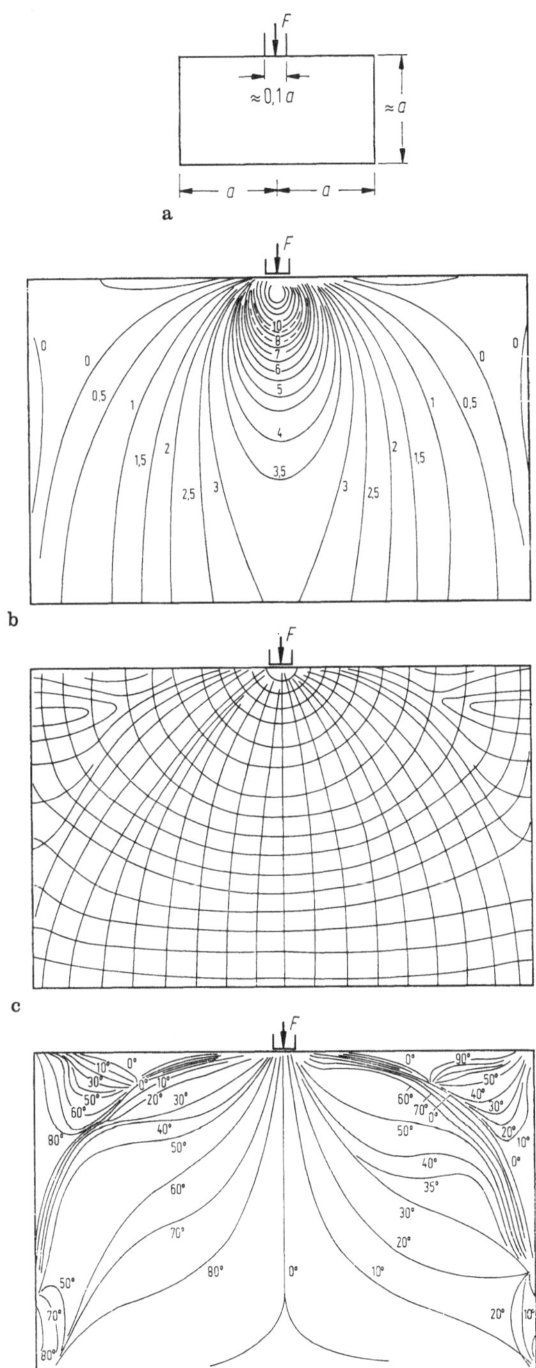

Bild 7-9. Ergebnisse eines spannungsoptischen Versuchs.
a) Tragwerk mit Belastung,
b) Isochromaten, c) Isoklinen,
d) Spannungstrajektorien.

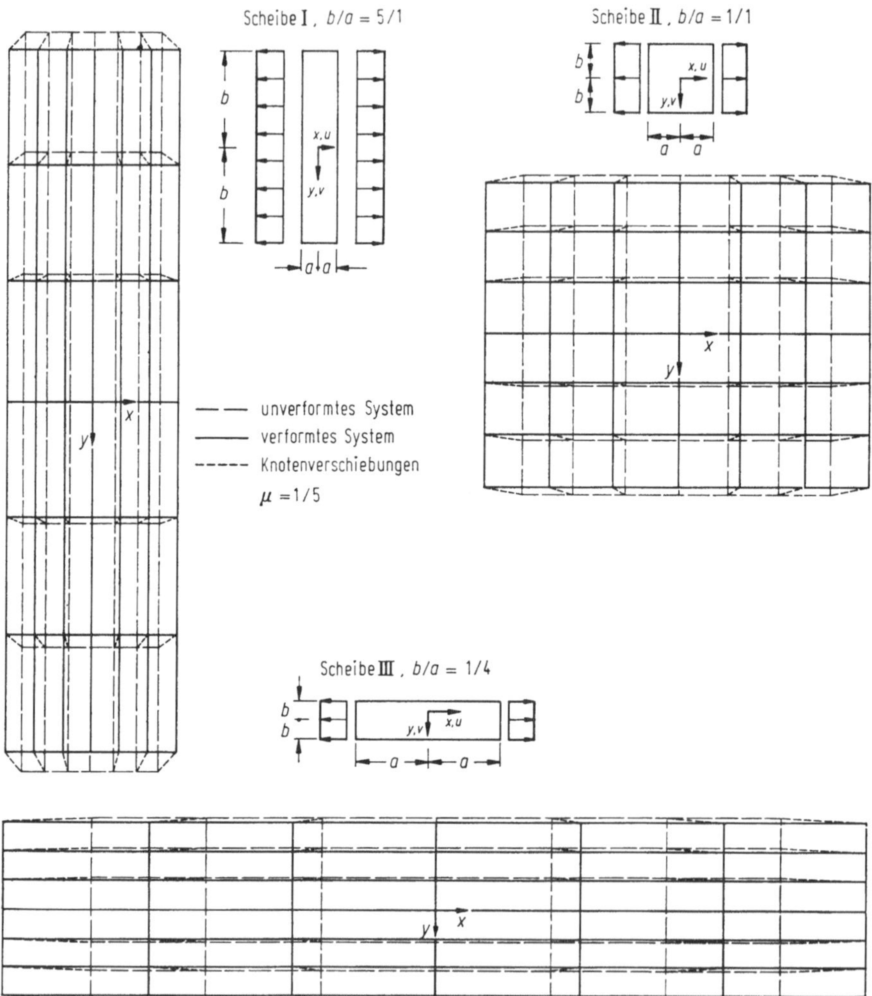

Bild 7-10. Verschiebungszustände von Rechtecksscheiben unter konstanter Randbelastung $\sigma_\mathbf{x}$ (nicht maßstäblich).

schiebungszustände unterscheiden sich von denen der Balkentheorie durch die Berücksichtigung der Querkontraktion, was sich vor allem in den Bildern 7-10 und 7-11 bemerkbar macht. In Bild 7-12 zeigt Scheibe I die für eine Schubbeanspruchung typische Verformung, während bei Scheibe III die für die Momentenbelastung typische Verkrümmung zu erkennen ist. Der Einfluß der Schubkräfte ist bei Scheibe III so gering, daß die Querschnitte als eben angesehen werden können.

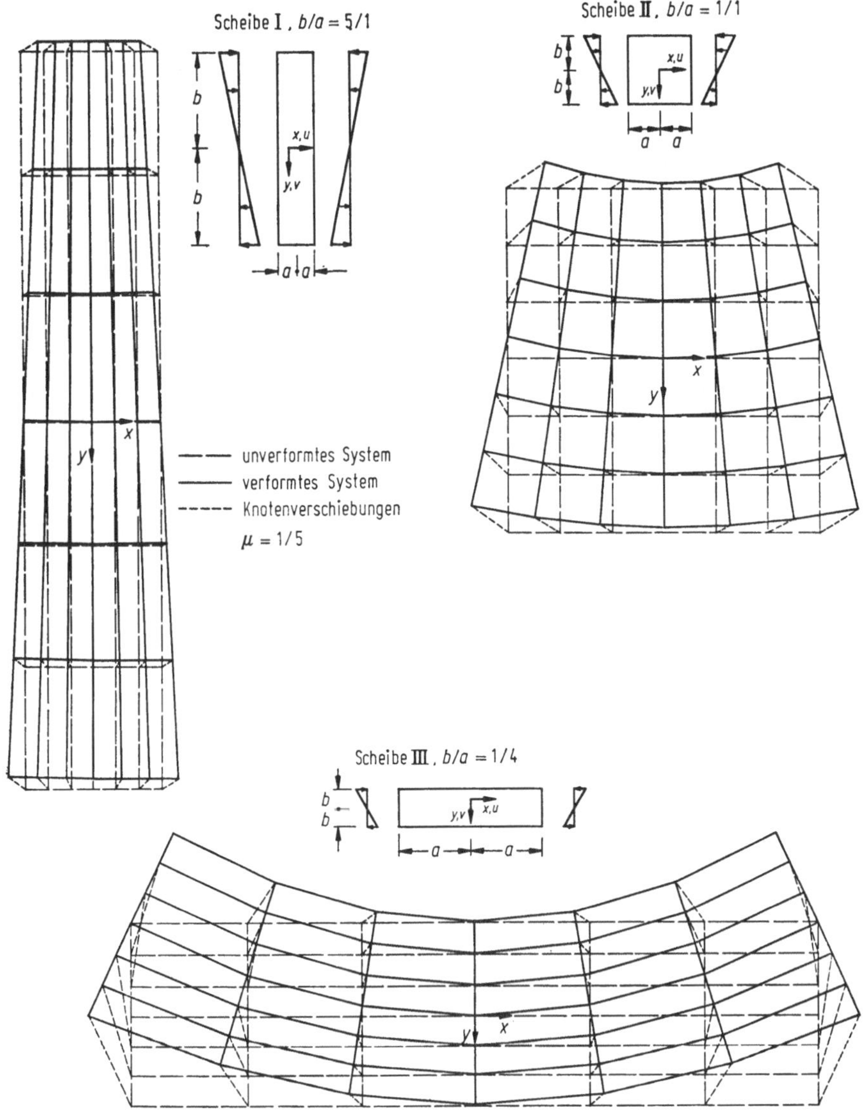

Bild 7-11. Verschiebungszustände von Rechteckscheiben mit Belastung durch Randmomente (nicht maßstäblich).

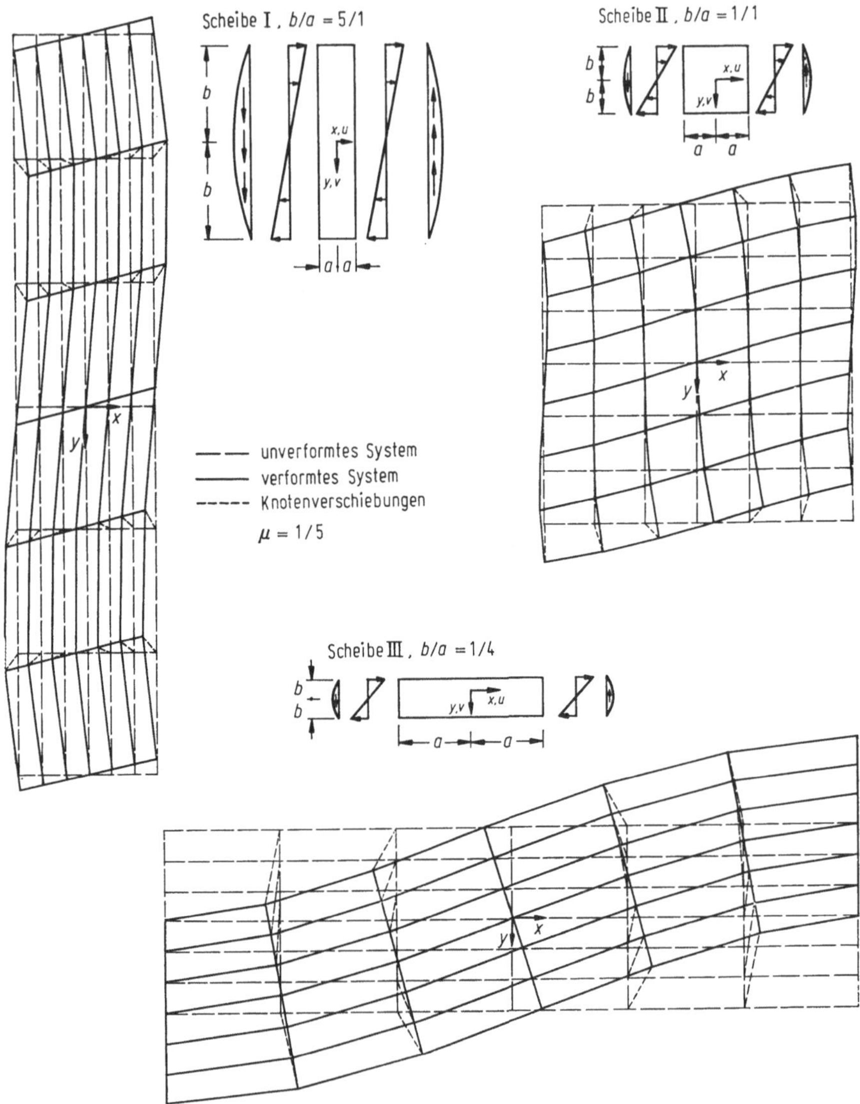

Bild 7-12. Verschiebungszustände von Rechteckscheiben mit einer Belastung der Ränder durch Momente und Querkräfte (nicht maßstäblich) $\sigma_x = 2 \max \tau \, \dfrac{a}{b} \, \dfrac{y}{b}$.

7.4.2 Scheibenstreifen

Wird eine Einzellast quer, Bild 7-7, oder parallel, Bild 7-13, zur Stabachse eingeleitet, so ist die dadurch verursachte Störung der Balkenlösung in einem Abstand der etwa gleich der Balkenhöhe ist, abgeklungen. Sind also Lasteinleitungsstellen mindestens $4b$ voneinander entfernt, so beeinflussen sich die Störungen gegenseitig nicht mehr und es können die Lösungen der Balkentheorie verwandt werden.

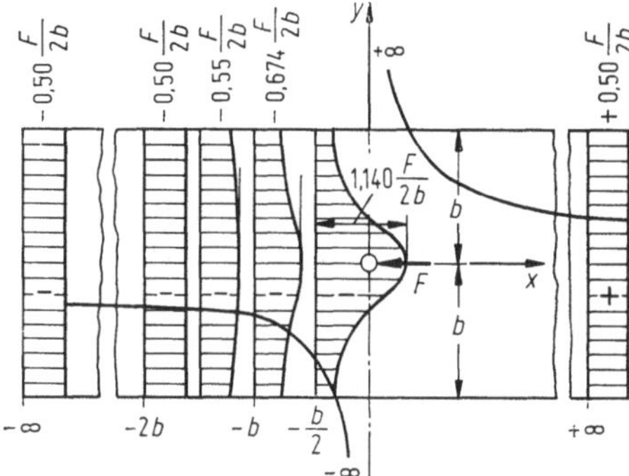

Bild 7-13. Längsspannungen bei der Einleitung einer Einzellast parallel zur Stabachse.

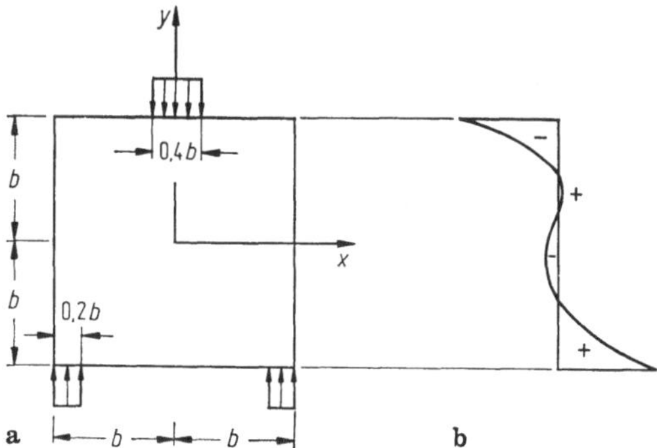

Bild 7-14. Quadratscheibe mit Teilstreckenbelastung.
a) Scheibe mit Abmessungen und Belastung, b) Spannungen σ_x in der Symmetrieachse $x = 0$.

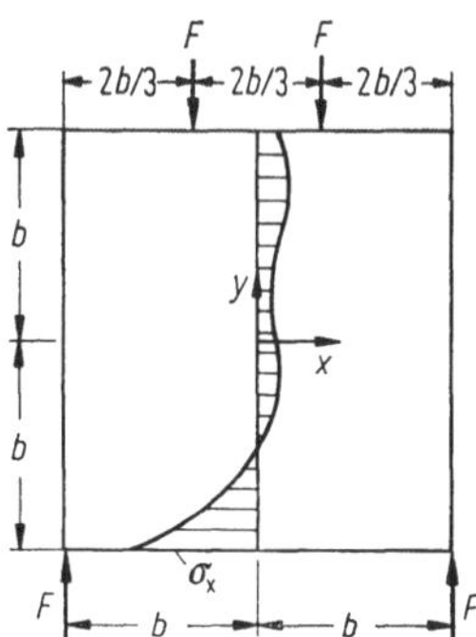

Bild 7-15. Quadratscheibe mit Einzellasten und Spannungen σ_x in der Symmetrieachse $x = 0$.

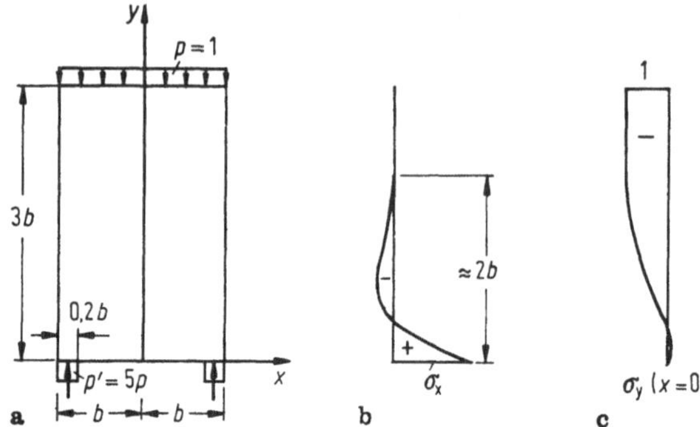

Bild 7-16. Scheibe mit einem Seitenverhältnis 1:1,5 und Gleichstreckenlast.
a) Scheibe mit Belastung, b) Spannungen σ_x,
c) Spannungen σ_y jeweils in der Symmetrieachse $x = 0$.

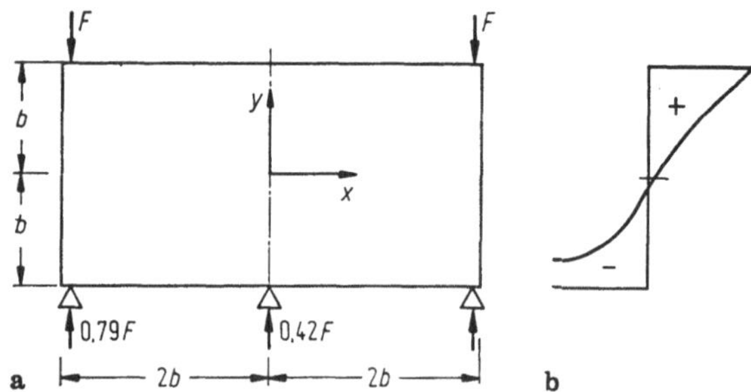

Bild 7-17. Über 2 Felder durchlaufende Scheibe mit Lasten über den Randstützen.
a) Scheibe mit Belastung, b) Spannungen σ_x im Mittelschnitt $x = 0$.

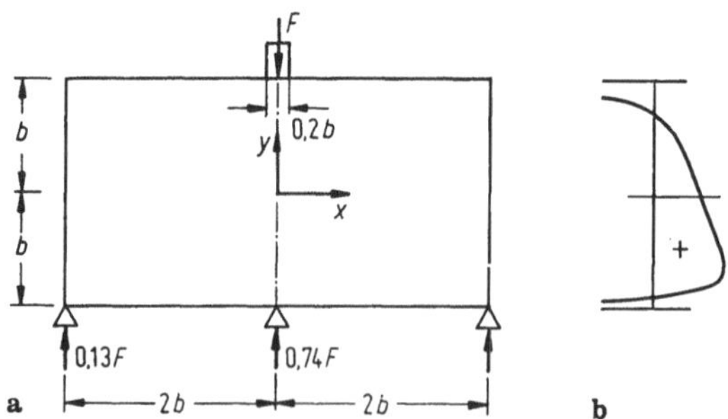

Bild 7-18. Über 2 Felder durchlaufende Scheibe mit einer Last über der Mittelstütze.
a) Scheibe mit Belastung, b) Spannungen σ_x im Mittelschnitt $x = 0$.

7.4.3 Rechteckscheiben

Bei Rechteckscheiben genügt es wegen des im vorigen Abschnitt gezeigten Abkling-
verhaltens i. allg., Scheiben bis zum Seitenverhältnis 1:4 gesondert zu untersuchen, da
sich die Lasteinleitungsbereiche nur dort überschneiden. In den Bildern 7-14, 7-15 und
7-16 sind die Spannungsverläufe in der Symmetrieachse für verschiedene Belastungen
dargestellt. In Bild 7-16 erkennt man, daß im Bereich $y > 2b$ die Balkenlösung gilt.

7.4.4 Durchlaufende Scheiben

Über den Einfluß der Stützkräfte auf den Spannungsverlauf gilt das im Abschnitt
7.4.2 Gesagte. Bei Scheiben, bei denen sich die Stützstellen gegenseitig beeinflussen,
können die Stützkräfte nicht nach der Balkentheorie berechnet werden. Beispiele dafür
zeigen die Bilder 7-17 und 7-18.

8. Lineare Schalentheorie

8.1 Voraussetzungen und Definitionen

8.1.1 Schalenformen

Die vorwiegend im Bauwesen verwandten Schalen können zu den folgenden Gruppen
zusammengefaßt werden.

Translationsschalen entstehen durch die Bewegung einer ebenen Kurve (Erzeugende)
längs einer zweiten ebenen Kurve (Leitkurve), die nicht in der Ebene der Erzeugenden
liegt, sondern meist in einem rechten Winkel zu ihr, Bild 8-1.

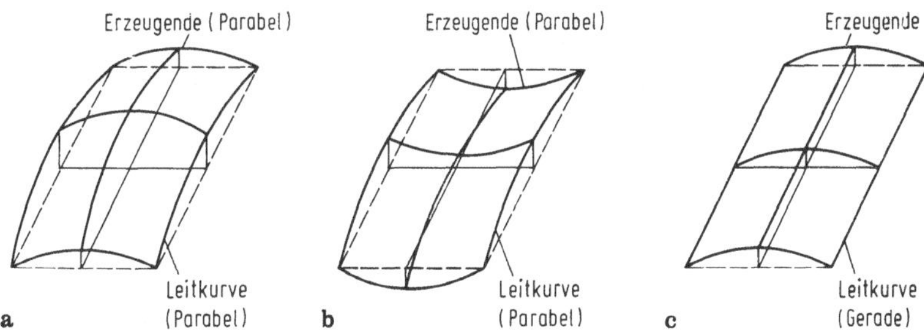

Bild 8-1. Beispiele für Translationsschalen.
a) Elliptisches Paraboloid, b) hyperbolisches Paraboloid, c) Zylinderschale.

Rotationsschalen entstehen durch die Rotation einer ebenen Kurve (Erzeugende) um
eine Achse, die in der Ebene der Kurve liegt, Bild 8-2.
Konoidschalen entstehen durch die Bewegung einer Geraden (Erzeugende) über eine
ebene Kurve und eine Gerade, die parallel zur Kurve ist, Bild 8-3.

8.1.2 Voraussetzungen

Die Voraussetzungen sind analog zu denen der Platten- und Scheibentheorie. Es werden dünnwandige Schalen mit konstanter Dicke betrachtet. Der Verschiebungszustand wird durch denjenigen der Schalenmittelfläche beschrieben. Die Spannungen werden zu Schnittgrößen zusammengefaßt, die in der Mittelfläche wirken. Ferner soll gelten:

1. Die Schnitte senkrecht zur Mittelfläche bleiben eben.
2. Die Normalen der Schnitte senkrecht zur Mittelfläche sind auch bei der verformten Schale Tangenten an die Mittelfläche (Bernoulli-Hypothese). Die Annahmen 1 und 2 bedeuten eine Vernachlässigung der Querschubverzerrungen.
3. Es wird (wie beim ebenen Spannungszustand) die Spannung senkrecht zur Mittelfläche Null gesetzt.
4. Die Dehnungen senkrecht zur Mittelfläche werden vernachlässigt.

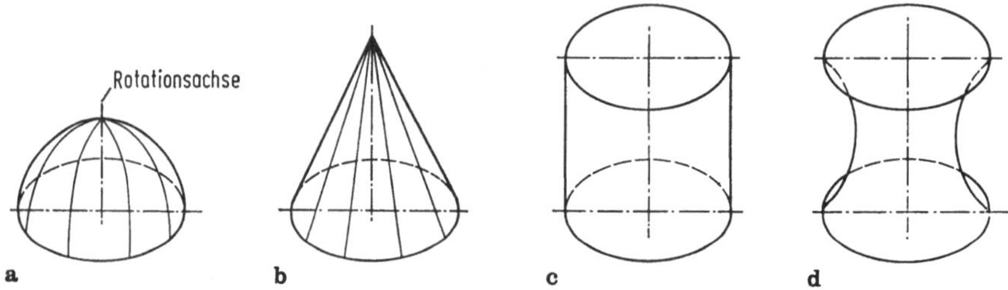

Bild 8-2. Beispiele für Rotationsschalen.
a) Kugelschale (Erzeugende: Kreisbogen), b) Kegelschale (Erzeugende: Gerade),
c) Kreiszylindrischer Behälter (Erzeugende: Gerade),
d) Rotationshyperboloid (Erzeugende: Hyperbelbogen).

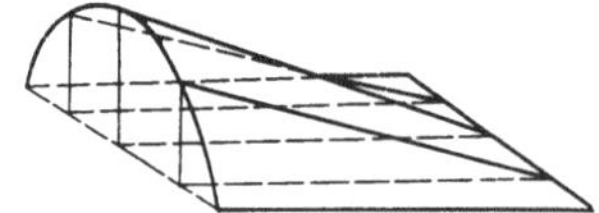

Bild 8-3. Konoidschale.

8.1.3 Zur Flächengeometrie

Die Ebene, welche die Mittelfläche im Punkt P tangiert, wird *Tangentialebene* in P genannt, Bild 8-4. Die Senkrechte in P auf die Tangentialebene ist die *Schalennormale* in P.

Eine Schnittebene durch P, die die Schalennormale enthält, heißt *Normalschnittebene* (Normalschnitt). Jeder Normalschnitt schneidet aus der Mittelfläche eine Kurve heraus, deren Krümmung $1/r_n$ als Normalkrümmung bezeichnet wird. Im allgemeinen gibt es zwei senkrecht aufeinanderstehende Normalschnitte, für welche die Normalkrümmungen ihren größten und kleinsten Wert annehmen, die *Hauptnormalschnitte*. Die extremalen Krümmungen selbst bezeichnet man als *Hauptkrümmungen* $1/r_1$ und $1/r_2$ der Fläche in dem betrachteten Flächenpunkt P und die Schnittrichtungen, die zu ihnen gehören, als die *Hauptkrümmungsrichtungen* oder Hauptrichtungen. Die beiden orthogonalen Kurvenscharen, deren Tangenten in jedem Punkt mit den Hauptrichtungen zusammenfallen, werden *Krümmungslinien* genannt. Das Produkt der beiden Hauptkrümmungen ist das Gaußsche Krümmungsmaß K:

$$K = \frac{1}{r_1}\frac{1}{r_2}, \tag{8-1}$$

das auch zur Charakterisierung der Schalen verwandt wird. Eine positive Gaußsche Krümmung, bei der die Krümmungsmittelpunkte auf derselben Seite der Schalenfläche liegen, haben z. B. die Schalen der Bilder 8-1a und 8-2a, eine negative die Schalen der Bilder 8-1b und 8-2d, und $K = 0$ gilt für die Kreis- und Zylinderschalen, Bilder 8-1c, 8-2b und 8-2c.

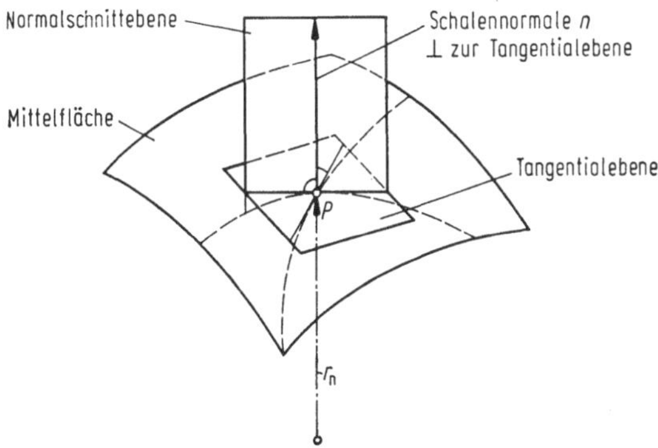

Bild 8-4. Schalenmittelfläche mit Tangentialebene, Schalennormale und Normalschnittebene.

Als *Schmiegebene* eines Punktes einer Raumkurve wird die Ebene bezeichnet, die gebildet wird vom Tangentenvektor und dem Hauptnormalenvektor der Raumkurve, in dessen Richtung der Krümmungsradius im betrachteten Punkt fällt.

Projiziert man die durch einen Punkt P einer Fläche gehenden Kurven auf die Tangentialebene, so nennt man die Krümmungen der dabei entstehenden ebenen Kurven *geodätische Krümmungen* $\varkappa_{\text{geod}} = 1/R$. Man erhält die geodätische Krümmung, wenn man die räumliche Krümmung der Flächenkurve mit dem Kosinus des Winkels φ zwischen der Tangentialebene der Fläche und der Schmiegebene an die Flächenkurve multipliziert.

$$\left.\begin{array}{c} \varkappa_{\text{geod}} = \varkappa\cos\varphi \\[2mm] \dfrac{1}{R} = \dfrac{1}{r}\cos\varphi \\[2mm] R = \dfrac{r}{\cos\varphi} \end{array}\right\} \tag{8-2}$$

Linien, deren geodätische Krümmung Null ist, die also auf der Tangentialebene als Geraden erscheinen, werden *geodätische Linien* genannt. Sie stellen die kürzeste in der Fläche liegende Verbindung zwischen zwei Punkten dar. Die geodätische Krümmung eines Bogenelementes ist positiv, wenn sich die Länge des Bogenelementes bei einer kleinen Verschiebung aller Punkte des Bogenelementes in Richtung der Kurvennormalen verkleinert.

8.1.4 Koordinatensysteme

Das Koordinatensystem wird so gewählt, daß in ihm entweder die Differentialgleichung oder die Randbedingungen einfach zu formulieren sind. So verwendet man bei Schalen über rechtwinkligem Grundriß kartesische (rechtwinklige) Koordinaten, Bild 8-5a, bei Zylinder- oder Rotationsschalen Zylinderkoordinaten, Bild 8-5b, oder Kugelkoordinaten, Bild 8-5c. Bei den folgenden allgemeinen Herleitungen werden krummlinige Koordinaten mit den Krümmungslinien als Koordinatenlinien verwandt, Bild 8-5d.

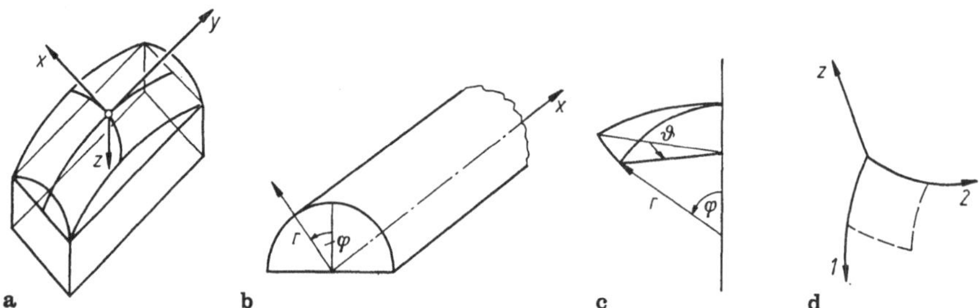

Bild 8-5. Koordinatensysteme.
a) Kartesisches Koordinatensystem, b) Zylinderkoordinatensystem, c) Kugelkoordinatensystem, d) orthogonales krummliniges Koordinatensystem, das aus den Krümmungslinien und der Flächennormalen gebildet wird.

8.1.5 Lagerung

Es kommen Linienlagerungen mit einer Behinderung der Verschiebungen der Schalenmittelfläche in den 3 Koordinatenrichtungen vor, sowie Behinderungen der Verdrehungen um die Tangenten an die Schalenmittelfläche. Es kann sich dabei auch um elastische Behinderungen durch anschließende Bauteile handeln. Ebenso sind starre oder nachgiebige punktweise Abstützungen möglich.

8.1.6 Belastung

Als Belastung werden Kräfte, einwirkende und Volumenkräfte, in den 3 Koordinatenrichtungen, Bild 8-5d, zugelassen, eingeprägte Dehnungen, die z. B. aus einer Temperaturänderung oder aus Kriechen entstanden sein können, sowie eingeprägte Verkrümmungen, wie sie z. B. aus einer über die Dicke veränderlichen Temperaturänderung entstehen.

8.1.7 Schnittgrößen

Aus der Schale wird ein Element entlang den Koordinatenlinien 1 und 2 herausgeschnitten. Die dabei freigesetzten Spannungen werden entsprechend den folgenden Beziehungen, s. Bild 8-6, zu Schnittgrößen zusammengefaßt:

Längskräfte je Längeneinheit

$$n_1 = \int\limits_{-h/2}^{+h/2} \sigma_1 \left(1 + \frac{z}{r_2}\right) \mathrm{d}z \qquad\qquad n_2 = \int\limits_{-h/2}^{+h/2} \sigma_2 \left(1 + \frac{z}{r_1}\right) \mathrm{d}z \qquad (8\text{-}3)$$

Schubkräfte je Längeneinheit

$$n_{12} = \int\limits_{-h/2}^{+h/2} \tau_{12}\left(1 + \frac{z}{r_2}\right)\mathrm{d}z \qquad\qquad n_{21} = \int\limits_{-h/2}^{+h/2} \tau_{21}\left(1 + \frac{z}{r_1}\right)\mathrm{d}z \qquad (8\text{-}4)$$

Biegemomente je Längeneinheit

$$m_1 = -\int\limits_{-h/2}^{+h/2} \sigma_1\cdot z\left(1 + \frac{z}{r_2}\right)\mathrm{d}z \qquad\qquad m_2 = -\int\limits_{-h/2}^{+h/2} \sigma_2\cdot z\left(1 + \frac{z}{r_1}\right)\mathrm{d}z \qquad (8\text{-}5)$$

Drillmomente je Längeneinheit

$$m_{12} = -\int\limits_{-h/2}^{+h/2} \tau_{12}\cdot z\left(1 + \frac{z}{r_2}\right)\mathrm{d}z \qquad\qquad m_{21} = -\int\limits_{-h/2}^{+h/2} \tau_{21}\cdot z\left(1 + \frac{z}{r_1}\right)\mathrm{d}z \qquad (8\text{-}6)$$

Bild 8-6. Schnittfläche gebildet durch die z- und die 2-Achse.

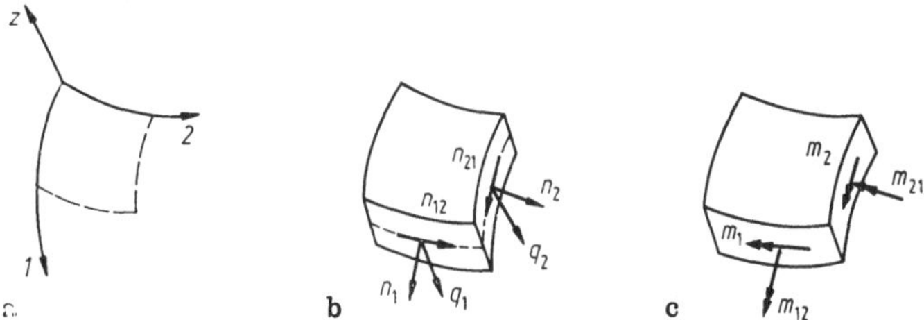

Bild 8-7. Positive Schnittgrößen.
a) Element der Schalenmittelfläche mit Koordinaten,
b) Schalenelement mit den 6 Schnittkräften, c) Schalenelement mit den 4 Schnittmomenten.

Querkräfte je Längeneinheit

$$q_1 = -\int\limits_{-h/2}^{+h/2} \tau_{1z}\left(1 + \frac{z}{r_2}\right)\mathrm{d}z \qquad\qquad q_2 = -\int\limits_{-h/2}^{+h/2} \tau_{2z}\left(1 + \frac{z}{r_1}\right)\mathrm{d}z \qquad (8\text{-}7)$$

Die Wirkungsweise der positiven Schnittgrößen ist in Bild 8-7 dargestellt. Für die Querbelastung entspricht sie der Orientierung nach einer gekennzeichneten Seite nach DIN 1080, Teil 2.

Trotz $\tau_{12} = \tau_{21}$ gilt wegen $r_1 \neq r_2$ für die Drillmomente $m_{12} \neq m_{21}$ und für die Schubkräfte $n_{12} \neq n_{21}$. Ferner ist zu beachten, daß wegen des Faktors z/r auch bei konstanten Längsspannungen Biegemomente entstehen, da die Schalenmittellinie nicht gleich der Flächenschwerlinie ist. Daraus folgt umgekehrt, daß die Spannungen infolge einer Längskraft nicht konstant und die infolge der Biegemomente nicht linear über die Wanddicke verteilt sind. Trotzdem wird bei der Spannungsermittlung aus den Schnittgrößen mit den Beziehungen (2.3-5) und (2.3-6), die für ein Rechteck gelten, gerechnet. Man erhält dann eine konstante bzw. lineare Spannungsverteilung.

Bei Schalen, bei denen z/r gegenüber 1 vernachlässigt werden kann, ist die übliche Spannungsberechnung genau und es gilt $m_{12} = m_{21}$ und $n_{12} = n_{21}$.

8.1.8 Ersatzquerkräfte und Ersatzschubkräfte

An einem Rand treten 5 Schnittgrößen auf, Bild 8-7. Wegen der Vernachlässigung der Schubverformungen senkrecht zur Schalenmittelfläche stehen im allgemeinen später aber nur 4 Randbedingungen zur Verfügung. Analog zu den Kirchhoffschen Ersatzquerkräften werden dann Ersatzquerkräfte und Ersatzschubkräfte definiert. Dazu wird das Drillmoment als Kräftepaar eingetragen, Bild 8-8, und man erhält in der 1,z-Ebene

$$\Delta q_2 = \frac{\partial m_{21}}{\partial \varphi_1}\, d\varphi_1 \cdot \frac{1}{r_1\, d\varphi_1}$$

und analog in der 2,z-Ebene Δq_1.

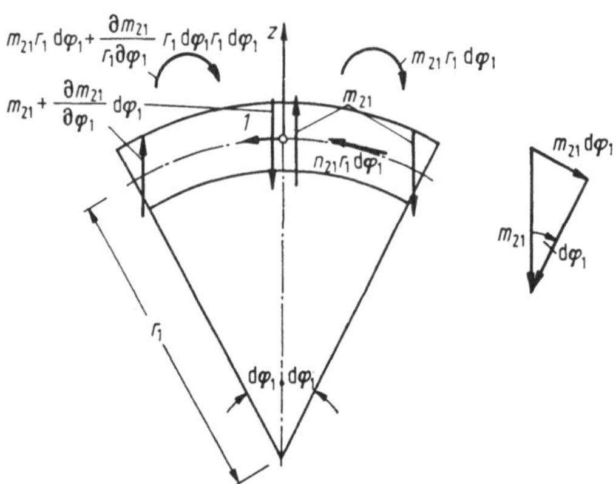

Bild 8-8. Zur Ermittlung der Ersatzquerkräfte und Ersatzschubkräfte.

Ersatzquerkräfte:

$$\bar{q}_1 = q_1 + \frac{\partial m_{12}}{r_2\, \partial \varphi_2} \qquad\qquad \bar{q}_2 = q_2 + \frac{\partial m_{21}}{r_1\, \partial \varphi_1} \qquad\qquad (8\text{-}8a,\ b)$$

Durch die Krümmung des Schalenelementes entstehen Anteile in den Schubkräften. In der 1,z-Ebene, Bild 8-8, gilt:

$$\Delta n_{21} r_1\, d\varphi_1 = -m_{21}\, d\varphi_1$$

Ersatzschubkräfte:

$$\bar{n}_{12} = n_{12} - \frac{m_{12}}{r_2} \qquad \bar{n}_{21} = n_{21} - \frac{m_{21}}{r_1} \qquad (8\text{-}8\,\mathrm{c, d})$$

8.2 Teilaufgaben zur Formulierung der Differentialgleichungen

Im folgenden werden die Teilaufgaben behandelt, die zur Formulierung einer Differentialgleichung erforderlich sind:

1. Gleichgewicht zwischen den Schnittgrößen und den Lastgrößen
2. Geometrische Beziehungen zwischen den Verzerrungen einer Schicht parallel zur Mittelfläche eines Schalenelementes und den Verzerrungsgrößen der Schalenmittelfläche
3. Steifigkeitsbeziehungen zwischen den Schnittgrößen und den Verzerrungsgrößen der Schalenmittelfläche. Sie folgen aus den Spannungs-Dehnungs-Beziehungen.

Mit 3. ist es möglich, 1. und 2. zur gesuchten Differentialgleichung zu verbinden. Dies wird jedoch erst bei den einzelnen Schalenaufgaben geschehen, bei denen Besonderheiten und weitere Vernachlässigungen berücksichtigt werden können.

8.2.1 Gleichgewichtsbeziehungen

Zur Formulierung der Gleichgewichtsbedingungen sind in Bild 8-9 die Kräfte dargestellt, und zwar in der Projektion der Schalenmittelfläche auf die Tangentialebene im Koordinatenursprung sowie in den Normalschnitten entlang der beiden in der Mittelfläche iegenden Achsen 1 und 2. Die Verlängerung der Seiten beim Fortschreiten um ds beträgt (die geodätischen Krümmungen $1/R$ sind negativ):

$$a = -\frac{\mathrm{d}s_1\,\mathrm{d}s_2}{R_1} \qquad b = -\frac{\mathrm{d}s_1\,\mathrm{d}s_2}{R_2} \qquad (8\text{-}9)$$

Vernachlässigt man die Größen, die klein von zweiter Ordnung sind, und dividiert man durch ds_1 ds_2, so erhält man aus dem Kräftegleichgewicht in den drei Koordinatenrichtungen 1, 2 und z:

$$\left. \begin{array}{l} \dfrac{\partial n_1}{\partial s_1} + \dfrac{\partial n_{21}}{\partial s_2} - \dfrac{1}{R_2}(n_1 - n_2) - \dfrac{1}{R_1}(n_{12} + n_{21}) - \dfrac{q_1}{r_1} + p_1 = 0 \\[3mm] \dfrac{\partial n_2}{\partial s_2} + \dfrac{\partial n_{12}}{\partial s_1} - \dfrac{1}{R_1}(n_2 - n_1) - \dfrac{1}{R_2}(n_{12} + n_{21}) - \dfrac{q_2}{r_2} + p_2 = 0 \\[3mm] \dfrac{n_1}{r_1} + \dfrac{n_2}{r_2} + \dfrac{\partial q_1}{\partial s_1} + \dfrac{\partial q_2}{\partial s_2} - \dfrac{q_1}{R_2} - \dfrac{q_2}{R_1} - p_z = 0 \end{array} \right\} \qquad (8\text{-}10)$$

Zur Formulierung des Momentengleichgewichtes sind in Bild 8-10 die an einem Schalenelement wirkenden Momente in der Tangentialebene dargestellt. Bei Vernachlässigung der Größen, die klein von 2. Ordnung sind und Division durch ds_1 ds_2 erhält man aus

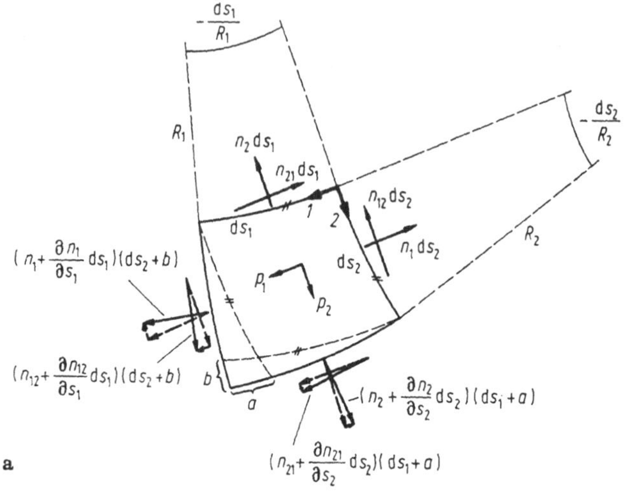

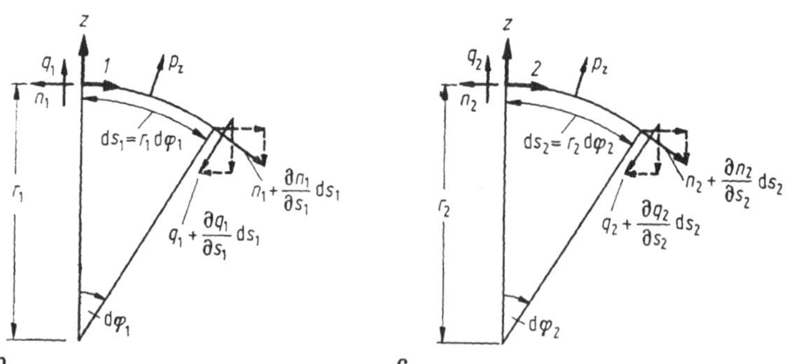

Bild 8-9. Kräfte am Schalenelement.
a) Projektion des Elementes der Schalenmittelfläche auf die Tangentialebene,
b) Normalschnitt entlang der Achse 1, c) Normalschnitt entlang der Achse 2.

dem Momentengleichgewicht um die Achsen 2 und 1:

$$\left.\begin{aligned}
\frac{\partial m_1}{\partial s_1} + \frac{\partial m_{21}}{\partial s_2} - \frac{1}{R_2}(m_1 - m_2) - \frac{1}{R_1}(m_{12} + m_{21}) - q_1 = 0 \\[2mm]
\frac{\partial m_2}{\partial s_2} + \frac{\partial m_{12}}{\partial s_1} + \frac{1}{R_1}(m_1 - m_2) - \frac{1}{R_2}(m_{12} + m_{21}) - q_2 = 0
\end{aligned}\right\} \qquad (8\text{-}11)$$

Die Bedingung $\sum M_z = 0$ steht nicht mehr zur Verfügung, weil mit ihr die Gleichheit der zugeordneten Schubspannungen $\tau_{12} = \tau_{21}$, (1-30), die auch hier gilt, formuliert wurde.

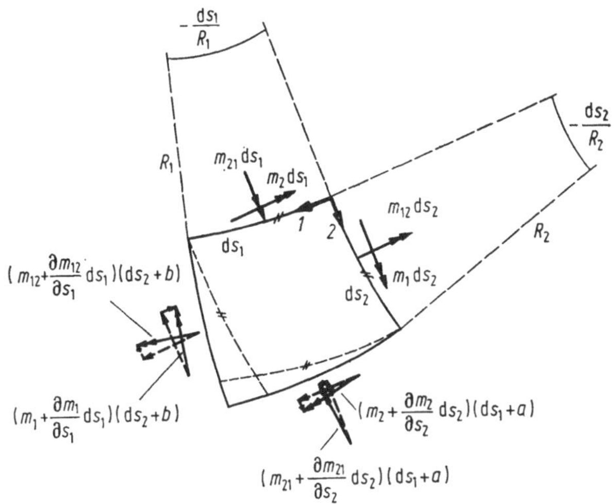

Bild 8-10. Momente am Schalenelement, dargestellt in der Tangentialebene.

8.2.2 Geometrische Beziehungen

Die Verschiebungen in Richtung der Achsen 1, 2 und z werden mit u, v und w bezeichnet. Nach Voraussetzung ist w unabhängig von z. Es wird eine Schicht eines Schalenelementes mit den Eckpunkten A, B, C, D im Abstand z von der Mittelfläche betrachtet, Bild 8-11. Sie hat mit den auf die Schalenmittelfläche bezogenen Seitenlängen ds_1 und ds_2 die Seitenlängen $ds_1(z) = ds_1\left(1 + \dfrac{z}{r_1}\right)$ und $ds_2(z) = ds_2\left(1 + \dfrac{z}{r_2}\right)$. Mit der Definition der Dehnung $\varepsilon = \dfrac{\Delta\,ds}{ds}$ erhält man die beiden ersten der Gleichungen (8-12) in Tafel 8-1.

Der jeweils erste Summand stellt die auf der Schalenfläche, Bild 8-11c und d, bzw. in der Tangentialebene, Bild 8-11a, abmeßbare Verlängerung dar. Der jeweils 2. Summand folgt aus der Verschiebung w, die, weil sie radial gemessen wird, beim Fortschreiten um $d\varphi$ eine Dehnung in Richtung der Tangenten an die Schalenmittelfläche zur Folge hat, Bild 8-11c und d. Der jeweils 3. Summand folgt aus einer Starrkörperverschiebung des aus der Schale herausgelösten Elementes. In Bild 8-11b ist dies für $u(z)$ dargestellt. Sie hat eine Verkürzung der Seite $ds_2(z)$ zur Folge, so daß zu dem von der Kurve $A'D'$ abmeßbaren Betrag, Bild 8-11a, noch eine entsprechende Dehnung addiert werden muß, wobei zu beachten ist, daß R_1 und R_2 negativ sind. — Als Winkeländerung zwischen den Koordinaten 1 und 2 erhält man mit Bild 8-11a und b die dritte der Gleichungen (8-12) in Tafel 8-1. Hier sind von den abmeßbaren Winkeländerungen, den beiden ersten Summanden, Bild 8-11a, die Winkeländerungen infolge einer Starrkörperverschiebung des aus der Schale herausgelösten Elementes, Bild 8-11b, abzuziehen. — Die Änderung der Tangente an die Mittelfläche oder an eine dazu parallele Fläche des Schalenelementes ergibt sich nach Bild 8-11c und d zu (8-13) in Tafel 8-1.

Die Verschiebungen $u(z)$ und $v(z)$ außerhalb der Mittelfläche erhält man wegen der Voraussetzungen 1 und 2 in Abhängigkeit von χ aus den Verschiebungen u und v der Mittelfläche zu (8-14) in Tafel 8-1. Das weitere Vorgehen ist in Tafel 8-1 gezeigt. Mit der

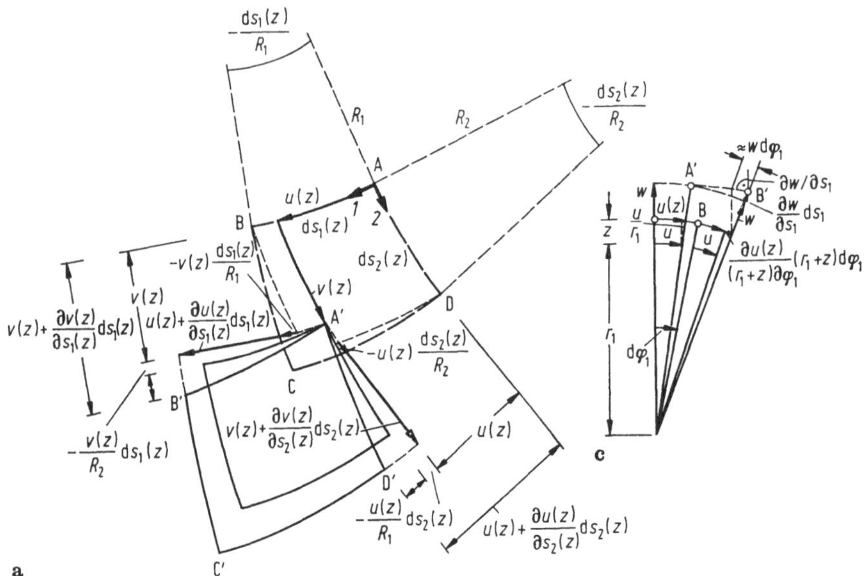

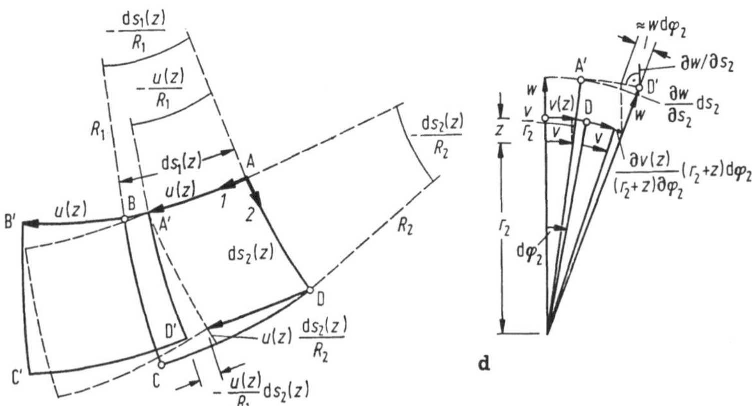

Bild 8-11. Verschiebungen eines Schalenelementes im Abstand z von der Schalenfläche.
a) Darstellung in der Tangentialebene, b) Starrkörperverschiebung,
c), d) Normalschnitte entlang 1 bzw. 2.

Näherung der *technischen* Schalentheorie

$$1 + \frac{z}{r} \approx 1 \tag{8-15}$$

vereinfachen sich die Gleichungen (8-12). Berücksichtigt man darin (8-14), so erhält
man die Verzerrungs-Verschiebungs-Beziehungen für dünnwandige Schalen (8-16) (Kirch-

Tafel 8-1. Geometrische Beziehungen

Verzerrungs-Verschiebungsbeziehungen Gl. (8-12)

$$\varepsilon_1(z) = \frac{\partial u(z)}{\partial s_1\left(1+\frac{z}{r_1}\right)} + \frac{w}{r_1\left(1+\frac{z}{r_1}\right)} - \frac{v(z)}{R_1}$$

$$\varepsilon_2(z) = \frac{\partial v(z)}{\partial s_2\left(1+\frac{z}{r_2}\right)} + \frac{w}{r_2\left(1+\frac{z}{r_2}\right)} - \frac{u(z)}{R_2}$$

$$\gamma_{12}(z) = \frac{\partial u(z)}{\partial s_2\left(1+\frac{z}{r_2}\right)} + \frac{\partial v(z)}{\partial s_1\left(1+\frac{z}{r_1}\right)} + \frac{u(z)}{R_1} + \frac{v(z)}{R_2}$$

$$1+\frac{z}{r}\approx 1 \qquad \text{Gl. (8-15)}$$

Verzerrungs-Verschiebungsbeziehungen für dünnwandige Schalen (Kirchhoff-Love-Näherung) Gl. (8-16)

$$\varepsilon_1(z) = \left(\frac{\partial u}{\partial s_1} + \frac{w}{r_1} - \frac{v}{R_1}\right) + z\left(\frac{\partial \varkappa_1}{\partial s_1} - \frac{\varkappa_2}{R_1}\right)$$

$$\varepsilon_2(z) = \left(\frac{\partial v}{\partial s_2} + \frac{w}{r_2} - \frac{u}{R_2}\right) + z\left(\frac{\partial \varkappa_2}{\partial s_2} - \frac{\varkappa_1}{R_2}\right)$$

$$\gamma_{12}(z) = \frac{\partial u}{\partial s_2} + \frac{\partial v}{\partial s_1} + \frac{u}{R_1} + \frac{v}{R_2} + z\left(\frac{\partial \varkappa_1}{\partial s_2} + \frac{\varkappa_1}{R_1}\right) + z\left(\frac{\partial \varkappa_2}{\partial s_1} + \frac{\varkappa_2}{R_2}\right)$$

Beziehungen zwischen den Verschiebungen u, v, w der Mittelfläche und $u(z)$, $v(z)$ einer Fläche im Abstand z Gl. (8-14)

$$u(z) = u + z\varkappa_1$$

$$v(z) = v + z\varkappa_2$$

Verzerrungen der Mittelfläche Gl. (8-17)

$$\varepsilon_1(z=0) = \varepsilon_1^0 = \left(\frac{\partial u}{\partial s_1} + \frac{w}{r_1} - \frac{v}{R_1}\right)$$

$$\varepsilon_2(z=0) = \varepsilon_2^0 = \left(\frac{\partial v}{\partial s_2} + \frac{w}{r_2} - \frac{u}{R_2}\right)$$

$$\gamma_{12}(z=0) = \gamma_{12}^0 = \frac{\partial u}{\partial s_2} + \frac{\partial v}{\partial s_1} + \frac{u}{R_1} + \frac{v}{R_2}$$

Abkürzungen $\varkappa$ Gl. (8-18)

$$\varkappa_1 = \left(\frac{\partial \varkappa_1}{\partial s_1} - \frac{\varkappa_2}{R_1}\right)$$

$$\varkappa_2 = \left(\frac{\partial \varkappa_2}{\partial s_2} - \frac{\varkappa_1}{R_2}\right)$$

$$\varkappa_{12} = \left(\frac{\partial \varkappa_1}{\partial s_2} + \frac{\varkappa_1}{R_1}\right) + \left(\frac{\partial \varkappa_2}{\partial s_1} + \frac{\varkappa_2}{R_2}\right)$$

Tangentenneigungen Gl. (8-13)

$$\varkappa_1 = \frac{u}{r_1} - \frac{\partial w}{\partial s_1}$$

$$\varkappa_2 = \frac{v}{r_2} - \frac{\partial w}{\partial s_2}$$

Verzerrungen Gl. (8-19)

$$\varepsilon_1 = \varepsilon_1^0 + z\varkappa_1$$

$$\varepsilon_2 = \varepsilon_2^0 + z\varkappa_2$$

$$\gamma_{12} = \gamma_{12}^0 + z\varkappa_{12}$$

hoff-Love-Näherung). Mit den Verzerrungen der Mittelfläche ε^0 (8-17) und den Abkürzungen $\varkappa$ (8-18), die kurz Verzerrungsgrößen der Schalenmittelfläche genannt werden sollen, ergeben sich die Gleichungen (8-16) in der Form (8-19).

8.2.3 Steifigkeitsbeziehungen

Berücksichtigt man in den auf Schalenkoordinaten umgeschriebenen Gleichungen (1-44) die Beziehungen (8-19), so erhält man die Spannungen in Abhängigkeit von den Verzerrungsgrößen der Schalenmittelfläche, (8-20) in Tafel 8-2. Die Schnittgrößen-Spannungs-Beziehungen (8-3) bis (8-7) führen mit der Näherung der technischen Schalentheorie (8-15) zu den Ausdrücken (8-21). Setzt man hierin (8-20) ein, integriert über die Schalendicke h und berücksichtigt die Dehnsteifigkeit D und die Biegesteifigkeit K nach (8-22), so erhält man die Steifigkeitsbeziehungen (8-23) zwischen den Schnittgrößen und den Verzerrungsgrößen der Schalenmittelfläche.

Tafel 8-2. Steifigkeitsbeziehungen

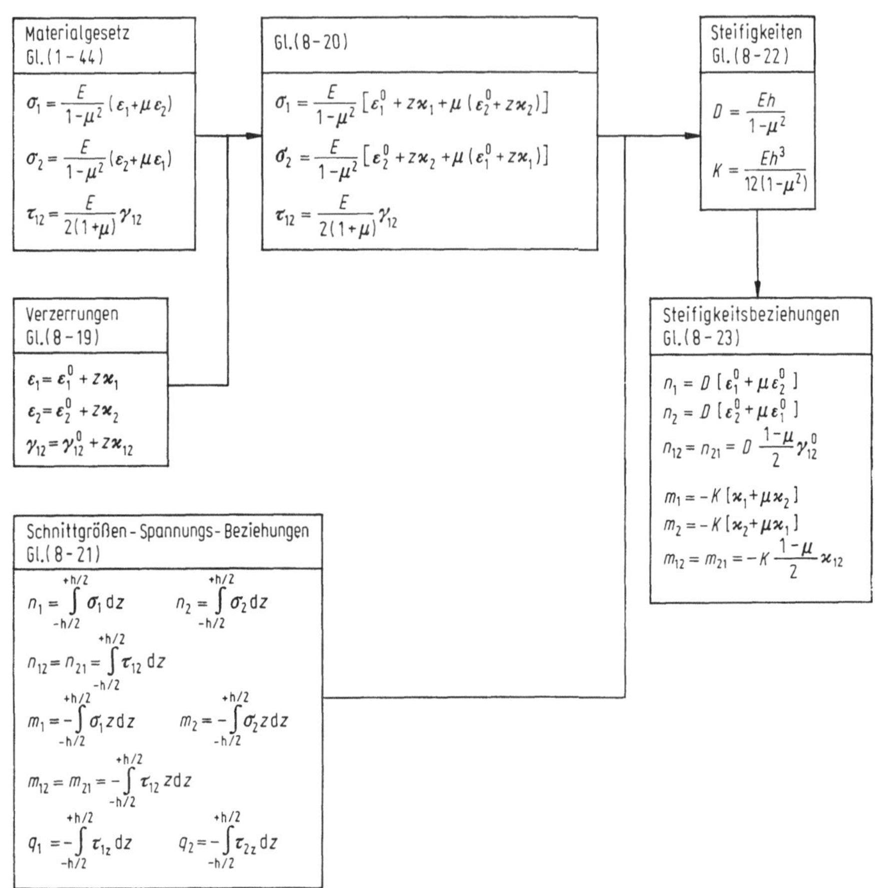

8.3 Membrantheorie

8.3.1 Voraussetzungen

Zur Berechnung der 10 (technische Schalentheorie 8) Schnittgrößen, Bild 8-7, stehen die 5 Gleichgewichtsbedingungen (8-10) und (8-11) zur Verfügung. Es handelt sich also um eine statisch unbestimmte Aufgabe. Läßt man nur die Membrankräfte n_1, n_2 und $n_{12} = n_{21}$ zu, fordert man also

$$q_1 = q_2 = m_1 = m_2 = m_{12} = m_{21} = 0, \tag{8-24}$$

so stehen zur Berechnung der Membrankräfte die 3 Gleichgewichtsbedingungen (8-10) zur Verfügung. Die Aufgabe ist statisch bestimmt, wenn die Randbedingungen, Bild 8-12,

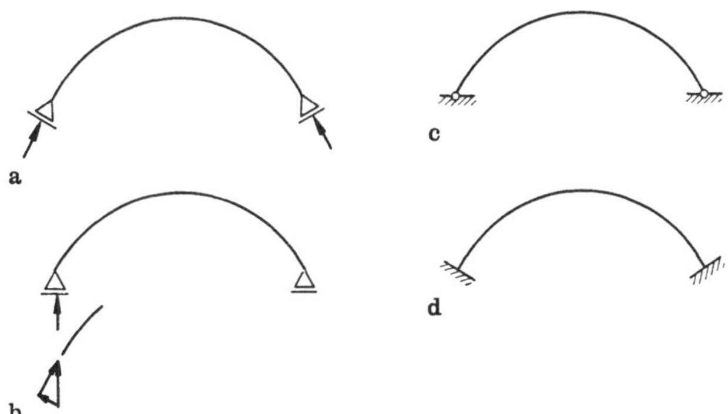

Bild 8-12. Beispiele für die Lagerung von Schalen.
a) Randbedingung mit der Membrantheorie verträglich;
b) bis d) Randbedingungen mit der Membrantheorie nicht verträglich, da auch Querkräfte (b und c) und Momenten (d) auftreten können.

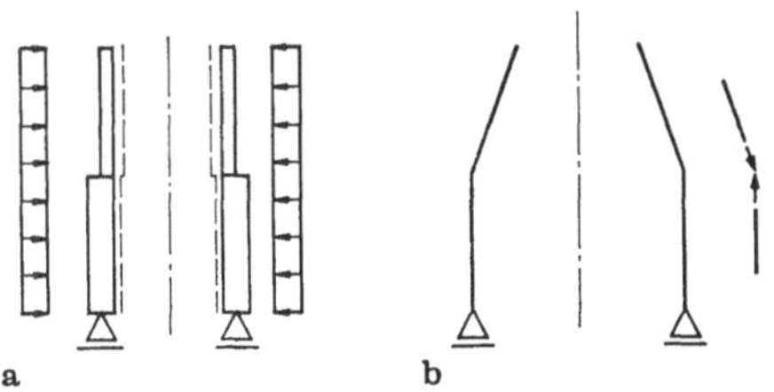

Bild 8-13. Beispiele für Rotationsschalen, bei denen die Übergangsbedingungen nicht alleine mit den Membrankräften erfüllt werden können.
a) Zur Erfüllung der Kompatibilitätsbedingung sind Querkräfte und Momente erforderlich (gestrichelt: verformte Membranschalen).
b) Am Übergang Kegelschale — zylindrischer Behälter ist kein Gleichgewicht zwischen den Membrankräften möglich.

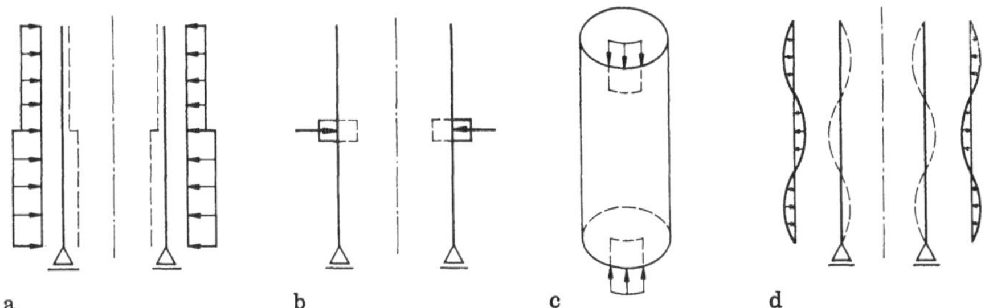

Bild 8-14. Beispiele für kreiszylindrische Behälter mit Belastungen, die den Anforderungen der Membrantheorie nicht entsprechen. Gestrichelt: verformte Membranschalen.
a) bis c) Lasten mit Unstetigkeiten,
d) Lasten mit großer Welligkeit (kleiner Periode).

und die Übergangsbedingungen ebenfalls nur mit den Membrankräften erfüllt werden können. Bei den Übergangsbedingungen, also beim Aneinanderfügen zweier nach der Membrantheorie berechneter Schalen, muß die Erfüllung der Gleichgewichts- und Kompatibilitätsbedingungen alleine mit den Membrankräften möglich sein, was für die Beispiele des Bildes 8-13 nicht gilt.

Wegen der Krümmung der Schale können auch Lasten p_z mit den Membrankräften ins Gleichgewicht gesetzt werden, allerdings keine Einzellasten, Streckenlasten, Lasten mit Unstetigkeiten oder kleiner Periode, Bild 8-14.

8.3.2 Gleichungen der Membrantheorie

Mit den Voraussetzungen (8-24) sind die Gleichgewichtsbedingungen (8-11) identisch erfüllt, die Gleichungen (8-10) gehen über in:

$$\left.\begin{array}{l} \dfrac{\partial n_1}{\partial s_1} + \dfrac{\partial n_{21}}{\partial s_2} - \dfrac{1}{R_2}(n_1 - n_2) - \dfrac{1}{R_1}(n_{12} + n_{21}) + p_1 = 0 \\[3mm] \dfrac{\partial n_2}{\partial s_2} + \dfrac{\partial n_{12}}{\partial s_1} - \dfrac{1}{R_1}(n_2 - n_1) - \dfrac{1}{R_2}(n_{12} + n_{21}) + p_2 = 0 \\[3mm] \dfrac{n_1}{r_1} + \dfrac{n_2}{r_2} - p_z = 0 \end{array}\right\} \qquad (8\text{-}25)$$

Die beiden ersten Gleichungen sind Differentialgleichungen, die letzte ist eine algebraische Gleichung. Sie beschreibt die Gewölbewirkung infolge einer Belastung in Richtung der Flächennormalen. Für einen Zylinder mit $r_1 = \infty$, Bild 8-15, erhält man $n_2 = p_z \cdot r_2$ (Kesselformel). — Mit den Gleichungen (8-25) lassen sich die Membrankräfte berechnen.

Aus den Steifigkeitsbeziehungen (8-23) in Tafel 8-2 folgt mit (8-24):

$$\varkappa_1 = \varkappa_2 = \varkappa_{12} = 0 \qquad (8\text{-}26)$$

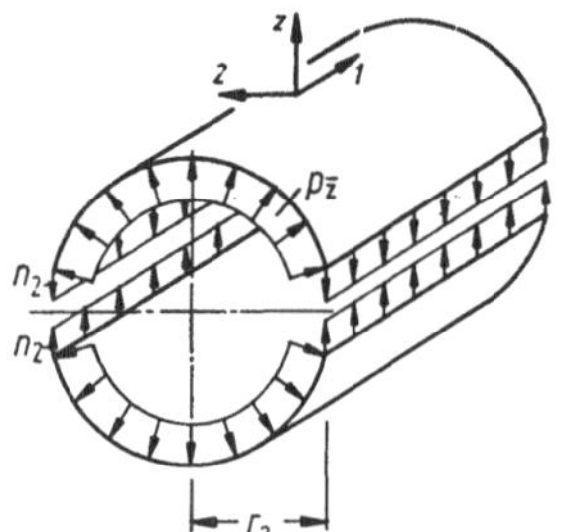

Bild 8-15. Zylindrischer Behälter unter Innendruck.

Mit den restlichen Gleichungen erhält man unter Beachtung von (8-22) die Dehnungen der Mittelfläche aus den Membrankräften zu:

$$\varepsilon_1^0 = \frac{1}{Eh}(n_1 - \mu n_2) \qquad \varepsilon_2^0 = \frac{1}{Eh}(n_2 - \mu n_1) \qquad \gamma_{12}^0 = \frac{1}{Gh}n_{12} \qquad (8\text{-}27)$$

Aus den Dehnungen der Mittelfläche lassen sich mit den Differentialgleichungen (8-17) der Tafel 8-1 die Verschiebungen berechnen.

8.3.3 Lösungen für Rotationsschalen

8.3.3.1 Flächengeometrie der Rotationsschalen

Die Flächengeometrie der Rotationsschalen wird an einer Fläche mit positiver Gaußscher Krümmung dargestellt, Bild 8-16. Die Meridiane mit den Radien r_φ und die Breitenkreise mit den Radien r_ϑ sind Krümmungslinien und damit die Koordinatenlinien, für die die Schalengleichungen hergeleitet wurden:

$$r_1 = r_\vartheta \qquad r_2 = r_\varphi \qquad\qquad (8\text{-}28)$$

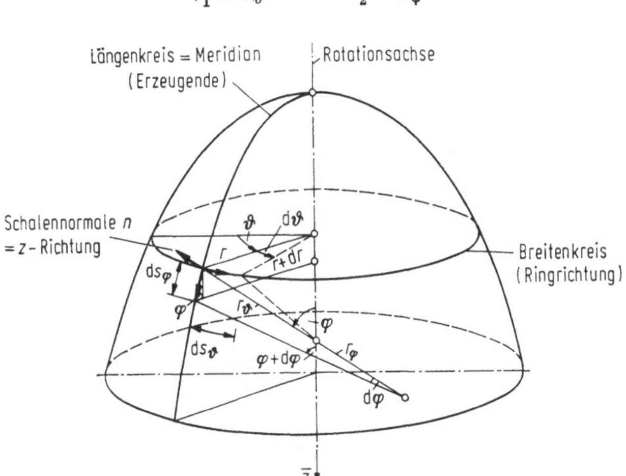

Bild 8-16. Zur Flächengeometrie der Rotationsschalen.

Die Meridianschnitte sind Hauptnormalschnitte und Schmiegebenen an die Meridiane. Sie stehen senkrecht auf den Tangentialebenen, so daß nach (8-2) die geodätische Krümmung Null ist: die Meridiane sind geodätische Linien. Die Breitenkreisschnitte sind Schmiegebenen an die Breitenkreise, aber keine Normalschnitte. Die räumliche Krümmung des Breitenkreises ist $1/r$. Da der Winkel zwischen der Breitenkreisebene und der Tangentialebene gleich dem Winkel φ zwischen der Schalennormale und der Rotationsachse ist, erhält man die geometrischen Krümmungsradien zu:

$$R_1 = \infty \qquad R_2 = -\frac{r}{\cos\varphi} \qquad\qquad (8\text{-}29)$$

Bei der Berechnung allgemeiner Rotationsschalen geht man auf das Koordinatensystem r (Radius des Breitenkreises in der Breitenkreisebene), ϑ (Winkel zwischen der Meridianebene und einer Bezugsmeridianebene) und φ (Winkel zwischen der Schalennormale und der Rotationsachse) über:

$$\left.\begin{aligned}
\mathrm{d}s_1 &= \mathrm{d}s_\varphi = r_\varphi\,\mathrm{d}\varphi \\
\mathrm{d}s_2 &= \mathrm{d}s_\vartheta = r_\vartheta\,\mathrm{d}\vartheta = r\,\mathrm{d}\vartheta \\
r_\vartheta &= \frac{r}{\sin\varphi} \\
\mathrm{d}r &= \mathrm{d}s_\varphi \cos\varphi = r_\varphi\,\mathrm{d}\varphi \cos\varphi
\end{aligned}\right\} \qquad (8\text{-}30)$$

Bei einer *Kugelschale*, Bild 8-17, mit dem Radius R gilt:

$$r_\vartheta = r_\varphi = R \qquad r = R \sin \varphi \tag{8-31}$$

Bei einer *Kegelschale* ist φ konstant. Als Koordinaten wählt man den Abstand x von der Kegelspitze auf der Rotationsachse und den Winkel ϑ, Bild 8-18:

$$\left.\begin{aligned} \mathrm{d}s_\varphi &= r_\varphi \, \mathrm{d}\varphi = \frac{\mathrm{d}x}{\sin \varphi} \\[2mm] r &= \frac{x}{\tan \varphi} \end{aligned}\right\} \tag{8-32}$$

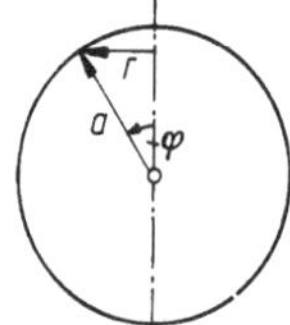

Bild 8-17. Radien bei einer
Kugelschale.

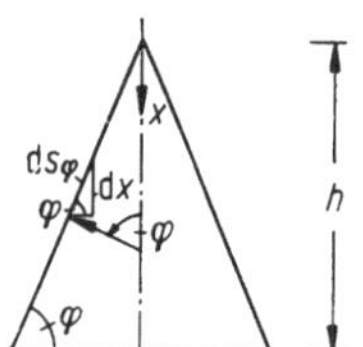

Bild 8-18. Beziehungen an
einer Kegelschale.

8.3.3.2 Kugelschale unter Windbelastung

Die senkrecht zur Oberfläche wirkende Windbelastung kann man nach Bild 8-19 ansetzen zu:

$$p_z = -p \sin \varphi \cos \vartheta$$

Damit und mit (8-31) erhält man aus der letzten Gleichung (8-25):

$$n_\vartheta = -pa \sin \varphi \cos \vartheta - n_\varphi$$

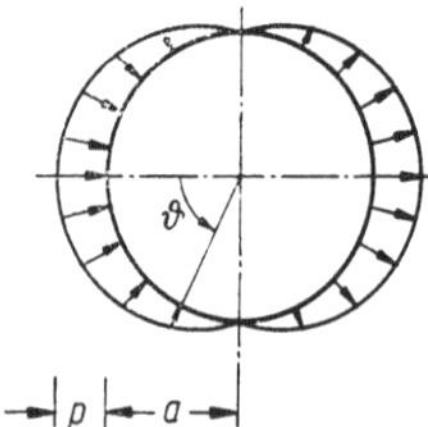

Bild 8-19. Windbelastung einer Kugelschale im Schnitt
$\varphi = \pi/2$.

Die Lösung der beiden übrigen Differentialgleichungen führt unter Berücksichtigung der Bedingung, daß die Schnittkräfte im Scheitel endlich bleiben, zu:

$$n_\varphi = -\frac{p \cdot a}{3}(2 - 3 \cdot \cos \varphi + \cos^3 \varphi) \frac{\cos \varphi}{\sin^3 \varphi} \cdot \cos \vartheta$$

$$n_{\vartheta\varphi} = \frac{n_\varphi}{\cos \varphi \cdot \cos \vartheta}$$

Mit den bekannten Schnittgrößen berechnet man mit (8-27) die Verzerrungen und mit (8-17) die Verschiebungen, die auf das globale Koordinatensystem transformiert werden. Die Ergebnisse sind in Bild 8-20 dargestellt. (Die umfangreichen Berechnungen können hier nicht durchgeführt werden. Siehe auch das Beispiel im nächsten Abschnitt.)

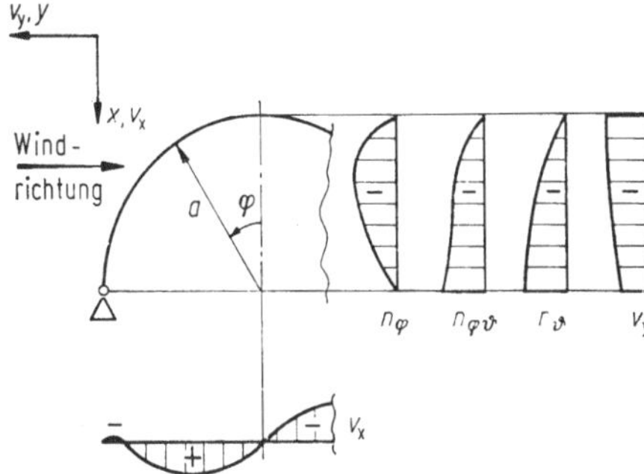

Bild 8-20. Halbkugelschale unter Windbelastung. Die Schnittkräfte sind für einen Schnitt $\vartheta = $ const dargestellt.

8.3.3.3 Rotationssymmetrische Belastung

Bei einer rotationssymmetrischen Belastung ist

$$\frac{\partial(\ )}{\partial\vartheta} = 0 \qquad \frac{\partial(\ )}{\partial\varphi} = \frac{\mathrm{d}(\ )}{\mathrm{d}\varphi} = (\ )' \tag{8-33}$$

Damit und mit (8-28), (8-29) und (8-30) lauten die Beziehungen (8-25):

$$\left.\begin{aligned}
\frac{\mathrm{d}n_\varphi}{r_\varphi\,\mathrm{d}\varphi} + \frac{1}{r}\,n_\varphi\cos\varphi - \frac{1}{r}\,n_\vartheta\cos\varphi + p_\varphi &= 0 \\[2mm]
\frac{\mathrm{d}n_{\varphi\vartheta}}{r_\varphi\,\mathrm{d}\varphi} + \frac{1}{r}\,n_{\varphi\vartheta}\cos\varphi + \frac{1}{r}\,n_{\vartheta\varphi}\cos\varphi + p_\vartheta &= 0 \\[2mm]
\frac{n_\varphi}{r_\varphi} + \frac{n_\vartheta}{r}\sin\varphi - p_z &= 0
\end{aligned}\right\} \tag{8-34}$$

Die zweite Gleichung enthält die Schubkräfte $n_{\varphi\vartheta}$ in Abhängigkeit von der rotationssymmetrischen Belastung p_ϑ, die eine Torsionsbelastung der Schale um die Rotationsachse darstellt. Diese Belastung soll hier deshalb nicht weiter betrachtet werden. Berechnet man aus der letzten Gleichung n_ϑ/r, setzt dieses in der ersten ein und multipliziert dann mit $r_\varphi r \sin\varphi$, so erhält man

$$r\sin\varphi\,\frac{\mathrm{d}n_\varphi}{\mathrm{d}\varphi} + r_\varphi\sin\varphi\cos\varphi\,n_\varphi + rn_\varphi\cos\varphi + r_\varphi r(\sin\varphi\,p_\varphi - \cos\varphi\,p_z) = 0$$

Da

$$\frac{\mathrm{d}(n_\varphi r\sin\varphi)}{\mathrm{d}\varphi} = r\sin\varphi\,\frac{\mathrm{d}n_\varphi}{\mathrm{d}\varphi} + n_\varphi\sin\varphi\,r_\varphi\cos\varphi + n_\varphi r\cos\varphi$$

ist, kann man die Differentialgleichung in folgender Form schreiben

$$\frac{\mathrm{d}(n_\varphi r\sin\varphi)}{\mathrm{d}\varphi} = -(p_\varphi\sin\varphi - p_z\cos\varphi)\,rr_\varphi.$$

Die Lösung lautet

$$n_\varphi = -\frac{1}{r \sin \varphi} \int\limits_\varphi (p_\varphi \sin \varphi - p_z \cos \varphi)\, r r_\varphi \, d\varphi + C_1 \tag{8-35a}$$

Damit erhält man aus der letzten Gleichung (8-34):

$$n_\vartheta = \frac{r}{\sin \varphi}\left(p_z - \frac{n_\varphi}{r_\varphi}\right) \tag{8-35b}$$

Die Beziehung für n_φ kann man auch direkt aus $\sum V = 0$ erhalten.

Die Verzerrungs-Verschiebungs-Gleichungen (8-17) lauten mit (8-28), (8-29), (8-30) und (8-33):

$$\left.\begin{aligned}
\varepsilon_\varphi &= \frac{du}{r_\varphi\, d\varphi} + \frac{w}{r_\varphi} \\[2mm]
\varepsilon_\vartheta &= \frac{w}{r}\sin \varphi + \frac{u}{r}\cos \varphi \\[2mm]
\gamma_{\varphi\vartheta} &= \frac{dv}{r_\varphi\, d\varphi} - \frac{v}{r}\cos \varphi
\end{aligned}\right\} \tag{8-36}$$

In der letzten Gleichung ist v in Abhängigkeit von $\gamma_{\varphi\vartheta}$ enthalten, das aus $n_{\varphi\vartheta}$ entsteht. $n_{\varphi\vartheta}$ konnte als hier nicht zu betrachtender Torsionslastfall in (8-34) abgespalten werden. Es kann daher $v = 0$ gesetzt werden.

Berechnet man aus der ersten Gleichung w, setzt dies in die 2. ein, dividiert durch $\sin^2 \varphi$ und berücksichtigt

$$\frac{d}{d\varphi}\left(\frac{u}{\sin \varphi}\right) = \frac{1}{\sin \varphi}\frac{du}{d\varphi} - u\frac{\cos \varphi}{\sin^2 \varphi},$$

so ist:

$$\frac{d}{d\varphi}\left(\frac{u}{\sin \varphi}\right) = \frac{1}{\sin \varphi}\left(r_\varphi \varepsilon_\varphi - \frac{r}{\sin \varphi}\varepsilon_\vartheta\right)$$

Als Lösung erhält man:

$$u = \sin \varphi \left[\int\limits_\varphi \left(r_\varphi \varepsilon_\varphi - \frac{r}{\sin \varphi}\varepsilon_\vartheta\right)\frac{d\varphi}{\sin \varphi} + C_3\right] \tag{8-37a}$$

und aus der 2. Gleichung (8-36)

$$w = \frac{r}{\sin \varphi}\varepsilon_\vartheta - u\frac{\cos \varphi}{\sin \varphi} \tag{8-37b}$$

Die homogene Lösung ($\varepsilon_\varphi = \varepsilon_\vartheta = 0$) lautet:

$$u = \sin \varphi\, C_3$$

$$w = -\cos \varphi\, C_3$$

Sie beschreibt eine Starrkörperverschiebung der Schale parallel zur Rotationsachse um C_3, Bild 8-21. Aus (8-13) erhält man die Tangenten an die Biegefläche zu:

$$\chi_\varphi = \frac{u}{r_\varphi} - \frac{\mathrm{d}w}{r_\varphi\,\mathrm{d}\varphi}$$

$$\chi_\vartheta = 0$$

Beispiel: Kugelschale unter Eigengewicht
Belastung: g [N/m²], Bild 8-22

$$p_\varphi = g\sin\varphi; \qquad p_z = -g\cos\varphi$$

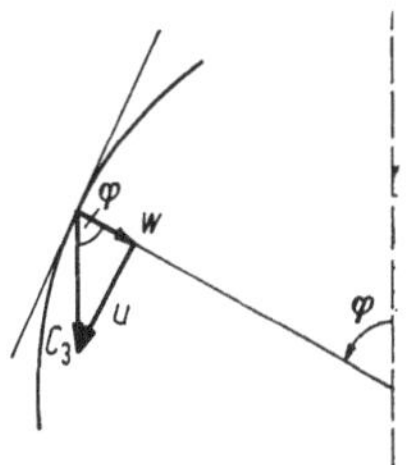

Bild 8-21. Rotationssymmetrische Starrkörperverschiebung um C_3 ausgedrückt in u und w.

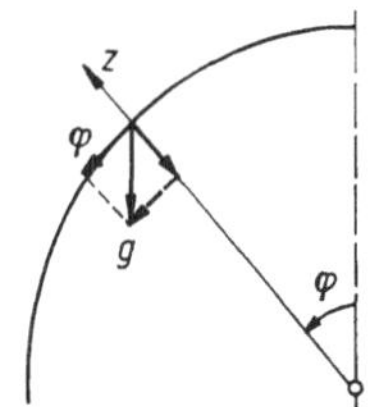

Bild 8-22. Eigengewicht bei einer Kugelschale.

Aus (8-35a) folgt mit (8-31):

$$n_\varphi = -\frac{g}{a\sin^2\varphi}\left[\int_\varphi (\sin^2\varphi + \cos^2\varphi)\,a^2\sin\varphi\,\mathrm{d}\varphi + C_1\right] = -\frac{ga}{1-\cos^2\varphi}\left[-\cos\varphi + C_1\right]$$

Im Scheitel ($\varphi = 0$) muß n_φ endlich bleiben. Daraus folgt $C_1 = 1$ und damit

$$n_\varphi = -\frac{ga}{1+\cos\varphi}$$

und mit (8-35b)

$$n_\vartheta = -ga\left(\cos\varphi - \frac{1}{1+\cos\varphi}\right)$$

Die Ergebnisse sind in Bild 8-23 dargestellt.

n_φ ist im gesamten Bereich eine Druckkraft, während n_ϑ bei $\varphi = 51{,}8°$ einen Nulldurchgang hat. Dieser Winkel kennzeichnet die *Bruchfuge*. Unterhalb dieses Winkels treten Ringzugspannungen auf. Zur Berechnung der Verschiebungen setzt man (8-27) in (8-37) ein. Mit (8-31) erhält man

$$u = \frac{a(1+\mu)}{Eh}\sin\varphi\left[\int_\varphi \frac{n_\varphi - n_\vartheta}{\sin\varphi}\,\mathrm{d}\varphi + C_3\right]$$

und mit den Membrankräften

$$u = \frac{ga^2(1+\mu)}{Eh}\sin\varphi\left[\int_\varphi \frac{\cos\varphi}{\sin\varphi} - \frac{2}{(1+\cos\varphi)\sin\varphi}\,\mathrm{d}\varphi + C_3\right]$$

Nach Ausführung der Integration gilt

$$u = ga^2\,\frac{1+\mu}{Eh}\sin\varphi\left[\ln(1+\cos\varphi) - \frac{1}{1+\cos\varphi} + C_3\right]$$

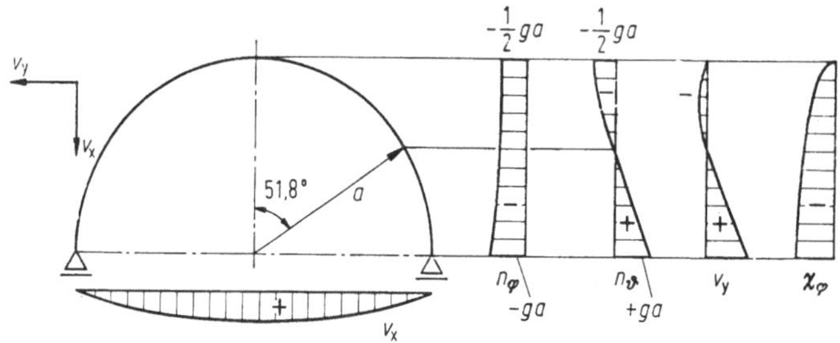

Bild 8-23. Kraft- und Verschiebungsgrößen einer Halbkugelschale unter Eigengewicht.

Mit der Randbedingung $u(\varphi = \varphi_R) = 0$, Bild 8-12a, bestimmt man C_3, so daß sich endgültig für u ergibt

$$u = ga^2\,\frac{1+\mu}{Eh}\sin\varphi\left[\ln(1+\cos\varphi) - \frac{1}{1+\cos\varphi} - \ln(1+\cos\varphi_R) + \frac{1}{1+\cos\varphi_R}\right]$$

Für die Halbkreisschale mit $\cos\varphi_R = \cos\dfrac{\pi}{2} = 0$, $\ln 1 = 0$ erhält man

$$u = ga^2\,\frac{1+\mu}{Eh}\sin\varphi\left[\ln(1+\cos\varphi) - \frac{1}{1+\cos\varphi} + 1\right]$$

Aus (8-37b) folgt:

$$w = ga^2\,\frac{1+\mu}{Eh}\cos\varphi\left[\frac{1}{\cos\varphi} - \frac{1}{1+\mu} - \ln(1+\cos\varphi) + \ln(1+\cos\varphi_R) - \frac{1}{1+\cos\varphi_R}\right]$$

und für die Halbkreisschale:

$$w = ga^2\,\frac{1+\mu}{Eh}\cos\varphi\left[\frac{1}{\cos\varphi} - \frac{1}{1+\mu} - \ln(1+\cos\varphi) + 1\right]$$

Die auf das globale Koordinatensystem bezogenen, in Bild 8-23 dargestellten Verschiebungen v_x und v_y erhält man durch eine Koordinatentransformation:

$$v_x = u\sin\varphi - w\cos\varphi$$

$$v_y = u\cos\varphi + w\sin\varphi$$

8.4 Dehnungslose Verformungen

Setzt man

$$n_1 = n_2 = n_{12} = 0 \qquad\qquad \varepsilon_1^0 = \varepsilon_2^0 = \gamma_{12}^0 = 0 \tag{8-38}$$

so erhält man aus (8-17), wenn man die beiden ersten Gleichungen durch Gleichsetzen von w zusammenfaßt, die Bedingungen für einen dehnungslosen Verformungszustand:

$$\left.\begin{aligned} r_1 \frac{\partial u}{\partial s_1} - r_2 \frac{\partial v}{\partial s_2} + \frac{r_2}{R_2} u - \frac{r_1}{R_1} v &= 0 \\[2mm] \frac{\partial u}{\partial s_2} + \frac{\partial v}{\partial s_1} + \frac{u}{R_1} + \frac{v}{R_2} &= 0 \end{aligned}\right\} \tag{8-39}$$

Sind die Rand- und Übergangsbedingungen mit den Bedingungen (8-38) verträglich, so stellt sich ein Zustand ein, bei dem keine Dehnungen und keine Membrankräfte entstehen, der also nur Biege- und Drillmomente zur Folge hat. Da Schalen, wie alle gekrümmten Tragwerke, die Lasten am effektivsten über Membrankräfte abtragen, ist durch konstruktive Maßnahmen dafür zu sorgen, daß sich Zustände mit dehnungslosen Verformungen nicht einstellen können, Bild 8-24.

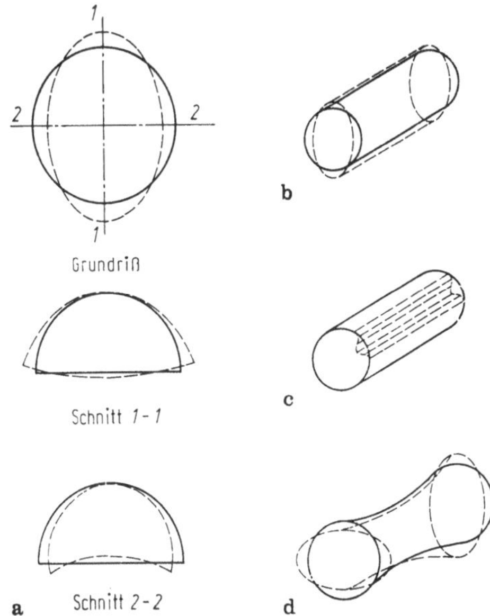

Bild 8-24. Dehnungslose Verformungen.
a) Ovalisieren einer Halbkugelschale, Behinderung durch Zug- und druckfeste Randlagerung; b) Ovalisieren, c) Faltenbildung beim kreiszylindrischen Behälter; d) Ovalisieren eines Rotationshyperboloids, Behinderung durch Randträger oder Binderscheiben.

8.5 Biegetheorie

8.5.1 Biegetheorie rotationssymmetrisch belasteter Rotationsschalen

8.5.1.1 Meißnersche Differentialgleichungen

Geht man von den Beziehungen der technischen Schalentheorie aus, die in der ersten Spalte der Tafel 8-3 zusammengestellt sind, berücksichtigt darin die Umschreibungen auf das Koordinatensystem der Rotationsschalen (8-28), (8-29) und (8-30), die Bedin-

Tafel 8-3. Biegetheorie rotationssymmetrisch belasteter Rotationsschalen.

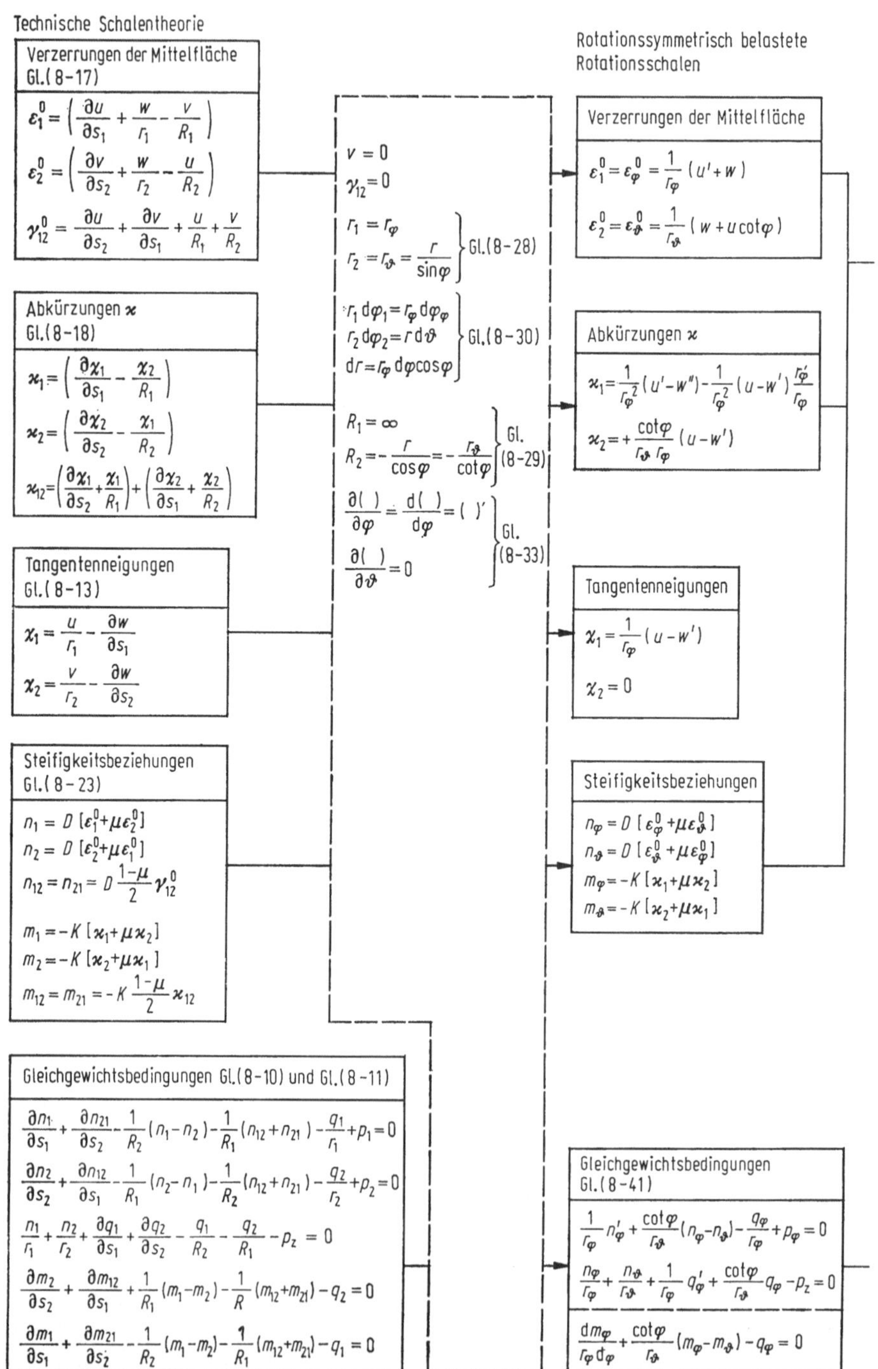

konstitutive Gleichungen
Gl.(8-40)

$n_\varphi = D\left[\dfrac{1}{r_\varphi}(u'+w)+\dfrac{\mu}{r_\vartheta}(u\cot\varphi+w)\right]$

$n_\vartheta = D\left[\dfrac{1}{r_\vartheta}(u\cot\varphi+w)+\dfrac{\mu}{r_\varphi}(u'+w)\right]$

$m_\varphi = K\left[\dfrac{1}{r_\varphi^2}\left(w''-u'-\dfrac{r_\varphi'}{r_\varphi}(w'-u)\right)+\dfrac{\mu\cot\varphi}{r_\varphi r_\vartheta}(w'-u)\right]$

$m_\vartheta = K\left[\dfrac{\cot\varphi}{r_\varphi r_\vartheta}(w'-u)+\dfrac{\mu}{r_\varphi^2}\left(w''-u'-\dfrac{r_\varphi'}{r_\varphi}(w'-u)\right)\right]$

Meißnerscher Operator 2.Ordnung Gl.(8-43)

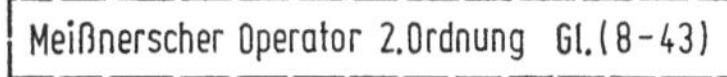

$L(\ ) = \dfrac{r_\vartheta}{r_\varphi}\dfrac{(\ )''}{r_\varphi}+\dfrac{(\ )'}{r_\varphi}\left[\left(\dfrac{r_\vartheta}{r_\varphi}\right)'+\dfrac{r_\vartheta}{r_\varphi}\cot\varphi\right]-(\ )\dfrac{r_\varphi}{r_\vartheta}\cot^2\varphi$

$U = r_\vartheta\, q_\varphi$ $\qquad\qquad (8-44)$

Meißnersche Differentialgleichungen Gl.(8-45)

$L\chi - \dfrac{\mu}{r_\varphi}\chi = \dfrac{U}{K}$

$LU + \dfrac{\mu}{r_\varphi}U = Eh\,(\chi-\chi^M)$

Differentialgleichungen für Schnittgrößen Gl.(8-42)

$n_\varphi = -q_\varphi\cot\varphi+n_\varphi^M$

$\dfrac{d m_\varphi}{r_\varphi\, d\varphi}+\dfrac{\cot\varphi}{r_\vartheta}(m_\varphi-m_\vartheta)-q_\varphi = 0$

gungen für rotationssymmetrische Belastung (8-33) und schließt analog zu Abschnitt 8.3.3.3 den Fall der Torsion und der Rotation um die Rotationsachse aus ($\gamma_{12} = v = 0$), so erhält man die Beziehungen für rotationssymmetrisch belastete Rotationsschalen. Aus den beiden ersten Gleichgewichtsbedingungen (8-41) ergibt sich wie beim Vorgehen von (8-34) nach (8-35a) die erste der Differentialgleichungen für die Schnittgrößen für die die Lösung (8-42), angegeben werden kann. Man kann sie auch direkt aus der Gleichgewichtsbedingung $\sum V = 0$ ermitteln. Der obere Index M gibt dabei an, daß es sich um die Membranlösung handelt. Die übrigen Beziehungen faßt man zu den konstitutiven Gleichungen (8-40) zusammen. Mit dem Meißnerschen Operator (8-43) und der Abkürzung (8-44) erhält man die Meißnerschen Differentialgleichungen (8-45).

8.5.1.2 Kreiszylindrischer Behälter

Berücksichtigt man in den konstitutiven Gleichungen und in den Gleichgewichtsbedingungen der rotationssymmetrisch belasteten Rotationsschalen die Beziehungen für Kreiszylinder (8-46), Bild 8-25, so erhält man die entsprechenden Beziehungen für kreiszylindrische Behälter der Tafel 8-4. Die erste der Differentialgleichungen für die Schnittgrößen (8-47) läßt sich durch Integration lösen.

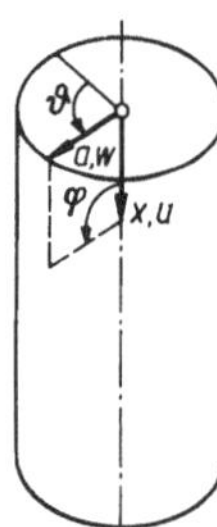

Bild 8-25. Koordinatensystem beim kreiszylindrischen Behälter.

Zur Berechnung von n_ϑ und m_x müssen die konstitutiven Gleichungen herangezogen werden, was zu den beiden Differentialgleichungen (8-48) für die Verschiebungen u in x-Richtung und w in radialer Richtung führt, die man zu der Differentialgleichung (8-49) für w zusammenfassen kann. Setzt man für die rechte Seite $\bar{p}$ und berücksichtigt man $\dfrac{D}{K} = \dfrac{12}{h^2}$, so erhält man die Differentialgleichung

$$\frac{\mathrm{d}^4 w}{\mathrm{d}x^4} + \frac{12(1 - \mu^2)}{a^2 h^2}\, w = \frac{\bar{p}}{K} \tag{8-50}$$

die gleich der des elastisch gebetteten Balkens ist (die ,,Träger'' in x-Richtung mit der Steifigkeit K sind auf den ,,Ringen'' in Umfangsrichtung mit der Bettungssteifigkeit $k = Eh/a^2$ elastisch gebettet). Die *Stabkennzahl*

$$\lambda = \sqrt[4]{\frac{3(1 - \mu^2)}{a^2 h^2}} \tag{8-51}$$

ermöglicht Angaben zum Abklingverhalten von Störungen, siehe Abschnitte 2.15 und 2.16.4.

Tafel 8-4. Biegetheorie rotationssymmetrisch belasteter kreiszylindrischer Behälter.

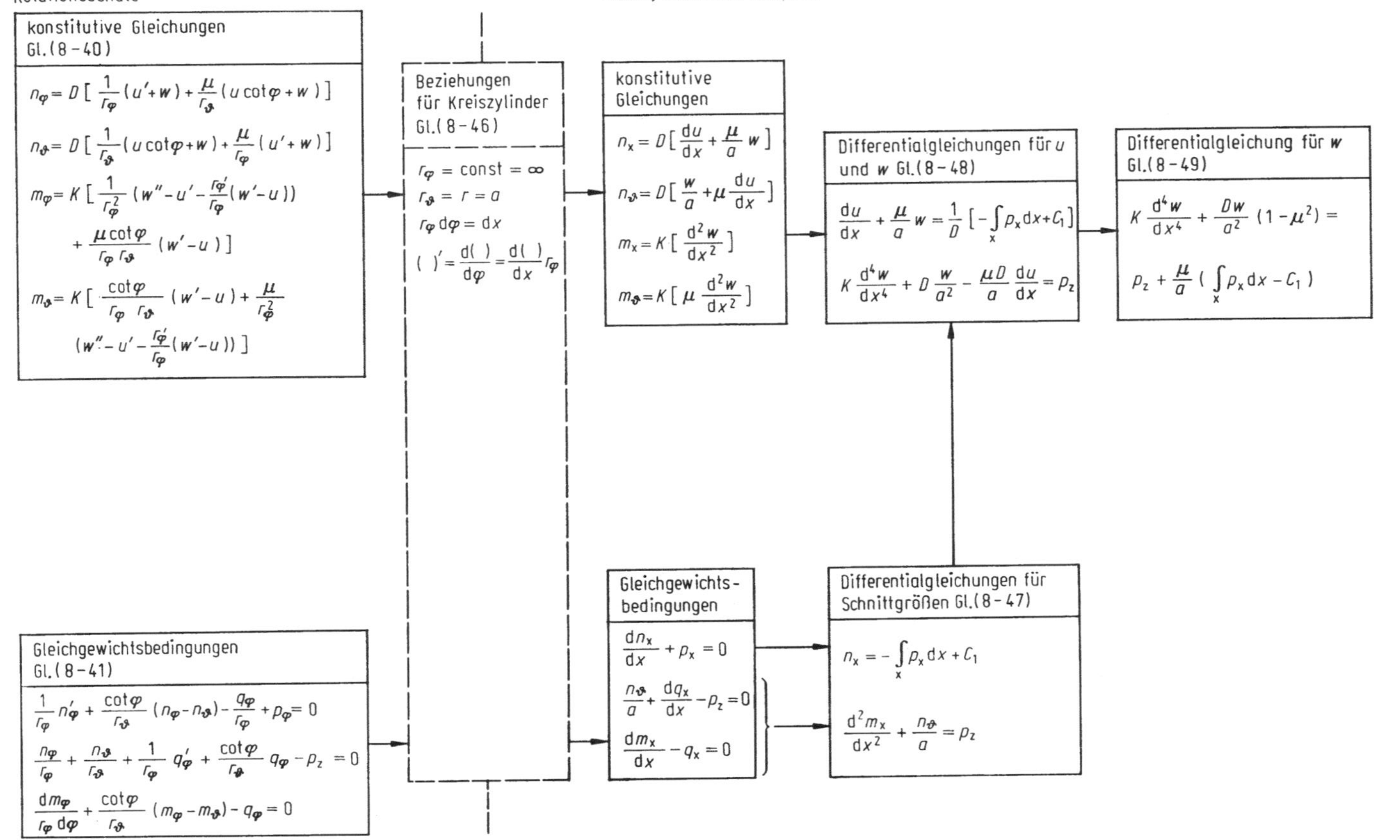

8.5.1.3 Zum Tragverhalten von Rotationsschalen

Sind Rotationsschalen so ausgebildet und gelagert, daß die Belastung vorwiegend durch Membrankräfte abgetragen wird und dehnungslose Verformungszustände behindert werden, kann die Membranlösung als Partikularlösung verwandt werden. Zur praktischen Berechnung von Rotationsschalen zerlegt man die Schale so in Teilschalen, daß diese nach der Membrantheorie berechnet werden können. Die Kompatibilität stellt man durch den Ansatz von Randkraftgrößen wieder her (Kraftgrößenverfahren), Bild 8-26. Im rotationssymmetrischen Fall (ohne den Torsionsfall) treten die 3 Randkraftgrößen n_φ, q_φ und m_φ auf. Zu ihrer Berechnung stehen an jedem Rand 2 Integrationskonstanten aus der Differentialgleichung des Biegeproblems und 1 Konstante aus der Membranlösung zur Verfügung, so daß sich der Ansatz von Ersatzrandkräften erübrigt. Die Sprünge in den Verschiebungsgrößen (δ_{ik} — Werte des Kraftgrößenverfahrens) sind Funktionen über ϑ. Da die durch die Randkraftgrößen hervorgerufenen Biegestörungen bei nicht zu flachen Schalen schnell abklingen, siehe z. B. die Gleichungen (8-50) und (8-51) für den zylindrischen Behälter, findet oft keine gegenseitige Beeinflussung der Ränder statt. Wird statt des Kraftgrößenverfahrens das Verschiebungsgrößenverfahren angewandt, so ist auch der Lastzustand nach der Biegetheorie zu ermitteln, da die Teilschalen nicht membrangelagert sind.

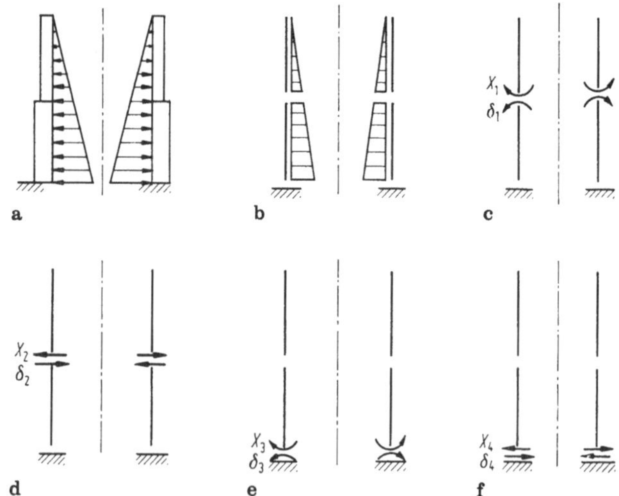

Bild 8-26. Berechnung eines zylindrischen Behälters mit abgetreppter Wandstärke und Fußeinspannung.
a) Behälter mit Belastung;
b) Aufteilung in Teilschalen, Lastzustand nach der Membrantheorie;
c) bis f) Zustände x_1 bis x_4 nach der Biegetheorie.

Bei der Berechnung der Randstörungen von Kugelschalen werden Lösungen in Abhängigkeit vom Winkel φ angegeben. Bei flachen Schalen (bis etwa $\varphi = 30°$) wird der $\cot \varphi$ durch das erste Glied der Reihenentwicklung $1/\varphi$ ersetzt, bei steilen Schalen (φ etwa 40 bis 90°) durch null (nach Geckeler) und im Zwischenbereich ($20° \lessgtr \varphi \lessgtr 80°$) durch eine Konstante (nach Aas-Jakobson bzw. Szmodits).

8.5.2 Biegetheorie der Kreiszylinderschalen

8.5.2.1 Allgemeines und Tragverhalten

Bei den von Dischinger konzipierten Dywidag-Tonnenschalen, die vorwiegend als Dächer verwandt werden, geht man von einem kreiszylindrischen Behälter aus, schneidet parallel zur Rotationsachse einen Teil der Schale ab und ersetzt dessen Tragwirkung durch Randträger, Bild 8-27. Dehnungslose Verformungen werden durch Binderscheiben verhindert. Als Koordinatensystem wird das nach Bild 8-28 gewählt.

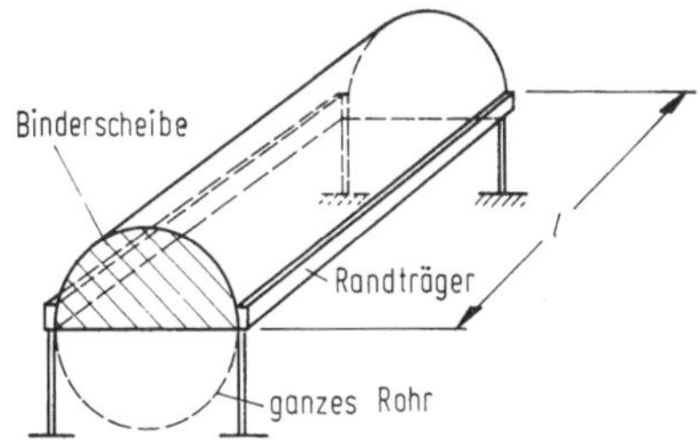

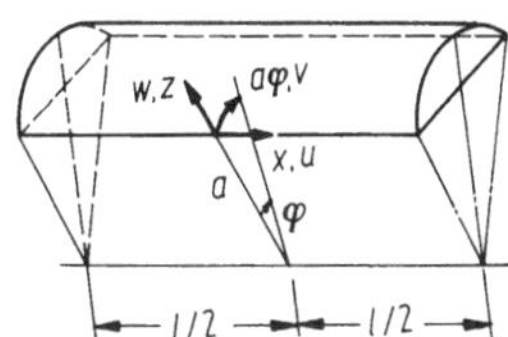

Bild 8-27. Kreiszylinderschale als Teil eines kreiszylindrischen Rohres.

Bild 8-28. Kreiszylinderschale. Koordinatensystem und Bezeichnungen.

Löst man die Schale von Randträger und Binderscheibe, so trägt die Schale die Flächenbelastung des Daches über Membrankräfte ab. Die Binderscheiben stellen in radialer Richtung ein starres Auflager dar, stören also den Membranzustand. Die Störungen klingen entsprechend (8-50) und (8-51) ab. Vernachlässigt man die Biegesteifigkeit der Binderscheiben, so gilt an diesem Rand $n_x = m_x = 0$. — Die *Randträger* müssen die Membrankräfte n_φ und $n_{\varphi x}$ aufnehmen. Durch deren Biege- und Torsionssteifigkeit entstehen Störungen an den Rändern, die nicht so schnell abklingen wie die Störungen an den Binderscheiben. Die Randkräfte werden mittels einer statisch unbestimmten Berechnung nach Bild 8-29 ermittelt.

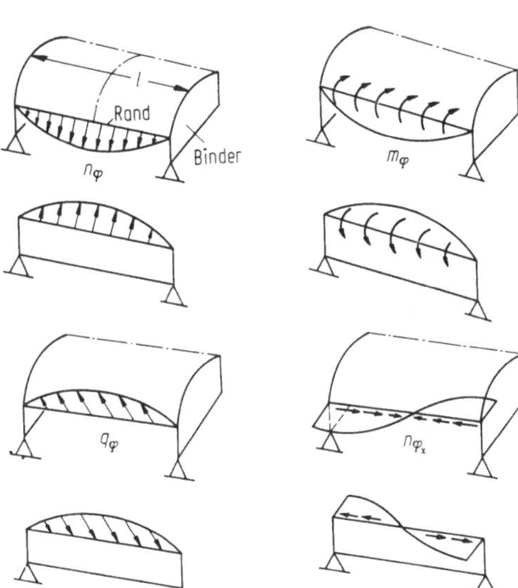

Bild 8-29. Kreiszylinderschale mit statisch unbestimmten Kraftgrößen zwischen Randträger und Schale.

Tafel 8-5. Biegetheorie der Kreiszylinderschalen. Donnellsche Näherung.

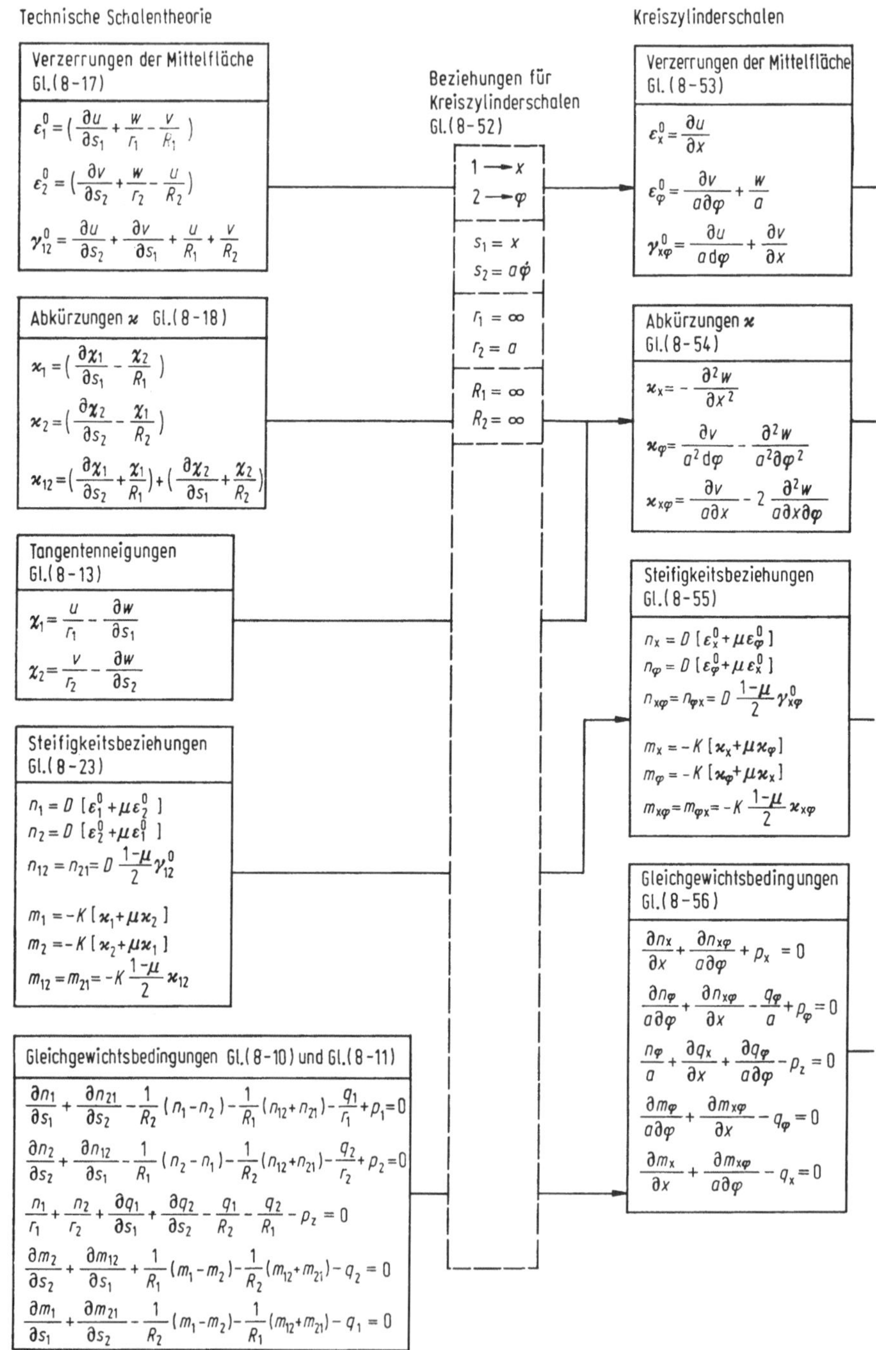

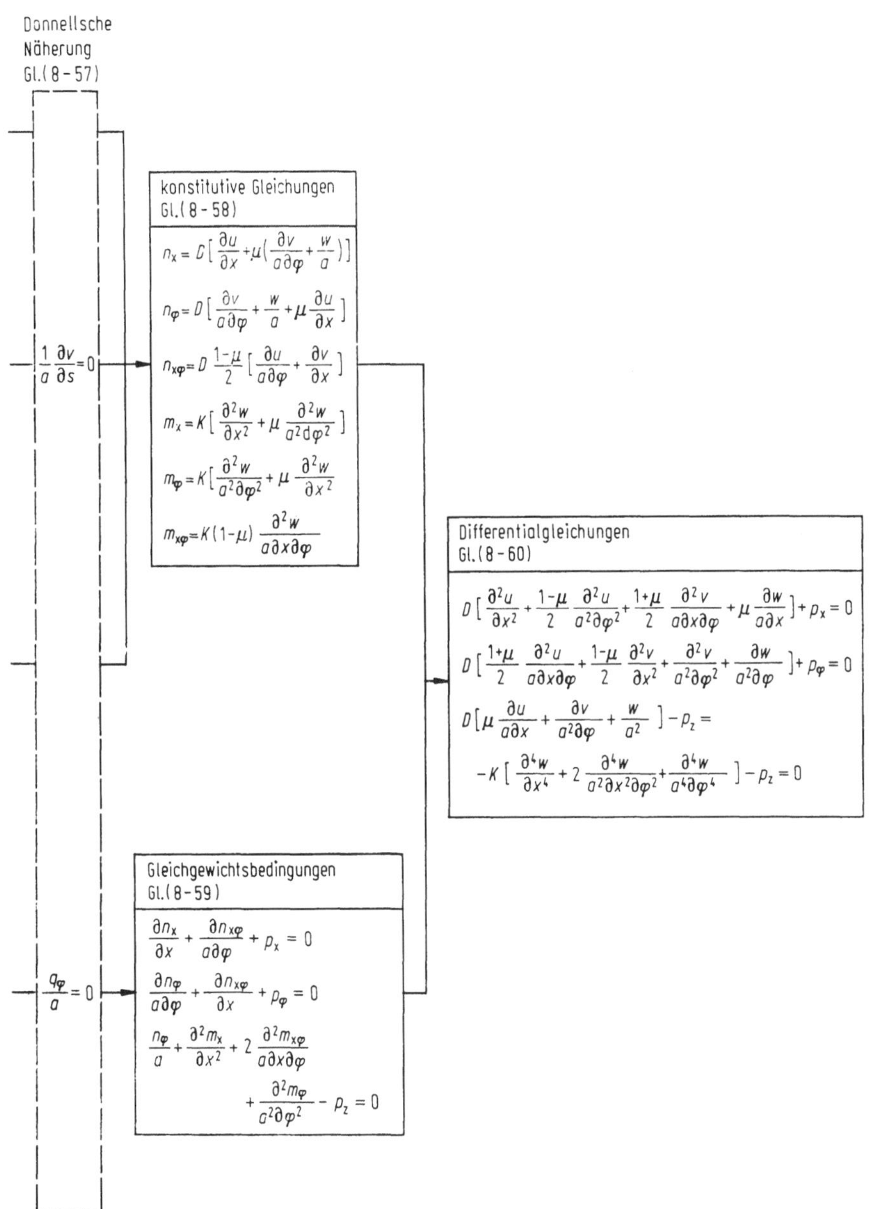

Donnellsche Näherung Gl.(8-57)
$\frac{1}{a}\frac{\partial v}{\partial s}=0$
$\frac{q_\varphi}{a}=0$
konstitutive Gleichungen Gl.(8-58)
$n_x = D\left[\frac{\partial u}{\partial x}+\mu\left(\frac{\partial v}{a\partial\varphi}+\frac{w}{a}\right)\right]$
$n_\varphi = D\left[\frac{\partial v}{a\partial\varphi}+\frac{w}{a}+\mu\frac{\partial u}{\partial x}\right]$
$n_{x\varphi}= D\,\frac{1-\mu}{2}\left[\frac{\partial u}{a\partial\varphi}+\frac{\partial v}{\partial x}\right]$
$m_x = K\left[\frac{\partial^2 w}{\partial x^2}+\mu\,\frac{\partial^2 w}{a^2\partial\varphi^2}\right]$
$m_\varphi = K\left[\frac{\partial^2 w}{a^2\partial\varphi^2}+\mu\,\frac{\partial^2 w}{\partial x^2}\right.$
$m_{x\varphi}=K(1-\mu)\,\frac{\partial^2 w}{a\partial x\partial\varphi}$
Differentialgleichungen Gl.(8-60)
$D\left[\frac{\partial^2 u}{\partial x^2}+\frac{1-\mu}{2}\frac{\partial^2 u}{a^2\partial\varphi^2}+\frac{1+\mu}{2}\frac{\partial^2 v}{a\partial x\partial\varphi}+\mu\frac{\partial w}{a\partial x}\right]+p_x=0$
$D\left[\frac{1+\mu}{2}\frac{\partial^2 u}{a\partial x\partial\varphi}+\frac{1-\mu}{2}\frac{\partial^2 v}{\partial x^2}+\frac{\partial^2 v}{a^2\partial\varphi^2}+\frac{\partial w}{a^2\partial\varphi}\right]+p_\varphi=0$
$D\left[\mu\frac{\partial u}{a\partial x}+\frac{\partial v}{a^2\partial\varphi}+\frac{w}{a^2}\right]-p_z=$
$-K\left[\frac{\partial^4 w}{\partial x^4}+2\frac{\partial^4 w}{a^2\partial x^2\partial\varphi^2}+\frac{\partial^4 w}{a^4\partial\varphi^4}\right]-p_z=0$
Gleichgewichtsbedingungen Gl.(8-59)
$\frac{\partial n_x}{\partial x}+\frac{\partial n_{x\varphi}}{a\partial\varphi}+p_x=0$
$\frac{\partial n_\varphi}{a\partial\varphi}+\frac{\partial n_{x\varphi}}{\partial x}+p_\varphi=0$
$\frac{n_\varphi}{a}+\frac{\partial^2 m_x}{\partial x^2}+2\frac{\partial^2 m_{x\varphi}}{a\partial x\partial\varphi}$
$+\frac{\partial^2 m_\varphi}{a^2\partial\varphi^2}-p_z=0$

Tafel 8-6. Biegetheorie der Kreiszylinderschalen. Donnellsche Näherung mit Spannungsfunktion

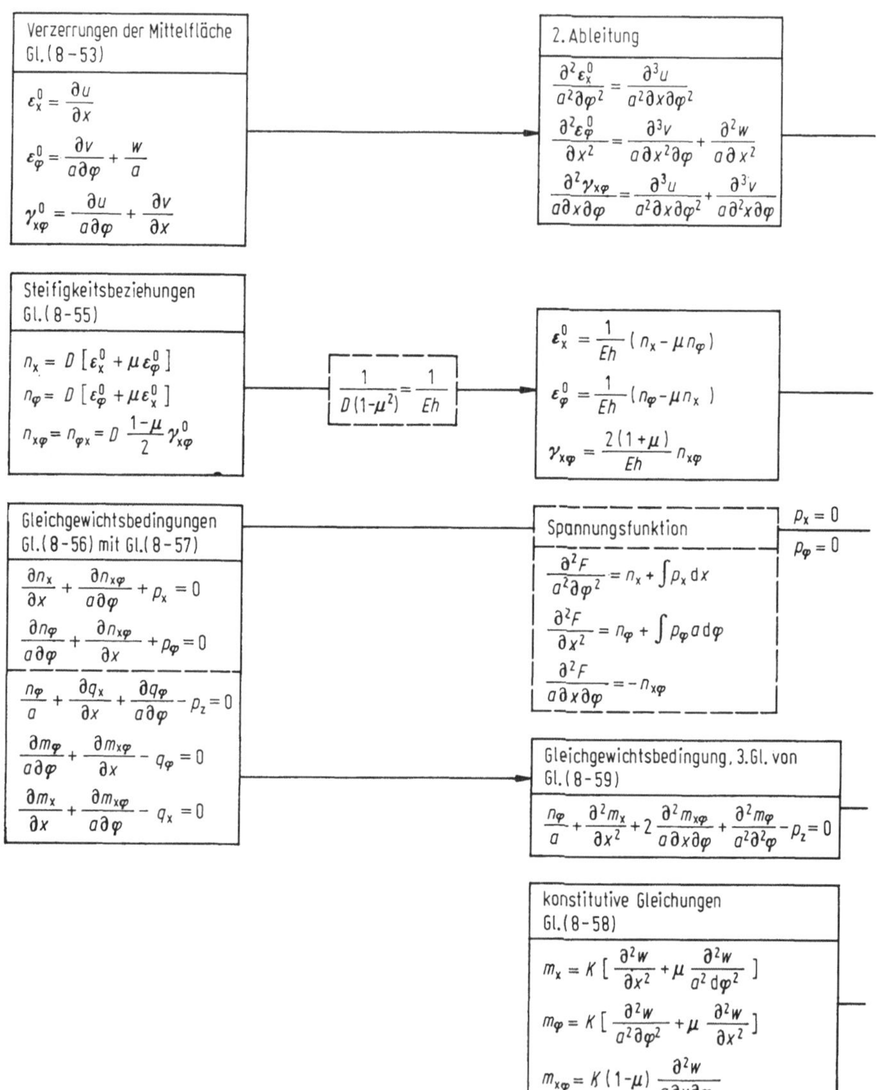

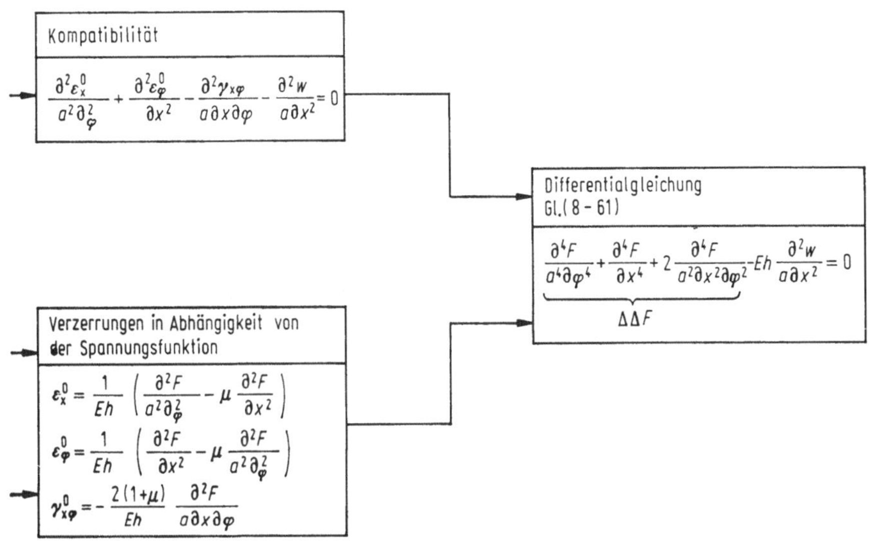

$$\frac{\partial^2 \varepsilon_x^0}{a^2 \partial_\varphi^2} + \frac{\partial^2 \varepsilon_\varphi^0}{\partial x^2} - \frac{\partial^2 \gamma_{x\varphi}}{a\,\partial x\,\partial\varphi} - \frac{\partial^2 w}{a\,\partial x^2} = 0$$

$$\underbrace{\frac{\partial^4 F}{a^4 \partial\varphi^4} + \frac{\partial^4 F}{\partial x^4} + 2\,\frac{\partial^4 F}{a^2 \partial x^2 \partial\varphi^2}}_{\Delta\Delta F} - Eh\,\frac{\partial^2 w}{a\,\partial x^2} = 0$$

$$\varepsilon_x^0 = \frac{1}{Eh}\left(\frac{\partial^2 F}{a^2 \partial_\varphi^2} - \mu\,\frac{\partial^2 F}{\partial x^2}\right)$$

$$\varepsilon_\varphi^0 = \frac{1}{Eh}\left(\frac{\partial^2 F}{\partial x^2} - \mu\,\frac{\partial^2 F}{a^2 \partial_\varphi^2}\right)$$

$$\gamma_{x\varphi}^0 = -\frac{2(1+\mu)}{Eh}\,\frac{\partial^2 F}{a\,\partial x\,\partial\varphi}$$

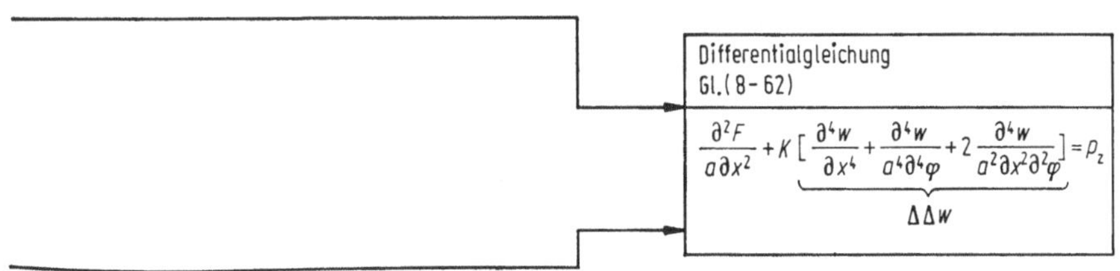

$$\frac{\partial^2 F}{a\,\partial x^2} + K\left[\frac{\partial^4 w}{\partial x^4} + \frac{\partial^4 w}{a^4 \partial\varphi^4} + 2\,\frac{\partial^4 w}{a^2 \partial x^2 \partial\varphi^2}\right] = p_z$$

$$\underbrace{\hphantom{K\left[\frac{\partial^4 w}{\partial x^4} + \frac{\partial^4 w}{a^4 \partial\varphi^4} + 2\,\frac{\partial^4 w}{a^2 \partial x^2 \partial\varphi^2}\right]}}_{\Delta\Delta w}$$

Das Tragverhalten wird vor allem durch die Schalenparameter Länge l, Dicke h und Bogenlänge B bestimmt. Im allgemeinen ist h so klein, daß die technische Schalentheorie verwandt werden kann. Ist $l \gg B$, so haben die Randstörungen an den Binderscheiben nur örtliche Bedeutung. Handelt es sich um eine steile Schale, ist also φ groß, nähert sich das Tragverhalten dem eines Biegeträgers. Ist $B \gg l$ so sind die Randstörungen infolge der Randträger nur von örtlichem Interesse. Handelt es sich um eine flache Schale mit einem kleinen Öffnungswinkel φ und einem großen Radius a, so nähert sich das Tragverhalten dem einer Platte. Dem Tragverhalten entsprechend gibt es verschiedene Näherungen für die Biegetheorie.

8.5.2.2 Donnelsche Näherung

Ausgehend von den Grundgleichungen der technischen Schalentheorie, die in Tafel 8-5 in der ersten Spalte zusammengestellt sind, (Flügge hat ohne diese Näherung die Differentialgleichungen der *„vollständigen Biegetheorie"* ermittelt) erhält man mit den Beziehungen für die Kreiszylinderschale (8-52), Bild 8-28, die Grundgleichungen für die Kreiszylinderschalen (8-53) bis (8-56). Donnel setzt

$$\left.\begin{aligned}\frac{1}{a}\frac{\partial v}{\partial s} &= \frac{1}{a^2}\frac{\partial v}{\partial \varphi} = 0 \\ &= \frac{1}{a}\frac{\partial v}{\partial x} = 0 \\ \frac{q_\varphi}{a} &= 0\end{aligned}\right\} \qquad (8\text{-}57)$$

Es sind dies die Glieder, durch die sich die Beziehungen (8-54) bzw. (8-56) der technischen Schalentheorie von denjenigen der Plattentheorie (6-5) und (6-6) bzw. der Scheibentheorie (7-5) unterscheiden. Die konstitutiven Gleichungen und die Gleichgewichtsbedingungen lassen sich zu den 3 partiellen Differentialgleichungen für die Verschiebungen u, v und w (8-60) zusammenfassen, zu deren Lösung Girkmann Fouriersche Doppelreihen verwendet. Die Theorie wird auch als *quasi-vollständige Biegetheorie* bezeichnet.

Führt man für die Membrankräfte eine Spannungsfunktion F ein und behandelt diese Teilaufgabe analog zur Scheibenaufgabe, Tafel 7-1, die Biegeanteile analog zur Plattenaufgabe, Tafel 6-1, so erhält man, wie in Tafel 8-6 dargestellt, die beiden partiellen Differentialgleichungen 4. Ordnung (8-61) und (8-62) für die Spannungsfunktion F und die Verschiebung w, die man zu einer partiellen Differentialgleichung 8. Ordnung für die Spannungsfunktion F

$$\Delta\Delta\Delta\Delta F + \frac{Eh}{K}\frac{\partial^4 F}{a^2\,\partial x^4} = \frac{Eh}{K}\frac{\partial^2 p_z}{a\,\partial x^2} \qquad (8\text{-}63)$$

oder für die Verschiebung w

$$\Delta\Delta\Delta\Delta w + \frac{Eh}{K}\frac{\partial^4 w}{a^2\,\partial x^4} = \frac{1}{K}\Delta\Delta p_z \qquad (8\text{-}64)$$

zusammenfassen kann. Bei der Herleitung wurde $p_x = p_\varphi = 0$ gesetzt, was aber nicht zwingend ist. Mit (8-64) haben u. a. Marguerre, Wlassow sowie Rüdiger und Urban geabreitet.

Letztere setzen die Einfachreihenlösung an (s. Abschnitt 6.4.2.2), wobei in x-Richtung die Fourierentwicklung vorgenommen, in φ-Richtung der $e^{\lambda x}$-Ansatz gemacht wird. In φ-Richtung klingen die Störungen ab, so daß sich bei entsprechend großem B die Ränder gegenseitig nicht mehr beeinflussen.

8.5.2.3 Schorersche Näherung

Schorer verwendet die Donnellschen Näherungen und die von Finsterwalder. *Finsterwalder* hat für lange Schalen eine Lösung angegeben, die „unvollständige Biegetheorie" genannt wird, bei der er

$$m_x = m_{x\varphi} = q_x = 0 \qquad (8\text{-}65)$$

setzt, also die „Plattenbiegung" in Längsrichtung vernachlässigt, dafür aber auf die Donnelschen Näherungen verzichtet. Zusätzlich nimmt Schorer an:

$$\left.\begin{array}{c} p_x = p_\varphi = 0 \\[2ex] p_z \text{ in Membranlösung enthalten} \\[2ex] \overset{0}{\varepsilon_\varphi} = \overset{0}{\gamma_{x\varphi}} = \mu = 0 \end{array}\right\} \qquad (8\text{-}66)$$

Berücksichtigt man diese Näherungen in den Beziehungen der technischen Schalentheorie für Kreiszylinderschalen, Tafel 8-7, setzt Eh statt D und EI statt K, so erhält man die homogene Differentialgleichung 8. Ordnung (8-67) für w zur Berechnung von Störungen des Membranzustandes. Es handelt sich bei der Näherung nach Schorer um eine Balkentheorie mit Profilverformung.

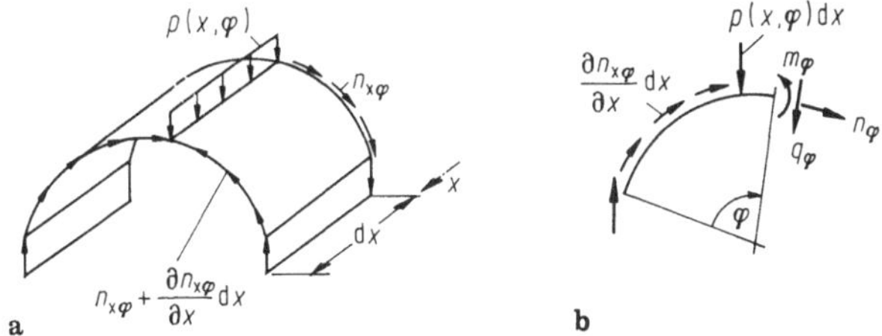

Bild 8-30. Zur Lundgrenschen Balkenmethode.
a) Element einer Kreiszylinderschale mit Schubkräften und Belastung;
b) Berechnung von m_φ, q_φ und n_q an einem Element einer Kreiszylinderschale.

8.5.2.4 Lundgrensche Balkenmethode

Bei der von Lundgren angegebenen Balkenmethode wird die Schale zuerst als Balken nach der technischen Biegetheorie berechnet. Man erhält damit die Kräfte $n_x = \sigma h$ und $n_{x\varphi} = \tau h$. Anschließend betrachtet man ein Schalenelement der Länge $dx = 1$ unter den Schubkräften und unter der äußeren Belastung p, Bild 8-30. Über das Schalenelement integriert sind die Kräfte im Gleichgewicht, jedoch nicht wenn man einzelne Schnitte $\varphi = \text{const}$ führt. Aus dem Gleichgewicht am Bogen berechnet man die Momente m_φ und die Kräfte n_φ und q_φ. Das Verfahren hat den Vorteil der ingenieurmäßigen Aufteilung in Balken- und Bogenwirkung (Profilverformung) und den, daß es nicht an bestimmte Querschnittsformen gebunden ist.

Tafel 8-7. Biegetheorie für Kreiszylinderschalen. Schorersche Näherung.

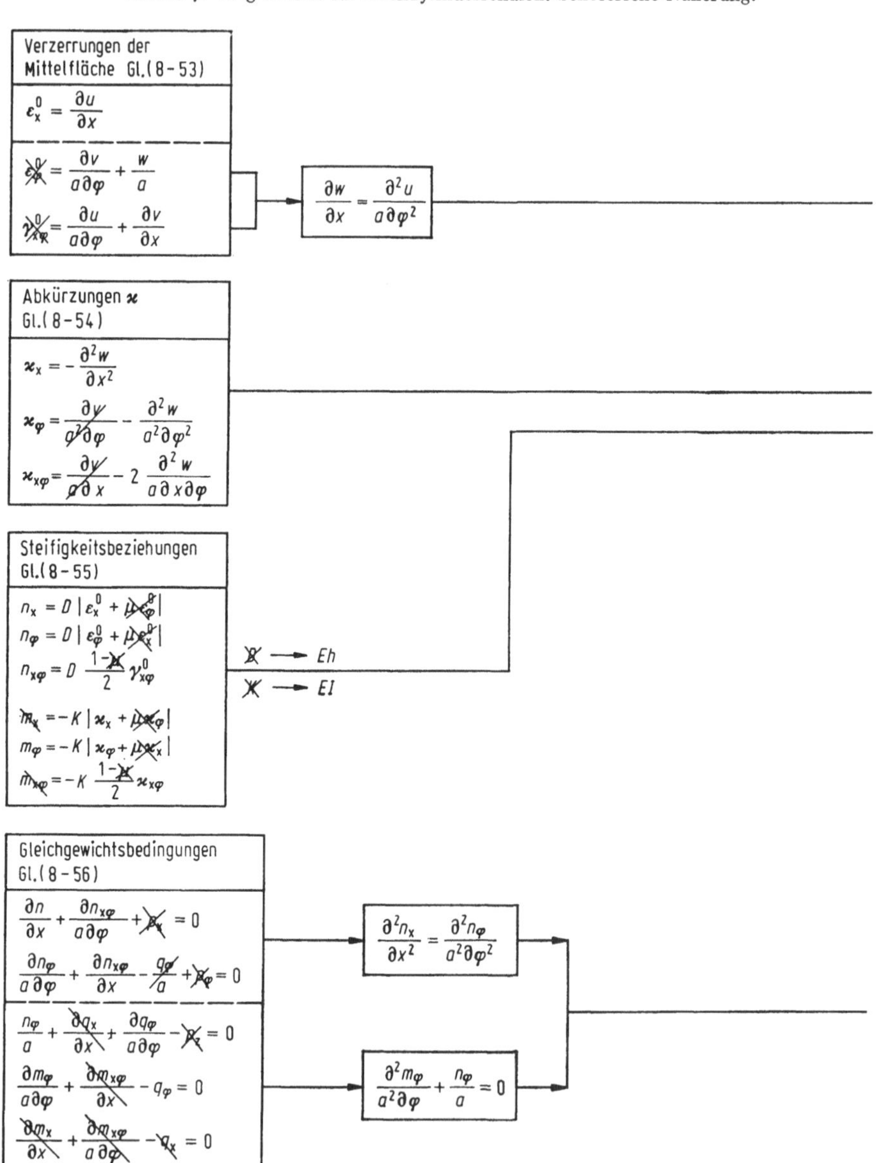

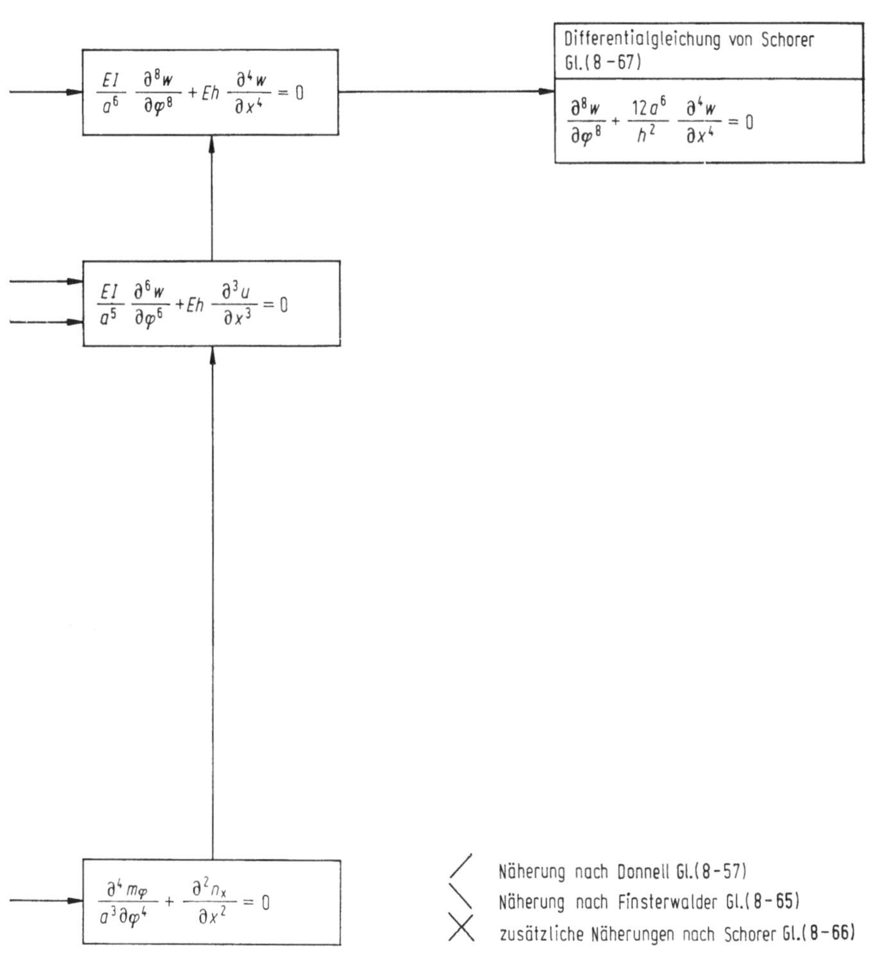

$\dfrac{EI}{a^6}\,\dfrac{\partial^8 w}{\partial\varphi^8}+Eh\,\dfrac{\partial^4 w}{\partial x^4}=0$
Differentialgleichung von Schorer
Gl.(8-67)
$\dfrac{\partial^8 w}{\partial\varphi^8}+\dfrac{12\,a^6}{h^2}\,\dfrac{\partial^4 w}{\partial x^4}=0$
$\dfrac{EI}{a^5}\,\dfrac{\partial^6 w}{\partial\varphi^6}+Eh\,\dfrac{\partial^3 u}{\partial x^3}=0$
$\dfrac{\partial^4 m_\varphi}{a^3\,\partial\varphi^4}+\dfrac{\partial^2 n_x}{\partial x^2}=0$
Näherung nach Donnell Gl.(8-57)
Näherung nach Finsterwalder Gl.(8-65)
zusätzliche Näherungen nach Schorer Gl.(8-66)

9. Faltwerke

9.1 Einleitung und Definitionen

Ein aus Ebenen zusammengesetztes Tragwerk wird als Faltwerk bezeichnet, Bild 9-1. In den einzelnen Ebenen sind Platten- und Scheibentragwirkung entkoppelt. Bei Schnitten entlang der Kanten werden die Spannungen freigesetzt, aus denen die 3 Schnittgrößen der Platte und die 2 Schnittgrößen der Scheibe gebildet werden, Bild 9-2. Bei der Kirchhoffschen Plattentheorie sind am Rand Drillmoment und Querkraft zur Ersatzquerkraft zusammenzufassen, Abschnitt 6.3.1, so daß insgesamt 4 Schnittgrößen an den Rändern wirken.

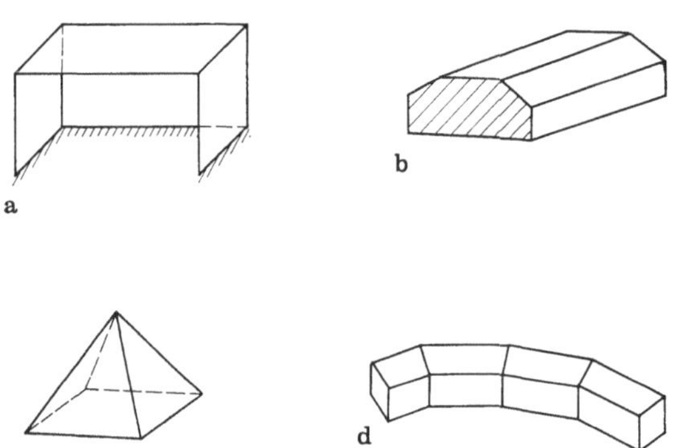

Bild 9-1. Unterscheidung von Faltwerken nach der Form.
a) Offener Kasten, b) prismatisches Faltwerk, c) pyramidenförmiges Faltwerk,
d) gekrümmtes Faltwerk.

Eine geschlossene Lösung ist nur in einigen Sonderfällen möglich. Eine Entwicklung der Last-, Schnitt- und Verschiebungsgrößen in Fourierreihen zur Lösung der Aufgabe führt in den meisten Fällen zu umfangreichen Rechnungen. Aus diesem Grunde werden vereinfachende Annahmen getroffen:

— Starres Faltwerk. Die Scheiben werden als dehn- und schubstarr angesehen (im Hochbau üblich). Dabei sind Annahmen über den Verlauf der Kräfte in den Kanten erforderlich.
— Gelenkwerk. Die Plattensteifigkeit wird vernachlässigt.
— Steifkantiges oder biegesteifes Faltwerk. Platten- und Scheibensteifigkeit werden berücksichtigt.

9.2 Prismatische Faltwerke

9.2.1 Allgemeines

Da die einzelnen Wände der Faltwerke als Platten wirken (und daher dicker ausgeführt werden müssen als Schalen), können prismatische Faltwerke auch ohne Binderscheiben hergestellt werden, die jedoch in den meisten Fällen die Steifigkeit des prismatischen Faltwerks erheblich vergrößern. Die Binderscheiben werden dabei i. allg. als in ihrer Ebene unendlich starr und senkrecht dazu ohne Steifigkeit angesehen.

Spannungen	Scheibe		Platte		
	Längskraft	Schubkraft	Querkraft	Biegemoment	Drillmoment
Längs-spannungen 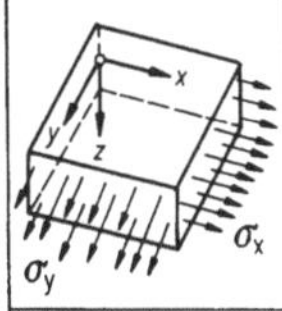 σ_x, σ_y	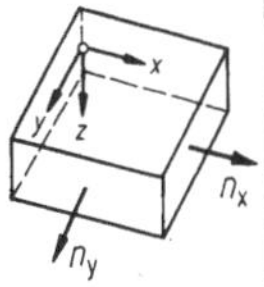 n_x, n_y			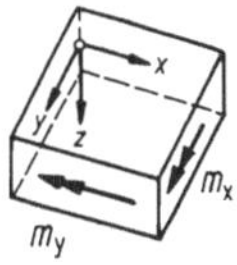 m_x, m_y	
Schub-spannungen ‖ zur Mittelfläche 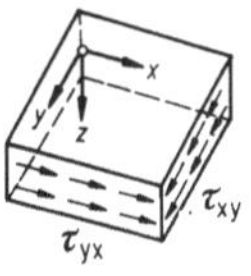 τ_{xy}, τ_{yx}		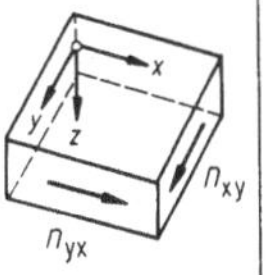 n_{xy}, n_{yx}			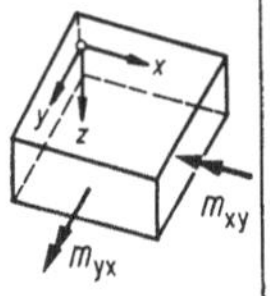 m_{xy}, m_{yx}
Schub-spannungen ⊥ zur Mittelfläche 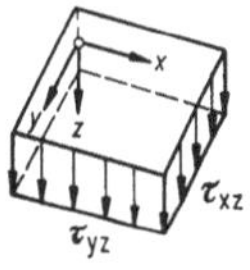 τ_{xz}, τ_{yz}			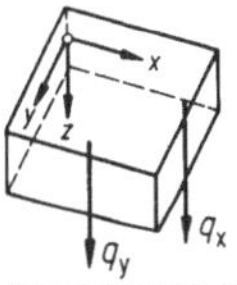 q_x, q_y		

Bild 9-2. Zuordnung der Schnittgrößen zu Platte und Scheibe.

Müssen die einzelnen Wände nach der Platten- und Scheibentheorie berechnet werden, so hat man nach dem Kraftgrößenverfahren an den Kanten Schnitte zu führen und die jeweils 4 Schnittgrößen pro Kante als Unbekannte anzusetzen, s. Bild 8-29.

Bei langen prismatischen Faltwerken können die Wände als Biegebalken angesehen werden. Dabei kann man die Dehnsteifigkeit in Umfangsrichtung als unendlich groß ansetzen. Mit den Bezeichnungen des Bildes 9-3 ist dann n_y nicht mehr aus der Dehnsteifigkeit ε_y berechenbar, sondern nur noch mit Gleichgewichtsbedingungen, so wie q_y über das Gleichgewicht an m_y gebunden ist. Es bleiben damit an den Kanten nur die Unbekannten n_{yx} und m_y, Bild 9-4.

9.2.2 Gelenkwerk

Da beim Gelenkwerk die Plattenbiegesteifigkeit null gesetzt wird, müssen die Lasten in den Kanten angreifen. Sie werden in Richtung der einzelnen Wände zerlegt, Bild 9-5. Für eine Scheibe i erhält man, s. (2.6-5)

$$v_i^{IV}(x) = \frac{1}{EI_i}\, p_i(x) \tag{9-1}$$

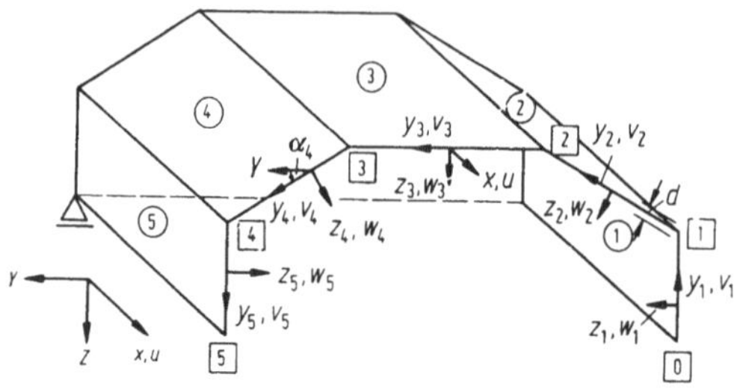

Bild 9-3.　Koordinatensysteme und Bezeichnungen für prismatische Faltwerke.

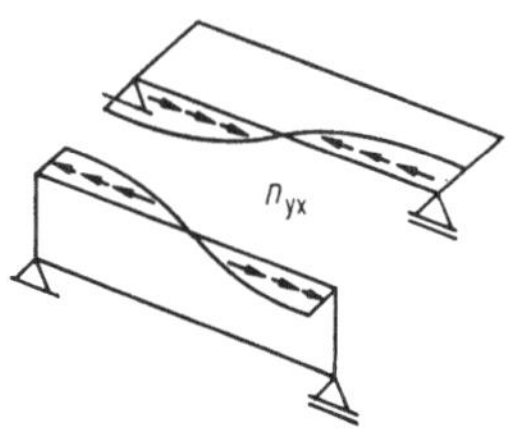

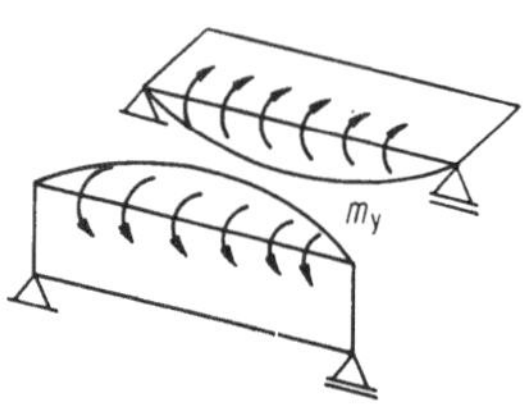

Bild 9-4. Unbekannte Kantenkräfte bei langen prismatischen Faltwerken.

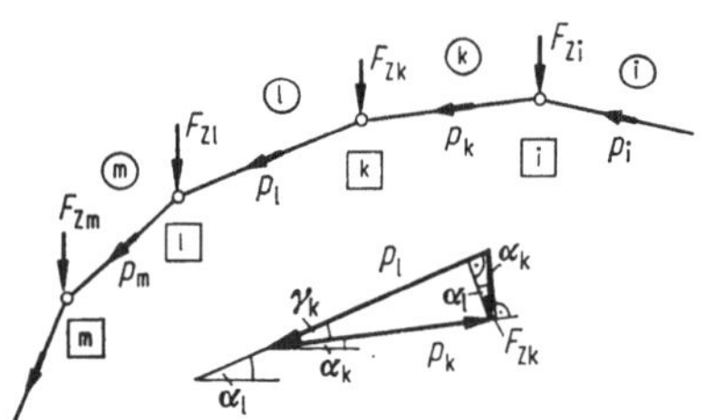

$$p_l = F_{zk}\,(\cos\alpha_k / \sin\gamma_k) \qquad p_k = -F_{zk}\,(\cos\alpha_l / \sin\gamma_k)$$

Bild 9-5.　Ermittlung der Wandlast aus der Kantenlast.

und die Verschiebung am Scheibenrand, Bild 9-6:

$$u_{\mathrm{ih}} = e_{\mathrm{ih}}\varphi_\mathrm{i}(x)$$
$$u_{\mathrm{ii}} = -e_{\mathrm{ii}}\varphi_\mathrm{i}(x)$$

$$(9\text{-}2)$$

Da $\varphi(x) = v'$ ist, gilt

$$u_\mathrm{i}'''(x) = \pm e_\mathrm{i} v_\mathrm{i}^{\mathrm{IV}}(x) = \pm \frac{e_\mathrm{i}}{EI_\mathrm{i}}\,p_\mathrm{i}(x) \qquad (9\text{-}3)$$

Setzt man an der Kante i die Unbestimmte $n_{\mathrm{yx,i}}$ an, so bedeutet das für die anschließenden Wände eine Längs- und Momentenbelastung, Bild 9-7. Die daraus entstehenden Verschiebungen haben den funktionalen Zusammenhang:

$$u_{\mathrm{ii}}''(x) = +\left(\frac{1}{EA_\mathrm{i}} + \frac{e_{\mathrm{ii}}}{EI_\mathrm{i}}\right) n_{\mathrm{yx,i}}(x) \left.\vphantom{\frac{\frac{1}{1}}{\frac{1}{1}}}\right\}$$

$$u_{\mathrm{ki}}''(x) = -\left(\frac{1}{EA_\mathrm{k}} + \frac{e_{\mathrm{ki}}}{EI_\mathrm{i}}\right) n_{\mathrm{yx,i}}(x)$$

$$(9\text{-}4)$$

Aus der Kompatibilitätsbedingung, daß die Verschiebungen u_i zweier benachbarter Wände an den Kanten i gleich sein müssen, berechnet man die Kräfte $n_{yx,i}$, die über x einen Verlauf analog der Querkraft infolge der Wandbelastung haben, wie ein Vergleich von (9-4) mit (9-3) zeigt. Mit den bekannten Schubkräften an den Kanten können die Verschiebungen v_i berechnet werden. Faßt man die Verschiebungen v_i in der Spaltenmatrix $\boldsymbol{v}$ zusammen und die Wandbelastungen p_i in der Spaltenmatrix $\boldsymbol{p}$, so erhält man:

$$\boldsymbol{v} = [v_i] \qquad \boldsymbol{p} = [p_i] \qquad \boldsymbol{v}^{IV}(x) = \boldsymbol{A}\boldsymbol{p}(x) \qquad (9\text{-}5)$$

Die Matrix $\boldsymbol{A}$ ergibt sich dabei aus den beschriebenen Rechengängen. Aus den Verschiebungen v_i können entsprechend Bild 9-8 die Kantenverschiebungen ermittelt werden.

Die Berechnung des Gelenkwerkes ist auch mit dem Verschiebungsgrößenverfahren möglich.

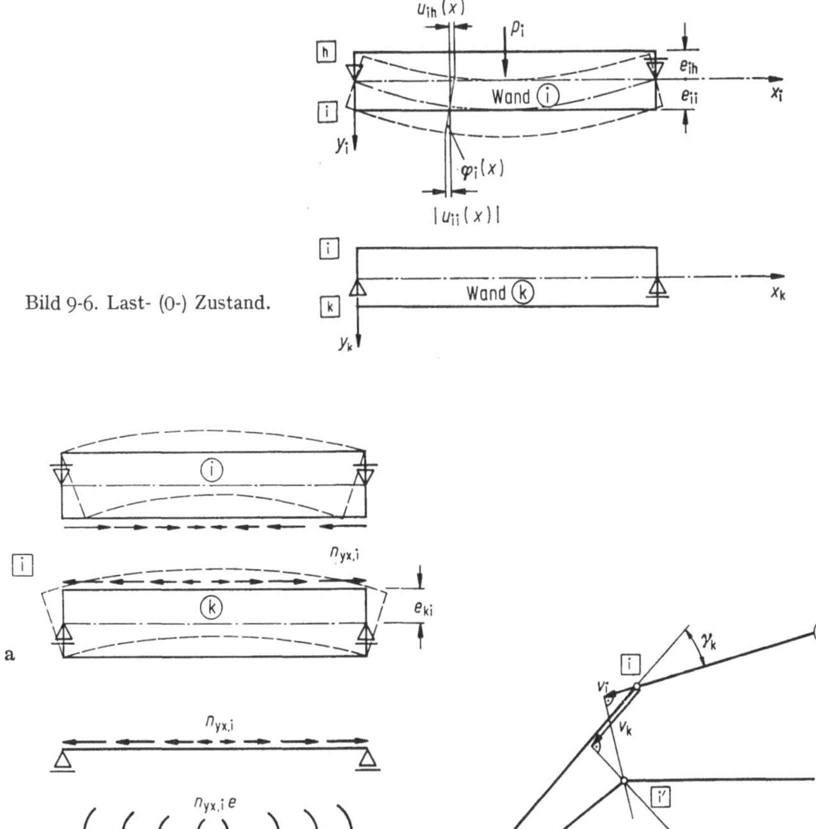

Bild 9-6. Last- (0-) Zustand.

Bild 9-7. a) Zustand $n_{yx,i}$, b) Belastung der Wand k infolge $n_{yx,i}$.

Bild 9-8. Ermittlung der Kantenverschiebung aus den Wandverschiebungen.

9.2.3 Biegesteifes Faltwerk

Beim biegesteifen Faltwerk treten bei einer Berechnung mit dem Kraftgrößenverfahren noch die Kantenmomente m_y, Bild 9-4, als Unbekannte hinzu. Das Gelenkwerk wird als statisch unbestimmtes Hauptsystem verwandt. Verdrehungssprünge an den Kanten entstehen infolge der Verschiebungen $w_i(x, y)$ bei unverschobenen Kanten und infolge der Kantenverschiebungen, Bild 9-9.

Faßt man in Matrizen zusammen:

$$d = [\delta_i] \qquad m = [m_{yi}] \qquad\qquad (9\text{-}6)$$

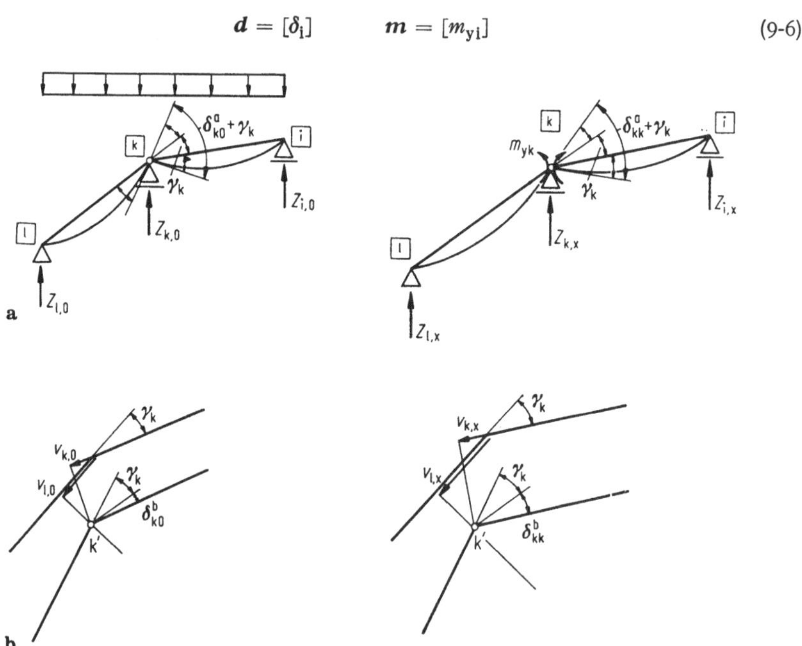

Bild 9-9. Verdrehungssprünge am Knoten k infolge
a. Verschiebungen $w_i(x, y)$, b. Kantenverschiebungen;
links: Lasten, rechts: Kantenmomenten X.

so erhält man für die einzelnen im Bild 9-9 dargestellten Anteile, wenn man die Bezeichnungen der Bildteile als Indizes verwendet:

$$d_{a0}(x) = D_{a0}p(x)$$

$$d_{b0}(x) = D_{b0}v_0(x)$$

$$d_{a1}(x) = D_{a1}m(x) \qquad\qquad (9\text{-}7)$$

$$d_{b1}(x) = D_{b1}v_1(x)$$

In den Matrizen D sind die Beiwerte enthalten, die sich in Abhängigkeit von der Tragwerksform für die einzelnen Anteile ergeben, $v_0(x)$ sind die Wandverschiebungen des Gelenkwerks infolge p, $v_1(x)$ diejenigen infolge m. Die Kompatibilitätsbedingungen an den Kanten lauten damit:

$$D_{a0}p(x) + D_{b0}v_0(x) + D_{a1}m(x) + D_{b1}v_1(x) = 0 \qquad (9\text{-}8)$$

Die Kantenmomente m_y werden aufgespalten in die Anteile m_{yD} des Durchlaufträgers auf starren Stützen nach Bild 9-9a und die Anteile m_{yG} infolge der Kantenverschiebungen des Gelenkwerks.

$$\left.\begin{aligned} m(x) &= m_D(x) + m_G(x) \\ v_1(x) &= v_{1D}(x) + v_{1G}(x) \end{aligned}\right\} \qquad (9\text{-}9)$$

Für den Durchlaufträger auf starren Stützen gilt analog zu (2.10-1)

$$D_{a0}p(x) + D_{a1}m_D(x) = 0 \qquad (9\text{-}10)$$

Berechnet man die Momente $m_D(x)$ und berücksichtigt man (9-10) in (9-8), so erhält man:

$$D_{b0}v_0(x) + D_{a1}m_G(x) + D_{b1}\bigl(v_{1D}(x) + v_{1G}(x)\bigr) = 0 \qquad (9\text{-}11)$$

Aus (9-10) folgt, daß der funktionale Verlauf von $m_D(x)$ gleich dem der Lastfunktion $p(x)$ ist, und damit derjenige von $v_{1D}(x)$ gleich $v_0(x)$, so daß diese zusammengefaßt werden können:

$$D_{b0}v_0(x) + D_{b1}v_{1D}(x) = D_0 v_{0D}(x) \qquad (9\text{-}12)$$

In v_{0D} sind dabei die Verschiebungen zusammengefaßt, die man erhält, wenn man bei der Berechnung der Kantenlasten infolge der Belastung, Bild 9-5, die Durchlaufwirkung in Querrichtung berücksichtigt.

Analog zu (9-5) gilt

$$v_{1G}^{IV}(x) = A_m m_G(x) \qquad (9\text{-}13)$$

Setzt man

$$D_{a1}A_m^{-1} = D_1, \qquad (9\text{-}14)$$

dann lautet (9-11) mit (9-12) und der nach m_G aufgelösten Gleichung (9-13):

$$D_1 v_{1G}^{IV}(x) + D_{b1}v_{1G}(x) + D_0 v_{0D}(x) = 0 \qquad (9\text{-}15)$$

Als Lösung des Differentialgleichungssystems erhält man die Wandverschiebungen infolge der Kantenmomente, die zusätzlich zu denen des Gelenkwerkes entstehen, bei dem in Querrichtung die Durchlaufwirkung auf starren Stützen berücksichtigt wurde. Mit (9-13) berechnet man die unbekannten Kantenmomente.

Die Berechnung des biegesteifen Faltwerkes kann auch mit dem Verschiebungsgrößenverfahren durchgeführt werden.

9.2.4 Zum Tragverhalten prismatischer Faltwerke

Die Frage, ob und wann die bedeutend einfachere *Gelenkwerksberechnung ausreichend* ist, kann nicht allgemeingültig beantwortet werden, da außer der Form und den Steifigkeitsverhältnissen des Faltwerks auch die Belastung eine Rolle spielt. Da aber bei der angegebenen Berechnung biegesteifer Faltwerke die Gelenkwerksberechnung vorweg durchgeführt wird, empfiehlt es sich, am Ende zu prüfen, ob die Verdrehungssprünge an den Kanten eine Berechnung als biegesteifes Faltwerk erforderlich machen.

Das *Differentialgleichungssystem* (9-15) des biegesteifen Faltwerks entspricht dem eines Systems elastisch gebetteter Balken. Die dortigen Ausführungen z. B. über Lösungsansätze, Abklingverhalten an Störstellen usw., Abschnitte 2.15 und 2.16.4, gelten hier analog. Beim elastisch gebetteten Balken sind keine Lager erforderlich, analog beim prismatischen Faltwerk keine Binderscheiben. Ist die Abklinglänge einer Störung kleiner als der doppelte Abstand der Binderscheiben oder Schotte, ist also ein Bereich vorhanden, der unbeeinflußt von Binderscheiben und Schotten ist, so haben Binderscheiben und Schotte nur einen örtlichen Einfluß auf das Tragverhalten des prismatischen Faltwerks.

In den Herleitungen der Abschnitte 9.2.2 und 9.2.3 wurde die *Schubsteifigkeit* Null gesetzt. Dies ist zu beachten, wenn z. B. das Faltwerk hauptsächlich auf Torsion beansprucht wird, da diese Faltwerkstheorie dann neben der elastischen Bettung durch die Wände nur die Wölbeinflüsse berücksichtigt. Sollen die Schubverformungen auch berücksichtigt werden, so treten in den Gleichungen (9-5) und (9-13) entsprechend Tafel 2.6-1 noch die zweiten Ableitungen v'' auf, deren Beiwerte in der Matrix D_S zusammengefaßt werden. — Die in Bild 9-8 dargestellte Ermittlung der Kantenverschiebungen gelingt nicht mehr spannungslos, da die Wände einer Verdrehung den Torsionswiderstand entsprechend Tafel 2.6-1 entgegensetzen. Kantenlasten p_i und Kantenmomente m_i haben dann über die Verdrehung Kantenverschiebungen w_i zur Folge, die mit den Wandverschiebungen v_i kompatibel sein müssen, was ebenfalls Anteile v''_i zur Folge hat, deren Beiwerte in der Matrix D_T enthalten sein sollen. Unter Berücksichtigung der Schubverformungen der Wände und/oder der Torsionssteifigkeit der Wände erhält man dann statt (9-15)

$$D_1 v_{1\mathrm{G}}^{\mathrm{IV}}(x) + (D_{\mathrm{S}1} + D_{\mathrm{T}1})\, v''_{1\mathrm{G}}(x) + D_{\mathrm{b}1} v_{1\mathrm{G}}(x) + D_0 v_{0\mathrm{D}}(x) + (D_{\mathrm{S}0} + D_{\mathrm{T}0})\, v''_{0\mathrm{D}}(x) = 0$$

$$(9\text{-}16)$$

Die beiden letzten Summanden sind nur von der Belastung abhängig und daher bekannt. Das Differentialgleichungssystem entspricht dem eines Systems elastisch gebetteter Balken bei Berücksichtigung der Schubverformung.

10. Torsion von Stäben

10.1 Symbole

Zusätzlich zu oder zusammen mit den Lagersymbolen des Abschnittes 2.2.3 werden hier diejenigen des Bildes 10-1 verwandt. Das Torsionsmoment wird teilweise um 90° gedreht als Pfeil mit einem Strich gezeichnet, Bild 10-2.

10.2 St. Venantsche Torsion allgemein

10.2.1 Differentialgleichung der Torsionsfunktion

Da das Torsionsmoment nur aus den Schubspannungen τ_{xz} und τ_{xy} gebildet wird (s. (2.3-4))

$$M_\mathrm{T} = \int\limits_A (\tau_{xz} y - \tau_{xy} z)\, \mathrm{d}A \tag{10-1}$$

wird bei der St. Venantschen Torsion angenommen, daß bei einer Torsionsbeanspruchung nur diese Spannungen entstehen, daß also die Bedingungen (10-2) der Tafel 10-1 gelten.

Mit diesen Bedingungen erhält man die Werkstoffbeziehungen (10-3) und die Gleichgewichtsbedingungen (10-4), die von der Spannungsfunktion $\Phi(y, z)$ (10-5) erfüllt werden. Berücksichtigt man (10-3) in den geometrischen Beziehungen, so ergibt sich aus der letzten Gleichung (10-6) mit Bild 10-3, daß der Querschnitt erhalten bleibt und daher nach Bild 10-4 für v_y und v_z die Beziehungen (10-7a) gelten. Damit erhält man die Differentialgleichung für die Torsionsfunktion (10-8) in Abhängigkeit von der Verdrillung ϑ' und dem Schubmodul G.

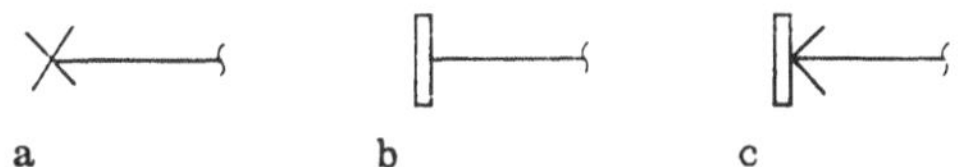

Bild 10-1. Lagersymbole für Stäbe unter Torsionslasten.
a) Drehbehinderung $\vartheta = 0$, b) Wölbbehinderung $w = 0$, c) Dreh- und Wölbbehinderung.

Bild 10-2. Symbole für Torsionsmomente.
a) Lastmoment, b) Schnittmoment,
c) Bimoment

Für einen Rand gilt nach Bild 10-5:

$$\frac{\tau_{\mathrm{R}}}{\mathrm{d}s} = \frac{\tau_{xy}}{\mathrm{d}y} = \frac{\tau_{xz}}{\mathrm{d}z},$$

also $\tau_{xy}\,\mathrm{d}z - \tau_{xz}\,\mathrm{d}y = 0$ und mit (10-5) die Randbedingung $\mathrm{d}\Phi = 0$ bzw.

$$\Phi_{\mathrm{R}} = \text{const} \tag{10-9}$$

Auf die Lösung der inhomogenen Potentialgleichung soll hier nicht eingegangen werden. In Sonderfällen sind geschlossene Lösungen möglich. Als numerische Lösungen kommen vor allem das Differenzenverfahren und die Methode der finiten Elemente in Frage.

Berücksichtigt man in (10-1) die Lösungsfunktion, so erhält man nach partieller Integration unter Berücksichtigung der Randbedingung (10-9):

$$M_{\mathrm{T}} = 2 \int\limits_{A} \Phi(y, z)\,\mathrm{d}A \tag{10-10}$$

Tafel 10-1. Schema zur Herleitung der Differentialgleichung für die Torsionsfunktion

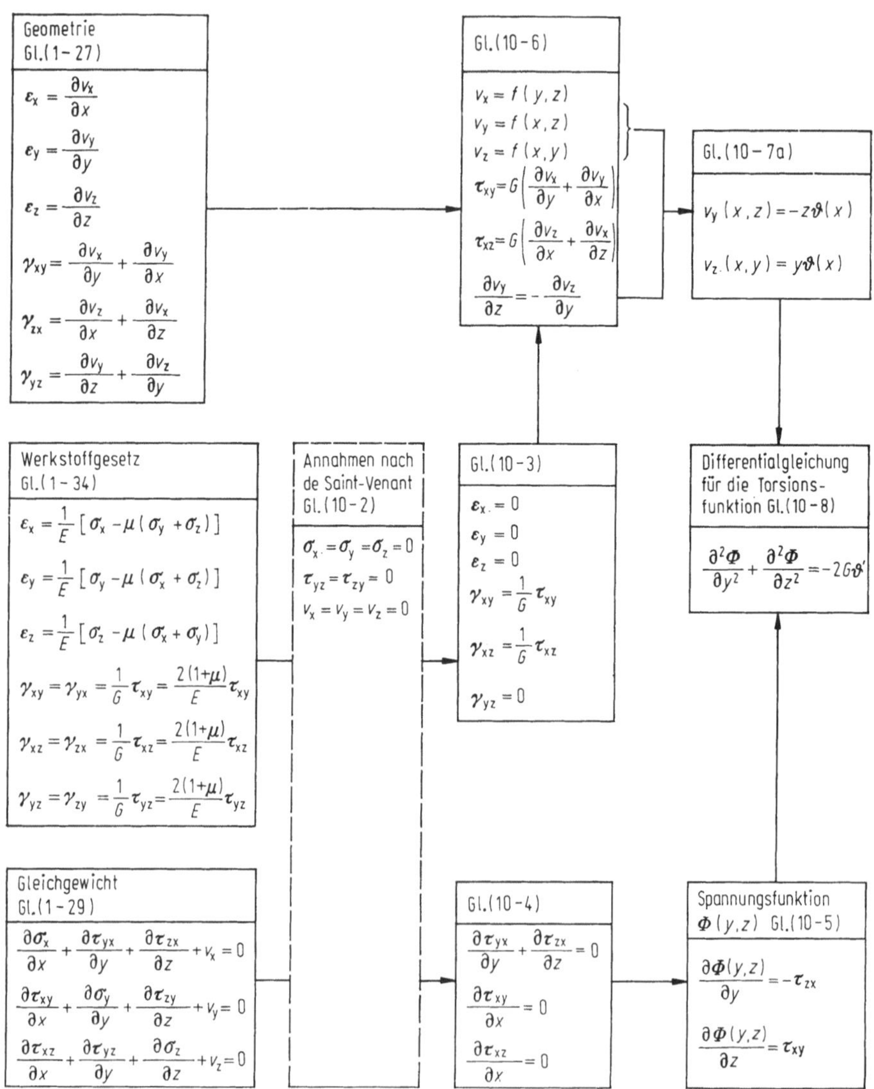

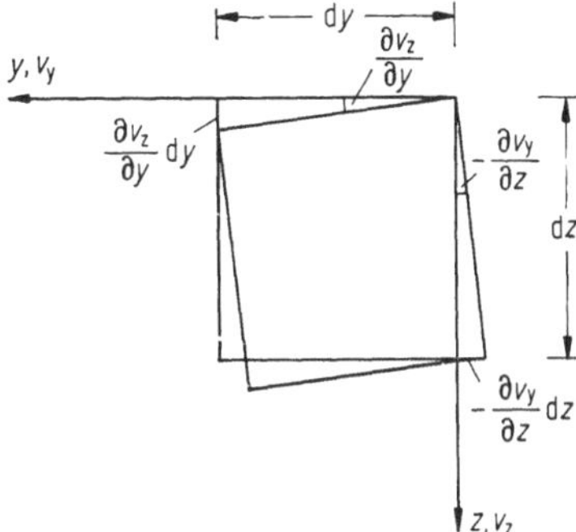

Bild 10-3. Starrkörperverschiebung eines
Elementes $\mathrm{d}y\,\mathrm{d}z$.

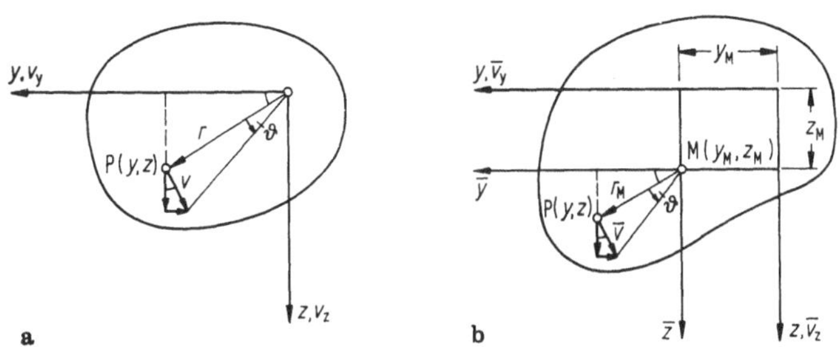

a   b

Bild 10-4. Verschiebungen v_y und v_z bei einer Verdrehung ϑ.
a) um den Nullpunkt des Koordinatensystems, b) um den Drehpunkt M.

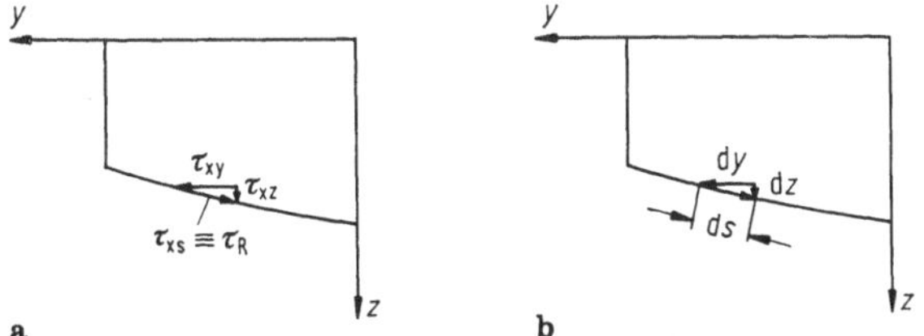

a   b

Bild 10-5. Beziehungen am Rand.
a) Spannungen, b) Längendifferentiale.

und wegen der Festlegung für die Verdrillung (s. (2.5-9)):

$$\vartheta' = \frac{M_\mathrm{T}}{GI_\mathrm{T}}$$

(10-11)

die St. Venantsche Torsionssteifigkeit des Querschnitts:

$$GI_\mathrm{T} = \frac{2\int\limits_{A}\Phi\,\mathrm{d}A}{\vartheta'}$$

(10-12a)

bzw. mit (10-8) das Torsionsflächenmoment 2. Grades (St. Venantscher Torsionswiderstand):

$$I_\mathrm{T} = -\frac{4 \int\limits_A \Phi \, \mathrm{d}A}{\dfrac{\partial^2 \Phi}{\partial y^2} + \dfrac{\partial^2 \Phi}{\partial z^2}} \qquad (10\text{-}12\mathrm{b})$$

Bezieht man das Torsionsmoment auf einen anderen Koordinatennullpunkt, Bild 10-6

$$\overline{M}_\mathrm{T} = \int\limits_A (\tau_{xz}\overline{y} - \tau_{xy}\overline{z}) \, \mathrm{d}A \,,$$

so erhält man mit

$$\overline{y} = y - y_\mathrm{M} \qquad \overline{z} = z - z_\mathrm{M} \qquad (10\text{-}13)$$

unter Berücksichtigung von (2.3-3) und (10-1):

$$\overline{M}_\mathrm{T} = M_\mathrm{T} - y_\mathrm{M}Q_z + z_\mathrm{M}Q_y \qquad (10\text{-}14)$$

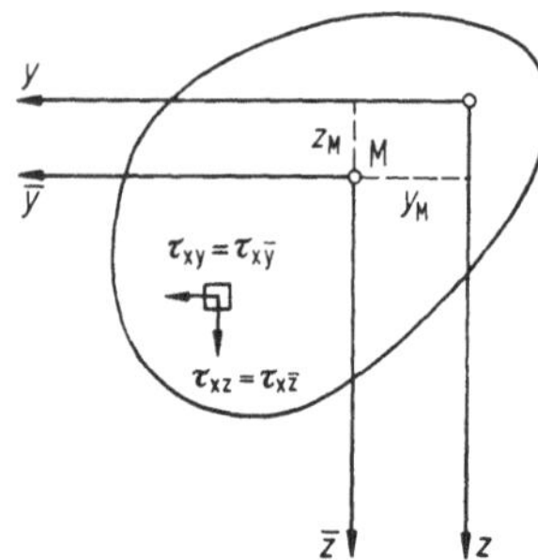

Bild 10-6. Verschiebung des Koordinatensystems.

Bei reiner Torsionsbelastung ist $Q_y = Q_z = 0$ und damit das Torsionsmoment unabhängig vom Bezugspunkt. Damit ist auch die Größe der Torsionsschubspannungen unabhängig davon, auf welchen Punkt das Torsionsmoment bezogen ist.

10.2.2 Verschiebungsgrößen

Die Verschiebungen v_y und v_z der Punkte des Querschnitts sind durch (10-7a) festgelegt. Differenziert man die 4. und 5. der Gleichungen (10-6) nach x, so erhält man, da v_x unabhängig von x ist, die Bedingungen

$$\frac{\partial^2 v_y}{\partial x^2} = \frac{\partial^2 v_z}{\partial x^2} = 0$$

und mit (10-7a)

$$\vartheta'' = 0 \qquad (10\text{-}15)$$

Mit den Annahmen der St. Venantschen Torsion muß daher die Verdrillung ϑ' konstant sein.

An den 4. und 5. Gleichungen von (1-27) und (10-6) erkennt man, daß Gleitungen senkrecht zur Querschnittsfläche und damit Verschiebungen v_x entstehen, die, da nur von y und z abhängig, an ϑ' gekoppelt sind. In dem Ansatz

$$v_x = -w(y, z)\, \vartheta' \qquad (10\text{-}16)$$

ist $w(y, z)$ die Einheitsverwölbung, die bei der Verdrillung $\vartheta' = -1$ entsteht.

Berücksichtigt man in der 4. und 5. Gleichung von (10-6) die Beziehungen (10-7a) und (10-16), so erhält man:

$$\left.\begin{aligned}
\frac{\partial w}{\partial y} &= -\frac{\tau_{xy}}{G\vartheta'} - z \\[2mm]
\frac{\partial w}{\partial z} &= -\frac{\tau_{xz}}{G\vartheta'} + y
\end{aligned}\right\} \qquad (10\text{-}17)$$

Mit (10-5) kann man die Schubspannungen durch die Spannungsfunktion ausdrücken. Man berechnet w durch Integration zu:

$$\int \frac{\partial w}{\partial y}\, \mathrm{d}y + \int \frac{\partial w}{\partial z}\, \mathrm{d}z = w(y, z) + w_0 \qquad (10\text{-}18)$$

Wird ein anderer Drehpunkt als der Koordinatennullpunkt gewählt, Bild 10-4, so ändern sich die Verschiebungen v_y und v_z

$$\left.\begin{aligned}
\boldsymbol{v} &= r\vartheta \\[1mm]
\bar{v} &= r_{M}\vartheta \\[1mm]
\bar{v}_{y} &= -(z - z_{M})\,\vartheta \\[1mm]
\bar{v}_{z} &= (y - y_{M})\,\vartheta
\end{aligned}\right\} \qquad (10\text{-}7\,\mathrm{b})$$

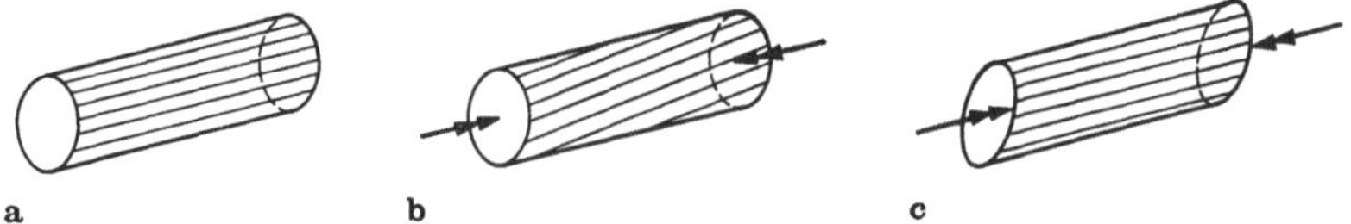

Bild 10-7. Verschiebung der Endquerschnitte eines Trägers mit Kreisquerschnitt.
a) Unbelastet, b) Drehachse = Mittelpunktslinie, c) Drehachse liegt in einer Randfaser.

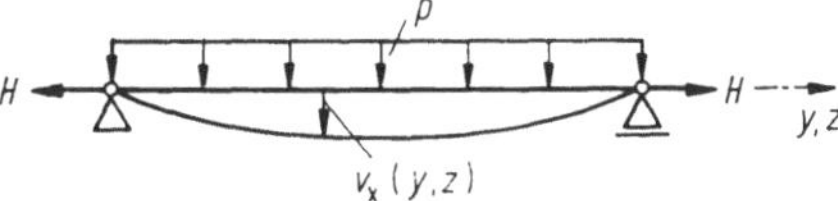

Bild 10-8. Schnitt durch eine Membrane mit konstanter Flächenlast.

Damit ändert sich (10-17) entsprechend und die Integration liefert:

$$\bar{w}(y, z) = w(y, z) + z_{M}y - y_{M}z \qquad (10\text{-}19)$$

Eine Verschiebung des Drehpunktes hat eine Änderung der Einheitsverwölbung zur Folge, wie dies für einen Kreisquerschnitt in Bild 10-7 dargestellt ist.

10.2.3 Seifenhautgleichnis

Für eine Membrane unter konstanter Querbelastung, Bild 10-8, gilt die inhomogene Potentialgleichung:

$$\frac{\partial^2 v_{x}}{\partial y^2} + \frac{\partial^2 v_{x}}{\partial z^2} = -\frac{p}{H} \qquad (10\text{-}20)$$

Durch Vergleich mit (10-8), (10-5) und (10-12a) erhält man die in der Tafel 10-2 angegebenen Analogien. Eine solche Membrane ist z. B. eine Seifenhaut. Mit den Randbedingungen (10-9) $\Phi_R \equiv v_x = $ const kann man aus der Seifenhaut, die sich über einem Querschnitt bildet (Aussparungen im Querschnitt sind durch horizontal auf der Seifenhaut liegende Plättchen zu markieren), qualitative und quantitative Aussagen über den Schubspannungsverlauf und die Torsionssteifigkeit des Querschnitts machen.

Tafel 10-2. Analogien zwischen St. Venantscher Torsion und Membranen

St. Venantsche Torsion	Membrane
Spannungsfunktion $\Phi(y,z)$	Verschiebung $v_x(y,z)$
τ_{xy}	$\dfrac{\partial v_x}{\partial z}$
τ_{xz}	$-\dfrac{\partial v_x}{\partial y}$
Schubspannungslinie	Höhenlinie
$G I_T$	Volumen $\int_A v_x(y,z)\,dA$

10.2.4 Tragverhalten von Vollquerschnitten

Für einige Vollquerschnitte sind charakteristische Größen in Bild 10-9 dargestellt. Mit den Angaben der Tafel 10-3 kann man I_T und max τ berechnen:

$$\max \tau = \gamma M_T \tag{10-21}$$

Beim Rechteckquerschnitt tritt dieser Wert immer in der Mitte der langen Seite auf. In der Mitte der kurzen Seite erhält man τ_b zu:

$$\tau_b = \varkappa \max \tau \tag{10-22}$$

Bei Rechteckquerschnitten mit $a/b \geqq 2$ gilt:

$$I_T = \frac{ab^3}{3}\left(1 - 0{,}630\,\frac{b}{a}\right); \quad \frac{a}{b} \geqq 2 \tag{10-23}$$

10.3 St. Venantsche Torsion dünnwandiger offener Querschnitte

10.3.1 Schmaler Rechteckquerschnitt

Über einem schmalen Rechteck bildet sich der in Bild 10-10 dargestellte Seifenhauthügel aus: im Mittelbereich eine parabolische Zylinderfläche, während an den Enden die Verhältnisse wie bei einem gedrungenen Rechteckquerschnitt vorliegen. Für den Mittelbereich hat (10-8) die Lösung:

$$\Phi(y) = -G\vartheta'\left[y^2 - \left(\frac{b}{2}\right)^2\right] \tag{10-24}$$

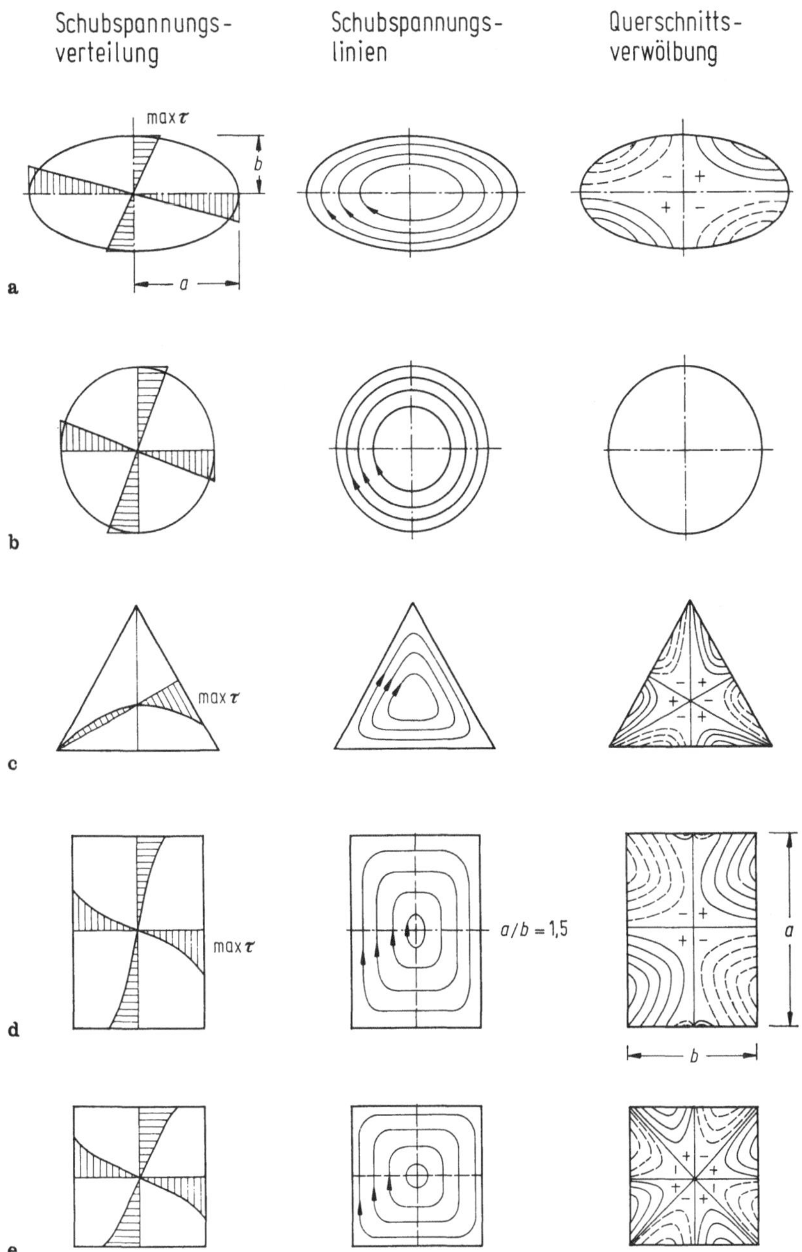

Bild 10-9. Schubspannungsverteilung, Schubspannungslinien und Querschnittsverwölbung bei a) Ellipse, b) Kreis, c) gleichseitigem Dreieck, d) Rechteck, e) Quadrat.

Tafel 10-3. Beiwerte zur Berechnung von I_T, max τ nach (10-21) und τ_b nach (10-22)

<table>
<tr><td colspan="3">

Querschnitt	I_t	γ
(Kreis)	$\dfrac{\pi a^4}{2}$	$\dfrac{2}{\pi a^3}$
(Kreisring)	$\dfrac{\pi}{2}(a^4 - b^4)$	$\dfrac{2a}{\pi(a^4 - b^4)}$
(Ellipse)	$\pi \dfrac{a^3 b^3}{a^2 + b^2}$	$\dfrac{2}{\pi a b^2}$
(Dreieck)	$\dfrac{a^4}{46{,}2}$	$\dfrac{20}{a^3}$
(Quadrat)	$\dfrac{a^4}{7{,}11}$	$\dfrac{4{,}81}{a^3}$
(Rechteck)	$\alpha a b^3$	$\dfrac{\beta}{a b^2}$

</td><td colspan="4">

Beiwerte für Rechteckquerschnitte			
a/b	α	β	$\varkappa$
1	0,141	4,81	1
1,5	0,196	4,33	0,858
2	0,229	4,06	0,796
2,5	0,249	3,88	0,768
3	0,263	3,74	0,753
4	0,281	3,55	0,745
5	0,291	3,43	0,744
6	0,299	3,35	0,743
8	0,307	3,26	0,743
10	0,312	3,20	0,743
∞	0,333	3,0	0,743

</td></tr>
</table>

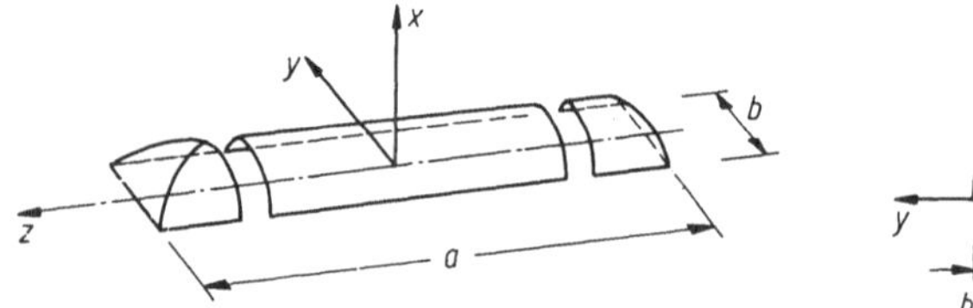
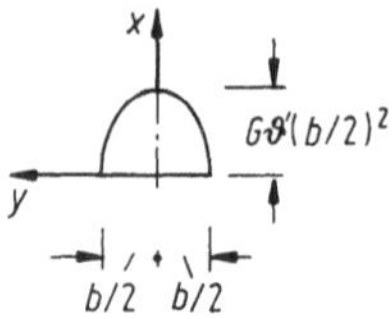

Bild 10-10. Seifenhauthügel über einem schmalen Rechteck.

Es ergeben sich die Schubspannungen nach (10-5) zu:

$$\tau_{xy} = 0 \qquad \tau_{xz} = 2G\vartheta' y \qquad\qquad (10\text{-}25\,\text{a})$$

und mit (10-11) zu:

$$\tau_{xy} = 0 \qquad \tau_{xz} = \frac{2M_T}{I_T} y, \qquad\qquad (10\text{-}25\,\text{b})$$

die Einheitsverwölbung nach (10-17) und (10-18), ist

$$w(y, z) = -yz \qquad\qquad (10\text{-}26)$$

und I_T nach (10-12a) nach Integration über y:

$$I_T = \frac{1}{3} \int_z b^3 \, dz. \qquad\qquad (10\text{-}27\,\text{a})$$

Für einen Querschnitt mit konstanter Dicke b und der Länge a erhält man

$$I_\mathrm{T} = \frac{1}{3}\, ab^3 \tag{10-27b}$$

Sowohl die Einheitsverwölbung w eines Punktes P als auch die Zusatzanteile, die nach (10-19) bei einer Verschiebung des Drehpunktes entstehen, lassen sich als Flächen darstellen, Bild 10-11. Liegt der Drehpunkt weit vom Mittelpunkt des Rechtecks ($y = z = 0$) entfernt, so kann w gegenüber den Zusatzanteilen vernachlässigt werden.

Bei schmalen Rechtecken kann man den Einfluß der Randstörungen an den kurzen Seiten bei der Berechnung von I_T und τ_{xz} vernachlässigen. (Nach Tafel 10-3 ergibt sich für $a/b = 6$ dann ein 10% zu großes I_T). Die Schubspannungen τ_{xy} an den kurzen Seiten werden mit (10-22) berechnet. Diese Schubspannungen muß man bei der Berechnung von M_T nach (10-1) berücksichtigen, weil sie mit großen Hebelarmen multipliziert werden und somit nicht vernachlässigbare Anteile ergeben.

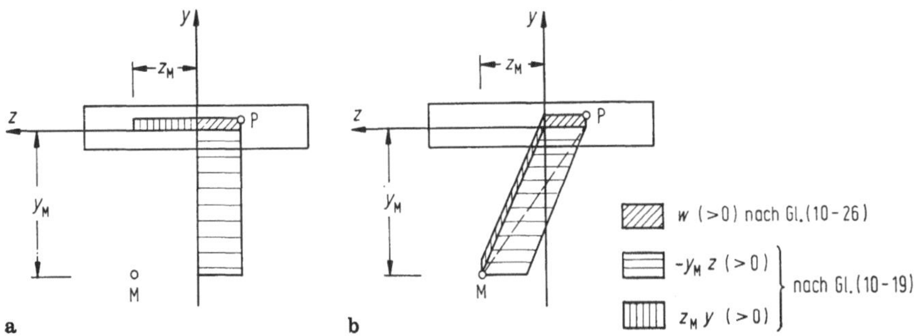

Bild 10-11. Darstellung der Anteile der Einheitsverwölbung eines schmalen Rechteckquerschnitts durch Flächen.
a) Rechtwinklige Flächen, b) Trapezflächen.

10.3.2 Allgemeine offene Querschnitte

Bei allgemeinen dünnwandigen Querschnitten wählt man das rechtwinklige Koordinatensystem x, n, s, wobei die Koordinate s entlang der Profilmittellinie verläuft, Bild 10-12. Man erhält so analog zu (10-5) und (10-25):

$$\left.\begin{aligned}
\tau_{\mathrm{xn}} &= \frac{\partial \Phi}{\partial s} = 0 \\[1em]
\tau_{\mathrm{xs}} &= -\frac{\partial \Phi}{\partial n} = 2G\vartheta' n \\[1em]
\tau_{\mathrm{xs}} &= \frac{2M_\mathrm{T}}{I_\mathrm{T}}\, n \\[1em]
\max \tau_{\mathrm{xs}} &= \frac{M_\mathrm{T}}{I_\mathrm{T}}\, \max t
\end{aligned}\right\} \tag{10-28}$$

und zu (10-27 a):

$$I_{\mathrm{T}} = \frac{1}{3} \int_s t^3 \, \mathrm{d}s \tag{10-29}$$

Die Verschiebungen (10-7) und (10-16) ergeben sich nach Bild 10-13 zu:

$$v_{\mathrm{s}} = r_{\mathrm{n}}\vartheta \qquad v_{\mathrm{n}} = -r_{\mathrm{s}}\vartheta \qquad v_{\mathrm{x}} = -w\vartheta' \tag{10-30}$$

Die *Hebelarme* r_{n} *und* r_{s} sind die Projektionen des Vektors r, der den Drehpunkt D mit dem betrachteten Punkt (n, s) verbindet, auf die Richtungen n und s. Sie sind positiv, wenn sie in die Richtung der positiven Achsen zeigen. Für alle Punkte eines Querschnitts ist r_{s} gleich groß.

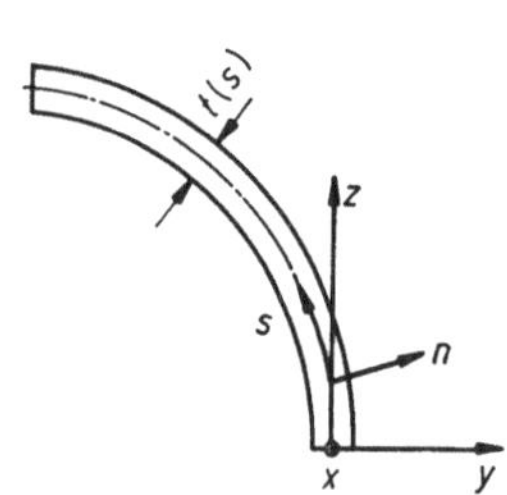

Bild 10-12. Koordinatensystem x, n, s bei allgemeinen dünnwandigen Querschnitten.

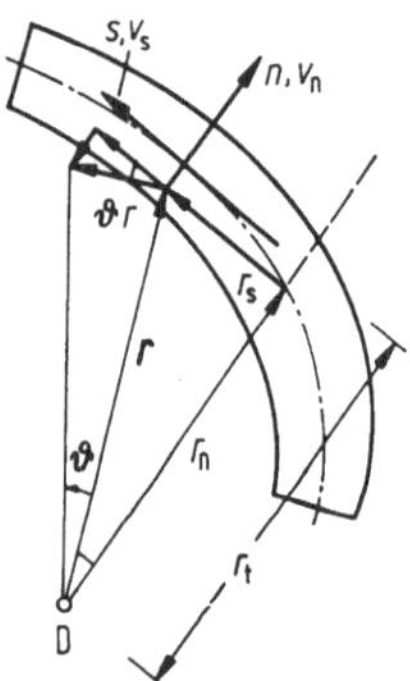

Bild 10-13. Verschiebungen v_{n}, v_{s} und Abstände vom Drehpunkt bei einem allgemeinen offenen dünnwandigen Querschnitt.

Für das Torsionsmoment (10-1) folgt:

$$M_{\mathrm{T}} = \int (\tau_{\mathrm{xs}} r_{\mathrm{n}} - \tau_{\mathrm{xn}} r_{\mathrm{s}}) \, \mathrm{d}A \tag{10-31}$$

Analog zu (10-17) gilt:

$$\left. \begin{aligned} \frac{\partial w}{\partial n} &= -r_{\mathrm{s}}(s) \\[2mm] \frac{\partial w}{\partial s} &= -\frac{\tau_{\mathrm{xs}}}{G\vartheta'} + r_{\mathrm{n}}(n, s) \end{aligned} \right\} \tag{10-32}$$

Setzt man darin, s. Bild 10-13:

mit
$$\left. \begin{aligned} r_{\mathrm{n}}(n, s) &= r_{\mathrm{t}}(s) + n \\[2mm] r_{\mathrm{t}}(s) &= r_{\mathrm{n}} \qquad (n = 0, s) \end{aligned} \right\} \tag{10-33}$$

und τ_{xs} nach (10-28) ein, so erhält man:

$$\mathrm{d}w = -r_{\mathrm{s}} \cdot \mathrm{d}n + r_{\mathrm{t}} \cdot \mathrm{d}s - n \cdot \mathrm{d}s.$$

Die einzelnen Anteile sind in Bild 10-14a dargestellt. Nach der Integration ergibt sich:

$$w(n, s) = -r_s n + \int_s r_t \, ds - ns - w_0 \qquad (10\text{-}34\,a)$$

und für $n = 0$:

$$w(s) = +\int_s r_t \, ds - w_0 \qquad (10\text{-}34\,b)$$

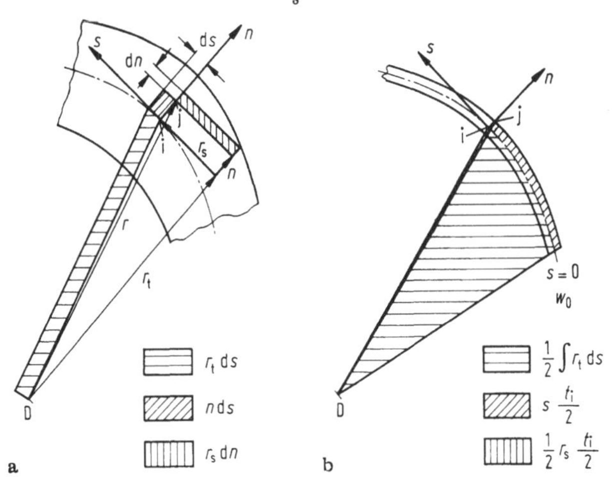

Bild 10-14. Darstellung der Anteile der Einheitsverwölbung durch Flächen.
a) dw, b) Verwölbung der Punkte i bzw. j.

Nach Bild 10-14b erhält man für den Punkt i auf der Profilmittellinie die Einheitsverwölbung gleich der doppelten horizontal schraffierten Fläche. Zieht man davon die vertikal schraffierte Fläche $0,5 r_s \cdot t_i/2$ und die halbe schräg schraffierte Fläche zwischen Profilmittellinie und der parallel dazu laufenden Linie im Abstand $t_i/2$, also $0,5 \cdot t_i \cdot s/2$, ab, so ist die Restfläche gleich der halben Verwölbung des Punktes j auf dem Außenrand des Profils. Bei kleiner Querschnittsdicke t kann man diese Anteile vernachlässigen und die Verwölbung über die Dicke konstant gleich der Verwölbung der Profilmittellinie ansetzen.

10.4 Geschlossene Querschnitte

10.4.1 Bredtsche Torsion einzelliger Querschnitte

Für ein Hohlprofil ist der Seifenhauthügel in Bild 10-15 dargestellt. Bredt verbindet die Grundfläche Φ_a und das obere Plateau Φ_i, wie im Bild 10-15 gestrichelt dargestellt, geradlinig. Damit erhält man aus (10-5):

$$\left.\begin{aligned}
\frac{\partial \Phi(n, s)}{\partial n} &= -\tau_{xs} = \text{const} \\[2ex]
\frac{\partial \Phi(n, s)}{\partial s} &= \tau_{xn} = 0
\end{aligned}\right\} \qquad (10\text{-}35)$$

Integriert man die erste Gleichung über n, so ist mit $\Phi_a = 0$:

$$\tau_{xs} \cdot t = \Phi_i = T = \text{const} \tag{10-36}$$

Da Φ_i konstant ist, ist auch der Schubfluß T konstant und damit:

$$\max \tau_{xs} = \frac{T}{\min t} \tag{10-37}$$

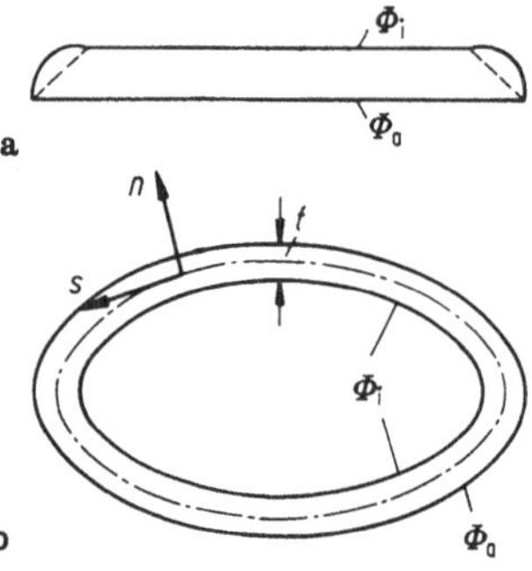

Bild 10-15. Seifenhauthügel über einem Hohlquerschnitt. a) Schnitt, b) Draufsicht.

Bezeichnet man die Fläche, die von der Profilmittellinie eingeschlossen wird, mit A_m, Bild 10-16, so gilt

$$\oint r_t\, ds = 2A_m \tag{10-38}$$

Damit, mit (10-35) und (10-36) ergibt sich aus (10-1):

$$\left.\begin{array}{l} M_T = T \oint r_t\, ds = 2TA_m \\[2mm] T = \dfrac{M_T}{2A_m} \end{array}\right\} \tag{10-39}$$

bzw.

Bild 10-16. Zur Berechnung der eingeschlossenen Fläche A_m.

Man definiert den Einheitsschubfluß ψ zu:

$$\psi = \frac{T}{G\vartheta'} \tag{10-40}$$

Damit erhält man aus (10-32) mit (10-33) die Verwölbung:

$$w(n, s) = -r_s n - \int_s \frac{\psi}{t}\, ds + \int_s r_t\, ds + ns - w_0 \tag{10-41}$$

und für die Profilmittellinie

$$w(s) = -\int\limits_{s=0}^{s} \frac{\psi}{t}\,\mathrm{d}s + \int\limits_{s=0}^{s} r_t\,\mathrm{d}s - w_0 \qquad (10\text{-}42)$$

Bei kleinen Wanddicken können die Zusatzanteile für Punkte außerhalb der Profilmittellinie vernachlässigt werden und die Verwölbung kann konstant über die Wanddicke angenommen werden.

Mit der Kompatibilitätsbedingung $w_0 = w_e$ berechnet man den Einheitsschubfluß ψ zu:

$$\psi = \frac{\oint r_t\,\mathrm{d}s}{\oint \frac{1}{t}\,\mathrm{d}s} = \frac{2A_m}{\oint \frac{1}{t}\,\mathrm{d}s}. \qquad (10\text{-}43)$$

Die Bredtsche Schubsteifigkeit GI_B wird definiert durch

$$\vartheta' = \frac{M_T}{GI_B} \qquad (10\text{-}44)$$

Aus (10-40) ergibt sich mit (10-39) durch Vergleich mit (10-44):

$$I_B = 2A_m\psi = \frac{4A_m^2}{\oint \frac{1}{t}\,\mathrm{d}s} = \oint \left(\frac{\psi}{t}\right)^2 t\,\mathrm{d}s = \oint \left(\frac{\psi}{t}\right)^2 \mathrm{d}A \qquad (10\text{-}45)$$

Die beiden letzten Ausdrücke erhält man, wenn man (10-43) in dem ersten berücksichtigt. Aus (10-40) und (10-44) ergeben sich T und τ in Abhängigkeit von ψ:

$$T = \frac{M_T}{I_B}\psi \qquad (10\text{-}46)$$

$$\tau_{xs} = \frac{M_T}{I_B}\frac{\psi}{t} \qquad (10\text{-}47)$$

10.4.2 Bredtsche Torsion mehrzelliger Querschnitte

Auch beim mehrzelligen Querschnitt entstehen nur über die Wanddicke konstante Schubspannungen τ_{xs} und in jeder Zelle konstante Schubflüsse T_j, bzw. Einheitsschubflüsse ψ_j, die sich in gemeinsamen Wänden unter Beachtung des Richtungssinnes addieren, Bild 10-17c. Aus diesen Schubflüssen berechnet man mit (10-39) das Torsionsmoment M_{Tj} der j-ten Zelle. Für den Querschnitt gilt dann

$$M_T = 2 \sum_j T_j A_{mj} \qquad (10\text{-}48)$$

Die Einheitsverwölbungen für die Wände der Zellen ergeben sich jeweils mit (10-41) und für die Mittellinien mit (10-42). Mit der Kompatibilitätsbedingung $w_{0j} = w_{ej}$, Bild 10-17d, berechnet man die Einheitsschubflüsse ψ_j, die über die gemeinsamen Wände miteinander verknüpft sind. Für das Beispiel des Bildes 10-17 erhält man so das symmetrische Gleichungssystem:

$$\psi_1 \oint_1 \frac{1}{t}\, \mathrm{d}s - \psi_2 \int_{1,2} \frac{1}{t}\, \mathrm{d}s = 2A_{m1}$$

$$-\psi_1 \int_{1,2} \frac{1}{t}\, \mathrm{d}s + \psi_2 \oint_2 \frac{1}{t}\, \mathrm{d}s - \psi_3 \int_{2,3} \frac{1}{t}\, \mathrm{d}s = 2A_{m2} \qquad (10\text{-}49)$$

$$-\psi_2 \int_{2,3} \frac{1}{t}\, \mathrm{d}s + \psi_3 \oint_3 \frac{1}{t}\, \mathrm{d}s = 2A_{m3}$$

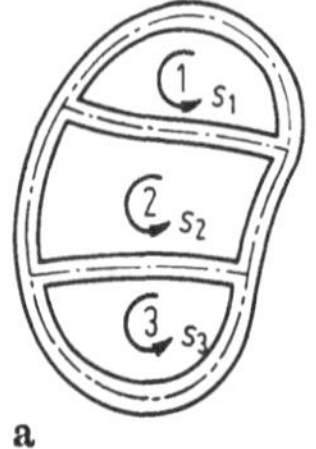

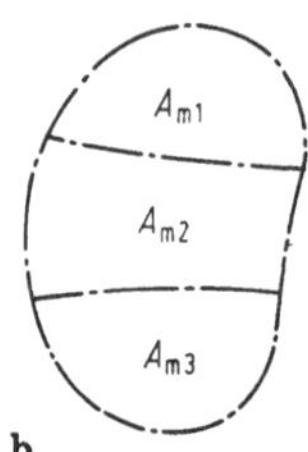

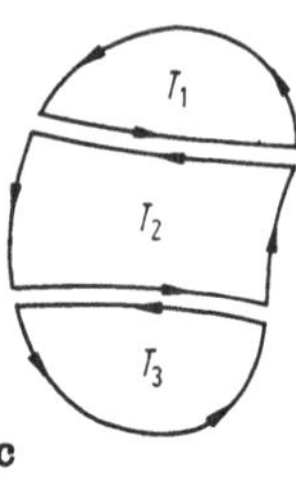

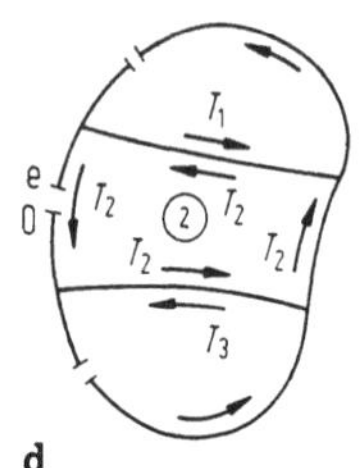

a   b   c   d

Bild 10-17. Mehrzelliger Querschnitt.
a) Bezeichnungen, b) eingeschlossene Flächen der einzelnen Zellen, c) Schubflüsse,
d) zur Formulierung der Kompatibilitätsbedingungen.

Darin bedeutet $\int_{i,j}$, daß das Integral über die Wände zu erstrecken ist, die die Zellen i
und j gemeinsam haben.

Analog zum einzelligen Querschnitt ergeben sich:

$$I_B = 2 \sum_j A_{mj}\psi_j$$

bzw.

$$I_B = \oint_s \left(\frac{\psi_j}{t}\right)^2 t\, \mathrm{d}s = \oint_A \left(\frac{\psi_j}{t}\right)^2 \mathrm{d}A \qquad (10\text{-}50)$$

und

$$T_j = \frac{M_T}{I_B}\psi_j \qquad (10\text{-}51)$$

10.4.3 St. Venantsche Torsion geschlossener Querschnitte

Bei der Bredtschen Torsion werden gegenüber der St. Venantschen Torsion die im
Schnitt parabolischen Anteile des Seifenhauthügels über den Wänden des Querschnitts
vernachlässigt, Bild 10-15. Wäre der ein- oder mehrzellige Querschnitt durch das Auf-
schneiden der einzelnen Zellen zu einem offenen Querschnitt umgebildet worden, so

würden sich nur die bei der Bredtschen Torsion vernachlässigten Anteile des Seifen-hauthügels einstellen. Diese Anteile werden deshalb hier mit dem Index 0 versehen, die aus der Bredtschen Torsion mit dem Index B. Man erhält:

$$I_T = I_B + I_0 \qquad (10\text{-}52)$$

mit I_B nach (10-45) bzw. (10-50) und I_0 nach (10-29). Auch die Anteile der Torsions-momente summieren sich:

$$M_T = M_B + M_0 \qquad (10\text{-}53)$$

Aus der Verdrillung

$$\vartheta' = \frac{M_T}{GI_T} = \frac{M_B}{GI_B} = \frac{M_0}{GI_0}$$

erhält man:

$$M_B = M_T \frac{I_B}{I_T} \qquad M_0 = M_T \frac{I_0}{I_T} \qquad (10\text{-}54)$$

Damit und mit (10-28) u. (10-47) ergeben sich die Schubspannungen

$$\left.\begin{aligned}
\tau_{xs,B} &= \frac{M_B}{I_B} \frac{\psi}{t} = \frac{M_T}{I_T} \frac{\psi}{t} \\[2mm]
\tau_{xs,0} &= \frac{M_0}{I_0} 2n = \frac{M_T}{I_T} 2n \\[2mm]
\tau_{xs} &= \frac{M_T}{I_T}\left(\frac{\psi}{t} + 2n\right)
\end{aligned}\right\} \qquad (10\text{-}55)$$

und die Maximalwerte

$$\left.\begin{aligned}
\max \tau_{xs} &= \frac{M_T}{I_T} \max \left(\frac{\psi}{t} + t\right) \\[2mm]
\min \tau_{xs} &= \frac{M_T}{I_T} \min \left(\frac{\psi}{t} - t\right)
\end{aligned}\right\} \qquad (10\text{-}56)$$

Beispiele zu Abschnitt 10.2 und 10.3

Die flächengleichen Querschnitte nach Bild 10-18, deren Flächenmomente 2. Grades um die horizontale Achse ebenfalls gleich sind, sollen in ihrem Torsionsverhalten mitein-ander verglichen werden.

Torsionsflächenmomente 2. Grades

I-Querschnitt: $I_T = \dfrac{1}{3}[2 \cdot 30 \cdot 2^3 + 28 \cdot 1^3] = 169{,}33 \text{ cm}^4$

Kastenquerschnitt: $A_m = 28 \cdot 29{,}5 = 826 \text{ cm}^2$

$$\oint \frac{1}{t}\,\mathrm{d}s = 2 \cdot \frac{29{,}5}{2} + 2 \cdot \frac{28}{0{,}5} = 141{,}5$$

$$\psi = \frac{2 \cdot 826}{141{,}5} = 11{,}675 \text{ cm}^2$$

$$I_B = 2 \cdot 826 \cdot 11{,}675 = 19287 \text{ cm}^4$$

$$I_0 = \frac{1}{3}[2 \cdot 30 \cdot 2^3 + 2 \cdot 28 \cdot 0{,}5^3] = 162{,}3 \text{ cm}^4 \text{ (vernachlässigbar)}$$

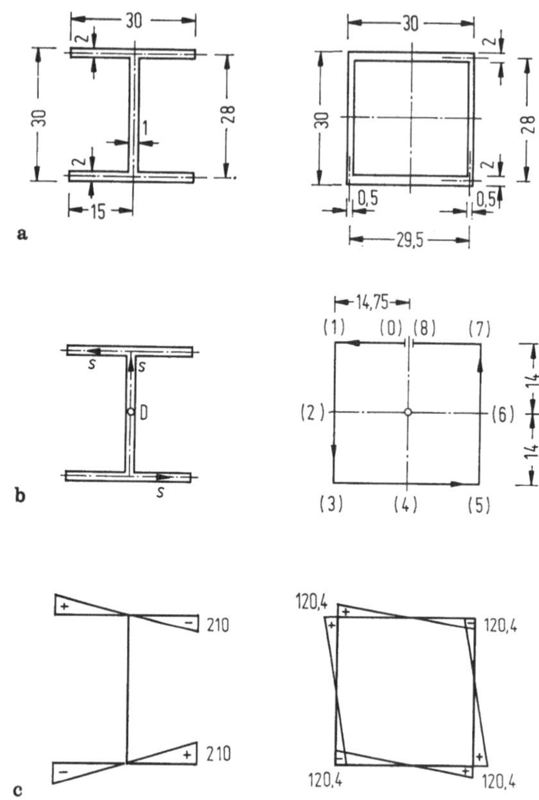

Bild 10-18. Flächengleicher I- und Kastenquerschnitt.
a) Abmessungen [cm], b) Festlegung von s und D, c) Einheitsverwölbungen w [cm²].

Maximale Schubspannungen

I-Querschnitt: $\tau_{\text{Flansch}} = \dfrac{2 \cdot 1}{169{,}33}\, M_{\text{T}} = \pm 0{,}011\,8\, M_{\text{T}}\ \text{cm}^{-3}$

Kastenquerschnitt: $\tau_{\text{steg}} = \dfrac{M_{\text{T}}}{2 \cdot 826 \cdot 0{,}5} = 0{,}001\,21\, M_{\text{T}}\ \text{cm}^{-3}$

Im Flansch betragen die linear über die Wanddicke verteilten Schubspannungen $\tau_{\text{xs},0}$ $\left(= \dfrac{M_{\text{T}}}{I_{\text{T}}} \cdot t \right)$ gegenüber den konstanten $\tau_{\text{xs,B}}\left(= \dfrac{M_{\text{T}}}{I_{\text{T}}}\, \dfrac{\psi}{t} \right)$ wegen $t \left/ \dfrac{\psi}{t} = \dfrac{2 \cdot 2}{11{,}675} = 0{,}34 \right.$ ungefähr 1/3.

Einheitsverwölbung der Profilmittellinien.

In den Symmetrieachsen ist $w = 0$, deshalb werden der Drehpunkt D und der Ausgangspunkt zur Berechnung von w dorthin gelegt $\rightarrow w_0 = 0$. (Zur Berechnung von w_0 in anderen Fällen s. Abschnitt 10.5.2)

I-Querschnitt:

$$\text{Eckpunkte } w = \pm 15 \cdot 14 = \pm 210\ \text{cm}^2$$

Kastenquerschnitt:

$$\text{Eckpunkte der Flansche } \pm w = -\frac{11{,}675}{2} \cdot 14{,}75 + 14 \cdot 14{,}75 = 120{,}4 \text{ cm}^2$$

$$\text{der Stege } \pm w = -\frac{11{,}675}{0{,}5} \cdot 14 + 14{,}75 \cdot 14 = -120{,}4 \text{ cm}^2$$

10.5 Wölbkrafttorsion

10.5.1 Einführende Betrachtungen

Wird ein beidseitig drehbehindert gelagerter I-Träger in der Mitte durch ein Torsionsmoment belastet, Bild 10-19, so entsteht bei der St. Venantschen Torsion die dargestellte Verwölbung, die an der Lasteinleitungsstelle nicht kompatibel ist. Sie muß dort aus Symmetriegründen verschwinden. Dies ist nur durch Biegemomente in den Flanschen möglich, die entgegengesetzte Verwölbungen erzeugen, s. Bild 10-20. An die Flanschbiegemomente sind Flanschquerkräfte gebunden, die ein Torsionsmoment ergeben, das mit dem Index W versehen wird zur Unterscheidung von dem Torsionsmoment der St. Venantschen Torsion, das ebenso wie die daraus berechneten Schubspannungen den Index V erhält. Bei der Wölbkrafttorsion geht man von der St. Venantschen Torsion mit den Verformungen aus den St. Venantschen Schubspannungen aus, und berechnet die Längsspannungen, die aus einer Verwölbungsbehinderung entstehen. An diese Längsspannungen sind die Wölbschubspannungen gebunden, die einen Beitrag zum Torsionsmoment liefern. Die durch diese Schubspannungen hervorgerufenen Verformungen werden i. allg. vernachlässigt oder höchstens näherungsweise berücksichtigt.

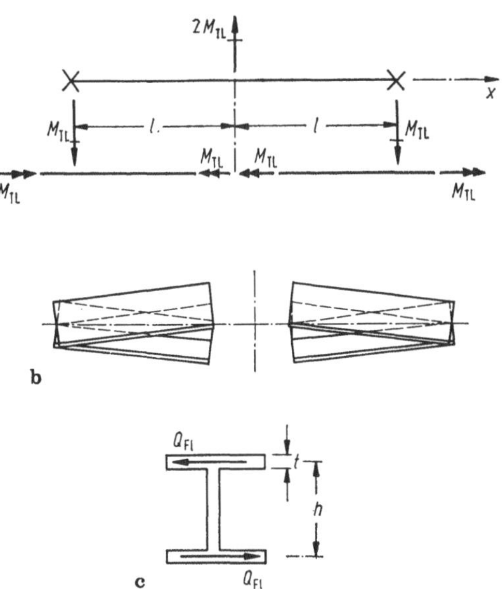

Bild 10-19. a) Träger mit Torsionslasten, b) Verwölbung bei St. Venantscher Torsion, c) Torsionsmoment aus Flanschquerkräften.

10.5.2 Offene Querschnitte

Aus (10-16) folgt mit der ersten der Gleichungen (1-27) aus Tafel 10-1:

$$\varepsilon_x = -w(y, z)\, \vartheta'' \tag{10-57}$$

(die Beziehung (10-15) gilt nur für die St. Venantsche Torsion), und mit der ersten der Gleichungen (1-34) mit $\sigma_y = \sigma_z = 0$:

$$\sigma_x = -w(y, z)\, E\vartheta'' \tag{10-58}$$

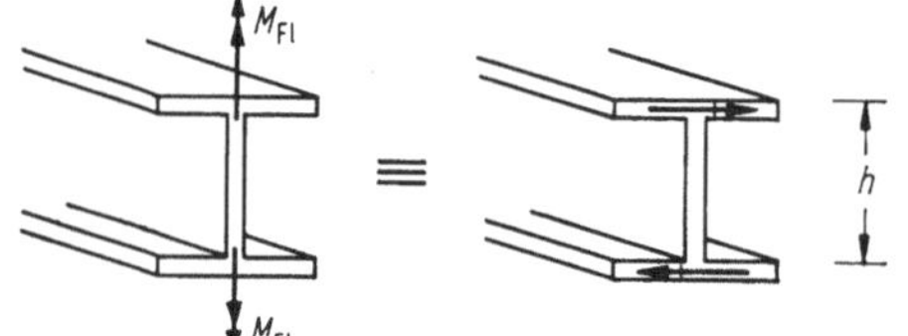

Bild 10-20. Deutung des Bimomentes M_w beim doppelt symmetrischen I-Träger als Moment der Flanschmomente
$M_w = h M_{Fl}$.

Setzt man die Verwölbung über die Wanddicke konstant gleich der Verwölbung der Profilmittellinie, so schreibt sich (10-34 b):

mit
$$\left. \begin{array}{l} \bar{w} = \hat{w} - \hat{w}_0 \\[2mm] \hat{w}(s) = \int r_t \, ds. \end{array} \right\} \tag{10-59a}$$

Die *Integrationskonstante* w_0 bestimmt man aus der Bedingung, daß die Längsspannungen keine resultierende Längskraft (2.3-1) ergeben dürfen

$$E\vartheta'' \int_A \bar{w} \, dA = 0 \tag{10-60}$$

Setzt man allgemein:

$$\int_A i \, dA = A_i \qquad \int_A ij \, dA = A_{ij} \qquad \text{usw.} \tag{10-61a}$$

und

$$\int_{s=0}^{s} i \, dA = A_i(s) \qquad \int_{s=0}^{s} ij \, dA = A_{ij}(s) \qquad \text{usw.} \tag{10-61b}$$

so folgt aus (10-60)

$$\hat{w}_0 = \frac{A_{\hat{w}}}{A} \tag{10-62}$$

Die Verwölbung ist von der Lage des Drehpunktes abhängig. Den Drehpunkt legt man so, daß sich infolge der Verwölbung keine resultierenden Biegemomente ergeben. Diesen Punkt nennt man *Drillruhepunkt M* (es ist der Punkt, der sich bei einer Verdrehung nicht verschiebt). Er ist identisch mit dem Schubmittelpunkt. Vertauscht man wegen der Festlegung (10-59) die Querstriche über w in (10-19), so erhält man aus (2.3-2):

$$E\vartheta'' \int_A wy \, dA = 0 \qquad\qquad E\vartheta'' \int_A wz \, dA = 0 \tag{10-63}$$

und daraus:

$$y_M = \frac{A_{z\bar{w}}A_{yy} - A_{y\bar{w}}A_{yz}}{A_{yy}A_{zz} - A_{yz}^2} \left.\begin{array}{c} \\ \\ \\ \\ \end{array}\right\}$$

$$z_M = \frac{A_{z\bar{w}}A_{yz} - A_{y\bar{w}}A_{zz}}{A_{yy}A_{zz} - A_{yz}^2}$$

$$(10\text{-}64\,\text{a})$$

Handelt es sich bei dem Koordinatensystem um die Hauptachsen des Querschnitts, so folgt mit $A_{yz} = I_{yz} = 0$:

$$y_M = \frac{A_{z\bar{w}}}{A_{zz}} \qquad z_M = -\frac{A_{y\bar{w}}}{A_{yy}} \qquad (10\text{-}64\,\text{b})$$

Für die Flächenmomente 2. Grades gilt

$$A_{yy} = I_z \quad \text{und} \quad A_{zz} = I_y.$$

Bezieht man die erste der Gleichgewichtsbedingungen (1-29), Tafel 10-1, auf das x,n,s-Koordinatensystem, setzt die Volumenkraft Null und berücksichtigt aus (10-28) $\tau_{xn} = 0$, so erhält man, da τ_{xs} und σ_x über t konstant sind, aus

$$t\frac{\partial \tau_{xs}}{\partial s} = -t\frac{\partial \sigma_x}{\partial x} \qquad (10\text{-}65\,\text{a})$$

$$t\tau_{xs}(x, s) = -\int_0^s \frac{\partial \sigma_x}{\partial x} t\,\mathrm{d}s \qquad (10\text{-}65\,\text{b})$$

und mit (10-58) und (10-61 b):

$$\tau_{xs}(x, s) = E\vartheta''' \frac{1}{t} A_w(s) \qquad (10\text{-}66)$$

An den Rändern $s = 0$ und $s = e$ muß wegen

$$\tau_{xs,0} = \tau_{sx,0} = 0 \qquad \tau_{xs,e} = \tau_{sx,e} = 0 \qquad (10\text{-}67)$$

$A_w(0) = A_w(e) = 0$ sein. Daraus ergibt sich die Integrationskonstante zu Null.

Den Zusammenhang mit dem Torsionsmoment erhält man aus (10-31), wenn man berücksichtigt, daß wegen des konstanten Verlaufes von σ_x über die Profildicke auch τ_{xs} konstant ist, mit (10-33) zu:

$$M_{TW} = E\vartheta''' \int_s \frac{A_w(s)}{t} \cdot r_t(s) \cdot t \cdot \mathrm{d}s \qquad (10\text{-}68)$$

Berücksichtigt man bei einer partiellen Integration (10-67), so erhält man:

$$M_{TW} = -EA_{ww}\vartheta''' \qquad (10\text{-}69)$$

und damit aus (10-66) für die *Schubspannungen*:

$$\tau_{xs}(x, s) = -\frac{M_{TW}}{tA_{ww}} A_w(s) \qquad (10\text{-}70)$$

Zur Berechnung von σ geht man von (10-65a) aus. Die linke Seite ergibt sich mit (10-70) zu $-\dfrac{M_{\mathrm{TW}}}{A_{\mathrm{ww}}} \cdot w$. In diesem Ausdruck ist nur M_{TW} von x abhängig. Definiert man:

bzw. mit (10-69):

$$\left.\begin{aligned} \frac{\mathrm{d}M_{\mathrm{w}}}{\mathrm{d}x} &= M_{\mathrm{TW}} \\[2ex] M_{\mathrm{w}} &= -EA_{\mathrm{ww}}\vartheta'' \end{aligned}\right\} \tag{10-71}$$

so liefert (10-65a) die *Längsspannungen*:

$$\sigma_{\mathrm{x}} = \frac{M_{\mathrm{w}}}{A_{\mathrm{ww}}}\, w = \sigma_{\mathrm{W}} \tag{10-72}$$

Durch Einsetzen von (10-72) in (10-73) erkennt man, daß gilt:

$$M_{\mathrm{w}} = \int\limits_{A} \sigma w \, \mathrm{d}A \tag{10-73}$$

Die Größe M_{w} mit der Dimension Nm² wird Bimoment genannt, weil sie beim I-Träger als das Moment der Flanschmomente gedeutet werden kann, Bild 10-20 und 10-2c.

10.5.3 Geschlossene Querschnitte

Bei geschlossenen Querschnitten ist wegen (10-42) zu setzen:

$$\hat{w}(s) = \int\limits_{s=0}^{s} r_{\mathrm{t}} \, \mathrm{d}s - \int\limits_{s=0}^{s} \frac{\psi}{t} \, \mathrm{d}s \tag{10-59b}$$

Die Berechnung von w_0, y_{M}, z_{M} und σ_{z} erfolgt wie bei offenen Querschnitten. Bei geschlossenen Querschnitten ist eine Bestimmung der Integrationskonstanten in (10-66) mit (10-67) nicht möglich. Schneidet man die Kästen entsprechend Bild 10-17d auf und bezeichnet man die Flächenintegrale 1. Grades $A_{\mathrm{w}}(s)$ für den aufgeschnittenen Querschnitt mit $A_{\mathrm{w,0}}(s)$, die Integrationskonstante für die Schnittstelle des j-ten Kastens mit $A_{\mathrm{w,j}}$, so erhält man

$$A_{\mathrm{w}}(s) = A_{\mathrm{w,0}}(s) + A_{\mathrm{w,j}} \tag{10-74}$$

Zur Bestimmung der Integrationskonstanten verwendet man die Kompatibilitätsbedingung, daß infolge der Schubverformungen keine Verschiebungssprünge in den Kästen entstehen dürfen. Hierzu betrachtet man einen Querschnitt an der Stelle $x = $ const. Nach Tafel 10-1, (1-27, 5. Gleichung), erhält man mit $z = s$ und (1-34, 5. Gleichung):

$$\frac{\mathrm{d}v_{\mathrm{x}}}{\mathrm{d}s} = \gamma_{\mathrm{xs}} = \frac{1}{G}\, \tau_{\mathrm{xs}}$$

bzw.

$$\int\limits_{0}^{e} \frac{\mathrm{d}v_{\mathrm{x}}}{\mathrm{d}s}\, \mathrm{d}s = v_{\mathrm{xe}} - v_{\mathrm{x0}} = 0 = \frac{1}{G} \int\limits_{0}^{e} \tau_{\mathrm{xs}}\, \mathrm{d}s$$

Berücksichtigt man darin (10-66) mit (10-74), und daß $E\vartheta'''$ für alle Kästen gleich und $\neq 0$ ist, so lauten die Beziehungen für den Querschnitt nach Bild 10-17:

$$\left.\begin{array}{l} A_{\mathrm{w},1} \oint \dfrac{1}{t}\,\mathrm{d}s - A_{\mathrm{w},2} \int\limits_{1,2} \dfrac{1}{t}\,\mathrm{d}s \qquad\quad = -\oint\limits_{1} \dfrac{A_{\mathrm{w},0}(s)}{t}\,\mathrm{d}s \\[2em] -A_{\mathrm{w},1} \int\limits_{1,2} \dfrac{1}{t}\,\mathrm{d}s + A_{\mathrm{w},2} \oint\limits_{2} \dfrac{1}{t}\,\mathrm{d}s - A_{\mathrm{w},3} \int\limits_{2,3} \dfrac{1}{t}\,\mathrm{d}s = -\oint\limits_{2} \dfrac{A_{\mathrm{w},0}(s)}{t}\,\mathrm{d}s \\[2em] -A_{\mathrm{w},2} \int\limits_{2,3} \dfrac{1}{t}\,\mathrm{d}s + A_{\mathrm{w},3} \oint\limits_{3} \dfrac{1}{t}\,\mathrm{d}s = -\oint\limits_{3} \dfrac{A_{\mathrm{w},0}(s)}{t}\,\mathrm{d}s \end{array}\right\} \tag{10-75}$$

(10-75) stimmt bis auf die Unbekannten und die rechte Seite mit (10-49) überein. Im übrigen gelten die Beziehungen für den offenen Querschnitt.

10.5.4 Differentialgleichung und ihre Lösung

Das Schnittmoment M_{T} setzt sich zusammen aus dem St. Venantschen Anteil M_{TV} nach (10-11) und dem Wölbanteil M_{TW} nach (10-69):

$$\left.\begin{array}{l} M_{\mathrm{TW}} + M_{\mathrm{TV}} = M_{\mathrm{T}} \\[0.5em] EA_{\mathrm{ww}}\vartheta''' - GI_{\mathrm{T}}\vartheta' = -M_{\mathrm{T}} \end{array}\right\} \tag{10-76}$$

Nach einer weiteren Ableitung erhält man:

$$EA_{\mathrm{ww}}\vartheta^{\mathrm{IV}} - GI_{\mathrm{T}}\vartheta'' = m_{\mathrm{T}} \tag{10-77}$$

und mit

$$\left.\begin{array}{l} \lambda = l\,\sqrt{\dfrac{GI_{\mathrm{T}}}{EA_{\mathrm{ww}}}} \qquad (l = \text{Länge des Stabes}) \\[2em] \vartheta^{\mathrm{IV}} - \left(\dfrac{\lambda}{l}\right)^2 \vartheta'' = \dfrac{m_{\mathrm{T}}}{EA_{\mathrm{ww}}} \end{array}\right\} \tag{10-78}$$

Bei (10-78) handelt es sich um dieselbe Differentialgleichung wie beim Problem des querbelasteten Balkens mit einer Zugkraft (5-4). Daraus ergeben sich Analogien zwischen beiden Problemen.

Die homogene Lösung lautet:

$$\left.\begin{array}{l} \vartheta_h = C_1 \cosh \dfrac{\lambda x}{l} + C_2 \sinh \dfrac{\lambda x}{l} + C_3 x + C_4 \\[2em] \vartheta_h = C_1\, \mathrm{e}^{-\frac{\lambda x}{l}} + C_2\, \mathrm{e}^{\frac{\lambda x}{l}} + C_3 x + C_4 \end{array}\right\} \tag{10-79}$$

bzw.

und die Partikularlösung für eine konstante Streckenlast

$$\vartheta_{\mathrm{p}} = -\dfrac{m_{\mathrm{T}}}{EA_{\mathrm{ww}}}\,\dfrac{x^2 l^2}{2\lambda^2} \tag{10-80}$$

Für eine Berechnung nach dem Übertragungsverfahren (Abschnitt 2.12) faßt man im Zustandsvektor zusammen:

$$z = \begin{bmatrix} \vartheta \\ \vartheta' \\ M_{\mathrm{w}} \\ M_{\mathrm{T}} \end{bmatrix} \tag{10-81}$$

Man erhält dann die Übertragungsmatrix der Tafel 10-4.

Tafel 10-4. Übertragungsmatrix U für die Wölbkrafttorsion und Partikularlösung z_{p} für konstante Torsionsmomentenbelastung

$$U(x) = \begin{bmatrix} 1 & +\dfrac{l}{\lambda}\sinh\dfrac{\lambda x}{l} & -\dfrac{l^2}{\lambda^2 EA_{\mathrm{ww}}}\left(\cosh\dfrac{\lambda x}{l}-1\right) & -\dfrac{l^2}{\lambda^2 EA_{\mathrm{ww}}}\left(\dfrac{l}{\lambda}\sinh\dfrac{\lambda x}{l}-x\right) \\[2mm] & +\cosh\dfrac{\lambda x}{l} & -\dfrac{l}{\lambda EA_{\mathrm{ww}}}\sinh\dfrac{\lambda x}{l} & -\dfrac{l^2}{\lambda^2 EA_{\mathrm{ww}}}\left(\cosh\dfrac{\lambda x}{l}-1\right) \\[2mm] & -\dfrac{\lambda}{l}EA_{\mathrm{ww}}\sinh\dfrac{\lambda x}{l} & \cosh\dfrac{\lambda x}{l} & \dfrac{l}{\lambda}\sinh\dfrac{\lambda x}{l} \\[2mm] & & & 1 \end{bmatrix}$$

$$z_{\mathrm{p}}(x) = \begin{bmatrix} -\dfrac{l^2}{2\lambda^2 EA_{\mathrm{ww}}}x^2 + \dfrac{l^4}{\lambda^4 EA_{\mathrm{ww}}}\left(\cosh\dfrac{\lambda x}{l}-1\right) \\[3mm] -\dfrac{l^2}{\lambda^2 EA_{\mathrm{ww}}}x + \dfrac{l^3}{\lambda^3 EA_{\mathrm{ww}}}\sinh\dfrac{\lambda x}{l} \\[3mm] \dfrac{l^2}{\lambda^2}\left(1-\cosh\dfrac{\lambda x}{l}\right) \\[3mm] -x \end{bmatrix} m_{\mathrm{T}}$$

10.5.5 Tragverhalten

Das auf den *Drillruhepunkt* (*Schubmittelpunkt*) M bezogene Wölbflächenmoment zweiten Grades A_{ww} ist das minimale. Bei einer freien Verdrehung wird sich daher der Querschnitt um M verdrehen. Die Verbindungslinie der Drillruhepunkte wird *natürliche Drehachse* genannt. Wird ein Träger um eine andere, eine *Zwangsdrehachse*, verdreht, so wird der Wölbwiderstand größer.

Läßt sich bei offenen Querschnitten ein Punkt angeben, von dem aus $r_{\mathrm{t}} = 0$ für alle Punkte der Profilmittellinie gilt, so ist $w(s) = 0$, (10-59a), und damit $A_{\mathrm{ww}} = 0$. Dieser Punkt ist dann der Drillruhepunkt, und der *Querschnitt* ist *wölbfrei*. Beispiele dazu siehe Bild 10-21.

Bei geschlossenen Querschnitten muß an jedem Punkt der Profilmittellinie

$$\int\limits_0^s r_t \, ds = \int\limits_0^s \frac{\psi}{t} \, ds = \frac{1}{G\vartheta'} \int\limits_0^s \frac{T}{t} \, ds$$

sein (siehe (10-59b) mit (10-40)). Daraus folgt für einzellige Querschnitte mit geraden Wänden und konstanter Wanddicke: trägt man die Wanddicke der einzelnen Wände in den Wänden als Zugkräfte auf (analog zu den Stabkräften im Fachwerk), bildet in den Ecken die Resultierenden und schneiden sich diese Resultierenden in einem Punkt, so ist der Kasten wölbfrei und der Schnittpunkt der Schubmittelpunkt. Diese Bedingung ist erfüllt für alle in Bild 10-22 dargestellten Querschnitte.

Bild 10-21. Wölbfreie offene Querschnitte.

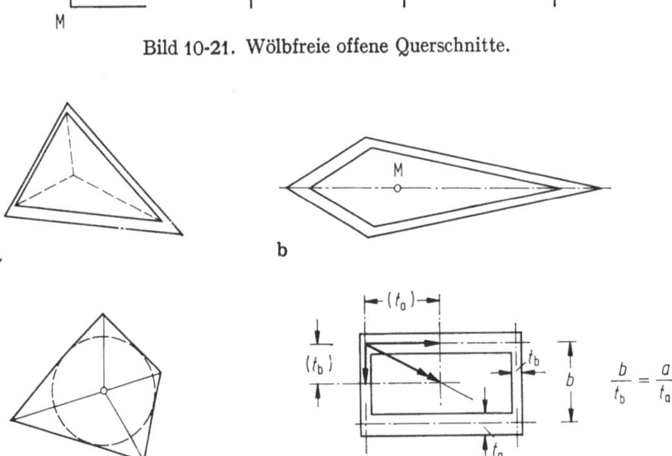

Bild 10-22. Wölbfreie einzellige Kastenquerschnitte mit wandweise konstanter Dicke.
a) Alle dreieckigen Kästen; b) zu einer der beiden Diagonalen symmetrische Drachenquerschnitte; c) Kästen mit konstanter Dicke, deren Profilmittellinien ein Tangentenpolynom um einen Kreis bilden; d) rechteckige Kästen mit den angegebenen Verhältnissen.

Ausschlaggebend für das Tragverhalten ist die Stabkennzahl λ (10-78). Mit der St. Venantschen Torsionssteifigkeit $GI_T = 0$ erhält man $\lambda = 0$. Nach (10-76) trägt der Träger nur über Wölbbehinderung ab. Die Differentialgleichung entspricht der des querbelasteten Biegeträgers (2.6-5), woraus sich Analogien für die Lösungen beider Probleme ergeben. Mit der Wölbsteifigkeit $EA_{ww} = 0$ erhält man $\lambda = \infty$. Nach (10-76) werden die Lasten nach der St. Venantschen Torsion abgetragen. In Bild 10-23 ist dies für einen mittig mit einem Torsionsmoment belasteten Einfeldträger dargestellt. Für $\lambda = 0$ erhält man die Bimomentenfläche analog zur Biegemomentenfläche des mittig durch eine Einzellast belasteten Trägers. Mit größer werdendem λ wird das Bimoment kleiner, da der St. Venantsche Anteil zunimmt. Bei $\lambda = 15$ ist der Wölbeinfluß auf eine Störung an der Lasteinleitungsstelle herabgesunken. — Bei Kastenträgern ist i. allg. die Bredtsche Torsionssteifigkeit so groß, daß die Wölbbehinderung vernachlässigt werden kann.

Wird ein Querschnitt aus einzelnen Profilen zusammengesetzt, Bild 10-24, so ergibt sich $A_{\widetilde{w}\widetilde{w}}$ für den Punkt $\widetilde{M}$ (Drillruhepunkt oder Zwangsdrehachse des Querschnitts) nach (10-61 b) mit (10-19), wenn man den Querstrich durch die Tilde ersetzt, zu

$$A_{\widetilde{w}\widetilde{w}} = A_{ww} + z_M^2 A_{yy} + y_M^2 A_{zz} - 2z_M y_M A_{yz} + 2z_M A_{wy} - 2y_M A_{wz} \qquad (10\text{-}82)$$

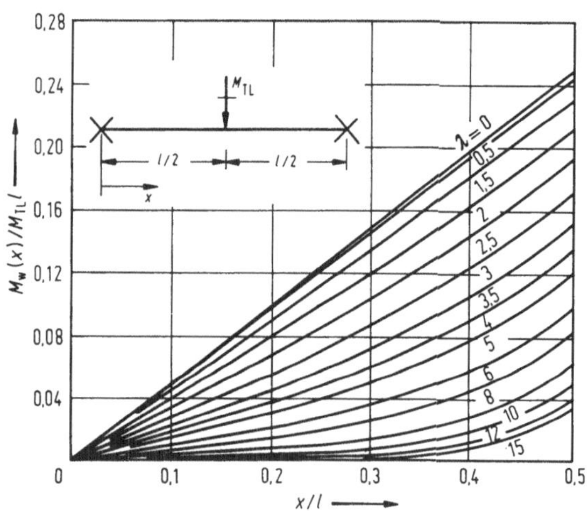

Bild 10-23. Bimomente M_w in Abhängigkeit von der Stabkennzahl λ

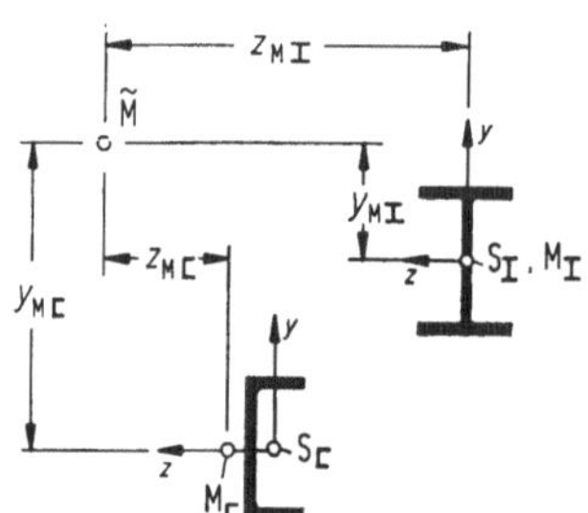

Bild 10-24. Berechnung von $A_{\widetilde{w}\widetilde{w}}$ für einen aus einzelnen Profilen zusammengesetzten Querschnitt.

Handelt es sich bei den Koordinatensystemen y, z der Einzelquerschnitte jeweils um die Hauptachsen, so ist $A_{yz} = 0$, sind die Verwölbungen w auf den jeweiligen Drillruhepunkt M bezogen, so sind die zwei letzten Summanden Null, so daß man $A_{\widetilde{w}\widetilde{w}}$ mit den ersten drei Gliedern von (10-82) berechnet.

Beispiel zu Abschnitt 10.5

Der in Bild 10-25 dargestellte torsionsbelastete Träger soll für die Profile I 300 und I PBl 300 nachgewiesen werden. Die Tafelwerken entnommenen Querschnittswerte sind im oberen Teil der Tafel 10-5 zusammengestellt. Durch Vergleich der berechneten Größen λ mit Bild 10-23 erkennt man, daß im vorliegenden Fall die St. Venantsche Torsion und die Wölbkrafttorsion berücksichtigt werden müssen. Mit dem Übertragungsverfahren erhält man die in Bild 10-25 dargestellten Verläufe der Schnittgrößen. Wegen (10-76) lassen sich die Anteile der Schnittmomente in einer Figur, Bild 10-25b, darstellen. Mit den maximalen Schnittgrößen, die in der Tafel 10-5 zusammengestellt sind, erhält man mit (10-72) die angegebenen maximalen Längsspannungen in der Trägermitte und nach Bild 10-25d an den Flanschenden, die maximalen St. Venantschen Schubspannungen, die linear über der Wanddicke verteilt sind, nach (10-28) in den Flanschen an den Trägerenden. Zur Berechnung der Wölbschubspannungen nach (10-70) ist noch die Ermittlung von

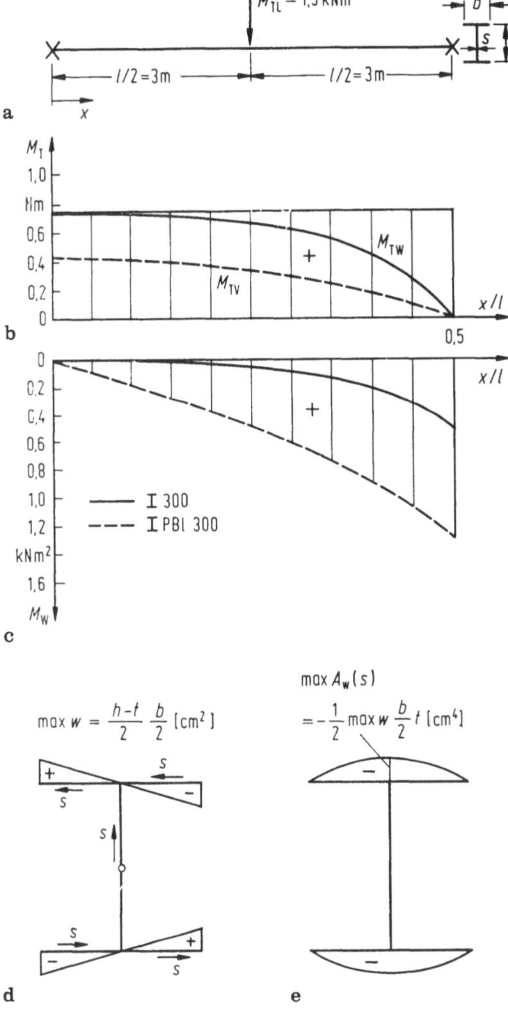

Bild 10-25. Träger unter Torsionsbelastung.
a) Träger mit Belastung,
b) Schnittmoment M_T, c) Bimoment M_w, d) Verwölbung w,
e) Wölbflächenmoment 1. Grades $A_w(s)$.

Tafel 10-5. Werte zum Beispiel des Bildes 10-24

Wert	$\mathrm{I}\,300$	$\mathrm{I}\,\mathrm{PBl}\,300$	Einheit
h	30	29	cm
b	12,5	30	cm
s	1,08	0,85	cm
t	1,62	1,4	cm
I_T	56,8	85,6	cm^4
$C_M \equiv A_{ww}$	91850	1200000	cm^6
max w	88,7	207	cm^2
$W_w = \dfrac{A_{ww}}{\text{max } w}$	1040	5800	cm^4
λ/l	0,01542	0,00524	cm^{-1}
λ	9,252	3,144	—
max M_{TV}	0,735	0,451	kNm
max M_{TW}	0,75	0,75	kNm
max M_W	0,486	1,313	kNm^2
max σ_W	46,8	22,6	N/mm^2
max τ_V	21	7,4	N/mm^2
max $A_W(s)$	−449	−2174	cm^4
max τ_W	2,3	1	N/mm^2

$$A_w(s) = \int_0^8 w\, dA$$

erforderlich. Beginnt man an den Flanschenden mit der Berechnung, so folgt mit w und s nach Bild 10-25d die in Bild 10-25e eingetragene Fläche und damit die über die Wanddicke konstante maximale Wölbschubspannung in der Trägermitte und in der Mitte der Flansche.

11. Allgemeine Spannungszustände und Profilverformung von Stäben mit polygonalen dünnwandigen Querschnitten

11.1 Einführende Betrachtungen

Man geht davon aus, daß sich die einzelnen Wände des Querschnitts in der Längsrichtung (x-Richtung) wie Biegeträger ohne Berücksichtigung der Schubverformung verhalten. Daraus folgt ein linearer Verlauf der Längsspannungen über die einzelnen Wände. Wegen der Forderung gleicher Dehnungen ε an den Ecken können sich dort nur Knicke im Spannungsverlauf ausbilden. Man kann diese Zustände auf dreieckförmige Einheitszustände zurückführen, Bild 11-1. Zur Berechnung der Träger werden jedoch voneinander unabhängige Spannungszustände, die Hauptspannungszustände, verwandt. Den Span-

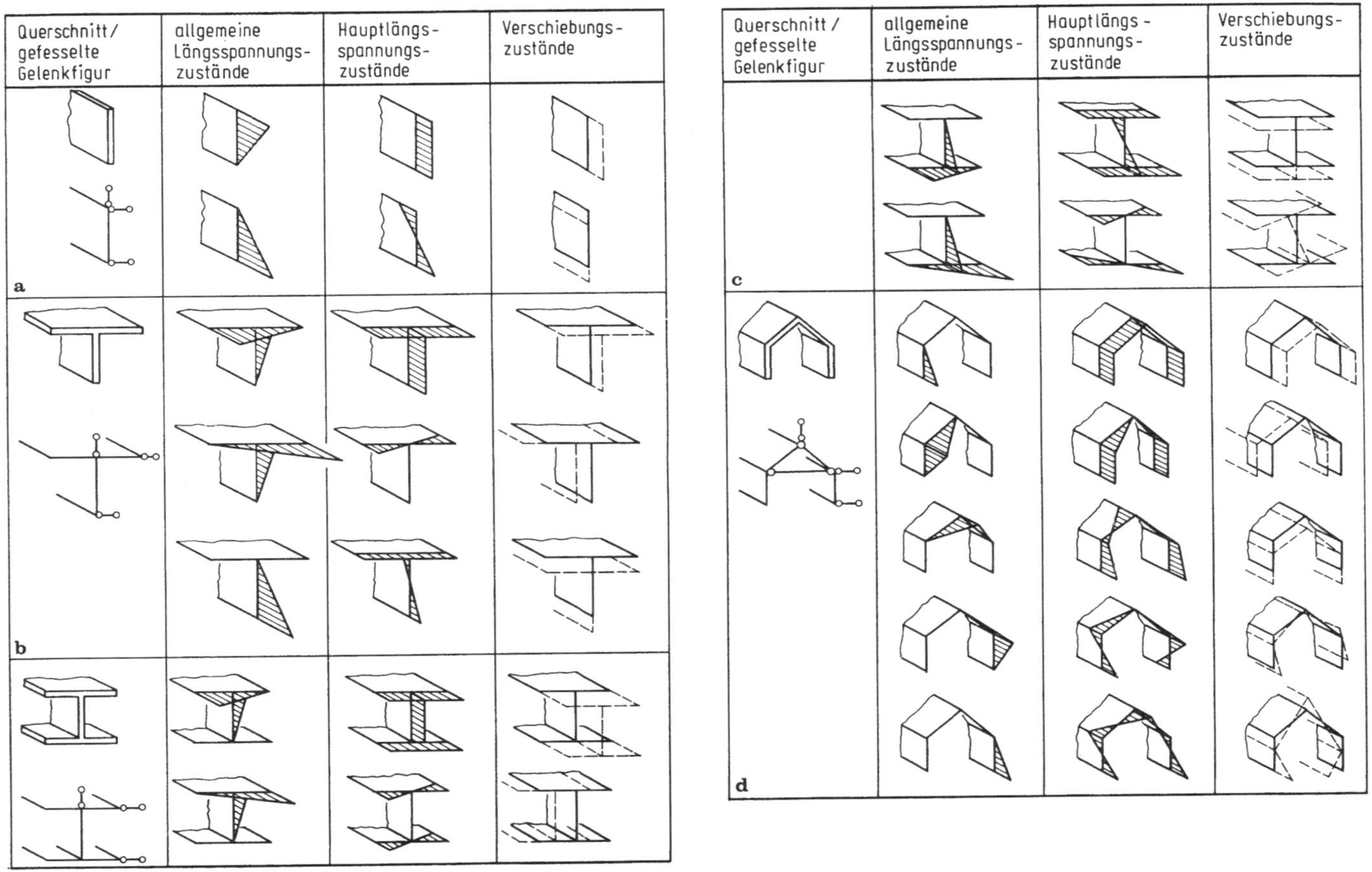

Querschnitt / gefesselte Gelenkfigur	allgemeine Längsspannungs- zustände	Hauptlängs- spannungs- zustände	Verschiebungs- zustände	Querschnitt / gefesselte Gelenkfigur	allgemeine Längsspannungs- zustände	Hauptlängs- spannungs- zustände	Verschiebungs- zustände

Bild 11-1. Längsspannungs- und Verschiebungszustände offener polygonaler Querschnitte.

nungen sind Dehnungen und damit Verschiebungen zugeordnet. Für den starren Querschnitt bestehen in der Ebene drei Verschiebungsmöglichkeiten, die in Bild 11-1 durch Fesselstäbe behindert sind, und außerdem eine Verschiebung der Stabachse in Längsrichtung. Außer diesen vier Starrkörperverschiebungen gibt es bei offenen Querschnitten, die aus mehr als 3 Wänden bestehen, noch Relativverschiebungen der Eckpunkte. Um diese festzustellen, ordnet man in den Eckpunkten Gelenke an. Die dadurch erhaltene Gelenkfigur bildet als freies Tragwerk eine kinematische Kette, die durch zusätzliche Stäbe stabilisiert werden muß. Bild 11-1d. Bei der Anordnung der Gelenke muß darauf geachtet werden, daß sich jede Wand auf 2 Nachbarwände abstützt, d. h., es dürfen keine Kragarme durch Gelenke abgetrennt werden. (Dies ist grundsätzlich auch möglich, dazu muß aber die Torsionssteifigkeit der einzelnen Wände berücksichtigt werden, die hier vorläufig vernachlässigt wird.) Jedem Spannungszustand ist eine Steifigkeit und eine Verschiebungsmöglichkeit zugeordnet. Alle in Bild 11-1 dargestellten Querschnitte haben eine Längssteifigkeit und damit eine elastische Verschiebung in Längsrichtung. In der Ebene des Querschnitts wird die Verschiebung in vertikaler Richtung beim schmalen Rechteckquerschnitt, Bild 11-1a, durch die Biegesteifigkeit festgelegt. Der T-Querschnitt, Bild 11-1b, hat Biegesteifigkeiten in beiden Richtungen der Ebene. Er ist jedoch nicht in der Lage, durch Längsspannungen eine Verdrehung zu behindern. Es handelt sich um einen wölbfreien Querschnitt, s. Abschnitt 10.5.5. Der I-Querschnitt, Bild 11-1c, besitzt neben der Längssteifigkeit und den beiden Biegesteifigkeiten auch noch eine Wölbsteifigkeit, und der Querschnitt nach Bild 11-1d eine der Profilverformung zugeordnete Steifigkeit.

Unter *Profilverformung* soll hier verstanden werden, daß sich die Lage der Eckpunkte, an denen 2 Wände zusammentreffen, bei in Querrichtung dehnstarren Wänden, relativ zueinander ändern kann. Auch von dieser Definition her ist nur bei dem Profil des Bildes 11-1d eine Profilverformung möglich.

Die Ausgangszustände, auf die alle Größen zuerst bezogen werden, werden durch $\wedge$ gekennzeichnet, z. B.

$$\hat{y}, \ \hat{z}, \ \hat{w}$$

die von Längskraft und Längsverschiebung unabhängigen mit $^{-}$, z. B.

$$\overline{y}, \ \overline{z}, \ \overline{w}$$

Die vollständig entkoppelten Größen erhalten keine besondere Kennzeichnung:

$$y, \ z, \ w$$

11.2 Offene Querschnitte ohne Profilverformung

11.2.1 Verschiebungszustände und Spannungszustände

Die *Verschiebungen* der Profilmittellinie $v_x(\hat{y}, \hat{z})$ bzw. $v_x(s)$ können in Abhängigkeit von den Verschiebungsgrößen der Systemachse angegeben werden. Mit Bild 11-2 erhält man:

$$v_x(x, \hat{y}, \hat{z}) = 1 \cdot v_x(x) - \hat{y} \cdot v_{\hat{y}}'(x) - \hat{z}v_{\hat{z}}'(x) - \hat{w}\vartheta_D'(x) \tag{11.1}$$

(Anteil nach Bild 11-2d s. Abschnitt 10.5.2).

Setzt man aus formalen Gründen:

$$v_x(x) = -v_1' \tag{11-2}$$

so lautet (11-1) als Matrizengleichung:

$$v_x\,(x,\hat{y},\hat{z}) = -\hat{\boldsymbol{k}}^{\mathrm{T}}(s)\,\hat{\boldsymbol{v}}'(x) = -\hat{\boldsymbol{v}}'(x)^{\mathrm{T}}\,\hat{\boldsymbol{k}}(s)$$

mit

$$\hat{\boldsymbol{k}}(s) = \begin{bmatrix} 1 \\ \hat{y} \\ \hat{z} \\ \hat{w} \end{bmatrix}; \qquad \hat{\boldsymbol{v}}(x) = \begin{bmatrix} v_1 \\ v_{\hat{y}} \\ v_{\hat{z}} \\ \vartheta_{\mathrm{D}} \end{bmatrix} \tag{11-3}$$

Die Dehnungen $\varepsilon_x(x,s) = \mathrm{d}v_x/\mathrm{d}x$ ergeben sich nach (1-27) zu

$$\varepsilon(x,s) = -\hat{\boldsymbol{k}}^{\mathrm{T}}(s)\,\hat{\boldsymbol{v}}''(x) \tag{11-4}$$

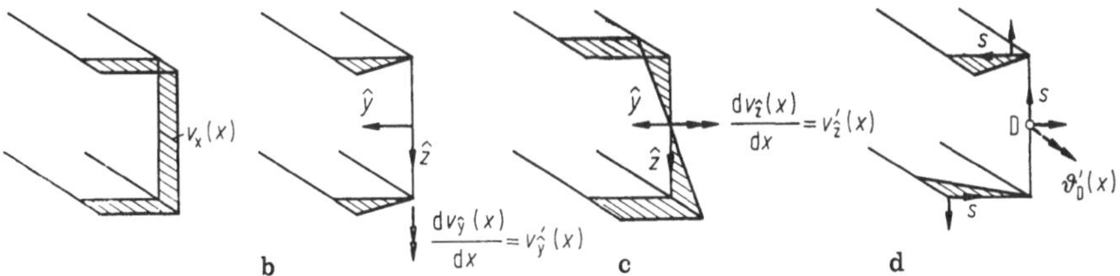

Bild 11-2. $v_x(\hat{y},\hat{z})$ bzw. $v_x(s)$ in Abhängigkeit von a) $v_x(x)$, b) $v_{\hat{y}}(x)$, c) $v_{\hat{z}}(x)$, d) $\vartheta_{\mathrm{D}}(x)$ der System-achse.

und die *Spannungen* mit dem Hookeschen Gesetz (1-34) zu:

$$\sigma(x,s) = -E\hat{\boldsymbol{k}}^{\mathrm{T}}(s)\,\hat{\boldsymbol{v}}''(x) \tag{11-5}$$

Setzt man in der ersten Gleichgewichtsbedingung (1-29) $y \equiv n$ und $z \equiv s$, und, da bei dünnwandigen Querschnitten die Längsspannungen σ konstant über die Dicke (gleich den Spannungen in der Profilmittellinie) vorausgesetzt werden, $\tau_{nx} = 0$, so erhält man mit der Volumenkraft $V_x = 0$:

$$\tau_{sx}(x,s) = -\int_0^s \frac{\partial \sigma_x}{\partial x}\,\mathrm{d}s + \tau_0 \tag{11-6}$$

Beginnt man die Integration an einer freien Ecke mit $\tau_{sx} = \tau_{xs} = 0$, so lautet (11-6) mit (11-5):

$$\tau_{sx}(x,s) = E\,\frac{1}{t}\,\hat{\boldsymbol{a}}^{\mathrm{T}}(s)\,\hat{\boldsymbol{v}}'''(x) \tag{11-7}$$

mit

$$\boldsymbol{a}(s) = \int_0^s \boldsymbol{k}(s)\,\mathrm{d}A = \begin{bmatrix} A(s) \\ A_y(s) \\ A_z(s) \\ A_w(s) \end{bmatrix} \tag{11-8}$$

(Definition der Elemente der Spaltenmatrix $\boldsymbol{a}$ siehe (10-61 b)).

Da die Schubverformungen Null gesetzt werden, erhält man die Verschiebung v_s der Profilmittellinie in Richtung s nach (1-27) zu:

$$\frac{\mathrm{d}v_\mathrm{s}}{\mathrm{d}x} = -\frac{\mathrm{d}v_\mathrm{x}}{\mathrm{d}s}.$$

Setzt man

mit

$$\hat{\boldsymbol{r}}(s) = \frac{\mathrm{d}}{\mathrm{d}s}\,\hat{\boldsymbol{k}}(s) \left.\begin{array}{c} \\ \\ \end{array}\right\}$$

$$\hat{\boldsymbol{r}}(s) = \begin{bmatrix} 0 \\ \sin\hat{\alpha} \\ \cos\hat{\alpha} \\ \hat{r}_\mathrm{t} \end{bmatrix} \qquad (11\text{-}9)$$

(nach Bild 11-3 ist $\alpha(s)$ der Winkel zwischen der z-Achse und der s-Achse), so gilt:

$$v_\mathrm{s} = \hat{\boldsymbol{r}}^\mathrm{T}(s)\cdot\hat{\boldsymbol{v}}(x) = \hat{\boldsymbol{v}}^\mathrm{T}(x)\,\hat{\boldsymbol{r}}(s) \qquad (11\text{-}10)$$

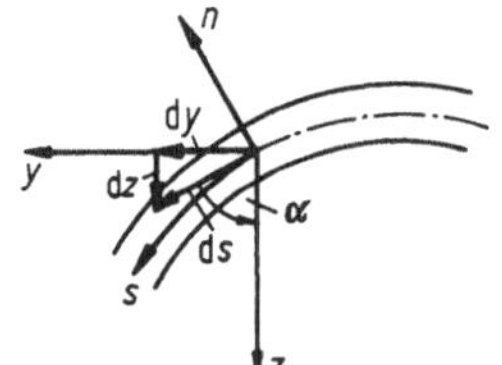

Bild 11-3. Zusammenhang zwischen dy, dz und ds.

Faßt man die Spannungen zu Schnittgrößen zusammen, wobei der Index von M den Multiplikator von σ unter dem Integral angibt, so erhält man mit (10-61):

	$Ev'_\mathrm{x}(x)$	$-Ev''_{\hat{y}}(x)$	$-Ev''_{\hat{z}}(x)$	$-E\vartheta''_\mathrm{D}(x)$
$N = \int_A 1\cdot\sigma\,\mathrm{d}A =$	A_{11}	$A_{1\hat{y}}$	$A_{1\hat{z}}$	$A_{1\hat{w}}$
$M_{\hat{y}} = \int_A \hat{y}\sigma\,\mathrm{d}A =$	$A_{\hat{y}1}$	$A_{\hat{y}\hat{y}}$	$A_{\hat{y}\hat{z}}$	$A_{\hat{y}\hat{w}}$
$M_{\hat{z}} = \int_A \hat{z}\sigma\,\mathrm{d}A =$	$A_{\hat{z}1}$	$A_{\hat{z}\hat{y}}$	$A_{\hat{z}\hat{z}}$	$A_{\hat{z}\hat{w}}$
$M_{\hat{w}} = \int_A \hat{w}\sigma\,\mathrm{d}A =$	$A_{\hat{w}1}$	$A_{\hat{w}\hat{y}}$	$A_{\hat{w}\hat{z}}$	$A_{\hat{w}\hat{w}}$

$$(11\text{-}11\,\mathrm{a})$$

Mit der Spaltenmatrix $\boldsymbol{m}$:

$$\boldsymbol{m}(x) = \begin{bmatrix} N \\ M_\mathrm{y} \\ M_\mathrm{z} \\ M_\mathrm{w} \end{bmatrix} \qquad (11\text{-}12)$$

lautet (11-11a) als Matrizengleichung:

$$\hat{\boldsymbol{m}}(x) = \int_A \hat{\boldsymbol{k}}\sigma \, \mathrm{d}A \qquad (11\text{-}13\,\mathrm{a})$$

$$\hat{\boldsymbol{m}}(x) = -E\hat{\boldsymbol{A}}\hat{\boldsymbol{v}}''(x) \qquad (11\text{-}13\,\mathrm{b})$$

Die Matrix $\hat{\boldsymbol{A}}$ kann als Integral über die Elemente des dyadischen Produktes der Spalten-matrizen $\hat{\boldsymbol{k}}$ dargestellt werden:

$$\hat{\boldsymbol{A}} = \int_A \hat{\boldsymbol{k}}\hat{\boldsymbol{k}}^{\mathrm{T}} \, \mathrm{d}A \qquad (11\text{-}14)$$

($A_{11} = A$ (Fläche), $A_{1\mathrm{j}} = A_{\mathrm{j}}$ (Flächenmonent 1. Grades)).

Löst man (11-13b) nach $E\hat{\boldsymbol{v}}''(x)$ auf und setzt dies in (11-5) ein, so erhält man:

$$\sigma(x, s) = \hat{\boldsymbol{k}}^{\mathrm{T}}(s) \, \hat{\boldsymbol{A}}^{-1}\hat{\boldsymbol{m}}(x) \qquad (11\text{-}15)$$

und mit (11-7):

$$\tau(x, s) = -\frac{1}{t}\hat{\boldsymbol{a}}^{\mathrm{T}} \, A^{-1}\hat{\boldsymbol{q}}(x) \qquad (11\text{-}16)$$

Darin ist

$$\boldsymbol{q}(x) = \frac{\mathrm{d}}{\mathrm{d}x} \, \boldsymbol{m}(x) = \begin{bmatrix} N' \\ Q_{\mathrm{y}} \\ Q_{\mathrm{z}} \\ M_{\mathrm{Tw}} \end{bmatrix} \qquad (11\text{-}17\,\mathrm{a})$$

bzw.

$$\boldsymbol{q}(x) = -E\hat{\boldsymbol{A}}\hat{\boldsymbol{v}}'''(x) \qquad (11\text{-}17\,\mathrm{b})$$

Ferner gilt:

$$\boldsymbol{q} = \int_A \boldsymbol{r}(s) \, \tau_{\mathrm{xs}}(x, s) \, \mathrm{d}A \qquad (11\text{-}17\,\mathrm{c})$$

was man durch Einsetzen von (11-7) mit (11-8) und Vergleich mit (11-17b) bestätigt.

11.2.2 Orthogonalisierungen

Um die Elemente der ersten Zeile bzw. Spalte der Matrix $\hat{\boldsymbol{A}}$ außerhalb der Haupt-diagonalen zu Null zu machen, verschiebt man das Koordinatensystem in den Schwer-punkt, Bild 11-4, und setzt $\overline{w}$ ein:

$$\overline{y} = \hat{y} - \hat{y}_0 \qquad \overline{z} = \hat{z} - \hat{z}_0 \qquad \overline{w} = \hat{w} - \hat{w}_0 \qquad (11\text{-}18)$$

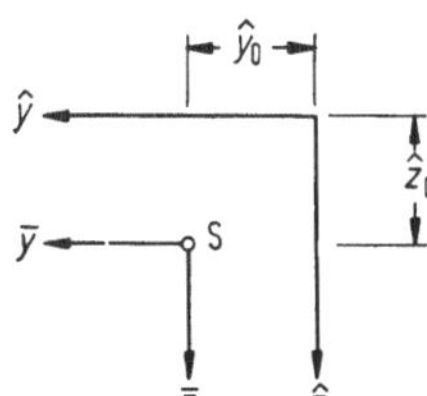

Bild 11-4. Koordinatensystem $\overline{y}$, $\overline{z}$
durch den Schwerpunkt.

Damit erhält man die erste Zeile von (11-11a) zu:

$$
\begin{array}{c|c|c|c}
E v'_{\mathrm{x}}(x) & -E v''_{\hat{\mathrm{y}}}(x) & -E v''_{\hat{\mathrm{z}}}(x) & -E\vartheta''_{\mathrm{D}}(x) \\
\hline
A_{11} & A_{1\hat{\mathrm{y}}} - \hat{y}_0 A_{11} & A_{1\hat{\mathrm{z}}} - \hat{z}_0 A_{11} & A_{1\hat{\mathrm{w}}} - \hat{w}_0 A_{11}
\end{array}
$$

Aus der Bedingung, daß nur infolge $E v'_{\mathrm{x}}(x)$ eine Längskraft entstehen soll, folgt:

$$
\hat{y}_0 = \frac{A_{1\hat{\mathrm{y}}}}{A_{11}} \qquad \hat{z}_0 = \frac{A_{1\hat{\mathrm{z}}}}{A_{11}} \qquad \hat{w}_0 = \frac{A_{1\hat{\mathrm{w}}}}{A_{11}} \tag{11-19}
$$

Bei symmetrischen Querschnitten liegt der Schwerpunkt auf der Symmetrieachse. Das Gleichungssystem (11-11) hat nun folgende Form:

$$
\begin{array}{c|c|c|c|c}
 & E v'_{\mathrm{x}}(x) & -E v''_{\bar{\mathrm{y}}}(x) & -E v''_{\bar{\mathrm{z}}}(x) & -E\vartheta''_{\mathrm{D}}(x) \\
\hline
N = & A_{11} & 0 & 0 & 0 \\
M_{\bar{\mathrm{y}}} = & 0 & A_{\bar{\mathrm{y}}\bar{\mathrm{y}}} & A_{\bar{\mathrm{y}}\bar{\mathrm{z}}} & A_{\bar{\mathrm{y}}\bar{\mathrm{w}}} \\
M_{\bar{\mathrm{z}}} = & 0 & A_{\bar{\mathrm{z}}\bar{\mathrm{y}}} & A_{\bar{\mathrm{z}}\bar{\mathrm{z}}} & A_{\bar{\mathrm{z}}\bar{\mathrm{w}}} \\
M_{\bar{\mathrm{w}}} = & 0 & A_{\bar{\mathrm{w}}\bar{\mathrm{y}}} & A_{\bar{\mathrm{w}}\bar{\mathrm{z}}} & A_{\bar{\mathrm{w}}\bar{\mathrm{w}}}
\end{array}
\tag{11-11 b}
$$

Dreht man das Koordinatensystem $\bar{y}, \bar{z}$ um den Winkel α [H 24], so daß $A_{yz} = 0$ wird:

$$
\tan 2\alpha = \frac{2 A_{\bar{\mathrm{y}}\bar{\mathrm{z}}}}{A_{\bar{\mathrm{y}}\bar{\mathrm{y}}} - A_{\bar{\mathrm{z}}\bar{\mathrm{z}}}} \tag{11-20}
$$

und legt man den Drehpunkt in den Drillruhepunkt (10-64), so erhält man (11-11) entkoppelt im Hauptachsensystem zu:

$$
\begin{array}{c|c|c|c|c}
 & E v'_{\mathrm{x}}(x) & -E v''_{\mathrm{y}}(x) & -E v''_{\mathrm{z}}(x) & -E\vartheta''(x) \\
\hline
N = & A_{11} & & & \\
M_{\mathrm{y}} = & & A_{\mathrm{yy}} & & \\
M_{\mathrm{z}} = & & & A_{\mathrm{zz}} & \\
M_{\mathrm{w}} = & & & & A_{\mathrm{ww}}
\end{array}
\tag{11-21}
$$

Wegen der Entkoppelung können die einzelnen Kraft- und Verschiebungszustände getrennt betrachtet werden. Für die Spannungen erhält man aus (11-15) und (11-16):

$$
\left.
\begin{aligned}
\sigma &= \frac{N}{A} + \frac{M_{\mathrm{y}}}{A_{\mathrm{yy}}} y + \frac{M_{\mathrm{z}}}{A_{\mathrm{zz}}} z + \frac{M_{\mathrm{w}}}{A_{\mathrm{ww}}} w \\
\tau &= \frac{n}{tA} A(s) - \frac{Q_{\mathrm{y}}}{tA_{\mathrm{yy}}} A_{\mathrm{y}}(s) - \frac{Q_{\mathrm{z}}}{tA_{\mathrm{zz}}} A_{\mathrm{z}}(s) - \frac{M_{\mathrm{TW}}}{tA_{\mathrm{ww}}} A_{\mathrm{w}}(s)
\end{aligned}
\right\}
\tag{11-22}
$$

Durch die zweite Orthogonalisierung $\bar{k} \rightarrow k$ ändern sich die Elemente des Vektors $\hat{r}(s) = \bar{r}(s)$ (11-9) entsprechend der Änderung von $\bar{k}$.

11.3 Offene Querschnitte mit Profilverformung

11.3.1 Verschiebungs- und Spannungszustände

Infolge der verschiedenen Profilverformungszustände, die durch Verschiebungen der Gelenkfigur des Querschnitts entstehen, Bild 11-5, erhält man zusätzliche Anteile in den Spaltenmatrizen des Abschnitts 11.2. Man unterteilt die Spaltenmatrizen in die Anteile des unverformten (starren) Querschnitts, Index S, und die Anteile aus Profilverformung, Index P:

$$r(s) = \begin{bmatrix} r_S(s) \\ r_P(s) \end{bmatrix} \qquad k(s) = \begin{bmatrix} k_S(s) \\ k_P(s) \end{bmatrix} \qquad v(x) = \begin{bmatrix} v_S(x) \\ v_P(x) \end{bmatrix}$$

$$a(s) = \begin{bmatrix} a_S(s) \\ a_P(s) \end{bmatrix} \qquad m(x) = \begin{bmatrix} m_S(x) \\ m_P(x) \end{bmatrix} \qquad q(x) = \begin{bmatrix} q_S(x) \\ q_P(x) \end{bmatrix} \tag{11-23}$$

Für die Profilverformung erhält man allgemein, s. Bild 11-5 mit 2 Möglichkeiten der Profilverformung:

$$r_P(s) = \begin{bmatrix} r_{t1} \\ r_{t2} \\ \vdots \end{bmatrix} \qquad k_P(s) = \begin{bmatrix} w_1 \\ w_2 \\ \vdots \end{bmatrix} \qquad v_P(x) = \begin{bmatrix} \vartheta_1 \\ \vartheta_2 \\ \vdots \end{bmatrix}$$

und ferner:

$$a_P(s) = \begin{bmatrix} A_{w1}(s) \\ A_{w2}(s) \\ \vdots \end{bmatrix} \qquad m_P(x) = \begin{bmatrix} M_{w1} \\ M_{w2} \\ \vdots \end{bmatrix} \qquad q_P(x) = \begin{bmatrix} M_{P1} \\ M_{P2} \\ \vdots \end{bmatrix} \tag{11-24}$$

Die Momente M_{Pj} sind die Momente, die die Profilverformung bewirken. Aus den Bimomenten M_{wj} werden die zugehörigen Längsspannungen berechnet.

Da die in den ersten Abschnitten dieses Kapitels getroffenen Voraussetzungen auch für die Profilverformungszustände beibehalten werden, gelten alle dort angegebenen Matrizengleichungen unter Beachtung von (11-23) weiter. Geben die Matrizenbeziehungen des Abschnitts 11.2 nur die dort behandelten Verschiebungs- und Spannungszustände des starren Querschnitts an, so sind diese Matrizen in Zukunft mit dem Index S zu versehen.

Analog zu den Schnittgrößen (11-13a) und (11-17c) werden die Lastgrößen definiert, Bild 11-6:

$$m_L(x) = \int_s k(s)\, p_x(x, s)\, \mathrm{d}s$$

$$q_L(x) = \int_s r(s)\, p_s(x, s)\, ds \tag{11-25}$$

Das Gleichgewicht der Längsspannungen an einer Trägerfaser der Länge $\mathrm{d}x$ führt zu

$$\frac{\mathrm{d}}{\mathrm{d}x}\, m(x) = -\, m_L(x) \tag{11-26}$$

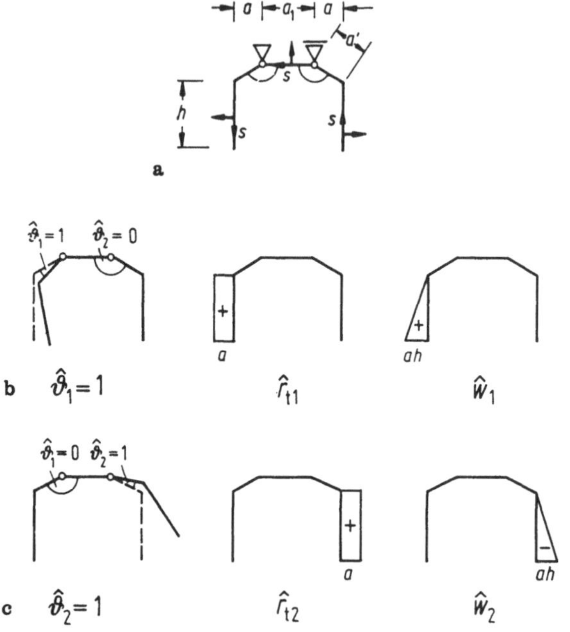

Bild 11-5. Zur Profilverformung.
a) Querschnitt, stabilisiertes Gelenkwerk; b) Zustand $\hat{\vartheta}_1 = 1$ mit $\hat{r}_{t1}$ und $\hat{w}_1$;
c) Zustand $\hat{\vartheta}_2 = 1$ mit $\hat{r}_{t2}$ und $\hat{w}_2$.

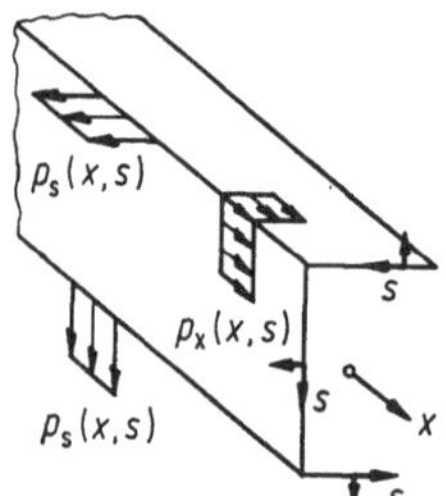

Bild 11-6. Belastung $p_x(x, s)$ und $p_s(x, s)$.

und das Gleichgewicht der Kräfte in s-Richtung zu

$$\frac{\mathrm{d}}{\mathrm{d}x}\, \boldsymbol{q}(x) = -\boldsymbol{q}_{\mathrm{L}}(x) \tag{11-27}$$

Mit (11-17a) und (11-17b) folgt das Differentialgleichungssystem:

$$EA\boldsymbol{v}^{\mathrm{IV}}(x) = \boldsymbol{q}_{\mathrm{L}}(x) + \boldsymbol{m}_{\mathrm{L}}'(x) \tag{11-28}$$

11.3.2 Orthogonalisierungen

Setzt man voraus, daß die Verschiebungszustände des starren Querschnitts orthogonalisiert sind:

$$\hat{k}\begin{bmatrix} k_\mathrm{S} \\ \hat{k}_\mathrm{P} \end{bmatrix}, \tag{11-29}$$

so erhält man A nach (11-14) zu:

$$\hat{A} = \begin{bmatrix} A_\mathrm{SS} & A_\mathrm{SP} \\ A_\mathrm{PS} & \hat{A}_\mathrm{PP} \end{bmatrix} \tag{11-30}$$

Zur Entkoppelung der Profilverformungszustände von denjenigen des starren Querschnitts wird $A_\mathrm{PS} = A_\mathrm{SP}^\mathrm{T} = 0$ verlangt. Dies gelingt mit der linearen Transformation

mit

und

$$\left.\begin{aligned} \bar{k} &= \begin{bmatrix} k_\mathrm{S} \\ \bar{k}_\mathrm{P} \end{bmatrix} = \hat{K}\hat{k} \\[2mm] \hat{K} &= \begin{bmatrix} I & \\ K_\mathrm{I} & I \end{bmatrix} \\[2mm] K_\mathrm{I} &= -A_\mathrm{PS}A_\mathrm{SS}^{-1} \end{aligned}\right\} \tag{11-31}$$

Man erhält

mit

$$\left.\begin{aligned} \bar{A} &= \begin{bmatrix} A_\mathrm{SS} & 0 \\ 0 & \bar{A}_\mathrm{PP} \end{bmatrix} \\[2mm] \bar{A}_\mathrm{PP} &= \hat{A}_\mathrm{PP} - A_\mathrm{PS}A_\mathrm{SS}^{-1}A_\mathrm{PS}^\mathrm{T} \end{aligned}\right\} \tag{11-32}$$

und die Elemente der Matrix $\bar{k}_\mathrm{P}$ mit (11-31) zu:

also

$$\left.\begin{aligned} \bar{k}_\mathrm{P} &= \hat{k}_\mathrm{P} - A_\mathrm{PS}A_\mathrm{SS}^{-1}k_\mathrm{S} \\[2mm] \bar{w}_1 &= \hat{w}_1 - \frac{A_{\hat{w}1,1}}{A} - \frac{A_{\hat{w}1,y}}{A_{yy}}y - \frac{A_{\hat{w}1,z}}{A_{zz}}z - \frac{A_{\hat{w}1,w}}{A_{ww}}w \\[2mm] \bar{w}_2 &= \hat{w}_2 - \frac{A_{\hat{w}2,1}}{A} - \frac{A_{\hat{w}2,y}}{A_{yy}}y - \frac{A_{\hat{w}2,z}}{A_{zz}}z - \frac{A_{\hat{w}2,w}}{A_{ww}}w \\[2mm] \vdots \quad & \quad \vdots \quad\quad \vdots \quad\quad \vdots \quad\quad \vdots \quad\quad \vdots \end{aligned}\right\} \tag{11-33}$$

Entsprechend gilt:

$$\bar{r}_\mathrm{P} = \hat{r}_\mathrm{P} - A_\mathrm{PS}A_\mathrm{SS}^{-1}r_\mathrm{S}.$$

Die Orthogonalisierung von $\bar{A}_\mathrm{PP}$ führt auf ein Eigenwertproblem. Es ist

mit

$$\left.\begin{aligned} k_\mathrm{P} &= K_\mathrm{II}\bar{k}_\mathrm{P} \\[2mm] A_\mathrm{PP} &= K_\mathrm{II}\bar{A}_\mathrm{PP}K_\mathrm{II}^\mathrm{T} \end{aligned}\right\} \tag{11-34}$$

K_II^T wird aus den Eigenvektoren der Matrix $\bar{A}_\mathrm{PP}$ gebildet.

Zusammengefaßt ergeben die beiden Stufen der Orthogonalisierung für alle Verschiebungszustände

$$k = K\hat{k} \tag{11-35}$$

($\hat{k}$ nach (11-29))
mit

$$K = \begin{bmatrix} I & 0 \\ K_{II}k_{I} & K_{II} \end{bmatrix} \tag{11-36}$$

$$K^{-1} = \begin{bmatrix} I & 0 \\ -k_{I} & K_{II}^{-1} \end{bmatrix} \tag{11-37}$$

Da $r_p(s)$ entsprechend (11-9) die Ableitung von $k_p(s)$ ist und $a_p(s)$ entsprechend (11-8), $m_p(x)$ entsprechend (11-12) und $q_p(x)$ entsprechend (11-17c) mit $k(s)$ bzw. $r(s)$ gebildet werden, geht (11-35) in diese Ausdrücke direkt ein. Für die Verschiebungsgrößen erhält man, da die Verwölbungen unabhängig vom Bezugssystem sind

$$v_x = -\hat{k}^T\hat{v}' = -k^Tv' = -\hat{k}^TK^Tv'$$

durch Vergleich des zweiten mit dem letzten Term:

$$\hat{v} = K^Tv \qquad v = (K^T)^{-1}\hat{v} \tag{11-38}$$

11.3.3 Berücksichtigung der Querbiegesteifigkeit

Den Verdrehungen nach Bild 11-5 setzt der Träger seine Querbiegesteifigkeit entgegen. Zu einer Berechnung nach dem Kraftgrößenverfahren (Abschnitt 2.10) kann man das Profil aufklappen und dort, wo sich zwei Wände gegenseitig abstützen, Lager anordnen, Bild 11-7. Faßt man die Querbiegemomente M_Q, die dort wirken, wo die Gelenke des Gelenkwerks angeordnet wurden, in der Matrix m_Q zusammen:

$$m_Q = \begin{bmatrix} M_{Q1} \\ M_{Q2} \\ \vdots \end{bmatrix}, \tag{11-39}$$

so erhält man mit der Vergleichsbiegesteifigkeit EI_{Qc} in Querrichtung (vgl. (2.10-2)):

$$m_Q(x) = -EI_{Qc}A_c^{-1}\delta_0(x) \tag{11-40a}$$

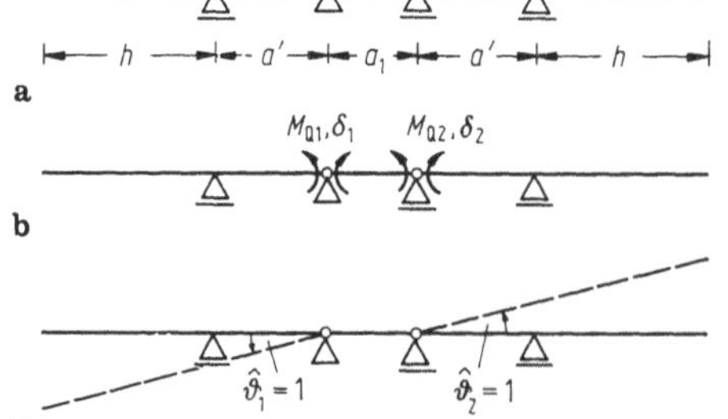

Bild 11-7. Profil des Bildes 11-5 als Durchlaufträger dargestellt.
a) Durchlaufträger, b) statisch bestimmtes System mit Festlegung der Querbiegemomente M_Q und der Verdrehungssprünge δ, c) Profilverformungszustände.

Die Matrix A_c wird aus den EI_{Qc}-fachen δ_{ik}-Werten gebildet. Die δ_0-Werte infolge der Profilverformungszustände berechnet man zu:

$$\boldsymbol{\delta}_0(x) = \boldsymbol{R}\hat{\boldsymbol{v}}_p(x) = \boldsymbol{R}\bar{\boldsymbol{v}}_p(x) \tag{11-41a}$$

bzw. nach der Orthogonalisierung mit (11-38) und (11-36):

$$\boldsymbol{\delta}_0(x) = \boldsymbol{R}\boldsymbol{K}_{II}\boldsymbol{v}_p(x) \tag{11-41b}$$

Die Matrix $\boldsymbol{R}$ ergibt sich für das Beispiel des Bildes 11-7 zu:

$$\boldsymbol{R} = \begin{bmatrix} 1 & 0 \\ 0 & -1 \end{bmatrix}$$

Mit (11-41b) folgt für (11-40a)

$$\boldsymbol{m}_Q(x) = -EI_{Qc}\boldsymbol{A}_c^{-1}\boldsymbol{R}\boldsymbol{K}_{II}\boldsymbol{v}_p(x) \tag{11-40b}$$

Diese Querbiegemomente haben (s. Bild 11-7) Stützkräfte zur Folge, die als Belastung $\boldsymbol{p}_s(x, s)$, Bild 11-6, auf das Profil wirken und zu Profilverformungsmomenten $\boldsymbol{q}_Q(x)$ entsprechend (11-25) zusammengefaßt werden. Mit einem virtuellen Verschiebungszustand $\bar{\boldsymbol{v}}_p(x) = \hat{\boldsymbol{v}}_p(x)$, dem Verdrehungssprünge $\boldsymbol{\delta}$ nach (11-41a) zugeordnet sind, berechnet man mit dem Prinzip der virtuellen Verschiebungen die Profilverformungsmomente zu:

$$\text{mit} \qquad \left.\begin{aligned} \bar{\boldsymbol{q}}_Q(x) &= -EI_{Qc}\bar{\boldsymbol{B}}\bar{\boldsymbol{v}}_p \\[2mm] \bar{\boldsymbol{B}} &= \boldsymbol{R}^T\boldsymbol{A}_c^{-1}\boldsymbol{R} \end{aligned}\right\} \tag{11-42}$$

Berücksichtigt man dies in (11-28), so lautet die Differentialgleichung für die Profilverformung:

$$E\bar{\boldsymbol{A}}_{PP}\bar{\boldsymbol{v}}_p^{IV}(x) + EI_{Qc}\bar{\boldsymbol{B}}\bar{\boldsymbol{v}}_p(x) = \bar{\boldsymbol{q}}_{PL}(x) + \overline{\boldsymbol{m}}'_{PL}(x) \tag{11-43a}$$

Die Entkoppelung des Differentialgleichungssystems führt zu dem allgemeinen Eigenwertproblem $(\bar{\boldsymbol{A}}_{PP} - \lambda\bar{\boldsymbol{B}})\,\boldsymbol{k}_{IIj}^T = 0$, mit $\boldsymbol{k}_{IIj}^T$ als dem j-ten Eigenvektor, der gleich der j-ten Spalte der Matrix $\boldsymbol{K}_{II}^T$ ist. Mit (11-34) und

$$\boldsymbol{B} = \boldsymbol{K}_{II}\bar{\boldsymbol{B}}_2\boldsymbol{k}_{II}^T \tag{11-44}$$

lautet das System der entkoppelten Differentialgleichungen:

$$EA_{PP}\boldsymbol{v}_p^{IV}(x) + EI_{Qc}\boldsymbol{B}\boldsymbol{v}_p(x) = \boldsymbol{q}_{PL}(x) + \boldsymbol{m}'_{PL}(x) \tag{11-43b}$$

Die Differentialgleichungen entsprechen denen des elastisch gebetteten Balkens, Abschnitt 2.15, wobei die Querbiegesteifigkeit die elastische Bettung bewirkt. Bei großer Querbiegesteifigkeit klingen Störungen schnell ab. Für jeden Profilverformungszustand kann man die Stabkennzahl λ (2.15-3) berechnen und feststellen, wie groß der Abklingbereich $\left(\dfrac{\lambda}{l}\,x \approx 2\pi\right)$ ist. Querschotten wirken nur dann in dem ganzen Bereich zwischen zwei Schotten einer Profilverformung entgegen, wenn ihr Abstand kleiner ist als der doppelte Abklingbereich (Bild 2.16-8).

11.3.4 Zusätzliche Betrachtungen

Das Differentialgleichungssystem (11-28) ist gleich dem der Gelenkwerkstheorie, das System (11-43) gleich dem der Theorie des steifknotigen Faltwerks, Kapitel 9. Beide Theorien berücksichtigen nur die elastischen Längenänderungen der Stabfasern. Deshalb ist z. B. kein Vergleich mit der Wölbkrafttorsion möglich.

Berücksichtigt man die Verdrehsteifigkeit der einzelnen Wände des starren Querschnitts, also die Verformungen infolge der linear über die Wanddicke verteilten Schubspannungen, so erhält man die Lösung für die Wölbkrafttorsion. Bei der Profilverformung sind dann auch Querverformungszustände bei den Querschnitten des Bildes 11-1b und c möglich, da man nun über die Festlegungen in Abschnitt 11.1 hinaus an den Einspannstellen der Kragarme Gelenke anordnen darf.

Unter Profilverformung ist dann zu verstehen, daß sich die relative Lage der Längsränder der einzelnen Wände des Profils zueinander ändert.

Die Verformungen infolge der konstant über die Wanddicke angenommenen Schubspannungen können zusätzlich berücksichtigt werden, haben aber bei den Trägern, bei denen man die einzelnen Profilwände als Balken berechnen darf, i. allg. keinen großen Einfluß.

In beiden Fällen tritt in den Differentialgleichungen (11-28) und (11-43) noch ein Term $Cv''(x)$ auf. Es ist dann jedoch nicht mehr möglich, die einzelnen Verschiebungszustände vollständig zu entkoppeln.

11.4 Geschlossene Querschnitte

11.4.1 Geschlossene Querschnitte ohne Profilverformung

Bei geschlossenen Querschnitten läßt sich die Integrationskonstante in (11-6) nicht durch einen vorgegebenen Anfangswert bestimmen. Man schneidet daher, wie bei der Wölbkrafttorsion, Bild 10-17d, die einzelnen Querschnitte auf, berechnet $a_0(s)$ (s. (11-8)) des offenen Querschnitts, und bestimmt die Integrationskonstanten a_j aus der Bedingung, daß infolge der Schubverformungen beim Umlauf um die j-te Zelle kein Verschiebungs-

Tafel 11-1. Lastspalten und Unbekannte für die Systemmatrizen nach (10-49) und (10-75).

Unbekannte	Elemente der Lastspalte
ψ_j Gl.(10-49)	$2A_{mj}$
A_j	$-\oint_j \dfrac{A_0(s)}{t}\,ds$
A_{yj}	$-\oint_j \dfrac{A_{y0}(s)}{t}\,ds$
A_{zj}	$-\oint_j \dfrac{A_{z0}(s)}{t}\,ds$
A_{wj} Gl.(10-75)	$-\oint_j \dfrac{A_{w0}(s)}{t}\,ds$

sprung in x-Richtung auftreten darf (obwohl sonst die Schubverformungen vernachlässigt werden). Diese Bedingungen führen zu Gleichungssystemen, die analog zu (10-49) und (10-75) sind. Die Systemmatrix (Koeffizientenmatrix) ist jeweils dieselbe, es ändern sich nur die Unbekannten entsprechend den „Lastspalten". Die Zusammenhänge sind in Tafel 11-1 zusammengestellt. Man hat dann in (11-7) zu setzen:

$$\boldsymbol{a}(s) = \boldsymbol{a}_0(s) + \sum_j \boldsymbol{a}_j \qquad (11\text{-}45)$$

mit $\boldsymbol{a}_0(s)$ nach (11-8) für den offenen Querschnitt und $\sum_j \boldsymbol{a}_j = \boldsymbol{a}_j$, wenn die betrachtete Wand nur zum Kasten j gehört, $\sum_j \boldsymbol{a}_j = (\boldsymbol{a}_j - \boldsymbol{a}_i)$, wenn die Wand zum betrachteten Kasten j und zum Kasten i gehört. Im übrigen gelten die Beziehungen des Abschnitts 11.2.

11.4.2 Geschlossene Querschnitte mit Profilverformung

In Bild 11-8 sind geschlossene Querschnitte dargestellt, die nach Voraussetzung über die einzelnen Wände eine lineare Längsspannungsverteilung haben. Der Kastenträger mit 3 Eckpunkten hat neben der Längsdehnsteifigkeit zwei Biegesteifigkeiten. Der Verdrehung sind also keine Längsspannungen zugeordnet. Der dreieckige Kasten ist wölbfrei (s. auch Abschnitt 10.5.5). Der einzellige Kastenträger mit vier Eckpunkten hat zusätzlich zur Längssteifigkeit und den beiden Biegesteifigkeiten noch eine Wölbsteifigkeit, die unter den gegebenen Voraussetzungen der Profilverformung zuzuordnen ist. Die Verwölbungen infolge der Wölbkrafttorsion basieren auf den Schubverformungen der Bredtschen Torsion und können dann rechnerisch nicht erfaßt werden, wenn die Schubverformungen — wie vorausgesetzt — vernachlässigt werden. Beim zweizelligen Kasten stehen vier Längsspannungszuständen ein Längsverschiebungs- und 3 Querverschiebungszustände gegenüber. Werden keine Schubverformungen berücksichtigt, so sind nur die Längsverschiebung, die Biegungen um die beiden Hauptachsen und eine Profilverformung möglich. Es gibt also bei mehrzelligen Kastenträgern nur einen schubverformungsfreien Profilverformungszustand. In Bild 11-9a ist dies für einen parallelgurtigen Kastenträger mit senkrechten Stegen dargestellt.

Weitere Profilverformungszustände sind nur möglich, wenn die Schubverformungen berücksichtigt werden. Schubverformungen sind nur dann zu berücksichtigen, wenn ein oder mehrere Stege so stark belastet sind, daß mit einem Abweichen von der linearen Querverschiebung nach Bild 11-9a zu rechnen ist. Dies ist dann der Fall, wenn die Stege unterschiedlich stark belastet sind, Bild 11-9b. In diesen Fällen genügt es, nur die Verformungen infolge der umlaufenden Schubflüsse in den angrenzenden Zellen, im Bild 11-9b also nur in der 2. und 3. Zelle, zu berücksichtigen.

Beispiel zum Kapitel 11

Zu dem in Bild 11-10a dargestellten Querschnitt sollen die Querschnittswerte berechnet werden. Für das Ausgangskoordinatensystem $\hat{y}$, $\hat{z}$ erhält man die in Bild 11-10b und c dargestellten Funktionen $\hat{k}(s)$ nach (11-3), und die Elemente $\hat{A}_{1j}$ der Matrix $\hat{\boldsymbol{A}}$ nach (11-14) zu:

$$A_{11} = 4 \text{ cm}^2$$

$$A_{1\hat{y}} = 0$$

$$A_{1\hat{z}} = 2 \cdot 0{,}1 \cdot 10 \left(\frac{1}{2} \cdot 6 + \frac{1}{2} (6 + 16) \right) = 28 \text{ cm}^3$$

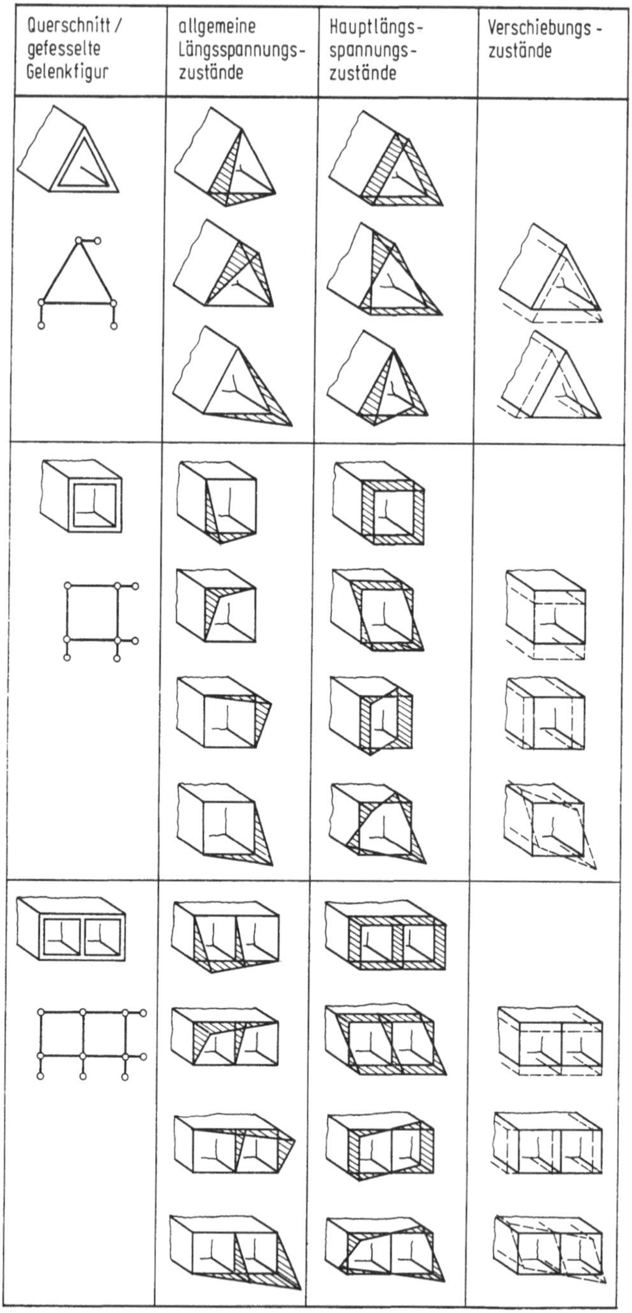

Querschnitt / gefesselte Gelenkfigur	allgemeine Längsspannungs-zustände	Hauptlängs-spannungs-zustände	Verschiebungs-zustände

Bild 11-8. Längsspannungs- und Verschiebungszustände geschlossener polygoner Querschnitte.

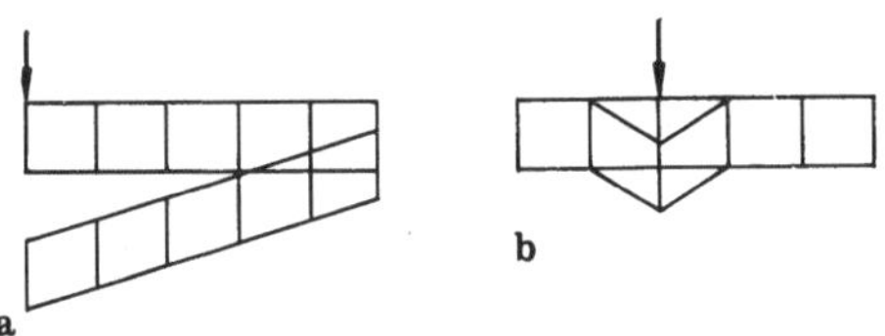

Bild 11-9. Mehrzelliger parallelgurtiger Kastenträger unter einer Last am linken Rand.
a) Schubverformungsfreier Profilverformungszustand,
b) Profilverformung der belasteten Zelle.

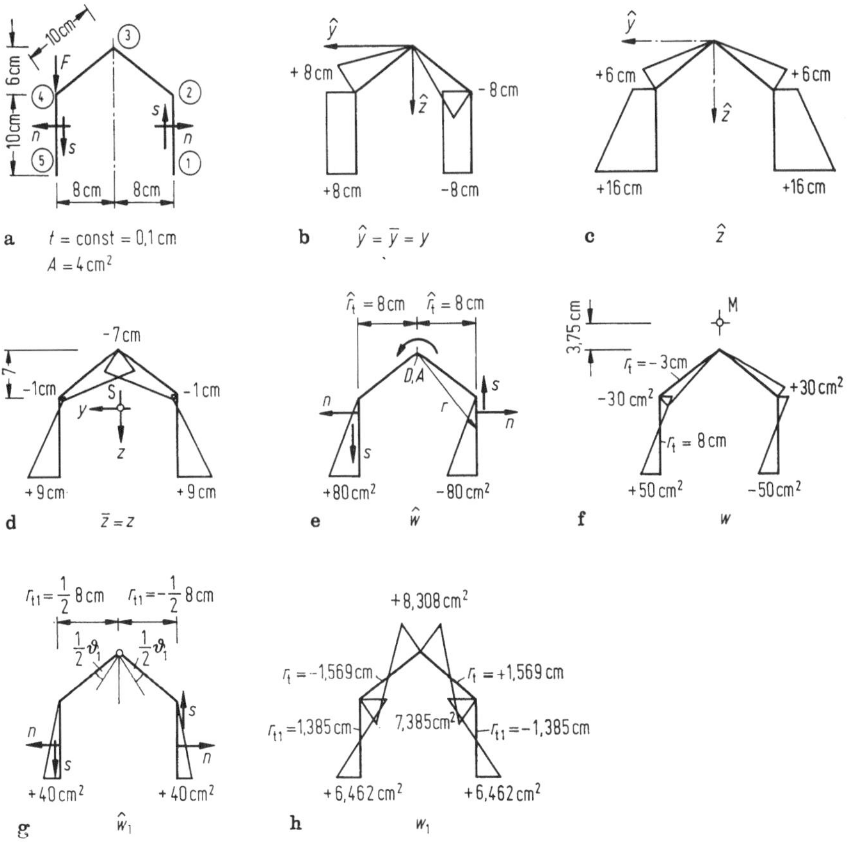

Bild 11-10. Dünnwandiger Querschnitt.
a) Abmessungen und Punktbezeichnungen, b) Koordinaten $\hat{y} = \bar{y} = y$, c) Ausgangskoordinatensystem $\hat{z}$, d) Koordinaten $\bar{z} = z$, e) Grundverwölbung $\hat{w} = \bar{w}$, f) Hauptverwölbung w, g) Ausgangszustand für die Profilverformung mit $\hat{r}_{t1}$ und $\hat{w}_1$, h) Profilverformung mit r_{t1}, w_1.

Aus der ersten Orthogonalisierung (11-19) folgt:

$$\hat{y}_0 = 0 \;\rightarrow\; \bar{y} = \hat{y}$$

$$\hat{z}_0 = \frac{28}{4} = 7 \text{ cm}$$

und mit (11-18) $\bar{z}$ nach Bild 11-10d. Da $\bar{z}$ symmetrisch und $\bar{y}$ antimetrisch ist, folgt $A_{\overline{yz}} = 0$ und damit $z = \bar{z}$; $y = \hat{y}$. Die auf die Hauptachsen bezogenen Flächenmomente 2. Grades ergeben sich zu:

$$A_{yy} = 2 \cdot 0,1 \cdot 10 \left(\frac{1}{3} \cdot 8 \cdot 8 + 8 \cdot 8 \right) = 170,667 \text{ cm}^4$$

$$A_{zz} = 2 \cdot 0,1 \cdot 10 \, \frac{1}{3} \, (7^2 + 1^2 + 1 \cdot 7 + 1^2 + 9^2 - 1 \cdot 9) = 86,667 \text{ cm}^4$$

Damit ist die Berechnung der Querschnittswerte für Längsverschiebung und Biegung abgeschlossen und das Gleichungssystem entkoppelt.

Zur Berechnung der Verwölbung infolge der Torsion werden der Drehpunkt D und der Anfangspunkt A in den Querschnittspunkt 3 gelegt. Man erhält mit $\hat{r}_t$ nach (11-9) (s. auch Bild 10-13) die in Bild 11-10e dargestellte Grundverwölbung $\hat{w}$, damit $A_{1\hat{w}} = 0$, aus (11-19): $\hat{w}_0 = 0$ und mit (11-18) $\bar{w} = \hat{w}$. Die gemischten Glieder in (11-11) ergeben sich zu:

$$A_{y\overline{w}} = 2 \cdot 0,1 \cdot 10 \cdot \frac{1}{2} \cdot 80 \cdot 8 = 640 \text{ cm}^5$$

$$A_{z\overline{w}} = 0$$

Mit (10-64b) folgt daraus die Lage des Drillruhepunktes (Schubmittelpunktes) M:

$$y_M = 0$$

$$z_M = -\frac{640}{170,667} = -3,75 \text{ cm}$$

und mit (10-19) die in Bild (11-10f) eingetragene Hautverwölbung. Damit berechnet man:

$$A_{ww} = 2 \cdot 0,1 \cdot 10 \cdot \frac{1}{3} \, (30^2 + 30^2 + 50^2 - 30 \cdot 50) = 1\,866,7 \text{ cm}^6$$

Damit sind die Querschnittswerte des starren Querschnitts ermittelt und die Differentialgleichungen können nach (11-21) angeschrieben werden. — Da in diesem Abschnitt die Schubverformungen nicht berücksichtigt werden, muß bei Torsionsproblemen zusätzlich der St. Venantsche Anteil entsprechend (10-76) angesetzt werden.

Zur Ermittlung der Profilverformung kann man nach Abschnitt 11.1 bei dem Querschnitt nur im Punkt 3 ein Gelenk anordnen, Bild 11-10g. Die Spaltenmatrix $v_P(x)$ hat nur ein Element $v_P(x) = [\vartheta_1]$ nach (11-24), dessen Einheitsgröße wegen der Symmetrie des Querschnitts nach links mit $\vartheta = \frac{1}{2}\vartheta_1$ und nach rechts mit $\vartheta = -\frac{1}{2}\vartheta_1$ angetragen wird. (Zum Vergleich kann vom Leser das Beispiel mit einer Verdrehung $\vartheta_1 = 1$ linksdrehend nur für den linken Querschnittsteil parallel gerecht werden). Damit ergeben sich die Verschiebungen v_x nach (11-1) zu: $v_x = -\hat{w}\vartheta' = -w_1\vartheta_1'$ mit $\hat{w}_1 = \dfrac{1}{2}\,\hat{w}$ für die linke Trägerhälfte und $\hat{w}_1 = -\dfrac{1}{2}\,\hat{w}$ für die rechte Trägerhälfte. Analog dazu folgt aus (11-9) $\hat{r}_{t1} = \dfrac{1}{2}\,\hat{r}_t$ für die linke und $\hat{r}_{t1} = -\dfrac{1}{2}\,\hat{r}_t$ für die rechte Trägerhälfte, Bild 11-10g. — Die Flächenintegrale der Matrix A_{PS} (11-30) berechnet man zu:

$$A_{\hat{w}1,1} = 2 \cdot 0{,}1 \cdot 10 \cdot \frac{1}{2} \cdot 40 = 40\ \mathrm{cm}^4$$

$$A_{\hat{w}1,y} = 0$$

$$A_{\hat{w}1,z} = 2 \cdot 0{,}1 \cdot 10\,\frac{1}{3}\left(40 \cdot 9 - \frac{1}{2}\,40 \cdot 1\right) = 226{,}667\ \mathrm{cm}^5$$

$$A_{\hat{w}1,w} = 0$$

Damit erhält man die Matrix K_{I} für die erste Orthogonalisierung nach (11-31), die in diesem Fall eine Zeile ist, zu:

$$K_{\mathrm{I}} = -\left[\frac{40}{4}\quad 0\quad \frac{226{,}667}{86{,}667}\quad 0\right]$$

und damit $\bar{w}_1$ nach (11-33):

$$\bar{w}_1(s) = \hat{w}_1(s) - \frac{40}{4} \cdot 1 - \frac{226{,}667}{86{,}667} \cdot z = w_1$$

Der Verlauf ist in Bild (10-11h) eingetragen. Da keine weiteren Profilverformungszustände vorliegen, entfällt die zweite Orthogonalisierung. Man berechnet $A_{\mathrm{w1,w1}}$ zu:

$$A_{\mathrm{w1,w1}} = 73{,}854\ \mathrm{cm}^6$$

Bei Berücksichtigung der Querbiegesteifigkeit erhält man:

$$m_Q = [M_{Q1}]\quad \text{nach (11-39)}$$

und, wenn man $M_{Q1} = M_3$ entsprechend ϑ_1 positiv ansetzt:

$$EI_Q\delta_{11} = \frac{1}{3} \cdot 2 \cdot 10 = 6{,}667\ \mathrm{cm}.$$

Mit $\quad I_Q = \dfrac{1 \cdot 0{,}1^3}{12} = 83{,}33 \cdot 10^{-6}\ \mathrm{cm}^3$

folgt aus (11-40a)

$$A_c^{-1} = [0{,}15]\ \mathrm{cm}^{-1}$$

Nach (11-41a) ist

$$R = [1]$$

und damit nach (11-42)

$$\bar{B} = [0{,}15]\ \mathrm{cm}^{-1}$$

Für eine Streckenlast F in z-Richtung am Punkt 4 berechnet man den Lastvektor nach (11-25) mit (11-9), (11-24) und (11-33):

$$\text{Wand 4-5:} \quad \boldsymbol{r}_S = \begin{bmatrix} 0 \\ 0 \\ 1 \\ 8 \end{bmatrix}; \quad \hat{\boldsymbol{r}}_P = [4]; \quad \boldsymbol{r}_P = [1,3846]$$

$$\boldsymbol{q}_L = \begin{bmatrix} 0 \\ 0 \\ 1 \\ 8 \\ 1,3846 \end{bmatrix} F$$

Aus dem Differentialgleichungssystem (11-43a) folgt $v_1 = v_y = 0$. Es entstehen v_z, eine Torsionsverdrehung ϑ und die Profilverformung ϑ_1:

$$E \cdot 73,854 \cdot \vartheta_1^{IV} + E \cdot 83,333 \cdot 10^{-6} \cdot 0,15 \cdot \vartheta_1 = 1,3846 \cdot F$$

$$\frac{\lambda}{l} = \sqrt[4]{\frac{83,333 \cdot 10^{-6} \cdot 0,15}{4 \cdot 73,854}} = 14,34 \cdot 10^{-3} \text{ cm}^{-1}$$

Im Abstand $x > 2\pi l/\lambda$ ist eine Störung, also auch die Wirkung eines aussteifenden Schottes abgeklungen, siehe Abschnitt 2.16.4. Bei dem betrachteten Querschnitt sind das 438 cm.

Literatur zu Teil B. Baustatik

Normen

DIN 1080, Begriffe Formelzeichen und Einheiten im Bauingenieurwesen   Teil 1: Grundlagen   Teil 2: Statik

Bücher

H 24 Physikhütte I. 29. Aufl. Berlin: Ernst & Sohn 1971

H 26 Hütte Mathematik. 2. Aufl. Berlin, Heidelberg, New York: Springer 1974

1 *Zurmühl, R.:* Matrizen, 4. Aufl. Berlin, Göttingen, Heidelberg: Springer 1964

2 *Reckling, K.-A.:* Plastizitätstheorie und ihre Anwendung auf Festigkeitsprobleme. Berlin, Heidelberg, New York: Springer 1967

3 *Zienkiewicz, O. C.:* Methode der finiten Elemente. München: Hanser 1975

4 *Przemieniecki, J. S.:* Theory of matrix structural analysis. New York: McGraw-Hill 1971

5 *Wölfer, K.-H.:* Elastisch gebettete Balken und Platten. Zylinderschalen. 4. Aufl. Wiesbaden: Bauverlag 1978

6 *Koloušek, V.:* Dynamics in engineering structures. London: Butterworths 1973; Dynamik der Baukonstruktionen. Berlin: Verlag für Bauwesen 1962

7 *Neal, B. G.:* Die Verfahren der plastischen Berechnung biegesteifer Stahlstabwerke. 2. Aufl. Berlin, Göttingen, Heidelberg: Springer 1963

8 *Roik, K.; Lindner, J.:* Einführung in die Berechnung nach dem Traglastverfahren. Dt. Ausschuß für Stahlbau. Köln: Stahlbau-Verlags GmbH 1972

9 *Rubin, H.; Vogel, U.:* Baustatik ebener Stabwerke. In: Stahlbau Handbuch. Köln: Stahlbau-Verlags GmbH 1982

10 *Hees, G.:* Einführung in die Fließgelenktheorie II. Ordnung. Düsseldorf: Werner 1984

11 *Bittner, E.:* Platten und Behälter. Wien: Springer 1965

12 *Müller, G.; u. a.:* Platten: Theorie, Berechnung, Bemessung. (Berichte Nr. 75-1 und 76-1 aus dem Institut für Baustatik der Universität Stuttgart.) Stuttgart 1975 und 1976

13 *Schleeh, W.:* Bauteile mit zweiachsigem Spannungszustand (Scheiben). In: Betonkalender II 1972 (u. a. Jahrgänge). Berlin: Ernst & Sohn 1972

14 *Girkmann, K.:* Flächentragwerke. 6. Aufl. Wien: Springer 1974

15 *Szmodits, K.:* Statik der modernen Schalenkonstruktionen. Düsseldorf: Werner 1966

16 *Sedlacek, G.:* Systematische Darstellung des Biege- und Verdrehvorganges für prismatische Stäbe mit dünnwandigem Querschnitt unter Berücksichtigung der Profilverformung. (Fortschritt-Berichte der VDI-Zeitung, Reihe 4, Nr. 8) Düsseldorf: VDI-Verlag 1968

Zeitschriften

17 Bauingenieur. Berlin, Heidelberg, New York: Springer

18 Bautechnik. Berlin: Ernst & Sohn

19 Beton- und Stahlbetonbau. Berlin: Ernst & Sohn

20 Ingenieur-Archiv. Berlin, Heidelberg, New York: Springer

21 Stahlbau. Berlin: Ernst & Sohn

Teil C. Die Methode der Finiten Elemente in der Baustatik

Bearbeitet von *G. Hees*

Vorbemerkung

Aufgabe dieser Darstellung der Methode der Finiten Elemente (Finite Element Method, FEM) ist es, die Kenntnisse zu vermitteln, die erforderlich sind, um die Methode in der Baustatik sinnvoll und kritisch anwenden zu können. Die Darstellung geht daher von dem Verschiebungsgrößenverfahren der Baustatik aus. Für eine vertiefte Einarbeitung in die Methode steht ein umfangreiches Schrifttum zur Verfügung, das z. B. [1] entnommen werden kann.

1. Einführung

Die Verschiebungsmethode der Stabstatik (Abschnitt 2.13.2 des Teils B Statik der Tragwerke) stellt eine systematische Zerlegung des Verschiebungsgrößenverfahrens (Abschnitt 2.11 des Teils B Statik der Tragwerke) in Einzelschritte und deren Darstellung durch Matrizenbeziehungen dar. Das im Teil B Statik der Tragwerke, Abschnitt 2.13.2 und Tafel 2.13-2 dargestellte Vorgehen (Aufteilung des Tragwerks in Elemente und Knoten, Festlegen der Knotenkraft- und Verschiebungsgrößen am Element und Tragwerk, deren Zusammenfassen und Zusammenbau, Einbau der Randbedingungen und Berechnung der unbekannten Knotenverschiebungsgrößen) und die dort angegebenen Matrizenformulierungen kann man auch auf Flächentragwerke und dreidimensionale Probleme anwenden. Während aber in der Stabstatik die Knoten-Verschiebungszustände Lösungen der homogenen Differentialgleichungen sind, lassen sich solche Lösungen für Flächentragwerke und dreidimensionale Probleme nicht angeben. Es sind Näherungsansätze für die Verschiebungszustände zu wählen. Dies führt zur Methode der Finiten Elemente mit Verschiebungsansätzen, auf die sich dieses Kapitel im allgemeinen beschränkt. Da es sich hier um die Anwendung auf Probleme der Baustatik handelt, werden die vorwiegend benötigten Flächenelemente (Scheiben- und Plattenelemente, die zusammen Faltwerkselemente ergeben) behandelt.

Die Elementierung einer Rechteckscheibe oder Platte mit Rechteckelementen zeigt Bild 1-1. Die Knoten, jeweils durch einen „Vierkant" dargestellt, sollen vorerst nur an den Ecken der Elemente angeordnet werden. Neben Viereckelementen werden Dreieckelemente verwandt.

Zur Aufstellung der Elementsteifigkeitsmatrix müssen die infolge der Verschiebungsansätze für die Knotenverschiebungsgrößen entstehenden Knotenkraftgrößen berechnet werden. Das ist bei Stabelementen geschlossen möglich, bei Flächenelementen aber nicht nehr. Es müssen andere Verfahren, wie z. B. das Prinzip der virtuellen Arbeiten, ein Variationsverfahren oder das Ritzsche Verfahren, angewandt werden. Hier wird das Ritzsche Verfahren verwandt, siehe Teil B Statik der Tragwerke Abschnitt 6.4.3.3. Als freie Parameter der Ansatzfunktionen werden dabei die Knotenverschiebungsgrößen eingeführt, siehe Abschnitt 2.1.

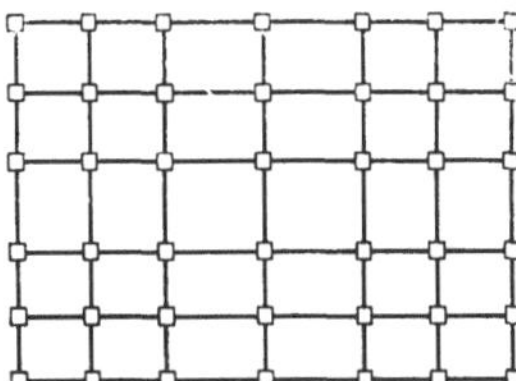

Bild 1-1. Elementierung einer Rechteckscheibe oder Platte durch Viereckelemente.

Bei einer Berechnung mit der Methode der Finiten Elemente müssen für jedes Element dessen Abmessungen, Lage im Tragwerk, Werkstoff und Knotenbelastungen angegeben werden. Diese aufwendige Eingabe kann durch vorgeschaltete Programme — Preprocessoren — erheblich vereinfacht werden, die meist auch das elementierte Tragwerk zeichnerisch darstellen. Postprocessoren gestatten die zeichnerische Darstellung der Ergebnisse.

2. Elementformulierungen

2.1 Ansatzfunktionen

Für das Verschiebungsfeld des Elementes wählt man Näherungsansätze, vorwiegend Polynome. Für *eindimensionale Probleme* sind solche in Tafel 2-1 dargestellt. Für gerade Träger mit konstantem Querschnitt sind diese Polynome gleich den homogenen Lösungen; sie sind also exakte Lösungen für den unbelasteten Träger, und zwar für die Differentialgleichungen $2n$-ter Ordnung:

$n = 1$ für die Differentialgleichungen zweiter Ordnung

$$\frac{\mathrm{d}^2 u}{\mathrm{d}x^2} = 0 \quad \text{für den längsbelasteten Träger}$$

$$\frac{\mathrm{d}^2 \vartheta}{\mathrm{d}x^2} = 0 \quad \text{für den torsionsbelasteten Träger}$$

$$\frac{\mathrm{d}^2 w_\gamma}{\mathrm{d}x^2} = 0 \quad \text{für den schubweichen (dehnstarren) querbelasteten Träger}$$

$n = 2$ für die Differentialgleichung vierter Ordnung

$$\frac{\mathrm{d}^4 w_\chi}{\mathrm{d}x^4} = 0 \quad \text{für den querbelasteten (schubstarren) Träger.}$$

Jedes Glied des Polynomansatzes ist mit einer frei wählbaren Konstanten zu versehen, so daß $2n$ Konstanten zur Verfügung stehen. Bei der Methode der Finiten Elemente ersetzt man diese Konstanten durch die wesentlichen Randwerte, das sind die jeweils n Randwerte an jedem Rand in den Verschiebungsgrößen. Beim längsbelasteten Träger sind das die Verschiebungsgrößen u, beim querbelasteten w und φ. Dies führt zu den Hermitepolynomen $\overset{2n}{H_i}(\xi)$, wobei der Index i angibt, welche Ableitung am Rand $\xi = 0$

Tafel 2-1. Eindimensionale Ansatzfunktionen, freie Konstanten und Stetigkeit an den Rändern.

n	Polynom $p(x)$ Grad: $2n-1$	Rand-bedingungen (freie Konstanten) $2n$	Hermite – Polynome		Stetigkeit am Rand (bis zur Ableitung $n-1$)
			analytisch	graphisch	
1	$\boxed{1\,|\,x}$	2	$H_1^{2}(\xi) = 1 - \xi$ $H_2^{2}(\xi) = \xi$		H C_0-Stetigkeit
2	$\boxed{1\,|\,x\,|\,x^2\,|\,x^3}$	4	$H_1^{4}(\xi) = 1 - 3\xi^2 + 2\xi^3$ $H_2^{4}(\xi) = \xi - 2\xi^2 + \xi^3$ $H_3^{4}(\xi) = 3\xi^2 - 2\xi^3$ $H_4^{4}(\xi) = -\xi^2 + \xi^3$		$H, \dfrac{dH}{dx}$ C_1-Stetigkeit
3	$\boxed{1\,|\,x\,|\,x^2\,|\,x^3\,|\,x^4\,|\,x^5}$	6	$H_1^{2n}(\xi)$ bis $H_{2n}^{2n}(\xi)$.		$H, \dfrac{dH}{dx}, \dfrac{d^2H}{dx^2}$ C_2-Stetigkeit

bzw. $\xi = 1$ den Wert 1 annimmt:

$$1 \leq i \leq n: \quad H_i^{(i-1)}(\xi = 0) = 1 \quad \text{(Ableitung } i - 1)$$

$$n + 1 \leq i \leq 2n: \quad H_i^{(i-n-1)}(\xi = 1) = 1 \quad \text{(Ableitung } i - n - 1)$$

Alle anderen wesentlichen Randwerte sind Null. Die Zuordnung ist für den Balken in Tafel 2-3, Zeile 5 dargestellt.

Für *zweidimensionale Probleme* wählt man Polynomansätze in x und y nach Tafel 2-2. Man kann dann über $(2n)^2$ freie Konstanten verfügen, die bei der Verschiebungsmethode durch die Verschiebungsgrößen an den Ecken der Elemente ersetzt werden. Verlangt man, daß die Verschiebungsgrößen in den Ecken benachbarter Elemente gleich sind, so erhält man für Rechteckelemente an den Rändern Stetigkeit für $n = 1$ in den Verschiebungen (C_0-Stetigkeit), für $n = 2$ in den Verschiebungen, in den zwei ersten Ableitungen und in der gemischten Ableitung. Ist an den gemeinsamen Rändern benachbarter Elemente Stetigkeit in den Verschiebungen und in den ersten Ableitungen gegeben, so spricht man von C_1-Stetigkeit.

Ein Polynom ist vollständig, wenn alle Glieder bis zum höchsten Grad enthalten sind. Im zweidimensionalen Fall bildet ein nach Tafel 2-2 angeschriebenes vollständiges Polynom ein Quadrat. Ein Polynom ist relativ vollständig, wenn in einem rechteckigen Block kein Glied fehlt. Ein Polynom ist drehinvariant, d. h. der Grad des Ansatzes ändert sich bei einer Drehung des Koordinatensystems nicht, wenn es alle Glieder bis zur Neben-diagonalen (von links unten nach rechts oben) enthält. Vollständigkeit und Drehinvarianz schließen sich gegenseitig aus. Vollständige zweidimensionale Polynome können durch die entsprechenden eindimensionalen Hermitepolynome beschrieben werden:

$$\overset{(2n)^2}{H_{ik}}(\xi, \eta) = \overset{2n}{H_i}(\xi) \, \overset{2n}{H_k}(\eta) \qquad i, k = 1, 2, \ldots, 2n \tag{2-1}$$

Tafel 2-2. Zweidimensionale Ansatzfunktionen, freie Konstanten und Stetigkeit an den Rändern.

n	Polynom $p(x,y)$ Grad $(2n-1)^2$	Eckwerte $(2n)^2$	Stetigkeiten an den Rändern bei Rechteckelementen bis zu
1	$\begin{array}{\|c\|c\|}\hline 1 & y \\\hline x & xy \\\hline\end{array}$	4	f
2	$\begin{array}{\|c\|c\|c\|c\|}\hline 1 & y & y^2 & y^3 \\\hline x & xy & xy^2 & xy^3 \\\hline x^2 & x^2y & x^2y^2 & x^2y^3 \\\hline x^3 & x^3y & x^3y^2 & x^3y^3 \\\hline\end{array}$	16	$\begin{array}{\|c\|c\|}\hline f & \dfrac{\partial f}{\partial y} \\\hline \dfrac{\partial f}{\partial x} & \dfrac{\partial^2 f}{\partial x \partial y} \\\hline\end{array}$

2.2 Berechnung der Elementsteifigkeitsmatrix

Das Vorgehen zur Berechnung der Elementsteifigkeitsmatrix aus den Ansatzfunktionen ist in der Tafel 2-3 für Balken, Platte und Scheibe dargestellt. (Geometrische Beziehungen, Materialgesetz und Spannungsfeld für Balken, Platte und Scheibe s. Teil B Statik der Tragwerke).

In der Zeile 5 der Tafel 2-3 ist die Verschiebungsfunktion w des Balkens mit Hilfe der Hermitepolynome in Abhängigkeit von den Knotenverschiebungsgrößen des Elementes angeschrieben. Für Platte und Scheibe erhält man mit Ansatzfunktionen entsprechend Tafel 2-2 und den später noch festzulegenden Knotenverschiebungsgrößen der Elemente analoge Ausdrücke. Für das Ritzsche Verfahren sind das Potential der äußeren Kräfte, Zeile 6, und das Potential der inneren Kräfte, Zeile 7, zu berechnen. Aus der Bedingung $\Pi = $ stat. folgt, daß die Ableitung nach den Freiwerten $\dfrac{\partial \Pi}{\partial v_i} = 0$ sein muß. Daraus erhält man die Steifigkeitsbeziehung für die Elementknotenkräfte, Zeile 10, wenn man die Ausdrücke der Zeile 8 als Elementsteifigkeitsmatrix definiert. Um die völlige Analogie der Ausdrücke für die verschiedenen Elementtypen zu zeigen, wurde beim Balken in Zeile 8 die Balkensteifigkeit EI unter dem Integral belassen, was bei einer Berechnung nur erforderlich ist, wenn EI im Element veränderlich ist.

Bei der Berechnung der Elementsteifigkeitsmatrix K^i (Tafel 2-3, Zeile 8) sind Integrationen von Produkten der Ableitungen der Ansatzfunktionen über das Gebiet des Elementes durchzuführen. Eine geschlossene Lösung, d. h. eine explizite Angabe der einzelnen Elemente der Elementsteifigkeitsmatrix gelingt nur in einfachen Fällen. In allen anderen Fällen wird die Integration numerisch vom Rechner durchgeführt, wobei das Integral aus den Werten an bestimmten Stützstellen ermittelt wird. Bei der Gauß-schen Quadraturformel [H 26] sind die Stützstellen die Gaußschen Punkte.

Tafel 2-3. Berechnung der Steifigkeitsmatrix aus Ansatzfunktionen $\boldsymbol{\Phi}$ bei Balken, Platte und Scheibe.

Zeile		Balken	Platte	Scheibe
	x, v_x / z, w / y, v_y			
1	Verschiebungsfeld	$w(x)$	$w(x,y)$	$\boldsymbol{v}(x,y) = \begin{bmatrix} v_x(x,y) \\ v_y(x,y) \end{bmatrix}$
2	geometrische Beziehungen	$\boldsymbol{\varkappa}(x) = -\dfrac{d^2}{dx^2}\,w(x)$	$\boldsymbol{\varkappa}(x,y) = -\boldsymbol{d}\,w(x,y)$ mit $\boldsymbol{\varkappa} = \begin{bmatrix} \varkappa_x \\ \varkappa_y \\ 2\varkappa_{xy} \end{bmatrix}$ $\boldsymbol{d} = \begin{bmatrix} \dfrac{\partial^2}{\partial x^2} \\ \dfrac{\partial^2}{\partial y^2} \\ 2\dfrac{\partial^2}{\partial x\,\partial y} \end{bmatrix}$	$\boldsymbol{\varepsilon}(x,y) = \boldsymbol{D}\,\boldsymbol{v}(x,y)$ mit $\boldsymbol{\varepsilon} = \begin{bmatrix} \varepsilon_x \\ \varepsilon_y \\ \gamma_{xy} \end{bmatrix}$ $\boldsymbol{D} = \begin{bmatrix} \dfrac{\partial}{\partial x} & 0 \\ 0 & \dfrac{\partial}{\partial y} \\ \dfrac{\partial}{\partial y} & \dfrac{\partial}{\partial x} \end{bmatrix}$
3	Spannungsfeld	$M(x)$	$\boldsymbol{m} = \begin{bmatrix} m_x \\ m_y \\ m_{xy} \end{bmatrix}$	$\boldsymbol{\sigma} = \begin{bmatrix} \sigma_x \\ \sigma_y \\ \tau_{xy} \end{bmatrix}$
4	Materialgesetz	$M(x) = EI\,\boldsymbol{\varkappa}(x)$	$\boldsymbol{m}(x,y) = K\boldsymbol{E}_{PL}\,\boldsymbol{\varkappa}(x,y)$	$\boldsymbol{\sigma}(x,y) = \boldsymbol{E}_{ES}\,\boldsymbol{\varepsilon}(x,y)$
5	Ansatzfunktionen für das Verschiebungsfeld	$w(x) = \boldsymbol{\Phi}(x)\,\boldsymbol{v}^i$ $= \overset{4}{H_1}\,w_0 + \overset{4}{H_2}\,\varphi_0$ $+ \overset{4}{H_3}\,w_1 + \overset{4}{H_4}\,\varphi_1$	$w(x,y) = \boldsymbol{\Phi}(x,y)\,\boldsymbol{v}^i$	$\boldsymbol{v}(x,y) = \boldsymbol{\Phi}(x,y)\,\boldsymbol{v}^i$
			$\boldsymbol{v}^i$ Knotenverschiebungsgrößen des Elementes i.	
6	äußeres Potential $\varPi_a$	$\varPi_a = -(\boldsymbol{v}^i)^T\,\boldsymbol{p}^i$ $\boldsymbol{p}^i$ Knotenkraftgrößen des Elementes i.		
7	inneres Potential $\varPi_i$	$\varPi_i = \dfrac{1}{2}\displaystyle\int_X M\boldsymbol{\varkappa}\,dx$	$\varPi_i = \dfrac{1}{2}\displaystyle\iint_{xy} \boldsymbol{m}^T\boldsymbol{\varkappa}\,dx\,dy$	$\varPi_i = \dfrac{1}{2}\displaystyle\iint_{xy}\boldsymbol{\sigma}^T\boldsymbol{\varepsilon}\,dx\,dy$
		$\varPi_i = \dfrac{1}{2}(\boldsymbol{v}^i)^T\,\boldsymbol{K}^i\,\boldsymbol{v}^i$ mit:		
8	Elementsteifigkeitsmatrix $\boldsymbol{K}^i =$	$\displaystyle\int_X \left(\dfrac{d^2}{dx^2}\boldsymbol{\Phi}\right)^T EI\,\dfrac{d^2}{dx^2}\boldsymbol{\Phi}\,dx$	$K\displaystyle\iint_{xy}\left(\boldsymbol{d}\boldsymbol{\Phi}\right)^T \boldsymbol{E}_{PL}\,\boldsymbol{d}\boldsymbol{\Phi}\,dx\,dy$	$\displaystyle\iint_{xy}\left(\boldsymbol{D}\boldsymbol{\Phi}\right)^T \boldsymbol{E}_{ES}\,\boldsymbol{D}\boldsymbol{\Phi}\,dx\,dy$
9	potentielle Energie $\varPi = \varPi_i + \varPi_a$	$\varPi = \dfrac{1}{2}(\boldsymbol{v}^i)^T\,\boldsymbol{K}^i\,\boldsymbol{v}^i - (\boldsymbol{v}^i)^T\,\boldsymbol{p}^i$		
10	$\dfrac{\partial\varPi}{\partial\boldsymbol{v}^i} = 0$	$\boldsymbol{p}^i = \boldsymbol{K}^i\,\boldsymbol{v}^i$		

2.3 Platten- und Scheibenelemente

In diesem Abschnitt wird nur ein Einblick in verschiedene Elementformulierungen gegeben; er kann und soll keinen Anspruch auf Vollständigkeit erheben.

2.3.1 Anforderungen

Die Ansatzfunktionen müssen den folgenden Bedingungen genügen: Sie müssen

1. linear unabhängig sein,
2. mindestens so oft stetig differenzierbar sein, wie es nach Tafel 2-3, Zeile 2 erforderlich ist,
3. die Starrkörperbewegungen enthalten,
4. relativ vollständig sein,
5. bei Dreieckelementen invariant gegen Drehungen des Koordinatensystems sein.

Die Polynome nach Tafel 2-1 und 2-2 sind linear unabhängig. Die Anteile bis einschließlich der Diagonalen x, y enthalten die Starrkörperverschiebungen für die Platte, Bild 2-1, und, jeweils für u und v angesetzt, auch für die Scheibe.

Bei der Scheibe genügt der Ansatz bis zur Diagonalen x, y der Bedingung 2, bei der Platte bis zur Diagonalen x^2, y^2.

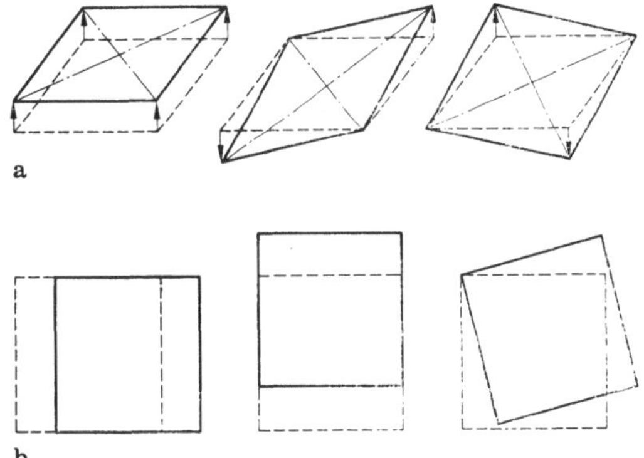

Bild 2-1. Starrkörperverschiebungen von a) Platte, b) Scheibe.

2.3.2 Einfache Formulierungen

Entsprechend der Formulierung der Verschiebungsmethode sind an den Elementknoten die Verschiebungsgrößen als Unbekannte anzusetzen, Bild 2-2. Die Vektoren der Knotenverschiebungs- und Knotenkraftgrößen lauten damit für jeden Knoten der Platte

$$\boldsymbol{v}_\mathrm{j} = \begin{bmatrix} w_\mathrm{j} \\ \varphi_{\mathrm{x}\mathrm{j}} \\ \varphi_{\mathrm{y}\mathrm{j}} \end{bmatrix} \qquad \boldsymbol{p}_\mathrm{j} = \begin{bmatrix} P_\mathrm{j} \\ M_{\mathrm{x}\mathrm{j}} \\ M_{\mathrm{y}\mathrm{j}} \end{bmatrix} \tag{2-2}$$

und für jeden Knoten der Scheibe:

$$\boldsymbol{v}_j = \begin{bmatrix} v_{xj} \\ v_{yj} \end{bmatrix} \qquad \boldsymbol{p}_j = \begin{bmatrix} S_{xj} \\ S_{yj} \end{bmatrix} \qquad (2\text{-}3)$$

Beim Viereck-Scheibenelement mit 4 Knoten hat man für jede Verschiebungsrichtung 4 Freiheitsgrade. Man kann so jeweils mit dem Ansatz für $n = 1$ der Tafel 2-2 oder mit $(2 \cdot 1)^2$
H_{ik} nach (2-1) arbeiten und erhält an den Rändern aneinanderstoßender Elemente Stetigkeit in den Verschiebungen und in den Ableitungen $\dfrac{\partial u}{\partial x}$, Bild 2-3. Die Neigungen $\dfrac{\partial u}{\partial y}$ sind an den Rändern $y = $ const benachbarter Scheiben nicht gleich. Es bildet sich dort ein Knick in den ursprünglich geraden Fasern, der jedoch keinen Anteil zu Π_i (Tafel 2-3) liefert.

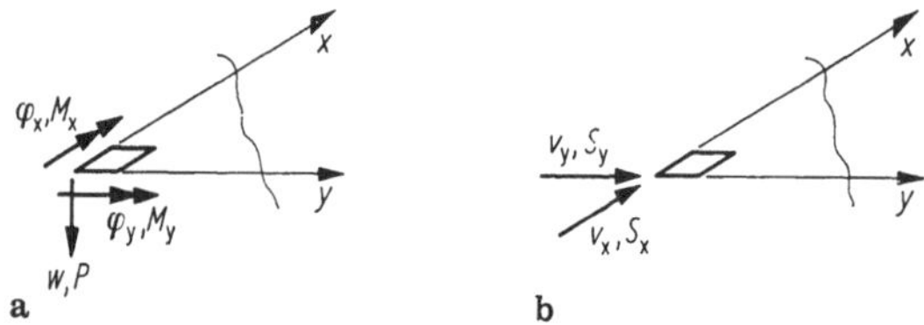

Bild 2-2. Knotenkraft- und Verschiebungsgrößen an a) Plattenknoten, b) Scheibenknoten.

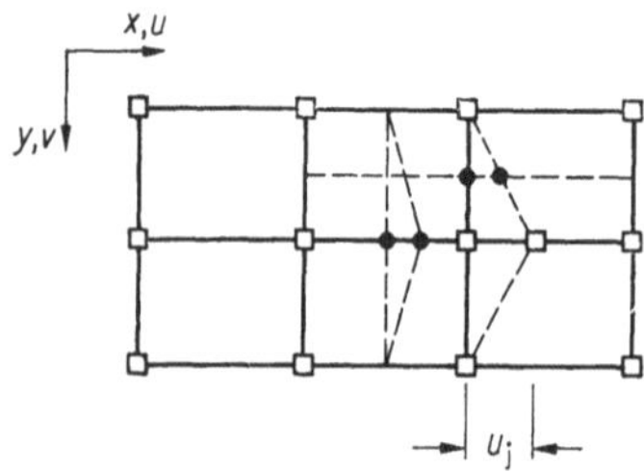

Bild 2-3. Elementierte Scheibe mit Verschiebung u_j des Knotens j.

Bei einem Dreieck-Scheibenelement stehen für jede Verschiebungsrichtung 3 Freiheitsgrade zur Verfügung. Für diese wählt man den drehinvarianten Ansatz nach Tafel 2-2, $n = 1$. Auch hier erhält man längs gemeinsamer Ränder gleiche Verschiebungen und gleiche Ableitung in Richtung des Randes, aber ungleiche Ableitungen senkrecht zum Rand.

Das Viereck-Plattenelement hat 12 Freiheitsgrade. Hierfür werden von dem zweidimensionalen Ansatz für $n = 2$ die Glieder bis einschließlich der Nebendiagonalen, von der zweiten Zeile das letzte Glied und symmetrisch dazu von der letzten Zeile das zweite Glied verwandt. Dieser Ansatz ist, da er nicht vollständig ist, nicht voll kompatibel an den gemeinsamen Rändern benachbarter Elemente. Stetigkeit herrscht in den Verschiebungen und in den Ableitungen längs des Randes, Unstetigkeit in den Ableitungen senkrecht zum Rand bis auf die Knoten, Bild 2-4. An diesen Knicken verrichten die an den Elementrändern wirkenden Momente Arbeiten, die in das innere Potential, Tafel 2-3, nicht eingehen.

Das Dreieck-Plattenelement (Tocher) besitzt 9 Freiheitsgrade, für einen drehinvarianten Ansatz (Tafel 2-2, $n = 2$) wären jedoch 10 Freiheitsgrade erforderlich. Liegt das lokale Koordinatensystem mit der x-Achse parallel zu einem Dreiecksrand, so wird das Glied xy^2 unterdrückt.

Um die Unstetigkeiten an den Elementrändern auszuschalten, werden höherwertige Ansätze, hybride und gemischte Formulierungen verwandt.

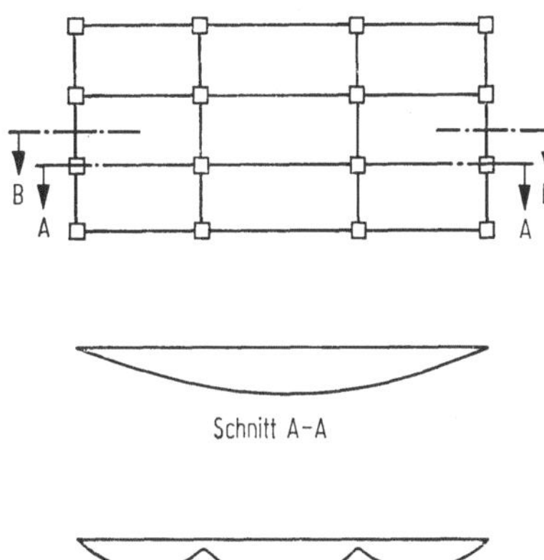

Bild 2-4. Elementierte Platte und Biegelinien
bei Ansätzen nach Abschnitt 2.3.2.

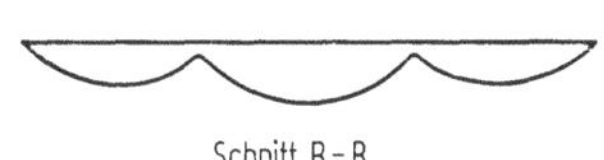

2.3.3 Höherwertige Ansätze

Um die Stetigkeit des Verschiebungsfeldes und auch des Spannungsfeldes an den gemeinsamen Elementrändern zu verbessern, sind höherwertige Ansätze und damit mehr Elementfreiheitsgrade erforderlich. Möglichkeiten dazu sind eine Erhöhung der Freiheitsgrade an den Knoten oder eine Erhöhung der Anzahl der Knoten.

Trägt man in die Matrix der Elementknotenverschiebungen v_j (2-2) zusätzlich $\dfrac{\partial^2 w}{\partial x\, \partial y}$ ein, so sind bei dem Ansatz für die Viereckplatte 16 Freiheitsgrade möglich. Nach Tafel 2-2 kann man das vollständige Polynom für $n = 2$ bzw. die Hermitepolynome $H_{ik}^{(2n)^2}$ nach (2-1) ansetzen und erhält so an den Rändern Stetigkeit in der Verschiebung, den ersten Ableitungen und der gemischten Ableitung. Die Knotenkraftgrößen p_j, um die man sich weiter nicht zu kümmern braucht, da sie vom Verfahren an den Tragwerksknoten richtig addiert und zu Null gesetzt werden (s. Teil B Statik der Tragwerke, Tafel 2.13-2), werden ebenfalls um einen Wert erweitert, der im vorliegenden Fall als Bimoment (Moment eines Momentes) gedeutet werden kann. An die Stelle von (2-2) tritt somit:

$$
v_j = \begin{bmatrix} w \\ \varphi_x \\ \varphi_y \\ \varphi_{xy} \end{bmatrix}_j
\qquad
p_j = \begin{bmatrix} P \\ M_x \\ M_y \\ M_{xy} \end{bmatrix}_j
$$

Um bei dem im Abschnitt 2.3.2 beschriebenem Dreieck-Plattenelement die Drehinvarianz zu sichern, kann man in der Mitte einer Seite einen weiteren Knoten mit dem

Drehvektor parallel zur Seite als zusätzlichen, also 10. Freiheitsgrad anordnen, Bild 2-5. Dieses Element ist wegen dieses zusätzlichen Knotens für allgemeine Elementierungen nicht geeignet. Man kann aber 3 Dreieckelemente zu einem 3 Knoten-Element mit 9 Freiheitsgraden zusammenfassen. Die übrigen Freiheitsgrade werden elementintern eliminiert.

Ganz allgemein kann man durch das Einführen zusätzlicher Knoten auf den Elementrändern mit höherwertigen Ansätzen arbeiten, ohne die Freiheitsgrade am Knoten zu erhöhen, Bild 2-6. Dabei können die zusätzlichen Knoten mit allen oder auch nur mit einem Teil der Freiheitsgrade nach (2-2) ausgestattet werden. Der Nachteil solcher Elemente ist, daß man sie ohne zusätzliche Maßnahmen nur mit gleichartigen Elementen zusammenbauen kann.

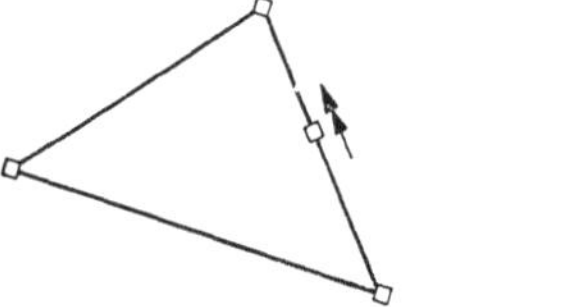
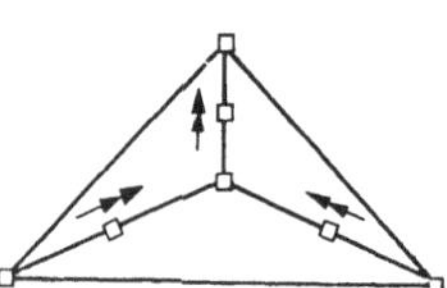

Bild 2-5. Dreieck-Plattenelement mit 10 Freiheitsgraden
und zusammengesetztes 3-Knoten-Element.

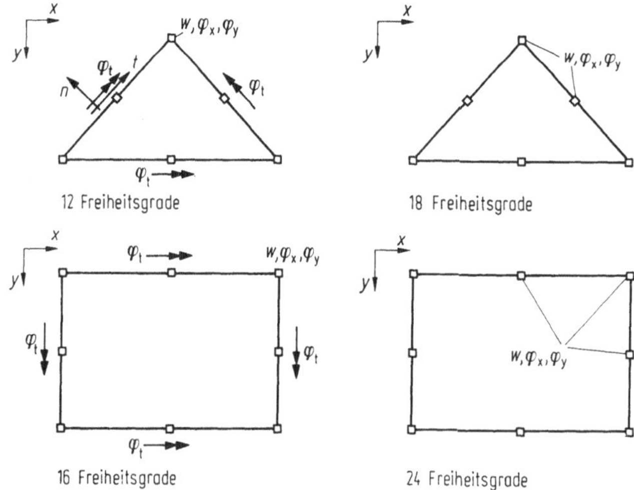

Bild 2-6. Beispiele für die Anordnung zusätzlicher Knoten
und deren Freiheitsgrade bei Plattenelementen.

Setzt man Dreieck- und Rechteckelemente so aus Dreieckelementen zusammen, daß nach der Elimination der zusätzlichen Freiheitsgrade in der Elementebene nur die Verschiebungsgrößen der Eckknoten als unabhängige Größen erhalten bleiben, Bild 2-7, so wird der Verschiebungszustand des Elementes ebenfalls durch höhere Ansatzfunktionen beschrieben, ohne daß jedoch die Anzahl der beim Zusammenbau zu berücksichtigenden Knoten und Freiheitsgrade erhöht wird. Diese Elemente können mit denjenigen anderer Formulierungen aber gleicher Anordnung der Knoten und deren Freiheitsgraden zusammengebaut werden. Allerdings ist der Rechenaufwand auf der Elementebene größer.

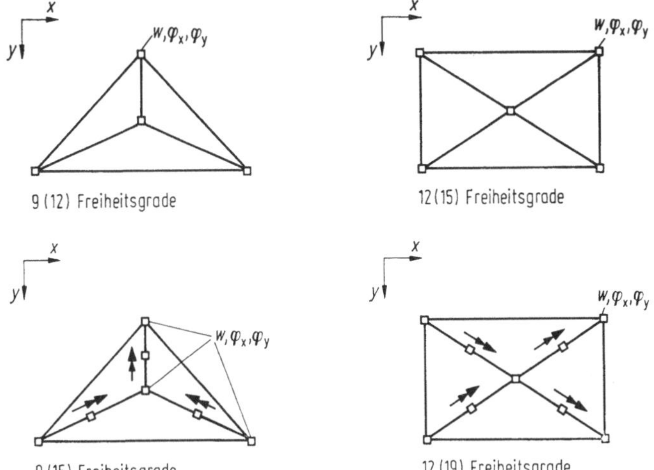

Bild 2-7. Aus Dreieckelementen zusammengesetzte Dreieck- und Rechteckelemente mit Anzahl der Elementfreiheitsgrade und (in Klammern angeschrieben) der Konstanten der Ansatzfunktionen.

2.3.4 Andere Formulierungen

Bei den *gemischten Ansätzen* werden Kraft- und Verschiebungsgrößen als Freiheitsgrade an den Knoten eingeführt. Mit diesen Verfahren ist eine bessere Beschreibung des Kraftzustandes als mit den reinen Verschiebungsansätzen möglich, sie erfordern aber eine von der Verschiebungsmethode abweichende Vorgehensweise.

Bei *hybriden Elementen* kann dagegen die auf der Verschiebungsmethode beruhende Formulierung des Verfahrens beibehalten werden. Für den Elementrand werden Verschiebungsansätze formuliert, die an die Verschiebungsfreiwerte der Elementknoten gebunden sind. Für das Gebiet des Elementes selbst werden Ansätze für die Spannungen bzw. für die Schnittgrößen formuliert, die die Gleichgewichtsbedingungen erfüllen müssen. Mit einer energetischen Minimalbedingung, die die Widersprüche zwischen den beiden Ansätzen an den Elementrändern im Mittel zu Null macht, werden die Freiwerte der Spannungsansätze bestimmt.

Bei *isoparametrischen Elementen* wird der Verschiebungszustand des Elementes mit denselben Funktionen beschrieben wie die Elementgeometrie. Man verwendet dazu normierte (natürliche) Koordinaten, Bild 2-8. Mit den Funktionen

$$h_1 = \frac{1}{2}\,(1 - r)$$

$$h_2 = \frac{1}{2}\,(1 + r),$$

(2-4)

die den Hermite-Polynomen in Tafel 2-1, Zeile 1 entsprechen, erhält man die Koordinaten des Elementes in Abhängigkeit von den Koordinaten der Knoten zu:

$$x = h_1 x_1 + h_2 x_2$$

(2-5)

und die Verschiebung in Abhängigkeit von den Knotenverschiebungen zu:

$$u = h_1 u_1 + h_2 u_2 . \tag{2-6}$$

Die Interpolationsfunktionen h_i müssen so festgelegt werden, daß sie im natürlichen Koordinatensystem am Knoten i den Wert 1, an allen anderen Knoten den Wert 0 annehmen. Wird noch ein dritter Knoten angeordnet, so erhält man entsprechend, s. Bild 2-9:

$$h_1 = \frac{1}{2}\,(1 - r) - \frac{1}{2}\,(1 - r^2)$$

$$h_2 = \frac{1}{2}\,(1 + r) - \frac{1}{2}\,(1 - r^2) \tag{2-7}$$

$$h_3 = 1 - r^2$$

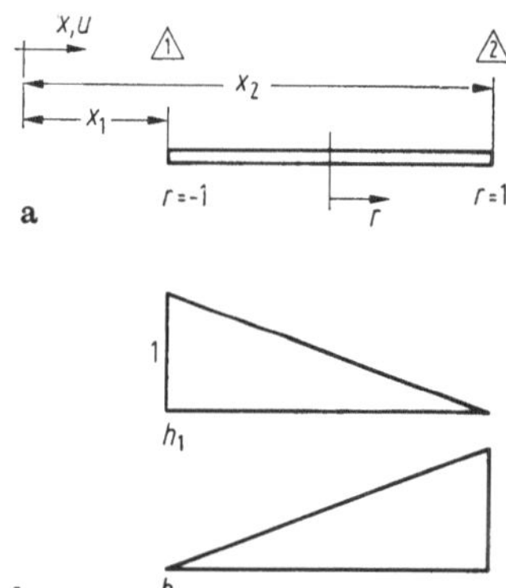

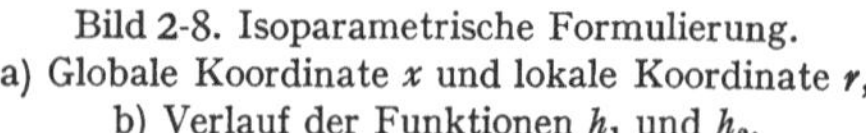

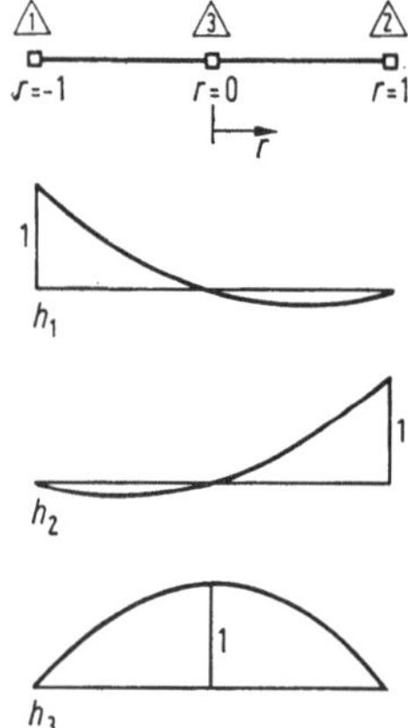

Bild 2-8. Isoparametrische Formulierung.
a) Globale Koordinate x und lokale Koordinate r,
b) Verlauf der Funktionen h_1 und h_2.

Bild 2-9. Quadratische Interpolationsfunktionen.

Mit diesen Funktionen können parabolisch gekrümmte Elemente beschrieben und parabolische Verschiebungsansätze berücksichtigt werden. Ein Abweichen von den linearen Ansätzen bedingt aber die Anordnung von Zwischenknoten.

Die eindimensionalen Interpolationsfunktionen kann man direkt auf zweidimensionale und dreidimensionale Probleme übertragen. Für ein Element nach Bild 2-10 erhält man so:

$$h_1 = \frac{1}{4}\,(1 + r)\,(1 + s)$$

$$h_2 = \frac{1}{4}\,(1 - r)\,(1 + s)$$

$$h_3 = \frac{1}{4}\,(1 - r)\,(1 - s) \tag{2-8}$$

$$h_4 = \frac{1}{4}\,(1 + r)\,(1 - s)$$

Bei Balken und Platten, bei denen der *Einfluß der Schubsteifigkeit* auf die Verschiebung näherungsweise berücksichtigt wird, gilt (s. Tafel 6.1 des Teils B Statik der Tragwerke): $w = w_\chi + w_\gamma$; $\varphi_j = \dfrac{\partial w_\chi}{\partial j}$; $j = x, y$ bzw. ξ, η. Hier kann man für w und φ unabhängige Ansätze verwenden. Bei der Berechnung der Steifigkeitsmatrix, Tafel 2-3. erhält man dann zusätzlich mit dem Materialgesetz Querkraft-Gleitung und dem Potential infolge der Schubweichheit diejenige infolge der Schubsteifigkeit. Der Vorteil dieser Formulierung liegt darin, daß man bei der Verwendung von Ansätzen für φ mit Stetigkeit in der Funktion an den Rändern (C_0-Stetigkeit) die Knicke an den Rändern benachbarter Elemente vermeidet. Bei dünnen Platten und Balken geht der Potentialanteil aus Schub gegen Null. Damit versagt die Vorgehensweise. Eine Lösung erhält man dann, wenn man bei Ansätzen mit C_0-Stetigkeit für φ die Nebenbedingung $\gamma = 0$ $\left(\gamma_j = \dfrac{\partial w_\gamma}{\partial j} = \dfrac{\partial w}{\partial j} - \varphi \right)$ erfüllt und daraus die Funktion w berechnet. Da w nur an den Knoten benötigt wird, braucht w nur an den Rändern (durch Integration von φ) berechnet zu werden.

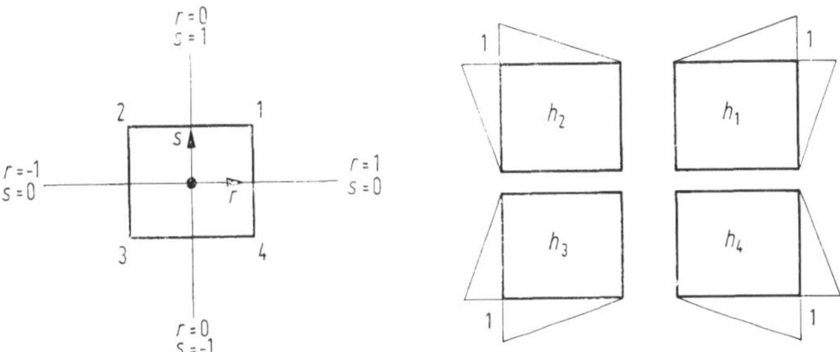

Bild 2-10. Rechteckelement mit lokalen Koordinaten und Verlauf der Funktionen h_i nach (2.8).

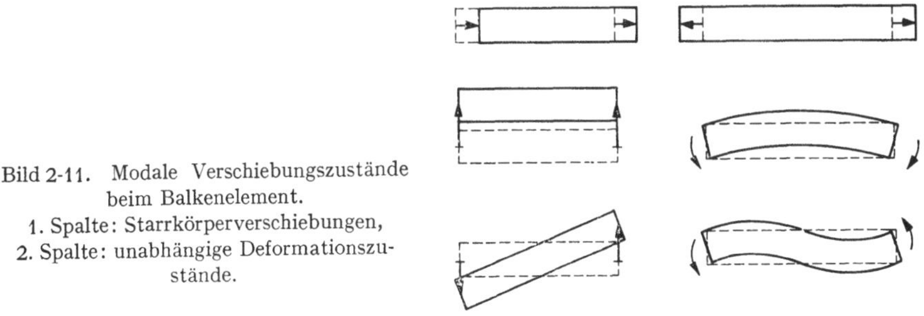

Bild 2-11. Modale Verschiebungszustände beim Balkenelement.
1. Spalte: Starrkörperverschiebungen,
2. Spalte: unabhängige Deformationszustände.

Bei einer *modalen Analyse* berechnet man die Eigenwerte der Elementsteifigkeitsmatrix. Die modale Steifigkeitsmatrix ist eine Diagonalmatrix mit den Eigenwerten der Elementsteifigkeitsmatrix in der Diagonalen. Werden die Eigenvektoren orthonormiert dargestellt, so erhält man voneinander unabhängige Einheitsverschiebungszustände, Bilder 2-11 und 2-12. Die Größe der Eigenwerte ist gleich der doppelten Formänderungsarbeit der Einheitsverschiebungszustände. Für die Eigenwerte Null ergeben sich die Starrkörperverschiebungen. Damit bietet die modale Analyse die Möglichkeit, die in einem Ansatz enthaltenen Starrkörperverschiebungen festzustellen. Das Rechnen mit den so gefundenen Einheitsverschiebungszuständen (auch natürliche Koordinaten genannt) empfiehlt sich vor allem bei großen Verschiebungen, da die Starrkörperverschiebungen und die Deformationen unabhängig voneinander dargestellt werden.

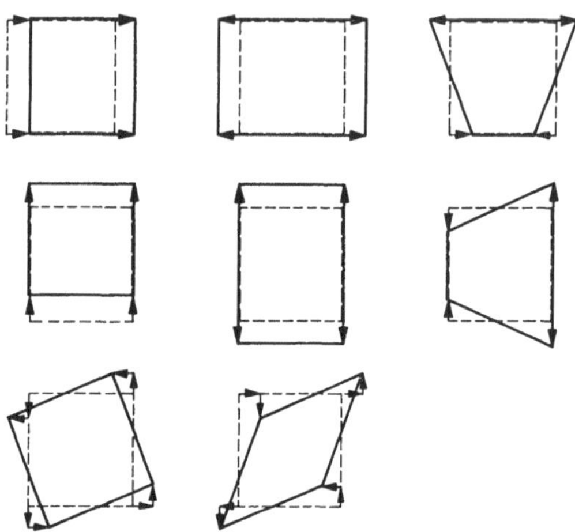

Bild 2-12. Modale Verschiebungszustände beim Scheibenelement.
1. Spalte: Starrkörperverschiebungen, 2. und 3. Spalte: Deformationen.

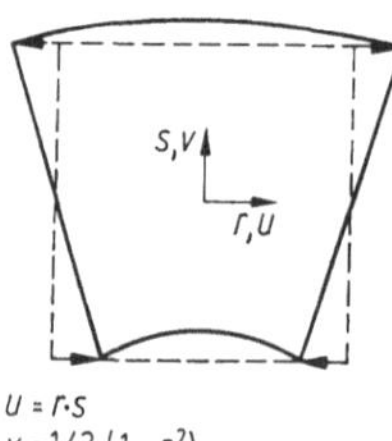

Bild 2-13. Ansatz bei einem Scheibenelement
für den Einsatz bei Biegebalken.

Elementiert man eine Scheibe und verwendet man Rechteckelemente mit linearen Ansatzfunktionen nach Tafel 2-2, Zeile 1, oder Bild 2-10, so erhält man befriedigende Ergebnisse. Ändern sich die Scheibenabmessungen so, daß die Scheibe in einen Balken übergeht, s. Teil B Statik der Tragwerke Bild 7-12, so werden die Ergebnisse schlechter, da das Scheibenelement nicht in der Lage ist, die Verkrümmung zu beschreiben. Aus diesem Grunde erweitert man die Ansatzfunktionen für den in der Zeile 1, Spalte 3 des Bildes 2-12 dargestellten Fall, indem man zu den Verschiebungen u noch Verschiebungen v in einer solchen Größe addiert, daß die rechten Winkel an den Ecken erhalten bleiben, Bild 2-13, oder man verwendet ein isoparametrisches 8-Knoten-Scheibenelement mit den Ansatzfunktionen (2-7).

2.4 Knotenlasten

Greifen Lasten nicht nur in den Knoten, sondern auch im Bereich der Elemente an, so sind diese Lasten in Knotenlasten umzurechnen. Ist dies im Programm nicht oder nicht für die gegebene Belastung vorgesehen, muß man die Knotenlasten selbst berechnen. Entsprechend der Einflußliniendefinition für Kraftgrößen, Teil B Statik der Tragwerke 2.14.2.2, sind die Ansatzfunktionen h_i für die Knotenverschiebungsgrößen die Einflußlinien für die zugeordneten Knotenkraftgrößen. Man erhält also die Knotenkraftgrößen, wenn man die Belastung mit den zugeordneten Verschiebungsgrößen der Ansatzfunktionen multipliziert.

Beispiel zu 2.4

Eine Scheibe mit einer angehängten Linienlast $p = 300$ N/cm², Bild 2-14, wird sowohl durch ein 8-Knoten-Element mit quadratischen Ansatzfunktionen nach (2.7) beschrieben als auch durch vier 4-Knotenelemente mit Ansatzfunktionen nach (2.4).

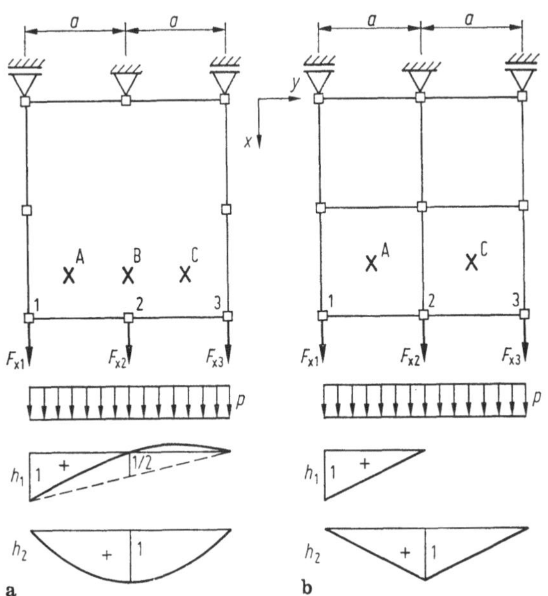

Bild 2-14. Scheibe mit Belastung, Gaußschen Punkten und Ansatzfunktionen für die Knotenverschiebungen.
a) ein 8-Knoten-Element, b) vier 4-Knoten-Elemente.

Für den Fall a des Bildes 2-14 erhält man mit Hilfe der Integralausdrücke der Tafel 2.9-3 des Teils B Statik der Tragwerke:

$$F_{x2} = \frac{2}{3} \cdot 2ap = \frac{4}{3}\, ap \;[\text{N/cm}]$$

$$F_{x1} = F_{x3} = \frac{1}{2} \cdot 2ap - \frac{1}{2} \cdot \frac{4}{3}\, ap = \frac{1}{3}\, ap \;[\text{N/cm}]$$

und für den Fall b:

$$F_{x1} = F_{x3} = \frac{1}{2}\, ap \;\; [\text{N/cm}]$$

$$F_{x2} = 2 \cdot \frac{1}{2}\, ap = ap \;\; [\text{N/cm}]$$

Bringt man diese Knotenlasten jeweils an, so erhält man in den Gaußschen Punkten, s. Abschnitt 2.2, die in Tafel 2-4 zusammengestellten Ergebnisse. Man erkennt, daß in den Fällen, in denen Einflußlinien zur Berechnung der Knotenkräfte verwandt werden, die nicht gleich den Ansatzfunktionen für die Knotenverschiebungen sind, die Ergebnisse ungenau werden.

Tafel 2-4. Spannungen in den Gauß-Punkten der Elemente nach Bild 2-14.

Knotenlasten	Elementierung nach						
	Bild 2-14a				Bild 2-14b		
		Spannungen in N/cm^2				Spannungen in N/cm^2	
	Punkt	σ_x	σ_y	τ_{xy}	Punkt	σ_x	σ_y	τ_{xy}
$F_{x1}=F_{x3}=1/3\,ap$	A	300,00	0	0	A	300,00	1,91	−19,68
	B	300,00	0	0				
$F_{x2}=4/3\,ap$	C	300,00	0	0	C	300,00	1,91	−19,68
$F_{x1}=F_{x3}=1/2\,ap$	A	301,41	−7,85	−24,72	A'	300,00	0	0
	B	295,74	−9,55	0				
$F_{x2}=ap$	C	301,41	−7,85	24,72	C	300,00	0	0

2.5 Schnittgrößen

Nach der Berechnung der Knotenverschiebungsgrößen ist über die Ansatzfunktionen auch das Verschiebungsfeld des Elementes bekannt. Mit den Beziehungen der Zeilen 2, 3 und 4 der Tafel 2-3 kann das Spannungsfeld, also der Scheibenspannungszustand bzw. der Kraftzustand der Platten, berechnet werden. Die Knotenkraftgrößen ergeben sich aus den Matrizenformulierungen des Verfahrens, s. Abschnitt 2.13.2 des Teils B Statik der Tragwerke. Da die Verschiebungsansätze im allgemeinen Näherungen sind, sind die Kraftzustände auch Näherungen. Bei Scheibenberechnungen mit Ansätzen nach Tafel 2-2, Zeile 1 sind die Spannungen in ihrer Wirkungsrichtung im Element konstant, bei Plattenberechnungen mit Ansätzen nach Tafel 2-2, Zeile 2 sind die Querkräfte konstant. Daraus folgt, daß an den gemeinsamen Kanten benachbarter Elemente bei den einfachen Formulierungen Unstetigkeiten in den Kraftgrößen auftreten, daß dort also die Gleichgewichtsbedingungen nicht erfüllt sind. Diesem Mangel wird durch höherwertige Ansätze, vor allem aber durch gemischte und hybride Formulierungen entgegengewirkt, die den Kraft- und Verschiebungszustand aber auch nur im Mittel annähern. — Das Ausdrucken der Spannungen oder Kraftgrößen kann im Programm an den Elementknoten, in der Elementmitte oder in den Gaußschen Punkten vorgesehen sein. Im allgemeinen wird das Spannungsfeld durch die Werte in den Gaußschen Punkten am besten angenähert.

3. Elementierung und Wahl der Elemente

3.1 Grundsätzliche Überlegungen

Aufgabenstellung, Wahl der Elemente und Elementierung stehen in enger Wechselbeziehung zueinander. Die folgenden Ausführungen können daher nur eine grobe Richtschnur sein. Bei der Wahl der Elemente ist auch entscheidend, daß die einzelnen Programmsysteme nur eine beschränkte Anzahl von Elementen zur Verfügung stellen.

Elemente mit einfachen Ansätzen liefern ein elementweise konstantes oder lineares Spannungsfeld. In Bereichen großer Spannungsänderungen ist daher eine feinere Elementierung vorzusehen. Bei einigen einfachen Ansätzen läßt sich die Steifigkeitsmatrix explizit angeben, so daß die numerische Integration nach Tafel 2-3, Zeile 8 entfällt. Die wirklichen Verschiebungsfunktionen sind in den meisten Fällen von höherer Ordnung als die Ansatzfunktionen der Elemente, d. h. die Elemente sind steifer als das wirkliche Tragwerk. Nicht kompatible Elemente, Plattenelemente also, die Knicke an benachbarten Rändern zulassen, Abschnitt 2.2.2, sind weicher als das wirkliche Tragwerk, bei dem diese Knicke nicht auftreten.

Bei Elementen mit höherwertigen Ansätzen und höheren Freiheitsgraden an den Knoten bzw. mit Knoten auf den Elementrändern erhöht sich die Anzahl der Unbekannten je Element. Dafür kann eine gröbere Elementierung vorgenommen werden, so daß sich im Endeffekt auf Tragwerksebene die Anzahl der Unbekannten gegenüber einfachen Ansätzen nicht wesentlich verändert. Dafür sind aber Integrationen auf Elementebene erforderlich.

Werden Elemente mit höherwertigen Ansätzen durch das Zusammensetzen mehrerer einfacher Elemente oder durch die Erfüllung zusätzlicher Bedingungen im Bereich des Elementes gebildet, so verringert sich zwar wegen der dann möglichen gröberen Elementierung die Anzahl der Systemfreiheitsgrade, dafür ist aber ein erhöhter numerischer Aufwand bei der Eliminierung der zusätzlichen Freiheitsgrade auf der Elementebene erforderlich.

In Bereichen mit einem konstanten oder linear veränderlichen Spannungsfeld können Elemente mit höherwertigen Ansätzen auch zu schlechteren Ergebnissen führen, da wegen der Abrundungsfehler die nichtlinearen Anteile numerisch nicht ganz unterdrückt werden.

Bei allen hier behandelten Elementen (bis auf das Scheibenelement nach Bild 2-13) sind die Ansatzfunktionen in allen Richtungen gleich gewählt worden. Man erzielt daher die besten Näherungen, wenn man das Tragwerk so elementiert, daß die Viereckelemente nicht zu sehr vom Quadrat, die Dreieckelemente nicht zu sehr vom gleichseitigen Dreieck abweichen. Bei zu starken Abweichungen ist dies, vor allem bei einfachen Ansätzen, gleichbedeutend mit einer Zuweisung unterschiedlicher Steifigkeiten.

Über die Besonderheiten beim Elementieren mit Dreieckelementen s. Abschnitt 3.2.2

3.2 Anwendungsbeispiele

3.2.1 Scheibe, elementiert mit Rechteckelementen

Die in Bild 3-1a dargestellte Scheibe wird mit 4-Knoten-Rechteckscheibenelementen mit 8 Freiheitsgraden und linearen Ansatzfunktionen, s. Abschnitt 2.3.2, berechnet. Wegen der Symmetrie von System und Belastung wird nur der rechte obere Quadrant

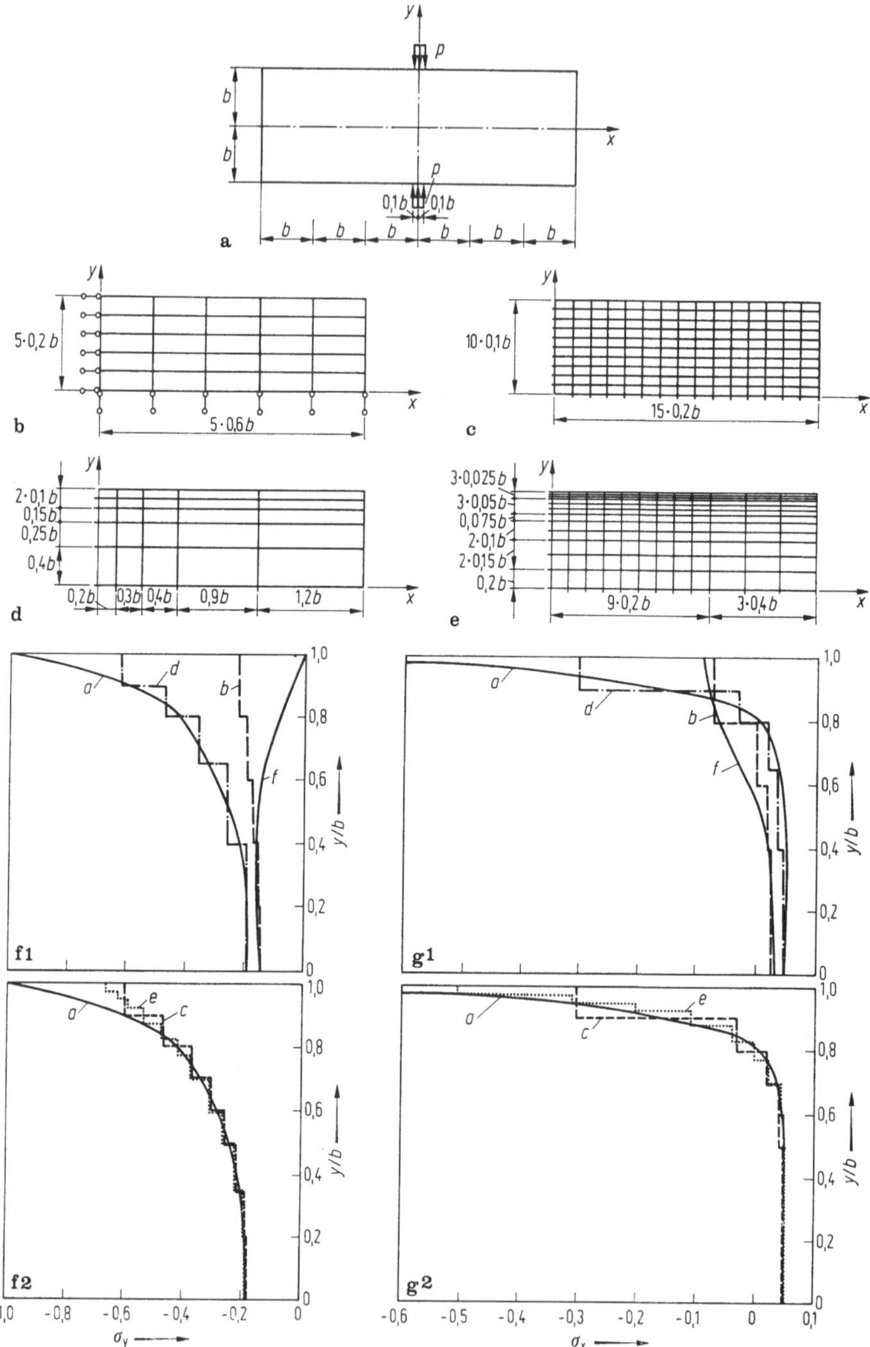

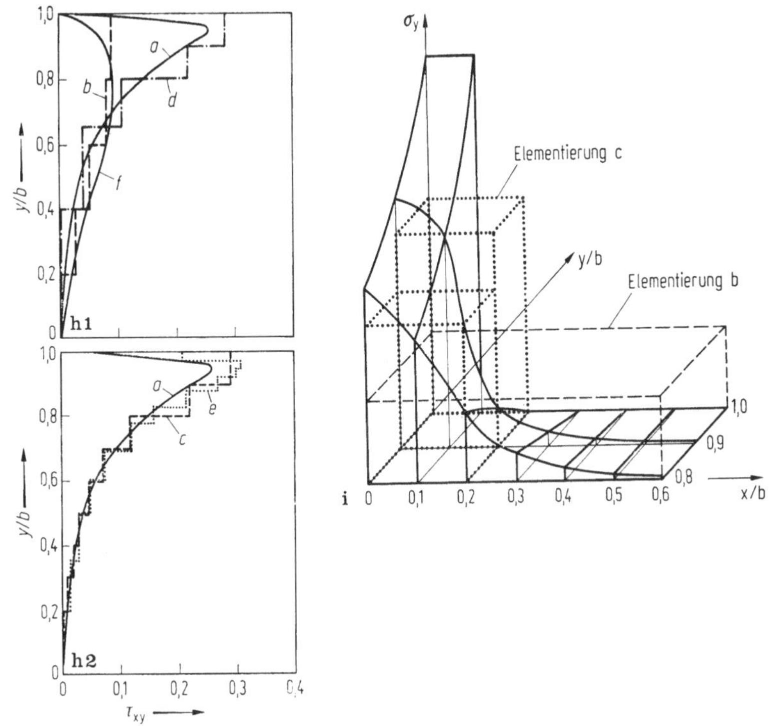

Bild 3-1. Scheibe, elementiert mit Rechteckelementen.
a) Scheibe mit Belastung; b) regelmäßiger Raster, 25 Elemente, 36 Knoten; c) regelmäßiger Raster, 150 Elemente, 176 Knoten; d) unregelmäßiger Raster, 25 Elemente, 36 Knoten; e) unregelmäßiger Raster, 144 Elemente, 169 Knoten; f), g), h) Spannungsverläufe im Schnitt $x = 0,1b$: genaue Lösung Kurve a, Kurven b bis e gelten für die Elementierungen b bis e; Kurve f: genaue Lösung für $x = 0,3b$; i) σ_y im Lasteinleitungsbereich.

betrachtet. In den Bildern 3-1b und c wurde ein regelmäßiger Raster, in d und e ein unregelmäßiger Raster mit einer feineren Elementierung im Lasteinleitungsbereich gewählt, bei dem aber die Anzahl der Unbekannten etwa mit der von b bzw. c übereinstimmt. An den Rändern $y = \pm b$ hat die Belastung bei $x = 0,1b$ eine Unstetigkeit. Bei den Elementierungen c, d, e liegt diese in der Elementmitte.

In den Bildern f, g und h sind die Scheibenspannungen aufgetragen, die sich für die erste Elementreihe neben der y-Achse ergeben. Zum Vergleich ist als Kurve a die genaue Lösung für die Stelle $x = 0,1b$ links von der Unstetigkeitsstelle, also im Bereich der Belastung angegeben. Ein Vergleich zeigt, daß im Bereich $0 \leqq \dfrac{y}{b} \leqq 0,8$ die Berechnungen mit den Elementierungen c, d, e die genaue Lösung gut annähern. Im Lasteinleitungsbereich kann die Elementberechnung nicht die vollen Spannungen σ_y ergeben, da Bereiche mit $\sigma_y = 0$ noch von den Elementen erfaßt werden. Die Bilder zeigen auch, daß man mit der Elementierung d mit erheblich weniger Freiheitsgraden und damit auch Unbekannten dieselbe Genauigkeit erzielt wie mit der Elementierung c.

Die Spannungen aus der groben Elementierung b liegen über die ganze Scheibenhöhe weit von der Kurve a entfernt. Dazu ist zu beachten, daß bei der Methode der Finiten Elemente im Elementbereich die Formänderungsenergie im Mittel approximiert wird, daß man also zu einem Vergleich möglichst die mittleren Werte heranziehen sollte. Bei der Elementbreite von $0{,}6b$ ist dies die Kurve f für $x = 0{,}3b$. Diese Kurve wird bis $y = 0{,}6b$ gut angenähert. In den beiden oberen Elementen ergeben sich starke Abweichungen, die jedoch verständlich werden, wenn man den in Bild 3-1i dargestellten wirklichen Spannungsverlauf für diesen Bereich betrachtet und berücksichtigt, daß dieser in den beiden Elementen durch jeweils eine konstante Spannung angenähert wird, die mit den wirklichen Werten für $x = 0{,}3b$ verglichen wird.

Das Beispiel zeigt, daß die Genauigkeit der Berechnung durch eine feinere Elementierung in Bereichen großer Spannungsunterschiede erheblich verbessert werden kann, daß man aber verfahrensbedingt schlechtere Ergebnisse erhält, wenn Unstetigkeiten des wirklichen Zustandes in das Gebiet eines Elementes fallen. Um die Kurve a im Bild 3-1f auch am oberen Rand gut anzunähern, hätte man die erste Elementreihe nur bis $x = 0{,}1b$ ausdehnen dürfen. Das Beispiel zeigt aber auch, daß es bei Vergleichen mit genauen Lösungen erforderlich ist, die Elementierung und die Elementeigenschaften zu beachten.

3.2.2 Scheibe, elementiert mit Dreieckelementen

Mit Dreieckelementen lassen sich polygonale und gekrümmte Ränder und der Übergang von einem feinmaschigen zu einem grobmaschigen Rechtecknetz gut elementieren. Auf Besonderheiten bei der Darstellung des Spannungsfeldes, die bei der Anwendung von Dreieckelementen auftreten können, soll durch das Beispiel des Bildes 3-2 hingewiesen werden, bei dem bewußt eine ungünstige Elementierung vorgenommen wurde.

Der Kragträger hat unter der angegebenen Belastung eine konstante Querkraft und ein linear über x veränderliches Biegemoment. Daraus folgen linear über y verlaufende Längsspannungen σ_x, die bei dem verwandten 3-Knoten-Element mit je 2 Knotenfreiheitsgraden, s. Abschnitt 2.3.2, elementweise konstant angenähert werden. Bei dem nach Bild 3-2b angeordneten Dreieck-Scheibenelement erhält man mit linearen Ansätzen infolge v_{x1} Dehnungen und Gleitungen und damit Spannungen σ_x und τ_{xy}. Infolge v_{x2} entstehen nur Dehnungen, infolge v_{x3} nur Gleitungen. Dies führt dazu, daß bei der Verschiebung des gemeinsamen Knotens zweier benachbarter Elemente die Längsspannungen in beiden Elementen gleich sind. Daraus folgen die Spannungsverläufe in den Schnitten 1, 2 und 3 des Bildes 3-2c, die für die stark umrandeten 12 Elemente in Bild 3-2d zusätzlich isometrisch dargestellt worden sind. In den Schnitten 1 und 3 sind die Gleichgewichtsbedingungen nicht erfüllt. Ebenso ist in diesen Schnitten der Spannungszustand nicht symmetrisch zur x-Achse, was eine Folge der unsymmetrischen Elementierung ist.

3.3 Kombinationen von Elementen

In den vorangegangenen Abschnitten wurde schon darauf hingewiesen, daß sich Elemente gleichen Typs nur bei gleicher Knotenanordnung und gleichen Knotenfreiheitsgraden kombinieren lassen. Hier soll nun noch gezeigt werden, ob und wie sich Elemente verschiedenen Typs kombinieren lassen.

Da für Balken- und Plattenknoten die Freiheitsgrade übereinstimmen, Bild 3-3a, lassen sich diese Elemente kombinieren. Dem Plattenfreiheitsgrad $\dfrac{\partial w}{\partial y}$ wirkt die Tor-

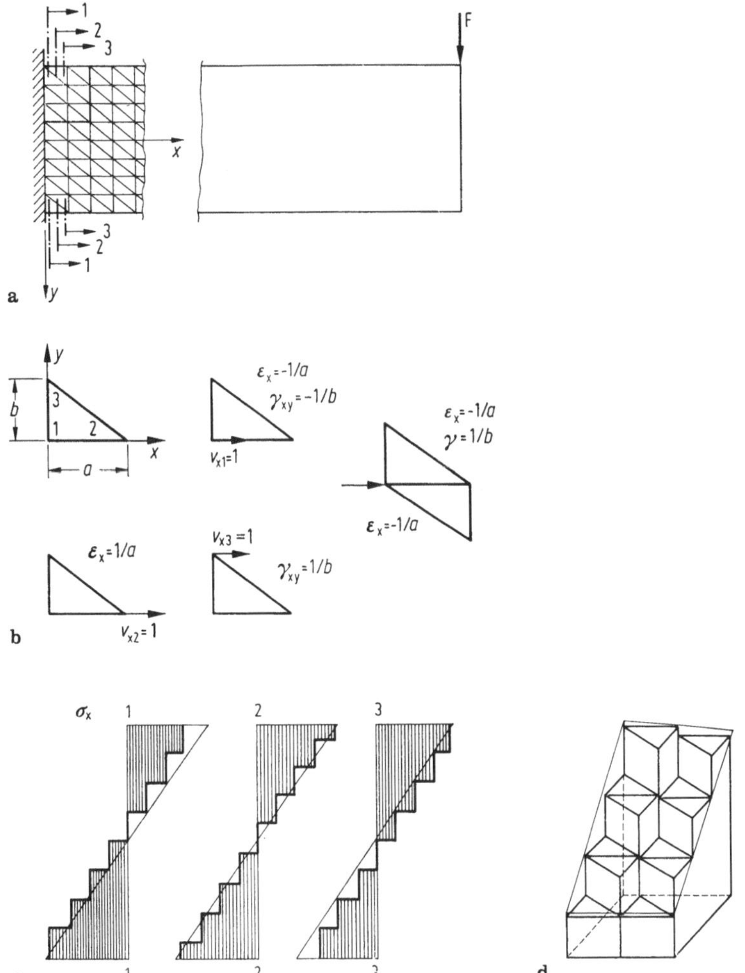

Bild 3-2. Kragträger, elementiert mit Dreieckelementen.
a) Träger mit Belastung und Elementierung; b) Spannungszustände im Dreieckelement infolge von Knotenverschiebungen; c) Spannungen σ_x in den Schnitten 1, 2, 3; Treppenlinie: FEM-Lösung, Gerade: Balkenlösung; d) Isometrische Darstellung der Spannungen σ_x im stark umrandeten Trägerteil.

sionssteifigkeit des Balkens entgegen, die auch Null sein kann. Bei einer Kombination ist zu beachten, daß die Knoten in der Schwerachse des Balkens und der Mittelfläche der Platte angeordnet sind, daß sich also eine Kombination nach Bild 3-3b ergibt, während die üblichen Ausführungen Bild 3-3c entsprechen. Die Anordnung nach Bild 3-3c wird durch Bild 3-3b richtig beschrieben, wenn die Torsionssteifigkeit des Balkens Null ist. Ist dies nicht der Fall, muß berücksichtigt werden, daß der Balken an den Knoten exzentrisch gehalten wird.

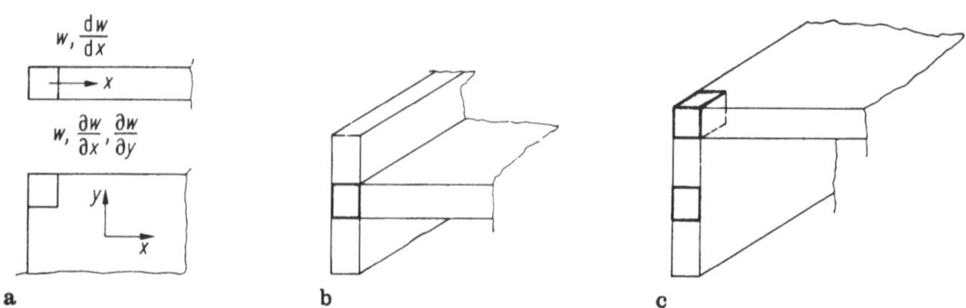

Bild 3-3. Kombination Balken- und Plattenelement.
a) Draufsicht auf die Elemente mit Knoten-Freiheitsgraden, b) isometrische Darstellung der Kombination, c) exzentrischer Anschluß.

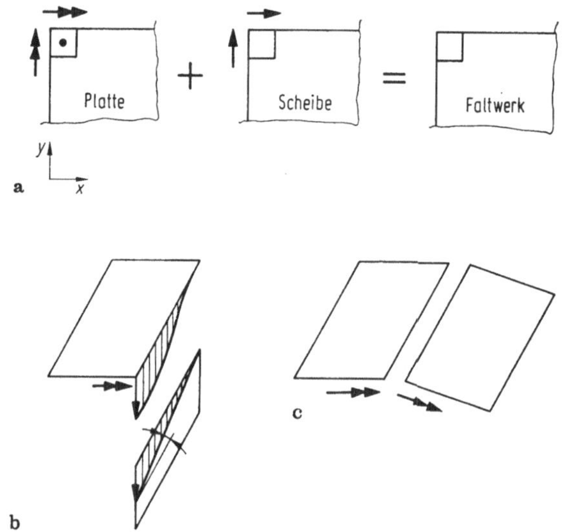

Bild 3-4. Faltwerkelement.
a) Addition von Platten- und Scheibenelement, b) senkrecht zueinander angeordnete Faltwerkelemente, c) unter einem flachen Winkel aneinanderstoßende Faltwerkelemente.

Da bei einer Scheibe die Knotenfreiheitsgrade die Verschiebungen u und v in x- und y-Richtung sind, lassen sich Scheibe und Balken und Scheibe und Platte nicht kombinieren.

Addiert man ein Platten- und ein Scheibenelement, Bild 3-4a, so erhält man ein Faltwerkelement mit 5 Knotenfreiheitsgraden. Von den 6 Verschiebungsgrößen im Raum fehlt die Verdrehung, deren Vektor senkrecht auf der Elementebene steht. Kombiniert man Faltwerkelemente so miteinander, daß die Flächen unter einem Winkel aneinanderstoßen, so sind diese bei einem rechten Winkel an gemeinsamen Rändern nicht kompatibel, Bild 3-4b, da einem linearen Verschiebungsansatz für die Scheibe ein kubischer für die

Platte gegenübersteht. Außerdem ist der Verdrehungsfreiheitsgrad durch die Scheibe behindert. Bei einer Kombination unter einem flachen Winkel, Bild 3-4c, müssen die Verdrehungskomponenten, deren Vektor senkrecht auf der Elementebene steht, ebenfalls unterdrückt werden.

4. Kontrollen

4.1 Allgemeines

Kontrollen sind auch bei der Methode der Finiten Elemente erforderlich.

An erster Stelle steht die Kontrolle der Eingabewerte, d. h. der richtigen Eingabe der Topologie des Tragwerks, der Elementierung, der Randbedingungen und der Steifigkeiten. Die drei ersten Punkte können am einfachsten mit Hilfe von Preprozessoren an Hand zeichnerischer Darstellungen überprüft werden.

Um die Leistungsfähigkeit der Programme und der in den Programmen enthaltenen Elemente festzustellen, bietet sich ein Vergleich mit einer bekannten Lösung (Referenzlösung) an, wobei die im Abschnitt 3.2 gegebenen Hinweise zu beachten sind. Ist keine Referenzlösung bekannt, ist durch eine Verfeinerung des Elementnetzes zu kontrollieren, ob sich die Ergebnisse noch wesentlich ändern. Dabei ist zu beachten, daß die Verschiebungsgrößen besser angenähert werden als die Kraftgrößen. Bei diesen wird eine Verfeinerung des Elementnetzes in der Nähe von Spannungsspitzen fast immer zu einer merklichen Änderung der Werte führen, s. Abschnitt 3.2.1. Singularitäten können mit der Methode nicht erfaßt werden.

Auch bei Ausführungsberechnungen ist zu kontrollieren, ob die Elementierung richtig gewählt wurde. Gegebenenfalls ist in Bereichen mit starken Spannungsänderungen eine Netzverfeinerung vorzunehmen. Dabei muß man aber auch die wirklichen Gegebenheiten, wie z. B. Größe des Lasteinleitungsbereiches, Genauigkeit der Lastverteilung, Größe eines Störbereiches, der z. B. durch Balken oder Plattenelemente nicht erfaßt wird, im Auge behalten. Störbereiche sind erforderlichenfalls gesondert mit räumlichen Elementen zu untersuchen.

Bei der Kontrolle der Randbedingungen ist zu beachten, daß die Tragwerke mindestens statisch bestimmt gelagert sein müssen, da die Gesamtsteifigkeitsmatrix sonst singulär ist. Fehlermöglichkeiten bestehen auch bei der Festlegung der Randbedingungen an Symmetrieachsen bei symmetrischer oder antimetrischer Belastung.

4.2 Ergebniskontrollen

Bei der Kontrolle der Ergebnisse ist zu beachten, daß die Methode der Finiten Elemente nur

das Gleichgewicht zwischen der Elementbelastung und den Elementknotenlasten,
das Gleichgewicht an den Tragwerksknoten zwischen den Knotenlasten und den angeschlossenen Elementknotenkräften und daraus folgend
das Gleichgewicht zwischen der Belastung und den Stützkräften herstellt.

Alle übrigen Kraftgrößen sind Näherungen, die nicht unbedingt die Gleichgewichtsbedingungen erfüllen müssen. So treten bei einfachen Formulierungen an den gemeinsamen Kanten benachbarter Elemente Unstetigkeiten in den Kraftgrößen auf, d. h., die Gleichgewichtsbedingungen sind dort verletzt. Auch bei beliebigen Schnitten durch das Tragwerk sind die Gleichgewichtsbedingungen nicht immer erfüllt, s. Abschnitt 3.2.2.

Da die meisten Programmsysteme die Elementknotenkräfte nicht auswerfen, bleibt als einzige relevante und daher in jedem Fall durchzuführende Gleichgewichtskontrolle die zwischen der Belastung und den Stützkräften des Tragwerks.

Wichtiger als weitere evtl. unbefriedigende Gleichgewichtskontrollen ist eine kritische Auseinandersetzung mit den Ergebnissen der Berechnung durch

— eine Betrachtung des Tragverhaltens des Tragwerks und des daraus zu erwartenden Kraft- und Verschiebungszustandes,
— eine Kontrolle von Teilen des Tragwerks, vor allem von stark beanspruchten, durch Überschlagsrechnungen oder Verwendung bekannter Lösungen,
— eine Neuberechnung des ganzen Tragwerks oder von Teilen des Tragwerks mit der Methode der Finiten Elemente unter Verwendung anderer Elemente bei gleicher Elementierung oder unter Verwendung gleicher Elemente bei einer anderen Elementierung.

5. Nichtlineare Probleme

Als Nichtlinearitäten treten geometrische (Gleichgewicht am verformten System) und physikalische (nichtlineares Materialverhalten) auf.

Um das nichtlineare Materialverhalten bei auf Biegung beanspruchten Tragwerken erfassen zu können, sind diese über die Querschnittshöhe in Schichten aufzuteilen (Schichtenmodell) oder es sind nichtlineare M-$\varkappa$-Beziehungen zu verwenden. Eine Ausnahme stellt das Fließgelenkverfahren dar, bei dem die Materialnichtlinearität einzelnen Punkten zugewiesen wird, die sich entweder elastisch oder ideal plastisch verhalten (Fließgelenke).

Zur Berücksichtigung der geometrischen Nichtlinearität gibt es verschiedene Formulierungen, auf die hier nicht eingegangen werden kann.

Die der Methode der Finiten Elemente zu Grunde liegende Formulierung $p = Kv$ ist eine lineare Matrizengleichung, mit der nichtlineare Verhaltensweisen nicht direkt beschrieben werden können. Man geht deshalb inkrementell oder iterativ vor, oder kombiniert beide Vorgehensweisen. Für einen Freiheitsgrad sind die nichtlinearen Last-Verschiebungs-Beziehungen und einige Lösungsmethoden in Bild 5-1 dargestellt.

Beim inkrementellen Vorgehen, Bild 5-1a, wird die Last in Inkremente ΔF unterteilt, die nacheinander aufgebracht werden. Nach jedem Rechengang wird die Steifigkeitsmatrix mit den aktuellen Werten neu berechnet. Bei dem dargestellten Vorgehen entfernt man sich stetig von der wirklichen Kurve.

Bei den iterativen Verfahren wird die Last in voller Größe aufgebracht. Zu dem so mit der Anfangssteifigkeit gefundenen Verschiebungszustand wird der Kraftzustand ermittelt, der zu einer herabgesetzten Belastung gehört. Entsprechend Bild 5-1b wird die aktuelle Steifigkeitsmatrix ermittelt und die Ungleichgewichtskräfte ΔF^i der i-ten Iteration werden anschließend aufgebracht. In diesem Sinne geht man weiter vor, bis die Ungleichgewichtskräfte vernachlässigbar klein sind. Da die Neuberechnung der Steifigkeitsmatrix oft aufwendiger ist, als die Berechnung einiger weiterer Iterationszyklen, kann man auch die weiteren Berechnungen mit der Anfangssteifigkeitsmatrix durchführen, Bild 5-1c.

Als kombiniertes Verfahren wird das der Lastinkremente mit dem modifizierten Newton-Raphson-Verfahren, Bild 5-1d, am häufigsten angewandt.

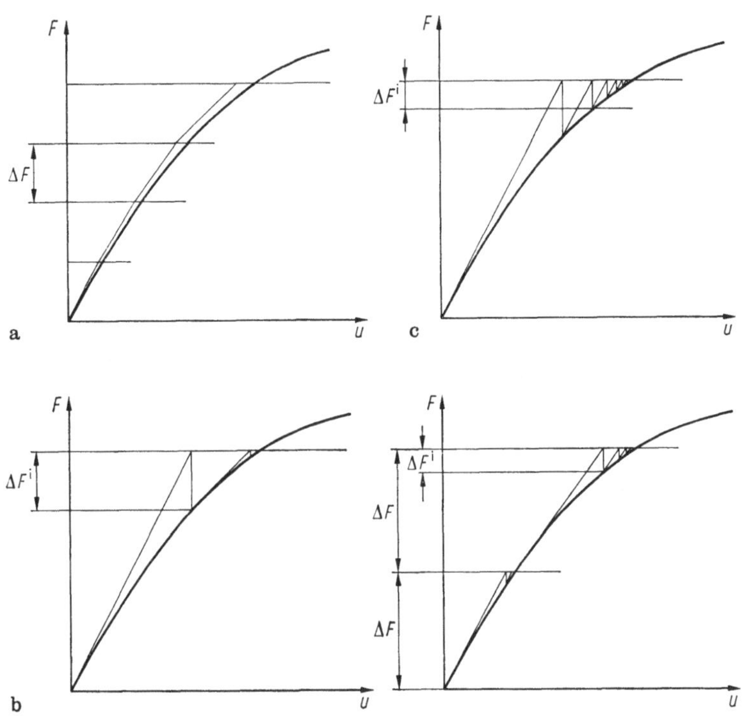

Bild 5-1. Lösungsverfahren bei nichtlinearen Problemen.
a) Euler-Verfahren, b) Standard-Newton-Raphson-Verfahren,
c) modifiziertes Newton-Raphson-Verfahren, d) kombiniertes Verfahren.

Literatur zu Teil C. Die Methode der Finiten Elemente in der Baustatik

Bücher

H 26 Hütte Mathematik, 2. Aufl. Berlin, Heidelberg, New York: Springer 1974

1 *Zienkiewicz, O. C.:* Methode der finiten Elemente. München: Hanser 1984

Zeitschriften

2 Computers and Structures. New York, Toronto, Oxford, Braunschweig: Pergamon Press

3 Numerical Methods in Engineering. Chichester, New York, Brisbane, Toronto, Singapore: John Wiley & Sons

Teil D. Modellstatik

Bearbeitet von *R. K. Müller*

1. Einführung

Baustatik ist die rechnerische Anwendung der Elastizitäts-, Plastizitäts- und Festigkeitslehre auf Probleme der Bautechnik. Die Modellstatik ist dagegen eine experimentelle Methode zur Lösung solcher Probleme. An einem Modell des zu untersuchenden Tragwerks oder eines Bauteils werden mit den Methoden der experimentellen Spannungsanalyse Messungen ausgeführt, um die gewünschten Aussagen zu erhalten. Hierbei interessieren vorwiegend

die Stützgrößen,
die Momentenverteilung,
der Spannungs- und Verformungszustand.

Dabei versteht man unter einem Modell eine Nachbildung des zu untersuchenden Objekts, die in wenigstens einer Eigenschaft nicht mit dem Original übereinstimmt. Dies ist meist die Größe und der Werkstoff. Die in anderen Sparten der Technik sonst üblichen Messungen an einem Prototypen sind in der Bautechnik aus verständlichen Gründen nur möglich, wenn es sich um nicht zu große einzelne Teile von Tragwerken handelt.

Ein *Modell* ist ein Analogieapparat zur Lösung baustatischer Aufgaben: Es erfüllt die Gleichgewichts- und Verträglichkeitsbedingungen von sich aus; man hat nur dafür zu sorgen, daß geometrische und statisch-elastische Ähnlichkeiten eingehalten werden und daß die Beanspruchung oder die Schnittkräfte mit einem geeigneten Meßverfahren genügend genau ermittelt werden können. Das Modell selbst macht keine Fehler; es ist lediglich die Richtigkeit der Meßergebnisse zu kontrollieren, was bei sinnvoller Planung der Messungen nicht allzu schwierig ist. Die elektrische Meßtechnik ist heute so weit entwickelt, daß die Möglichkeiten des Modellversuchs im allgemeinen nur durch die vom Modellmaterial zu erfüllenden Ähnlichkeitsbedingungen eingeschränkt werden.

Modelluntersuchungen werden durchgeführt, wenn eine rechnerische Lösung des Problems nicht möglich, zu schwierig oder zu umständlich und zu teuer ist. Ein Modellversuch kann jedoch auch zusammen mit einer analytischen Behandlung des Problems verwendet werden, indem im Versuch Kenngrößen bestimmt werden, die eine rechnerische Lösung wesentlich abkürzen (Hybridstatik). Oft dient die Untersuchung eines Modells auch zur Überprüfung neuer analytischer oder numerischer Lösungen oder zur Kontrolle von Lösungsansätzen, die unter starken Vereinfachungen vorgenommen wurden. Der streng ähnliche Modellversuch umfaßt alle Werkstoffeigenschaften und Nebeneinflüsse und dient dann zum Vergleich mit einer rechnerischen Lösung. Ist er richtig geplant, so kann er meist leicht unter veränderten Bedingungen wiederholt werden (z. B. Änderungen der Randbedingungen und der Gestalt) und zeigt meist sehr anschaulich den Einfluß solcher Änderungen. Die Modellstatik wird trotz der großen Fortschritte bei der Anwendung von digitalen Rechenautomaten zusammen mit den numerischen Methoden der Baustatik in vielen Fällen weiterhin ihre Berechtigung haben, einmal wegen technischer Vorteile, zum anderen aber auch aus wirtschaftlichen Gründen.

Voraussetzung für die Durchführung von baustatischen Modellversuchen ist jedoch das Vorhandensein einer leistungsfähigen Werkstatt, die die Modelle schnell mit der erforderlichen hohen Genauigkeit herstellt und die Versuchsvorrichtungen baut. Die Modellherstellung erfordert den größten Aufwand an Zeit und Geld bei baustatischen Untersuchungen.

2. Modellgesetze

Die Ähnlichkeitsmechanik beruht auf dem allgemeinen Ähnlichkeitsprinzip der Physik. Mit Hilfe der Dimensionsanalyse werden Modellgesetze für alle Gebiete der Technik hergeleitet. Ein physikalischer Vorgang ist eine Wechselwirkung zwischen Größen X_i; er läßt sich als mathematische Beziehung in der Form

$$f(X_i) = 0 \tag{2-1}$$

darstellen; dabei entspricht einem gegebenen Satz der dimensionsbehafteten X_i nur eine einzige Realisierung des betreffenden Sachverhaltes. Die gleiche Beziehung läßt sich jedoch gemäß dem π-Theorem der Dimensionstheorie durch dimensionslose Produkte π_j schreiben als

$$\Phi(\pi_j) = 0. \tag{2-2}$$

Hier können jedem Wertesatz der π_j unendlich viele Realisierungen des physikalischen Sachverhaltes zugeordnet werden. Die π_j sind die Kenngrößen des Vorganges und liefern die Modellgesetze.

Einen vollständigen Satz der für einen Vorgang maßgebenden π-Größen findet man ohne Kenntnis der Beziehung Φ aus der Dimensionsmatrix. Zunächst ist eine Relevanzliste aufzustellen. Für Bauwerksuntersuchungen enthält sie alle Größen, die die Kräfte- und Spannungsverteilung eines deformierbaren Körpers beeinflussen, auf den äußere Kräfte, Beschleunigungskräfte bei schwingender Beanspruchung, Eigengewicht und Temperaturänderungen einwirken.

Als die vier Basisdimensionen werden hier die Dimensionen

$$\text{Länge L, Kraft F, Zeit T, Temperatur } \Theta$$

gewählt.

Zur Kennzeichnung des Körpers dienen die Größen

		Dimension
Länge	l	L
Elastizitätsmodul	E	$F \cdot L^{-2}$
Querdehnungszahl	μ	1
Linearer Wärmeausdehnungskoeffizient	α	Θ^{-1}
Spezifische Masse	ϱ	$F \cdot T^2 \cdot L^{-4}$

Belastung, Reaktionen, Deformationen usw. werden durch folgende Größen erfaßt:

		Dimension
Länge, Verschiebung	l, u	L
Kraft	F	F
Spannung	σ	$F \cdot L^{-2}$
Dehnung	ε	1
Temperatur	T	Θ
Zeit	t	T
Frequenz	f	T^{-1}
Geschwindigkeit	v	$L \cdot T^{-1}$
Beschleunigung	a	$L \cdot T^{-2}$

Die Exponenten der Basisdimensionen, die in den Dimensionen der einzelnen Größen vorkommen, bilden die Dimensionsmatrix.

	l	F	t	T	E	ε	μ	σ	α	ϱ	f	v	a
L	1	0	0	0	-2	0	0	-2	0	-4	0	1	1
F	0	1	0	0	1	0	0	1	0	1	0	0	0
T	0	0	1	0	0	0	0	0	0	2	-1	-1	-2
Θ	0	0	0	1	0	0	0	0	-1	0	0	0	0

Man erhält die 9 π-Größen aus der Gleichung

$$\pi_j = x_j \prod_i x_i^{-p_{ij}} \tag{2-3}$$

indem man die x_j, x_i und p_{ij} aus der obenstehenden Matrix gemäß dem folgenden Schema entnimmt.

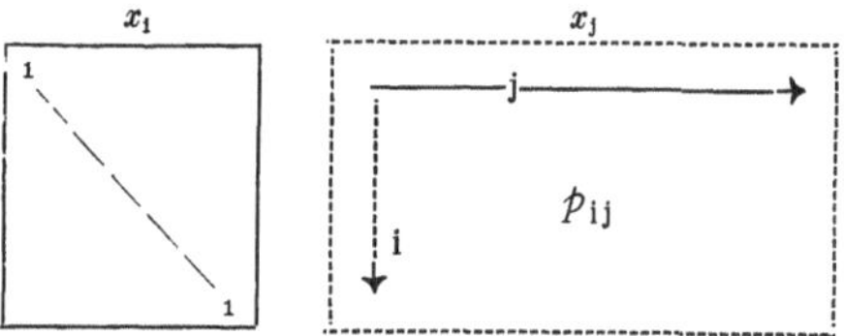

Sie sind für das Modell M und das als Hauptausführung H bezeichnete Bauwerk gleich, wenn die Vorgänge in beiden Systemen ähnlich sind.

$$\pi_{jM} = \pi_{jH} \tag{2-4}$$

Die Ähnlichkeitsverhältnisse oder die Maßstäbe für die einzelnen Größen werden durch den Index V bezeichnet, der an den die Größe kennzeichnenden Buchstaben angefügt wird; es werden jeweils die M-Größen auf die H-Größen bezogen, z. B.

$$l_V = \frac{l_M}{l_H} . \tag{2-5}$$

Da diese Schreibweise ohne neue Buchstaben zur Bezeichnung der Maßstäbe auskommt, erkennt man sofort, welche Größe das angegebene Übertragungsverhältnis betrifft. Außerdem kann man Maßstäbe für Ableitgrößen rein formal anschreiben, indem man in ihren Definitionsgleichungen den Index V einfügt. Zum Beispiel

$$M = F \cdot l \rightarrow M_V = F_V \cdot l_V. \tag{2-6}$$

Hieraus folgt offensichtlich, daß Größen gleicher Dimension gleiche Maßstäbe haben. Mit

$$\pi_{jV} = 1 \tag{2-7}$$

erhält man die folgenden Kenngrößen, aus denen durch Umformung die Maßstabsgleichungen hergeleitet werden:

$$\frac{E_V \cdot l_V^2}{F_V} = 1 \qquad \text{Hookesche Kenngröße} \tag{2-8}$$

$$\varepsilon_V = 1 \qquad \text{Kenngröße der Dehnung} \tag{2-9}$$

$$\mu_V = 1 \qquad \text{Poissonsche Kenngröße} \tag{2-10}$$

$$\frac{\sigma_V \cdot l_V^2}{F_V} = 1 \qquad \text{Hookesche Kenngröße} \tag{2-11}$$

$$\alpha_V \cdot T_V = 1 \qquad \text{Temperaturkenngröße} \tag{2-12}$$

$$\frac{\varrho_V \cdot l_V^4}{F_V \cdot t_V^2} = 1 \qquad \text{Newtonsche Kenngröße} \tag{2-13}$$

$$f_V \cdot t_V = 1 \qquad \text{Kenngröße der Frequenz} \tag{2-14}$$

$$\frac{v_V \cdot t_V}{l_V} = 1 \qquad \text{Kenngröße der Geschwindigkeit} \tag{2-15}$$

$$\frac{a_V \cdot t_V^2}{l_V} = 1 \qquad \text{Kenngröße der Beschleunigung} \tag{2-16}$$

3. Erweiterte und angenäherte Ähnlichkeit

3.1 Erweiterte Ähnlichkeit

Es ist nicht immer notwendig, vollkommene physikalische Ähnlichkeit, wie sie sich aus den oben abgeleiteten allgemein gültigen Kenngrößen ergibt, zwischen Modell und Hauptausführung herzustellen. Liegt die Lösungsgleichung des Problems in geschlossener mathematischer Fassung vor, dann können dafür spezielle Kenngrößen hergeleitet werden, und es ist nur notwendig, daß die Vorgänge in Modell und Hauptausführung auf die gleichen Zahlenwerte der speziellen Kenngrößen führen. Für Größen gleicher Dimension können dabei unterschiedliche Maßstäbe verwendet werden. Hierdurch kann die Ähnlichkeit auf die gerade interessierenden Größen beschränkt und der Modellversuch wie bei der analytischen Behandlung des Problems idealisiert werden. Da die Zahl der zu beachtenden Modellgesetze verringert wird, werden Modellherstellung und Versuchsdurchführung oft wesentlich vereinfacht oder erst mit vertretbarem Aufwand durchführbar. Außerdem ist die mit Hilfe der erweiterten Ähnlichkeit erhaltene Lösung eines speziellen Problems auf eine große Anzahl von Fällen übertragbar, bei denen lediglich das für die gezielte Fragestellung entscheidende Modellgesetz erfüllt ist, jedoch bezüglich anderer Größen keine Ähnlichkeit vorliegt.

Durch Benutzung elementarer Näherungsgleichungen zur Erweiterung der Ähnlichkeit wird man bestrebt sein, möglichst viele Maßstäbe frei wählen zu können. Bei vollkommener Ähnlichkeit ist ihre Zahl gleich der Zahl der bei dem Problem auftretenden Grundeinheiten. Je mehr freie Maßstäbe vorhanden sind, desto größer ist die Freiheit bei der Modellherstellung. Man beschränkt also die Untersuchung auf die Größen, deren Einfluß auf das zu lösende Problem vorherrschend ist, und stellt nur für sie unter Benutzung entsprechend vereinfachter Beziehungen die Modellgesetze auf. Man hat lediglich darauf zu achten, daß die benutzten Näherungslösungen sowohl für M als auch für H Gültigkeit besitzen.

3.2 Angenäherte Ähnlichkeit

Benutzt man die Maßstabsgleichungen für vollkommene Ähnlichkeit, so liegt trotzdem in der Praxis oft nur eine angenäherte Ähnlichkeit vor:

— durch Ungenauigkeiten bei der Modellherstellung,
— durch Inhomogenitäten des Materials,
— durch Änderung der Werkstoffkennwerte infolge Temperatur
— und ähnliche Einflüsse.

Weiterhin ist mit einer Erweiterung der Ähnlichkeit hinsichtlich einer bestimmten Größe in der Regel eine Vernachlässigung von Nebeneinflüssen verbunden, so daß auch hier die Ähnlichkeit nur eine angenäherte ist. Es entstehen hierdurch sog. Maßstabsfehler, deren Größe vom Maßstab abhängig ist.

Infolge der geometrischen Verkleinerung ist es nicht immer möglich, sämtliche Einzelheiten, z. B. Niet- und Schweißverbindungen, im Modell nachzubilden. An derartigen Stellen kann die Spannungsverteilung im Modell wesentlich von der in der Hauptausführung abweichen. Allerdings gilt dies auch für Berechnungen mit Hilfe der analytischen Statik. Auch dort werden örtliche Abweichungen vom wirklichen Spannungszustand, hervorgerufen durch Verbindungsmittel oder andere Einflüsse, nicht erfaßt. Durch konstruktive Maßnahmen, die man aus Erfahrung kennt, wird sichergestellt, daß entstehende Spannungsspitzen dem Bauteil nicht schaden. Sie interessieren deshalb weder bei einer statischen Berechnung noch bei einem Modellversuch.

Um den Einfluß der nur angenäherten Ähnlichkeit des Modells auf die wirkliche Hauptausführung abschätzen zu können, überträgt man die am Modell gewonnenen Versuchsergebnisse zunächst gedanklich auf eine idealisierte Hauptausführung. Diese entspricht in ihren hauptsächlichen Abmessungen der wirklichen Hauptausführung und besitzt auch den gleichen E-Modul wie diese, ist aber in allen Details dem untersuchten Modell vollkommen ähnlich, d. h., alle Vereinfachungen, die am Modell gegenüber dem wirklichen Bauwerk getroffen wurden, sind auch bei der idealisierten Hauptausführung vorhanden. Deshalb lassen sich die am Modell gefundenen Meßergebnisse exakt auf sie übertragen, denn zwischen beiden besteht vollkommene physikalische Ähnlichkeit. Anschließend wird in Gedanken der Übergang von der idealisierten zur wirklichen Hauptausführung vollzogen. Dabei stellt man dann z. B. fest, an welchen Stellen die Spannungen so groß sind, daß das Material der wirklichen Hauptausführung zu fließen beginnt, und versucht abzuschätzen, wie sich der Spannungszustand bei der durch das örtliche Fließen bedingten Umlagerung ändert. Diese Schätzung wird in vielen Fällen nur näherungsweise möglich sein und erfordert viel praktische Erfahrung. Oder aber man stellt fest, ob die an der idealisierten Hauptausführung auftretenden Verformungen noch im Gültigkeitsbereich der zum Aufstellen der erweiterten Ähnlichkeit verwendeten Näherungsgleichungen liegen. Auch hier hat man dann zu überlegen, welche Nebeneinflüsse bei der wirklichen Hauptausführung eventuell auftreten können und ob sie zulässig sind.

4. Modellgesetze für spezielle Fälle

4.1 Statisch elastische Ähnlichkeit

Die elastischen Modelle stimmen mit den Voraussetzungen des mathematischen Gedankenmodells der klassischen Elastizitätstheorie überein. Sie leisten damit nicht mehr und nicht weniger als die Elastizitätstheorie und stellen nur ein idealisiertes Abbild der Wirklichkeit dar. Ihr Vorteil besteht darin, daß sie es gestatten, relativ einfach auch dort eine Lösung zu finden, wo die Elastizitätstheorie nur noch mit großem Aufwand oder überhaupt nicht anwendbar ist.

4.1.1 Maßstäbe für vollkommene Ähnlichkeit

Sieht man von Temperatur und Schwerkrafteinflüssen ab, so gewährleistet das Einhalten der Bedingungen

$$l_V = b_V = h_V, \tag{4-1}$$

$$F_V = E_V \cdot l_V^2, \tag{4-2}$$

$$\mu_V = 1 \tag{4-3}$$

strenge Ähnlichkeit in allen Fällen. Es ist dann

$$\varepsilon_V = 1, \tag{4-4}$$

$$\sigma_V = E_V, \tag{4-5}$$

$$M_V = F_V \cdot l_V. \tag{4-6}$$

Es sind zwei Maßstäbe frei wählbar, zweckmäßigerweise l_V und E_V. Der Längenmaßstab soll nicht zu groß sein (Wirtschaftlichkeit, Größe des Versuchsraumes und Stärke der Belastungsvorrichtungen); nach unten wird er meist begrenzt von der kleinsten am Modell noch mit genügender Genauigkeit herstellbaren Abmessung, z. B. der Dicke von Schalen und Platten. Der E-Modul soll möglichst klein sein, damit die Modellasten nicht zu groß sind (Anbringen von Gewichten als Belastung) und im Vergleich zum Modell relativ starre Auflagervorrichtungen gebaut werden können.

Besteht die Hauptausführung aus mehreren Stoffen, so müssen die Verhältnisse der Stoffbeiwerte in M und H gleich sein, z. B.

$$E_{1M} : E_{2M} : \ldots = E_{1H} : E_{2H} : \ldots \tag{4-7}$$

Bei Stabilitätsproblemen ist bei der Übertragung von kritischen Lasten auf die Hauptausführung Vorsicht geboten, da die Knicklasten meist sehr stark von den Randbedingungen und von ungewollten Formabweichungen der Tragwerke abhängen (Vorbeulen), die im Modellversuch nicht ähnlich nachgeahmt werden können.

4.1.2 Maßstäbe bei erweiterter Ähnlichkeit

Dehnungsübertreibung $\varepsilon_V \neq 1$ ist bei allen Problemen möglich, solange die Voraussetzungen der Spannungstheorie 1. Ordnung an Modell und Hauptausführung eingehalten werden. Das heißt, es muß Proportionalität zwischen Lasten und Verformungen bestehen. Sie können bei beliebigen Lasten gemessen und dann auf jede andere Größe der Belastung umgerechnet werden.

Der Kräftemaßstab ist jetzt frei wählbar, so daß die Lasten nach versuchstechnischen Bedingungen gewählt werden können. Die Verschiebungen u haben einen eigenen Maßstab

$$u_V = \frac{F_V}{E_V \cdot l_V} = \varepsilon_V \cdot l_V \tag{4-8}$$

$$\varepsilon_V = \frac{F_V}{E_V \cdot l_V^2} \tag{4-9}$$

Die üblichen Modellwerkstoffe erlauben ein ε_V von 4 bis 10. Ist der Spannungszustand von Formänderungen abhängig, wie z. B. bei Stützensenkungen oder der Berührung zweier gewölbter Körper, dann sind sie im Maßstab u_V anzubringen. Für die Radien der Berührflächen ergibt sich damit

$$R_V = \frac{l_V^2}{u_V}. \tag{4-10}$$

Für die Federsteifigkeit C elastischer Auflager gilt

$$C_V = E_V \cdot l_V. \tag{4-11}$$

Die Poissonsche Bedingung $\mu_V = 1$ ist meist sehr schwer zu erfüllen, wenn Modell und Hauptausführung aus verschiedenen Werkstoffen bestehen. Es ist dann nur angenäherte Ähnlichkeit vorhanden. Lediglich bei zwängungsfrei gelagerten Scheiben, die die Michellsche Bedingung erfüllen, ist der Spannungszustand μ-unabhängig. Dies ist der Fall, wenn die auf jeder geschlossenen Kontur angreifenden Kräfte untereinander im Gleichgewicht sind oder höchstens ein resultierendes Moment ergeben (Belastungen in Öffnungen).

Der Fehler Er infolge ungleicher Querdehnzahlen ist nur schwer abzuschätzen. Bei Scheiben ist er höchstens

$$Er_{\max} = |\mu_H - \mu_M| \cdot 100\% . \tag{4-12}$$

An hochbeanspruchten Stellen ist er jedoch meist viel kleiner. Bei Platten und Schalen kann man nur sagen, daß der Einfluß auf die Schnittkräfte in Haupttragrichtung geringer ist als in Nebentragrichtung.

Eine Erweiterung der geometrischen Ähnlichkeit ist nur bei Scheiben und bei dünnen Platten mit reiner Biegebeanspruchung möglich. Hier kann der Dickenmaßstab h_V verschieden vom Längenmaßstab sein.

Seiltragwerke haben so große Verformungen, daß Dehnungsübertreibung nicht zulässig ist (Theorie 2. Ordnung). Die Seile der Hauptausführung haben keine lineare Last-Dehnungs-Linie. Dies muß bei der Wahl der Modellitzen berücksichtigt werden. Für Seile wird ein ideeller E-Modul E_S' ermittelt aus

$$F = \varepsilon \cdot E_S' \cdot A_S \tag{4-13}$$

$E'_S \cdot A_S$ ist der Seilbeiwert. Die Ähnlichkeit kann erweitert werden:

$$A_{S,V} \neq l_V^2. \tag{4-14}$$

Es muß sein

$$(E'_S \cdot A_S)_M = (E'_S \cdot A_S)_H. \tag{4-15}$$

Sind biegesteife Elemente vorhanden (Hängebrücken), dann genügt für sie Ähnlichkeit hinsichtlich der Biegeverformungen:

$$I_{B,V} \neq l_V^4 \quad \text{und} \quad A_{B,V} \neq l_V^2. \tag{4-16}$$

Es ist nur nachstehende Bedingung einzuhalten:

$$E'_{S,V} A_{S,V} = \frac{E_{B,V} I_{B,V}}{l_V^2}. \tag{4-17}$$

Die Querschnitte der Biegeträger müssen nicht geometrisch ähnlich sein; es ist dann hier $\varepsilon_V \neq 1$, jedoch ist die Biegelinie streng ähnlich.

4.2 Stationäre thermoelastische Modellversuche

Kann sich ein Bauwerk bei Erwärmung nicht frei ausdehnen (statisch unbestimmte Lagerung, Querdehnungsbehinderung oder nichtlineare Temperaturverteilung), so entstehen Wärmespannungen. Bei strenger Ähnlichkeit gilt zusätzlich zu den üblichen Bedingungen für die Temperaturen

$$T_V = \frac{1}{\alpha_V}. \tag{4-18}$$

Bei stationärer Wärmeleitung muß im Modell die Temperaturverteilung nachgebildet werden, indem an seinen Oberflächen und Rändern die der Hauptausführung entsprechenden Temperaturen erzeugt werden. Im Innern entsteht dann eine der Hauptausführung entsprechende Verteilung. Wegen der Wärmeabgabe und Aufnahme an der Oberfläche folgt aus der Nusseltschen Kenngröße

$$l_V = \frac{\delta_V}{k_V}. \tag{4-19}$$

In vielen Fällen kann jedoch die Wärmeabgabe durch Isolation der Oberfläche verhindert werden, oder sie entfällt bei gleichmäßiger Erwärmung des gesamten Bauwerkes; dann ist l_V frei wählbar.

Eine Erweiterung der Ähnlichkeit durch Dehnungsübertreibung $\varepsilon_V \neq 1$ ist möglich. Es ergeben sich die Maßstäbe

$$l_V = \frac{\delta_V}{k_V}, \tag{4-20}$$

$$F_V = E_V \cdot l_V^2 \cdot \varepsilon_V, \tag{4-21}$$

$$T_V = \frac{\sigma_V}{E_V \cdot \alpha_V}, \tag{4-22}$$

$$\sigma_V = E_V \cdot \varepsilon_V. \tag{4-23}$$

σ_V wird hier unabhängig von E_V gewählt oder ergibt sich aus dem Temperaturmaßstab.

Temperaturspannungen sind nur bei Scheiben von μ unabhängig, wenn die Michellsche Bedingung erfüllt ist. In allen anderen Fällen ergibt $\mu_V \neq 1$ eine angenäherte Ähnlichkeit.

4.3 Berücksichtigung der Schwerkraft und dynamische Modellversuche

4.3.1 Messung von Eigengewichtsspannungen

Sollen für ein elastisches Tragwerk Spannungen infolge Eigengewicht und dynamischer Beanspruchungen ermittelt werden, so erhält man die Modellgesetze aus der Hookeschen und der Newtonschen Kenngröße; insbesondere ist der Maßstab der Dichte

$$\varrho_V = \frac{E_V}{l_V \cdot a_V}.$$ (4-24)

Bei der Ermittlung von Eigengewichtsspannungen ist gewöhnlich $a_V = 1$, da g sowohl auf M und H einwirkt. Damit ist

$$l_V = \frac{E_V}{\varrho_V}$$ (4-25)

mit der Wahl des Modellwerkstoffes festgelegt und führt zu einem relativ großen Modell (z. B. H = Stahl; M = Kunststoff, $l_V \approx 1:10$).

Für kleinere Modelle sind Zusatzlasten ΔF erforderlich, um $\varepsilon_V = 1$ zu erreichen:

$$\Delta F = \left(\frac{E_V}{\varrho_V} \frac{\varepsilon_V}{l_V} - 1 \right) G_{M'}$$ (4-26)

sie werden als viele kleine Einzellasten am Modell entsprechend der Eigengewichtsverteilung angebracht. Wenn es vom statischen System her zulässig ist, kann auf diese Weise auch Dehnungsübertreibung $\varepsilon_V > 1$ erzielt werden. Ist es möglich, das Modell mit Hilfe einer Zentrifuge einer erhöhten Beschleunigung auszusetzen, wodurch das Eigengewicht künstlich erhöht wird, so bestimmt man die Eigengewichtsspannungen z. B. mit Hilfe des spannungsoptischen Erstarrungsverfahrens, da dieses eine absolute Messung der Spannungen gestattet.

In der Regel können jedoch immer nur Änderungen des Spannungszustandes festgestellt werden, deshalb wird meist das gesamte Eigengewicht als Ersatzlast wie jede andere äußere Last in deren Maßstab auf das Modell aufgebracht. Dies ist im allgemeinen bei Flächentragwerken üblich.

4.3.2 Belastung durch Flüssigkeitsdruck

Will man durch Flüssigkeitsdruck in einem Bauwerk erzeugte Beanspruchungen ermitteln, ohne Berücksichtigung der durch Eigengewicht erzeugten Spannungen, dann gilt der Maßstab

$$\varrho_V = \frac{E_V}{l_V}$$ (4-27)

nur für die Dichte der Belastungsflüssigkeit. Für $\varrho_V = 1$ ist $l_V = E_V$ durch Wahl des Modellwerkstoffes festgelegt (Kunststoffmodelle für Stahltragwerke: $l_V \approx 1:52$; für Betontragwerke: $l_V \approx 1:9$). Bei kleineren Maßstäben l_V entsteht Dehnungsuntertreibung $\varepsilon_V < 1$, die u. U. durch Wahl einer Belastungsflüssigkeit mit größerer Dichte ausgeglichen werden muß (z. B. Aufschlämmung von Schwerspat in Wasser, die durch ständige Umwälzung in Schwebe gehalten wird; $\varrho \approx 2,8$ g/cm³).

4.3.3 Schwingungsmessungen und aeroelastische Modellversuche

Läßt man bei Schwingungesuntersuchungen die Spannungen infolge Eigengewicht außer acht, so ist der Maßstab a_V der Beschleunigung nicht mehr festgelegt. Wählt man Größe und Werkstoff von M, so sind damit l_V, E_V und ϱ_V gegeben, und es ist

$$\sigma_V = E_V, \tag{4-28}$$

$$F_V = E_V \cdot l_V^2, \tag{4-29}$$

$$a_V = \frac{E_V}{l_V \cdot \varrho_V}, \tag{4-30}$$

$$v_V = \sqrt{\frac{E_V}{\varrho_V}}, \tag{4-31}$$

$$t_V = l_V \sqrt{\frac{\varrho_V}{E_V}}, \tag{4-32}$$

$$f_V = \frac{1}{l_V} \sqrt{\frac{E_V}{\varrho_V}}. \tag{4-33}$$

Modellversuche dieser Art dienen meist zur Ermittlung der Eigenfrequenz von Bauwerken und der zugehörigen Eigenformen. Dabei ist es oft nicht ganz einfach, am Modell die Randbedingungen (z. B. elastische Einspannungen) richtig nachzuahmen, da diese schon bei der Hauptausführung nicht genau bekannt sind (z. B. die elstische Bettung eines Fundamentes im Baugrund). Man ist dann darauf angewiesen, am Modell Grenzfälle zu untersuchen, die das wirkliche Verhalten der Hauptausführung einschließen und dieses abzuschätzen gestatten.

Aeroelastische Modellversuche dienen zur Feststellung der Windeinwirkung auf Gebäude (meist durch Wirbelablösung angeregte Schwingungen). Außer den oben angegebenen Modellgesetzen muß die Reynoldssche Kennzahl

$$\mathrm{Re} = \frac{v \cdot l}{\nu} \tag{4-34}$$

mit der kinematischen Viskosität ν für Modell und Hauptausführung gleich sein. Sie gewährleistet, daß der Einfluß der Viskosität auf die Umströmung eines Körpers im Modell ähnlich ist. Da Bauwerksmodelle für Windkanaluntersuchungen i. allg. in sehr kleinen Maßstäben hergestellt werden müssen, kann der Modellversuch nicht mit der gleichen Re-Zahl ausgeführt werden, wie sie bei der Hauptausführung auftritt. Die hierfür notwendigen Anströmgeschwindigkeiten werden so groß, daß zusätzliche Effekte die Ähnlichkeit erheblich stören. Man muß mit angenäherter Ähnlichkeit bei unterschiedlichen Re-

Zahlen arbeiten. Bei Körpern mit ausgeprägten Kanten ist trotzdem ausreichende Ähnlichkeit zu erzielen, da hier die Stelle der Ablösung der Grenzschicht durch die Kante festliegt. Bei gerundeten Körpern wird dagegen die Lage der Ablösestelle von dem Übergang der Grenzschicht von laminarer in turbulente Strömung stark beeinflußt. Die Vorgänge in der Grenzschicht sind jedoch von der Zähigkeit und damit von der Größe der Re-Zahl abhängig, so daß hier bei unterschiedlichen Re-Zahlen i. allg. keine Ähnlichkeit mehr vorliegt. Ein Kriterium hierfür ist, wie stark sich eine Änderung der Re-Zahl auf den Ort der Grenzschichtablösung auswirkt.

4.3.4 Stoßuntersuchungen

Die stoßartige Belastung eines Bauteiles führt zu sehr schnell veränderlichen Spannungsfeldern, die man sich durch Überlagerung von zwei Feldern entstanden denken kann. Die Spannungen des ersten Feldes entsprechen der augenblicklich wirkenden Stoßkraft, die des zweiten sind Spannungswellen, die vom Lastangriffspunkt ausgehen und mit Schallgeschwindigkeit durch den festen Körper hindurchlaufen. Je nach der Dauer der Berührung an der Stoßstelle wird der eine oder andere Anteil überwiegen. Ist ein Bauteil (oder Modell) nach dem Ende des Stoßes nahezu spannungsfrei, dann liegt ein quasistatischer Lastfall vor, der entsprechend untersucht werden kann, wie später gezeigt wird. Sind nach dem Ende der Berührung noch Spannungen vorhanden, liegt ein dynamischer Lastfall vor, und es ist eine direkte Analyse der schnell veränderlichen Spannungen notwendig.

Strenge Ähnlichkeit erfordert bei Stoßvorgängen, daß für die Geschwindigkeit der Longitudinal- und Transversalwellen gleiche Maßstäbe gelten und der Maßstab der Geschwindigkeit v des stoßenden Körpers gleich dem Maßstab der Geschwindigkeit c der Spannungswellen ist:

$$c_{\mathrm{LV}} = c_{\mathrm{TV}} = c_{\mathrm{V}} = v_{\mathrm{V}}. \tag{4-45}$$

Dies ist für $\mu_{\mathrm{V}} = 1$ erfüllt.

Die Stoßkraft muß

$$F_{\mathrm{V}} = E_{\mathrm{V}} \cdot l_{\mathrm{V}}^2 \tag{4-36}$$

genügen und die Stoßzeit dem Maßstab

$$t_{\mathrm{V}} = l_{\mathrm{V}} \sqrt{\frac{\varrho_{\mathrm{V}}}{E_{\mathrm{V}}}}. \tag{4-37}$$

Man unterscheidet drei verschiedene Fälle:

1. Quasistatische Belastung

$t_{\mathrm{F}} > t_{\mathrm{E}}$ und $t_{\mathrm{F}} \gg t_{\mathrm{L}}$

t_{F} Dauer der Krafteinwirkung
t_{E} Eigenschwingungszeit des gestoßenen Körpers
t_{L} Durchlaufzeit einer Spannungswelle durch den Körper

Die Spannungsverteilung stimmt mit dem statischen Lastfall überein, da die Wirkung der Massenkräfte noch vernachlässigbar ist. Wenn die Kontaktkraft bekannt ist, kann ein statischer Modellversuch durchgeführt werden. Größe und Verlauf der Stoßkraft sind unbekannt; ihr Größtwert F_max wird aus dem M-Versuch ermittelt:

$$F_\mathrm{max} = \frac{m \cdot \Delta v \cdot \sigma_\mathrm{i\,max}}{\sigma_\mathrm{i}(t)\,\mathrm{d}t} \qquad (4\text{-}38)$$

$m \quad = \dfrac{m_1 \cdot m_2}{m_1 + m_2}$ Ersatzmasse

$m_1 \quad$ Masse des stoßenden Körpers

$m_2 \quad$ Masse des gestoßenen Körpers

$\Delta v \quad$ Änderung der Relativgeschwindigkeit der Körper während des Stoßes

$\sigma_\mathrm{i\,max} \quad$ Maximale Spannung an einem beliebigen Punkt i des Körpers während des Stoßes

$\sigma_\mathrm{i}(t) \quad$ Spannungsverlauf an dem Punkt i während des Stoßes

Die Werkstoffdämpfung spielt bei den meist sehr kurzen Stoßzeiten noch keine Rolle.

2. Anregung von Biegeschwingungen

$$t_\mathrm{F} \approx t_\mathrm{E}, \qquad t_\mathrm{F} > t_\mathrm{L} \qquad (4\text{-}39)$$

Massenkräfte sind entscheidend für den zeitlichen Verlauf der Spannungsverteilung. Einschwingvorgänge während und kurz nach dem Stoß sind für die Untersuchung wichtig. Spannungswellen können meist noch vernachlässigt werden.

Die Geschwindigkeit der Biegewellen hängt von der Frequenz der Anregung ab (Dauer und Intensität des Stoßes), während die Geschwindigkeit $c = \sqrt{\dfrac{E}{\varrho}}$ der Spannungswellen nur vom Werkstoff bestimmt wird.

3. Anregung von Spannungswellen

$$t_\mathrm{F} < t_\mathrm{L} \qquad (4\text{-}40)$$

Es treten Spannungswellen in Form von Longitudinal-, Transversal- und Oberflächenwellen (Rayleigh-Wellen) auf. Ihre Geschwindigkeiten haben den Maßstab

$$v_\mathrm{V} = \sqrt{\frac{E_\mathrm{V}}{\varrho_\mathrm{V}}}. \qquad (4\text{-}41)$$

Bei Erweiterung der Ähnlichkeit hinsichtlich Geschwindigkeit, Masse und Krümmung der Körper erhält man die Werte für die Hauptausführung durch Multiplikation der für strenge Ähnlichkeit errechneten Werte mit dem Faktor K. Für den Stoß zweier Kugeln ergibt sich aus den von Hertz angegebenen Gleichungen

zur Korrektur der Stoßdauer:

$$K_\mathrm{t} = \left(\frac{m}{\overline{m}}\right)^{0,4} \cdot \left(\frac{v}{\overline{v}}\right)^{-0,2} \cdot \left(\frac{R}{\overline{R}}\right)^{0,2}, \qquad (4\text{-}42)$$

zur Korrektur der Stoßkraft:

$$K_\mathrm{F} = \left(\frac{m}{\overline{m}}\right)^{0,6} \cdot \left(\frac{v}{\overline{v}}\right)^{1,2} \cdot \left(\frac{R}{\overline{R}}\right)^{-0,2}. \qquad (4\text{-}43)$$

$\overline{m}$, $\overline{v}$, $\overline{r}$ sind Ersatzmasse, Geschwindigkeit und Radius bei strenger Ähnlichkeit.

Es ist ersichtlich, daß der Einfluß der Stoßgeschwindigkeit v nur gering ist. Ebenso verursacht $\mu_\mathrm{V} \neq 1$ bei nicht zu großem Unterschied der Querdehnzahlen keine allzu großen Abweichungen vom streng ähnlichen Spannungsverlauf.

4.4 Modellversuche im elastisch-plastischen Bereich

Soll das wirkliche Verhalten eines Bauwerks im elastisch-plastischen Bereich bis zum Bruch an einem sog. Realmodell untersucht werden, müssen die Baustoffe von Modell und Hauptausführung die gleiche oder eine affine σ,ε-Linie besitzen. Solche Modellversuche entsprechen den Traglastverfahren der analytischen Statik. Jedoch sind sie den rechnerischen Verfahren überlegen, da keinerlei von der Wirklichkeit abweichende Annahmen über das Verhalten der Werkstoffe getroffen werden müssen, und wenn die Modellgesetze für strenge Ähnlichkeit nach 4.1.1 eingehalten werden. Dabei ist

$$E_V = \frac{E_M(\varepsilon)}{E_H(\varepsilon)} = \text{const.} \tag{4-44}$$

Die Bedingung $\mu_V = 1$ ist meist nur bei Werkstoffgleichheit zwischen Modell und Hauptausführung einzuhalten. Bei Mehrstoffsystemen ist das Mehrstoffmodellgesetz zu beachten. Es verlangt z. B. bei Stahlbeton $E_{B_V} = E_{Fe_V,}$ was oft nur durch Reduzieren der Stahlfläche im Modell erfüllt werden kann:

$$A_{Fe_V} = l_V^2 \cdot E_{B_V}. \tag{4-45}$$

Da hierdurch $d_V \neq l_V$ und damit der Umfangsprozentsatz im Modell verändert wird, ist die Ähnlichkeit im Verbund zwischen Beton und Bewehrung nur noch näherungsweise vorhanden; ob dies zulässig ist, kann nur von Fall zu Fall durch entsprechende Vorversuche entschieden werden.

5. Modellwerkstoffe

5.1 Werkstoffe für elastische Modelle

Glas: Einfach berandete Modelle von Stahlbetonplatten,
   $E = 72\,000$ N/mm², $\mu = 0,22$,
   bis fast zum Bruch linear elastisches Verhalten.
   Bricht spröde und ist nur schwer zu bearbeiten.
Gips in vollständig trockenem Zustand: Modellherstellung durch Gießen und Abfräsen oder Schleifen der Oberfläche (Schmutz!).
   $E = 5\,000$ bis $12\,000$ N/mm², $\mu = 0,16$ bis $0,22$,
   gutes linear-elastisches Verhalten, keine Haftung mit Bewehrung aus Stahldrähten.
Kunststoffe: Epoxydharze und Acrylharze sind bevorzugte Werkstoffe für elastische Modelle;
   $E = 3\,000$ bis $4\,000$ N/mm², $\mu = 0,36$ bis $0,40$;
   bei periodischer Be- und Entlastung gutes linear-elastisches Verhalten bis $10\,000$ μm/m;
   leicht zu bearbeiten und zu kleben; bei ca. 140 °C warm verformbar;
   Acrylharze (Plexiglas, Perspex) werden als Halbzeug, Epoxydharze (Araldit, Lekutherm) als Gießharze geliefert.
   E-Modul ist temperaturabhängig (ca. 1 %/K); deshalb Messung in einem klimatisierten Versuchsraum.
   Kleine Wärmeleitfähigkeit verlangt bei Messungen mit DMS eine Speisespannung von höchstens 1 bis 2 V oder Meßzeiten von ca. 30 ms (Impulsmessung), sonst starke Erwärmung der Meßstelle.

Kriechen der Kunststoffe muß durch periodische Be- und Entlastung eliminiert werden (Messen immer zur selben Zeit nach der Be- und Entlastung; $t = 15$ bis 20 s, 4 bis 7 Lastspiele zur Mittelbildung, s. Bild 5-1).

$$\Delta\varepsilon = \frac{1}{N} \sum_{i=1}^{N} \left(\varepsilon_{0i} - \frac{\varepsilon_{u,i+1} + \varepsilon_{u,i}}{2} \right) \tag{5-1}$$

$\Delta\varepsilon$ Dehnung für Last $\Delta F = F_0 - F_u$

$\varepsilon_{0,i}$ Messung Nr. i bei Oberlast F_0

$\varepsilon_{u,i}$ Messung Nr. i bei Unterlast F_u

N Zahl der Lastzyklen

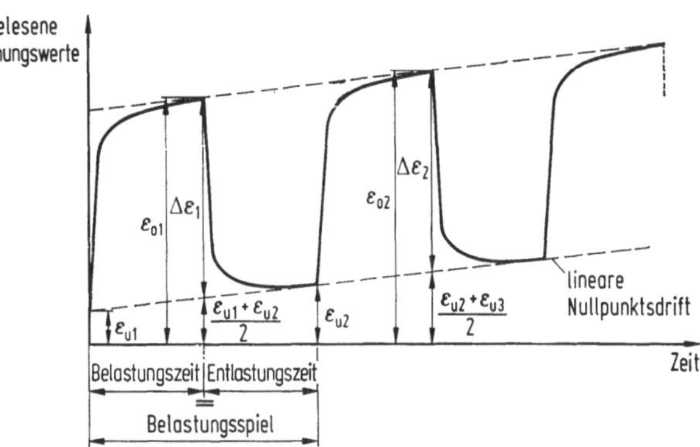

Bild 5-1. Dehnungsverlauf bei periodischer Be- und Entlastung von Modellen aus Kunstharz.

Gleichzeitig werden lineare Nullpunktsdriften durch Wärmedehnungen usw. eliminiert und kann die Zuverlässigkeit einer Messung aus der Standardabweichung

$$s = \sqrt{\frac{\sum (\Delta\varepsilon_i - \Delta\varepsilon)^2}{N - 1}} \tag{5-2}$$

beurteilt werden.

Für dynamische Modellversuche gibt es gefüllte Kunststoffe mit hoher Dichte und kleinem E-Modul (z. B. $E = 3750$ N/mm² und $\varrho = 4{,}74$ g/cm²).

5.2 Werkstoffe für Realmodelle

Metalle (Stahl): Keine prinzipiellen Schwierigkeiten; eventuell großer Aufwand für Modellherstellung und für große und schwere Belastungsvorrichtungen.

Holz: Abmessungen des Modells müssen groß sein im Vergleich zur Faserstruktur des verwendeten Holzes. Diese ist auch bei Dehnungsmessungen entsprechend zu berücksichtigen.

Stahlbeton: Bis zum Maßstab 1:4 (für sehr große Bauwerke bis 1:8) keine Schwierigkeiten. Meßlänge von DMS ca. 10mal größer als Durchmesser der Zuschläge.

Es wird ein Feinkornbeton mit einer zur Hauptausführung ähnlichen Sieblinie verwendet. Als Bewehrung dienen handelsübliche Betonstähle.

Für Modelle kleineren Maßstabes (bis 1:15 oder 1:20) ist ein Mikrobeton notwendig. Durch besondere Maßnahmen muß gewährleistet sein, daß

$$\beta_{\mathrm{W28v}} = \beta_{\mathrm{Zv}} = E_{\mathrm{V}}. \tag{5-3}$$

Dies wird bei Quarzsand als Zuschlagstoff erreicht, indem man den Sand mit Silikonharztrennmitteln behandelt, damit die Biegezugfestigkeit auf den richtigen Wert herabgesetzt wird. Die als Bewehrung verwendeten Stahldrähte von 1 bis 4 mm Durchmesser werden profiliert, damit ein zur Hauptausführung ähnlicher Haftverbund erzielt wird. Durch Ausziehversuche im Modellmaßstab ist sicherzustellen, daß das Verbundverhalten ähnlich zur Hauptausführung ist; andernfalls kann keine Ähnlichkeit im Rißbild, bei den Rißabständen und der Rißweite erwartet werden.

6. Analogietechnik

Die Analogietechnik benutzt zur Lösung baustatischer Probleme physikalische Vorgänge, die nichts mehr mit dem zu untersuchenden Problem gemeinsam haben als formal gleiche mathematische Beschreibungen. Der untersuchte Vorgang ist jedoch der meßtechnischen Behandlung leichter zugänglich als das zu lösende Problem. So können elektrische Potentialfelder zur Bestimmung von Spannungszuständen in geometrisch ähnlichen Scheiben herangezogen werden oder Netzwerke aus Induktivitäten und Widerständen zur Lösung der Plattengleichung mit schwierigen Randbedingungen. Die Seifenhautanalogie zur Bestimmung der Spannungen bei St. Vernantscher Torsion von Stäben mit kompliziert geformten Querschnitten hat durch Anwendung der Holographie zur Vermessung der gewölbten Seifenhaut wieder an Bedeutung gewonnen. Einzelheiten der Versuchstechnik können hier jedoch nicht besprochen werden.

7. Meßtechnik

Die Beanspruchung der Modelle wird in der Regel aus der Dehnung ihrer Oberfläche ermittelt, die mit elektrischen Widerstandsdehnungsmeßstreifen (DMS) gemessen wird. DMS sind so klein, daß sie in ausreichender Zahl auch an kleinen Modellen verwendet werden können. Sie sitzen unverrückbar fest und sind wartungsfrei. Um an einem Punkt die Hauptspannungen nach Größe und Richtung anzugeben, müssen die Dehnungen in drei Richtungen ermittelt werden (Rosettenmessung). Aus Messungen in x-, y- und $45°$-Richtung erhält man die Koordinatenspannungen:

$$\sigma_{\mathrm{x}} = \frac{E}{1 - \mu^2}\,(\varepsilon_{\mathrm{x}} + \mu\varepsilon_{\mathrm{y}}), \tag{7-1}$$

$$\sigma_{\mathrm{y}} = \frac{E}{1 - \mu^2}\,(\varepsilon_{\mathrm{y}} + \mu\varepsilon_{\mathrm{x}}), \tag{7-2}$$

$$\sigma_{\mathrm{xy}} = \frac{E}{1 + \mu}\left(\varepsilon_{\mathrm{x}} + \varepsilon_{\mathrm{y}} - \varepsilon_{45} - \frac{\varepsilon_{\mathrm{x}} + \varepsilon_{\mathrm{y}}}{2}\right), \tag{7-3}$$

oder die Hauptspannungen

$$\sigma_{1,2} = \frac{\sigma_{\mathrm{x}} + \sigma_{\mathrm{y}}}{2} \pm \sqrt{\frac{(\sigma_{\mathrm{x}} - \sigma_{\mathrm{y}})^2}{2} + \sigma_{\mathrm{xy}}^2}, \tag{7-4}$$

$$\tan 2\varphi = \frac{2\sigma_{\mathrm{xy}}}{\sigma_{\mathrm{x}} - \sigma_{\mathrm{y}}}. \tag{7-5}$$

An Flächentragwerken, die durch Biege- und Normalspannungen beansprucht werden, sind die Dehnungen an genau gegenüberliegenden Punkten zu messen, damit Biegemomente und Normalkräfte berechnet werden können. Für jeden Meßpunkt sind dann sechs Anschlüsse von DMS vorhanden. Ihre Meßwerte müssen für jeden Lastfall abgefragt, aufgeschrieben und ausgewertet werden. Muß bei Kunststoffmodellen periodisch be- und entlastet werden, so ergibt dies bei vier Lastzyklen für jeden DMS und jeden Lastfall neun, also für den Meßpunkt 54 Meßwerte je Lastfall. Bei komplizierten Modellen sind oft mehrere hundert Meßpunkte notwendig, so daß Meßwerterfassung und -auswertung nur unter Verwendung automatischer Meßanlagen in Verbindung mit elektronischer Datenverarbeitung möglich sind.

Zur Bemessung von Bauwerken mit beweglichen Lasten sind Einflußflächen notwendig. Um sie mit Rechenautomaten auswerten zu können, ermittelt man zweckmäßig die Einflußordinaten in einem geeignet gewählten Raster. Zunächst wird die Einheitslast nacheinander an jedem Punkt des Rasters angebracht und für jede Laststellung die Zustandsfläche durch Messung in allen Aufpunkten ermittelt. Danach gewinnt man die Einflußflächen durch entsprechendes Umordnen der Zustandsflächen. Da sie bei Verwendung einer automatischen Meßanlage bereits in digitaler Form vorliegen, sind sie mit entsprechenden Rechenprogrammen relativ schnell auszuwerten.

Auflagerkräfte lassen sich mit Dreikomponentengebern, die DMS als Meßelemente enthalten, ebenfalls mit automatischen Meßanlagen erfassen. Durchbiegungen und Verschiebungen werden mit geeignet ausgewählten Weggebern ebenfalls elektronisch gemessen.

Die Spannungsverteilung in Scheibentragwerken kann mit Vorteil an Modellen aus durchsichtigen Kunststoffen mit Hilfe der Spannungsoptik ermittelt werden. Die Erfassung und Auswertung der optischen Meßwerte läßt sich mit Hilfe der Fernsehtechnik in Verbindung mit digitaler Bildverarbeitung ebenfalls automatisieren. Ähnliches gilt für das spannungsoptische Erstarrungsverfahren. Es erlaubt die Bestimmung der Beanspruchung im Innern von dreiachsig beanspruchten Körpern.

Größere Verschiebungen von Seilnetz- oder Membranmodellen können berührungsfrei mit Hilfe des Schattenmoiréverfahrens gemessen werden: Ein durchsichtiges ebenes Gitter wird über dem Modell angebracht und mit einer Punktlichtquelle durch schräge Beleuchtung ein Schattenbild des Gitters auf das Modell geworfen. Von einem zentralen Punkt aus beobachtet man mechanische Interferenzen zwischen Schattenbild und Gitter (Moirélinien); sie sind Linien gleichen Abstands von dem Gitter.

Literatur zu Teil D Modellstatik

Bücher

H 24 Physikhütte I. 29. Aufl. Berlin, München, Düsseldorf: Ernst & Sohn 1971

1 *Müller, R. K.:* Handbuch der Modellstatik. Berlin, Heidelberg, New York: Springer 1971

2 *Hossdorf, H.:* Modellstatik. Wiesbaden, Berlin: Bauverlag 1971

3 *Fumagalli, E.:* Statical and geomechanical models. New York: Springer 1973

4 *Pawlowski, J.:* Die Ähnlichkeitstheorie in der physikalisch-technischen Forschung: Grundlagen und Anwendung. Berlin, Heidelberg, New York: Springer 1971

5 *Müller, R. K.:* Mechanische Größen Elektrisch gemessen. Grafenau: Expert-Verlag 1984

Zeitschriften

8 Experimental Mechanics. Westport, Conn.: Society for Experimental Stress Analysis

9 Strain. Newcastle upon Tyne: British Society for Strain Measurement

Aufsätze

13 *Weber, M.:* Das allgemeine Ähnlichkeitsprinzip der Physik und sein Zusammenhang mit der Dimensionslehre und der Modellwissenschaft. In: Jahrbuch d. Schiffsbautech. Ges., 31. Band, 1930, S. 274—354

14 *Kuske, A.:* Spannungsoptische Untersuchungen von Stoßvorgängen in Maschinen. Ingenieur Digest 11 1972, H. 12

15 *Müller, R. K.:* Das Verhalten einiger Kunststoffe bei periodischer Be- und Enltastung. VDI-Berichte Nr. 102, 1966, S. 85—88

16 *Meyer, H.:* Structural model testing, Methods and practice for stress and strain measurement, Part 4, 1979, S. 103—127

17 *Müller, R. K.:* Elektrische Vielstellen-Meßtechnik für die experimentelle Spannungsanalyse. ATM — Meßtechnische Praxis. Lieferung 474/475 (Juli/August 1975) R 111 bis R 116

Sachverzeichnis